HISTOIRE NATURELLE

DES

TROCHILIDÆ

(Synopsis et Catalogue)

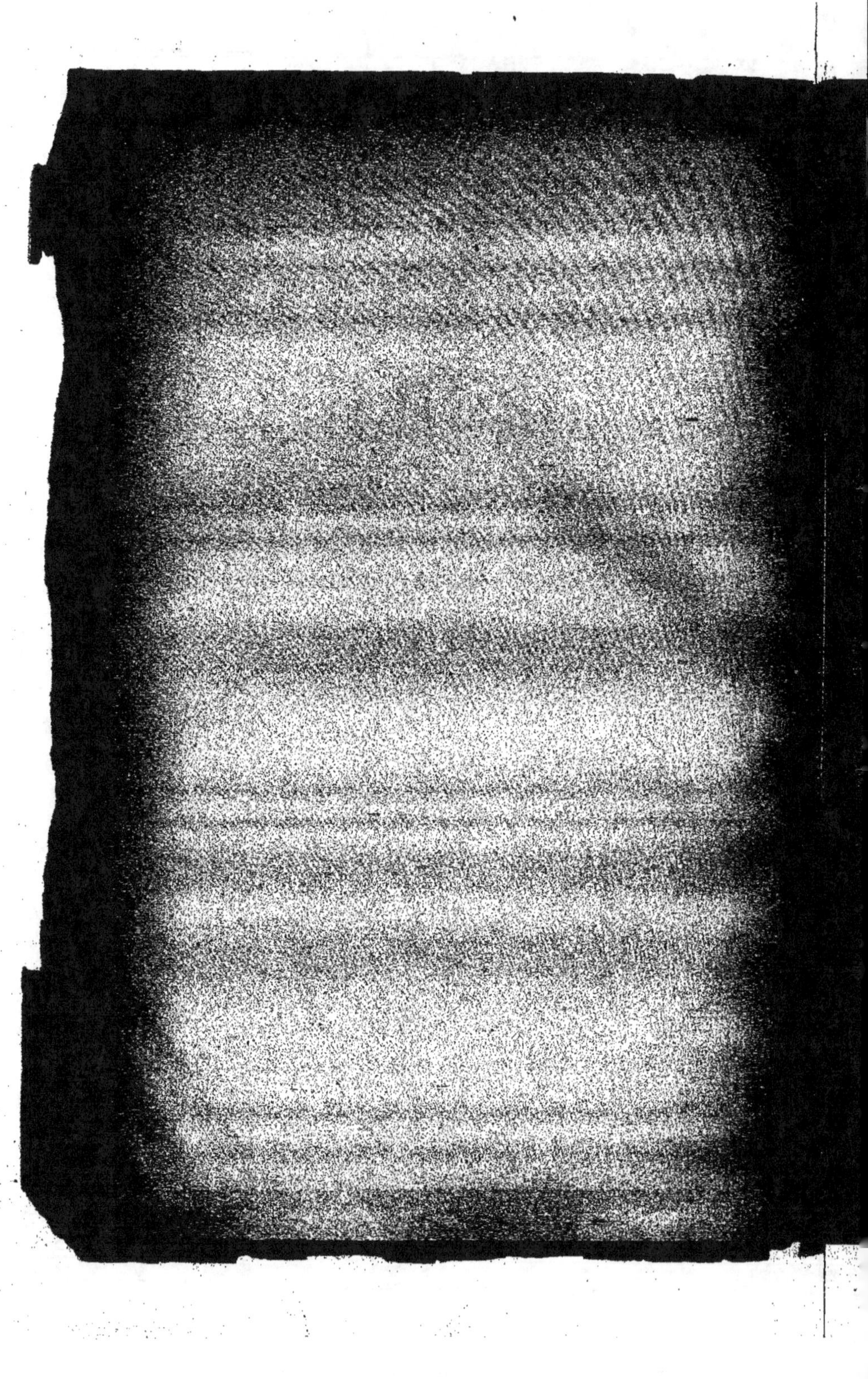

HISTOIRE NATURELLE

DES

TROCHILIDÆ

(Synopsis et Catalogue)

PAR

EUGÈNE SIMON

CORRESPONDANT DE L'INSTITUT

ASSOCIÉ DU MUSÉUM

PRÉSIDENT HONORAIRE DE LA SOCIÉTÉ ENTOMOLOGIQUE DE FRANCE

PARIS

ENCYCLOPÉDIE RORET, L. MULO, LIBRAIRE-ÉDITEUR

12, RUE HAUTEFEUILLE, 12

1921

Le présent livre peut être considéré comme mon testament ornithologique, j'y ai en effet condensé, sous la double forme d'un synopsis ou d'un catalogue, comme si je n'avais jamais à y revenir, le résultat de trente ans d'études, aussi bien dans la nature que dans les écrits des auteurs (1), sur les oiseaux de la famille des Trochilidæ.

Jusqu'à l'âge mûr, je me suis exclusivement occupé d'entomologie et c'est seulement au cours de mes chasses dans les forêts vénézuéliennes en 1887 et 1888 que, séduit par les brillants oiseaux de l'Amérique tropicale, j'ai eu l'idée de joindre l'étude des Trochilidés à celle des Arachnides, peut-être un peu en souvenir des rapports, plus poétiques que réels, que quelques naturalistes d'autrefois avaient cru exister entre ces êtres aussi dissemblables que possible (2).

Mon premier essai en 1897, simple catalogue à l'usage des collectionneurs, a passé presque inaperçu; je ne crois cependant pas qu'il ait été inutile car la classification nouvelle qui y est préconisée a été depuis en partie substituée à celle de Gould (celle de l'Introduction en 1861, suivie de très près par Elliot) et a été adoptée presque intégralement par E. Hartert, auteur du dernier en date des ouvrages traitant de l'ensemble de la famille (das Tierreich-Trochilidæ; Berlin, 1900), je dois même ajouter que les quelques changements proposés par E. Hartert n'ont pas été toujours des améliorations; j'avais tenté de réagir contre le morcellement générique exagéré qui était de mode à l'époque; E. Hartert, abondant dans le même sens, me paraît avoir dans certains cas dépassé le but, au point que certains genres naturels : Hylocharis, Amazilia, Helianthea, etc., sont devenus pour cet auteur des ensembles si disparates que je suis aujourd'hui obligé de réagir dans le sens opposé.

Dans la rédaction de ce livre, j'ai eu à tenir compte de découvertes, dues à de zélés explorateurs de régions encore peu connues de l'Amérique du Sud et consignés dans plusieurs ouvrages récents que

---

(1) J'ai pu réunir l'œuvre complète, si complexe, de Veillot et celle de P. Lesson, dont les citations, surtout celles faites par des auteurs étrangers, sont trop souvent incorrectes.

(2) Allusion à l'habitude prêtée aux grosses Mygales de l'Amérique tropicale, de capturer des oiseaux-mouches pour s'en nourrir, ce qui n'a été confirmé par aucun observateur sérieux.

j'ai analysés avec grand soin ; deux catalogues généraux des oiseaux d'Amérique ont été publiés, l'un en Angleterre par Lord Brabourne et Charles Chubb, the Birds of South America (zoological department British Museum, dec. 1912), l'autre aux États-Unis, par Charles B. Cory, Catalogue of Birds of the Americas, Chicago, 1918, pour la 2e partie (in Field Museum of natural history, zool. ser. vert. xiii, Chicago, 1918).

Les autres ouvrages sont des faunes régionales : en 1911, le maître ornithologiste Robert Ridgway a donné le t. 5e de son grand ouvrage classique the Birds of north and middle America, t. v, Washington, 1911 (in Bulletin of the United States national Museum, n° 50).

L'année précédente, M. A. Carriker Jr avait fait paraître List of the Birds of Costa-Rica (in Annals Carnegie Museum, vi, n° 4, Aug. 1910).

En 1914, Mme Dra E. Snethlage a donné Catalogo das Aves amazonicas (in Bol. do Museu Goeldi de Historia natural, Para, 1914).

En 1916, Charles Chubb, the Birds of British Guiana, based on the collection of Frederick Vavasour Mc Connell (zool. department British Museum, 1916).

En 1917, Frank M. Chapman, the distribution of Bird-life in Colombia; a contribution to a biological Survey of south America (in Bull. of the American Museum of Natural History, vol. xxxvi, 1917).

Malgré ces précieuses additions à nos connaissances, je ne me dissimule pas que quelques années de plus m'auraient été utiles pour revoir encore certains types uniques dans les collections britanniques et me procurer quelques ouvrages rares que j'ai vainement cherchés jusqu'ici.

Mais les années de 1915 à 1918 ont été perdues pour mes travaux et le temps m'est aujourd'hui si étroitement compté que je me décide à publier ce livre tel qu'il est ; s'il n'est pas tout à fait ce que j'aurais voulu, il faut l'imputer à des circonstances indépendantes de ma volonté.

Eugène SIMON.

PREMIÈRE PARTIE

SYNOPSIS

Je rapporte les genres de la famille des *Trochilidæ* à 46 groupes ou séries

1 type Hemistephania.	24 type Cœligena.
2 — Glaucis.	25 — Urosticte.
3 — Phaëthornis.	26 — Heliodoxa.
4 — Eutoxeres.	27 — Topaza.
5 — Phæochroa.	28 — Oreotrochilus.
6 — Campylopterus.	29 — Patagona.
7 — Eupetomena.	30 — Aglæactis.
8 — Florisuga.	31 — Lafresnayea.
9 — Petasophora	32 — Bourcieria.
10 — Lampornis.	33 — Eustephanus.
11 — Chrysolampis.	34 — Heliangelus.
12 — Claïs.	35 — Eriocnemis.
13 — Lophornis.	36 — Spathura.
14 — Popelairea.	37 — Sappho.
15 — Chlorostilbon.	38 — Metallura.
16 — Phæoptila.	39 — Opisthoprora.
17 — Thalurania.	40 — Lesbia.
18 — Hylocharis.	41 — Oreonympha.
19 — Goldmania.	42 — Augastes.
20 — Trochilus.	43 — Heliothrix.
21 — Agyrtria.	44 — Loddigiornis.
22 — Eupherusa.	45 — Heliomaster.
23 — Chalybura.	46 — Archilochus.

1ᵉʳ Groupe. — HEMISTEPHANIA

Bec droit, plus long que la moitié du corps, ses deux mandibules égales et très aiguës, entr'ouvertes, très légèrement arquées en sens inverse, dans leur tiers apical et serrulées de petites dents n'atteignant pas l'extrémité et diminuant graduellement vers la base ; écailles nasales et arête du culmen comme celles des *Glaucis* (voir plus loin). Queue ronde ; rectrices très légèrement plus longues des externes aux médianes, amples, non ou à peine atténuées. Ailes normales ; primaire externe (10ᵉ) un peu plus longue que la 9ᵉ, presque aussi large, mais plus longuement acuminée. Pieds petits jaunâtre testacé un peu rembrunis en dessus ; tarses nus ou presque nus ; griffes fortes et longues. Corps en dessous sans teintes métalliques ni plumes squamiformes brillantes. En dessus tête ornée, au moins chez le mâle, d'une plaque squamiforme brillante ne s'étendant pas beaucoup sur la base du bec et laissant les narines à découvert au moins en grande partie. Supra-caudales de teinte différente de celle du dos et de celle des rectrices. Sous-caudales amples, longues et molles. Sexes dissemblables mais ne différant que par le dessus de la tête.

TABLEAU DES GENRES

Bec grêle entièrement noir, assez brusquement et brièvement élargi à la base ; ses deux mandibules égales, aiguës, sans crochet apical, serrulées dans leur partie apicale de très petites dents obtuses. Rectrices très larges, non atténuées, subanguleuses à l'extrémité. Coloration gris bronzé ou noire. Supra-caudales de teinte plus claire que celle du dos, non précédées d'une bande transverse blanche uropygiale. Front du mâle (parfois aussi de la femelle) orné d'une plaque très brillante, dépassant rarement en arrière le niveau des yeux.   **Hemistephania**.

Bec noir avec la mandibule inférieure brun rougeâtre passant au noir à l'extrémité, au fauve obscur gradué à la base, plus robuste, vu en dessus plus longuement et graduellement épaissi vers la base, serrulé, dans sa portion apicale, de fortes dents coniques subaiguës diminuant graduellement vers la base ; mandibule supérieure de l'adulte dépassant un peu l'inférieure et terminée (dans les deux sexes) par un crochet aigu ; mandibule inférieure un peu arquée en haut à l'extrémité (1). Queue presque carrée (à peine arrondie) ; rectrices un peu atténuées seulement près de l'extrémité et obtuses. Corps en dessous blanchâtre, grivelé ou flammulé de noir. Supra-caudales de teinte plus foncée que celle du dos, précédées d'une bande blanche uropygiale. Sexes différant par la parure frontale ou occipitale.   **Androdon**.

1ᵉʳ Genre. — HEMISTEPHANIA

TABLEAU DES ESPÈCES

1. — Corps en dessous noir avec les côtés de la poitrine teintés de bleu violet, ceux de l'abdomen plus ou moins vert cuivré obscur. Dessus vert cuivré passant au bronzé rougeâtre sur le cou et la nuque ; plaque

---

(1) Chez les jeunes les deux mandibules sont égales et aiguës comme celles des *Hemistephania* ; les rectrices latérales sont acuminées comme celles des *Glaucis*.

frontale bleu-violet brillant s'étendant au vertex ; supra-caudales bleu
grisâtre ; sous-caudales bleu-violet très foncé. Rectrices noires, unicolores, parfois les externes et subexternes très finement liserées de blanc
à l'extrémité, surtout externe. — ♀ dessous du corps gris verdâtre
clair. Plaque frontale bleu clair brillant parfois verdâtre. Sous-caudales
gris bleuâtre. Rectrices latérales pointées de bronzé doré passant au
blanc du côté externe. — ♂ ♀ taille petite : aile de 54 à 56 m/m ; bec
de 26 à 27 m/m. . . . . H. Johannæ (Bourc.).

— ♂ ♀ Corps en dessous gris bronzé verdâtre. Dessus vert cuivré passant au
bronzé rouge sur le cou et la nuque ; plaque frontale vert d'eau brillant
ne dépassant pas le niveau des yeux ; supra-caudales bleu grisâtre clair
(chacune des barbes finement liserée de blanc) ; sous-caudales gris
obscur, les plus courtes à petits disques bleuâtres. Rectrices noires, les
médianes en-dessus étroitement bordées de gris à l'extrémité, les
latérales assez longuement et obliquement pointées de gris, la partie
grise présentant à la base (au moins chez le mâle) une étroite zone
fondue bronzé doré ou verdâtre, s'étendant parfois le long du bord
externe presque jusqu'à la base. — ♀ Tête bronzé obscur sans parure
frontale. — ♂ ♀ Bec de 30 à 33 m/m. . . . . . . H. Ludoviciæ (B. et M.).
Race locale. — Taille un peu plus forte et bec plus long, de 35 à 37 m/m.
H. Lud. rectirostris (Gould).

— ♂ Corps en dessous bronzé vert beaucoup plus foncé, passant en avant au
noir de suie bleuâtre. Dessus vert cuivré passant au bronzé rouge foncé sur
le cou et la nuque ; plaque frontale vert bleuâtre brillant ; supra-caudales
bleu un peu violacé (chacune des barbes finement frangée de noir) ; sous-
caudales noirâtres, les plus courtes violet gris ou verdâtre. Rectrices
noires ; les médianes non ou très finement liserées de gris à l'extrémité ; les
latérales en dessous pointées de gris obscur, non ou à peine teintées de
bronzé vert dans leur moitié interne. — ♀ sans parure frontale. — ♂ ♀
Bec de 33 à 35 m/m. . . . . H. veraguensis (Salv.)

2ᵉ Genre. — ANDRODON

— ♂ ♀ Corps en dessus vert cuivré passant étroitement en arrière au bronzé
violet, suivi d'une bande blanche transverse uropygiale, précédant les
supra-caudales noir-bleu. Dessous gris-blanc, striolé flammulé de noir ;
ailes noires avec les grandes couvertures internes grises. Rectrices
médianes en dessus gris verdâtre passant au vert foncé presque noir à
l'extrémité, latérales en dessous grises à la base ensuite noir-bleu,
pointées de blanc ; sous-caudales blanches parfois un peu grisâtres au
disque. — ♂ ad. — Tête en dessus d'un bleu sombre presque noirâtre et
très légèrement teinté de vert, mais passant graduellement sur la nuque
au bleu pur foncé et mat (1). ♀ — Tête, vue en avant, noirâtre, vue en
arrière passant sur la nuque au rouge cuivré (2) — jeunes ♂ et ♀. Bec

---

(1) Rappelant celui de *Florisuga mellivora* L. ; cette livrée doit se montrer tardivement
et peut-être seulement à l'époque de la reproduction ; car des spécimens, ayant déjà la taille
de l'adulte, en sont dépourvus ; le crochet apical du bec ne se montre aussi que sur les individus très adultes ; M. Chapmann suppose que ce dernier caractère est plus développé sur
les *Androdon* de l'Ecuador que sur ceux de la Colombie. Je crois plutôt à une question d'âge
ou de saison.
(2) J'ai cru un instant que cette livrée était celle du jeune (in Bull. Mus., 1907, p. 17).

sans crochet apical — ♂ *jeune* : tête en avant bronzé obscur, en arrière,
sur la nuque, d'un vert plus franc, moins cuivré que celui du dos.

A. æquatorialis Gould.

2ᵉ Groupe. — GLAUCIS

Bec arqué, égal à la moitié du corps ou un peu plus long; mandibule supérieure large et déprimée à la base, arête mousse de son culmen, vue en dessus entre les narines, occupant moins du tiers de sa largeur; mandibule inférieure jaune paille, passant au noir à l'extrémité; écailles des narines nues sauf à la base et à leur bord supérieur dans la moitié basale. Queue ronde; ses rectrices très légèrement plus courtes des médianes ou submédianes aux externes, toutes presque de même forme, amples, mais atténuées, obtuses ou subacuminées; les médianes dépassant à peine ou ne dépassant pas les submédianes jamais longuement prolongées. Ailes normales (comme celles du 1ᵉʳ groupe). Pieds petits, blanchâtre testacé ou un peu rembrunis en dessus; tarses nus ou emplumés à leur face dorsale seulement. Corps en dessus vert cuivré, ou bronzé parfois rougeâtre avec la tête plus terne; de chaque côté une bande oculaire noirâtre souvent suivie d'une petite ligne postoculaire blanche ou fauve, plus rarement bordée en dessous; aucune plume squamiforme brillante.

TABLEAU DES GENRES

1. Mandibules, surtout la supérieure, fortement serrulées dentées dans leur quart ou leur tiers apical, sauf près de l'extrémité aiguë ; la supérieure noire sans bordure membraneuse, l'inférieure jaune clair rembrunie seulement à l'extrémité; espace interramal blanc ou jaune testacé comme la mandibule inférieure; sous-caudales longues molles, tantôt fauve-roux, tantôt fauve clair ou gris-blanc, plus ou moins ombrées au disque . . . . 2.

Mandibules à marges mutiques, non serrulées; la supérieure noire, avec une bordure blanche submembraneuse dans sa portion basale (1); sous-caudales plus courtes, bronzées ou vert cuivré, frangées de gris-blanc, de fauve ou de noir . . . . 3.

2. Bec à peu près droit dans sa moitié basale, légèrement arqué dans l'apicale; mandibule supérieure du mâle assez brusquement recourbée à la pointe, presque en crochet (2) celle de la femelle légèrement infléchie à l'extrémité. Queue longue, très arrondie; rectrices amples mais atténuées obtuses, jamais rouges à la base; de chaque côté une bande sous-oculaire noire ou noirâtre et une ligne postoculaire fauve clair ou blanche.

Rhamphodon.

Bec régulièrement arqué dès la base; mandibule supérieure semblable dans les deux sexes à peine infléchie à la pointe. Queue plus courte, arrondie mais rectrices médianes et submédianes égales ou celles-ci à peine plus

---

(1) Caractère effacé dans le *Threnetes niger* L., parfois légèrement indiqué dans le *Glaucis Tominéo*.

(2) Au moins chez *R. nœvius* Dumont, car le caractère n'a pu être vérifié pour *R. Dohrni* B. et M.; les deux individus que j'en connais (celui de ma collection et celui de la collection Gould à Londres) paraissent être des femelles.

longues, toutes amples mais atténuées dans leur tiers apical (acuminées
chez les jeunes), rouges à la base, sauf les médianes ; de chaque côté une
tache oculaire gris-noirâtre, souvent bordée en dessous d'une ligne claire
mal définie, pas de ligne postoculaire . . . . **Glaucis**.

3. Rectrices toutes subacuminées et pointées de blanc. Mandibule inférieure
blanche ou jaune pâle rembrunie seulement à l'extrémité avec l'espace
interramal fauve, brièvement emplumé seulement à la base.
Heteroglaucis.

Rectrices plus larges, très brièvement atténuées, un peu anguleuses et obtuses.
Mandibule inférieure avec l'espace interramal noir, densément garni,
presque jusqu'au milieu, de plumes sétiformes noires. **Threnetes.**

1ᵉʳ Genre. — RHAMPHODON

— Corps en dessus bronzé rougeâtre, plus rarement violacé, strié de noirâtre
en écailles, avec la tête plus terne et plus foncée ; de chaque côté une
ligne postoculaire fauve clair. Menton, gorge et haut de la poitrine fauve-
roux vif, avec une bande médiane étroite formée de plumes noires
frangées de blanchâtre ; poitrine et abdomen blanchâtres, passant au
fauve sur les flancs et à la base, entièrement striés de larges bandes
ondulées noirâtres irrégulières ; sous-caudales fauves, à disques noirâtres
allongés. Rectrices médianes et submédianes bronzé foncé rougeâtre ou
violacé ; les latérales fauves légèrement et graduellement éclaircies à
l'extrémité, noires à la base, brièvement au côté externe, plus longuement à l'interne (parties noires plus étendues sur les latérales internes
que sur les externes). Taille grande . . . . **R. nævius** (Dumont).

— Corps en dessus bronzé-vert, plus terne et plus foncé sur la tête, passant
au gris noirâtre, plumes uropygiales étroitement frangées de fauve ; de
chaque côté une ligne postoculaire blanche ou presque blanche. Corps
en dessous et sous-caudales entièrement fauve-roux, un peu plus vif
sur la poitrine. Rectrices bronzé doré un peu rougeâtre, toutes
également pointées de blanc pur . . . . **R. Dohrni** (B. et M.).

Nota. — *Threnetes longicauda* Cory, que je crois être le jeune de *R. Dohrni*,
diffère de l'adulte par la coloration du dessous du corps ; le menton et le haut
de la gorge étant teintés de noirâtre et par les rectrices dont les pointes
blanches sont précédées d'une zone obscure fondue (1). Des différences analo-
gues, entre adultes et jeunes, s'observent pour le *Glaucis Tomineo*.

2ᵉ Genre. — GLAUCIS

♂ ♀ Corps en dessus vert bronzé ou cuivré, passant au noirâtre terne sur la
tête avec les uropygiales et supra-caudales finement frangées de fauve, les
plus longues plus largement frangées de blanchâtre lavé de fauve ; de
chaque côté une tache postoculaire noirâtre souvent mal définie et le plus
souvent une ligne sous-oculaire fauve pâle rarement presque blanche.

---

(1) Je trouve les traces de cette disposition sur l'adulte de ma collection.

Rectrices médianes en dessus vert bronzé, passant souvent au noirâtre à l'extrémité et brièvement pointées de blanc, à stipe brun-roux foncé ou noirâtre ; les autres rousses à la base, noires à l'extrémité, toutes pointées de blanc, leur stipe roux vif sauf dans les parties noires et blanches ; les externes en dessous au côté interne noires environ dans leur quart apical, au côté externe au moins dans leur moitié apicale parfois jusqu'à la base. — ♂. Dessous du corps brun-rouge châtain, légèrement et graduellement éclairci sur l'abdomen (1), passant très brièvement au blanchâtre en avant sur le menton ; les côtés de la gorge et de la poitrine plus ou moins parsemés de plumes vert cuivré, frangées de fauve ; ligne sous-oculaire le plus souvent effacée et indistincte ; sous-caudales gris clair plus ou moins frangées de blanchâtre, parfois lavées de roux. Rectrices externes brièvement pointées ou frangées de blanc à l'extrémité. ♀ Corps en dessous généralement fauve roussâtre plus clair ; tache noire postoculaire et ligne sous-oculaire fauve ou blanchâtre toujours nettes ; rectrices latérales plus longuement et plus nettement pointées de blanc. — ♂ ♀ Aile de 64 à 70 m/m. Bec de 30 à 35 m/m. . . . . G. Tomineo (L.).

Variétés et races locales (2). — (b) ♂ Gorge et poitrine d'un brun foncé plus terne et moins rougeâtre, plus largement mêlé de vert cuivré sur les côtés parfois jusqu'au milieu, abdomen nettement plus clair, plus rougeâtre sur les flancs, ligne sous-oculaire presque toujours oblitérée ; sous-caudales blanches à disques grisâtres vagues ; les plus longues supra-caudales généralement bordées de blanc pur. Rectrices latérales, à parties noires généralement plus étendues, sur les externes occupant au côté interne au moins le tiers apical. — ♀ presque semblable au type, taille environ égale à celle du type. — *Jeune*, dessous du corps noirâtre, strié avec les plumes frangées de gris-blanc, souvent une tache pectorale mal définie fauve-roux précédée ou non d'un menton presque noir. Rectrices plus acuminées, les latérales noires, sauf une étroite bordure rouge interne dans la moitié basale, leur stipe entièrement ou en grande partie noir (3). — G. Tomineo var. affinis (Lawr.) des Andes de la Colombie, de l'Ecuador et du Pérou.

(c). ♂ ♀ Sexes peu dissemblables. Corps en dessous fauve-roux plus clair et plus vif, un peu éclairci et presque blanc sur le menton et le milieu de l'abdomen ; tache noire oculaire et ligne sous-oculaire blanche ou fauve clair, généralement très nettes ; sous-caudales fauve clair, non ou vaguement frangées de blanc ; partie noire des rectrices externes plus étendue occupant au côté interne au moins le tiers apical. Taille un peu plus faible. — G. Tomineo var. Roraimæ (Boucard) — des Montagnes des Guyanes et du littoral vénézuélien.

---

(1) Dans les deux sexes les cas d'albinisme partiel, surtout pour la région abdominale, sont fréquents.

(2) Le *Glaucis Tomineo* (*hirsuta* auct.), espèce commune et très largement distribuée, de l'Amérique centrale au sud du Brésil, ne peut à mon avis se résoudre en sous-espèces définies ; toutes les coupes proposées jusqu'ici à ses dépens (notamment par Gould, Lawrens et Boucard) l'ont été sur des matériaux insuffisants et ne résistent pas à l'examen de nombreuses séries ; je donne ci-après les caractères des trois principales à titre de simple indication.

(3) Cette forme jeune correspond exactement à *Glaucis melanura* Gould.

(d). ♂ ♀ Semblable à G. *Tomineo Roraimæ* sauf par le corps en dessus bronzé
doré plus brillant et la taille encore plus petite ; aile de 51 à 54 $^{m/m}$.
G Tomineo var. ænea (Lawr.) — de l'Amérique centrale et de la
Colombie occidentale.

3ᵉ Genre. — HÉTÉROGLAUCIS

— Corps en dessus bronzé doré vif, parfois verdâtre, plus foncé et plus terne
sur la tête ; supra-caudales d'un bronzé plus vert et frangées de fauve.
Menton et partie de la gorge noirâtres (plumes noires plus ou moins
frangées de fauve) ; de chaque côté une large bande noire oculaire
bordée en dessous d'une ligne blanchâtre oblique; poitrine couverte
d'une grosse tache rousse, coupée nettement en avant, plus ou moins
fondue en arrière ; abdomen gris plus ou moins foncé, parfois blanchâtre
au milieu, plus ou moins teinté de fauve en arrière; sous-caudales
bronzé doré finement frangées de noirâtre puis de fauve. Rectrices
médianes en dessus vert cuivré; latérales en dessous noires avec la base
blanche, toutes pointées de blanc pur . . . . . . **H. Ruckeri** (Bourc.).

— Corps en dessus vert foncé, sans reflets dorés, plus terne sur la tête avec les
supra-caudales non ou finement lisérées de blanc. Rectrices médianes en
dessus noires à reflets vert foncé (1) . . . . **H. Fraseri** (Goüld).

Sous-espèce. — (b). (invisa et incerta) « Similar to *Thr. Fraseri* from Colombia,
but slightly darker and having the upper parts golden bronzy green much
less green than in *Fraseri*, and the under parts slightly more buffy gray.
Wing, 56, bill 30 (2). » . . . . **H. Fraseri venezuelensis** (Cory).

4ᵉ Genre. — THRENETES

TABLEAU DES ESPÈCES

1. ♂ ♀ Bec entièrement noir (branches de la mandibule inférieure parfois un
peu éclaircies vers la base, mais espace interramal très noir). — Corps
en dessus bronzé olive un peu doré; supra-caudales très finement lisérées
de noirâtre; corps en dessous noirâtre bronzé à reflets dorés, avec le
menton et de chaque côté une bande oculaire (non bordée) noir mat;
sous-caudales bronzé vert, frangées de gris noirâtre plus foncé. Rectrices
en dessus bronzé vert foncé, en dessous noirâtre légèrement violacé. —
Bec de 26 à 28 m/m. . . . . **T. niger** (L.).

— ♂ ♀ Bec à mandibule inférieure blanche rembrunie seulement à l'extrémité, à mandibule supérieure noire avec une bordure blanche submen-
braneuse atténuée n'atteignant pas l'extrémité. — Corps en dessus vert

---

(1). En dessous *H. Ruckeri* et *Fraseri* sont semblables ; les caractères indiqués par les
auteurs tiennent à l'âge ; les individus de la Veragua et de Panama sont un peu intermédiaires et aussi celui de Novita (district de San Juan dans la Colombie occidentale) cité par
C. E. Hellmayr ; ses rectrices médianes sont en effet entièrement d'un vert métallique plus
brillant comme celles de *H. Ruckeri* typique ; la bordure fauve ou blanche des supra-caudales
est peut-être aussi un caractère d'immaturité.

(2). Cette forme qui m'est inconnue en nature, paraît intermédiaire aux *H. Ruckeri* et
Fraseri ; il faudra peut-être bien lui rapporter les *Threnetes* de la Colombie occidentale
dont parle C. E. Hellmayr ?

cuivré (rarement cuivré rougeâtre), avec la tête plus foncée; les supra-
caudales plus olivâtres, très finement lisérées de blanc. Menton noir,
bordé de chaque côté d'une ligne fauve passant au blanc vers le bec et
atteignant la commissure; poitrine marquée d'une large bande transverse
fauve-roux, nettement arrêtée en avant et en arrière; abdomen vert
bronzé foncé dans sa partie antérieure passant dans la postérieure au
gris-fauve ou blanchâtre; de chaque côté une tache postoculaire noir
mat; sous-caudales vert bronzé frangées de blanc ou de fauve très clair.
Rectrices médianes vert bronzé comme les supra-caudales, finement
lisérées de blanc au bord apical; les autres blanches ou fauve clair, les
submédianes et le plus souvent les latérales-internes concolores, les
externes et subexternes tachées de noirâtre à l'extrémité et au côté
externe; cette bordure s'atténuant vers la base qu'elle n'atteint pas (1). 2.

2. — Rectrices submédianes et latérales jaune clair; les externes et subexternes plus ou moins tachées de noirâtre (voir *supra*) (2).

T. cervinicauda Gould.

— Rectrices submédianes et latérales blanc pur; les externes et subexternes
plus ou moins tachées de noirâtre (voir *supra*).   T. leucurus (L.).

Subspecies invisa et incerta. — « Similar in size and general markings to *T.
leucurus* from Guiana, but differs in having the sides, flanks and
abdomen decidedly more brownich buff; back somewhat more bronzy
green. ».   T. leucurus rufigaster (Cory).

3e Groupe. — PHAETHORNIS

Bec plus ou moins arqué (sauf *Ametrornis*), plus long que la moitié du
corps; ses mandibules mutiques, non serrulées, aiguës, sans crochet apical; la
supérieure noire, peu dilatée à la base, son culmen en arête vive, étroite entre
les narines, dilatée obtuse et promptement effacée au delà; l'inférieure jaune
ou rouge au moins à la base; écailles des narines nues et très visibles. — Queue
longue, cunéiforme; ses rectrices très inégales et dissemblables, les médianes
plus longues que le corps et longuement atténuées (excepté celles des mâles
dans les genres *Guyornis* et *Pygmornis*) les autres graduellement et également
plus courtes des submédianes aux externes, larges, lancéolées, aiguës (sauf
parfois les submédianes); sous-caudales longues molles filamenteuses et peu
fournies, blanches ou jaunes. Ailes normales, plus longues que le bec. Pieds
faibles, incolores; tarses emplumés plus ou moins complètement. Sexes
semblables sauf parfois par les rectrices. Plumage mou, sans plumes squamiformes optiques. Corps en dessus vert cuivré ou bronzé avec la tête plus terne
et plus foncée; les plumes uropygiales et les supra-caudales plus ou moins
frangées de blanc, de jaune ou de fauve-roux; toujours de chaque côté une
large bande noire oculaire bordée, au moins en dessous, d'une ligne blanche
ou jaune. Corps en dessous blanc ou fauve plus rarement noirâtre avec le plus

---

(1) L'extension des parties noires sur les rectrices externes est très variable individuellement.

(2) Il serait peut-être mieux de considérer *T. cervinicauda* comme une forme locale ou
sous-espèce de *T. leucurus*.

souvent une bande jugulaire; rectrices noires ou en partie vertes, les médianes
pointées de blanc, les latérales bordées de blanc ou de fauve.

TABLEAU DES GENRES

1. Sexes semblables . . . . **2.**

— Sexes dissemblables par les rectrices, les médianes du mâle adulte, beaucoup plus courtes, dépassant peu les autres. Bec arqué . . . . . . **5.**

2. Rectrices submédianes et latérales semblables, toutes lancéolées aiguës. **3.**

— Rectrices submédianes beaucoup plus longues que les latérales, de même
   forme que les médianes. Bec comme celui des *Phaëthornis* . . . . **4.**

3. Bec arqué dès la base. — Corps en dessus bronzé-vert, plus sombre et
   noirâtre sur la tête (excepté *P. malaris*) . . . . . . **Phaëthornis.**

— Bec droit ou presque droit. Corps en dessus bronzé vert foncé jusqu'au
   bord frontal, strié de noirâtre en écailles ; supra-caudales assez brièvement frangées de fauve-roux foncé. Corps en dessous fauve ou gris
   passant au blanc dans la région du menton ; sous-caudales de même teinte
   que l'abdomen . . . . **Ametrornis.**

4. Rectrices médianes longuement acuminées comme celles des *Phaëthornis*,
   rectrices submédianes atteignant le tiers ou le quart apical des médianes,
   très longuement atténuées obtuses ; sous-caudales de même teinte que
   l'abdomen. Corps en dessus vert bronzé, plus foncé et brunâtre sur la
   tête. Rectrices médianes en dessus vert bronzé ou cuivré ; les submédianes
   noires en dessus et en dessous l'une et l'autre très longuement pointées de
   blanc ; rectrices latérales noires, largement bordées de blanc pur surtout
   au côté externe ; mandibule inférieure jaune rembrunie seulement à
   l'extrémité . . . . **Anisoterus.**

— Rectrices médianes larges et obtuses à bords parallèles, non acuminées ; les
   submédianes de même longueur et presque de même forme que les
   médianes, seulement un peu plus étroites et légèrement atténuées.
   Mandibule inférieure noire au moins dans son tiers apical . **Anopetia.**

5. Rectrices médianes du mâle adulte très larges, mais brusquement et brièvement acuminées en petite pointe rigide ; celles de la femelle comme celles
   des *Phaëthornis* mais plus brusquement étroites dans leur partie apicale.
   Corps en dessus vert cuivré ; supra-caudales non ou très finement frangées ;
   dessous, au moins sur les flancs, vert cuivré brillant. Rectrices latérales
   noires (sauf parfois vertes à la base) très étroitement bordées ou pointées
   de blanc. Mandibule inférieure rouge vif (pendant la vie) un peu
   rembrunie seulement à l'extrémité. Taille grande . . . . **Guyornis.**

— Rectrices médianes du mâle adulte obtuses ou brièvement acuminées ;
   celles de la femelle longues comme celles des *Phaëthornis* mais plus larges,
   plus graduellement atténuées cunéiformes. Corps en dessus vert cuivré
   avec l'uropygium (excepté *P. Idaliæ*) frangé de roux ou entièrement roux ;
   dessous fauve, blanc ou gris (rarement noirâtre) sans teintes métalliques.
   Taille beaucoup plus petite. . . . . **Pygmornis.**

1ᵉʳ Genre. — PHAËTHORNIS

TABLEAU DES ESPÈCES

1. Menton et gorge marqués d'une bande jugulaire plus ou moins définie, blanche ou au moins plus claire que les parties voisines.   **2.**

— Menton et gorge marqués d'une bande jugulaire foncée, formée de plumes longues noires ou noirâtres frangées de fauve ou de blanc ; supra-caudales vert cuivré comme le dos, mais étroitement frangées de roux ou de gris-blanc ; rectrices latérales en dessous noires passant brièvement à la base au vert cuivré (cette partie cachée)   **10.**

2. Corps en dessous jaune rougeâtre vif, passant graduellement au fauve brunâtre sur les côtés de la poitrine, au jaune orangé sur les flancs de l'abdomen, avec une bande jugulaire blanche, bordée, de chaque côté, d'une bande noirâtre acuminée en avant ; sous-caudales jaunes comme l'abdomen ; rectrices latérales largement bordées de fauve-roux plus foncé que celui du corps. Corps en dessus bronzé vert strié de noirâtre en écailles, passant au noirâtre sur la tête ; supra-caudales et souvent uropygium fauve-roux vif. Bec de 37 à 41 m/m   **3.**

— Corps en dessous gris noirâtre, gris-blanc ou lavé de fauve clair ; sous-caudales blanches ou gris fauve ; rectrices latérales bordées de blanc ou de fauve au moins en partie ; plumes uropygiales et supra-caudales frangées de gris-blanc ou de fauve clair   **4.**

3. Bande noire oculaire, de chaque côté, *bordée de fauve* en dessous. Menton et gorge marqués d'une bande blanche, bordée de noirâtre, graduellement effacée sur la poitrine ; en dessus plumes uropygiales longuement frangées de fauve-rouge, les supra-caudales (au moins les plus longues) entièrement fauve-rouge.   **P. syrmatophora** Gould.

— Bande noire oculaire, de chaque côté, *bordée de blanc* en dessous. Menton et gorge marqués d'une bande blanche bordée de noirâtre prolongée sur la poitrine et sur l'abdomen (1) mais parfois diffuse en arrière. Uropygium et supra-caudales entièrement d'un fauve plus rouge et plus foncé.   **P. columbiana** Boucard.

4. Corps en dessous, gris noirâtre graduellement éclairci en arrière et passant au gris blanchâtre sur l'abdomen (au moins au milieu) ; menton et gorge ornés d'une bande jugulaire très blanche, assez étroite et nette en avant dans la région du menton, divisée-flammulée et souvent mal définie sur la gorge et le haut de la poitrine ; de chaque côté une ligne sous-oculaire blanche ou presque blanche. Corps en dessus vert bronzé foncé passant au noirâtre mat sur le cou et la tête, *uropygium gris cendré*, les plus longues supra-caudales *frangées de blanchâtre* (au moins chez l'adulte). Rectrices médianes en dessus vert bronzé à la base, ensuite noires et longuement pointées de blanc ; latérales en dessous noires à peine teintées de bronzé obscur à la base, bordées de blanc pur, très étroitement au côté interne, plus largement à l'externe. Bec de 29 à 31 m/m   **P. hispida** (Gould).

---

(1) Ce caractère n'est pas absolu.

Forme locale. — (b) plumes uropygiales *frangées de fauve clair*, les plus longues supra-caudales frangées de blanchâtre légèrement lavé de fauve. Corps en dessus généralement un peu plus cuivré ; ligne sous-oculaire blanche ; teintée de fauve clair en avant. Bec un peu plus long, de 32 à 33 1/2 m/m.
           P. hispida villosa (Lawr.).

— Corps en dessous gris clair ou blanchâtre, souvent lavé de fauve, surtout en arrière et de gris brunâtre en avant ; bande jugulaire blanchâtre ou jaune ou fauve clair, non divisée . . . . **5.**

5. Sous-caudales fauves ou grisâtres, de même teinte que l'abdomen . . . **6.**

— Sous-caudales blanches, rarement teintées de fauve clair (*P. superciliosa Moorei*) mais dans ce cas beaucoup plus claires que l'abdomen (1), tête noirâtre sans reflets bronzés . . . . **9.**

6. Tête, vue en avant, bronzé vert foncé ; corps en dessus bronzé-vert parfois un peu rougeâtre, uropygiales et supra-caudales étroitement frangées de fauve clair ; corps en dessous gris-fauve obscur passant graduellement en avant au noirâtre légèrement strié, en arrière, sur l'abdomen, au fauve plus clair un peu jaunâtre ; bande jugulaire fauve-roux obscur, peu indiquée, étroite souvent effacée ; de chaque côté ligne sous-oculaire très nette fauve clair passant au blanc en arrière. Rectrices latérales longuement vertes ou gris verdâtre à la base surtout interne, bordées de fauve roux à l'extrémité externe et plus étroitement à l'interne. Taille très grande. Bec de 40 à 46 m/m ; aile de 66 à 70 m/m. . . . **P. malaris (Licht.).**

— Tête, vue en avant, noirâtre terne, sans reflets bronzés ; taille plus faible ; bande jugulaire presque toujours très nette . . . . **7.**

7. Bande jugulaire assez large, blanchâtre à peine lavée de fauve clair, passant au blanc en arrière, prolongée en s'effaçant sur la poitrine ; de chaque côté bande sous-oculaire blanchâtre un peu teintée de jaune en avant près la base du bec. Corps en dessus bronzé vert, plumes uropygiales et supra-caudales très longuement frangées de fauve-jaune parfois presque blanchâtre ; dessous du corps gris-fauve clair, graduellement plus foncé en avant. Rectrices latérales bordées au côté externe de blanchâtre parfois légèrement fauve, de fauve pâle grisâtre à l'interne. Mandibule inférieure jaune, rembrunie un peu plus (généralement) que dans son tiers apical. Bec de 38 à 42 m/m ; aile de 58 à 66 m/m (2).
           P. longirostris (Del.).

Sous-espèces. — (b) Diffère du type par les rectrices latérales bordées de blanc (parfois légèrement rosé au côté interne) ; taille un peu plus forte. Bec de 45 1/2 à 47 m/m ; aile de 69 à 69 1/2 m/m. ; queue de 83 à 87 m/m. (♂ adulte) . . . . **P. longirostris mexicana Hart.**

— (c) Rectrices bordées de blanc comme celles de *P. long. mexicanus*, mais taille plus faible et coloration du dessous plus claire ; bande jugulaire et

---

(1) Excepté dans une forme sémimélanienne de *Ph. Moorei* : var. *nigella*. voir plus loin.

(2) Les oiseaux du Costa-Rica et du Nicaragua (*P. longirostris cephalus* Ridgway) sont en général en dessous d'une teinte un peu plus foncée et sont plus distinctement striés de gris-brun en avant, que ceux du Guatemela, mais ces caractères sont tellement subtils et gradués, et sujets à tant d'exceptions qu'il est impossible d'y trouver les limites d'une sous-espèce définie.

bande sous-oculaire à peine teintées de fauve en avant. Bec de 39 à
42 1/2 m/m; aile de 60 à 65 1/2 m/m; queue de 65 à 70 m/m. (sec. R.
Ridgway, subspecies invisa) . . **P. longirostris veræcrucis** Ridgw.

— Bande jugulaire très nette jaune plus ou moins vif ou fauve clair. Bande
sous-oculaire du même jaune mais passant au blanc en arrière . . . **8.**

8. Bande jugulaire très nette, jaune passant brièvement au blanchâtre en
arrière mais toujours bien définie; de chaque côté bande sous-oculaire
du même jaune en avant mais, plus longuement blanche en arrière. Corps
en dessus bronzé vert; plumes uropygiales et supra-caudales longuement
frangées de fauve-roux vif. Corps en dessous fauve clair, passant au
brunâtre strié de foncé, sur la poitrine et la gorge, mais avec un espace
vague plus blanc sur le milieu de la poitrine. Rectrices latérales bordées
des deux côtés de *fauve-rouge plus foncé que celui de l'abdomen mais légèrement lavé de blanchâtre à la marge*. Mandibule inférieure jaune rembrunie à peine dans son tiers apical parfois seulement à la pointe. Bec de
39 à 40 m/m; aile de 65 à 67 m/m. . . . . . . **P. Cassini** Lawr.

Forme locale. — (b) Bande jugulaire et, de chaque côté, bande sous-oculaire
d'un jaune plus vif, souvent un peu éclairci en arrière, mais passant très
rarement au blanc. Corps en dessous (principalement sur les côtés de la
gorge et de la poitrine) plus teinté de jaune ocreux. Rectrices latérales
bordées de *fauve clair comme celui de l'abdomen*, avec, le plus souvent,
un fin liséré blanc apical. Bec de 41 à 43 m/m.

                                     P. Cassini sussura (Bangs).

— Bande jugulaire étroite, fauve clair; de chaque côté bande sous-oculaire
très étroite, blanchâtre au moins en arrière. — Corps en dessus comme
P. longirostris, seulement uropygiales frangées de fauve plus foncé
(souvent plus brièvement). Corps en dessous fauve brunâtre foncé,
passant sur l'abdomen au fauve clair rougeâtre. Rectrices latérales
largement bordées de fauve-roux, plus foncé que celui de l'abdomen
(parfois au côté externe de fauve plus clair presque blanc). Bec plus
court (1). . . . . **P. boliviana** Gould.

Forme locale. — (b) Uropygiales plus étroitement frangées de fauve-roux;
en dessous bande jugulaire effacée ou à peine indiquée (2).

                            P. boliviana ochraceiventris (Hellm.).

9. Corps en dessus bronzé verdâtre avec la tête, vue en avant, noirâtre mat;
plumes uropygiales frangées de fauve-roux. Corps en dessous fauve jaunâtre clair, légèrement rembruni grisâtre sur les côtés de la poitrine et
surtout de la gorge, avec une bande jugulaire très étroite jaunâtre plus
clair que l'abdomen et de chaque côté une ligne sous-oculaire presque
blanche, passant brièvement au jaunâtre en avant. Rectrices latérales
bordées de blanc des deux côtés, mais bordure externe souvent teintée de

---

(1) De 35 1/2 à 37 m/m., pour les oiseaux de Bolivie; de 40 à 41 1/2 pour ceux du
Pérou (au musée de Tring).

(2) Un cotype comparé au *P. boliviana* de la collection Boucard, ne présente aucune
différence dans la teinte du dessous du corps; C. E. Hellmayr ajoute que le bec est plus long
de 41 à 43 m/m ce qui n'est exact que pour les oiseaux de Humaytha, celui d'une femelle
reçue depuis de Calama, ne mesure que 26 m/m.

fauve vers la base; sous-caudales blanches. Bec de 37 à 39 m/m; aile de
55 à 60 m/m. . . . . **P. superciliosa** (L.).

Formes locales. — (b) Corps en dessous d'un fauve-roux plus vif, passant au gris
brunâtre sur les côtés de la poitrine et de la gorge; bande jugulaire de
même teinte que l'abdomen; sous-caudales blanches, souvent légèrement
lavées de fauve à la base; bordure blanche des rectrices latérales
généralement un peu plus teintée de fauve. — Bec généralement plus
court (1) . . . . **P. superciliosa saturatior**, var. nova.

— (c) Corps en dessous gris brunâtre légèrement strié (chaque plume frangée
de fauve obscur) passant au fauve sur l'abdomen; bande jugulaire très
étroite blanchâtre, parfois teintée de jaunâtre près du bec; de chaque
côté ligne sous-oculaire blanchâtre, passant graduellement au fauve en
avant. Corps en dessus bronzé foncé plus vert moins cuivré, plumes
uropygiales et supra-caudales très longuement frangées de fauve, généralement plus pâle (au moins chez les adultes). Rectrices latérales bordées de
blanc parfois légèrement lavé de fauve pour les externes; sous-caudales
rarement blanc pur, le plus souvent lavées de fauve pâle surtout les plus
courtes. Bec de 38 à 42 m/m; aile de 59 à 66 m/m.
                                        P. superciliosa Moorei Lawr.

Variété. — Dessous du corps encore plus foncé, passant graduellement au
noirâtre sur la gorge et le menton, à bande jugulaire à peine indiquée,
parfois tout à fait effacée; ligne sous-oculaire d'un fauve assez vif au
moins en avant; sous-caudales gris-fauve comme l'abdomen, mais
passant au blanc à l'extrémité des barbes; bordure des rectrices latérales
nettement lavé de fauve au moins en grande partie.
                                P. superciliosa Moorei var. **nigella**, var. nova (2).

— (d) Corps en dessous gris brunâtre en avant et strié (chaque plume frangée de
fauve) passant au blanc grisâtre sur la poitrine, au blanc presque pur sur
l'abdomen; celui-ci parfois un peu teinté de gris-fauve sur les flancs (3);
bande jugulaire étroite et lignes sous-oculaires jaunâtre clair en avant
passant graduellement au blanc en arrière; corps en dessus comme celui
de *superc. Moorei*; rectrices latérales bordées de blanc pur; sous-caudales
blanc pur. Bec de 39 1/2 à 41 m/m; aile de 59 à 60 m/m.
                                        P. superciliosa Baroni Hart.

— (e) Corps en dessous gris plus foncé, passant parfois au noirâtre en
avant; flancs de l'abdomen tantôt fauve clair, tantôt fauve obscur; bande
jugulaire un peu plus large que celle de *P. superc. Baroni*, blanche, à
peine lavée de fauve pâle en avant; de chaque côté, ligne sous-oculaire
fauve assez vif en avant, graduellement plus clair en arrière; en dessus
corps comme celui de *P. superc. Moorei*, mais plumes uropygiales et
supra-caudales plus étroitement (souvent peu distinctement) frangées de

---

(1) Ce caractère n'est exact que pour les oiseaux de l'Orénoque et de la Caura dont le bec
mesure de 34 à 35 1/2 m/m (Berlepsch cite cependant un spécimen de la Caura dont le bec
aurait 37 m/m). Les oiseaux du Maroni ont le bec normal du *P. superciliosa*.

(2) Peut-être une forme sémimélanienne de *P. Moorei* qui se trouve mêlée au type dans
les lots d'oiseaux de Bogota. Par ses sous-caudales teintées elle pourrait rentrer dans la
série des *P. longirostris*.

(3) Cette coloration rappelant celle de l'*Anisolerus Augusti*.

gris-fauve. Rectrices externes et subexternes étroitement bordées de fauve clair, les submédianes et latérales internes de blanc à peine lavé de fauve; sous-caudales blanc pur. Bec de 26 1/2 à 27 m/m; aile de 58 à 60 m/m.

P. superciliosa Mülleri (Hellm.).

10. Rectrices latérales toutes bordées de blanc pur; rectrices médianes, vues en dessus, larges dans leur moitié basale, assez brusquement plus étroites, dans l'apicale. Taille grande. **11**

— Rectrices externes et subexternes en dessous bordées de fauve clair terne; les latérales internes et submédianes de blanc pur ou légèrement lavé de fauve à la base; rectrices médianes, vues en dessus graduellement atténuées de la base à l'extrémité, coniques très allongées, vert cuivré et longuement pointées de blanc. Taille plus faible **12**

11. Corps en dessous gris brunâtre passant au fauve en avant et en arrière dans la région abdominale; menton et gorge coupés d'une large bande formée de grosses plumes oblongues noir mat étroitement frangées de fauve; de chaque côté, une très large bande noire oculaire, bordée en dessous d'une bande fauve clair aussi large, en dessus d'une ligne fauve plus rouge, étroite, ne dépassant pas en avant le niveau de l'œil, mais prolongée en arrière jusqu'à la base de la nuque; sous-caudales fauves; tête en dessus noirâtre mat étroitement striée en écailles de roux foncé; dos bronzé verdâtre foncé strié en écailles, chaque plume vue isolément passant au noirâtre à l'extrémité, celles du cou longuement frangées de roux vif formant un collier, celles de l'uropygium frangées de fauve roux. Rectrices médianes en dessus vert cuivré à la base, passant plus ou moins longuement au noir vers l'extrémité avant la pointe blanche très longue. Taille grande (1) . . . . **P. Eurynome** (Less.).

— Corps en dessous gris-blanc, le plus souvent un peu teinté de fauve sur les flancs; menton et gorge marqués d'une large bande, souvent mal définie, de plumes noirâtres allongées longuement frangées de blanc; de chaque côté, bande oculaire noire bordée en dessous d'une bande blanche assez large, souvent un peu lavée de fauve en avant, en dessus d'une ligne supra-oculaire fauve très clair rarement blanche, ne dépassant pas en avant le niveau de l'œil, mais prolongée en arrière. Corps en dessus vert cuivré plus clair passant au noirâtre sur la tête; supra-caudales frangées de fauve clair, parfois de blanchâtre. Rectrices latérales toutes bordées de blanc à l'extrémité. Rectrices médianes en dessus vert cuivré clair parfois bleuâtre . . . . **P. anthophila** (Bourc.).

Formes locales. — (b) Corps en dessus d'un vert un peu plus foncé et moins cuivré; supra-caudales plus étroitement frangées de fauve, sauf les plus longues (2) . . . . **P. anthophila hyalina** (Bangs).

— (c) Menton et gorge entièrement noir de suie (chaque plume très finement frangée de gris clair) graduellement éclairci sur la poitrine, passant au

---

(1) Le nid et les œufs ont été figurés par C. F. Dubois, *Arch. cosmol.*, 1867, pl. 9, f. 163. La teinte rouge des œufs est due à un lichen rouge (*Spiloma roseum*) dont le nid est partiellement composé.

(2) Caractères très faibles et peu apparents; j'ai vu un cotype de *P. hyalina* Bangs, entre les mains du comte H. v. Berlepsch.

blanc presque pur sur le milieu de l'abdomen, au blanc lavé de fauve sur les flancs; de chaque côté, bande oculaire d'un noir mat plus profond, non bordée. Corps en dessus vert cuivré foncé, passant au noirâtre sur la tête; plumes uropygiales et supra-caudales assez longuement frangées de fauve très clair. Rectrices externes et subexternes entièrement noires (sans bordure); latérales internes et submédianes bordées de blanc au côté externe et à l'extrémité interne . . **P. anthophila fuliginosa** (E. S.).

— (d) Diffère de *P. anthophila* type par le dessus de la tête plus foncé brun noirâtre; les marques de la gorge plus foncées et plus fortes; le dos d'un vert plus foncé avec les plumes uropygiales plus rougeâtres (sec. C. B. Cory) (1). . . . . **P. anthophila fuscicapillus** Cory.

12. Corps en dessous brun-fauve, un peu plus clair et plus roux sur l'abdomen; mouchetures du menton et de la gorge d'un brun plus foncé ou noirâtres, larges et presque confluentes; de chaque côté, une ligne sous-oculaire et une ligne supra-oculaire (prolongée en arrière) fauve clair parfois blanchâtre; sous-caudales fauves comme l'abdomen. Rectrices médianes longues; leur pointe blanche occupant au moins tout leur tiers apical; en dessous rectrices externes et subexternes bordées de fauve pâle des deux côtés; latérales internes et submédianes de blanc pur ou légèrement lavé de fauve vers la base. Mandibule inférieure noire dans sa moitié apicale ou plus, mais la partie noire éclaircie et fondue vers la base. Bec de 23 à 24 m/m. . . . . . **P. squalida** (Natt.).

— *Race locale*. — (b) « Somewhat resembling *Phaëthornis squalida* (Natt.) but more cinnamomea, below and rectrices with white tips. » (Todd).
P. squalida subochracea Todd.

— Corps en dessous gris blanchâtre, passant au blanc presque pur sur l'abdomen; mouchetures du menton et de la gorge très noires, dessinant une bande nettement définie; de chaque côté une ligne sous-oculaire et une ligne supra-oculaire (prolongée en arrière) jaunâtres ou presque blanches. Rectrices médianes plus courtes et plus larges; leur pointe blanche plus courte, occupant à peine leur cinquième apical, mais précédée d'une zone grisâtre fondue. Mandibule inférieure nettement noire dans son tiers apical seulement (le plus souvent un peu plus). Bec de 23 à 25 m/m . . . . **13.**

13. Sous-caudales blanches (parfois un peu lavées de fauve à la base); rectrices externes et souvent subexternes bordées de fauve rosé très pâle, les autres de blanc pur . . . . **P. Rupuruni** Boucard.

— Sous-caudales fauves; Rectrices latérales toutes bordées de fauve pâle des deux côtés (sec. C. E. Hellmayr) (2). . . . . . . **P. amazonica** (Hellm.).

---

(1) Subspecies incerta et invisa.

(2) Je ne connais pas cette forme; l'auteur l'a décrite comme une race locale de *P. Rupuruni* mais les caractères qu'il en donne me paraissent suffisants pour la considérer comme une espèce propre; il faut ajouter que son habitat est très éloigné de celui du *P. Rupuruni* typique.

2ᵉ Genre. — ANISOTERUS

— Corps en dessous fauve-roux un peu rembruni au menton, avec une large
bande jugulaire plus pâle mal définie, fondue sur la gorge ; de chaque côté
une bande sous-oculaire blanche ou blanchâtre et une bande postoculaire
plus lavée de fauve, droite ou recourbée ; sous-caudales fauve-roux clair
comme l'abdomen ; supra-caudales d'un roux vif entièrement ou quelques-
unes au milieu à disques verts étroits et abrégés le long du stipe. Bec de
29 à 34 m/m. A. Pretrei (L. et D.).

— Corps en dessous gris blanchâtre, un peu plus foncé en avant avec une
bande jugulaire plus blanche souvent mal définie ; de chaque côté une
bande sous-oculaire et une bande post-oculaire blanches ; sous-caudales
comme l'abdomen, blanchâtres souvent un peu teintées de gris ou de
fauve à la base ; supra-caudales vert bronzé comme le dos, et longuement frangées de roux. Rectrices médianes en dessus bronzé un peu doré
rougeâtre (1). Bec de 27 à 31 m/m. . . . . A. Augusti (Bourc.).

Formes locales. — (b) Supra-caudales vert bronzé comme le dos ou à peine
plus cuivré, plus brièvement frangées de roux ; sous-caudales gris-clair
le long du stipe, longuement frangées de blanchâtre sans teinte fauve.
Rectrices médianes en dessus bronzé-vert passant légèrement au noirâtre
vers la partie blanche. Bec de 30 à 31 1/2 m/m.
A. Augusti incanescens, var. nova.

— (c) Supra-caudales presque entièrement roux vif (plusieurs à petits disques
vert bronzé) ; sous-caudales nettement teintées de fauve ; flancs de
l'abdomen, au moins à la base, très légèrement teintés de fauve. Rectrices
médianes en dessus bronzé-rougeâtre ou violacé plus brillant. Bec de
30 à 32 m/m. . . . . A. Augusti vicarius, var. nova.

3ᵉ Genre. — ANOPETIA

— Corps en dessous fauve-roux foncé, passant au blanc sur l'abdomen, en
avant une bande jugulaire noirâtre et de chaque côté, une étroite ligne
sous-oculaire blanche ; sous-caudales fauve rougeâtre. Corps en dessus
vert bronzé grisâtre, plus terne sur la tête ; les supra-caudales frangées de
fauve-roux. Rectrices médianes en dessus vert bronzé, bordées de blanc
à l'extrémité ; les submédianes noires dans leur moitié basale, blanc pur
dans l'apicale, les autres noires, longuement pointées de blanc, toutes
passant au vert bronzé à la base. (D'après le type.)
A. Gounellei (Boucard)

4ᵉ Genre. — AMETRORNIS

— Corps en dessous gris légèrement fauve, passant au brunâtre sur les côtés
de la poitrine ; menton et gorge marqués d'une large bande jugulaire

---

(1). Plus rarement bronzé-vert.

blanche ou blanchâtre fondue sur les côtés et en arrière et souvent mal
définie ; sous-caudales fauve clair. Corps en dessus bronzé verdâtre strié
de noirâtre en écailles ; supra-caudales étroitement frangées de fauve
clair. Rectrices latérales brièvement acuminées, noires, bordées dans leur
tiers apical de gris fauve rougeâtre, assez largement au côté externe, plus
finement au côté interne. Mandibule inférieure jaune paille passant au
noir seulement à l'extrémité. Bec de 28 à 32 1/2 m/m. (1).

A. Bourcieri (Less.).

— Corps en dessous jaune-rougé vif (comme celui de *Phaëthornis syrmato-*
phora) passant au blanchâtre fondu sur le menton; sous-caudales jaune
plus clair, passant au blanc à la base. Corps en dessus bronzé verdâtre
strié de noirâtre en écailles; uropygiales et supra-caudales assez brièvé-
ment frangées de roux ; aux plus longues supra-caudales la frange
plus claire et précédée d'une ligne transverse noirâtre. Rectrices latérales
vert plus claire et bronzé passant au noir dans leur tiers ou leur quart apical;
très largement bordées de fauve-roux foncé, au côté externe jusqu'au stipe.
Mandibule inférieure jaune paille passant au noirâtre dans tout son tiers
apical. Bec 32 m/m . . . . A. Filippii (Bourc.).

5ᵉ Genre. — GUYORNIS

— Rectrices noires jusqu'à la base. Corps en dessus vert foncé avec la tête
plus terne presque noirâtre; la nuque et le cou (vus en arrière) plus
cuivrés; les uropygiales et supra-caudales d'un vert graduellement plus
bleuâtre, très étroitement frangées de blanc ou de fauve blanchâtre.
Corps en dessous vert très foncé, passant au gris noirâtre à la base de
l'abdomen; sous-caudales blanc pur. ♂ Menton et gorge offrant une
bande gris-blanc à peine indiquée et promptement effacée; de chaque
côté région temporale noir mat, limitée en dessous par une étroite bande
sous-oculaire atteignant la commissure du bec, fauve rougeâtre se terminant en arrière par quelques petites plumes blanches sétiformes
isolées, en dessus, par une courte bande fauve postoculaire. Rectrices
médianes très brièvement pointées de blanc, les autres entièrement noir
bleuâtre. — ♀ Bande jugulaire souvent plus nette, se prolongeant souvent
jusqu'au milieu de la poitrine où elle passe au blanc; de chaque côté une
ligne sous-oculaire blanc pur plus longue et une ligne postoculaire blanchâtre ou fauve. Queue plus longue; rectrices latérales étroitement
liserées de blanc au côté externe dans le tiers ou la moitié apicale; les
médianes, à pointe blanche courte coupée net. — ♂ ♀ Bec de 38 à 41 m/m.
Mandibule inférieure d'un rouge foncé (2) — *jeune*. Rectrices de la femelle.
Ligne blanche sous-oculaire teintée de fauve en avant.

G. Yaruqui (Bourc.).

---

(1) Les *A. Bourcieri* de l'Ecuador ont le bec de 28 à 29 1/2 m/m; ceux de la Guyane ont
le bec plus long, de 30 à 32 1/2 m/m.

(2) Pendant la vie, d'après Frazer (in P. Z. S., xxviii, p. 94), passant au blanc jaunâtre
sur les spécimens secs.

Forme locale. — (b) ♀ Dessous du corps moins foncé gris verdâtre cuivré; bande jugulaire blanché dès la base du bec et prolongée jusqu'à l'abdomen, légèrement flammulée (rappelant un peu celle de *Ph. hispida*); bande sous-oculaire blanche, teintée de fauve en avant et ressemblant à celle du mâle. Rectrices médianes plus longuement acuminées, à pointe blanche plus longue fondue vers la base (moins nettement coupée) (1).

G. Yaruqui Sancti-Johannis (Hellm.).

— Rectrices vert métallique plus ou moins bleuâtre à la base en dessus et en dessous. Corps en dessus vert cuivré, plus terne sur la tête; supra-caudales et uropygiales d'un vert plus bleuâtre passant au noir à l'extrémité, mais étroitement frangées de blanc. Corps en dessous gris plus ou moins foncé, avec les côtés de la gorge et de la poitrine plus ou moins variés de vert cuivré foncé et la base de l'abdomen passant au fauve rougeâtre (assez largement chez la femelle, beaucoup moins chez le mâle où cette partie fauve est parfois indistincte); en avant une bande jugulaire assez étroite; de chaque côté une ligne sous-oculaire atteignant la commissure et une courte ligne postoculaire fauve-roux vif; sous-caudales blanches souvent (surtout ♂) au moins les plus courtes à disques grisâtres peu distincts. Rectrices, sauf à la base, noires; ♂ les médianes brusquement acuminées et prolongées en pointe blanche filée assez longue, les latérales étroitement lisérées de blanc au côté externe dans la moitié apicale (2) — ♀ les médianes beaucoup plus longues et longuement pointées de blanc; les latérales plus distinctement bordées de blanc au côté externe et très finement à l'interne. — ♂ ♀ Mandibule inférieure d'un rouge orangé très vif (3). Bec de 33 à 38.1/2 m/m.   **G. Guyi** (Less.).

Races locales. — (b) ♂ ♀ Dessous du corps d'un gris plus clair; abdomen beaucoup plus largement (parfois presque entièrement) fauve rougeâtre; sous-caudales blanches à disques noirâtres plus larges et plus nets. Corps en dessus comme celui du type . . . . . . **G. Guyi napensis**, var. nova.

— (c) ♂ ♀ Supra-caudales et base des rectrices en dessus et en dessous d'un bleu verdâtre brillant. — ♂ Corps en dessus d'un vert plus bleu et plus brillant (sauf sur la tête), les dernières supra-caudales seules bordées de noir et finement frangées de blanc. Corps en dessous presque entièrement du même vert-bleu brillant, non ou à peine teinté de fauve à la base de l'abdomen; en avant bande jugulaire d'un roux très foncé, très abrégée; lignes oculaires plus ou moins effacées ou au moins très abrégées. Rectrices latérales entièrement noires ou pourvues au bord externe d'une bordure blanche très fine et très abrégée. Rectrices médianes à pointe blanche aciculée généralement plus petite (4). — ♀ ressemblant à la forme type sauf par les supra-caudales et la base des rectrices plus bleues et le

---

(1) Le mâle se distingue très difficilement de la forme typique.

(2) Cette bordure disparaît parfois complètement chez les vieux mâles.

(3) Pendant la vie, mais cette teinte se conserve parfois sur les spécimens secs.

4) Cette livrée est celle du mâle très adulte correspondant à *P. coruscus* Bangs; celle généralement attribuée à *G. Emiliæ* est celle du mâle moins adulte.

bec généralement un peu plus long (de 40 à 43 m/m pour les oiseaux de Bogota; de 37 à 39 1/2 pour ceux du Costa-Rica) (1).

G. Guyi Emiliæ (B. et M.).

6ᵉ Genre. — PYGMORNIS

TABLEAU DES ESPÈCES

1. Sous-caudales blanc pur . . . . 2.

— Sous-caudales jaunes ou fauve-roux . . . . 4.

2. Sexes très dissemblables. — ♂ Menton, gorge et poitrine brun rougeâtre très foncé, passant graduellement au noir en avant, le plus souvent avec quelques plumes blanches au milieu de la poitrine, quelques-unes vert cuivré sur les côtés; abdomen gris obscur. Corps en dessus vert avec la tête noirâtre terne, suivie, sur le cou, d'une zone plus cuivrée; supra-caudales vertes, comme le dos (sans aucune frange). Rectrices vert bronzé foncé, larges et courtes; les médianes et submédianes presque égales et très obtuses; les latérales graduellement plus courtes, tronquées, anguleuses, l'externe et la subexterne étroitement bordées de blanc à l'extrémité interne, très finement (souvent indistinctement) à l'externe, les autres unicolores. — ♀ Corps en dessous fauve-roux vif, passant graduellement au fauve plus clair et grisâtre sur l'abdomen (2). Corps en dessus comme chez le mâle, sauf les supra-caudales frangées de roux. Rectrices en dessus vert bronzé foncé; les médianes plus longues, acuminées assez longuement et nettement pointées de blanc, en dessous vert bronzé plus clair; toutes les latérales bordées de blanc (un peu lavé de fauve au moins pour les externes), au côté externe au moins dans la moitié apicale à l'interne seulement à l'extrémité. — ♂ ♀ Bande oculaire très noire bordée en dessus et en dessous d'une ligne fauve (plus claire et presque blanche chez le mâle). Mandibule inférieure jaune paille passant au noir seulement dans son tiers apical . . . . P. Idaliæ (B. et M.).

— Sexes presque semblables, sauf par les rectrices (celles du mâle plus larges et plus courtes, mais toutes pointées de blanc). Corps en dessous rufescent marqué d'une bande jugulaire noire ou noirâtre abrégée ou fondue en arrière, bordée de chaque côté d'une ligne sous-oculaire fauve ou blanche. Corps en dessus cuivré plus ou moins vert avec les supra-caudales (♂ et ♀) frangées de roux. Rectrices en dessous noires ou bronzé vert, bordées de blanc, souvent lavé de fauve . . . . 3.

3. Corps en dessous fauve-roux, légèrement et graduellement plus clair dans la région abdominale; bande jugulaire (♂) noir profond, très large et courte, bordée de chaque côté d'une bande sous-oculaire fauve comme la poitrine ou (♀) noir grisâtre et bordée d'une bande sous-oculaire d'un fauve plus clair. Corps en dessus bronzé à peine verdâtre, souvent un peu

---

(1) Ce dernier caractère, donné par O. Bangs à l'appui de son *P. coruscus*, n'a rien d'absolu; la teinte des rectrices est aussi variable et certaines femelles des lots de Bogota ne peuvent se distinguer des *G. Guyi* typiques de Trinidad.

(2) Rien ne rappelle la bande jugulaire noire des deux espèces suivantes, le menton a plutôt une tendance à passer au blanchâtre à la base du bec.

rougeâtre, passant au noirâtre terne sur la tête. Mandibule inférieure à
partie noire n'occupant pas entièrement la moitié apicale, souvent réduite
au tiers apical. — ♀ Rectrices médianes en dessus bronzé vert foncé à la
base, passant graduellement au noir, avec une pointe blanche précédée
d'une zone grisâtre fondue; en dessous rectrices noirâtres passant au
vert à la base, les externes et subexternes bordées de fauve, les latérales
internes et submédianes de blanchâtre souvent un peu lavé de fauve. —
♂ Rectrices en dessus bronzé verdâtre foncé, les médianes plus brièvement mais plus brusquement acuminées, à pointe blanche plus nettement
coupée; rectrices en dessous d'un bronzé plus vert, surtout à la base,
plus finement bordées de blanchâtre lavé de fauve au moins pour les
deux externes . . . . **P. longuemarea** (Less.).

— Corps en dessous nettement bicolore; poitrine brun ou gris châtain;
abdomen fauve-roux vif; bande jugulaire noire fondue en arrière, bordée
de chaque côté d'une étroite ligne sous-oculaire blanchâtre. Corps en
dessus beaucoup plus vert passant au cuivré sur le cou, au noirâtre terne
sur la tête. Mandibule inférieure à partie noire occupant plus de la moitié
apicale, souvent les deux tiers apicaux. — ♀ Rectrices médianes en dessus
d'un bronzé plus vert à pointe blanche plus courte précédée d'une zone
gris noirâtre fondue; en dessous rectrices noirâtres; les externes et
subexternes bordées de fauve-roux vif au moins à la pointe; les autres de
blanchâtre. ♂ Rectrices médianes en dessus étroites mais à côtés parallèles, non acuminées, obtuses, vert bronzé foncé étroitement bordées de
blanc à l'extrémité; rectrices en dessous bronzé vert foncé; les latérales
très finement liserées de blanc pur . . . . **P. Riojæ** (Berl.).

4. Poitrine traversée d'une sorte de ceinture ou de croissant de plumes noires
(très apparentes chez le mâle, souvent recouvertes chez la femelle par les
plumes qui précèdent). Corps en dessous fauve rufescent, le plus souvent
un peu plus clair ou blanchâtre en avant près la base du bec; sous-
caudales rufescentes; stipe des rectrices entièrement rouge ou brun-
rouge, passant parfois au blanc à la pointe (Chez *P. Stuarti*). . . . . 5.

— Poitrine sans croissant noir apparent (1); stipe des rectrices noir (2) passant
au blanc à la pointe. . . . . 9.

5. Mandibule inférieure jaune clair dans sa moitié basale, noire dans sa
moitié apicale; rectrices médianes pointées de fauve-rouge (3); bande
pectorale noir mat . . . . 6.

— Mandibule inférieure jaune clair, rembrunie seulement à l'extrémité; rectrices vert bronzé ou cuivré; les médianes pointées de blanc . . . . 8.

6. Rectrices médianes (4), vues en dessus, bronzé doré rougeâtre passant au
noir sur les bords, pointées de fauve-roux, (♀) passant au blanchâtre à

---

(1) Les plumes de la ceinture sont cependant généralement noires à la base, mais elles
sont toujours recouvertes, parfois accidentellement visibles par suite de manque ou de dépla-
cement.

(2) Excepté chez *P. Adolphi* et *P. striigularis ignobilis* dont le stipe, au moins celui des
rectrices médianes, est brun rougeâtre.

(3) Celles de la femelle graduellement éclaircies à l'extrémité.

(4) Souvent un peu plus larges que celles de *P. pygmæa*.

l'extrémité; rectrices latérales, vues en dessous, tantôt bronzé rouge comme en dessus, tantôt bronzé foncé noirâtre, (♂) sans aucune bordure fauve, (♀) largement bordée de fauve-roux comme celles de *P. pygmæa* ; taille de *P. pygmæa* (1) . . . . **P. episcopus** (Gould).

— Rectrices médianes, vues en dessus (surtout d'arrière en avant), vert bronzé, ♂ pointées de fauve-rouge, ♀ pointées de fauve-rouge passant graduellement au blanchâtre fondu. Rectrices latérales, vues en dessous, bronzé vert (2), ♂ étroitement bordées de fauve roux (la bordure n'atteignant pas la stipe sauf à l'extrémité), ♀ toutes largement bordées de roux au côté externe (jusqu'au stipe au moins dans leur moitié apicale) et à l'extrémité interne (les médianes seules passant au blanchâtre à la pointe).   7.

7. Bande noire oculaire généralement assez étroite. Taille petite : aile de 34 à 37 m/m; bec de 20 à 21 m/m . . . . **P. pygmæa** (Spix).

— Bande noire oculaire plus large et plus dilatée en arrière (3). Taille un peu plus forte et surtout ailes plus longues, de 39 à 43 m/m; bec de 23 à 24 m/m (4). . . . . **P. longipennis** (Berl.).

8. Bande pectorale noir mat. ♀ Rectrices latérales largement bordées de roux comme celles de *P. pygmæa*, les médianes seules pointées de blanchâtre (passant souvent au roux le long du stipe). Taille petite : aile de 30 à 35 m/m; queue de 30 à 34 m/m . . . . **P. nigrocincta** (Lawr.).

— Bande pectorale noir cuivré (plumes noires passant au cuivré au disque). Rectrices médianes et submédianes longuement pointées de blanc avec le stipe blanc dans la portion blanche; en dessous les latérales, ♂ étroitement bordées de blanc pur sans mélange de roux, ♀ plus largement bordées de blanc, les deux plus externes de fauve clair passant au blanc à la marge. Taille plus forte : aile de 41 à 42 1/2; queue de 36 à 39 m/m.
                                                          P. Stuarti (Hart.).

9. ♀ Mandibule inférieure jaune passant au noirâtre seulement à la pointe. Corps en dessous fauve clair, un peu plus foncé sur la gorge (non striée); sous-caudales fauves; supra-caudales roux foncé; rectrices médianes en dessus (♀) longues, étroites acuminées noires, passant à la base au bronzé, à l'extrémité au gris noirâtre fondu et pointées de blanc; les submédianes en dessous également pointées de blanc, largement bordées de roux au côté externe, de blanchâtre à l'interne, mais légèrement teinté de roux avant la pointe blanche; les autres en dessous noir teinté de violacé et

---

(1) Les femelles de *P. episcopus*, *pygmæa*, et *longipennis* sont parfois très difficiles à distinguer; les trois ne sont peut-être que des formes locales d'une même espèce largement distribuée.

(2) Chez les femelles les plus externes sont souvent noires à la base interne.

(3) Ce caractère n'est pas absolu.

(4) Berlepsch donne comme longueur de l'aile 41 1/2 et 42 3/4 m/m; celle de 39 m/m est prise sur deux oiseaux de la même localité communiquées par le prof. Dernedde; la longueur du bec est prise des mêmes. L'un de ceux-ci a les rectrices médianes en dessus bronzé rougeâtre comme celles de *P. episcopus*.

largement bordées de fauve, leurs stipes noirs. Taille assez forte : aile de
45 à 48 m/m (1) . . . . **P. Nattereri** (Berl.).

— Mandibule inférieure jaune clair dans sa moitié basale, noire dans l'apicale
ou (le plus souvent) un peu plus. **10**

10. Corps en dessous fauve rufescent clair et vif, sans stries noires; sous-
caudales rousses comme l'abdomen. Rectrices latérales en dessous (au
moins ♀) largement bordées de roux plus foncé, jusqu'au stipe au côté
externe et à l'extrémité interne. . . . . **11.**

— Corps en dessous gris-blanc ou gris-fauve avec le menton et la gorge striés
de plumes noires formant une bande jugulaire, mal définie au moins en
arrière; rectrices latérales en dessous assez étroitement bordées de fauve
grisâtre ou de blanc. . . . . **13.**

11. Rectrices vert bronzé (les plus externes en dessous parfois noires sauf à
la base) à stipes brun-rouge; les médianes pointées de fauve passant
légèrement au blanchâtre à l'extrémité. Sexes dissemblables; ♂ corps en
dessous fauve-roux un peu plus foncé et gris brunâtre sur la poitrine, la
gorge et le menton; celui-ci passant souvent au gris noirâtre; rectrices
plus courtes, plus larges, plus étroitement bordées de fauve-roux. —
♀ Corps en dessous fauve rufescent, passant graduellement au gris-blanc
en avant sur le menton; queue plus longue; rectrices latérales très
largement bordées de roux jusqu'au stipe au côté externe et à l'extrémité
interne. — ♂ ♀ Mandibule inférieure noire dans sa moitié apicale ou (le
plus souvent) un peu moins. Aile de 36 à 40 m/m.   **P. Adolphi** (Gould).

— *Races locales ou sous-espèces.* — (b) Diffère du type (du Sud du Mexique) par
la coloration du mâle adulte plus obscure au menton, à la gorge et à la
poitrine (sec. R. Ridgway). . . . . **P. Adolphi saturata** (Ridgw.).

— (c) Diffère de *P. Adolphi saturata* par la coloration encore plus foncée en
dessus et en dessous; le dessus de la tête plus brunâtre; les supra-caudales
plus foncées et plus châtain; la partie apicale fauve des rectrices plus
restreinte . . . . **P. Adolphi fratercula** Nelson.

Nota. — Les deux formes *Adolphi saturata* et *fratercula*, qui ne reposent
que sur une variation insignifiante dans l'intensité de la teinte du plumage
sont très douteuses; quand on a sous les yeux une nombreuse série de
Pygmornis Adolphi des divers points de son large habitat (du Mexique à
Panama) on peut se rendre compte que sa livrée est très variable même individuellement. R. Ridgway ajoute à propos de la forme *saturata* : « Guatemalan
specimens are intermediate but seem to be more like that from Costa Rica
than like those from Mexico »; d'après la description de Nelson, sur un seul
individu de Cana (Panama E.), je ne saisis pas en quoi cet *Adolphi fratercula*
peut différer du *saturata*.

— Rectrices noires; leurs stipes noirs (dans les parties noires); les médianes
en dessus passant à la base au bronzé vert, à l'extrémité au gris fondu et

---

(1) D'après les types du voyage de Natterer, appartenant au musée de Vienne, l'un de
Engino-de-Gama au Matto-Grosso, (frontière de Bolivie), l'autre de Cascara également au
Matto-Grosso, les deux probablement femelles. Ne connaissant que l'un des sexes, je ne puis
affirmer que l'espèce soit réellement ici à sa place mais c'est certainement à tort que quelques
auteurs l'ont rapprochée de l'*Anisoterus Pretrei.*

pointées de blanc, les latérales en dessous noir pur largement bordées de roux. Sexes à peu près semblables **12**

12. Corps en dessous jaune-roux vif avec le menton graduellement blanc. Taille petite. Bec de 22 à 23 m/m.; aile de 38 à 39 m/m.

P. griseigularis (Gould).

— Corps en dessous entièrement roux vif. Taille plus forte. (sec. Gould) (1).

P. zonura (Gould).

13. Corps en dessous fauve clair, plus rouge sur l'abdomen, passant au blanc sur les côtés du menton et de la gorge, celle-ci marquée au milieu de stries noires dessinant une bande jugulaire s'étendant au menton jusqu'à la base du bec; sous-caudales jaunâtres comme l'abdomen le long du stipe, mais longuement frangées de blanc. Corps en dessus bronzé verdâtre avec les supra-caudales d'un roux foncé. Rectrices médianes en dessous noires passant seulement à la base au vert bronzé; rectrices latérales en dessous noirâtres (à peine teintées de vert); les submédianes et latérales-internes bordées de blanc pur; les subexternes et externes de fauve grisâtre lavé de blanc. Queue assez dissemblable d'un sexe à l'autre; celle de la femelle normale; celle du mâle à rectrices médianes et submédianes plus courtes et plus obtuses. Taille un peu plus forte (2).

P. atrimentalis (Lawr.).

— Corps en dessous cendré clair, avec les côtes de la poitrine teintes de gris obscur; les flancs de l'abdomen de fauve souvent rougeâtre; menton et gorge striés de gris noirâtre; sous-caudales blanc grisâtre. Corps en dessus bronzé foncé avec les supra-caudales d'un roux assez foncé, le plus souvent marquées de petits disques étroits vert cuivré. Rectrices médianes en dessus bronzé vert foncé passant graduellement au noirâtre vers la partie apicale blanche; rectrices en dessous bronzé vert foncé, assez largement bordées au côté externe (jusqu'au stipe dans leur partie apicale), étroitement à l'extrémité interne, de fauve grisâtre, largement lavé de blanc aux submédianes et latérales-internes. Queue à peu près semblable dans les deux sexes, seulement les rectrices médianes du mâle plus brièvement pointées de blanc. Aile de 30 à 36 m/m; bec de 19 1/2 à 21 m/m.

P. striigularis (Gould).

Races locales. — (b) Dessous du corps d'un gris clair légèrement teinté de fauve ou de rosé passant parfois au fauve plus rouge sur les flancs de l'abdomen; stries jugulaires non ou à peine visibles; sous-caudales jaunâtres, longuement frangées de blanc; bande noire oculaire plus large; supra-caudales et partie de l'uropygium d'un roux plus clair et plus vif; rectrices médianes en dessus vert bronzé comme celles de *P. pygmæa* (3).

P. striigularis ignobilis Todd.

— (c) « Similar to *P. striigularis* Gould but smaller, with a shorter bill.

---

(1) Species invisa et incertissima.

(2) Dans les deux figures de la monographie de Gould; pl. 37, *P. striigularis*, d'après des oiseaux de Bogota et pl. 32, *P. amaura* = *atrimentalis*, les teintes sont exagérées.

(3) Forme douteuse connue sur des matériaux insuffisants : un mâle de Quiguas (au musée Carnégie) et deux femelles de mes chasses à San Esteban.

uderparts more rufescent, the throat more uniform and less streaked »
(Chapman) (1) . . . . P. striigularis subrufescens Chapman.

4ᵉ Groupe. — EUTOXERES

Bec très fortement recourbé presque en tiers de cercle et plus court que la moitié du corps (2); mandibules égales et très aiguës, mutiques non serrulées, fortement comprimées sauf à la base dilatée, culmen à la base et narines comme chez *Glaucis* ; mandibule inférieure blanche ou jaune, rembrunie seulement à l'extrémité. Queue ronde, un peu cunéiforme, toutes ses rectrices semblables, larges, mais très acuminées, graduellement plus courtes des médianes aux externes. Ailes normales. Pieds beaucoup plus forts que ceux des *Phaëthornis* et *Glaucis*, noirâtres en dessus, jaune testacé en dessous; tarses très robustes, nus, sauf en dessus à la base. — Corps sans plumes optiques squamiformes, sauf parfois à l'épaule ; en dessus vert cuivré, plus terne sur la tête, en dessous noirâtre, chiné-striolé de blanc ou de fauve clair ; sans bande oculaire définie; sous-caudales molles, filamenteuses, noirâtres ou bronzées, longuement frangées de fauve et avec une bande fauve le long du stipe.

Genre EUTOXERES

— Rectrices latérales fauve rougeâtre clair, passant graduellement au blanchâtre à l'extrémité ; rectrices médianes en dessus vert bronzé foncé, passant au noir à l'extrémité, brièvement pointées de blanc ; submédianes noires plus longuement pointées de blanc, lavé de fauve à la base. Corps en dessus vert cuivré avec la tête plus foncée et plus terne ; les supra-caudales vert bleuâtre bronzé foncé comme les rectrices médianes ; de chaque côté une tache anté-scapulaire allongée et oblique d'un bleu verdâtre brillant formant une ceinture procurvée interrompue. Corps en dessous strié de noir et de fauve pâle ; abdomen presque entièrement fauve blanchâtre à la base ; dessus de la tête offrant, chez le mâle très adulte, une étroite ligne dénudée. Taille grande. Aile de 78 à 79 m/m.   E. La Condaminei (Bourc.).

Sous-espèce. — Taille plus petite ; bec plus court (environ 30 m/m), plus faible et plus courbé ; ailes plus courtes (♂ 74 1/2, ♀ 65 m/m), stries fauves de la gorge et de la poitrine plus larges et plus claires (blanchâtres sur la poitrine) ; en dessus dos d'un vert plus jaunâtre et plus doré ; rectrices médianes d'un vert plus vif ; rectrices externes d'un fauve plus clair (sec. Berlepsch). . . . . . . E. La Condaminei gracilis. (Berl. et Stolz.).

— Rectrices latérales noirâtres, légèrement bronzé verdâtre, longuement pointées de blanc (tantôt la partie blanche des externes se prolongeant en forme de bande sur le côté interne du stipe, jusqu'au tiers basal de la plume, tantôt nettement et obliquement coupée et n'occupant que le tiers apical (3) ; rectrices médianes vert bronzé bleuâtre très foncé à pointe

(1) Subspecies invisa et incerta, M. Chapman lui donne un habitat assez étendu et lui rapporte le *Phaëthornis striigularis* cité par E. Simon et de Dalmas, de Naranjo, Colombie occidentale (Ornis XI, 1901, p. 218), ce qui n'est plus vérifiable, les oiseaux ayant servi à ce travail n'existant plus.

(2) La forme du bec est adaptée à celle des corolles de certaines plantes particulièrement fréquentées par les *Eutoxeres* (cf à ce sujet une note de J. King Merritt, in Ann. Lycoum N. H. of New-York, t. VI, p. 139).

(3) Variations individuelles ; la seconde forme correspond à l'*Eutoxeres heterura* de Salvin, à l'*E. aquila heterura* de Hartert et de Ridgway.

blanche petite. Corps en dessus vert cuivré foncé passant au bleuâtre
foncé sur les supra-caudales, étroitement frangées de fauve ou de
blanchâtre ; pas de tache humérale ; pas de ligne dénudée sur la tête.
Corps en dessous noirâtre, à stries blanches assez petites et subégales
passant souvent au fauve principalement sur les côtés. **E. aquila** (Bourc.).

Races locales ou sous-espèces. — (b) En dessous striés de la gorge et de la
poitrine généralement plus teintées de fauve ; celles de l'abdomen toujours
plus blanches, *beaucoup plus larges et nuageuses* ; en dessus supra-caudales
vert cuivré comme le dos ou à peine plus bleuâtre (moins différenciées) ;
rectrices latérales noirâtres, leur pointe blanche coupée obliquement,
non prolongée le long du stipe (1).   **E. aquila Salvini** (Gould).

(c) Rectrices bronzé très pâle, grisâtre ou olivâtre, leur pointe blanche
généralement très petite (2) manquant parfois aux externes.
                                        E. aquila heterura (Gould).

5° Groupe. — **PHAEOCHROA**

Bec droit, mais avec la mandibule supérieure, vue de profil, un peu infléchie à l'extrémité, un peu plus long que la tête ; mandibules mutiques non
serrulées, très aiguës, assez brusquement et fortement comprimées près de
l'extrémité (à voir en dessus ou en dessous) presque en lame de poignard
(arête du calmen et écailles nasales comme *Campylopterus*). Queue presque
carrée ; rectrices amples, les latérales assez fortement atténuées dans leur
quart apical mais obtuses ; les externes un peu plus courtes que les subexternes, les autres presque égales. Pieds assez forts, noirâtres ; tarses
emplumés dans leur portion supéro-postérieure seulement. — ♀ Ailes normales ; ♂ rémiges externes et subexternes à stipe dilaté comme celui des *Campylopterus* mais beaucoup moins ; les externes pourvues, au bord externe à la
base, de courtes barbules couchées, insérées dans une rainure. Corps sans
plumes squamiformes optiques ; en dessus vert cuivré ; en dessous gorge, poitrine et flancs vert bronzé ou semi-doré (chaque plume verte frangée de gris) ;
milieu et base de l'abdomen gris ou fauve clair ; pas de bande oculaire. Rectrices médianes et submédianes vert cuivré parfois bleuâtre, les autres vert
cuivré à la base, ensuite noires et longuement pointées de blanc. Sous-caudales
noirâtre bronzé, frangées de blanc. — Sexes semblables sauf par les rémiges
externes.

Genre **PHAEOCHROA**

— Mandibule inférieure noire (sauf parfois tout à fait à la base). Rectrices
latérales noires, brièvement et peu distinctement teintées de vert bronzé
obscur près la base ; les externes et subexternes longuement pointées de
blanc ; la partie blanche presque toujours tachée de noirâtre au bord
externe ; latérales internes très finement et peu distinctement lisérées de
blanchâtre au bord apical interne .   .   **P. Roberti** (Salv.).

---

(1) R. Ridgway ajoute que l'extrémité des rectrices est d'un blanc plus pur que dans
les autres formes de l'*E. aquila*, mais je n'ai rien vu de semblable sur des séries cependant
assez nombreuses. Il me paraît douteux que cet *E. aquila Salvini* puisse être maintenu
même comme sous-espèce.

(2) Le second caractère est très variable.

— Mandibule inférieure jaune clair (rouge ou rosée pendant la vie) rembrunie
ou noire dans son tiers ou sa moitié apicale. Rectrices latérales vert
cuivré dans leur moitié basale, ensuite assez brièvement teintées de noir
ou de noirâtre ; les externes et subexternes longuement pointées de blanc
(de 11,5 à 15 m/m) parfois légèrement ombré au bord externe ; les latérales
internes marquées d'une très petite tache apicale d'un blanc plus grisâtre
parfois réduite à une fine bordure, manquant parfois ; abdomen gris-
fauve clair plus ou moins mêlé de plumes vert bronzé sur les flancs (1).
P. Cuvieri (D. et B.).

Races locales. — (b) Vert bronzé de la gorge et de la poitrine plus foncé ;
abdomen aussi plus foncé brunâtre. Bec légèrement plus long (invisa,
sec. Hartert). . . . . **P. Cuvieri saturatior** (Hart.).
— (c) Corps en dessus plus foncé et moins teinté de bronzé vert, surtout
sur la tête ; en dessous moins teinté de roux ; sous-caudales gris-brun
foncé à peine teintées de bronzé. Rectrices latérales à partie apicale
blanchâtre relativement plus longue (2). Bec plus étroit mais à peine plus
court (invisa, sec. Hellmayer). . . . **P. Cuvieri Berlepschi** (Hellm.)
— (d) « Similar to *P. Cuvieri* but outer rectrices with much more extended
white tips, and without any blue-black subterminal band » (invisa, sec
Todd). . . . . **P. Cuvieri notia** (Todd).

6ᵉ Groupe. — CAMPYLOPTERUS

Bec nettement plus long que la tête, presque droit ou plus ou moins arqué,
avec la mandibule supérieure aiguë toujours un peu infléchie sur l'inférieur⁰
à l'extrémité et la dépassant un peu, convexe en dessus ou un peu aplanie dans
sa région médiane, non comprimée ; arête du culmen assez longue, atténuée
et brièvement emplumée à la base ; ses mandibules mutiques non serrulées ;
ses écailles nasales très visibles et nues, sauf à la base et à leur bord supérieur
dans la moitié basale. Queue arrondie, conique ou le plus souvent presque

---

(1) Caractère variable ; en général les oiseaux de la montagne (El Boquete, Santiago
de Veragua) ont les flancs plus verts et la partie apicale noire du bec plus longue que ceux
de la région basse (Panama, Colon) mais sans aucune fixité.

(2) C. E. Hellmayr donne à l'appui le tableau suivant :

			Pointe blanche des rectrices		
			externes	subexternes	latér. internes
P. Cuvieri type	♂	♂ Costa Rica	11 à 14	8 à 14	0 2
	♂	Panama	12	7	0
	♀	♀ Costa Rica	11 à 14	7 à 10	0 2
P. Cuvieri Berlepschi	♂	Baranquilla	17	13	5
	♀	Baranquilla	18	14	5

J'ajoute les mesures prises sur 9 individus de ma collection :

			externes	subexternes	latér. internes
P. Cuvieri	♂	Panama	15	11,8	3,5
	♂	Panama	12,5	9,5	0
	♀	Colon	15	11	(usé)
	♀	Costa Rica	15	10	2
	♀	Costa Rica	14	9,5	(indistincte)
	♀	El Boquete	14	11,8	—
	♀	Santiago de Veragua	15,3	11,8	3
	♂	Ibid.	14 à 15	8,9	(indist.)
	♀	Ibid.	14,2	11,8	(mal définie)

carrée, mais avec les rectrices externes toujours un peu plus courtes que les subexternes, larges non atténuées et arrondies à l'extrémité chez le mâle, un peu plus étroites, longuement atténuées mais obtuses chez la femelle. Pieds noirs relativement petits, tarses densément plumeux. Ailes de la femelle normales; celles du mâle à stipe des trois rémiges externes dilaté; le plus externe (10ᵉ) très large dans sa moitié basale, arqué en faucille, aplani ou peu convexe et le plus souvent suivi d'une petite côte sur sa face externe, fortement atténué dans sa moitié apicale, dépourvu de barbules et de sillon sur son bord externe mousse (1) au moins dans la première moitié; rémige suivante (9ᵉ) de même forme mais plus étroite, la suivante (8ᵉ) encore plus étroite. Sexes tantôt semblables (2), le mâle étant gynémorphe, tantôt dissemblables, la femelle étant hologyne ou semiandromorphe.

TABLEAU DES GENRES

1. Queue conique; rectrices graduellement plus longues des externes aux médianes, celles-ci longuement atténuées, subacuminées. Sexes semblables; dessus de la tête bleu brillant; dessous du corps gris-blanc.
 Pampa.

— Queue presque carrée; rectrices externes un peu plus courtes que les autres, celles-ci presque égales entre elles, larges et très obtuses. Sexes tantôt semblables (♂ gynémorphe), tantôt dissemblables . . . . . . **2.**

2. Rectrices latérales noir-bleu à la base, longuement blanches à l'extrémité. Bec noir . . . . **Campylopterus.**

— Rectrices latérales noires ou rousses sans parties blanches (au moins ♂). **3.**

3. Sexes très dissemblables : mâle très brillant, métallique en dessus et en dessous; femelle hologyne, en dessous entièrement ou presque entièrement gris plus ou moins foncé, plus rarement semiandromorphe (S. falcatus). Bec noir. . . . . **Sæpiopterus.**

— Sexes semblables; mâle gynémorphe, sans plumes squamiformes brillantes; dessous du corps, sous-caudales et rectrices latérales fauve-roux; rectrices médianes et submédianes bronzé vert doré. Mandibule inférieure fauve ou brunâtre au moins à la base . . . . **4.**

4. Bec long de 23 à 25 m/m. Rectrices latérales rousses, marquées chacune d'une tache d'un noir violet. Stipe des rémiges externes du mâle caréné dans toute sa longueur sur la face externe. . . . . . **Platystylopterus.**

— Bec court de 19 à 21 m/m. Rectrices latérales entièrement rousses. Stipe des rémiges externes non caréné sur la face externe (sauf parfois très finement près de l'extrémité). . . . . **Loxopterus.**

1ᵉʳ Genre. — PAMPA

— Corps en dessus vert cuivré avec la tête, vue en avant, bleu-violet brillant, passant sur la nuque, au bleu plus clair un peu verdâtre; corps en dessous gris blanchâtre; sous-caudales fauve pâle un peu rougeâtre, plus

---

(1) Ce qui n'est rigoureusement exact que pour les grands développements.

(2) Sauf par le stipe des rémiges externes.

ou moins teintées de gris au disque. Rectrices médianes en dessus d'un vert graduellement plus cuivré, rarement noirâtre, vers l'extrémité; les submédianes vertes passant plus ou moins longuement au noir à l'extrémité; les latérales noires brièvement teintées de vert bronzé à la base (sous les sous-caudales) parfois finement liserées de gris (à l'extrémité) ou de gris-fauve (au bord externe vers le milieu). Stipe élargi des rémiges externes à carène généralement très faible ou effacée au moins en partie (1). — ♀ Tête en dessus d'un bleu plus clair, passant au vert en arrière. Rectrices latérales noir-bleu, plus nettement vert cuivré à la base; les externes gris-blanc lavé de fauve dans leur tiers apical et plus ou moins au bord externe; les subexternes à peine dans leur quart apical. — ♂ ♀ Bec de 24 à 26,2 m/m; mandibule inférieure nettement fauve à la base.

P. curvipennis (Licht.).

Sous-espèce ou race locale. — (b). ♂ ♀ Ne diffère du type que par le dessus de la tête d'un bleu-violet plus foncé, rappelant celui de *P. Lessoni* E. S.

P. curvipennis yucatanensis, var. nova.

— Corps en dessus vert beaucoup moins cuivré avec la tête, vue en avant, d'un bleu-violet plus foncé, plus prolongé, souvent jusqu'à la base de la nuque, sans passer au vert-bleu; en dessous d'un gris généralement plus foncé, au moins sur les côtés. Rectrices médianes et souvent supra-caudales entièrement d'un vert beaucoup plus bleu; rectrices submédianes du même vert mais passant longuement au noir à l'extrémité. Stipe élargi des rémiges externes du mâle à carène toujours très nette et entière. — ♀ Rectrices externes plus brièvement pointées de gris-blanc, dans la moitié interne, plus longuement dans la moitié externe, parfois jusqu'à la partie basale verte. — ♂ ♀ Taille plus faible. Bec de 22 à 24 m/m; mandibule inférieure noire ou à peine éclaircie à la base.

P. Lessoni (E. S.)

2ᵉ Genre. — CAMPYLOPTERUS

TABLEAU DES ESPÈCES

1. Sexes semblables; mâle gynémorphe sans parure céphalique et entièrement gris-blanc en dessous .... 2.
— Sexes dissemblables; mâle très brillant en dessus et en dessous; femelle semiandromorphe, en dessous gris-blanc avec une plaque jugulaire bleu plus petite que celle du mâle et souvent formée de plumes disjointes ... 3.

---

(1) Ce caractère est loin d'être absolu: la carène manque complètement ou en grande partie chez les *Pampa curvipennis* de l'état oriental de Vera-Cruz (Cordoba, Misantla) tandis qu'elle existe chez ceux des états occidentaux de Oaxaca et surtout de Guerrero, qui, sous ce rapport, diffèrent peu de *Pampa Lessoni*. Les *Pampa* du Yucatan (de Tizimin, par Gaumer, in collect. Boucard) sont intermédiaires aux deux espèces par la taille et la coloration; leur tête est d'un bleu-violet foncé comme celle de *P. Lessoni*, mais moins prolongé sur la nuque. R. Ridgway considère *P. Lessoni* comme une race géographique de *P. curvipennis* et rapporte au *Lessoni* les *Pampa* de même provenance (Izalam, Tizimin, la Vega) et au *curvipennis* typique un seul individu de Apazote (état de Campêche) qui lui paraît intermédiaire aux deux formes (in Birds N. Amer. VI, p. 366, nota). Il me paraît probable que le genre *Pampa* est représenté dans la presqu'île de Yucatan par une forme spéciale. — Lesson a décrit son *Ornismyia Pampa* de la Plata, localité erronée, mais j'ai déjà montré que la figure qu'il en donne se rapporte beaucoup mieux à la grosse espèce mexicaine (*Tr. curvipennis* Licht.) qu'à l'espèce du Guatemala, comme le pensait Gould.

2. ♂ ♀ Rectrices médianes en dessus vert cuivré plus ou moins foncé; submédianes vert cuivré mais passant longuement au noir à l'extrémité finement liserée de blanc; rectrices externes et subexternes blanches environ dans leur moitié apicale (partie blanche longue de 19,2 à 22,5 m/m), latérales-internes dans leur quart ou leur cinquième apical. Dessous du corps et sous-caudale d'un gris assez foncé. Bec arqué, de 22 1/2 à 24 1/2 m/m . . . . C. largipennis (Bodd.).

Forme locale. — (b). Bec plus long : ♂ 25 1/2 m/m, ♀ de 25 à 27 1/2 m/m. Rectrices médianes en dessus et supra-caudales vert plus foncé un peu bleuâtre; ♀ partie apicale blanche des rectrices externes souvent un peu plus courte (de 16,5 à 19 m/m) (1). **C. largipennis maronicus**, var nova.

— Rectrices externes pointées de gris-blanc à peine dans leur cinquième apical (la partie grise plus prolongée dans la moitié externe); subexternes encore plus brièvement pointées, latérales internes très finement liserées de gris au bord apical; supra-caudales et rectrices médianes en dessus d'un vert un peu moins cuivré que celui du dos; submédianes vert cuivré passant au noir dans leur tiers apical. Dessous du corps et sous-caudales gris assez foncé. — ♀ bec 27 m/m (2). . **C. obscurus** (Gould).

Forme locale. — ♂ ♀ Rectrices externes et subexternes pointées de blanc presque pur au moins dans leur quart apical (ou un peu plus, surtout ♀); partie blanche des externes généralement coupée droit ou obliquement; latérales internes brièvement mais distinctement pointées de blanc. Supra-caudales et rectrices médianes vert bleuâtre, beaucoup moins cuivré que le dos. Dessous du corps et sous-caudales d'un gris plus clair parfois presque blanc. Bec ♂ de 25 à 26 m/m; ♀ de 26 à 27 1/2 m/m. (3).
C. obscurus æquatorialis (Gould).

Formes de transition. — Les *C. obscurus* de l'état de Maranho, au sud de l'Amazone (4) ressemblent à ceux du Para (forme type) par la coloration de leur corps en dessus et en dessous et par les pointes de leurs rectrices latérales grisâtres, mais en diffèrent par ces pointes un peu plus longues comme celles de la forme *obscurus æquatorialis* et distinctes même sur les latérales-internes; ceux du rio Madeira, principal affluent sud de l'Amazone (5), semblables aux précédents par leurs rectrices, sont en général en dessous d'un gris plus blanc, ressemblant davantage sous ce rapport à l'*æquatorialis*; dans tous ces oiseaux le bec varie de 24 1/2 à 27 m/m.

3. ♂ Corps au dessus et en dessous vert cuivré; en dessus tête et cou, vus en avant, d'un vert plus doré et plus brillant, les supra-caudales d'un vert un peu plus foncé; en dessous menton et gorge bleu-violet foncé; sous-caudales vert cuivré comme l'abdomen. Rectrices médianes en dessus vert bronzé très foncé; submédianes noir-bleu, de chaque côté les trois

---

(1) La plus grande longueur du bec est le seul caractère constant; certains oiseaux de la Guyane anglaise (du Comacusa) ne diffèrent pas de ceux du Maroni par leurs rectrices médianes.

(2) D'après un seul individu de Prata près du Para, par Hoffmann.

(3) Exceptionnellement 30 m/m; une femelle de S. Augustino, en Bolivie.

(4) D'après deux individus de Miritaba, état de Maranho, par Schwanda.

(5) D'après sept individus du rio Madeira, par Hoffmann.

latérales noir-bleu à la base; blanc pur dans leurs deux tiers apicaux (ou
presque). — ♀ Corps en dessus vert cuivré, un peu plus terne sur la
tête; en dessous gris blanchâtre avec une plaque jugulaire bleu-violet
moins étendue que celle du mâle et bordée, de chaque côté, d'une ligne
sous-oculaire blanchâtre; côtés de la poitrine et de l'abdomen assez
largement mouchetés de vert cuivré; les sous-caudales vertes, frangées de
gris, au moins à la base . . . . , ... C. ensipennis (Sw.).

— ♂ Corps en dessus bleu-violet brillant avec la tête noir mat, les supra-caudales (rarement l'extrémité de l'uropygium) vert-bleu foncé; en dessous
entièrement d'un beau bleu-violet uniforme; sous-caudales noir bleuâtre,
les plus longues noir verdâtre. Rectrices médianes et submédianes noires,
le plus souvent teintées de vert bronzé obscur à la base le long du stipe. —
♂ ♀ Rectrices latérales noir bleuâtre à la base, les externes et subexternes blanches dans leur moitié apicale, les latérales internes blanches
dans leur tiers apical au côté interne, plus longuement à l'externe. —
♀ Corps en dessus vert cuivré, plus doré sur le cou mais avec la tête
brunâtre mat; les supra-caudales et rectrices médianes vert cuivré légèrement bleuâtre; rectrices submédianes noires passant au bronzé vert-à
la base. Dessous du corps blanc ou blanc grisâtre, plaque jugulaire plus
petite et surtout plus étroite, bordée de chaque côté d'une bande grise
sous-oculaire; d'un bleu plus clair, ses plumes bleues frangées de gris
blanc et à base grise plus ou moins apparente; de chaque côté une petite
ligne blanche oblique postoculaire; côtés de la poitrine et de l'abdomen
parsemés de plumes vert cuivré isolées; sous-caudales vert cuivré, les
plus courtes seules frangées de blanc. . . C. hemileucurus (Licht.).

Forme locale. — (b) Corps en dessous bleu-violet moins foncé, passant généralement au bleu presque pur sur l'abdomen; en dessus bleu-brillant
moins violet avec les supra-caudales, l'uropygium, parfois jusqu'au milieu
du dos, vert bleuâtre (les deux teintes fondues). Rectrices médianes en
dessus plus longuement vert noirâtre, presque jusqu'à l'extrémité, rarement entièrement vert cuivré (1). . C. hemileucurus mellitus (Bangs).

3ᵉ Genre. — PLATYSTYLOPTERUS

— Corps en dessus vert cuivré, plus terne sur la tête; corps en dessous et sous-
caudales d'un roux assez vif mais un peu plus clair sur le milieu de
l'abdomen. Rectrices latérales rousses; les externes marquées, vers le
milieu, dans la moitié interne seulement, d'une tache noir violet (plus
courte chez le mâle que chez la femelle) les subexternes et latérales
internes d'une tache noire plus étendue, occupant toute leur largeur et
précédée d'une zone verte (plus large sur les latérales internes); rectrices
médianes bronzé-vert un peu plus rougeâtre vers l'extrémité; les submédianes bronzé-vert passant au noir à l'extrémité interne, brièvement
rousses à la base et brièvement pointées de roux. — ♂ ♀ Bec long de
23 à 25 m/m . . . . P. rufus (Less.).

---

(1) Probablement individus incomplètement adultes. Je ne vois aucune différence constante dans la longueur de la partie blanche des rectrices externes, caractère variable individuellement.

4º Genre. — **LOXOPTERUS**

— Corps en dessus vert cuivré plus brillant que celui du *P. rufus* Less., passant
graduellement sur le cou et la tête au vert foncé un peu bleuâtre chez le
mâle; corps en dessous et sous-caudales d'un roux plus foncé uniforme.
Rectrices latérales entièrement fauve-roux; rectrices médianes et submédianes bronzé doré plus brillant et plus rouge. Bec faible et plus court
surtout chez le mâle, 19 m/m; chez la femelle de 21 à 22 m/m.

L. hyperythrus (Cab.).

5ᵉ Genre. — **SÆPIOPTERUS**

TABLEAU DES ESPÈCES

— ♂ ♀ Rectrices rousses, au moins les latérales. — ♂ Corps en dessus vert
cuivré; région de la tête et du cou, vue en avant, d'un vert doré plus
brillant, fondu en arrière; en dessous menton gorge et poitrine bleu
brillant légèrement violet; abdomen au milieu, surtout en avant, vert
bleuâtre (les deux teintes fondues) (1) passant sur les flancs au vert doré;
sous-caudales basales vertes comme l'abdomen, les autres rousses comme
les rectrices. Rectrices fauve-roux foncé, les médianes en dessus vertes à
l'extrémité passant souvent au noir au bord apical, parfois vertes avec
une tache médiane rousse plus ou moins étendue, les autres étroitement
bordées de noir à l'extrémité sauf parfois les externes (2). — ♀ Corps
en dessus vert cuivré, plus foncé et plus terne sur la tête, passant au
vert plus franc sur les supra-caudales; en dessous gris cendré avec le
menton et la gorge parsemés de très petites taches d'un gris plus foncé
un peu bleuâtre; de chaque côté une bande oculaire noirâtre bordée en
dessous d'une ligne plus blanche fondue; sous-caudales rousses frangées
de gris. Rectrices médianes en dessus vert cuivré comme le dos; les
submédianes vertes passant largement au noir sur les bords et souvent
avec une étroite ligne rousse le long du stipe; les autres roux foncé; les
externes concolores, les subexternes bordées de noirâtre intérieurement (3).

S. falcatus (Sw.).

— ♂ ♀ Rectrices noir bleu au moins les latérales .... 2.

---

(1) ♂ Certains oiseaux de Bogota ont le bleu de la poitrine prolongé sur l'abdomen
presque jusqu'à la base.

(2) ♂ La coloration des rectrices est très variable; en général les oiseaux de Bogota ont
les médianes rousses, assez étroitement bordées de noir à l'extrémité, plus rarement un peu
plus largement de vert passant au noir mais sans parties vertes à la base, et leurs rectrices
externes sont parfois entièrement rousses; un oiseau de Mérida (Vénézuéla) offrant cette
coloration figure dans la collection Boucard sous le nom inédit de *Saepiopterus Goeringi*,
mais deux mâles de la même localité (par S. Briseño) ont les rectrices médianes plus largement bordées de vert et de noir. Ceux des montagnes du Vénézuéla central (Silla de Caracas,
Serra del-Avila) ont au contraire les rectrices médianes presque entièrement vertes sauf une
tache rousse le long du stipe et la bordure noire apicale de leurs rectrices latérales est
souvent plus large, mais avec de fortes variations individuelles.

(3) On trouve parmi les oiseaux de Bogota beaucoup d'individus dont la parure guttu-
rale est plus développée bien que ses plumes bleues ne soient jamais confluentes, et dont
les rectrices médianes vertes offrent, au moins dans la partie basale, une étroite ligne rousse
médiane; je suppose que ce sont de jeunes mâles prenant, plus ou moins, le plumage de
l'adulte.

2. ♂ Corps en dessus vert cuivré foncé avec la tête et la nuque d'un vert doré
très brillant (plumes squamiformes très larges), les supra-caudales d'un
vert un peu plus clair; en dessous menton vert bleuâtre très foncé
presque noir; gorge et poitrine bleu-violet brillant; abdomen vert
bronzé obscur passant au gris noirâtre au milieu; sous-caudales vert
bleuâtre pâle frangées de gris-blanc. Rectrices médianes vert très obscur,
passant au noir dans la moitié externe le long du stipe. — ♀ Corps en
dessus vert cuivré, à peine plus brillant sur la tête (vue en avant);
supra-caudales et rectrices médianes vert bleuâtre; en dessous entièrement gris foncé, sans ligne blanche sous-oculaire; sous-caudales également grises mais légèrement teintées de vert bleuâtre au milieu. Rectrices
latérales noir-bleu; les externes brièvement bordées de blanc à l'extrémité. — ♂ ♀ Bec presque droit, long de 28 m/m.

S. Villavicencio (Bourc.)

♂ Corps en dessus vert cuivré avec la tête, du bec au vertex, vert sombre,
noirâtre et mat; la nuque et le cou, jusqu'au niveau des épaules (vus en
avant) au contraire d'un vert doré plus brillant; les supra-caudales d'un
vert plus franc; en dessous gorge et poitrine bleu-violet très brillant
(quelques plumes noirâtres au menton); abdomen entièrement vert doré
très brillant (plumes squamiformes très larges); sous-caudales basales
d'un vert-bleu foncé plus terne que l'abdomen, les autres noir-bleu comme
les rectrices; celles-ci entièrement noir-bleu même les médianes. — ♀ Corps
en dessus vert cuivré, plus foncé et plus terne sur le devant de la
tête; en dessous gris cendré mêlé de vert cuivré sur les flancs; sous
caudales vertes; de chaque côté une bande oculaire brunâtre. Rectrices
latérales pointées de gris-blanc (sec. Salvin pour la femelle). — ♂-♀ Bec
courbé et plus court, ♂ 24 m/m . . . . **S. phænopeplus** (Salv.).

7ᵉ Groupe. — **EUPETOMENA**

Bec des *Campylopterus* (1). Queue plus longue que le corps et très profondément fourchue; ses rectrices médianes courtes, larges et presque carrées;
les autres, de chaque côté, graduellement plus longues des submédianes aux
externes; les submédianes obtuses, les latérales internes brièvement et obliquement tronquées, les autres beaucoup plus longuement tronquées paraissant acuminées; stipe des rémiges externes du mâle dilaté, falsiforme comme
celui des *Campylopterus*, mais avec le bord externe garni de barbules très
courtes et, courbées, insérées dans une sorte de gouttière (2); stipe des deux
rémiges suivantes presque normaux. Sexes semblables, femelle andromorphe.

Genre. — **EUPETOMENA**

Dessus de la tête et du cou jusqu'aux épaules ou presque jusqu'aux épaules;
et en dessous menton, gorge et poitrine bleu-violet foncé brillant;

---

(1) L'arrête du culmen peut-être plus longuement et plus densément emplumée à
la base.

(2) Disposition qui s'observe parfois chez les *Campylopterus ensipennis* et *Sœpiopterus
falcatus* peu développés.

abdomen vert-bleu foncé; dos tantôt vert-bleu foncé comme l'abdomen (oiseaux de Bahia), tantôt vert cuivré avec les dernières plumes uropygiales bordées de cuivré violet brillant (oiseaux de Cayenne). Supra-caudales, sous-caudales et rectrices bleu d'acier. — Bec de 19 1/2 à 24 m/m. **E. macrura** (Gm.)

Formes locales (1). — (b) Abdomen et dos vert cuivré; parties bleues parfois un peu plus claires et moins violettes, en dessus nettement tranchées et s'étendant jusqu'aux épaules. . . . . **E. macrura** var. **prasina** (E. S.).

— (c) Abdomen et dos comme le précédent, en dessus tête (surtout vue d'arrière en avant), d'un bleu verdâtre foncé ne dépassant pas beaucoup la nuque et se fondant en arrière avec la teinte dorsale (2).

                                E. macrura var. **hirundo** (Gould).

NOTA. — J'ai reçu des oiseaux de Cayenne à peu près semblables (au moins en dessous) à ceux de Bahia; il n'y a pas lieu de douter qu'ils correspondent au *Trochilus macrurus* décrit par Gmelin, d'après une figure des planches de Brisson, type de Cayenne. Lesson paraît avoir figuré la même forme sous le nom d'*Ornismyia hirundinacea*.

    E. macrura prasina a été décrit par moi-même sur deux oiseaux étiquetés de Surinam sur la foi de H. Whitely, mais cette indication est peut-être erronée, j'ai vu depuis la même forme en grand nombre du Brésil: états de Goyaz, de Minas, de Rio, du Matto-Grosso, du Para, des Iles Mexiana et Marajo à l'embouchure de l'Amazone.

    La forme *hirundo* est connue jusqu'ici du Pérou central et oriental et de la Bolivie N. orientale. Mais certains *prasina* du Matto-Grosso occidental (entre Cuyaba et la frontière bolivienne sur le rio Paraguay) ressemblent tellement à la forme *hirundo* (surtout si on les compare à ceux du rio Beni, moins bien caractérisés que ceux du Pérou), qu'on a de la peine à les en distinguer; je suis convaincu que de nouveaux matériaux, provenant de régions intermédiaires, rendraient la séparation des trois formes impossible.

8e Groupe. — FLORISUGA

    Bec droit, sauf dans son quart apical, un peu plus long que la tête, robuste et noir, aplani en dessus dans sa région médiane, convexe mais à peine comprimé dans l'apicale, marqué à la base d'une côte étroite densément emplumée, presque jusqu'au niveau du bord antérieur des écailles nasales; celles-ci emplumées et cachées sauf à leur bord inférieur en avant; mandibules égales aiguës à marges mutiques non serrulées. Queue presque carrée, toutes ses rectrices égales, très amples, non atténuées et tronquées, en partie blanches, au moins les latérales. Sous-caudales longues, de la couleur de l'abdomen (au moins chez le mâle) — pieds noirs assez petits, tarses entièrement emplumés, plus longuement dans leur portion postérieure. Ailes normales.

---

(1) Que je ne puis considérer comme des sous-espèces définies.

(2) Ce caractère est le seul; tous les autres donnés par les auteurs sont accidentels ou même tout à fait illusoires, notamment ceux tirés de la teinte bleue (exactement semblable à celle de la forme *prasina*), de la longueur et de la largeur des rectrices.

TABLEAU DES GENRES

Supra-caudales aussi longues que les rectrices médianes, les couvrant en
dessus. Sexes dissemblables . . . . **Florisuga**.
Supra-caudales normales, au moins de moitié plus courtes que les rectrices
médianes. Sexes presque semblables (femelle subandromorphe).
. . . . **Melanotrochilus**.

1ᵉʳ Genre. — FLORISUGA

— ♂ Corps en dessus vert plus ou moins cuivré, avec la tête et la nuque
bleu foncé, passant au vert sur le cou et limité, au niveau des épaules, par
une bande transverse très blanche en forme de large croissant ; supra-
caudales vertes comme le dos ou plus foncées ; en dessous, menton, gorge
et poitrine bleu, tantôt violet, tantôt verdâtre ; abdomen blanc pur dans
le milieu, vert cuivré ou bronzé sur les flancs et (étroitement) en avant ;
sous-caudales et rectrices blanc pur, celles-ci étroitement bordées de noir
à l'extrémité. — Bec de 17 1/2 à 19 1/2 m/m ; aile de 65 à 72 1/2 m/m.
♀ Corps en dessus entièrement vert, plus foncé et plus terne sur la tête,
le plus souvent quelques plumes blanches isolées au niveau des épaules ;
en dessous grivelé de plumes blanches à disques semi-circulaires vert
foncé ou noirs, mais le menton presque blanc, le milieu de l'abdomen
blanc pur, les côtés de la poitrine et de l'abdomen verts ; sous-caudales
noir-bleu frangées de blanc, passant à la base au gris ou (les plus longues)
au vert cuivré. Rectrices médianes vert foncé, plus bleu que celui des
supra-caudales, passant au noir à l'extrémité et finement frangées de
blanc ; les latérales noir-bleu, bordées de blanchâtre au côté externe au
moins dans la moitié basale, plus brièvement au vert cuivré à la base
interne ; les externes assez largement, les autres finement bordées de blanc
à l'extrémité. — ♂ jeune Lores plus ou moins roux. Rectrices médianes
vertes, passant au blanc à la base, au noir (souvent très longuement) à
l'extrémité . . . . **F. mellivora (L.).**

Forme locale. — (b) Taille toujours plus forte ; bec de 20 1/2 à 22 1/2 m/m ; aile
de 74 à 78 m/m. Parties vertes du plumage d'un vert plus franc ou plus
bleu (moins cuivré). . . . . **F. mellivora flabellifera (Gould).**

Variations individuelles. — Parties vertes du plumage tantôt bleuâtres, tantôt
cuivrées, rarement bronzé doré (*F. Sallei* Boucard) ; dessus de la tête
tantôt bleu foncé comme la gorge, tantôt bleu verdâtre fondu en arrière
parfois vert-bleu foncé (1). Rectrices médianes presque toujours blanches
avec un fin liseré noir apical, quelquefois noires dans toute leur moitié
apicale, rarement vert cuivré passant largement au noir à l'extrémité, au
blanc seulement à l'extrême base (2) ; taille variable : les oiseaux de

---

(1) Caractère analogue à celui qui distingue *Eupetomena hirundo* de *E. macrura* mais
ici individuel car les deux formes se trouvent mêlées dans toutes les localités (sauf peut-être
à Tobago d'où j'ai vu dix individus tous à tête bleu franc).

(2) Livrée du jeune qui persiste parfois chez l'adulte ; en règle générale pour les oiseaux
du Maroni (*F. guyanensis* Boucard) souvent pour ceux du Para (2 sur 3 que je possède)

Tobago sont plus gros (forme *flabellifera* Gould), ceux du Maroni plus petits, ceux de l'Amérique centrale assez petits mais avec le bec relativement plus long (1).

2ᵉ Genre. — **MELANOTROCHILUS**

— ♂ Corps en dessus et en dessous noir profond; en dessus scapulaires, uropygium et supra-caudales teintés de vert bronzé obscur; en dessous de chaque côté une tache blanche pleurale cachée par l'aile au repos. Sous-caudales noires. Rectrices médianes noires plus ou moins teintées de vert bronzé, les autres blanches bordées de noir violacé à l'extrémité seulement. Bec de 16 à 20 m/m, aile de 78 à 80 m/m. — ♀ (ou ♂ jn.) Corps en dessus et en dessous noir moins profond, gorge bordée de chaque côté d'une bande oblique sous-oculaire rousse. Sous-caudales moins finement liserées de blanc. Rectrices externes entièrement blanches et étroitement bordées de noir au bord apical; les subexternes noires bordées de blanc au côté externe sauf à l'extrémité, les autres noires. **M. fuscus** (Vieill.).

9ᵉ Groupe. — **PETASOPHORA**

Bec droit ou un peu arqué dans sa partie apicale, plus long que la tête (excepté *Telesiella*); mandibules surtout la supérieure, fortement serrulées de dents subaiguës et presque égales dans leur quart ou leur tiers apical, sauf à l'extrémité qui est brusquement comprimée (à voir en dessus), très aiguë, dépassant un peu la mandibule inférieure ou arquée en bas, sa base emplumée jusqu'au niveau de l'extrémité des narines mais partiellement divisée en dessus par l'arête du culmen, écailles des narines entièrement emplumées et cachées, sauf à leur bord inférieur nu, mais visible seulement en dessous. Queue presque carrée; rectrices égales ou presque égales, amples, les latérales un peu élargies de la base à l'extrémité et très obtusément tronquées. De chaque côté une

---

(1) Voici un certain nombre de mesures prises sur les oiseaux de ma collection :

♂ *Rép. de Panama: Santiago de Veragua*
  bec 19,   aile 73
  bec 19,5, aile 74.
El Boquete au *Chiriqui*
  bec 17,8, aile 67
  bec 17,   aile 69,5.
♂ *Costa-Rica : Canello*
  bec 18,5, aile 72.
♂ *Venezuela O. : Yagua*
  bec 18,5, aile 67,5.
♂ *Venezuela : Caracas*
  bec 19,5, aile 70.
♂ *Venezuela : S. Esteban*
  bec 19,5, aile 70.
♂ *Guyane : Maroni*
  bec 19,   aile 66,5
  bec 18,8, aile 65
  bec 18,5, aile 67.
♂ *Le Para*
  bec 19,2, aile 68,5
  bec 18,   aile 70.

♂ *Pebas, sur l'Amazone*
  bec 19,5, aile 69.
♂ *Quito*
  bec 19,2, aile 69,2
  bec 18,   aile 69.
♂ *Perou N. : Rioja*
  bec 19,   aile 72.
♂ *Trinidad*
  bec 19,5, aile 69
  bec 19,   aile 71,5
  bec 18,5, aile 69,5
  bec 18,5, aile 63
  bec 18,   aile 69,5
  bec 18,   aile 66,5.
♂ *Tobago (flabellifera)*
  bec 22,5, aile 74
  bec 22,4, aile 74
  bec 21,5, aile 78
  bec 21,   aile 74,5
  bec 20,5, aile 76
  bec 20,5, aile 74.

bande postoculaire bleue ou violette, s'étendant jusqu'à l'épaule et terminée par des plumes plus longues détachées. Rectrices bronzé clair ou vert bleuâtre avec une large barre plus foncée. Sous-caudales longues, molles, tantôt blanches, tantôt bronzé clair, frangées de blanc ou de fauve. Pieds médiocres, noirs; tarses brièvement emplumés. — Sexes semblables; femelle andromorphe.

TABLEAU DES GENRES

— Bec long, un peu arqué; mandibule supérieure fortement serrulée. Supracaudales et uropygiales non bordées. Corps en dessus et en dessous vert cuivré, gorge et poitrine garnies de plumes d'un vert plus brillant à disques noirs (au moins sous certaines incidences). Rectrices médianes vert bronzé ou cuivré, les autres bleues ou vert bleuâtre avec une barre subterminale bleu d'acier ou noirâtre. . . . . **Petasophora.**

— Bec court, robuste et presque droit; mandibule supérieure plus faiblement serrulée, parfois non serrulée, plumage général brunâtre. Uropygiales et supracaudales bordées de fauve en écailles . . . . **Telesiella.**

I⁰ʳ Genre. — PETASOPHORA

TABLEAU DES ESPÈCES

1. Sous-caudales blanches; de chaque côté bande postoculaire rouge-violet très brillant, formée de larges plumes arrondies graduellement plus longues, bien séparée de l'œil mais précédée d'une courte ligne bleu foncé formée de plumes couchées. . . . . . **P. serrirostris (Vieill.)**.

— Sous-caudales vert pâle ou bronzé, frangées de fauve ou de gris-blanc; de chaque côté bande postoculaire entièrement d'un bleu brillant, prolongée en avant au moins jusqu'à l'œil. . . . . **2**.

2. Bande bleue postoculaire ne dépassant pas en avant le niveau de l'œil. Corps en dessous entièrement vert, tantôt bleuâtre surtout au bas de la poitrine (qui offre parfois au milieu quelques larges plumes d'un vert plus bleu, rarement presque bleues) (1), tantôt d'un vert cuivré plus clair et plus uniforme; dans tous les cas menton, gorge et poitrine plus brillants; leurs plumes à disques noirâtres. Sous-caudales vert clair cuivré un peu gris, les pricipales frangées de fauve blanchâtre.

P. cyanotis (Bourc.).

— Bande bleue postoculaire prolongée en avant jusqu'à la commissure du bec. Corps en dessous en partie bleu. . . . . **3**.

---

(1) Cette coloration est de règle générale pour les oiseaux de Panama, du Costa-Rica et des montagnes du nord du Vénézuéla (Caracas, Valencia, etc.) tandis que ceux de la Colombie (Bogota) et de l'Ecuador sont d'un vert plus doré (moins bleu) et plus uniforme avec les sous-caudales souvent (mais non toujours) plus longuement frangées de fauve pâle.

Les auteurs qui admettent deux sous-espèces donnent à la forme plus bleue le nom de *P. cyanotis Cabanidis* Heine, mais à tort car elle correspond au type décrit de Caracas; la forme de Colombie et de l'Ecuador devrait alors recevoir un nom nouveau, ce qui me paraît au moins inutile. On dit que la femelle est un peu plus petite que le mâle, ce que je n'ai pu vérifier, le sexe de mes spécimens n'ayant pas été noté.

Je ne connais aucun *P. cyanotis* du Pérou et de Bolivie d'où l'espèce est signalée.

3. Menton très étroitement bleu. Corps en dessous marqué, du bas de la poitrine au milieu de l'abdomen, d'une grosse tache bleue, fondue sur les côtés et en arrière, n'atteignant pas la base de l'abdomen. Sous-caudales frangées de fauve clair. Taille assez faible . . . . . **P. thalassina** (Sw.).

— Menton largement bleu. Abdomen marqué d'une bande bleu longitudinale assez large en avant mais atténuée en arrière et atteignant la base. Taille grande **4**

4. Dessus de la tête entièrement vert cuivré comme le dos (1).

P. iolata (Gould).

— Front orné, au-dessus de la base du bec, d'un étroit bandeau bleu comme le menton. . . . . **P. germana** (Salv.).

2ᵉ Genre. — **TELESIELLA**

— Corps en dessus brun-olive bronzé, avec les plumes uropygiales largement frangées de roux, les supra-caudales d'un brun verdâtre plus foncé, presque noir, plus étroitement frangées de roux. Corps en dessous gris-brun plus ou moins grivelé de noirâtre; gorge ornée d'une large bande (atteignant rarement la base du bec) vert cuivré brillant passant brièvement au bleu en arrière, bordée de chaque côté, jusqu'à la base du bec, d'une bande sous-oculaire gris blanchâtre parfois lavé de fauve; bande postoculaire bleu-violet, assez étroite et courbe, prolongée en avant sous l'œil. Sous-caudales fauve-roux à disques assez petits gris ou brun-olive. Rectrices bronze olive clair en dessous, bronzé un peu plus rougeâtre en dessus où elles passent parfois au fauve à l'extrémité, toujours marquées d'une large bande transverse noirâtre ou au moins un peu plus obscure, fondue. Bec de 17 à 18 m/m . . . . . . **T. delphinae** (Less.).

10ᵉ Groupe. — **LAMPORNIS**

Bec plus long que la tête, presque toujours arqué; sa mandibule supérieure finement serrulée dans son quart apical ou un peu plus; sa base emplumée presque jusqu'au niveau de l'extrémité des narines; mais partiellement divisée en dessus par l'arête nue du culmen; ses écailles nasales tantôt entièrement emplumées et cachées, tantôt seulement dans leur moitié basale et à leur bord supérieur. Queue presque carrée ou légèrement arrondie; ses rectrices presque semblables, généralement un peu dilatées de la base à l'extrémité, obtuses ou tronquées. Pieds médiocres, noirs en dessus; pas de bande postoculaire (excepté *Lampornis mango*). Sous-caudales longues, atteignant en dessous le milieu des rectrices médianes.

---

(1) Certains *P. iolata* sont d'un vert cuivré assez clair et brillant, leurs sous-caudales, au moins les principales, sont d'un vert pâle et longuement bordées de blanchâtre fauve (*P. anais* Gould), d'autres sont d'un vert plus foncé et plus bleuâtre avec les sous-caudales plus vertes et étroitement frangées de blanchâtre (*P. iolata* Gould). Mais ces variations sont individuelles et ne correspondent pas à des races géographiques comme le croyait Gould. Ceux du Tucuman mériteraient peut-être un nom spécial mais nos matériaux sont insuffisants (deux spécimens de Lara par G. A. Baer) leur tache bleu ventrale est plus large en avant mais effacée en arrière comme celle de *P. thalassina*, et suivie jusqu'à la base par une zone vert bleuâtre vague; leurs sous-caudales vert clair sont longuement frangées de blanc presque pur.

TABLEAU DES GENRES

1. Bec presque plan en dessus, droit sauf à l'extrémité, fortement arquée en haut ; ses deux mandibules égales, atténuées mais très déprimées et obtuses à l'extrémité. Queue ronde ; ses rectrices un peu et graduellement plus longues des externes aux submédianes. Sous-caudales vert métallique, non frangées, arrondies. — Sexes dissemblables ; femelle semiandromorphe, en partie blanche en dessous. ♂ rectrices en dessous (sauf les médianes) unicolores, rouge brillant. ♀ les latérales en partie noires et pointées de blanc. . . . . **Avocettula**

— Bec plus ou moins arqué en bas. **2**

2. Bec légèrement courbé ; ses écailles nasales emplumées à la base et à leur bord supérieur, nues dans leur partie antérieure effilée. Supra-caudales et sous-cadales non lumineuses ; celles-ci longues, molles, graduées. Rectrices médianes un peu (souvent à peine) plus courtes que les submédianes. Rectrices latérales violet-rouge irisé (excepté *L. viridis*). Tarses nus ou presque nus ; de chaque côté une grosse touffe pleurale blanche. — Sexes rarement semblables (♀ andromorphe) le plus souvent dissemblables (♀ hologyne ou semiandromorphe) . . . . **Lampornis**

— Bec fortement courbé (plus long chez la femelle que chez le mâle) plus longuement emplumé à la base ; ses écailles nasales entièrement emplumées et cachées sauf à leur marge inférieure. Supra-caudales et sous-caudales consistantes, arrondies, très brillantes, lumineuses (vues d'avant en arrière). Rectrices noires striées, très amples, élargies de la base à l'extrémité. Sexes semblables sauf par le bec (♀ andromorphe) . . . **3**

3. Supra-caudales vues en dessus (surtout ♂) atteignant au moins le tiers apical des rectrices médianes. Rectrices égales, queue carrée. — Corps en dessus et abdomen noirs ; menton, gorge et poitrine rouge-violet. Ailes (couvertures et rémiges) vert bleuâtre brillant ; tarses robustes ; pas de touffe pleurale blanche. . . . . **Eulampis**

— Supra-caudales, vues en dessus, dépassant peu le milieu des rectrices médianes. Rectrices légèrement et graduellement plus longues des externes aux submédianes. Queue ronde. — Corps en dessus vert cuivré ; en dessous menton, gorge et poitrine verts avec une tache pectorale transverse bleu-violet ; abdomen noir ; ailes noirâtres ; tarses plus grêles ; de chaque côté une touffe pleurale blanche comme celle des *Lampornis* . . . **Sericotes**

1er Genre. — LAMPORNIS

TABLEAU DES ESPÈCES

1. ♂ ♀ Corps en dessus bronzé rougeâtre violacé obscur, passant en avant, sur la tête, en arrière, sur l'uropygium et les supra-caudales, au bronzé olive foncé ; en dessous noir profond ; cou bordé de chaque côté d'une large bande rouge-violet brillant s'étendant presque jusqu'à l'épaule, atténuée en avant mais prolongée jusqu'au bec (certains individus ont la gorge violet-mauve ardoisé passant au vert sur le menton) (1). Sous-caudales

(1) Ce caractère n'est pas sexuel comme on l'a cru longtemps ; la plaque violet-mauve est formée de plumes squamiformes caduques.

noir verdâtre. Rectrices médianes noires, les autres violet-rouge changeant
en bleu, bordées de bleu d'acier, à stipe roux. — Sexes semblables,
femelle andromorphe.   **L. Mango (L.)**

— ♂ ♀ Corps en dessus vert cuivré ou dorée; en dessous, au moins chez le mâle,
entièrement vert ou en partie vert ou doré et noir. Sexes le plus souvent
dissemblables   **2**

2. ♂ ♀ Rectrices bleu d'acier légèrement verdâtre, les externes très finement
lisérées de gris-blanc au bord apical, leurs stipes noirs. Corps en dessus
vert cuivré, plus terne sur la tête; en dessous vert brillant, légèrement
bleuâtre sur le milieu de la poitrine, un peu plus cuivré sur l'abdomen.
Bec long et presque droit de 22 à 23 m/m. — Sexes semblables, femelle
andromorphe (1).   **L. viridis (Vieill.)**

— ♂ ♀ Rectrices latérales violet-rouge irisé brillant, changeant en bleu, bordées
de violet plus bleu ou de bleu d'acier, leur stipe roux. Bec plus court
courbé. — Sexes dissemblables : femelle en dessous blanc ou gris-blanc,
en totalité ou en partie; ses rectrices latérales violet-rouge à la base,
ensuite noir-bleu et pointées de blanc.   **3**

3. ♂ Menton et gorge vert brillant ou doré   **4.**

— ♂ Menton et gorge noirs au moins au milieu. Corps en dessus vert cuivré
plus ou moins doré et brillant, toujours un peu plus terne sur la tête   **6.**

4. ♂ Menton et gorge doré verdâtre (de 21 à 23 m/m) ; poitrine et abdomen
noir profond avec les flancs (cachés par les ailes) étroitement vert cuivré.
Corps en dessus vert cuivré passant sur la tête au vert plus jaune et plus
foncé; l'uropygium et surtout les supra-caudales plus doré rougeâtre; sous-
caudales noir violacé, les plus longues parfois teintées de bronze-vert
obscur à la base. Rectrices médianes en dessus noir plus ou moins teinté
de bronze foncé et fondu sur les bords. Aile de 68 à 69 m/m; bec
22 m/m. — ♀ Corps en dessous gris blanchâtre sans bande médiane; côtés
de la poitrine et de l'abdomen vert cuivré (plumes vert cuivré frangées
de gris); côtés du cou légèrement mouchetés de vert cuivré; sous-caudales
grises, les plus longues vert bronzé pâle au disque et pointées de blanchâtre;
rectrices médianes bronzé rougeâtre, passant souvent au noir fondu au
côté interne et à l'extrémité, plus rarement entièrement bronzé olive ; les
autres rouge-violet dans leur moitié ou leur tiers basal; noir-bleu dans
l'apical et brièvement pointées de blanc. Aile de 64 à 65 m/m. Bec de
26 à 27 m/m.   **L. dominica (L.)**

Races locales ou sous-espèces. — (b) ♂ Corps en dessus plus cuivré, un peu plus
foncé et rougeâtre sur la tête, sans teinte verte. Rectrices médianes bronzé
rouge foncé; en dessous menton et gorge doré plus foncé sans reflets verts;
poitrine et abdomen entièrement noir profond comme dans le type. —
Taille grande. Aile de 70 à 71 m/m. Bec 24 m/m (2)
                              L. dominica intermedia, var. nova

---

(1) Vieillot avait depuis longtemps fait remarquer que dans son espèce, le *Hausse-col vert*
(*L. viridis*) les sexes étaient semblables (in Ois. Dorés II, p. 34 à propos du *Tr. virulentus*). La
femelle attribuée à tort à cette espèce par Gould, Cory, Salvin, Elliot, etc., est probablement celle de *L. dominica* (cf. à ce sujet Ridgway, Birds N. Amer., V, 1911, p. 472).

(2) D'après un mâle de la collection Boucard, au Muséum de Paris.

— c) ♂ Corps en dessus cuivré plus brillant, surtout sur les supra-caudales, un
peu plus foncé et plus terne sur la tête, sans teinte verte. Rectrices
médianes bronzé-doré-rouge très vif; en dessous menton et gorge doré
sans reflets verts sauf au bord postérieur; poitrine et milieu de l'abdomen
noirs; flancs largement bronzé-vert. Sous-caudales gris noirâtre violacé
passant au blanchâtre à la marge, sans bordure définie. Taille plus petite :
aile de 63 à 65 m/m; bec de 20 à 22 m/m. — ♀ Sous-caudales blanches
légèrement grisâtres au disque. Rectrices médianes doré brillant passant
au rougeâtre à l'extrémité, submédianes semblables mais avec l'extrémité
interne noirâtre et une petite tache blanche apicale; les autres rougé-
violet à la base ensuite noir-bleu et pointées de blanc, légèrement bordées
de doré au côté externe. Aile 58 m/m. Bec 23 1/2.

L. dominica aurulenta (Vieill.) (1).

— ♂ Menton et gorge largement vert brillant; abdomen entièrement ou en
partie vert doré ou bronzé. — ♀ Corps en dessous blanc avec une bande
médiane noire en partie verte; les flancs bronzés . . . . 5.

5. ♂ Corps en dessus vert cuivré passant au vert foncé plus franc sur le cou
et la tête, au doré plus brillant sur l'uropygium et surtout les supra-caudales; en dessous menton et gorge vert brillant; poitrine largement noire
au milieu, vert sombre sur les côtés; abdomen noir ou noirâtre au milieu,
largement vert cuivré ou doré sur les flancs. Rectrices médianes noir-
bleu, parfois teintées de vert bronzé sur les bords. Sous-caudales noirâtres
ou, rarement, entièrement vertes, mais souvent les plus courtes vert-bleu
au disque, les plus longues parfois à la base. — ♀ Corps en dessous blanc
avec les flancs vert cuivré; la gorge et la poitrine marquées d'une bande
médiane sinueuse vert-bleuâtre brillant plus ou moins mêlé de noir;
l'abdomen d'une bande gris noirâtre diffuse. Rectrices médianes en dessus
vert bronzé, passant au noirâtre à l'extrémité; latérales en dessous violet-
rouge brillant dans leur moitié basale, ensuite bleu d'acier, puis pointées
de blanc. Sous-caudales gris verdâtre clair frangées de gris-blanc. —
♂ jeune. Côtés de la gorge, de la poitrine et en partie de l'abdomen roux;
queue et sous-caudales de la femelle. . . . . . . L. viridigula (Bodd.).

— Corps en dessus vert cuivré rougeâtre, plus terne sur la tête; en dessous
menton et gorge vert brillant; poitrine et milieu de l'abdomen vert-bleu
plus sombre passant au noir vu d'avant en arrière, flancs largement vert
cuivré. Rectrices médianes noir verdâtre, parfois vert bronzé; sous-
caudales noir plus ou moins violacé, frangées de noirâtre, les plus courtes
le plus souvent à disques vert cuivré. Taille plus faible (2).

L. veraguensis (Reichenb.).

---

(1) Je considère, au moins provisoirement, le *L. aurulenta* Vieillot (*L. dominica*
Gould) comme une forme locale de *L. dominica* L., surtout à cause de la forme de transition que je décris plus haut sous le nom de *L. dominica intermedia*: Les spécimens du
musée britannique étiquetés *L. virginalis* Gould ne répondent pas tous entièrement à
mes diagnoses : un ♂ de Saint-Thomas a les sous-caudales gris très légèrement bleuâtre,
les rectrices médianes bronzé rouge un peu teinté de noir sur le bord ; aile, 65 m/m;
bec, 20 m/m. Un autre ♂ de Saint-Thomas a les rectrices médianes d'un rouge plus vif
surtout au côté externe; bec, 21 m/m fort; aile, 60 m/m. Un ♂ de Puerto-Rico a les rectrices
médianes bronzé doré un peu plus clair; bec, 22 m/m fort; aile, 63 1/2 m/m.

(2) Je ne connais pas la femelle.

6. ♂ Corps en dessous noir profond étroitement bordé de bleu brillant au
niveau du menton, de la gorge et de la poitrine, plus largement de vert
cuivré au niveau de l'abdomen (1). Rectrices médianes tantôt noir-bleu,
tantôt bronzé sombre, rarement bronzé olive; sous-caudales ordinairement noires, parfois violettes comme les rectrices, plus rarement vert
foncé bleuâtre et frangées de noir. — ♀ Corps en dessous blanc avec une
bande médiane noire, très nette et dentée sur la gorge et la poitrine,
sinueuse et souvent diffuse sur l'abdomen; flancs de l'abdomen cuivré
vert ou rougeâtre. Rectrices médianes vert bronzé plus ou moins foncé;
latérales bleu d'acier dans leur moitié externe (jusqu'au stipe ou presque)
et dans leur partie apicale interne, violet-rouge brillant dans leur partie
basale interne surtout près du stipe, pointées de blanc; sous-caudales
vert cuivré ou blanchâtre plus ou moins foncé, finement lisérées de blanc.
— ♂♀ Bec de 20 à 24 m/m. . . . . L. nigricollis (Vieill.).

— ♂ Corps en dessous offrant une bande noire bordée de vert brillant au
niveau du menton, de la gorge et de la poitrine, rarement de bleu au
niveau de la poitrine seulement; corps en dessus et rectrices (au moins
pour le mâle) comme ceux de L. nigricollis . . . . 7.

7. ♂ Corps en dessous offrant, dans toute sa longueur, une très large bande
noire, un peu resserrée au niveau de la poitrine et souvent plus étroite
sur l'abdomen, étroitement bordée en avant de vert brillant passant
graduellement au bleu sur les côtés de la poitrine. Dessus du corps comme
celui de L. nigricollis. Bec de 24 à 25 m/m. — ♀ Rectrices médianes bronzé
vert un peu rougeâtre; rectrices latérales noir-bleu pointées de blanc,
bordées de vert cuivré dans leur moitié basilaire externe (sans aucune
partie violette). Sous-caudales gris noirâtre bronzé plus longuement
frangées de blanc. Bec plus fort et plus long, 27 m/m. (2)
L. iridescens Gould.

— ♂ Menton et gorge offrant une bande noire largement bordée de vert brillant (sans parties bleues) et non prolongée sur l'abdomen qui est vert
cuivré à peine plus sombre dans le milieu. . . . . 8.

8. Bande noire de la gorge prolongée sur la poitrine en bande étroite graduellement effacée (3). Sous-caudales noir-bleu ou noirâtre avec de petits
disques bleuâtres. Rectrices médianes noirâtres à peine teintées de vert
bronzé obscur sur les côtés, rarement (jeunes) cuivré plus clair et plus
brillant. Bec de 18 à 22 m/m, robuste comme celui de L. nigricollis Vieillot (4).
L. Hendersoni (Cory).

Sub-species. — (b) « To Prevosti differs in having upper parts bright green (not
golden green as in Prevosti typical) and more grass green that in L. Prevosti

---

(1) L'abdomen est parfois presque entièrement noir (Trinidad, Vénézuéla, Bogota) tantôt
vert cuivré avec une bande médiane noire plus ou moins étroite (Chiriqui, Guyane anglaise,
Bahia); la teinte du dessus du corps et des flancs est aussi très variable, passant du vert
cuivré foncé au cuivré rouge brillant; mais toutes ces formes sont reliées par des intermédiaires gradués; certains individus font aussi le passage du L. nigricollis au L. iridescens.

(2) Je maintiens avec doute L. iridescens comme espèce propre à cause des caractères
de la femelle. Je ne puis affirmer qu'ils soient constants, n'en connaissant qu'un seul individu.

(3) Reparaissant parfois, mais plus vaguement à la base de l'abdomen.

(4) Je ne connais pas la femelle; je n'en trouve aucune description.

gracilirostris; upper surface of middle tail feathers olive green, under
tail coverts darker ». (C. B. Cory, in Catal. 1918, p. 223.)

                        L. Hendersoni (?) viridicordata (Cory) (1).

8. ♂ Bande noire de la gorge s'arrêtant net au niveau de la poitrine; celle-ci
    vert bleuâtre foncé ; abdomen vert cuivré sombre, parfois gris noirâtre
    au milieu, surtout à la base. Sous-caudales vert bronzé foncé passant au
    noirâtre à la base. Rectrices médianes cuivré plus ou moins rougeâtre.
    — ♀ Diffère de celle de *L. nigricollis* par la bande noire du dessous du
    corps, passant sur la poitrine au vert bleuâtre, étroite et peu distincte sur
    l'abdomen. Rectrices latérales à partie violet-rouge basale s'étendant à
    toute la largeur de la plume, mais souvent plus courte. ♂ ♀ Bec plus
    grêle et plus long, de 25 à 26 m/m. . . . . . .   **L. Prevosti** (Less.).

Subspecies invisa et incerta. — « Similar to *D. Prevosti* but with decidedly
    shorter and more slender bill; upper parts and sides decidedly less
    bronzy or golden green, and under tail coverts averaging darker —
    ♂ culmen 23 1/4 to 25 1/2 — ♀ 22 1/2 to 28 ». (R. Ridgway in Brids N.
    Amer, V, p. 465) (2) . . . . .   **L. Prevosti gracilirostris** (Ridgw.).

NOTA. — Je ne fais pas figurer au tableau le *Lampornis calosoma* Elliot,
qui me paraît être un hybride de *L. nigricollis* et de *Chrysolampis morquitus*.
On en connaît un petit nombre d'individus provenant les uns de Bahia au
Brésil, les autres de la savane de Bogota en Colombie, où les deux espèces
mères se trouvent en abondance (cf à ce sujet E. Simon, in Revue fr. d'ornithologie, n° 12, av. 1910).

2e Genre. — AVOCETTULA

— ♂ Corps en dessus et supra-caudales vert cuivré; en dessous menton,
    gorge et poitrine vert brillant mais assez foncé et moins cuivré (plumes
    squamiformes petites et serrées), abdomen vert cuivré ou bronzé avec une
    bande médiane longitudinale noir mat assez étroite, noduleuse irrégulière
    souvent atténuée vers la base, parfois diffuse; sous-caudales vertes.
    Rectrices médianes et submédianes en dessus vert bleuâtre foncé passant
    au noir à l'extrémité. Rectrices latérales en dessous cuivré-rouge très
    brillant, en dessus bronzé rougeâtre sombre, bordées de noir verdâtre au
    côté externe. — ♀ Dessous du corps blanc, avec les côtés de la poitrine
    et de l'abdomen vert cuivré et une bande médiane noire entière assez
    étroite; rectrices latérales en dessous noir-bleu ou violet, pointées de
    blanc. — ♂ jeune (3) dessous du corps blanc avec les flancs largement
    vert cuivré et une bande longitudinale, très large et verte sur la gorge et

---

(1) Je rapporte cette forme à *Hendersoni* plutôt qu'à *Prevosti*, surtout à cause de son
habitat, car l'auteur ne parle pas du bec.

(2) J'ai vu dans les collections du musée britannique, sous le nom de *L. Prevosti*
quelques individus intermédiaires à *L. Prevosti* et à *L. Hendersoni*, notamment ceux du
Costa Rica et celui étiqueté (peut-être par erreur) du Vénézuéla; ils correspondent probablement tous à *L. Prevosti gracilirostris* R. Ridgway.

(3) Peut-être aussi femelle très adulte, qui dans ce cas aurait deux livrées un peu
comme celle du *Chrysolampis*.

la poitrine, étroite irrégulière et noirâtre sur l'abdomen; rectrices latérales en dessous vertes à la base externe, cuivré-rouge à la base interne
ensuite noir-bleu ou violet et pointées de blanc.

A. recurvirostris (Less.).

3° Genre. — EULAMPIS

— ♂ ♀ Corps en dessus noir de velours profond avec les uropygiales (en
partie) et les supra-caudales (très larges et arrondies) bleu verdâtre très
brillant, les scapulaires et couvertures alaires vert cuivré; en dessous
menton, gorge et poitrine rouge-violet; abdomen noir profond comme le
dos; sous-caudales bleu verdâtre brillant comme les supra-caudales.
Remiges primaires vert-bleu foncé; remiges secondaires vert plus clair
un peu plus cuivré. Rectrices noires à reflets vert-bleu, plus clair et plus
brillant sur les bords, surtout au bord apical. — ♂ Bec de 19 à 21 m/m;
♀ bec plus long, de 24 à 27 m/m . . . . 'E. jugularis (L.).

4° Genre. — SERICOTES.

— ♂ ♀ Corps en dessus vert cuivré, passant parfois au cuivré rougeâtre sur
le dos; supra-caudales vert-bleu beaucoup plus brillant, passant parfois
au bleu; en dessous menton, gorge et poitrine vert brillant assez foncé,
cette partie verte arrondie en arrière, suivie d'une bande bleue arquée en
croissant, plus large au milieu, mais toujours beaucoup plus courte que
la partie verte; abdomen noir profond passant au bronzé très obscur sur
les flancs; sous-caudales vertes à la base, bleues à l'extrémité; les plus
longues presque entièrement vertes; scapulaires vertes comme le dos où
plus cuivrées; ailes noirâtres; rectrices noir-bleu ou violacé. ♂ Bec de
20 à 20 1/2 m/m; ♀ de 23 à 23 1/2 m/m . . . . . . S. holosericeus (L.).
— ♂ ♀ Menton, gorge et poitrine d'un vert plus sombre, cette partie verte
moins prolongée sur la poitrine, et tronquée droit en arrière, suivie d'une
tache d'un bleu plus foncé et plus violet, beaucoup plus grosse (surtout ♂)
tronquée en avant, arrondie en arrière; sous-caudales d'un bleu plus
violet, passant au vert bleuâtre à la base. — ♂ Bec de 20 à 21 1/2; ♀ de
23 1/2 à 25 m/m . . . . S. chlorolæmus (Gould).

11° Groupe. — CHRYSOLAMPIS

Bec droit sauf la mandibule supérieure un peu infléchie à l'extrémité,
environ de la longueur de la tête, plumes frontales s'étendant sur le bec
jusque vers le milieu de sa longueur, couvrant complètement les écailles
nasales et le culmen. Queue arrondie, rectrices amples et très obtuses, graduellement et très légèrement plus longues des externes aux médianes; celles-ci
parfois un peu plus courtes que les submédianes. Sous-caudales amples molles,
celles du mâle de la couleur des rectrices; celles de la femelle de la couleur de
l'abdomen; tarses nus. — Sexes très dissemblables — ♂ de teintes foncées,
toujours orné d'une plaque céphalique et souvent d'une plaque jugulaire très
brillantes de plumes squamiformes optiques — ♀ sans parure; dessous du corps
gris-blanc; rectrices latérales pointées de gris ou de blanc. Ailes normales.

TABLEAU DES GENRES

— Mandibules, au moins la supérieure, serrulées à l'extrémité — ♂ tête ornée
de plumes squamiformes brillantes formant une plaque arrondie en
arrière; gorge et poitrine également ornées de plumes squamiformes
brillantes. Rectrices du mâle rousses, celles de la femelle passant au noir
et pointées de blanc . . . . **Chrysolampis**.
— Mandibules à bords mutiques — ♂ tête ornée de plumes squamiformes
brillantes formant une plaque très atténuée ou acuminée en arrière.
Dessous du corps entièrement mat, gris foncé ou noirâtre. Rectrices, sauf
parfois les médianes, noires, les latérales de la femelle pointées de gris-
blanc. . . . . **Microlyssa**.

1ᵉʳ Genre. — CHRYSOLAMPIS

— ♂ Corps en dessus et supra-caudales brun-olive verdâtre foncé, passant au
noir mat en avant, tête et nuque recouvertes d'une grande plaque d'un
beau rouge rubis brillant, s'étendant du milieu du bec au niveau des
épaules, arrondie et souvent un peu détachée en arrière, formée de
plumes squamiformes serrées et très régulières, de plus en plus petites en
avant. Dessous brun noirâtre ou olivâtre, avec, de chaque côté, une tache
pleurale blanche cachée par l'aile au repos; menton, gorge et poitrine
recouverts d'une grande plaque, arrondie en arrière, jaune ou orangé
doré topaze très brillant, formée de plumes squamiformes semblables à
celles de la plaque céphalique; sous-caudales fauve-roux. Rectrices fauve
plus rouge et plus brillant, plus ou moins bordées de noir-violet ou
bronzé à l'extrémité et très finement au bord externe; leurs stipes roux (1).
♀ (dimorphe) —*Forme A :* Corps en dessus vert bronzé, plus terne et grisâtre
sur la tête, plus cuivré parfois rougeâtre sur la nuque et la partie antérieure du dos; en dessous blanc légèrement grisâtre, mais passant au
blanc pur au menton, au gris plus foncé sur les flancs; sous-caudales
blanches, légèrement grisâtres au disque; supra-caudales gris-vert un
peu bleuâtre; rectrices médianes vert cuivré passant au noir à l'extrémité; rectrices latérales fauve-roux dans leur partie basale (plus ou
moins longuement) sauf parfois au bord externe, noir violacé dans
l'apicale et pointées de blanc. — *Forme B :* Comme le précédent, sauf
rectrices latérales, gris blanchâtre à la base, ensuite noir violacé (plus ou
moins longuement) et pointées de blanc, sans aucune partie rousse (2)

---

(1) Les teintes du rubis-topaze sont un peu variables individuellement, surtout celle de
la gorge qui passe du jaune doré couleur de laiton (oiseaux de Mérida au Vénézuéla) au
rouge orangé (oiseaux de Bahia), mais aucun caractère constant ne permet de délimiter
des sous-espèces ou même des races locales définies, comme l'ont proposé quelques auteurs
(*C. Reichenbachi* Heine, pour les oiseaux de Bogota). Les rectrices sont parfois atteintes
d'albinisme partiel; je possède deux oiseaux de Bahia semblables à ceux qui ont été figurés
par Reichenbach, ff. 4648-4649.

(2) Cette livrée est celle des jeunes des deux sexes; d'après certains auteurs (Gould, etc.)
les femelles très adultes auraient sur la poitrine une bande de plumes dorées; mais j'ai
toujours considéré ces spécimens comme de jeunes mâles prenant graduellement leur
plumage d'adulte.

♂ ♀ aile de 51 à 58 m/m. Bec ♂ (dans sa partie découverte) de 9 1/2 à
13 m/m ; ♀ de 13 à 17 m/m (1). . . . . **C. mosquitus** (L).

2ᵉ Genre. — MICROLYSSA

— ♂ Corps en dessus vert cuivré foncé passant en avant au vert-bleu très
foncé (vu en arrière) ou au noir (vu en avant) ; tête ornée d'une plaque
squamiforme, atténuée mais obtuse en arrière, ses dernières plumes
(cervicales) étant plus allongées que les autres, vert doré très brillant
dans la moitié antérieure, violet ou bleu-violet dans la postérieure avec
une étroite zone de transition vert bleuâtre (2). Dessous noir de suie,
graduellement éclairci grisâtre et parfois vaguement grivelé en avant sur
la gorge et le menton. Sous-caudales noir mat. Toutes les rectrices noir
violacé un peu pourpré. — ♀ Corps en dessus entièrement vert cuivré un
peu plus clair ; en dessous blanc grisâtre, passant un peu au gris sur les
flancs ; sous-caudales gris légèrement fauve ; rectrices médianes vert
cuivré, un peu plus foncé et un peu plus bleuâtre que le dos ; les latérales
noires passant au vert cuivré à la base externe ; les externes et subexternes
assez longuement, les latérales internes plus brièvement, pointées de
blanc grisâtre. — ♂ jeune : dessous du corps gris noirâtre.

M. cristata (L).

Nota. — D'après quelques auteurs, notamment Austin H. Clark (in Auk,
XXII, av. 1905, p. 15) A. Boucard (Gen. Humm. Birds, p. 54) et R. Ridgway
(Birds of N. Amer., v, p. 664), les oiseaux de l'Ile Grenada, correspondant au
M. emigrans Lawr. différeraient de ceux de l'Ile Barbadoes (vrais *M. cristata*)
par la plaque céphalique d'un violet plus bleu dans sa moitié apicale, mais
d'après les matériaux que je possède (trois mâles de Barbadoes et trois de
Grenada) et ceux de la collection Boucard, ce caractère n'est pas appréciable ;
l'intensité du violet varie très légèrement mais individuellement ; il est aussi à
noter que la plaque céphalique, vue d'avant en arrière paraît d'un violet
plus rouge, vue perpendiculairement en dessus d'un violet plus bleu, simple
question de reflets. Il n'y a pas lieu de maintenir la sous-espèce *M. cristata
emigrans* (Lawr.).

Races locales. — (b) ♂ Plaque céphalique plus acuminée en arrière, passant au
bleu de ciel (non ou à peine violet) dans son tiers apical seulement ;
dessous du corps et rectrices comme *M. cristata* type. Rectrices médianes
rarement teintées de bronze obscur sur les bords (je ne connais pas la
femelle) . . . . **M. cristata ornata** (Gould).

— (o) ♂ Plaque céphalique très acuminée, vert brillant très légèrement et
graduellement teintée de vert bleuâtre à l'extrémité. Corps en dessus d'un
vert moins foncé et plus cuivré, principalement sur l'uropygium et les
supra-caudales, celles-ci parfois teintées de bronze rougeâtre. Dessous du
corps d'un noir moins intense, grisâtre. Rectrices médianes, en tout ou en

____

(1) Pour l'éthologie Cf. Deville, in Rev. Mag. Zool. : 1852, p. 215.
(2) Dans cette zone les plumes sont vertes à la base, bleu de ciel à l'extrémité.

partie vert bronzé foncé (1). — ♀ Rectrices médianes bronzé doré, submédianes bronzées à la base, noires à l'extrémité. **M. cristata exilis** (Gm.).

12e Groupe. — CLAÏS

Voisin du groupe précédent ; en diffère par le culmen moins longuement emplumé à la base, sa partie emplumée ne dépassant pas le niveau des narines et brièvement échancrée en avant, ses écailles nasales emplumées sauf parfois à leur bord inférieur. Bec non ou à peine plus long que la tête, droit sauf à l'extrême pointe, aigu, ses mandibules à marges mutiques. Queue égale, carrée ou à peine échancrée *(Baucis)*; rectrices semblables amples et obtuses, les externes non ou à peine plus courtes que les subexternes ; les médianes toujours vert cuivré comme le dos, les autres noirâtres passant au vert à la base, pointées ou au moins liserées de blanc ou de gris à l'extrémité dans les deux sexes. Tarses emplumés sauf sur leur face interne et en dessous ; sous-caudales longues et molles. Sexes très dissemblables, femelles en dessous blanches ou gris-blanc ; de chaque côté un point blanc postoculaire.

TABLEAU DES GENRES

1. Queue ouverte carrée, fermée légèrement échancrée; ses rectrices médianes un peu plus courtes que les autres; les subexternes dépassant très légèrement (à peine) les externes et les latérales internes. Bec un peu plus court que la tête, étroit dès la base. ♂ Tête vert cuivré foncé comme le dos, sans aucune parure. **Baucis.**

— Queue tout à fait carrée ; rectrices externes un peu (à peine) plus courtes que les autres, celles-ci égales. Bec aussi long que la tête, parfois un peu plus long (*S. Loddigesi* Gould), robuste à la base. ♂ tête parée en dessus, jusqu'à la nuque, de plumes squamiformes brillantes. 2

2. Tête ornée d'une plaque de larges plumes squamiformes arrondies, égales, bleues ou violettes. Bec un peu plus court que la tête, un peu plus brièvement emplumé à la base et plus robuste. Ecailles nasales en partie dénudées . . . . **Claïs.**

— ♂ Tête ornée d'une plaque de plumes squamiformes brillantes, graduellement plus longues des narines au vertex et pourvue en arrière d'une seule très longue plume acuminée, noire ou noir verdâtre (2). Corps en dessous bleu-violet foncé, plus ou moins bordé de gris. — ♀ dessous du corps et sous-caudales blanc grisâtre; tête sans parure mais avec les plumes cervicales un peu plus longues que les autres (3). — ♂ ♀ Corps en dessus

---

(1). D'après les matériaux que j'ai à ma disposition, le *M. cristata exilis*, disséminé dans un grand nombre d'îles, varie légèrement sous ce rapport ; les mâles de Sainte Lucie (neuf individus) et de Nevis (un seul) ont les rectrices médianes bronzées à la base ; ceux de la Martinique (deux) ont ces rectrices bronzé vert légèrement bleuâtre très foncé passant au noir à la base interne ; ceux de la Guadeloupe (sept) ont ces rectrices noir violacé comme les latérales ou un peu teintées de bronzé sur les bords. — R. Ridgway cite un mâle de l'île Anégada (groupe des îles Vierges) plus foncé en dessous, ressemblant sous ce rapport à *M. cristata* type.

(2) D'après Elliot certains individus auraient deux longues plumes cervicales, ce que je n'ai jamais observé (Syn. Trochil., p. 179).

(3) Surtout la médiane qui est parfois noire comme celle du mâle, mais il est possible que les individus présentant cette particularité soient de jeunes mâles.

et rectrices médianes vert cuivré; rectrices submédianes d'un vert plus
foncé, souvent en partie noirâtres; rectrices latérales noires passant au
vert cuivré ou bronzé à la base surtout externe et pointées de blanc ou
de gris-blanc (sauf parfois chez les mâles très adultes) (1). Bec aussi long
ou un peu plus long que la tête, son culmen plus longuement emplumé,
ses écailles nasales emplumées et cachées sauf à leur bord inférieur.

Stephanoxis.

1er Genre. — CLAÏS

— Corps en dessus vert cuivré, passant en avant, sur le cou et la nuque, au
vert un peu plus foncé, en arrière, sur l'uropygium et les supra-caudales,
au vert clair moins cuivré; tête ornée d'une plaque bleu-violet ou bleu
presque pur brillant, presque aussi large que l'espace interoculaire mais
atténuée sur la nuque, formée de larges plumes squamiformes, de chaque
côté un point postoculaire très blanc; en dessous menton et gorge bleu
violet généralement un peu plus foncé et moins brillant, souvent fondu
en arrière; poitrine vert bleuâtre au moins sur les côtés, passant au gris
au milieu (2); abdomen gris plus ou moins foncé passant au vert cuivré
sur les flancs. Sous-caudales gris-blanc. Rectrices médianes en dessus
vert plus foncé et plus bleuâtre que celui du dos, rarement olive ou
noirâtre; rectrices latérales en dessous vert cuivré dans leur moitié ou
leur tiers basal (généralement plus longuement au côté externe, parfois
jusqu'à l'extrémité) ensuite noires finement lisérées de gris-blanc au bord
apical. ♀ Corps en dessus vert cuivré avec la tête ornée, comme celle
du mâle, de plumes squamiformes bleu-violet, ordinairement plus ternes
et moins denses, parfois un peu verdâtres; en dessous blanc grisâtre
ou blanc pur, avec quelques plumes vert cuivré sur les côtés de la poitrine, plus rarement sur les flancs de l'abdomen (3); de chaque côté
une bande noirâtre sous-oculaire et un point blanc postoculaire. Rectrices latérales vert cuivré au moins dans leur moitié basale, ensuite
noir-bleu et pointées de blanc. — ♂ Bec de 12 à 13 1/2 m/m; ♀ de 11 1/2
à 14 m/m. . . . . **C. Guimeti** (Bourc.).

2e Genre. — BAUCIS

— ♂ Corps en dessus vert cuivré sans parure céphalique; en dessous menton
et gorge vert doré brillant; poitrine noir mat passant graduellement en
arrière et sur les côtés, au vert cuivré foncé, au milieu et surtout à la
base de l'abdomen au gris obscur ou noirâtre; de chaque côté une petite
tache blanche postoculaire; sous-caudales vert cuivré, longuement
frangées de gris. Rectrices médianes vert bronzé parfois un peu bleuâtre

---

(1) Dans ce genre la livrée du mâle adulte ne s'acquiert que très graduellement.

(2) Les oiseaux de l'Amérique centrale, correspondant à *Mellisuga Merritti* Lawr. ont
le milieu de la poitrine et l'abdomen presque entièrement gris-blanc, le dessus de la tête
d'un bleu plus clair et moins violet et généralement les rectrices médianes d'un vert
bleuâtre, mais ces caractères ne sont pas assez constants pour justifier une sous-espèce. Le
Claïs Guimeti du Pérou (*C. G. Merritti* Berl.) ne diffère pas du type par la plaque céphalique violette, tandis que le dessous du corps gris-blanc, rappelle la forme *Merritti*.

(3) Les jeunes mâles sont en dessous d'un gris plus foncé et ont la gorge parsemée de
petites taches noirâtres passant au bleu;

(toujours moins cuivré que celui du dos) ; les submédianes noires dans leur moitié interne, vert bronzé dans l'externe sauf parfois au bord apical ; les externes et subexternes en dessous noires teintées de vert bronzé à la base externe et brièvement pointées de gris blanchâtre. — ♀ Corps en dessous blanc grisâtre avec les côtés de la poitrine assez légèrement vert cuivré et quelques plumes isolées à disques verts sur les flancs ; de chaque côté une assez large bande noire sous-oculaire et une petite tache blanche postoculaire. Sous-caudales et rectrices médianes comme celles du mâle ; les latérales en dessous plus longuement vertes à la base, surtout externe, plus nettement pointées de blanc à peine grisâtre. ♂ Bec de 10 à 11 1/2 m/m ; ♀ bec de 11 à 12 m/m.   **B. Abeillei** (L. et D.).

3ᵉ Genre. — STEPHANOXIS

— ♂.-Plaque céphalique vert doré très brillant, passant à l'extrémité au vert-bleu foncé mais avec la longue plume cervicale noir mat. Corps en dessous bleu-violet foncé, étroitement bordé de gris obscur de chaque côté ; sous-caudales vert cuivré plus ou moins frangées de gris blanchâtre. Rectrices latérales noires passant assez brièvement au vert bronzé foncé dans leur partie basale externe. — ♂ *subadulte* menton gris-blanc près la base du bec ; flancs plus largement bordés de gris ; sous-caudales gris-blanc à très petits disques verts souvent indistincts. Rectrices comme celles de la femelle. — ♀ Rectrices latérales vert cuivré à la base (plus longuement au côté externe) ensuite noir mat ; les externes assez longuement pointées de blanc, les autres plus brièvement. Bec médiocre, ♂ de 11 1/2 à 12 m/m ; ♀ de 12 à 13 m/m. . . . . . . **S Delalandei** (Vieill.).

— ♂ Plaque céphalique bleu-violet brillant avec la longue plume cervicale noir teinté de vert surtout à l'extrémité. Corps en dessous violet très foncé parfois presque noir ; menton gris ; côtés de la poitrine et de l'abdomen largement gris-blanc ; sous-caudales gris-blanc, légèrement et confusément rembrunies au disque. Rectrices latérales longuement vert cuivré à la base, surtout au côté externe et longuement pointées de blanc (1).

— ♀ comme S. *Delalandei* seulement rectrices latérales plus longuement vert cuivré à la base et bec plus long. — ♂ ♀ Bec de 15 à 15 1/2 m/m.

S. Loddigesi (Gould).

13ᵉ Groupe. — LOPHORNIS

Bec de la longueur de la tête ou un peu plus court ; ses mandibules mutiques non serrulées, très aiguës : la supérieure tout à fait droite ou à peine infléchie à la pointe, l'inférieure très légèrement arquée en haut dans sa partie apicale ; base du culmen emplumée au moins, jusqu'à l'extrémité des narines, écailles nasales complètement emplumées et cachées (2). Queue ronde ; rectrices larges et obtuses, un peu plus courtes des submédianes aux externes, mais les médianes

---

(1) Je ne suis pas sûr de connaître le mâle complètement adulte ; le menton, les sous-caudales et les rectrices tels que je les décrits, correspondent plutôt à ceux du *S. Delalandei* subadulte dont j'ai parlé plus haut.

(2) R. Ridgway a tiré un caractère des écailles nasales qui seraient plus étroites que celles des autres *Trochilides* et presque rudimentaires, ce qui n'a pas été confirmé par mes observations au moins pour toutes les espèces ; ce caractère est dans bien des cas invérifiable à cause du revêtement plumeux très dense de la base du bec. Il faut dire aussi que dans bien des cas (*Lophornis* vrais) ces parties molles et membraneuses se déforment par la dessication.

souvent un peu plus courtes que les submédianes (1). Sous-caudales molles, généralement de la couleur des rectrices; ailes normales (2). Pieds généralement assez forts, noirâtres en dessus, tarses nus. Une bande uropygiale transverse blanche ou fauve. Sexes dissemblables, mais femelles toujours légèrement andromorphes, ressemblant à de jeunes mâles.

TABLEAU DES GENRES

1. Bec noir, solide — ♂ sans plaque jugulaire brillante mais pourvu d'une plaque céphalique et de touffes génales . . . . **2.**
— Bec jaune submembraneux (au moins la mandibule inférieure); queue arrondie, rectrices obtuses, graduellement plus courtes des submédianes aux externes, mais les médianes un peu plus courtes que les submédianes.
— ♂ orné d'une plaque jugulaire vert brillant. . . . . **3.**

2. Bec aussi long ou un peu plus long que la tête, robuste, emplumé environ dans son tiers basal ou un peu moins. Queue ronde; rectrices médianes et submédianes égales, les autres légèrement et graduellement plus courtes des latérales internes aux externes. — ♂ Tête ornée d'une plaque frontale vert très brillant atteignant à peine le niveau des yeux, suivie (à voir en avant) au vertex d'une bande transverse très noire (3), de chaque côté une ligne sous-oculaire vert brillant, partant en avant de la plaque frontale et prolongée en arrière, au dessus de la touffe génale, par des plumes plus grosses; touffe génale formée de plumes étroites, inégales, graduées, vert foncé ou bronzé, marquées chacune d'un point apical très blanc. Menton et gorge garnis de plumes filamenteuses vert obscur mat, moins denses et à base fauve apparente au milieu du menton; celui-ci bordé de chaque côté d'une ligne très noire oblique, convergeant sous la base du bec en forme de V. Dessus du corps vert cuivré avec une bande uropygiale blanche ou blanc jaunâtre; les supra-caudales bronzé-rouge carminé ou violacé très foncé. Rectrices en dessus et en dessous bronzé-rouge obscur.
— ♀ Corps en dessous gris plus ou moins blanchâtre, grivelé de noirâtre (finement sur la gorge, largement sur la poitrine et le haut de l'abdomen). Rectrices grises ou blanchâtres à la base, longuement noires ou bronzées à l'extrémité et pointées de fauve, sauf parfois les médianes. **Bellatrix.**
— Bec à peine aussi long que la tête, emplumé presque jusqu'au milieu de sa longueur. Queue fourchue; rectrices amples, graduellement plus longues des médianes aux subexternes, celles-ci égales aux externes. — ♂ Parure céphalique doré-vert brillant, couvrant toute la tête, divisée par une ligne longitudinale noire à reflets rouges. Touffes génales larges, vert clair brillant, œillées de noir . . . . **Cosmorrhipis.**

3. Mandibule supérieure noire; inférieure jaune, rembrunie à l'extrémité. Parure céphalique et parure jugulaire également vert brillant, formées de plumes squamiformes, les occipitales allongées en forme de crête; pas de touffes génales définies. . . . . **Lithiophana.**

---

(1) Les médianes ne sont beaucoup plus courtes que dans le genre *Cosmorrhipis* dont la queue peut être qualifiée de fourchue.

(2) Même la neuvième primaire des mâles.

(3) Les plumes de ce bandeau sont réellement vert brillant comme celles du front, elles ne doivent leur aspect noir qu'à leur implantation plus verticale.

4

— Mandibules, supérieure et inférieure, également jaunes (1), rembrunies
seulement à l'extrémité . . . . **4.**

4. ♂ Tête en dessus roux mat, ses plumes plus allongées en arrière en forme
de huppe; touffes génales (quand elles existent) obtuses, rousses ou
blanches, bordées ou œillées de vert. Dessus du corps vert doré, supra-
caudales bronzé-rouge foncé ou presque noir. En dessous menton et
gorge vert brillant, le plus souvent mêlé en arrière de quelques plumes
plus longues moitié blanches, moitié rousses (plumes vertes à base cachée
presque toujours rousse), poitrine et abdomen verdâtre cuivré. Rectrices
médianes en dessus vert bronzé, rousses à la base et au milieu le long du
stipe. Rectrices latérales rousses bordées des deux côtés ou seulement à
l'externe et à l'apex de vert bronzé ou de noirâtre, toutes à stipe roux. —

— ♀ (ou ♂ *jeune*) Corps en dessus vert cuivré ou bronzé (2) sauf les
supra-caudales bronzé-rouge foncé. En dessous, menton et gorge roux
clair; poitrine et abdomen gris-fauve mêlé de vert cuivré surtout aux
flancs. Sous-caudales et rectrices latérales rousses, celles-ci marquées
d'une large barre noire passant souvent au vert bronzé dans sa moitié
interne . . . . **5.**

— ♂ Tête sans huppe rousse. Touffes génales prolongées en filets sétiformes . . . . **6.**

5. Dessus de la tête roux, séparé de la base du bec par un bandeau frontal
vert brillant comme la gorge. De chaque côté, une touffe génale de plumes
obtuses rousses ou blanches terminées chacune par une tache ou une
bordure vert brillant . . . . **Lophornis** (sensu stricto).

— Dessus et devant de la tête entièrement roux même sur le culmen, sans
bandeau vert; pas de touffes génales. . . . . **Lophornis** subgen. **Telamon.**

6. Bec robuste à la base, ♂ mandibule supérieure passant au noir dans toute
sa moitié apicale. — ♀ presque jusqu'à la base. — ♂ Tête ornée d'une
plaque frontale rouge prolongée en arrière par une bande blanche très
acuminée. Poitrine blanche. Abdomen roux. . . . . **Dialia.**

— Bec grêle dès la base, ♂ ♀ jaune testacé, rembruni seulement à la pointe.
— ♂ Tête ornée d'une plaque vert brillant prolongée en corne à chacun
des angles postérieurs et d'une touffe de longues plumes cervicales sétiformes. Poitrine noir mat. Abdomen blanc parsemé de grosses taches
dorées . . . . **Paphosia.**

1er Genre. — BELLATRIX

— ♂ Touffes génales étroites et très longues, vert assez foncé; leurs taches
apicales blanches petites, leurs stipes noirs. Nuque ornée de plumes
allongées et raides, inégales graduées formant crête, les plus courtes
vertes, les autres bronzé-rouge foncé, passant souvent au vert à la pointe.
Menton et gorge garnis de plumes filamenteuses entièrement d'un vert
foncé mat. Poitrine et abdomen noirâtres dans le milieu, vert cuivré

---

(1) Probablement rouge vif pendant la vie.

(2) Certaines femelles très adultes ont peut-être aussi le dessus de la tête roux comme le
menton et la gorge.

foncé sur les flancs. Rectrices en dessous bronzé rougeâtre foncé passant
au noirâtre au côté externe et le plus souvent très finement liserées de
gris-blanc à l'extrémité. Bec assez fort et long, de 21 à 25 m/m. — ♀ ou
jeune ♂. Menton et gorge gris-blanc passant au milieu au gris noirâtre;
poitrine et abdomen largement variés de noir et de gris; flancs plus
uniformes mais souvent pictés de blanc. Rectrices médianes en dessus
noires dans leur partie apicale, vert cuivré dans la basale, passant au
blanc à l'extrême base (partie cachée par les supra-caudales); les autres
gris un peu bronzé à la base, ensuite noires, pointées de fauve ou de gris-
blanc (les externes largement, les internes et submédianes brièvement).
En dessus bande uropygiale blanc presque pur. **B. Verreauxi** (B. et M.).

Race locale. — (b). ♂ Plus obscur. Rectrices et supra-caudales bronzé olivâtre
foncé (au lieu de bronzé cuivré), plumes génales d'un vert plus foncé, à
taches blanches apicales plus petites (sec. Berl. et Hart.).
                                        B. Verreauxi Klagesi (B. et H.).

— ♂ Touffes génales aussi longues mais un peu plus larges, d'un vert plus
cuivré, à taches apicales blanches un peu plus grosses; leurs stipes en
partie blancs (1). Nuque sans aucune crête. Menton et gorge garnis de
plumes filamenteuses d'un vert plus clair et très finement pointées de
blanc (à voir à la loupe); poitrine blanchâtre un peu variée de noir au
milieu (plumes blanches à base noire longuement apparente); abdomen
en avant noirâtre, mélangé de gris-blanc, passant à la base au gris-fauve
obscur, légèrement grivelé, avec quelques plumes vert cuivré sur les
flancs. Rectrices en dessous bronzé-roux plus clair et plus brillant,
parfois violacé, non rembrunies au côté externe, brièvement bordées de
gris-blanc à l'extrémité. Bec un peu plus court, de 12 à 13 m/m. — ♀, ou
jeune ♂. Dessous du corps gris-blanc plus ou moins teinté de fauve;
gorge largement obscurcie au milieu et d'aspect strié; poitrine et haut de
l'abdomen noirâtres et parsemés de grosses plumes blanchâtres et fauves;
abdomen passant parfois au roux assez vif à la base. Rectrices en dessus
et en dessous, dans leur moitié basale, vert doré brillant mais passant au
blanchâtre à la base, dans leur moitié apicale bronzé-rouge foncé presque
noir, pointées de fauve (les externes largement, les submédianes et
surtout médianes étroitement). En dessus bande uropygiale d'un blanc
lavé de fauve. . . . . **B. chalybæa** (Vieill.).

2ᵉ Genre. — COSMORRHIPIS

— ♂ Touffes génales formées de très larges plumes obtuses vert doré clair
passant à l'extrême base au rouge doré, marquées chacune d'une grosse
tache noire ronde subapicale et d'un très petit point blanc basal (le plus
souvent caché). Dessus de la tête, jusqu'à la nuque, vert doré très brillant
coupé d'une bande longitudinale noire, passant au rouge sombre sous
certaines incidences. Menton et gorge noir mat; poitrine et abdomen
vert cuivré foncé (quelques-unes des plumes vertes de la poitrine souvent
marquées de taches noires); supra-caudales bronzé olive un peu
rougeâtre. Rectrices en dessus vert bronzé olive, en dessous bronzé doré,
un peu rougeâtre au côté interne, bronzé vert très foncé au côté externe.

---

(1) Au moins celui des plus longues plumes à la base.

Sous-caudales gris noirâtre passant au gris à l'extrémité. — ♀ Corps en dessous gris-blanc un peu teinté de fauve en avant ; gorge marquée de petites taches noires subsériées (plumes blanches en partie fauves, à base noire apparente) ; poitrine et abdomen, surtout au milieu, plus largement variés de noirâtre ; côtés de la poitrine vert cuivré. Rectrices médianes et submédianes en dessus entièrement vert bronzé olive foncé, latérales en dessous vert bronzé à la base ensuite noires, étroitement pointées de blanc ; supra-caudales vert bronzé olive mêlées de quelques plumes bronzé-rouge, précédées d'une ceinture blanche très étroite.

C. pavonina (Salv.).

3ᵉ Genre. — LITIOPHANA

— ♂ Bec grêle mais sssez long, noir avec la mandibule inférieure passant au jaune à la base et jaune testacé sur les côtés jusqu'au tiers apical. En dessus tête garnie de plumes squamiformes d'un vert très brillant, plus longues sur la nuque et formant une sorte de huppe (toutes à base rousse cachée) ; supra-caudales bronzé-rouge foncé ; ceinture blanche teintée de fauve sur les côtés. En dessous menton et gorge garnis de plumes squamiformes vert très brillant (à base rousse cachée) plus longues sur les côtés sans forme de touffe génale définie, en arrière les marginales se terminant presque toutes par un très petit point blanc, les latérales par un point roux. Rectrices en dessus et en dessous bronzé-vert obscur, passant au noirâtre au bord externe, à reflets bronzé-roux dans leur moitié interne, à stipes noirs en dessus, brun-rouge en dessous. L. insignibarbis (E. S.).

Nota. — Il n'est pas impossible que *L. insignibarbis* soit un hybride de *Bellatrix Verreauxi* et de *Lophornis stictolophus*, ce qu'on ne peut cependant affirmer ; dans l'état actuel, ce remarquable oiseau ne présente exactement ni les caractères du genre *Lophornis* ni ceux du genre *Bellatrix*.

4ᵉ Genre. — LOPHORNIS

TABLEAU DES ESPÈCES (1)

1. Tête ornée de touffes génales ; huppe rousse de la tête séparée du bec par un étroit bandeau vert brillant (1ʳᵉ section *Lophornis* in specie) **2**
— Tête sans touffes génales ; huppe rousse atteignant la base du bec sans bandeau vert (2ᵉ section *Telamon*). **4**

2. Plumes des touffes génales très larges, obtusément tronquées, blanc pur, bordées chacune à l'extrémité de vert brillant ; leur base (cachée sauf pour les plus courtes) rousse ou lavée de roux ; ceinture uropygiale blanc pur . . . . **L. magnificus (Vieill.).**
— Plumes des touffes génales très inégales et étagées (2), étroites mais terminées chacune par une dilatation obtuse œillée d'une tache ronde ou semicirculaire d'un vert brillant. **3**

---

(1) Je ne trouve aucun caractère pour distinguer entre elles les femelles du genre *Lophornis* ; je dois ajouter que je ne connais pas sûrement celles des *Lophornis Gouldi* et *Delattrei*.

(2) Le développement des touffes génales est variable individuellement.

3. Plumes des touffes génales rousses; plumes vertes de la gorge à base rousse;
ceinture uropygiale blanc lavé de fauve. . . . . . **L. ornatus** (Bodd.).

— Plumes des touffes génales et ceinture uropygiale d'un blanc pur; plumes
vertes de la gorge à base d'un blanc jaunâtre. . . . **L. Gouldi** (Less.).

4. Huppe rousse très large, arrondie en arrière, ses plumes obtuses, unicolores
jusqu'au niveau des yeux, ensuite marquées chacune (au moins les principales) d'une tache apicale noire passant au bronzé vert vue en avant,
les taches antérieures petites presque rondes, les postérieures graduellement plus grosses semicirculaires; lores bordées, de chaque côté, de la
narine à l'œil (au-dessus de la commissure) d'une bande vert brillant
comme la gorge. Rectrices médianes en grande partie vert bronzé,
rousses seulement à la base et le long du stipe.

L. stictolophus (Salv. et Ell.).

— Huppe rousse formée de plumes plus étroites et plus acuminées, les plus
longues seules pointées de noir ou de vert. Lores rousses comme la huppe
ou ne présentant qu'en arrière quelques plumes vertes isolées. Rectrices
médianes en dessus le plus souvent (1) en grande partie rousses, bordées
de vert bronzé au côté externe et à l'extrémité interne. . . . . **5.**

5. Huppe étroite, d'un roux clair; ses plus longues plumes effilées jusqu'à
l'extrémité et très brièvement pointées de noir. . . . **L. Lessoni** (E. S.).

— Huppe plus large, d'un roux plus foncé; ses plus longues plumes terminées
chacune par une petite dilatation noire à reflets vert cuivré. Bec un
peu plus long. . . . . **L. Delattrei** (Less.).

5e Genre. — DIALIA

— Corps en dessus vert cuivré, tête ornée en avant d'une plaque frontale
rouge rubis à bases blanches souvent apparentes, suivie d'une bande longitudinale très blanche effilée en pointe en arrière; de chaque côté une touffe
génale de plumes vert brillant, légèrement arquées, les deux plus longues
sétiformes et noires dans toute leur partie apicale; supra-caudales noirâtre
bronzé précédées d'une étroite ceinture uropygiale blanche mêlée de
fauve. En dessous menton et gorge vert brillant; poitrine blanche;
abdomen roux avec quelques plumes vert cuivré isolées en avant de
chaque côté. Sous-caudales rousses comme l'abdomen. Rectrices d'un
roux plus foncé; les médianes et submédianes en dessus bordées de
chaque côté (sauf à la base et parfois à l'extrémité) de bronzé vert foncé
passant au noir; les latérales en dessous très finement bordées au côté
externe seulement. Bec assez fort, jaune testacé ou rouge à la base, noir
à l'extrémité. — ♀ ou *jeune* ♂ Corps en dessus vert cuivré, plus terne et
noirâtre sur la tête; yeux bordés de noir; supra-caudales noires à reflets
bronzé violet, précédées d'une bande uropygiale plus large blanche
teintée de fauve. En dessous menton, gorge et poitrine blancs, les deux premiers finement pictés de gris noirâtre bronzé; abdomen roux, mêlé, en
avant et sur les côtés de vert cuivré. Rectrices médianes en dessus

---

(1) Certains *L. Lessoni* E. S., surtout ceux de l'Amérique centrale, ne diffèrent pas par
leurs rectrices médianes de *L. stictolophus.*

rousses à la base surtout le long du stipe, ensuite vert cuivré passant graduellement au noir avec une tache rousse apicale; les latérales en dessous rousses avec une large barre médiane, précédée d'une étroite zone cuivrée. Bec noir, teinté de brun-rouge foncé à la base.

D. adorabilis (Salv.).

6ᵉ Genre. — PAPHOSIA

— Corps en dessus vert cuivré (plumes larges cuivré doré bordées de vert), tête vert foncé assez brillant avec les plumes latérales du vertex graduellement plus longues et effilées en forme de cornes aiguës, de plus une touffe médiane de plumes cervicales (6 à 8) très fines, très longues, mais inégales, noires teintées de vert à la base. Supra-caudales-bronzé violet presque noir, précédées d'une étroite ceinture blanche souvent teintée de fauve; de chaque côté du cou une touffe génale de longues plumes presque égales fauve clair, mêlées de quelques plumes noires et bordées de noir, toutes assez larges, mais très acuminées. En dessous menton et gorge vert doré très brillant; poitrine noir mat filamenteuse; abdomen blanc, parsemé de grosses taches dorées; sous-caudales rousses, parfois avec de petits disques bronzés. Rectrices médianes vert cuivré passant au roux à la base surtout le long du stipe, les autres rousses finement bordées de noirâtre ou de bronzé au côté externe, à stipe roux (sauf aux médianes). Bec faible, jaune testacé ou rouge, rembruni à l'extrémité.

— ♀ Corps en dessus cuivré verdâtre, plus foncé et plus terne sur la tête; supra-caudales noir mat, précédées d'une bande blanche uropygiale; de chaque côté une bande noir mat sous-oculaire dilatée d'avant en arrière; en dessous menton et gorge fauve grisâtre légèrement mouchetées de noir surtout latéralement; poitrine bronzé doré; abdomen blanc lavé de fauve, moucheté de bronzé doré. Rectrices médianes en dessus vert cuivré passant au gris à la base, au noir à l'extrémité; latérales en dessous rousses avec une très large barre médiane noire, passant au vert bronzé à la base; les médianes et submédianes en dessus à stipes noirs, les autres stipes roux. Bec à mandibule supérieure noire ou brun-rouge à peine éclairci à la base. . . . . Helenæ (Del.).

14ᵉ Groupe. — POPELAIREA

Caractères du groupe précédent sauf pour les rectrices. ♂ Queue très profondément fourchue; rectrices médianes courtes, les autres fortement et graduellement plus longues des submédianes aux externes, celles-ci aussi longues ou plus longues que le corps entier, toutes larges à la base mais très acuminées, à stipes blancs ou fauves rigides, à barbes très réduites dans la portion apicale. — ♀ Queue beaucoup plus courte, néanmoins très fourchue; ses rectrices assez larges, subacuminées, pointées de blanc ou de fauve. — ♂ ♀ Bec noir et solide. Tête sans touffes génales.

TABLEAU DES GENRES

1. ♂ ♀ Rectrices à stipes blanc pur; ♂ les médianes courtes et très larges, dépassant souvent à peine les supra-caudales, obliquement tronquées et un peu échancrées dans leur moitié externe, très brièvement acuminées au niveau du stipe, les autres fortement et graduellement plus longues des submédianes aux externes, assez larges à la base mais très acuminées, les externes et subexternes à barbes très courtes dans leur portion apicale. Sous-caudales courtes et arrondies, noires ou métalliques comme l'abdomen. . . . . **2.**

♂ ♀ Rectrices à stipes fauves ou roux. — ♂ les médianes larges mais acuminées, de même forme que les suivantes ; celles-ci graduellement plus longues des submédianes aux externes ou subexternes. Sous-caudales longues filamenteuses . . . . **3.**

2. ♂ Tête, vue en avant, vert brillant comme la gorge, sans plaque définie et sans plumes occipitales plus longues. — ♂ ♀ Touffes tibiales blanches ou grisâtres, de plumes filamenteuses duveteuses. Ailes normales.

Gouldomyia.

♂ Tête ornée d'une plaque de plumes squamiformes vert brillant, présentant en outre quatre très longues plumes occipitales presque sétiformes. — ♂ ♀ Touffes tibiales rouge orangé, formées de plumes molles (non filamenteuses), couchées en avant et atteignant au moins la base des doigts. Ailes plus courtes . . . . **Popelairea.**

3. ♂ Rectrices graduellement plus longues, des submédianes aux subexternes ; les externes beaucoup plus longues, dépourvues de barbes dans leur portion apicale, mais terminées chacune par une grosse palette, aussi large que longue, arrondie ou légèrement anguleuse . . . . . **Discura.**

♂ Rectrices graduellement plus longues des médianes aux externes, assez larges mais toutes acuminées, sans palette apicale. . . . . . **Mytinia.**

1ᵉʳ Genre. — POPELAIREA

♂ Tête entièrement couverte de plumes squamiformes d'un vert très brillant, graduellement plus longues du bec au vertex, dépassées par quatre très longues plumes occipitales : les supérieures en partie vertes, les inférieures noires, plus de trois fois plus longues, presque sétiformes pourvues près l'extrémité seulement de quelques longues barbes pénicillées. Corps en dessus vert cuivré foncé teinté de cuivré rouge ; uropygium noir-bleu passant au vert cuivré plus brillant sur les supra-caudales. En dessous menton et gorge vert brillant comme la tête ; poitrine noir un peu bleuâtre ; abdomen noirâtre plus terne passant au gris-fauve sur les flancs. Rectrices noir-bleu à stipes blancs ; les médianes au moins aussi larges que longues, tronquées avec le stipe très brièvement acuminé ; les autres presque également étagées et longuement acuminées, sauf les externes très grêles dans toute leur portion apicale. — ♀ (ou jeune) dessous du corps noir, bordé de chaque côté de cuivré vert ou rougeâtre ; gorge légèrement pictée de blanc, bordée de chaque côté d'une assez large bande blanche sous-oculaire. Rectrices noir-bleu, bordées de blanc à la base surtout externe ; les médianes et submédianes marquées d'un très petit point blanc ou gris apical, les autres pointées de blanc.

P. Popelairei (Du Bus).

2e Genre. — GOULDOMYIA

♂ Corps en dessus vert assez foncé; uropygium bronzé rougeâtre, bordé
de vert en avant et en arrière; en dessous menton, gorge et poitrine, au
moins en avant, vert brillant assez foncé, suivi, sur le milieu de la poitrine,
de quelques larges plumes vert clair bleuâtre plus brillant un peu
argenté, parfois bleues à base noire; abdomen vert cuivré; sous-caudales
vertes comme l'abdomen. Rectrices noir-bleu, parfois légèrement
verdâtre en dessous, les plus longues en dessus bordées de blanc au côté
externes, semblables par les proportions à celles de *P. Popelairei*, mais
les subexternes et latérales internes plus brusquement rétrécies dans leur
partie apicale très étroite et à bords parallèles. — ♀ (ou jeune) Corps en
dessus vert cuivré avec l'uropygium presque entièrement noir. Dessous
noirâtre avec les côtés et le bas de la poitrine vert cuivré foncé; gorge
obliquement bordée de blanc de chaque côté; poitrine variée de blanc
au milieu; abdomen marqué, de chaque côté, d'une très grosse tache
blanche presque ronde; touffes tibiales blanches filamenteuses. Rectrices
noir-bleu, toutes pointées de blanc (les médianes très brièvement) passant
au blanc à la base externe en dessous, au gris en dessus.

G. Conversi (Bourc.).

♂ Dessus du corps vert cuivré, rougeâtre sur le milieu du dos et l'uropygium. En dessous menton, gorge et poitrine vert doré très brillant,
celle-ci bordée en arrière, au moins au milieu, d'une ceinture rouge feu;
abdomen noir mat en avant, blanc à la base mais largement gris-noirâtre
dans le milieu, vert cuivré sur les flancs; sous-caudales noires frangées de
blanc. Rectrices noir-bleu, les subexternes bordées de gris, les externes
entièrement gris-pâle presque blanc en dessous. Médianes et submédianes
courtes et très larges presque semblables; les latérales internes beaucoup
plus longues que les submédianes, néanmoins plus de trois fois plus
courtes que les subexternes, fortement atténuées dès la base mais brusquement plus étroites à l'extrémité et longuement effilées. — ♀ (ou jeune)
Dos et uropygium vert cuivré rouge; en dessous menton noirâtre, largement bordé de blanc de chaque côté; gorge et poitrine blanches densément mouchetées de vert doré; abdomen blanchâtre varié de bronzé
sur les flancs, bordé de noir en avant et coupé d'une bande longitudinale
noire. . . . . P. Langsdorffi (Vieill.).

Sous-espèce. — (b) ♂ Gorge et poitrine vert brillant, un peu plus doré en
arrière mais sans ceinture rouge définie. Rectrices latérales internes
fortement mais graduellement (non brusquement) acuminées aiguës.

G. Langsdorffi melanosternum (Gould).

3e Genre. — MYTINIA

— Sous-caudales vert doré foncé, bordées de violet-noir et finement frangées
de fauve. Tête en dessus, gorge et poitrine vert brillant, plus doré à la
base de la poitrine. Corps en dessus brun cuivré rougeâtre; supra-caudales vert doré, les dernières violet-rouge; abdomen vert bronzé, marqué
sur la partie antérieure d'une tache blanche. Rectrices noir violacé à
stries fauve-roux . . . . M. Lætitiæ (Bourc.).

4ᵉ Genre. — DISCURA

— Corps en dessus vert cuivré avec la tête d'un vert plus foncé fondu en arrière; uropygium plus foncé parfois noirâtre cuivré précédé d'une ligne blanche transverse; en dessous gorge et poitrine vert assez foncé mais plus brillant que celui de la tête; menton précédé d'une petite tache noir mat sous la base du bec; poitrine suivie d'une ceinture de plumes d'un vert plus clair et plus brillant frangées de blanc; abdomen cuivré-rouge mêlé de noir (plumes à base noire apparente, surtout en avant) passant au fauve au milieu de la base, au vert cuivré sur les flancs; touffes tibiales blanches; sous-caudales fauve-roux légèrement gris noirâtre au disque. Rectrices noirâtre violacé, leurs stipes roux, le plus souvent très finement bordé de gris ou de blanc; palette des externes noir mat en dessus, noir violet en dessous — ♀ Corps en dessus vert cuivré foncé avec une bande uropygiale plus large teintée de fauve. En dessous gorge blanche avec une large bande longitudinale noire suivie, sur la poitrine, d'un groupe de plumes vert brillant frangées de blanc, côtés de la poitrine vert cuivré; abdomen fauve au milieu vert cuivré sur les flancs (1). Rectrices gris-fauve, graduellement obscurcies vers l'extrémité, avec une large barre subterminale noir-violet et une tache apicale fauve clair. . . . . . •. . . . . **D. longicauda** (Gm.).

15ᵉ Groupe. — **CHLOROSTILBON**

Bec généralement un peu plus long que la tête, droit sauf à l'extrême pointe de la mandibule supérieure, un peu infléchie, celle de l'inférieure un peu arquée en haut; mandibule supérieure finement serrulée dans sa partie apicale, base de son culmen brièvement emplumée; ses écailles nasales très visibles et nues sauf à leur bord supérieur dans la moitié basale; espace interramal nu sauf à la base. Queue généralement courte, plus ou moins fourchue avec les rectrices latérales presque toujours plus étroites que les médianes. Ailes normales. Pieds noirs, relativement assez forts; tarses pourvus de quelques petites plumes en dessus et sur leur face externe. — Sexes très dissemblables : mâle en dessus vert cuivré avec la tête généralement plus brillante; en dessous entièrement vert brillant squamuleux; sous-caudales longues et amples, arrondies (sauf parfois les plus longues) consistantes, vert brillant comme l'abdomen; rectrices presque toujours unicolores noir-bleu. — Femelle en dessus vert cuivré plus terne sur la tête; en dessous entièrement gris-blanc; de chaque côté une large bande oculaire noirâtre et une courte ligne postoculaire blanche; sous-caudales longues molles, gris-blanc comme l'abdomen; rectrices médianes vertes passant souvent au noir, les autres noir-bleu passant au gris ou au vert à la base et pointées de blanc, au moins les externes.

TABLEAU DES GENRES

1. ♂ Bec noir et dur, parfois mandibule inférieure en partie jaune (chez le mâle seulement). Queue courte, légèrement échancrée, rarement nette-

---

(1) Les individus dont l'abdomen est en avant plus ou moins cuivré-rouge sont probablement de jeunes mâles.

ment fourchue (*Chrysolampis*, *Smaragdochrysis*) carrée ou même un peu arrondie. (*Prasitis brevicaudata* Gould). — ♀ Bec toujours noir . . . **2**.

— ♂ Bec spongieux, rouge corail et subtransparent pendant la vie, passant au jaune par dessication. Queue assez longue et fourchue; rectrices médianes courtes, très larges non atténuées obtuses ou obtusément tronquées, les autres graduellement plus longues des submédianes aux externes. — ♀ Mandibule supérieure généralement noire, l'inférieure jaune au moins à la base (non spongieuse). . . . . **5**.

2. Bec entièrement noir. Queue courte. — ♀ Rectrices latérales noires pointées de blanc, passant souvent au vert cuivré à la base . . . . **3**.

— Bec à mandibule inférieure jaune au moins à la base. Queue longue et fourchue noir-bleu ou noir verdâtre; rectrices latérales étroites. — ♀ Bec généralement noir. Rectrices latérales noires pointées de blanc, passant au gris-blanc ou au bronzé olive à la base (1) . . . . **4**.

3. ♂ Rectrices vert bronzé ou olive, parfois cuivré-rouge; les médianes larges et obtuses, les autres graduellement un peu plus longues et plus étroites des submédianes aux subexternes, externes et subexternes égales ou presque égales mais les externes plus étroites, longuement atténuées ou acuminées. — ♀ Rectrices latérales en dessous noir-bleu, assez longuement et nettement vertes à la base; les externes longuement pointées de blanc, les subexternes plus brièvement, les latérales internes marquées d'un très petit point blanc apical . . . . **Panychlora**.

— ♂ Rectrices noires ou noir-bleu, les latérales plus larges, obtuses ou obliquement tronquées; queue légèrement fourchue, rarement carrée ou même un peu arrondie (*P. brevicaudata*). — ♀ Rectrices latérales en dessous noir-bleu (passant rarement au vert à la base chez *P. assimilis*) pointées de blanc . . . . **Prasitis**.

4. Bec grêle dès la base. Ailes courtes; en dessous gorge et poitrine vert clair brillant. Abdomen et sous-caudales vert cuivré foncé (♀ inconnue).
                 Smaragdochrysis.

— Bec plus robuste à la base. Ailes longues. Dessous du corps et sous-caudales vert doré brillant — ♀ dessous du corps blanc grisâtre. Rectrices externes blanches avec une large barre submédiane noir-bleu et passant à la base au noir ou au vert cuivré . . . . **Chlorolampis**.

5. Mandibule supérieure rouge à la base longuement rembrunie à l'extrémité. Queue plus longue et plus fourchue; rectrices externes et subexternes plus étroites longuement atténuées, les externes dépassant les subexternes, noir-bleu, en dessus (sauf parfois les externes) pointées de gris obscur; dessous du corps et sous-caudales entièrement vert doré brillant. — ♀ Mandibule supérieure entièrement noire; l'inférieure jaune sauf à l'extrémité. Rectrices latérales noir-bleu largement et nettement gris-blanc à la base, pointées de blanc. . . . . **Chloanges**.

— Bec entièrement rouge (jaune par dessication) sauf l'extrémité rembrunie de la mandibule supérieure, très large et déprimé à la base. Queue peu

---

(1) Ce dernier caractère n'a pas été vérifié pour le genre *Smaragdochrysis*.

fourchue; rectrices externes non ou à peine plus longues que les subexternes, un peu (à peine) plus étroites, obtuses ou obtusément tronquées,
toutes entièrement noir-bleu en dessus et en dessous. — ♀ Mandibule
supérieure noire, le plus souvent passant au brun rougeâtre à la base;
l'inférieure jaune un peu rembrunie à la pointe. Rectrices latérales noir-
bleu, passant brièvement au vert à la base, pointées de blanc.

Chlorostilbon.

1er Genre. — PANYCHLORA

TABLEAU DES ESPÈCES

1. ♂ Rectrices vert brillant légèrement bleuâtre (non cuivré) les externes et
subexternes étroites et longuement acuminées, égales ou presque égales
entre elles, dépassant un peu les latérales-internes plus larges et plus
obtuses. Corps en dessus et supra-caudales vert cuivré avec la tête, vue
en avant, vert doré très brillant. Corps en dessous et sous-caudales
uniformément vert doré. Bec de 15,2 à 16 m/m. — ♀ Corps en dessous et
sous-caudales gris-blanc. Rectrices latérales assez étroites et longuement
atténuées; les externes à la base gris-blanc passant au vert cuivré, ensuite
noir-bleu brillant et longuement pointées de blanc; les subexternes et
latérales-internes vert cuivré à la base, plus brièvement pointées de blanc.
Bec 16 1/2 m/m . . . . **P. stenura** Heine.

— ♂ Rectrices plus ou moins cuivrées, les externes plus larges, longuement
atténuées obtuses, aussi longues que les subexternes mais un peu plus
étroites. — ♀ Rectrices externes plus longuement vertes à la base . . **2**.

2. ♂ Rectrices et supra-caudales cuivré-rouge très brillant (comme celles de
Chrysuronia Œnone); sous-caudales et corps en dessus (sauf la tête) vert
cuivré rougeâtre; scapulaires plus rouges; tête, vue en avant, et dessous
du corps vert doré jaune (comme *P. euchloris*). Rectrices externes et
subexternes de même forme que celles de *P. Poortmanni* mais un peu plus
longues (1); bec 14 1/2 m/m. — ♀ Corps en dessous gris-blanc. Rectrices
latérales en dessous doré brillant (comme celles de *Hylocharis Eliciæ*)
passant à l'extrémité au violet-rouge, assez brièvement pointées de blanc.

P. russata Salv.

— ♂ Rectrices vert cuivré ou olivâtre; supra-caudales et sous-caudales vertes
comme l'abdomen. — ♀ Rectrices latérales vert cuivré à la base, ensuite
noir-bleu et pointées de blanc . . . . **3**.

3. Rectrices en dessus vert très foncé presque noir, passant légèrement au
cuivré à l'extrémité, en dessous vert bronzé olive foncé passant au
noirâtre à la base, surtout interne; les externes visiblement plus étroites
que celles de *P. Poortmanni* et plus longuement atténuées. Corps en dessus
et en dessous d'un vert plus foncé. Taille petite: aile de 38 à 39 m/m. Bec
de 12 à 12,6 m/m. — ♀ Dessous du corps gris-blanc; diffère de *P. stenura*
♀ par les rectrices externes au milieu noir-bleu plus foncé à partie basale

___

(1). O. Salvin ajoute que les externes sont un peu plus étroites et plus longuement atténuées que celles de *P. Poortmanni* mais ce caractère m'échappe, je le trouve au reste un
peu variable chez *P. Poortmanni*.

vert cuivré un peu bleuâtre et à pointe blanche beaucoup plus petite; les rectrices médianes en dessus d'un vert plus foncé et plus cuivré; la taille plus faible, le bec plus court de 13 à 14 m/m . **P. Aliciæ** (B. et M.).

Forme locale ou accidentelle. — (h) Corps en dessous cuivré doré brillant à peine verdâtre; en dessus cuivré rouge, très brillant sur la tête jusqu'à la nuque. Rectrices latérales en dessous vert foncé bronzé presque noir le long du stipe; les médianes et submédianes en dessus teintées de violet doré. Bec 12 1/2 m/m (1) . . . . **P. Aliciæ micans** (Salv.).

— ♂ Rectrices vert cuivré brillant passant souvent au bronzé rougeâtre à la base; les externes plus larges, longuement atténuées obtuses. Taille un peu plus forte. — ♀ Rectrices externes assez larges et peu atténuées, leur partie basale verte passant au gris à l'extrême base, surtout interne . 4.

4. ♂ Corps en dessous et tête en dessus d'un vert brillant; taille médiocre; aile de 39 à 43 m/m; bec de 15 à 16 m/m. — ♀ Corps en dessous gris-blanc. Rectrices externes longuement pointées de blanc pur.
P. Poortmanni (Bourc.).

— ♂ Corps en dessous et tête en dessus d'un vert doré jaune. . . . . . . 5.

5. Bec à mandibule inférieure jaune au moins dans sa moitié basale. Rectrices d'un vert un peu plus sombre (2) . . . . **P. inexpectata** (Berl).

— Bec entièrement noir (normal). Rectrices comme celles de *P. Poortmanni.* 6.

6. ♂ Taille et proportions de *P. Poortmanni* (3) . . . . . **P. aurata** Heine.

— ♂ Taille un peu plus forte et surtout bec plus long, de 18 à 19 m/m. — ♀ Corps en dessous gris-fauve surtout sur les flancs. Rectrices externes pointées de blanc un peu lavé de fauve (4). **P. euchloris** (Reichenb.).

2ᵉ Genre. — PRASITIS

TABLEAU DES ESPÈCES

1. ♂ Rectrices noir profond et mat (sans teinte bleue). Dessus du corps vert cuivré à reflets rougeâtres; supra-caudales comme le dos; tête doré très brillant (vue en avant). Dessous vert doré brillant avec le milieu de

---

(1) Description prise à Londres en octobre 1909 du type de la collection J. Gould; oiseau anciennement monté et remis en peau, mais encore assez frais; je ne vois pas la différence indiquée par O. Salvin dans la furcation de la queue. Je ne maintiens cette forme que provisoirement, en attendant de nouveaux matériaux; au reste O. Salvin ajoute à sa description « May possibly prove to be a variety of *P. Aliciæ* » (in Ann. Nat. Hist. 1891, p. 375).

(2) D'après le type unique de la collection Berlepsch qui n'est peut-être qu'un *P. Poortmanni* anormal ou altéré; un oiseau étiqueté *Chlorostilbon inexpectatus,* dans la collection Boucard, est un *Chlorolampis Gibsoni* normal.

(3) Species invisa et incertissima. Il n'est cependant pas impossible qu'une forme voisine des *Panychlora Poortmanni* et *euchloris* existe au Pérou.
Dans tous les cas, voici la diagnose de *P. aurata* par Heine :
« Præcedenti (*P. euchloris*) simillima colore sed minor rostroque multo breviore et robustiore, insequenti (*P. Poortmanni*) simillima statura, sed supra subtusque magis aurata. Peru ». — J. Gould (Infr. Tr., p. 179, n° 441) place *P. aurata* en synonymie de *P. Aliciæ*, oiseau du Vénézuéla qui est au contraire plus foncé et moins doré que *P. Poortmanni.*

(4) Pour les femelles, d'après deux individus incomplètement adultes; de nouveaux matériaux seraient nécessaires.

la gorge et de la poitrine d'un vert plus franc (plumes squamiformes de l'abdomen très larges), sous-caudales d'un vert moins doré que celui de l'abdomen. Queue légèrement fourchue comme celle de *P. melanorrynchus*, toutes les rectrices également larges; les médianes et submédianes à bords parallèles, obtusément tronquées; les externes arrondies à l'angle externe, obliquement tronquées à l'interne. Bec de 15 1/2 à 16 m/m. Aile de 49 1/2 à 50 m/m. — ♀ Rectrices noir très légèrement bleuâtre surtout en dessous; les médianes en dessus à peine lustrées de bronzé vert; les externes et subexternes pointées de blanc grisâtre. Sous-caudales gris-blanc avec les traces de disques obscurs (1). . . . . **P. peruana**)Gould).

♂ ♀ Rectrices noir-bleu. . . . . **2**.

2. ♂ Tête en dessus vert plus ou moins cuivré comme le dos, sans plumes plus brillantes (sauf parfois à la base du bec). Corps en dessous et sous-caudales vert brillant, sans teinte bleue. Queue profondément fourchue; ses rectrices noir-bleu, les médianes parfois teintées de bleu verdâtre plus clair à l'extrémité; les externes assez étroites atténuées obtuses; les subexternes un peu plus larges, également obtuses. Bec de 13,2 à 14,2 m/m. Aile de 45 à 47 m/m. — ♀ Rectrices médianes vert-bleu foncé passant plus ou moins au noir à la base et sur les côtés, les autres noir-bleu brillant; les externes en dessous passant au vert foncé à la base externe et pointées de blanc; les subexternes plus longuement vertes à la base mais plus brièvement pointées de blanc. Sous-caudales gris-blanc comme l'abdomen ou à peine plus foncé (2) . . . . **P. assimilis** (Lawr.).

♂ Tête en dessus doré très brillant, vue d'avant en arrière. . . . **3**.

NOTA. — Il me paraît probable qu'il existe une seconde espèce sans parure frontale; M. C. E. Hellmayr m'a communiqué un oiseau de l'île de Mexiana (à l'embouchure de l'Amazone) dont la tête m'a paru d'un vert foncé mat, mais qui diffère de *P. assimilis* par ses rectrices ressemblant davantage à celles de *P. subfurcata* et par le dessous du corps et les sous-caudales d'un vert cuivré assez foncé, avec la gorge et la poitrine d'un vert plus brillant nettement bleuâtre, formant une plaque définie. Cet unique spécimen tué à Faz Nazareth dans l'île de Mexiana par L. Müller, est en un mauvais état et peut être incomplètement adulte, c'est-à-dire insuffisant pour se former une opinion certaine. M. C. E. Hellmayr l'a depuis cité sous le nom de *Chlorostilbon prasinus prasinus* (= *Prasitis brevicaudata* Gould, nobis) in Abhandl. Bayer, Ak. W., XXVI, 2, 1912, p. 115.

3. ♂ Tête en dessus ornée de plumes squamiformes doré brillant formant une large bande n'atteignant pas tout à fait les yeux (paraissant, vue en avant, bordée de noir de chaque côté) et acuminée en arrière sur la nuque. Corps en dessus vert cuivré avec les supra-caudales d'un vert plus

---

(1) Spécimens de la collection E. Simon :
a) ♂ bec 15,6. . . . aile 50 (Chaco : Yungas),
b) ♂ bec 16. . . . aile 49 1/2 (Chaco : Yungas),
c) ♂ bec 15,5. . . aile 49 1/2 (Chaco : Omeja),
d) ♀ (bec incomplet) (Chaco : Yungas).

(2) D'après les spécimens de la collection E. Simon : 12 ♂, 6 ♀.

franc ou bleuâtre, les principales passant au noir à la base. Corps en dessous vert doré avec la poitrine vert-bleu plus brillant, formant un plastron défini; base de l'abdomen et flancs mêlés de gris-noirâtre; sous-caudales vert-bleu très foncé ou noir-bleu très étroitement frangées de gris. Queue courte, presque carrée comme celle de *P. Daphne*, bec fort et long de 15 à 16 1/2 m/m; aile de 46 à 46 1/2 m/m (1). **P. vitticeps** (E. S.).

— ♂ Tête en dessus entièrement doré brillant. Sous-caudales généralement vert doré comme l'abdomen ou d'un vert un peu plus foncé . . . . . 4.

4. ♂ Rectrices latérales toutes très larges et un peu atténuées à la base, obliquement tronquées à l'extrémité avec le bord apical-interne très légèrement échancré; les externes non ou à peine plus courtes que les subexternes et aussi larges; queue carrée ou très légèrement arrondie. Corps en dessus vert cuivré avec la tête, vue en avant, doré très brillant; les supra-caudales comme le dos ou d'un vert plus franc. En dessous d'un vert plus brillant et plus franc sur la poitrine, plus cuivré sur l'abdomen; sous-caudales vert-bleuâtre plus foncé, passant souvent au noirâtre à la base. Bec de 13 à 14 m/m. — ♀ Toutes les rectrices très larges noir-bleu (même les médianes) les externes et subexternes étroitement pointées ou lisérées de blanc à l'extrémité; sous-caudales gris-blanc comme l'abdomen. Bec 14 1/2 m/m (2) . . . . **P. brevicaudata** (Gould).

— ♂ Rectrices externes à côtés parallèles, ou atténuées vers l'extrémité, obtuses, aussi longues ou un peu plus longues que les subexternes. . 5.

5. Queue assez fourchue; rectrices externes étroites, atténuées au moins dans tout leur tiers apical mais obtuses, un peu plus étroites et un peu plus longues que les subexternes; celles-ci également atténuées et obtuses; les submédianes et les médianes beaucoup plus courtes et plus larges, les premières obliquement tronquées au côté interne. Corps en dessus vert cuivré le plus souvent à reflets rougeâtres sauf sur les supra-caudales; tête et nuque doré très brillant. En dessous vert brillant, franc sur la poitrine, plus doré jaune sur l'abdomen; sous-caudales vert brillant moins doré que celui de l'abdomen. Bec de 15,5 à 16,8; aile de 46 à 51, m/m. — ♀ Rectrices médianes vert-bleu foncé passant souvent au noir à l'extrémité; les autres noir-bleu; les externes et subexternes presque également pointées de blanc passant au vert ou au gris bronzé à la base externe; latérales-internes avec une petite tache blanche apicale; submédianes un très petit point blanc à peine visible; sous-caudales gris blanc comme l'abdomen. . . . . **P. melanorrhynchus** (Gould).

Sous-espèce — (b) ♂ Queue un peu plus longue; rectrices externes dépassant

---

(1) D'après cinq mâles de la collection E. Simon :
c) bec 15,9 . . . aile 46
d) bec 15,6 . . . aile 46,5
e) bec 15 . . . aile 46
f) bec 15 . . . aile 46
g) bec 16,3 . . . aile 46,5

(2) D'après les matériaux de la collection E. Simon, ♂ nombreux ♀ une seule; il serait nécessaire de voir d'autres femelles pour juger de la constance des caractères donnés.

plus les subexternes (1). — ♂ ♀ Taille plus faible ; bec de 14 à 15 m/m ;
aile de 45 à 46 m/m . . . . **P. melanorrhynchus pumila** (Gould).

Sous-espèces — (c) ♂ Queue du précédent. Corps en dessous d'un vert plus
franc et plus uniforme ; tête en dessus doré plus verdâtre. Taille petite ;
bec 13 1/2 à 14 m/m . . . **P. melanorrhynchus perviridis**, subsp. nova.

— ♂ Queue moins fourchue ; rectrices latérales plus larges ; les externes
obtuses à côtés presque parallèles ou atténuées seulement près de l'extrémité ; les subexternes et surtout les latérales internes et les submédianes
larges, plus ou moins tronquées obliquement ou même un peu échancrées
comme celles de *P. brevicaudata.* — ♀ Rectrices médianes noir-bleu
entièrement ou passant au vert à la base ou sur les côtés. . . . . . **6.**

6. ♂ Corps en dessous entièrement d'un vert doré brillant, uniforme ou
légèrement teinté de bleu sur la poitrine, sans plastron défini. Queue
nettement fourchue ; rectrices latérales assez larges ; les externes obliquement atténuées au côté interne environ dans leur quart apical et formant
un angle très ouvert, obtuses ; les subexternes plus courtes mais un peu
plus larges, plus obliquement tronquées au côté interne. Corps en dessus
vert cuivré avec la tête et la nuque doré très brillant ; sous-caudales
vertes comme l'abdomen ou à peine plus foncé. Bec de 15 à 16 m/m. Aile
41 à 45 m/m. — ♀ Rectrices médianes entièrement noir-bleu comme les
autres ; rectrices externes noir-bleu jusqu'à la base, brièvement pointées
de blanc ; les subexternes marquées d'un petit point blanc apical (2).

P. caribæa (Lawr.).

Sous-espèce — (b) ♂ Rectrices externes proportionnellement plus longues, plus
étroites, plus longuement atténuées obtuses, sans former d'angle interne ;
les subexternes tronquées comme celles du type. Bec de 14,3 à 15 m/m. Aile
de 44 à 46 m/m. — ♀ Rectrices médianes noir-bleu, entièrement ou passant
plus ou moins au vert à la base ; latérales noir-bleu, entièrement ou
passant au vert-bleu à la base sur toute leur largeur ou seulement au côté
externe ; les externes longuement pointées de blanc grisâtre ; les
subexternes à pointe blanche plus petite ; sous-caudales gris blanchâtre
un peu plus foncé que l'abdomen (3).

P. caribæa orinocensis, subsp. nova.

— ♂ En dessous gorge et poitrine vert très brillant teinté de bleu au milieu ;
abdomen vert cuivré, souvent un peu rougeâtre, les deux teintes nettement arrêtées dessinant un plastron défini ; plumes de la poitrine plus
nettement squamiformes souvent plus arrondies. Corps en dessus d'un
cuivré rougeâtre avec la tête, vue en avant, doré plus brillant mais

---

(1) Les auteurs ajoutent que *P. pumila* se distingue de *P. melanorrhynchus* par le dessus
de la tête et le dessous du corps d'un doré plus éclatant, mais je n'ai rien observé de
semblable — les oiseaux de Panama ont généralement les rectrices d'un noir plus profond,
moins bleu, que ceux de la Colombie occidentale ; ceux-ci sous ce rapport semblables au
P. melanorrhynchus type. La validité de la sous-espèce *m. pumila* est très douteuse, le
caractère tiré des rectrices tient peut-être uniquement à la préparation, il ne resterait que
la taille toujours un peu plus faible.

(2) Collection E. Simon, ♂ nombreux, ♀ une seule de Trinidad.

(3) Collection E. Simon : 9 ♂ et 4 ♀ de San Fernando de Apure ; 2 ♂ du Vénézuela,
sans localité, de forme un peu intermédiaire.

graduellement fondu en arrière avec la teinte dorsale. Bec assez fort et long de 15,2 à 16,2 m/m (1) . . . . , **P. Daphne** (Bonap.).

Sous-espèce — (b) ♂ ♀ Bec plus faible et plus court, de 13 à 14 m/m. — ♂ Corps en dessus généralement d'un vert un peu moins cuivré, tête, vue en avant, doré très brillant, formant généralement une plaque mieux définie, arrondie en arrière sur la nuque. — ♀ Corps en dessus vert cuivré passant au cuivré plus rougeâtre sur la tête, au vert plus franc sur les supra-caudales. Rectrices noir-bleu, les médianes finement teintées de vert sur les bords latéraux ; les externes en dessus brièvement pointées de blanc ; les subexternes marquées d'une petite tache blanche apicale n'occupant que leur côté externe ; sous-caudales gris-blanc comme l'abdomen (2). . . . . **P. Daphne subfurcata** (Berl.).

3me Genre. — SMARAGDOCHRYSIS Gould

♂ Corps en dessus vert cuivré foncé, plus brillant sur la tête ; en dessous gorge et poitrine vert clair brillant légèrement cuivré ; abdomen et sous-caudales vert cuivré foncé ; rectrices noir-bleu. Aile 40 m/m. Bec 17 m/m (3) (femelle inconnue) . . . . **S. iridescens** (Gould).

4me Genre. — CHLOROLAMPIS

TABLEAU DES ESPÈCES

1. Corps en dessus vert cuivré (rarement cuivré rougeâtre) avec la tête un peu plus foncée, non brillante ; les supra-caudales le plus souvent d'un vert un peu plus franc (moins cuivré). Corps en dessous vert brillant uniforme plus ou moins doré. Rectrices noir-bleu souvent teintées en dessous de noir verdâtre. Mandibule inférieure jaune pâle dans sa moitié basale, noire ou au moins rembrunie dans l'apicale. — ♀ Corps en dessous et sous-caudales blanc grisâtre ou très légèrement teinté de fauve avec les côtés de la poitrine vert cuivré parfois cuivré rougeâtre. Rectrices médianes vert bleuâtre ; rectrices externes blanches, passant graduellement et brièvement au gris bleuâtre à la base et marquées, vers le milieu, d'une barre noir-bleu ; les autres rectrices en dessous vert bleuâtre passant longuement au noir-bleu vers l'extrémité et plus brièvement pointées de blanc, le plus souvent tachées de blanc dans la moitié basale surtout au côté interne. Bec entièrement noir. ♂ 15 1/2. ♀ de 16 à 16 1/2 m/m. . . . . **C. Gibsoni** (Fraser).
— ♂ Tête d'un vert doré beaucoup plus brillant que le dos (à voir en avant). Corps en dessous et sous-caudales vert doré brillant. Rectrices noir-bleu. Mandibule inférieure jaune rembrunie dans son tiers apical au moins. **2.**

---

(1) Mesures prises des spécimens de la collection E. Simon :
♂ Iquitos, par Hauxwell, bec 16,2, aile 44.
♂ Bogota . . . . bec 15,5, aile 44.
♂ de Pebas, par Hauxwell, bec 15,2, aile 43.
♂ de Chachapoyas, par O. T. Baron, bec 15,5, aile 43.
Je ne connais pas la femelle.
(2) Mesures prises sur les spécimens de la collection E. Simon, tous du Roraima par H. Whitely :
♂ Bec 13 m/m . . . . . Aile 45 m/m.
♂ Bec 13,7 m/m . . . Aile 45 m/m.
♂ Bec 14 m/m . . . . Aile 45 m/m.
♀ Bec 13 m/m . . . . . Aile 43 m/m.
(3) D'après le type unique au Musée britannique, ex collection Gould.

2. ♂ Corps en dessus vert cuivré ; en dessous entièrement vert doré très brillant avec un très léger reflet bleu sous certaines incidences, au moins sur la poitrine. Rectrices noir-bleu. Mandibule inférieure jaune, rembrunie environ dans son tiers apical. Bec 13 1/2 m/m ; aile 41 1/2 m/m (1).

2 **C. chrysogaster** (Bourc.).

— ♂ Corps en dessus vert cuivré ou bronzé plus foncé et plus terne ; en dessous vert brillant un peu plus franc (moins doré) sur la poitrine (2). Rectrices noir-bleu ; les externes beaucoup plus longues et plus acuminées ; queue très fourchue ; mandibule inférieure jaune rembrunie seulement à la pointe. Bec de 10 à 14|m/m. — ♀ Corps en dessous et sous-caudales blanc grisâtre avec les côtés de la poitrine mouchetés de plumes vertes ; les flancs de l'abdomen vert cuivré, son milieu légèrement moucheté. Rectrices médianes vert cuivré bleuâtre ; rectrices externes en dessous blanches, passant assez largement à la base au vert cuivré et marquées, dans leur moitié apicale, d'une large barre noir-bleu plus ou moins bordée de vert cuivré à la base ; les autres rectrices à parties blanches beaucoup plus réduites ou nulles à la base. Bec noir mais avec la mandibule inférieure un peu éclaircie vers la base. Bec de 14 à 16 m/m. (3).

3. **C. Maugaei** (Vieill.).

5ᵉ Genre. — CHLOROSTILBON (Gould)

♂ Corps en dessus vert cuivré avec la tête un peu plus sombre, vue en avant légèrement lustrée d'or (plumes à base noirâtre toujours apparente), en dessous gorge et poitrine vert très brillant un peu teinté de bleu au milieu ; abdomen cuivré éclatant à plumes squamiformes très larges. Rectrices noir-bleu. Aile de 53 à 54 m/m. Bec de 18 1/2 à 19 m/m (4).

C. aureiventris (Orb. et Lafresn.).

Sous-espèce. — (b). Taille plus petite : aile de 48 1/2 à 57 m/m. Bec de 15,3 à 17,2 m/m (5). Rectrices d'un noir bleu souvent un peu verdâtre.

C. aureiventris tucumanus, subsp. nova.

---

(1) Je ne connais pas la femelle.

(2) On peut se demander pourquoi Vieillot puis Lesson ont figuré cet oiseau avec la poitrine bleue ; le type que j'ai pu étudier au Muséum (♂ oiseau monté de la collection générale n° 4969) n'en offre pas trace, ce que j'attribuais d'abord à une décoloration due à l'action lente du temps. Mais les figures de Gould n'en offrent pas davantage, et R. Ridgway qui a tout récemment redécrit l'espèce sur des individus frais n'en parle pas, « under parts wholly brillant metallic golden green, the chest slightly purer green (less golden) ».

(3) D'après le type au Muséum de Paris (n° 4970).

(4) Je ne connais pas la femelle de *C. aureiventris* ; ce qu'en disent les auteurs ne permet pas de la distinguer de celle de *C. prasinus*.

(5) Je donne à titre d'indication les mesures des spécimens que j'ai sous les yeux.

Forme type de Bolivie (par Buckley)		Forme du Tucuman (par Dinelli et G. A. Baer)	
Aile 54	Bec 18,2	Aile 49,5	Bec 15,3
Aile 53	Bec 19	Aile 48,5	Bec 18
Aile 50,4	Bec 18	Aile 51	Bec 17,5
		Aile 49	Bec 16,5
		Aile 49,5	Bec 16,2

♂ Corps en dessus vert cuivré avec les supra-caudales d'un vert plus franc; tête jusqu'à la nuque revêtue de plumes squamiformes doré très brillant parfois rouge cuivré éclatant, formant une plaque, souvent mal définie en arrière; en dessous gorge et poitrine vert doré plus ou moins bleuâtre au moins au milieu; abdomen vert cuivré. Rectrices noir-bleu. Aile de 47 à 49 1/2 m/m. Bec de 14 à 15 1/2 m/m. . . **C. prasinus** (Less.)

Variations locales de C. prasinus. — Les oiseaux des Etats de Rio, de S. Paulo, de Parana et d'une partie de celui de Minas ont la poitrine, surtout au milieu, nettement teintée de bleu, mais passant au doré sur les côtés; la tête doré jaune très vif. Ceux de l'Etat de Bahia et d'une grande partie de celui de Minas (Serra de Caraça, Diamantina, S. Antonio da Barra) ont la poitrine vert doré plus légèrement teintée de bleu et seulement au milieu passant de chaque côté au doré brillant, la tête en dessus doré rougeâtre, souvent rouge cuivre éclatant. Entre les deux formes, on trouve des transitions; les individus de Agua Suja, sur la limite de Minas et de Goyaz sont en partie intermédiaires; il me paraît impossible de tracer entre les deux formes une ligne de démarcation.

Sous-espèce. — (b). Taille plus forte. Bec de 18 à 18,5 m/m. Aile de 50 à 50 1/2 m/m; tête rouge cuivré éclatant; abdomen doré rougeâtre comme *C. aurei-ventris.* . . . . **C. prasinus egregius** (Heine)

Nota. — Les matériaux à ma disposition sont insuffisants pour les femelles et je ne donne les renseignements suivants qu'à titre d'indication. Je ne connais pas de femelles authentiques de *C. aureiventris* et je ne possède que quelques spécimens des diverses formes de *C. prasinus.*

Femelle de C. prasinus (Less.). — ♀ Dessous du corps gris-blanc avec les côtes de la poitrine largement vert cuivré, les flancs de l'abdomen parsemés de quelques plumes vertes plus ou moins cachées par les ailes; sous-caudales gris-blanc; dessus du corps vert, plus cuivré en avant; rectrices latérales en dessous noir-bleu d'acier passant plus ou moins au vert à la base externe; les externes assez longuement pointées de blanc; les subexternes (un peu plus larges) plus brièvement pointées de blanc; les latérales internes offrant un petit point blanc apical.

Formes locales. — (b). Taille grande : aile 50 1/2 m/m. Bec 20 m/m. Mandibule supérieure rouge dans son tiers basal, l'inférieure jusqu'à son quart apical. Rectrices médianes en dessus vert bleuâtre foncé, assez longuement (presque dans leur tiers apical) passant au noir-bleu; les externes en dessous très brièvement teintées de vert-bleu foncé à la base externe; les subexternes et latérales internes plus longuement vert cuivré brillant à la base externe . . . . **C. prasinus egregius** (Heine) (1).

— (c). Taille plus faible : aile de 42 à 45 m/m; bec de 15 à 15 1/2 m/m. — Bec (pour la coloration) et dessous du corps comme le précédent. Rectrices médianes entièrement vert cuivré un peu bleuâtre; rectrices latérales en dessous plus longuement vert cuivré brillant à la base externe et parfois à l'interne. . . . . . . **C. prasinus** forme de Bahia (2).

---

(1) D'après un seul individu de Buenos-Aires.

(2) Une série de 4 ou 5 femelles préparées à la manière de Bahia.

— (d). Taille du précédent mais bec plus long et un peu plus grêle 16,2 m/m ;
sa mandibule supérieure entièrement noire, l'inférieure : noire mais
éclaircie à la base. Rectrices médianes en dessus vert bleuâtre assez foncé
passant vers l'extrémité au noir bleuâtre fondu, mais avec le bord apical
assez largement vert plus brillant ; rectrices externes, passant à la base
externe au vert plus foncé bleuâtre . . . **C. prasinus** forme de Rio (1).

6ᵉ Genre. — CHLOANGES

♂ Dessus du corps vert cuivré avec la tête et la nuque, vues en avant, vert
doré très brillant. Dessous du corps et sous-caudales vert doré brillant
passant parfois au cuivré plus rouge sur l'abdomen, de chaque côté un
petit point blanc postoculaire. Queue plus ou moins fourchue ; rectrices
en dessus noir presque mat bordée à l'extrémité (surtout les médianes et
submédianes) de gris subtransparent (cette bordure manquant aux
externes), en dessous noir bleuâtre. Mandibule supérieure rouge testacé
ou brunâtre au moins à la base, passant plus ou moins au noir à l'extrémité. — ♀ Dessous du corps blanc grisâtre rarement lavé de fauve sur
l'abdomen ; côtés de la poitrine et souvent de l'abdomen plus ou moins
marqués de vert ou de cuivré. Rectrices médianes en dessus vert foncé
souvent bleuâtre ; rectrices externes en dessous noir-bleu passant à la
base externe au vert bleuâtre ou cuivré, coupées au milieu d'une large
barre gris-blanc et assez longuement pointées de blanc ; les autres
rectrices vert cuivré ou bleuâtre dans le tiers ou la moitié basale, noir-
bleu dans l'apicale ; les subexternes (rarement les latérales internes) avec
une petite tache apicale gris-blanc. — Queue assez courte ou médiocrement
longue ; rectrices latérales externes assez larges atténuées obtuses, plus
courtes que le corps (de la longueur de la tête ou plus) n'ayant jamais
trois fois la longueur des médianes. . . . . 2.

2, Queue très fourchue ; toutes les rectrices en dessus, sauf les externes,
largement bordées à l'extrémité de gris semi-transparent. Corps en
dessous vert brillant, beaucoup plus doré dans la région de l'abdomen ;
en dessus vert cuivré rougeâtre ; tête, vue en avant, doré très brillant.
Bec assez fort ; mandibule supérieure rouge-testacé dans sa moitié basale
ou un peu plus, noire dans l'apicale. — ♀ Dessous du corps gris-blanc avec
les côtés de la poitrine et de l'abdomen étroitement verts. Mandibule
inférieure jaune au moins dans sa moitié basale. Rectrices externes à barre
noir-bleu médiane, non ou à peine plus large que la pointe blanche.
                                      C. Caniveti (forme type).

— Queue beaucoup moins fourchue et plus courte, en dessus rectrices médianes
et rarement submédianes, seules étroitement bordées de gris ou de
bronzé vert. Mandibule supérieure passant au rouge testacé seulement à
la base (2). Coloration le plus souvent semblable à celle du type ; parfois
dessous du corps vert brillant plus uniforme sans reflets dorés (3). —

(1) Un seul individu de Agua Suja, Etat de Minas, frontière de Goyaz.

(2) Plus ou moins longuement ; caractère très variable.

(3) Ce caractère ne correspond pas à une race spéciale, je l'ai observé sur un mâle de
Matagalpa au Nicaragua, et sur un de S. José au Costa-Rica ; ce dernier, envoyé en
même temps que beaucoup d'autres, de coloration normale.

♀ Dessous du corps gris-blanc le plus souvent teinté de fauve au moins sur l'abdomen, côtés de la poitrine seuls marqués de quelques plumes vert cuivré. Rectrices externes à barre noir-bleu médiane beaucoup plus large que la pointe blanche. Mandibule inférieure longuement noire à l'extrémité, parfois entièrement noire.

Sous-esp. — (b) **C. Caniveti Osberti** (Gould).

— Queue très longue et très fourchue; rectrices médianes et submédianes courtes et larges, peu inégales, les latérales étroites longues et graduées; les externes au moins aussi longues que le corps entier et près de quatre fois plus longues que les médianes; en dessus toutes, sauf les externes, largement pointées de gris-blanc transparent. Dessus du corps vert cuivré à reflets rougeâtres; tête vue en avant doré très brillant. . . . . . 3.

3. ♂ Rectrices externes étroites, dépassant de beaucoup les subexternes (1). Corps en dessous vert doré brillant, passant au doré rougeâtre sur les flancs. Bec de 14 à à 14 1/2 m/m; mandibule supérieure noire, passant au rouge testacé seulement à la base (2).

                C. auriceps Gould (forme type).

— ♂ Rectrices externes un peu plus larges, dépassant moins les subexternes. Corps en dessous vert doré plus uniforme. Bec plus long, de 15 à 17 m/m; mandibule supérieure rouge, passant au noir seulement à la pointe.

Sous-esp. — (b) **C. auriceps forficatus** (Ridgw.).

Nota. — Je ne trouve absolument rien de constant pour maintenir la sous-espèce *C. Caniveti Salvini*; la description originale de Heine (Mus. Hein. III, p. 48, n° 105) ne peut donner d'indication, l'auteur comparant la nouvelle espèce aux *C. Hæberlini* et *chrysogaster* eux-mêmes douteux. J. Gould (Intr. p. 174) distingue *C. Salvini* de *C. Osberti*, par ses rectrices médianes et submédianes marquées chacune d'une petite tache verte apicale. « the freshly moulted adult males have their four central tail-feathers tipped with bronzy green but this colour appears to fade upon exposure to light, leaving the tail nearly black ». R. Ridgway (Birds N. Amer. V, p. 556-558) distingue *Salvini* d'*Osberti* par la moindre extension de la partie rouge basale à la mandibule supérieure « similar to *C. Osberti* but maxilla less extensively brownish (or reddish) basally (sometimes wholly dusky) and middle rectrices of adult male with gray tips (when present — usually they are quite obsolete) narrower and darker (dark sooty grayish) » — mais ces caractères ne sont pas viables, très variables individuellement, et tous sujets à des altérations accidentelles.

Pour le *Chlorostilbon puruensis* J. H. Riley (in Pr. Biol. Soc. Wash. XXVI, p. 63), voir au genre *Chlorestes*.

---

(1) Quelques individus de l'état de Guerrero ont en dessus un très petit point vert apical aux rectrices subexternes.

(2) Je n'ai jamais vu la femelle du *Chl. auriceps*; d'après le seul individu de la collection Boucard, celle de *Chl. forficatus* différerait de celle de *Chl. Caniveti* type, par ses rectrices externes dont la partie blanche médiane est plus réduite, n'occupant que le côté interne et avec l'apex blanc plus petit; mais ces caractères devraient être vérifiés sur une série.

16ᵉ Groupe. — **PHÆOPTILA**

Caractères du groupe précédent excepté bec nettement plus long que la tête. Queue très fourchue, à rectrices latérales un peu plus étroites que les médianes, néanmoins amples, obtuses ou obtusément tronquées, égales entre elles; sous-caudales (gynémorphes) longues, molles, grisâtres, rarement (♂ de *Cyanolampis*) plus consistantes et de la couleur des rectrices. Sexes parfois semblables (♂ gynémorphe) sauf par les rectrices, le plus souvent dissemblables dans ce cas les mâles (au moins en dessous) à parties bleues dominantes. — ♂ Bec spongieux, rouge corail et semi-transparent, large et déprimé à la base comme celui des *Chlorostilbon* sensu stricto; queue très fourchue.

TABLEAU DES GENRES

1. ♂ Sous-caudales assez consistantes noir-bleu comme les rectrices. Corps en dessus vert cuivré avec la tête ornée d'une plaque de plumes squamiformes très brillantes. Rectrices noir-bleu, en dessus les médianes, submédianes et latérales-internes (très larges et obtusément tronquées) pointées de gris obscur; les subexternes et externes plus longues, plus étroites atténuées, unicolores . . . . **Cyanolampis.**

— ♂ ♀ Sous-caudales grises ou blanchâtres (gynémorphes) filamenteuses; toutes les rectrices larges très obtuses ou obtusément tronquées. Corps en dessus vert cuivré avec la tête plus foncée et plus terne . . . . **2.**

2. Sexes très dissemblables : ♂ en dessous gorge et poitrine bleu ou vert brillant. Rectrices noires, en dessus (sauf les externes et subexternes) largement pointées de gris obscur (1). Rectrices médianes assez courtes, très larges et obtusément tronquées. — ♀ Corps en dessous gris-blanchâtre; rectrices externes noir-bleu, brièvement pointées de blanc, passant au gris à la base avec une zone vert cuivré . . . . **Iache.**

— Sexes semblables sauf par les rectrices. — ♂ ♀ Corps en dessous gris obscur, de chaque côté une bande oculaire noirâtre et une ligne postoculaire blanche. — ♂ Rectrices unicolores en dessus et en dessous gris bronzé; les médianes larges à côtés parallèles et obtusément tronquées mais beaucoup plus longues que celles des *Iache*, queue moins fourchue. — ♀ Rectrices médianes en dessus vert cuivré clair; les externes en dessous noir-bleu, largement pointées de gris obscur et longuement vert cuivré à la base . . . . **Phæoptila.**

1ᵉʳ Genre. — **CYANOLAMPIS**

♂ Corps en dessus vert cuivré avec la tête, jusqu'à la nuque, bleu verdâtre clair très brillant. En dessous menton, gorge et haut de la poitrine bleu-violet foncé brillant; poitrine et abdomen bleu verdâtre très foncé. Sous-caudales et rectrices noir-bleu; en dessus rectrices médianes et submédianes largement bordées de gris à l'extrémité. Bec de 17 à 18 1/2 m/m. —

---

(1) Ce caractère secondaire, commun aux genres *Iache* et *Cyanolampis*, n'a d'analogue que dans le genre *Chloanges* du groupe précédent.

♀ Semblable à *Sache latirostris* ♀, sauf taille plus petite; sous-caudales d'un gris plus obscur; rectrices médianes vert cuivré plus brillant, rarement bleuâtre. Bec de 18 à 20 m/m . . . . . . **C. Doubledayi** (Bourc.).

2me Genre. — IACHE

♂ Menton et gorge bleu-violet brillant (plumes bleues au menton le plus souvent étroitement frangées de gris-blanc); poitrine et abdomen vert cuivré, un peu bleuâtre sur la poitrine, mêlé de gris obscur à la base de l'abdomen et sur les flancs (plumes plus ou moins frangées). Sous-caudales gris plus ou moins foncé, frangées de blanchâtre; les plus courtes parfois marquées de très petits disques vert-bleu peu visibles. Rectrices noir à peine bleuâtre, en dessus bordées de gris obscur à l'extrémité, sauf les deux (parfois les trois) externes. Bec de 20 à 22 m/m. — ♀ Corps en dessous gris-blanc teinté de fauve, avec quelques plumes vert cuivré sur les flancs. Rectrices médianes vert légèrement bleuâtre, avec une bordure apicale assez étroite plus cuivrée, précédée d'une zone plus foncée mal définie; rectrices externes à la base gris blanchâtre souvent teinté de vert-bleu brillant le long du stipe, ensuite noir-bleu et pointées de blanc; rectrices subexternes et latérales internes vert cuivré brillant à la base, ensuite noir-bleu, plus brièvement pointées de blanc. Sous-caudales blanches filamenteuses. Bec de 22 à 24 m/m . . . . **I. latirostris** (Sw.).

Sous-esp. — (b) Taille plus petite; bec de 14 à 18 m/m; menton et gorge d'un bleu plus clair, passant graduellement, sur la poitrine, au bleu-verdâtre (1).
    I. latirostris magica (Muls.).

— ♂ Menton et gorge vert brillant, à peine teinté de bleuâtre; poitrine et abdomen vert cuivré; sous-caudales gris-blanc à disques bien définis, bleu noirâtre sur les plus longues, vert doré sur les plus courtes. Bec plus court, de 18 à 19 m/m. — ♀ diffère de *I. latirostris* par les flancs en dessous plus largement tachés et variés de vert cuivré; les rectrices latérales à la base d'un vert plus foncé et moins brillant (sec. Ridgw.) (2).
    I. Lawrencei (Berl.).

3e Genre. — PHÆOPTILA

♂ ♀ Corps en dessous gris plus ou moins foncé, parfois légèrement teinté de fauve (3); de chaque côté une bande oculaire noirâtre et une petite ligne

----

(1) Cette sous-espèce est douteuse. R. Ridgway qui ne l'admet pas, reconnaît cependant que les oiseaux de l'Etat de Sinaloa sont beaucoup plus petits que ceux des autres parties du Mexique, sauf peut-être ceux de l'Etat de Colima et de l'Arizona (Etats-Unis) qui diffèrent très peu de ceux de Sinaloa (Birds of N. Ame. V, p. 374 nota).

(2) Ridgway signale quelques individus de *I. latirostris* provenant du Sud de l'aire de l'espèce (Jaumauve, Etat de Taumanlipas, Hacienda Angostura, Etat de S. Luis Potosi et de la vallée de Mexico) qui semblent intermédiaires à *I. latirostris* et à *I. Lawrencei* par la gorge d'un bleu verdâtre (Ridgway, l. c. p. 371 nota).

(3) Certains mâles très adultes ont les plumes de la poitrine, surtout sur les côtés, à petits disques bleuâtres, plus ou moins cachés par les franges, mais donnant à l'ensemble un reflet gris-bleu ardoisé très pâle. Ce caractère peu important confirme l'étroite parenté de *Ph. sordida* et de *Iache latirostris.*

postoculaire blanche. Sous-caudales gris-fauve blanchâtre. — ♂ Rectrices gris verdâtre ; les latérales en dessous légèrement teintées de bronzé vert ou rarement un peu rougeâtre, noirâtre fondu vers la base. Bec de 19 1/2 à 21 m/m. — ♀ Rectrices médianes vert cuivré clair ; les externes à la base gris-blanc passant brièvement au vert cuivré, ensuite noir-bleuâtre et longuement pointées de gris-blanc ; les subexternes cuivrées jusqu'à la base, plus brièvement pointées de gris-blanc. — Bec un peu plus long, de 22 à 24 m/m. . . . . **P. sordida** (Gould).

17ᵉ Groupe. — **THALURANIA**

Bec presque toujours plus long que la tête et un peu courbé ; sa mandibule supérieure aiguë, légèrement infléchie sur l'inférieure à l'extrémité, noire et solide, ses marges finement serrulées dans la partie apicale ; ses écailles nasales le plus souvent (excepté *Ricordia* et *Sapphironia*) emplumées et cachées sauf à leur bord inférieur et à leur extrémité ; partie basale emplumée du culmen ne dépassant jamais le niveau des narines. — Queue fourchue ; rectrices graduellement plus longues des médianes aux externes ; celles-ci plus étroites que les médianes et obtuses ; sous-caudales très souvent longues et molles, tantôt incolores, le plus souvent de la couleur des rectrices, rarement de la couleur de l'abdomen ; pieds assez forts et noirs ; tarses assez densément (parfois à peine *Sapphironia*) plumeux sauf sur leur face interne. Ailes normales. — Sexes presque toujours très dissemblables : mâles brillants verts ou bleus, leurs rectrices (sauf parfois les médianes) noir-bleu ou noir bronzé ; femelles en dessous gris-blanc comme celles des *Chlorostilbon* mais sans bande noire oculaire ni ligne blanche postoculaire (1), leurs rectrices latérales pointées de blanc et passant souvent au vert cuivré à la base.

TABLEAU DES GENRES

1. ♂ Supra-caudales longues, couvrant les rectrices médianes très courtes ; les autres rectrices graduellement plus longues des submédianes aux externes ; celles-ci dépassant de beaucoup les subexternes, un peu incurvées et acuminées. Ailes très courtes et obtuses (femelle inconnue).

Ptochoptera.

— ♂ Rectrices médianes dépassant nettement les supra-caudales et de teinte différente ; les autres graduées ; les externes droites non incurvées. **2.**

2. Écailles nasales nues comme celles des *Chlorostilbon* ; base emplumée du culmen, vue de profil, atteignant à peine le milieu des écailles nasales. Mandibule supérieure noire, vue de profil aplanie environ dans ses deux tiers basilaires, légèrement convexe dans l'apical, avec un léger ressaut ; mandibule inférieure jaune au moins à la base. Rectrices médianes, submédianes et latérales internes, vues en dessus, légèrement atténuées obtuses arrondies. — ♂ sans parure frontale ; dessous du corps très brillant, revêtu de plumes squamiformes très larges un peu molles. **3.**

---

(1) Parfois des traces, notamment chez les *Ricordia*, où la bande blanche est remplacée par un point blanc postoculaire.

— Écailles nasales densément emplumées et cachées sauf à leur bord inférieur
et à leur extrémité antérieure effilée ; base emplumée du culmen, vue de
profil, atteignant presque le niveau de l'extrémité antérieure des écailles
nasales. Rectrices médianes, submédianes et latérales-internes en dessus
plus larges, non atténuées et tronquées avec une petite sinuosité médiane.
— ♂ le plus souvent orné d'une plaque frontale brillante ; dessous du corps
revêtu de plumes squamiformes généralement plus petites et plus serrées,
vertes ou bleues moins brillantes. . . . . **4.**

3. Sous-caudales très longues, les principales étroites acuminées blanches, le
plus souvent à disques verts allongés le long du stipe. Rectrices graduées
des médianes aux subexternes, toutes les latérales étroites ; les subexternes
et externes de même longueur, mais celles-ci un peu plus étroites. Bec
beaucoup plus long que la tête. — ♀ hologyne ou un peu semiandromorphe
sans point blanc postoculaire. . . . . **Sapphironia.**

— Sous-caudales plus courtes, blanches ou grisâtres, très molles parfois
filamenteuses sur les bords (rappelant un peu celles de *Chalybura*) rarement à disques verts (*R. Swainsoni* Less.). Rectrices latérales un peu plus
larges, les externes non ou à peine plus longues que les subexternes,
mais celles-ci beaucoup plus longues que les latérales internes. —
♀ hologyne, avec un point blanc postoculaire . . . . **Ricordia.**

4. Mandibule inférieure jaune, au moins dans sa moitié basale ; la supérieure
noire. Rectrices externes non ou à peine plus longues que les subexternes.
. . . . **5.**

— ♂ ♀ Bec entièrement noir et dur, plus long que la tête, légèrement courbé,
vu de profil sa ligne dorsale à peu près continue égale. — Rectrices
externes dépassant toujours un peu les subexternes. — Femelles hologynes.
. . . . **7.**

5. ♂ Sous-caudales longues, molles (comme celles des *Agyrtria*) gris bronzé
plus ou moins frangées de blanc ou de gris-blanc. Supra-caudales bronzé
olive ou bronzé rouge brillant différant du dos et des rectrices. (♀ inconnue.)
. . . . **Timolia.**

— ♂ Sous-caudales courtes, rondes, consistantes, vertes comme l'abdomen,
mais plus ou moins frangées de noir-bleu comme les rectrices . . . . . **6.**

6. Bec environ de la longueur de la tête, presque droit, vu de profil aplani
en dessus, de la base au moins presqu'au tiers apical, plus convexe à
l'extrémité avec un ressaut sensible (comme celui des *Sapphironia*) vue en
dessus sa partie apicale un peu lancéolée. Supra-caudales noires comme
les rectrices. — (?) ♀ andromorphe (1). . . . . **Cyanophaia.**

— Bec un peu plus long que la tête, légèrement courbé, vu de profil sa ligne
dorsale à peu près continue égale (comme celle de *Thalurania*), vue en
dessous son extrémité graduellement acuminée. Supra-caudales vertes
comme le dos. — (?) ♀ Légèrement semiandromorphe. . . . **Augasma.**

---

(1) On ne connaît pas sûrement les caractères sexuels des trois genres, *Timolia*
Cyanophaia et *Augasma*.

7. ♂ Queue très fourchue, beaucoup plus longue que le corps; corps en dessus
bleu d'acier foncé avec la tête d'un bleu plus brillant (♀ inconnue).

Neolesbia.

— ♂ Queue plus ou moins fourchue, aussi longue que le corps ou, le plus
souvent, plus courte; corps en dessus vert cuivré foncé sauf parfois sur la
tête et le milieu du dos — ♀ hologyne . . . . **8.**

8. ♂ Sous-caudales noir-bleu comme les rectrices mais, le plus souvent,
frangées de blanc pur, rarement entièrement blanches. Normalement
des taches scapulaires bleues ou violettes . . . . **Thalurania.**

— ♂ Sous-caudales vertes comme l'abdomen au moins au disque; pas de
taches scapulaires. Bec à peine plus long que la tête. . . **Chlorurania.**

1ᵉʳ Genre. — PTOCHOPTERA

— ♂ Corps en dessus vert cuivré, plus foncé sur la tête; supra-caudales d'un
vert plus brillant; en dessous gorge vert pâle brillant; poitrine et abdomen
brunâtres, variés de vert bronzé sur les flancs; sous-caudales longues,
gris-brunâtre avec de petits disques vert bronzé. Rectrices noirâtre
violacé (1) (femelle inconnue) . . . . **P. iolæma** (Reichenb.).

2° Genre. — RICORDIA

— ♂ Corps en dessus vert cuivré foncé, plus terne sur la tête, avec les
supra-caudales bronzé olive, comme les rectrices; en dessous menton,
gorge et côtés de la poitrine vert doré brillant, milieu de la poitrine et
de l'abdomen noir mat, flancs de l'abdomen largement vert cuivré foncé;
sous-caudales vertes, étroitement lisérées de noir. Rectrices en dessous
noir verdâtre, en dessus les médianes jusqu'à la base les autres à l'extrémité et au côté externe vert bronzé olive; les externes assez larges. —
♀ Corps en dessous gris assez obscur, lavé de fauve; côtés de la poitrine
et flancs vert cuivré; sous-caudales gris-fauve comme l'abdomen. Rectrices médianes et submédianes bronzé vert foncé (parfois cuivré,
parfois bleuâtre); latérales assez larges, dans la moitié basale grises au
côté externe, vert cuivré à l'interne, dans la moitié apicale noir-bleu et
pointées de gris-blanc . . . . **R. Swainsoni** (Less.).

— ♂ Corps en dessus vert cuivré assez foncé, plus terne sur la tête, avec les
supra-caudales bronzées. Corps en dessous vert doré très brillant, un
peu plus cuivré sur l'abdomen; sous-caudales très blanches, filamenteuses, les plus courtes parfois avec de petits disques gris-noirâtre.
Rectrices en dessous noir un peu bleuâtre; en dessus les médianes,
submédianes et latérales-internes (au moins au côté externe) bronzé
violet sombre, rarement bronzé olive; les externes et subexternes noires,
plus étroites que celles de *R. Swainsoni*. Bec de 14 1/2 à 18 1/2 m/m. —
♀ Corps en dessous blanc grisâtre avec les côtés de la poitrine vert
cuivré brillant; sous-caudales blanches. Rectrices latérales en dessous
noir-bleu avec le côté externe vert bronzé jusqu'au tiers apical environ

---

(1) D'après le type unique communiqué par le Musée de Vienne.

en dessus rectrices médianes et submédianes bronzé olive, les autres
noir mat avec le côté externe bronzé olive au moins dans les deux tiers
basilaires et souvent avec une petite tache apicale vert cuivré fondu.
Bec de 17 1/2 à 19 m/m . . . . **R. Ricordi** (Gervais).

Race locale. — (b) ♂ Queue plus courte et moins fourchue; rectrices médianes,
submédianes et latérales-internes en dessus bronzé-rouge foncé. Bec de
17 à 19 1/2 m/m. (1) . . . . . **R. Ricordi æneoviridis** (Palmer et Riley).

3° Genre. — SAPPHIRONIA

TABLEAU DES ESPÈCES

1. ♂ Menton, gorge et poitrine bleu-violet brillant; abdomen vert cuivré
foncé, un peu bleuâtre; sous-caudales vert cuivré, les plus courtes un peu
bleuâtres, les plus longues seules (le plus souvent) étroitement frangées
de blanc. Corps en dessus vert cuivré, un peu plus foncé et plus terne
sur la tête; les plus longues supra-caudales cuivré-rouge brillant au
moins à la base. Rectrices noires; les médianes en dessus plus ou moins
teintées de bronzé vert au moins à la base (caractère variable); rectrices
externes et subexternes égales ou celles-ci à peine plus courtes. — ♀ Corps
en dessous blanc avec les côtés de la poitrine largement vert bleuâtre
(s'avançant en coin intérieurement), de l'abdomen vert cuivré; sous-caudales à disques vert bronzé petits, toutes très longuement frangées de
blanc. Rectrices médianes vert bronzé passant au noirâtre à l'extrémité;
les autres noires; les externes et subexternes pointées de gris-blanc à
l'extrémité interne. . . . . **S. cæruleigularis** (Gould).

Race locale. — (b) ♂ Abdomen et dessus du corps d'un vert cuivré plus clair
nullement bleuâtre sauf sur la tête; sous-caudales toutes vert cuivré plus
jaune; les plus courtes très étroitement, les plus longues plus longuement
frangées de blanc. Rectrices médianes vert bronzé foncé passant longuement au noir à l'extrémité. **S. cæruleigularis Duchassaingi** (Bourc.) (2).

— ♂ Corps en dessous entièrement vert doré brillant, plus ou moins teinté
de bleuâtre sur la gorge et la poitrine; sous-caudales vert doré, frangées

---

(1) Ces caractères sont très faibles; je les donne d'après les matériaux du Musée britannique (4 ♂ de l'île Abaco); R. Ridgway qui a pu en examiner une nombreuse série (15 ♂,
9 ♀) maintient la sous-espèce, sans doute à cause de son aire géographique très limitée.
Cette forme devra peut-être reprendre le nom de *R. Ricordi Bracei* Lawrence, décrit bien
antérieurement sur un seul mâle en mue provenant de l'île New Providence (également
dans le groupe des Bahamas). M. Riley qui a comparé ce type aux oiseaux de l'île Abaco
signale de légères différences dans la teinte verte du dessous du corps ce qui tient probablement à son état anormal et transitoire. Pour l'instant rien n'autorise à admettre deux formes
dans l'archipel des Bahamas; la distinction des oiseaux des îles Andros et Abaco de ceux
de Cuba est même douteuse; voici à titre de renseignements quelques indications prises sur
quatre mâles d'Abaco du Musée britannique :

1. ♂ Bec 17 m/m. Rectrices méd., subméd. et latér. internes bronzé rougeâtre.
2. ♂ (Bec cassé)   —   —   —   —   —   —   —
3. ♂ Bec 16,5   —   —   —   —   —   un peu plus foncé.
4. ♂ Bec 16,2   —   —   —   —   —   —

(2) Cette sous-espèce est faiblement caractérisée et reliée à la forme type par des intermédiaires; j'ai reçu de Santiago de Véragua, une série de *Sapphironia* à peu près semblables
en dessous à la forme type, en dessus à la forme *Duchassingi*.

de blanc. Corps en dessus vert cuivré, un peu plus foncé et plus terne
sur la tête, un peu plus doré sur les supra-caudales. Rectrices plus
étroites; les externes un peu plus longues que les subexternes. . . 2.

2. ♂ Sous-caudales vert brillant; les plus courtes assez étroitement frangées
de blanc, les plus longues blanches à disques verts étroits et linéaires
parfois effacés; plumes brillantes de la gorge et de la poitrine à bases
blanches cachées (1) (parfois un peu apparente, surtout en avant). Queue
médiocre; rectrices médianes vert bronzé assez foncé, les autres noir-
bleu, non ou très finement lisérées de gris au bord apical. Bec de 17 à
19 m/m. — ♀ (ou ♂ jeune) (2) gorge et poitrine vert brillant varié de blanc
(plumes à bases blanches apparentes et plus ou moins frangées de
blanc); abdomen blanc varié-moucheté de vert cuivré sur les flancs, au
moins en avant; sous-caudales blanches très légèrement ombrées le long
du stipe; les plus courtes seules à petits disques verts; rectrices latérales
noir-bleu passant le plus souvent au bronzé verdâtre ou au gris fondu à
l'extrémité. Bec un peu plus long. . . . . **S. Goudoti** (Bourc.)

Sousesp. *invisa*. — (b) « Similar to *S. Goudoti* but wing shorter, top of the
head darker and under tail coverts with pale margins decidedly
narrower. Wing 47; tail 32; bill 17 » (3) . . . . **S. Goudoti Zuliæ** Cory.

♂, Sous-caudales vert brillant, toutes très étroitement lisérées de blanc;
plumes brillantes de la gorge et de la poitrine à base gris-noirâtre
(cachée). Queue plus longue et plus fourchue; rectrices médianes en
dessus noir verdâtre passant au bronzé vert à la base. Bec plus
court 16 1/2 m/m (4). . . . . **S. Cælina** (Bourc.)

4° Genre. — AUGASMA

— (♂ ad.). Tête en dessus bleu-verdâtre clair très brillant; dos et supra-
caudales entièrement vert cuivré. Corps en dessous vert glacé très brillant,
légèrement teinté de bleu sur le menton et la gorge; sous-caudales vert
brillant comme l'abdomen, mais passant au noir-bleu à la base. Rectrices
noir bleuâtre. Aile de 50 à 55 m/m; bec de 18 à 19 m/m. — (♂ jeune).
Sous-caudales longuement frangées de blanc à disques bronzés étroits (5).
A. smaragdinea (Gould).

---

(1) La teinte du dessous du corps est assez variable; le plus souvent la gorge et la poitrine
sont d'un vert glacé à reflets bleus; l'abdomen d'un vert également brillant mais plus doré;
d'autres fois le vert prend une teinte olive. Les cas de mélanismes, plus ou moins complets,
ne sont pas rares.

(2) On ne connaît pas sûrement la femelle de *S. Goudoti*; les individus décrits ici qui
abondent, en même temps que les mâles adultes, dans les lots d'oiseaux de Bogota, sont
peut-être des jeunes; l'extension du vert et du blanc sur le dessous du corps y varie beaucoup individuellement.

(3). Cette description conviendrait assez bien à *S. Cælina*.

(4) D'après un oiseau de ma collection (provenant des doubles de l'ancienne collection
Verreaux) dont le plumage est altéré. Les auteurs ajoutent que *S. Cælina* (*luminora* Lawr.)
diffère en outre de *S. Goudoti* par le dessous du corps d'un vert plus bleu (Lawrence) et le
dessus de la tête plus obscur et bleuâtre (Berlepsch), ce que je n'ai pu constater.

(5) La femelle qui a été attribuée à *Eucephala smaragdinea* par J. Gould et O. Salvin
(C. du catalogue) est (d'après le type) un *Chlorostilbon prasinus* Less. (*Pucherani* Bourc.), mais
il est fort possible que notre *Thalurania chlorophana* ne soit autre que la femelle adulte de
l'*A. smaragdinea*.

— (♀ ou ♂ subadulte). Corps en dessus entièrement vert cuivré, plus terne sur la tête; en dessous gorge et poitrine vert doré brillant (de même teinte que chez *Chlorurania glaucopis*), plumes à bases blanches apparentes au menton et au bas de la poitrine; abdomen vert plus foncé sur les flancs, blanc au milieu et surtout à la base; sous-caudales blanches longues. Rectrices en dessus noir-bleu, teintées de bronzé-vert obscur au bord externe (surtout les médianes); en dessous noir-bleu, les externes et subexternes pointées de blanc. Bec plus long, 20 m/m; mandibule inférieure passant au jaune seulement à la base. — **A. chlorophana** (E. S.).

5ᵉ Genre. — TIMOLIA (1)

TABLEAU DES ESPÈCES

1. Supra-caudales bronzé olive. Corps en dessus vert brillant un peu plus bleuâtre que celui du dessous; en dessous vert doré (comme celui de *Chlorurania glaucopis*) sans teinte bleue. Sous-caudales à disques bronzés étroits, longuement frangées de blanc. Rectrices noir-bleu sans reflets violets.
   T. chlorocephala [Bourc.) (2).
— Supra-caudales rouge feu . . . . **2.**
2. Dos offrant, de chaque côté, une tache bleue supra-scapulaire formant une ceinture interrompue, comme celle des *Thalurania*. Tête en dessus vert foncé comme le dos; en dessous gorge et poitrine vert teinté de bleu; abdomen vert bleuâtre plus foncé. Sous-caudales gris bronzé, frangées de fauve (3) . . . . **T. scapulata** (Gould).
— Dos sans taches supra-scapulaires. Tête en dessus bleu brillant (comme celle de *Chrysuronia Œnone*; dos vert bleu; les dernières supra-caudales rouge doré; corps en dessous vert. . . . . **3.**
3. Dos vert-bleu assez foncé; les dernières supra-caudales rouge doré dessinant une ligne étroite. Corps en dessous vert doré sans teinte bleue; sous-caudales longues, bronzé olive, très étroitement frangées de blanchâtre. Rectrices noir-bleu. Aile 57 m/m; bec 21 1/2 m/m (4).
   T. Lerchi (Muls.).
— Dos vert plus doré moins bleu; supra-caudales rouge doré, formant une bande plus large. Corps en dessous vert brillant avec la poitrine teintée de bleu, presque bleue sous certain jour; sous-caudales et rectrices médianes bronzé-rouge-violet; rectrices latérales noir-bleu tirant sur le violet (5) . . . . **T. cæruleolavata** (Gould).

---

(1) Je ne sais rien des caractères sexuels du genre *Timolia*; les quatre espèces n'étant connues que par des mâles, encore la plupart incomplètement adultes.

(2) Le type unique est un oiseau non adulte, n'offrant sur la tête que quelques plumes brillantes (ressemblant à celles de l'*Augasma smaragdinea*).

(3) D'après le type unique au musée britannique.

(4) J'ai vu les trois individus connus de cette espèce : le type de Mulsant, actuellement au musée de New-York; le type d'*Agyrtria tenebrosa* Hartert, au musée de M. W. Rothschild à Tring; le troisième dans la collection E. Gounelle à Paris.

(5) Le type unique est un mâle non adulte dont la tête offre quelques plumes brillantes isolées, l'une d'elles du même bleu que celui de la tête de *T. Lerchi*; sa mandibule supérieure, un peu détériorée à la base, paraît brun-fauve.

6ᵉ Genre. — CYANOPHAIA

♂ ♀ Corps en dessus vert cuivré avec la tête d'un bleu brillant très foncé,
suivi, sur la nuque, d'une étroite zone d'un bleu verdâtre plus terne;
en dessous gorge d'un bleu brillant foncé passant au noir dans la région
du menton; poitrine d'un vert bleuâtre brillant passant au vert cuivré
sur l'abdomen; supra-caudales et rectrices bleu d'acier foncé, un peu plus
brillant en dessous qu'en dessus; sous-caudales vert-bleu très foncé. Mandibule inférieure jaune, nettement noire dans son tiers apical, ou un peu
plus. Bec de 15 à 17 1/2 m/m . . . . **C. bicolor (Gm.).**

Nota. — Il résulte des observations de M. A. Verill, que les sexes de
C. bicolor sont à peu près semblables et que l'oiseau considéré jusqu'ici
(Gould, Salv., Ridgw.) comme la femelle serait réellement une espèce toute
différente dont le mâle serait normalement gynémorphe; Verill, qui a proposé
pour cette dernière espèce le nom de *Thalurania Belli*, a même observé que
les poussins sont différents (ceux de *C. bicolor* étant noirâtres, ceux de
T. Belli blancs en dessous) presque dès leur sortie de l'œuf.

Malgré la précision de ces observations, quelques doutes subsistent encore
à ce sujet; il n'est pas impossible que certains individus aient la faculté de se
reproduire étant encore en plumage de jeune, d'autres exemples en sont cités
en ornithologie (*Phœnicurus Cairei*, etc.), aussi je n'admets encore le *Thalurania
Belli* que sous toute réserve. Au musée de M. W. Rothschild, à Tring, j'ai vu
15 individus de *C. bicolor* par von Branch : 9 ♂ normaux — 2 ♀ à plumage
de ♂ — 4 ♀ grises en dessous correspondant à *T. Belli*. J'ai reçu, par
M. Worthen, trois cotypes de Verril, deux notés ♂ l'autre ♀.

7ᵉ Genre. — CHLORURANIA

♂ Corps en dessus vert cuivré, passant sur les supra-caudales au vert plus
franc (moins cuivré); tête ornée d'une plaque bleu-violet brillant, dépassant peu le vertex, mais suivie, sur la nuque, d'une zone bleu sombre mat
parfois un peu verdâtre. Corps en dessous entièrement vert brillant;
sous-caudales d'un vert un peu plus foncé, les plus longues souvent frangées de noir-bleu; toutes les rectrices noir-bleu (1). Aile de 57 à 60 m/m.
Bec de 17 1/2 à 18 1/2 m/m. (2) . . . . **C. glaucopis (Gm.).**

Nota. — J'ai une fois trouvé, parmi des oiseaux de Colombie paraissant de
préparation indigène, un mâle en mauvais état de *Chlorurania glaucopis*, différant un peu de ceux du Brésil, notamment par le dessus du corps d'un vert plus
cuivré et plus clair, la plaque céphalique d'un bleu brillant plus clair et
moins violet; le dessous du corps d'un vert doré plus jaune; les rectrices
médianes vert bleuâtre, les autres noir-bleu; les sous-caudales gris noirâtre
frangées de blanc à la base et avec de petits disques verts (Bec 18 m/m, aile
59 m/m). Plusieurs de ces caractères peuvent tenir à l'immaturité évidente et
au mauvais état de l'unique spécimen; il n'est cependant pas impossible que
C. glaucopis soit remplacé dans la savane de Bogota par une espèce très
voisine; je n'en parle ici que pour attirer l'attention et provoquer de nouvelles
recherches.

---

(1) La longueur et la furcation de la queue sont très variables.
(2) Pour la femelle voir au tableau des *Thalurania*.

8ᵉ Genre. — THALURANIA

TABLEAU DES ESPÈCES

1. Sexes semblables; mâle gynémorphe. Corps en dessus vert cuivré, plus
   franc et un peu plus foncé sur la tête, l'uropygium et les supra-caudales;
   corps en dessous et sous-caudales blanc grisâtre avec quelques plumes
   cuivrées sur les flancs. Rectrices médianes en dessus, vert cuivré vif à la
   base, noir-bleu dans leur quart ou leur tiers apical, les deux teintes nettement tranchées; rectrices externes et subexternes en dessous brièvement blanches à la base, ensuite noir-bleu légèrement verdâtre et assez
   longuement pointées de blanc; latérales-internes assez étroitement bordées de blanc à l'extrémité. Bec de 17 1/2 à 18 m/m. — **T. Belli** Verill.

— Sexes très dissemblables. ♂ scapulaires bleues ou violettes. Sous-caudales
   noir-bleu comme les rectrices, souvent frangées de blanc, rarement
   entièrement blanches (1). **2**

2. Dessus de la tête vert foncé ou noirâtre comme le dos **3**

— Dessus de la tête bleu ou vert brillant **10**

3. Corps en dessous vert doré avec (le plus souvent), l'abdomen plus ou
   moins bordé de bleu-violet sur les flancs (2); en dessus tête et cou vert très
   foncé, presque noir vu en avant; dos, des scapulaires à l'uropygium,
   bleu-violet brillant; uropygium et supra-caudales vert bleuâtre foncé.
   Sous-caudales noir-bleu assez longuement frangées de blanc à la base,
   très finement (à peine distinctement) à l'extrémité. Queue très longue et
   très fourchue. Bec de 18 1/2 à 20 m/m . . . . . . **T. Watertoni** (Bourc.).

— Corps en dessous bicolore : menton et gorge vert brillant, poitrine et
   abdomen bleu-violet; corps en dessus vert plus ou moins obscur avec des
   taches bleues scapulaires, souvent réunies en forme de ceinture **4**

4. En dessus bleu des scapulaires étendu, formant une ceinture continue ou
   étroitement interrompue; dessus de la tête très foncé, vu en avant
   presque noir mat, sans reflets dorés; en dessous partie verte tronquée
   droit, sans bordure **5**

— En dessus bleu des scapulaires beaucoup plus réduit, formant, de chaque
   côté, une petite tache ne s'étendant pas sur le dos (ou à peine), dessus de
   la tête foncé, le plus souvent à reflets rougeâtres cuivrés. **7**

5. Sous-caudales entièrement blanches, rarement avec de très petits disques
   noirâtres. Taches bleues scapulaires formant une ceinture amincie dans
   le milieu, parfois étroitement interrompue comme celle de *T. refulgens*.
   Bec long. 19 m/m . . . . **T. Balzani** E. S.

---

(1) Je ne donne ici que les caractères des mâles. Je résumerai ceux des femelles, autant
qu'ils me sont connus, dans un tableau spécial provisoire.

(2) Dans l'oiseau figuré par Gould, qui est peut-être le type de Bourcier (oiseau donné
à Loddiges par Waterton) cette bordure est exceptionnellement large (Monog. II, pl. 100).
Bourcier, qui ne paraît avoir fait que transcrire une note envoyée par Loddiges, dit
même par erreur « abdomen et flancs bleu foncé »; une autre phrase de sa description
« tête couverte de plumes semi-écailleuses vert doré » conviendrait mieux à *P. Eriphyle*,
mais la planche de Gould, faite probablement sur le même oiseau, est bien reconnaissable.

— Sous-caudales noires ou gris noirâtre, frangées ou non de gris-blanc ou
de blanc . . . . 6.

6. Sous-caudales grises ou noirâtres, les plus courtes le plus souvent teintées
de noir-verdâtre au disque, frangées de blanchâtre (longuement à la
base, très brièvement à l'extrémité). Corps en dessus, vu d'arrière en
avant, vert cuivré, passant en avant, sur la nuque et plus rarement en
arrière sur l'uropygium et les supra-caudales, au cuivré plus rougeâtre (1);
ceinture violette entière et dilatée dans le milieu. Queue profondément
fourchue. Bec de 17 à 19 m/m . . . . **T. furcata** (Gm.).

Race locale. — (b) Sous-caudales généralement comme celles du type, parfois
d'un noir-bleu et frangées de blanc plus pur (2). Corps en dessus d'un
vert plus cuivré, passant nettement au cuivré rougeâtre sur la nuque,
l'uropygium et les supra-caudales; ceinture d'un bleu plus clair et plus
verdâtre, entière mais *plus étroite et amincie dans le milieu*. Queue plus
courte et moins fourchue. Bec un peu plus long, de 18 1/2 à 20 1/2 m/m.
T. furcata gyrinno (Reichenb.).

— Sous-caudales entièrement noir-bleu (sans aucune frange). Corps en dessus
d'un vert très foncé bleuâtre, non ou à peine plus cuivré (vu d'arrière en
avant) sur le cou et l'uropygium, passant au noir vu d'avant en arrière (3).
Ceinture violette interrompue ou au moins très amincie dans le milieu;
plaque verte de la gorge généralement séparée de la partie violette par
une étroite zone vert-bleu fondue. Taille grande. Queue profondément
fourchue. Bec de 19 à 20 m/m . . . . **T. refulgens** Gould.

Race locale. — (b) Corps en dessus généralement d'un vert un peu moins foncé
et plus cuivré; ceinture violette entière, dilatée dans le milieu comme
celle de *T. furcata*. Plaque verte de la gorge nettement tronquée en
arrière (4). Taille un peu plus faible. **T. refulgens forficata** Heine.

7. En dessous, partie verte de la gorge nettement tronquée droit comme
celle de *T. furcata*, sans bordure noire et sans zone de transition vert-
bleu . . . . 8.

— En dessous partie verte prolongée sur la poitrine, arrondie en arrière et
bordée, au moins sur les côtés, d'une ligne noire. Sous-caudales (de
l'adulte) noir-bleu, non ou à peine bordées . . . . 9.

8. Sous-caudales noires, largement frangées de blanc (Sec. Hellm.) (5).
T. Simoni Hellm.

---

(1) Caractère variable; certains individus ont la partie postérieure du dos d'un vert plus
uniforme et moins cuivré avec les supra-caudales souvent plus foncées et un peu bleuâtre.

(2) Ces sous-caudales varient individuellement : celles des oiseaux du Maranhao (S. E. de
l'Amazone) et de l'île de Mexiana, à l'embouchure de l'Amazone, sont plus longuement
frangées de blanc, les plus longues sont parfois même entièrement blanches, comme celles
de *T. Balzani*; ils correspondent peut-être à *T. subfurcata* Heine « braccis crissoque late
albis ».

(3) Les supra-caudales, normalement d'un vert foncé comme le dos, sont rarement teintées
de bronzé-rouge comme celles de *T. furcata*.

(4) Un de nos oiseaux du Maroni offre la coloration dorsale du *T. refulgens forficata* et
la gorge de *T. refulgens* typique.

(5) Cette espèce m'est inconnue en nature. D'après Hellmayr, elle est intermédiaire aux
T. furcata et de *T. Tschudii*, elle se rapproche de *T. furcata* par le dessous du corps, de
T. Tschudii par le dessus, surtout par l'absence de ceinture continue.

— Sous-caudales (de l'adulte) entièrement noir-bleu (1); corps en dessus
vert cuivré, plus franc au milieu au niveau des épaules, bronzé-rouge sur
le cou et la tête. Bec robuste de 19 à 19 1/2 m/m. . . . **T. Jelskii** Tacz.

9. En dessous partie verte nettement tranchée et entièrement bordée d'une
ligne noire semi-circulaire; en dessus tête et cou bronzé très foncé
presque noir mais, vus en arrière, passant plus ou moins au bronzé
rougeâtre; dos et supra-caudales vert assez foncé. Bec de 18 1/2 à 21 m/m (2).
T. nigrofasciata (Gould).

— En dessous partie verte bordée de noir seulement sur les côtés (3), dans
le milieu fondue et reliée à la partie bleue par une zone bleu verdâtre un
peu cendré; corps en dessus vert cuivré foncé, plus obscur mais à peine
rougeâtre sur le cou et la tête, souvent plus bleuâtre sur le milieu du dos.
Bec de 20 à 20 1/2 m/m . . . . **T. Tschudii** Gould.

10. Tête en dessus vert brillant, parfois mêlé de quelques plumes bleues en
arrière . . . . 11.

— Tête en dessus bleu-violet . . . . 14.

11. En dessous partie verte peu prolongée et coupée droit au niveau de la
poitrine (comme celle de *T. furcata*). Corps en dessus et petites couvertures des ailes vert cuivré; taches scapulaires bleues généralement
petites . . . . 12.

— En dessous partie verte prolongée sur la poitrine et arrondie en arrière;
corps en dessus d'un vert plus foncé, surtout au niveau des épaules;
petites couvertures des ailes vert-bleu foncé; taches scapulaires bleues
plus grosses, s'étendant plus ou moins sur le dos; sous-caudales noir-bleu,
assez longuement frangées de blanc . . . . 13.

12. Sous-caudales vert cuivré foncé; les plus longues ordinairement noires
ou violacées, au moins sur les bords, frangées de blanchâtre seulement à
la base; en dessus bleu des scapulaires très réduit ne s'étendant pas sur
le dos : plaque verte frontale parfois mêlée de quelques plumes bleues en
arrière (individus de São Antonio da Barra); en dessous gorge d'un vert
doré brillant, abdomen d'un bleu légèrement cendré (rarement d'un
violet bleu plus foncé). — Bec de 18 à 19,5 m/m; aile de 58 à 62 m/m.
T. Eriphyle (Less.).

— Sous-caudales blanches à disques noirs petits (parfois entièrement blanches);
bleu des scapulaires plus étendu formant une ceinture interrompue;
en dessous gorge d'un vert doré un peu plus foncé; abdomen généralement d'un bleu plus violet. Taille plus petite. Bec de 17 à 19 m/m.
T. Bœri (Hellm.).

---

(2) Celles des jeunes sont parfois étroitement frangées de blanc ou de gris-blanc, ce qui
fait supposer que le type de *T. Jelskii* n'était pas complètement adulte.

(2) Il est à noter que les oiseaux de Bogota ont le bec plus long, de 20 à 21 1/2 m/m que
ceux du haut Amazone et de Quito dont le bec a de 18 1/2 à 19 m/m; certaines différences
légères existent aussi entre les femelles de ces diverses régions; voir plus loin.

(3) Parfois peu distinctement.

13. Plaque frontale, s'étendant, un peu au delà des yeux, sur la région occipitale, entièrement d'un vert brillant (rarement ses plumes occipitales isolées bleues (1), ne formant pas bordure comme celles de *T. Fannyæ*); en dessus, de chaque côté, tache scapulaire petite, en dessous abdomen d'un bleu à peine violet, avec très souvent une tendance à passer au vert au milieu (plumes de la région médiane plus ou moins frangées de vert) (2). Bec de 19 à 20 1/2 m/m. **T. verticeps** (Gould).

Aberration, ou variété individuelle. — Abdomen vert comme la poitrine, en totalité ou seulement au milieu (3). **T. verticeps var. hypochlora** (Gould).

— Plaque frontale, tronquée droit en arrière au niveau des yeux (4), vert brillant, le plus souvent bordée de bleu en arrière; corps en dessus généralement d'un vert plus foncé et plus bleuâtre surtout en arrière; taches bleues scapulaires plus étendues, formant une large ceinture interrompue; en dessous abdomen d'un bleu plus violet et plus foncé, sans aucune tendance verte; queue généralement plus longue et plus fourchue. Bec généralement plus court, de 17 à 19 m/m.

T. Fannyæ (D. et B.).

14. Corps en dessus vert cuivré, paraissant presque noir vu d'avant en arrière, avec le cou et la nuque (vus d'arrière en avant) plus ou moins teintés de rouge cuivré; tête en dessus ornée d'une plaque bleu-violet, s'étendant sur le vertex et arrondie en arrière; ceinture violette scapulaire interrompue; partie inférieure du dos tantôt d'un vert uniforme, tantôt plus cuivrée au milieu, passant rarement au cuivré rougeâtre; supra-caudales vertes ou cuivrées comme le dos; en dessous menton, gorge et poitrine vert doré; abdomen bleu-violet avec quelques plumes vertes ou bleu verdâtre à la base; rectrices noir-bleu en dessus et en dessous; sous-caudales noir-bleu longuement frangées de blanc. Bec de 16 à 18 1/2 m/m (5). **T. colombica** (Bourc.).

Variations individuelles du mâle. — (b) (entre le type et la forme *venusta*) diffère du type par la ceinture scapulaire bleu-violet entière ou subentière, mêlée de quelques plumes vertes au milieu; de *venusta* par les supra-caudales vertes, les rectrices noir-bleu, les sous-caudales longuement frangées de blanc (6).

— (c) Dos entièrement du même vert semi-doré, de la nuque aux supra-caudales; ceinture violette subinterrompue; abdomen violet-bleu plus clair. Bec 18 m/m (7).

---

(1) Ce qui est assez fréquent pour les oiseaux du nord l'Ecuador.

(2) Le caractère n'est à peu près constant que pour les oiseaux de la région interandine qui nous sont envoyés de Quito; ceux du nord de l'Ecuador (à Paramba) ne diffèrent pas par le dessous du corps des *T. Fannyæ* qui habitent la même région mais à une moindre altitude (à Carondelet, S. Javier, Pombilar etc.).

(3) Exagération d'un caractère signalé plus haut, au reste très variable individuellement.

(4) Ou mieux de leur bord postérieur.

(5) Description prise des oiseaux de Bogota, des llanos de la Meta, de Chaque et de Santa Maria.

(6) De la savane de Bogota, en même temps que le type.

(7) Un seul mâle dans la collection Boucard, sous le nom inédit de *T. valenciana* (Valencia, par Salmon); la partie verte de la gorge paraît moins étendue sur la poitrine, ce qui tient à la préparation.

Sous-espèce. — adulte (1). Corps en dessus plus foncé (noir vu d'avant en
arrière), cou et nuque, vus d'arrière en avant, bronzé rougeâtre très
obscur; ceinture scapulaire violette entière mais souvent amincie dans le
milieu ; partie postérieure du dos vert foncé souvent bleuâtre (non
cuivré); supra-caudales vert très foncé (non cuivré) souvent noires à la
base; rectrices noir-bleu violacé (2) ; sous-caudales noir-bleu, n'offrant
quelques barbes blanches qu'à la base. Bec de 17,5 à 19 m/m.

T. colombica venusta (Gould).

Variations individuelles de T. colombica venusta. — (a) Ceinture scapulaire
violette interrompue (3). — (b) dessus du corps d'un noir presque mat, vu
d'arrière en avant vert-bleu très foncé uniforme, supra-caudales entièrement noir-bleu. Ceinture scapulaire interrompue. Bec 20 m/m (4).

NOTA. — Ici viendraient se placer deux espèces décrites par les auteurs
américains.

T. Townsendi Ridgw. — Semblable à *T. colombica venusta* sauf par le
dessous du corps entièrement vert doré, du menton à la base de
l'abdomen (comme chez *Chlorurania glaucopis.*)

T. Ridgwayi Nelson. — Semblable à *T. col. venusta* mais poitrine et abdomen
noirâtres (non métalliques) variés de vert bronzé sur les flancs (5).

TABLEAU DES FEMELLES

1. Épaules garnies de plumes bleues ou vertes beaucoup plus brillantes que
celles du dos formant une tache scapulaire très nette . . . . . . 2.
— Épaules vert cuivré comme le dos, sans plumes plus brillantes. . . . 6

2. Taches scapulaires bleu franc brillant (6). Abdomen entièrement vert foncé
(plumes à base noirâtre apparente surtout au milieu). Rectrices médianes
noir-bleu comme les latérales passant brièvement au vert à la base (7).

T. verticeps.

---

(1) Les jeunes ne peuvent se distinguer sûrement des oiseaux de Bogota.

(2) Caractère souvent très peu appréciable.

(3) Du Costa Rica : Caville et San Carlos.

(4) Du Nicaragua à Matagalpa ; cette forme doit ressembler au *T. Ridgwayi* Nelson,
peut-être faut-il n'y voir qu'un commencement de mélanisme plus ou moins avancé. On
trouve des formes de transition dans la Veragua.

(5) Je reproduis ici la description originale du *T. Ridgwayi* par E. W. Nelson (in the
Auk 1900, p. 262) « top of head, from base of bill to middle of crown, dark metallic blue,
rest of crown dark, rather dull bluish green ; sides of head back of eyes, upper half of neck
and entire back bronzy green darkert on upper tail-coverts ; wings dark purplisch brown ;
tail lustrous black with slight purplish gloss ; chin sides of head to lower side of orbits and
entire under side of neck brillant metallic green ; under side of body dull blacklish washed
with mettallic geenish on sides, under-coverts lustrons black. Wing 67, tail 33, culmen 17.
Rendly distinguished from other known members of the genus by the dark no metallic
underparts. — Know only from the type locality : San Sebastien St. Jalisco, Mexico 1897.
(E. W. Nelson and E. A. Goldman), type in U. S. Nat. Mus. n° 155981.
(L'auteur ne parle pas des scapulaires.)

(6) Parfois réduites à 2 ou 3 plumes.

(7) Sous ce rapport les oiseaux de Paramba sont intermédiaires aux *T. verticeps* et
*Fanny*æ car leurs rectrices médianes sont plus longuement vertes à la base. Les mâles
offrent aussi quelques caractères de transition (voir plus haut p. 81).

— Taches scapulaires vert bleuâtre brillant. Rectrices médianes en dessus vert un peu bleuâtre, entièrement noires ou passant au noir à l'extrémité. **3.**

3. Abdomen gris blanchâtre plus foncé que la poitrine, passant, plus ou moins largement, au vert cuivré foncé sur les flancs ; taches scapulaires très nettes. . . . . **4.**

— Dessous du corps entièrement blanc grisâtre. Taches scapulaires réduites à quelques plumes brillantes parfois peu visibles. . . . . **5.**

4. Bec plus court, 18 m/m (1) . . . . **T. colombica.**

— Bec plus long, de 19 1/2 à 20 m/m. . . . . **T. Fannyæ.**

5. Corps en dessous blanc à peine grisâtre. Bec plus long et plus grêle.
                                                                  T. Tschudii.

— Corps en dessous d'un blanc-grisâtre plus foncé. Bec plus robuste et un peu plus court, de 19 à 20 m/m (2) . . . . **T. Jelskii.**

6. Rectrices externes étroites et acuminées, à stipe blanc au moins en grande partie, noir-bleu dans leur moitié apicale, avec une pointe blanche assez longue, gris-blanc dans leur moitié basale, avec le bord externe presque blanc, l'interne marqué (immédiatement à la suite de la partie noire) d'une zone verte oblique. Queue très fourchue. Bec 21 1/2 m/m (3).
                                                                  T. Watertoni.

— Rectrices latérales beaucoup plus larges et obtuses, à stipe noir sauf dans la partie apicale blanche. **7**

7. Rectrices latérales noir-bleu, pointées de blanc, le plus souvent très légèrement et graduellement éclaircies à la base sans démarcation nette. . **8.**

— Rectrices latérales nettement bicolores, noir-bleu pointées de blanc, plus ou moins longuement vertes, olivâtres ou blanchâtres à la base. . . . **9.**

8. Rectrices médianes entièrement vert bleuâtre. Corps en dessus vert cuivré, plus foncé et plus mat (parfois très légèrement bleuâtre) sur la tête vue en avant. Queue très fourchue, rectrices médianes beaucoup plus courtes que les latérales. Bec de 18 à 19 1/2 m/m ; aile de 54 à 57 m/m.
                                                          Chlorurania glaucopis.

— Rectrices médianes vert-bleu foncé passant longuement au noir à l'extrémité. Corps en dessus vert à peine plus cuivré sur le cou mais plus terne sur la tête vue en avant (plumes à base noirâtre apparente) ; queue très peu fourchue, rectrices médianes un peu plus courtes que les latérales. . . . . **T. nigrofasciata (pars.) (4).**

---

(1) D'après Carriker (in Ann. Carn. Mus, 1910, p. 533) la femelle de *T. colombica venusta* diffère de celles de *T. colombica* type par la plus grande extension du vert noirâtre sur les flancs de l'abdomen. J'ai cependant reçu du Chiriqui des femelles qu'il m'est impossible de distinguer de celles de Bogota ; l'extension du vert foncé sur les flancs est variable individuellement.

(2) Les matériaux dont je dispose sont insuffisants pour me permettre d'affirmer que ces caractères sont absolus.

(3) D'après un individu de la collection W. Rothschild à Tring, rapporté de Pery-Pery, État de Pernambuco, par E. Gounelle.

(4) Oiseaux de Bogota et du Napo.

9. Tête, vue en avant, d'un vert doré assez brillant, les plumes à base gris blanchâtre. Rectrices externes dans leur tiers ou leur moitié basal vert cuivré, passant à l'extrême base au gris blanchâtre fondu . . . . . . 10.

— Tête, vue en avant, d'un vert plus sombre, ses plumes à base noirâtre. 11.

10. Taille plus forte ; bec 19 m/m ; aile 58 m/m . . . . . . T. Eriphyle.

— Taille plus faible : bec 17 à 19 m/m ; aile 52 à 55 m/m . . . . T. Baeri (1).

11. Rectrices médianes cuivré brillant dans leurs deux tiers basilaires, noir-bleu dans le tiers apical, les deux teintes nettement tranchées. Rectrices externes blanches à la base ensuite noir-bleu légèrement verdâtre et pointées de blanc . . . . T. Bellii.

— Rectrices médianes vert bleuâtre passant souvent au noir à l'extrémité. Rectrices externes plus ou moins vertes ou gris-olive à la base ensuite noir-bleu (non verdâtre) et pointées de blanc . . . . . . 12.

12. Rectrices médianes vertes, passant au noir-bleu seulement à l'extrémité. Rectrices externes à partie verte peu étendue, le plus souvent limitée à la base externe. Bec plus long . . . . 13.

— Rectrices médianes entièrement vert cuivré bleuâtre. Rectrices externes vertes, olivâtres ou blanchâtres au moins dans leur tiers basal ; sous-caudales blanc un peu grisâtre comme l'abdomen . . . . 14.

13. Rectrices médianes vert bleuâtre foncé. Rectrices externes et subexternes assez brièvement pointées de blanc ; sous-caudales blanc grisâtre (2).

T. nigrofasciata (pars).

— Rectrices médianes vert plus cuivré. Rectrices externes et subexternes plus longuement pointées de blanc ; sous-caudales d'un blanc plus pur (3).

T. Balzani.

14. Queue peu fourchue. Rectrices externes généralement vert brillant dans leur tiers basal. Bec plus court de 18 à 19 m/m (4) . . . T. furcata.

— Queue plus fourchue. Rectrices externes gris-blanc ou olivâtre à la base. Bec plus long, 19 1/2 à 20 m/m . . . . T. refulgens.

9ᵉ Genre. — **NEOLESBIA**

— (♂) Corps en dessus et queue bleu d'acier foncé, avec la tête, jusqu'à la nuque, d'un bleu plus brillant. Corps en dessous vert bleuâtre métallique,

---

(1) Mes matériaux sont insuffisants ; les quelques spécimens à ma disposition diffèrent cependant des *T. Eriphyle* femelles par quelques caractères qui devront être vérifiés sur des séries plus nombreuses ; tandis que chez *T. Eriphyle* les sous-caudales sont du même gris blanchâtre que l'abdomen et les côtés de la poitrine offrent à peine quelques plumes vertes isolées, chez *T. Baeri* les sous-caudales sont d'un blanc plus pur que celui de l'abdomen et les côtés de la poitrine sont plus largement vert cuivré formant enclave.

(2) Oiseaux du Haut-Amazone péruvien : Pebas, Iquitos, Nauta, etc.

(3) Sur un seul individu du voyage de Balzan. — D'après C. E. Hellmayr, la femelle de *T. Simoni* Hellm., ne diffère de celle de *T. Balzani* que par le bec un peu plus long.

(4) Les deux derniers caractères ne sont pas absolus. Les *T. furcata gyrinno*, ressemblent le plus souvent au *T. refulgens* par leurs rectrices externes et leur bec.

plus bleu sur la gorge; abdomen plus foncé, passant au bleu sur les flancs; sous-caudales bleu d'acier foncé, frangées de blanc. Ailes noir violacé. Queue longue et très fourchue (rectrices médianes 27 m/m, latérales 68 m/m). Aile 63 1/2 m/m; bec noir 19 m/m (sec. H. v. Berlepsch) (1) . . . . **N. Nehrkorni** (Berl.).

18° Groupe. — HYLOCHARIS

Voisin du groupe précédent. Bec à peu près semblable; sa mandibule supérieure tantôt noire et aiguë, tantôt rouge et spongieuse, au moins chez le mâle; ses marges mutiques ou à peine distinctement serrulées; base emplumée du culmen ne dépassant pas le niveau du milieu des écailles nasales, très souvent ne l'atteignant pas; écailles tantôt presque nues comme celles des *Chlorostilbon*, tantôt emplumées comme celles des *Thalurania*. Queue assez courte, carrée ou un peu arrondie. Ailes et pieds normaux; tarses emplumés au moins à leur côté externe à la base. Généralement ni point blanc ni ligne blanche postoculaires (excepté *Panterpe* et *Basilinna*). Sexes très dissemblables (excepté *Panterpe* dont la femelle est andromorphe); mâles brillants, verts ou bleus, ornés de plumes squamiformes larges; femelles en dessous gris-blanc comme celles des *Chlorostilbon* mais plus mouchetées de vert cuivré, au moins sur les flancs, sans bande noire oculaire, ni ligne blanche postoculaire (excepté *Basilinna*).

TABLEAU DES GENRES

1. Queue arrondie ouverte; fermée ses rectrices médianes et submédianes égales (ou les médianes à peine plus courtes); les autres graduellement et légèrement plus courtes des submédianes aux externes; sous-caudales colorées comme les rectrices; pas de ligne blanche sous-oculaire ni de ligne postoculaire; bec rouge, les écailles nasales nues . . . . **2.**

— Queue carrée ouverte; fermée ses rectrices médianes un peu plus courtes que les submédianes; le plus souvent les externes un peu (à peine) plus courtes que les subexternes; écailles nasales le plus souvent en partie emplumées . . . . **3.**

2. Rectrices toutes larges; les latérales brièvement atténuées à l'extrémité, mais obtuses et obliquement tronquées. Bec droit ou presque droit, ♂ rouge spongieux et subtransparent, rembruni seulement à l'extrémité de la mandibule supérieure. — ♀ Mandibule supérieure noire ou éclaircie seulement à la base . . . . **Hylocharis**

— Rectrices moins larges; les externes un peu plus étroites que les autres, longuement atténuées. Bec moins large non spongieux; ♂ rouge pendant la vie (2), sa mandibule supérieure passant par dessication au noirâtre à peine teinté de brun-rouge à la base du culmen . . . . . . **Juliamyia**

---

(1) Je ne serais pas surpris que cet oiseau ne soit qu'un hybride de *Lesbia* et de *Thalurania*.

(2) sec. Fraser, in P. Z. S., 1860, p. 283.

3. Mandibule supérieure noire et dure; mandibule inférieure jaune paille,
rembrunie à l'extrémité; écailles nasales emplumées dans leur moitié
basale au moins à leur bord supérieur; base emplumée du culmen, vue
de profil, dépassant le milieu des écailles . . . . **4.**

— Bec entièrement rouge, spongieux et subtransparent (au moins chez le mâle
adulte); écailles nasales presque entièrement nues; base emplumée du
culmen, vue de profil, n'atteignant pas le niveau du milieu des écailles
(beaucoup plus courte chez *Basilinna*). Rectrices externes aussi longues
que les subexternes . . . . **6.**

4. De chaque côté un point blanc postoculaire. Rectrices externes aussi larges
et aussi longues que les subexternes. Sexes semblables, femelle andromorphe (1); corps en dessus vert cuivré avec une plaque céphalique de
très larges plumes bleu brillant bordée de noir et les supra-caudales vert-
bleu; corps en dessous rouge feu, bleu et vert doré très brillants; sous-
caudales vert foncé . . . . **Panterpe.**

— Pas de point blanc postoculaire. Rectrices externes un peu plus étroites et
un peu (à peine) plus courtes que les subexternes. — Sexes dissemblables.
♂ brillant vert et bleu; ♀ en dessous blanche, mouchetée de vert, au
moins sur les côtés **5**

5. Bec assez long et un peu courbé; rectrices externes nettement plus étroites
que les subexternes; supra-caudales, rectrices et sous-caudales cuivré
rouge brillant; celles-ci plus ou moins frangées gris-blanc. — ♂ Tête en
dessus et, le plus souvent, en dessous bleu-violet brillant. **Chrysuronia.**

— Bec plus court et presque droit; rectrices externes presque semblables aux
subexternes; uropygium et supra-caudales verts comme le dos; rectrices
noir-bleu; sous-caudales du mâle d'un vert plus foncé que celui de
l'abdomen. . . . . **Chlorestes.**

6. Bec fort et très long, large et déprimé à la base; base emplumée du culmen
vue de profil, atteignant presque le niveau du milieu des écailles; pas de
ligne blanche postoculaire; rectrices externes de même longueur que les
subexternes mais plus étroites, obtuses, à côtés parallèles. — ♂ Corps
en dessus vert cuivré avec la tête bleu-violet brillant, suivi d'une zone
vert-bleu sombre; corps en dessous vert doré plus brillant, avec le
menton et souvent la gorge bleu-violet comme la tête — ♀ sans bande
oculaire ni bande postoculaire . . . . **Eucephala.**

— Bec beaucoup plus court; base emplumée du culmen, vue de profil, n'atteignant pas le niveau du milieu des écailles; une ligne blanche postoculaire; rectrices externes et subexternes semblables. — ♂ Corps en
dessus vert cuivré avec le front bleu brillant; en dessous menton étroitement bleu ou noir; poitrine vert très brillant; abdomen vert cuivré, plus
ou moins mêlé de blanc ou de roux — ♀ une bande oculaire noire et une
ligne postoculaire blanche . . . . **Basilinna.**

---

(1) O. Salvin avait émis l'opinion erronée (in P. Z. S., 1864, p. 584-585) que le *Trochilus
castaneiventris* de Lawrence pouvait être la femelle du *Panterpe*; l'espèce de Lawrence est
en réalité une femelle d'*Oreopyra*.

1ᵉʳ Genre. — PANTERPE

— ♂ ♀ Corps en dessus vert, un peu plus cuivré en avant, passant au noir
mat sur le cou et la tête, au vert bleuâtre sur l'uropygium, au bleu sur
les supra-caudales ; tête ornée d'une plaque de grosses plumes squamiformes d'un bleu brillant, passant le plus souvent en arrière au bleu
verdâtre, presque aussi large que l'espace interoculaire mais atténuée,
obtuse sur la nuque. En dessous gorge rouge-feu passant sur les côtés au
jaune doré ; poitrine dorée avec une large tache d'un bleu brillant parfois
violette, vaguement bordée de vert bleuâtre ; abdomen vert cuivré plus
foncé ; sous-caudales vert foncé. Rectrices entièrement noir-bleu. Mandibule supérieure noire, l'inférieure jaune testacé passant au noir dans sa
moitié apicale. — ♂ Aile de 62 à 69 m/m ; bec de 18 à 22 m/m. — ♀ Aile
de 58 à 65 m/m ; bec de 19 1/2 à 23 m/m.   P. insignis Cab. et Heine.

2ᵉ Genre. — CHRYSURONIA

— ♂ Tête ou dessus et nuque bleu violet brillant ; dos vert cuivré, passant au
bleu-vert foncé et mat sur le cou, au cuivré-rouge à l'extrémité de l'uropygium et sur les supra-caudales ; en dessous menton et gorge bleu-violet
comme la tête ; poitrine et abdomen vert brillant, un peu plus cuivré et
plus jaune sur l'abdomen ; sous-caudales cuivré-rouge, frangées de gris-
blanc. Rectrices cuivré-rouge brillant, surtout en dessus. — ♀ Corps en
dessus vert cuivré passant sur la tête au vert-bleu plus foncé et plus
terne ; en dessous blanc ; gorge et poitrine mouchetées de taches vert
brillant un peu bleuâtre, graduellement plus petites et plus espacées au
milieu, manquant ordinairement au menton et au centre de la gorge ;
flancs plus densément vert cuivré, presque jusqu'au milieu, sauf à la base
blanche de l'abdomen ; supra-caudales et rectrices comme chez le mâle,
seulement les externes et subexternes, vues en dessous, passant au gris-
noirâtre fondu sur les bords, au gris-blanc à l'extrémité surtout interne ;
sous-caudales blanchâtres, les plus courtes souvent à disques un peu
cuivrés. — ♂ ♀ Bec de 19 à 20 m/m.   C. Œnone (Less.).

Sous-espèces ou race locales. — (b) Tête en dessus et gorge en dessous d'un bleu
plus clair et moins violet ; rectrices, au moins en dessous, d'un cuivré un
peu moins rouge, presque couleur de laiton. Bec de 17 (1) à 19 1/2 m/m. —
♀ Corps en dessous blanchâtre avec les côtés de la gorge et de la poitrine
seuls mouchetés de très petites taches vertes espacées. Bec de 21 à 22 m/m.
                    C. Œnone brevirostris Madarasz.

— (c) Tête, menton et gorge généralement d'un bleu plus foncé et plus violet,
un peu plus prolongé en dessous sur la poitrine. — ♀ Menton et gorge
blanc grisâtre, finement et peu densément pictés de vert sur les côtés. —
♂ ♀ Bec plus long, de 21 à 23 m/m (2).   C. Œnone longirostris Berl.

— (d) Formes et proportions de *C. Œnone longirostris* ; parties bleues de la

---

(1) Le premier chiffre est exceptionnel.

(2) Les *C. Œnone* de la Cerra del Avila (Vénézuéla N.) sont un peu intermédiaires ;
certains mâles ont le bec de 21 m/m ou même un peu plus.

tête également prolongées en dessus et en dessous, mais d'un bleu plus clair et moins violet, rappelant davantage celui de *Œnone brevirostris* du Napo.

C. Œnone azurea, var. nova.

— (e) Corps en dessus semblable à celui de *C. Œnone* typique. Corps en dessous entièrement du même vert cuivré, sauf parfois un étroit menton bleu (1). — Bec de 18 à 20 1/2 m/m (2). **C. Œnone Josephinæ** (B. et M.).

— (f) Corps en dessus vert cuivré, un peu plus foncé et bleuâtre en avant, sans former sur le cou de zone vert bleu foncé définie, avec la tête d'un violet plus foncé et plus terne ; en dessous menton, gorge et poitrine d'un vert bleuâtre glacé très brillant, vu obliquement en avant passant au bleu de ciel (3) avec les plumes du menton à base blanche un peu apparente ; sous-caudales blanchâtres passant au gris au milieu, les plus courtes seules à petits disques cuivrés (4). — Bec 17,5 (type) ou 18 m/m (coll. E. S.).

C. Œnone cæruleicapilla Gould.

Nota. — *Thaumatias cæruleiceps* Gould (in. P. Z. S. xxviii, 1860, p. 307 (Bogota) ; *Agyrtria* C. ; Salv. Cat. xvi, p. 183, tab. 7, f. 1), dont j'ai étudié le type unique, est pour moi un hybride de *Chrysuronia Œnone longirostris* et d'*Agyrtria Milleri* (5), voici la description que j'en ai prise à Londres : — ♂ ad. Bec long. 18,5 m/m. Tête en dessus et cou jusqu'aux épaules vert bleuâtre très brillant, passant au bleu glacé vu d'avant en arrière (comme chez *A. Milleri*). Dos vert cuivré ; uropygium et supra-caudales bronzé olive légèrement rougeâtre ; en dessous gorge et poitrine vert brillant, plumes frangées de blanc, celles de la gorge teintées de bleu sur les côtés ; abdomen vert cuivré avec les plumes médianes frangées de blanc. Rectrices en dessus bronzé-olive, les latérales en dessous bronzé-olive pâle avec, de chaque côté, une fine bordure noirâtre, très légèrement élargie vers le tiers apical (au point occupé par la zone obscure chez *A. Milleri*) ; sous-caudales blanches à disques bronzé pâle peu indiqués. — Le type unique a été préparé à Bogota, localité d'où s'exportent tous les ans des milliers de peaux d'oiseaux-mouches (cf. une note à ce sujet dans la *Revue française d'Ornithologie*, nº 12, av. 1910).

---

(1) Caractère accidentel et très variable qui ne répond pas à une race constante ou sous-espèce, comme le pensait Hartert : *C. Œnone intermedia*.

(2) Mesures du bec prises des oiseaux de ma collection et de ceux du Musée britannique ; forme type (menton vert jusqu'au bec) : 20,8 m/m (un seul) ; 20,2 m/m (deux) ; 20,1 et 20 fort (deux) ; 19,8 (un) ; 19,5 (trois) ; 19 (trois) — forme *intermedia* Hart. (menton étroitement bleu) : 19,5 (quatre) ; 19 (un) ; 18,5 (un).

(3) Comparable à celui d'*Agyrtria Milleri*.

(4) Je ne connais de cette forme que deux mâles : l'un au Musée britannique, sans localité, indiqué comme type du *Chrysuronia cæruleicapilla*, décrit incidemment par Gould dans l'*Introduction* p. 165, l'autre dans ma collection provenant des chasses de O. Garlepp dans la sierra de Santa-Cruz en Bolivie ; deux de leurs charactères semblent au premier abord avoir une valeur spécifique : la teinte bleu glacé du dessous, et l'absence ou au moins la réduction de la zone vert-bleu foncé sur l'occiput ; ils sont cependant individuels car dans la collection Boucard j'ai vu cinq mâles de même origine qu'il est difficile de distinguer de C. Œn. Josephinæ.

La description originale de *Trochilus Josephinæ* par Bourcier est un peu ambiguë ; ce que l'auteur dit du dessous du corps, revêtu de plumes squamiformes d'un vert bleuâtre, pourrait s'appliquer au *Chrys. cæruleicapilla*, tandis que ce qu'il dit du dessus d'un vert bleu sur l'occiput convient mieux au C. Œ. Josephinæ.

(5) Boucard, dit cependant à propos de cet oiseau (in Gen. Humm. B. p. 139) « in my opinion the type of *Agyrtria cæruleiceps* Gould, which i have examined, is only C. Neera (Josephinæ) male junior ».

3ᵉ Genre. — CHLORESTES

TABLEAU DES ESPÈCES

1. Corps en dessus vert foncé parfois teinté de cuivre; en dessous vert doré très brillant, avec le menton bleu généralement fondu en arrière; les sous-caudales d'un vert un peu plus foncé que celui de l'abdomen. Rectrices noir-bleu — ♀ (ou jeune ♂). Corps en dessous blanc, densément moucheté de vert brillant sur la gorge et la poitrine; abdomen largement blanc, avec les flancs d'un vert plus cuivré; sous-caudales vertes, étroitement frangées de gris-blanc. Rectrices médianes en dessus teintées de vert sombre à la base, en dessous les externes seules brièvement pointées de gris-blanc fondu, parfois teintées de vert à la base externe. — ♂ ♀ Bec droit; mandibule inférieure jaune paille passant au noir dans son tiers apical seulement ou un peu moins; long de 15 à 17 m/m. **C. notatus** (C. Reich).

Variations locales. — Les oiseaux des guyanes et du Para (forme type) ont le bleu du menton assez étendu, la poitrine d'un vert brillant glacé souvent légèrement teinté de bleu; le dessus du corps généralement d'un vert sombre uniforme; ceux du Vénézuéla oriental (Cumana) et central (Caracas, San Esteban) de Trinidad et de Tobago (*Ch. mentalis* Cab.) sont en dessous d'un vert plus doré avec le bleu du menton plus restreint et plus nettement arrêté; en dessus d'un vert plus ou moins cuivré sauf parfois les supra-caudales; ceux de Bahia (*cyanogenys* Wied ou *Wiedi* Less., de plusieurs auteurs) sont en dessous comme ceux du Vénézuéla; en dessus encore plus cuivrés parfois même un peu rougeâtres et ils sont généralement un peu plus petits, leur bec dépassant rarement 15 m/m. Entre ces diverses formes on observe une quantité de transitions, ce qui empêche de les considérer comme des sous-espèces définies.

— Corps en dessous d'un bleu brillant passant au vert en arrière; flancs vert cuivré foncé. . . . . **2.**

2. Menton et gorge d'un beau bleu passant graduellement au vert-bleu sur la poitrine; sous-caudales vert cuivré comme les flancs, quelques-unes seulement un peu teintées de noirâtre à la base; supra-caudales vert doré comme le dos, quelques-unes très étroitement frangées de cuivré. . . . .
C. subcæruleus (Ell.).

— Menton, gorge et poitrine également d'un beau bleu-violet, passant au vert-bleu très brillant sur les côtés de la poitrine et à son bord postérieur; sous-caudales bronzé très foncé et mat, passant à la base au noir-bleu; supra-caudales rouge cuivré vif passant au vert cuivré à l'extrême base. Bec long 15 m/m (1). . . . . **C. hypocyaneus** (Gould).

4ᵉ Genre. — JULIAMYIA

— ♂ Corps en dessus vert cuivré, plus rouge et plus brillant en arrière et sur les supra-caudales, avec la tête ornée de plumes squamiformes d'un vert doré clair et très brillant; menton, gorge et poitrine (au moins dans sa

---

(1) Les matériaux actuellement connus sont insuffisants pour affirmer la validité des deux dernières espèces; il n'est pas impossible que *C. subcærulous* Ell. ne soit autre que le mâle incomplètement adulte de *C. hypocyaneus* Gould.

partie supérieure) vert très brillant comme la tête ; abdomen d'un beau
bleu. Rectrices et sous-caudales noir-bleu. Bec de 12 1/2 à 13 m/m. —
♀ Corps en dessus vert cuivré ; en dessous gris-blanc avec les côtés de la
poitrine et les flancs mouchetés de vert ; sous-caudales gris noirâtre.
Rectrices noir-bleu, les externes et subexternes pointées de gris-blanc.
J. juliæ (Bourc.).

— *Race locale.* — (b) ♂ Taille un peu plus forte ; bec de 14 à 15 m/m. Gorge
et poitrine d'un vert très brillant, mais très légèrement bleuâtre et généralement moins doré que celui de la tête ; en dessus uropygium et supra-
caudales généralement d'un cuivré moins rouge (1).
J. juliæ feliciana (Less.).

— ♂ semblable à *J. juliæ* sauf par le dessus du corps sans parure céphalique, avec la tête d'un vert cuivré plus foncé que le dos et mat, souvent
presque noirâtre. Bec de 13 à 14 m/m. . . . . . **J. panamensis** (Berl.)

5ᵉ Genre. — HYLOCHARIS

TABLEAU DES SECTIONS DU GENRE HYLOCHARIS

1. Rectrices noir-bleu, au moins en dessous ; sous-caudales noires ou gris-
bleu. Corps en dessus vert, plus doré et plus brillant sur l'uropygium ;
supra-caudales bronzé violet foncé. — ♂ Tête en dessus et en dessous,
menton, gorge et poitrine bleu-violet brillant. — ♀ Tête en dessus d'un
vert un peu plus foncé que celui du dos ; dessous gris-blanc ; rectrices
externes et subexternes pointées de blanc ou de gris.
A type **H. cyanus.**

— Rectrices rousses ou dorées ; supra-caudales et, le plus souvent, sous-caudales comme les rectrices. — ♂ Sans parure céphalique. Tête en dessus
un peu plus foncée et plus terne que le dos **2**

2. Rectrices roux foncé bordées de noirâtre. Sexes dissemblables : ♂ Menton
roux, gorge et poitrine bleu-violet foncé. — ♀ Corps en dessous gris-blanc
moucheté de vert avec le menton fauve clair ; rectrices latérales toutes
d'un roux plus clair passant au noir à l'extrémité et pointées de fauve
clair. . . . . **B type H. sapphirina.**

— Rectrices et supra-caudales doré très brillant. Sexes à peu près semblables.
C type **H. chrysura.**

Section A. — type H. CYANUS

— ♂ Tête en dessus vert bleuâtre très brillant ; en dessous gorge et poitrine
d'un beau bleu glacé fondu, passant sur les côtés et en arrière, et sur
l'abdomen, au vert également brillant ; sous-caudales noires à reflets bronzé
verdâtre obscur au moins au disque, très étroitement (à peine distincte-

---

(1) Les caractères tirés de la coloration ne sont pas absolus, mais la taille est toujours
plus forte. Je ne vois aucune différence entre les femelles de *J. juliæ* et *J. feliciana*. Je ne
connais pas celle de *J. panamensis.*

ment) frangées de gris-blanc. Rectrices noir-bleu, les latérales plus étroites que celles de *H. cyanus* et plus longuement atténuées. (♀ inconnue) (1).

H. pyropygia (Salv.).

— ♂ Tête en dessus, menton, gorge et poitrine en dessous bleu-violet foncé brillant ; menton varié de blanc (base blanche des plumes apparente) ; abdomen gris cendré foncé, passant en avant au vert cuivré, souvent bleuâtre, surtout sur les côtés. Rectrices en dessus noir mat, en dessous noir-bleu ; sous-caudales noirâtres, frangées de gris, souvent bronzé au disque, surtout à la base le long du stipe. Bec de 16 à 17 m/m. — ♀ Corps en dessous blanc grisâtre avec les côtés de la poitrine et souvent de l'abdomen variés de vert cuivré ; dessus vert cuivré, plus foncé et plus terne sur la tête ; sous-caudales gris noirâtre ou bleuâtre, plus longuement frangées de gris-blanc. Rectrices externes et subexternes brièvement bordées de cuivré à la base externe et brièvement pointées de gris-blanc obscur. Bec plus long. . . . . **H. cyanus** (Vieill.).

Sous-espèces. — (b) ♂ Abdomen entièrement vert très foncé un peu bleuâtre comme les rectrices (2) . . . . **H. cyanus viridiventris** Berl.

— (o) ♂ Comme le précédent, sauf sous-caudales noirâtre mat ; bec plus large, et déprimé à la base, plus fort et plus long, de 18 à 20 m/m.

H. cyanus rostrata Boucard.

Section B. — type **H. SAPPHIRINA**

— ♂ Rectrices roux foncé ; les latérales très étroitement bordées de noirâtre au moins au côté externe ; les médianes, en dessus, passant souvent au cuivré-rouge ou violacé, parfois au bronzé-vert, en tout ou en partie. Corps en dessus vert cuivré ou un peu bleuâtre, plus foncé et plus terne sur la tête ; supra-caudales (au moins les plus longues) bronzé rouge ou violacé comme les rectrices ; menton roux, gorge et poitrine bleu-violet foncé ; abdomen vert cuivré ; sous-caudales d'un roux plus pâle que celui des rectrices. — ♀ Corps en dessous gris-blanc, avec le menton fauve rougeâtre clair ; la gorge et les flancs mouchetés de vert cuivré. Rectrices bronzé-cuivré-rouge ou violacé ; les médianes, un peu plus foncé à l'extrémité ; les latérales passant au noir à l'extrémité, surtout au côté interne et pointées de fauve clair . . . . **H. sapphirina** (Gm.).

Variétés locales et individuelles. — Les *H. sapphirina* de Bahia ont le dessus du corps vert doré ; les supra-caudales et rectrices médianes en dessus d'un rouge violacé foncé, passant parfois au cuivré à la base, parfois rousses et bordées de noirâtre. Ceux de la Guyane, de l'Amazone (du Pará à Nauta) et du Vénézuéla oriental ont le dessus du corps d'un vert plus bleuâtre ; les rectrices médianes d'un bronzé plus terne, parfois olivâtre,

---

(1) O. Salvin a décrit le bec de cet oiseau comme étant noir mais j'ai pu constater que le type (un mâle adulte acquis de H. Whitely, coll. Salvin et Godman, aujourd'hui au Musée britannique) avait eu le bec réparé et refait ; l'individu de la collection E. Simon, un peu moins adulte, est sous ce rapport intact.

(2) Cette forme est reliée à *H. cyanus* type par un si grand nombre de transitions, que j'hésite à la maintenir.

mais avec, le plus souvent, une bande rousse le long du stipe, au côté externe, n'atteignant pas l'extrémité. Ces caractères sont exagérés sur les individus des hautes montagnes de la Guyane anglaise (mont Merumé, mont Roraima) pour lesquels Boucard avait proposé une espèce sous le nom de *H. guianensis*. Le seul mâle de Bogota que j'aie vu a aussi les parties supérieures d'un vert foncé; les supra-caudales et rectrices médianes entièrement bronzé-olive obscur.

H. brasiliensis Boucard est, d'après le type, un oiseau de Bahia décoloré.

Section C. — type II. CHRYSURA

— Corps en dessus vert cuivré, plus foncé sur la tête; supra-caudales doré-rouge très brillant. En dessous, menton, gorge et poitrine bleu-violet brillant, avec le menton plus ou moins varié de gris-fauve (base des plumes apparente); abdomen vert cuivré, un peu bleuâtre en avant, passant au gris-fauve au milieu et surtout à la base. Rectrices doré-jaune très brillant, parfois un peu verdâtre (couleur de laiton); sous-caudales roux clair, à disques gris bronzé fondu. — ♀ (ou jeune mâle). Plumes bleu-violet de la gorge et de la poitrine à base blanchâtre apparente, surtout au milieu; abdomen, surtout à la base, presque entièrement gris-fauve clair.

H. Eliciæ (B. et M.).

— Corps en dessus cuivré verdâtre, plus foncé et plus terne sur la tête; supra-caudales doré très brillant comme les rectrices. Corps en dessous bronzé vert grisâtre (chaque plume frangée de gris-fauve) avec le menton fauve-rougeâtre mat s'étendant plus ou moins sur la gorge (surtout ♂); la base de l'abdomen gris-fauve. Rectrices doré un peu rougeâtre très brillant; sous-caudales comme les rectrices, mais longuement frangées de fauve pâle ou de gris-blanc. Aile de 55 à 57 m/m. Bec de 18 à 24 m/m. (1).

H. chrysura (Shaw).

6° Genre. — EUCEPHALA

— ♂ Corps en dessus vert cuivré, passant sur le cou et la nuque au bleu verdâtre foncé; tête d'un bleu-violet brillant foncé. Corps en dessous vert doré très brillant, avec le menton et la gorge (au moins dans le haut) bleu-violet comme la tête; sous-caudales vertes, frangées de gris-blanc. Rectrices noir-bleu, les latérales souvent teintées de gris obscur à l'extrémité. Mandibule supérieure noire passant au brun-rouge à la base. — ♀ Corps en dessous blanc, avec les côtés de la gorge et de la poitrine mouchetés de vert cuivré brillant; sous-caudales blanches, à peine lavées de gris le long du stipe. Rectrices médianes vert cuivré foncé, passant

---

(1) La longueur du bec est variable; en général les oiseaux du nord-est : Bolivie, Chaco, Matto-Grosso, etc., ont le bec plus court (de 18 à 20 m/m) que ceux du Paraguay, du Rio-Grande-do-Sul, de la Plata et de Buenos-Aires; mais les formes de transition sont trop nombreuses pour maintenir la sous-espèce *H. c. Maxwelli* proposée par Hartert pour les premiers; cet auteur avait déjà remarqué que les spécimens du Matto-Grosso sont en général intermédiaires aux deux formes.

au noir à la marge ; les latérales en dessous noir-bleu passant au bronzé vert foncé à la base ; les externes et subexternes pointées de blanc grisâtre. Mandibule supérieure entièrement noire (1). . . . **E. Grayi** (D. et B.).

Sous-espèce. — (b) ♂ Dessus de la tête et menton d'un bleu brillant un peu plus clair et moins violet, en dessus souvent un peu moins prolongé sur la nuque, en dessous généralement plus étroit au menton ; mandibule supérieure rouge comme l'inférieure, passant graduellement au noirâtre à l'extrémité (2). — ♀ Gorge et poitrine mouchetées de vert brillant, plus densément sur les côtés ; flancs de l'abdomen vert cuivré ; rectrices médianes noires légèrement teintées de vert très foncé au milieu ; sous-caudales blanches à disques grisâtres mieux définis au moins pour les plus courtes ; mandibule supérieure noire, passant brièvement au brun-rouge à la base . . . . **E. Grayi meridionalis**, subsp. nova.

— ♂ Corps en dessus et tête comme *E. Grayi*. Corps en dessous vert brillant avec le menton et la gorge plus largement bleu-violet brillant, milieu et base de l'abdomen blancs ; sous-caudales blanc pur ; rectrices médianes en dessus vert cuivré foncé, un peu bleuâtre ; latérales en dessous vert bronzé olive ; mandibule supérieure rouge comme l'inférieure mais passant au noirâtre à l'extrémité. — ♀ Corps en dessous blanc ; menton et gorge unicolores, poitrine et flancs mouchetés de vert ; sous-caudales blanches ; rectrices externes et subexternes gris bronzé au côté externe jusqu'au stipe, vert cuivré brillant à l'interne, passant graduellement au noir vers l'extrémité, obliquement pointées de blanc grisâtre (3).

E. Humboldti (B. et M.).

7ᵉ Genre. — BASILINNA

— ♂ Corps en dessus vert cuivré passant au bronzé foncé sur le cou et la nuque (noir vus en avant) avec la tête bleu-violet brillant ; en dessous menton bleu-violet comme la tête, gorge et poitrine vert très brillant, bordées, de chaque côté, d'une bande noir mat sous-oculaire ; abdomen vert cuivré avec une ligne médiane blanche étroite et sinueuse, souvent effacée en avant, mais élargie à la base ; sous-caudales gris clair, longuement frangées de blanc, les plus courtes souvent à petits disques verts. Rectrices médianes bronzé vert olivâtre rarement plus doré ; les autres noires, le plus souvent brièvement teintées de bronzé vert à l'extrémité ; de chaque côté une ligne blanche postoculaire longue, le plus souvent divisée en deux taches dont la seconde plus ou moins coudée en haut. Bec de 15 1/2 à 17 m/m ; aile de 56 à 58 m/m. — ♀ Corps en dessus vert cuivré, plus terne et brunâtre sur la tête ; dessous gris blanc ; menton légèrement teinté de fauve et moucheté de très petites taches brunâtres ; gorge et partie de la poitrine plus densément mouchetées de vert brillant ; côtés

---

(1) Les caractères de la femelle donnés d'après un seul individu ne sont peut-être pas constants.

(2) Les jeunes mâles ont la mandibule supérieure presque noire, comme celle de la femelle, même quand ils ont déjà presque le plumage de l'adulte.

(3) Pour la femelle d'après le type, en très mauvais état.

de la poitrine et de l'abdomen largement vert cuivré ; rectrices médianes
vert cuivré ou doré ; submédianes vert cuivré à la base, ensuite noires et
finement lisérées de blanc à l'extrémité ; les autres noires pointées de
gris blanc. . . . . **B. melanotis** (Sw.).

Sous-espèce. — (b) ♂ Corps en dessus vert plus doré et plus brillant, principalement sur les supra-caudales et les rectrices médianes ; rectrices externes
nettement pointées de gris-blanc ; sous-caudales gris noirâtre plus étroitement frangées de blanc. Taille plus faible. Bec de 14 à 15 m/m ; aile 54 m/m.

B. melanotis pygmæa E. S. et Hellm.

— ♂ Corps en dessus vert cuivré brillant avec les supra-caudales plus ou
moins frangées de roux ; la tête, vue en avant, noir mat avec un étroit
bandeau frontal bleu-violet foncé ; en dessous menton et, de chaque côté,
une bande sous-oculaire noir mat ; gorge et poitrine vert doré très brillant ; abdomen fauve-roux vif ; sous-caudales fauve-roux un peu plus
clair, frangées de blanc. Rectrices roux foncé violacé, les latérales concolores ; les médianes et submédianes bordées de cuivré verdâtre brillant ;
de chaque côté une bande postoculaire blanche ou blanchâtre, plus large,
plus courte et indivise, plus arquée en bas. — ♀ (ou jeune ♂) corps en
dessus vert cuivré, plus terne et brunâtre sur la tête ; dessous et sous-
caudales fauve-roux plus clair avec la gorge seule ornée de plumes vert
brillant formant une plaque plus petite ; rectrices médianes vert cuivré
avec le stipe roux ; les submédianes roux foncé passant au vert cuivré
puis au noir et finement lisérées de roux ; les latérales rousses, bordées
de noir de chaque côté mais plus largement à l'interne, les bordures très
abrégées sur la rectrice externe. . . . . **B. Xantusi** (Lawr.).

19ᵉ Groupe. — **GOLDMANIA**

Caractères généraux du groupe des *Hylocharis* (principalement des *Chrysuronia* et des *Chlorestes*) et de celui des *Agyrtria* (principalement des *Saucerottea*), en différant, comme de tous les autres *Trochilidés*, par les sous-caudales
de deux sortes : les unes relativement courtes, vertes ou fauves, les autres
(3 ou 4 médianes) plus longues, plus rigides, étroitement pédiculées, ensuite
larges, mais atténuées, acuminées et courbes, d'un blanc soyeux. Mandibule
supérieure noire, l'inférieure jaune testacé ou rouge, sauf à la pointe. Sexes
dissemblables comme dans le groupe des *Hylocharis*. Les deux espèces de ce
groupe me sont inconnues en nature et j'en parle ici d'après les auteurs américains. L'une seulement (*Goldmania violiceps* Nels.) offre chez le mâle un caractère exceptionnel, qui ne se retrouve que dans le genre *Trochilus* (mais dans les
deux sexes) celui d'avoir la rémige externe (ou 10ᵉ) plus courte que la subexterne
(9ᵉ) et brusquement plus étroite à l'extrémité.

TABLEAU DES GENRES

Sous-caudales vertes avec les médianes spécialisées à peine plus longues que
les autres, blanches. Rémiges entièrement noirâtre violacé. — ♂ Rémige
externe plus courte que la subexterne, brusquement atténuée à l'extrémité (sec. E. W. Nelson) . . . . **Goldmania**.

Sous-caudales fauves ou fauve blanchâtre, avec les médianes spécialisées beaucoup plus longues que les autres, d'un blanc soyeux; rémiges secondaires
en grande partie rousses. — ♂ ♀ Rémiges primaires normales (sec.
E. W. Nelson) . . . . **Gaethalsia.**

1ᵉʳ Genre. — GOLDMANIA

— ♂ Corps en dessus vert cuivré, plus clair et plus brillant en arrière, avec la
tête, du bec à la nuque, et les lores bleu brillant. Corps en dessous vert
brillant; sous-caudales vertes, les 3 médianes spécialisées blanches. Ailes
noirâtre violacé. Rectrices brun-rouge, largement bordées, surtout à
l'extrémité, de bronzé-vert. Aile 52,5 m/m; bec 19 m/m. — ♀ Corps en
dessus entièrement vert cuivré foncé, un peu plus clair en arrière, dessous
blanc ou gris-blanc avec le menton et la gorge légèrement piquetés de
gris, les côtés maculés de vert cuivré. Rectrices médianes bronzé-vert
avec une étroite ligne médiane rougeâtre ne dépassant pas leur tiers
apical; les latérales brun-rouge foncé, très largement bordées de bronzé-
vert, surtout à l'extrémité, et marquées d'une petite tache blanche apicale.
Aile 47,5 m/m; bec 19 m/m. (sec. E. W. Nelson). **G. violiceps** Nelson.

2ᵉ Genre. — GÆTHALSIA

— ♂ (presque adulte). Corps en dessus vert bronzé brillant, plus foncé et plus
terne sur la tête, passant sur l'uropygium au bronzé doré, sur les plus
longues supra-caudales au cuivré bronzé foncé; lores et région malaire
roux foncé passant sur le menton au fauve rougeâtre. Corps en dessous
vert métallique brillant; sous-caudales fauves ou fauve blanchâtre, excepté
les 3 ou 4 médianes plus longues et spécialisées d'un blanc soyeux; côtés
de la nuque et du corps bronzé verdâtre, passant à la base des flancs au
fauve rougeâtre; ailes noirâtre violacé avec les rémiges secondaires
rousses, terminées de bronzé pourpré (comme celles des *Eupherusa*). Queue
rousse avec les rectrices médianes, sauf à la base, bronzé-vert, les latérales bordées de bronzé-vert. Aile long. 52 m/m; bec 17 m/m. — ♀ plus
petite que le mâle, corps en dessous fauve ochracé avec les côtés de la
poitrine seuls bordés de vert; parties bronzées de la queue moins foncées;
de chaque côté, les deux rectrices externes entièrement fauve-roux. (sec.
E. W. Nelson.) . . . . **G. bella** Nelson.

20ᵉ Groupe. — TROCHILUS

Bec plus long que la tête, légèrement courbé aigu; mandibule supérieure
non ou à peine serrulée, la base de son culmen emplumée jusque vers le
milieu des écailles nasales; celles-ci nues et visibles dans toute leur moitié
antérieure et à leur bord inférieur. Queue fourchue, mais rectrices externes
beaucoup plus courtes que les subexternes. Pieds assez forts, noirâtres au
moins en dessus; tarses emplumés au moins en dessus et sur la face externe.
Aile à rémige externe (10ᵉ) nettement plus courte que la subexterne (9ᵉ). —
Sexes très dissemblables : ♂ Corps en dessus vert cuivré, tête noir mat avec

les plumes angulaires de la nuque allongées de chaque côté en forme de corne. Corps en dessous entièrement vert brillant; sous-caudales et rectrices noir à peine bleuâtre; les médianes teintées, au moins à la base, de vert très foncé; rectrices graduellement et presque également plus longues des médianes aux latérales internes, assez larges, atténuées, obtuses; les subexternes très développées, aux moins deux fois plus longues que le corps entier, étroites, avec le bord interne légèrement sinueux; les externes beaucoup plus courtes, environ de même longueur que les latérales internes, mais plus étroites et plus longuement atténuées. — ♀ Bec plus courbé. Corps en dessus vert plus clair et plus doré, mais passant au grisâtre terne sur la tête; dessous blanc avec les côtés de la poitrine mouchetés de petites taches vertes espacées; les flancs de l'abdomen vert cuivré; les sous-caudales blanches, les plus courtes à petits disques verts ou grisâtres. Rectrices médianes vert cuivré ou bleuâtre; submédianes noires au côté interne, vert cuivré à l'externe au moins à la base et avec une petite tache verte apicale; les autres noires, longuement pointées de blanc pur; les externes presque dans leur moitié apicale; les subexternes dans leur tiers apical; queue plus courte que le corps; rectrices médianes, submédianes et latérales internes obtuses, submédianes un peu plus longues que les médianes, mais visiblement plus courtes que les latérales internes; les autres acuminées, les subexternes égales aux latérales internes ou à peine plus longues, les externes beaucoup plus courtes.

Genre. — **TROCHILUS**

— ♂ Bec spongieux, submembraneux, rouge corail (jaune desséché) rembruni seulement à la pointe, très large et déprimé à la base. Corps en dessous vert brillant; supra-caudales le plus souvent vert cuivré comme le dos, parfois teintées de bronzé-rougeâtre à la base. Aile de 56 1/2 à 59 1/2 m/m; bec de 20 à 21 m/m. — ♀ Bec plus courbé, sa mandibule supérieure noire passant au brun-rouge à la base; l'inférieure jaune (ou rouge) rembrunie à l'extrémité. Rectrices médianes vert plus ou moins foncé et bleuâtre, mais toujours un peu plus brillant à l'extrémité. Aile de 56 1/2 à 59 1/2 m/m; bec de 20 à 21 1/2 m/m . . . . **T. polytmus** L.

— ♂ Bec entièrement noir, solide, un peu plus étroit à la base. Corps en dessous d'un vert plus foncé moins doré. Taille un peu plus faible. Aile de 60 1/2 à 64 m/m; bec de 18,6 à 20 m/m. — ♀ Bec noir comme celui du mâle. Rectrices médianes vert foncé plus bleuâtre (1).

T. scitulus (Brews. et Bangs).

21ᵉ Groupe. — **AGYRTRIA**

Bec presque toujours plus long que la tête, droit ou un peu arqué, la pointe aiguë de sa mandibule supérieure infléchie sur l'inférieure; ses marges, près l'extrémité, le plus souvent très finement et peu distinctement serrulées (2);

---

(1) Je ne connais que le mâle; je donne les caractères de la femelle, d'après Bangs et Ridgway.

(2) O. Salvin classait tous les genres de ce groupe dans la section des *intermedii*; j'avoue n'avoir pas toujours vu les denticulations et je crois même qu'elles manquent réellement dans quelques genres.

base de son culmen emplumée jusqu'au milieu du niveau des écailles, ou, très souvent, un peu plus ; écailles nasales nues dans leur moitié ou leur tiers antérieur et assez largement à leur bord inférieur, jusqu'à la base (1). Queue assez courte, ronde ou presque carrée, dans ce cas ses rectrices externes le plus souvent un peu plus courtes et plus étroites que les subexternes ; sous-caudales molles et longues, les principales atténuées dépassant, ou atteignant au moins, le milieu des rectrices (2). Ailes et pieds normaux ; tarses partiellement emplumées au moins en dessus. Sexes semblables ou presque semblables (♂ semigynémorphe, ♀ semiandromorphe) (3).

TABLEAU DES GENRES

1. Queue arrondie ; rectrices médianes et submédianes égales ; les autres graduellement plus courtes des submédianes aux externes . . . . . . **2.**
— Queue carrée ou à peine échancrée, mais rectrices externes le plus souvent un peu plus courtes et un peu plus étroites que les subexternes . . . **7.**

2. Sous-caudales blanches, molles, très amples, dépassant de beaucoup en dessous le milieu des rectrices. Rectrices externes un peu plus courtes que les subexternes, à part cela presque semblables, un peu atténuées obtuses. Corps en dessous blanc, gris ou fauve . . . . **3.**
— Sous-caudales n'atteignant pas, ou au moins ne dépassant pas en dessous le milieu des rectrices (excepté *Leucochloris*) . . . . **4.**

3. Corps en dessous blanc pur, le plus souvent côtés de la gorge finement et peu densément pictés de vert ; côtés de la poitrine largement vert cuivré formant de chaque côté une grosse enclave (parties vertes plus étendues chez la femelle que chez le mâle). Sous-caudales blanc pur, les plus courtes offrant parfois les traces de petits disques obscurs. — Rectrices latérales le plus souvent en partie blanches au moins à la base ou dans leur moitié interne mais non pointées de blanc. — ♂ mandibule inférieure (au moins celle de l'adulte) jaune testacé sauf à la pointe noire. — ♀ mandibule inférieure noirâtre graduellement éclaircie et passant au testacé à la base . . . . **Leucippus.**
— Corps en dessous fauve rougeâtre ou blanchâtre. Sous-caudales blanc pur mais souvent lavées de fauve ou de gris à la base. Rectrices latérales nettement pointées de blanc. . . . . **Doleromyia.**

4. Rectrices médianes assez étroites, longuement atténuées ; les autres graduellement mais très légèrement plus courtes des submédianes aux externes, toutes à peu près semblables, assez étroites et obtuses, noires passant au vert bronzé obscur à la base. Corps en dessous blanc densément et grossièrement moucheté de vert cuivré (mais plus largement sur les côtés) ; abdomen presque entièrement blanc au milieu et surtout à la

---

(1) Caractère assez variable.

(2) Les sous-caudales sont parfois plus courtes, plus consistantes et colorées comme le dessous du corps, au moins chez les mâles, notamment dans les genres *Tephropsilus* et *Smaragdites*.

(3) Le genre *Damophila* dont on ne connaît pas sûrement les femelles, fait peut-être exception à cette règle.

base, de chaque côté (sous l'aile) une grosse touffe pleurale très blanche, et un point blanc postoculaire. Sous-caudales beaucoup plus courtes que les rectrices; noir verdâtre; étroitement mais nettement pointées de blanc. Bec très long, courbé, entièrement noir. Pieds forts (1).
    Tephropsilus.

— Rectrices médianes plus larges, moins atténuées (excepté *Polytmus*); de chaque côté touffe pleurale blanche, petite ou effacée. Bec un peu moins long courbé; mandibule supérieure noire, inférieure jaune au moins à la base. Pieds plus petits . . . . **5.**

5. Rectrices externes un peu plus courtes que les subexternes mais presque aussi larges, peu atténuées obtuses. — Corps en dessous vert cuivré soyeux; rectrices vert brillant, ♂ unicolores, ♀ les latérales pointées de blanc. — ♂ sous-caudales vertes comme l'abdomen, ♀ blanches et plus longues . . . . **Smaragdites.**

— Rectrices externes beaucoup plus courtes et plus étroites que les subexternes, atténuées subacuminées; rectrices médianes non ou à peine plus courtes que les submédianes . . . . **6.**

6. Rectrices médianes longuement atténuées; sous-caudales n'atteignant pas ou à peine le milieu des rectrices. — Corps en dessous vert doré clair soyeux; rectrices vert brillant, les latérales longuement pointées de blanc et bordées de blanc au côté externe . . . . **Polytmus.**

— Rectrices médianes larges, très brièvement atténuées; sous-caudales blanches, dépassant le milieu des rectrices. Corps en dessous vert foncé avec la poitrine blanche ou variée de blanc; le milieu de l'abdomen blanc; rectrices latérales noires, longuement pointées de blanc.
    Leucochloris.

7. Rectrices externes nettement plus étroites que les subexternes. En dessus uropygium et supra-caudales vert cuivré comme le dos. Mandibule supérieure noire et dure; inférieure jaune paille, rembrunie à l'extrémité . . . . **8.**

— Rectrices externes et subexternes presque semblables . . . . . **10.**

8. Rectrices vert cuivré ou bronzé clair (excepté *Ag. leucogaster*); les externes marquées d'une barre subterminale ombrée ou noirâtre. Corps en dessous en grande partie blanc; sous-caudales blanches avec ou sans disque coloré. Sexes semblables ou presque semblables . . . . . **Agyrtria.**

— Rectrices latérales noir-bleu, le plus souvent teintées de bronzé à la base externe. Sexes plus ou moins dissemblables . . . . **9.**

9. Queue (fermée) à peu près carrée; ses rectrices médianes presque aussi longues que les autres; celles-ci égales entre elles. Sexes peu dissemblables, femelles (2) semi-andromorphes; mâles en dessous avec la poitrine bleu brillant, l'abdomen gris foncé passant au vert cuivré sur les flancs, sans parties blanches; sous-caudales gris foncé (rarement blanches, *D. Rosenbergi*) . . . . **Damophila.**

---

(1) Plusieurs de ces caractères indiquent une certaine analogie avec la femelle du *Florisuga mellivora* L.

(2) Imparfaitement connues.

— Queue (fermée) un peu fourchue ; rectrices médianes nettement plus
courtes que les submédianes, celles-ci un peu plus courtes que les autres,
qui sont égales entre elles. Sexes nettement dissemblables : mâle en
dessous, avec le menton, la gorge et la poitrine vert brillant, un peu
mêlé de blanc au milieu (base blanche des plumes un peu apparente) ;
abdomen au milieu largement blanc. — ♀. Corps en dessous blanc varié
de vert cuivré sur les côtés. — ♂ ♀ Sous-caudales blanches. **Arenella.**

10. Bec long et un peu arqué, entièrement noir (les deux mandibules) ; de
chaque côté un point blanc postoculaire. Uropygium et supra-caudales
vert cuivré comme le dos. Corps en dessous blanc grisâtre avec le menton, la gorge et le haut de la poitrine mouchetés de petites taches vert
cuivré. Sexes semblables ; mâle gynémorphe . . . . **Talaphorus.**

— Mandibule supérieure jaune ou rouge au moins à la base. Pas de point
blanc postoculaire (1). Sexes semblables ; femelle andromorphe (2). . **11.**

11. Bec court, environ de la longueur de la tête ou à peine plus, droit ou
presque droit, à mandibule supérieure noire et dure ; uropygium plus ou
moins cuivré ; supra-caudales de la teinte des rectrices. . **Saucerottea.**

— Bec nettement plus long que la tête, fort, généralement plus dilaté à la
base (3) . . . . **12.**

12. Uropygium et supra-caudales vert cuivré ou bronzé comme le dos. Pas de
point blanc postoculaire. — Bec (au moins ♂) rouge spongieux et semi-
transparent (4). Rectrices externes à peine plus courtes et à peine plus
étroites que les subexternes. Corps en dessous vert ou bleu brillant avec
le milieu et la base de l'abdomen blancs . . . . **Chionomesa.**

— Uropygium comme le dos ; supra-caudales très différentes de la teinte des
rectrices. . . . . **13.**

13. Rectrices externes à peine plus courtes que les subexternes, un peu plus
étroites et longuement atténuées obtuses. Corps en dessus vert cuivré,
plus terne sur la tête. Corps en dessous plus ou moins roux, entièrement
ou seulement dans la région abdominale (5). Rectrices rousses au moins
en grande partie (6) ; sous-caudales rousses unicolores ou frangées de
blanc. Bec rouge corail transparent (7) . . . . **Amazilis.**

— Rectrices externes aussi longues et aussi larges que les subexternes (8).
Corps en dessus gris bronzé ou vert cuivré, avec la tête bleu brillant

---

(1) Excepté *Hypochionis.*

(2) Pour quelques *Amazilis* unicolores en dessous (*A. rutila*, *A. Graysoni*, etc.). On
peut aussi bien dire que le mâle est gynémorphe.

(3) Ce qui n'est exact que pour les espèces dont la mandibule supérieure est rouge et
spongieuse.

(4) Je ne puis affirmer que ce caractère soit commun à toutes les espèces, car je n'en ai
vu qu'une seule en vie (*Ch. fimbriata terpna*) ; dans tous les cas, par suite de la dessication
la mandibule supérieure passe au noir teinté de brun-rouge à la base, l'inférieure au
jaune paille, sauf à l'extrémité rembrunie.

(5) Celle-ci parfois gris obscur (*A. Riefferi*).

(6) Rarement bronzé olive (*A. Dumerili*).

(7) Pendant la vie ; passant par dessication au jaunâtre testacé, parfois la mandibule
supérieure au brun foncé.

(8) Ce qui n'est pas absolu, les rectrices ne diffèrent parfois pas de celles des *Amazilis.*

(surtout chez les mâles) rarement vert foncé ou noir mat. Corps en dessous
blanc pur, entièrement ou seulement au milieu, sans parties rousses;
supra-caudales comme les rectrices; celles-ci bronzé olive ou cuivré
rouge unicolores, seulement un peu plus pâle en dessous. . . . . . 14.

14. Bec rouge corail subtransparent. Corps en dessous entièrement blanc
pur (1); sous-caudales blanches, très prolongées, dépassant en dessous le
milieu des rectrices comme celles des *Leucippus*; pas de point blanc postoculaire . . . . **Uranomitra.**
— Mandibule supérieure noire et dure; mandibule inférieure jaune pâle rembrunie à l'extrémité. Corps en dessous blanc avec les flancs largement
vert cuivré; sous-caudales normales, bronzées, frangées de blanc; un
point blanc postoculaire. . . . . **Hypochlonis.**

1ᵉʳ Genre. — LEUCOCHLORIS

— Corps en dessus vert cuivré, plus terne sur la tête; en dessous vert cuivré
avec les plumes vertes du menton petites et frangées de blanc; gorge et
haut de la poitrine blanc pur (dessinant une grosse tache coupée droit en
arrière); base de l'abdomen largement blanche au milieu; sous-caudales
blanc pur, les plus courtes seules à petits disques basilaires verts ou
noirâtres. Rectrices médianes et parfois supra-caudales d'un vert moins
cuivré et plus foncé que celui du dos, parfois un peu bleuâtre; submé-
dianes entièrement noir-bleu et pointées de blanc; les latérales internes brièvement, les subexternes plus longuement;
les externes (beaucoup plus courtes et plus étroites que les autres)
blanches dans leur moitié apicale (parfois un peu plus, parfois un peu
moins). **L. albicollis (Vieill.).**
— Corps en dessus vert cuivré foncé avec la tête couverte de plumes squamiformes d'un vert doré brillant; dessous vert avec la poitrine blanche mais
mouchetée de grosses plumes squamiformes d'un vert clair très brillant
(rappelant celui de *Engyete Alinæ*); milieu de l'abdomen et sous-caudales
blancs. Rectrices médianes vert bronzé, les autres noires, les subexternes
et externes seules pointées de blanc, les externes un peu plus étroites et
un peu plus courtes que les autres (néanmoins plus larges que celles de
L. albicollis) (2). . . . . **L. Malvina (Reichenb.).**

2ᵉ Genre. — POLYTMUS

— ♂ Corps en dessus doré verdâtre, plus terne sur la tête, plus brillant et plus
rouge sur l'uropygium, les supra-caudales et les scapulaires; dessous vert
doré jaunâtre clair et soyeux, plumes du menton à base blanche souvent
apparente; sous-caudales vert doré plus ou moins frangées de blanc.
Rectrices médianes vert bronzé parfois un peu bleuâtre (3) étroitement

---

(1) Parfois les flancs grisâtres ou vert cuivré, mais cette partie colorée toujours cachée
par les ailes au repos.

(2) D'après le type unique conservé au Musée de Vienne.

(3) Les oiseaux de Trinidad et du Vénézuéla ont en général les rectrices médianes d'un vert
plus brillant et plus doré que ceux de Cayenne. Chez ceux-ci le vert tire souvent sur le bleu
surtout à l'extrémité.

blanches à la base externe le long du stipe; les externes blanches au côté
externe, vert cuivré ou bleuâtre brillant à l'interne environ dans leurs
deux tiers basilaires, blanches dans l'apical; les autres rectrices plus
brièvement pointées de blanc et plus ou moins tachées de vert dans leur
moitié blanche externe; leurs stipes blancs légèrement teintés de gris vers
la base. — ♀ Corps en dessous à plumes vertes frangées de blanc; menton,
milieu et base de l'abdomen presque entièrement blancs; sous-caudales
blanches; partie verte des rectrices plus bleuâtre; les médianes souvent
noirâtres teintées de bleu au côté interne — *jeunes* dessous du corps plus
ou moins fauve. — Bec de 20 à 22 m/m. Aile de 54 à 66 m/m.

P. thaumantias (L.).

Races locales ou sous-espèces. — (b) ♂ Rectrices externes à partie verte interne
plus réduite, n'atteignant pas, ou au moins ne dépassant pas le milieu (1).

P. thaumantias andinus E. S.

— (c) ♂ Corps en dessus et scapulaires vert cuivré plus terne sans reflets rouges;
rectrices externes vertes au côté interne presque jusqu'à l'extrémité,
partie verte débordant un peu sur l'externe le long du stipe, celui-ci
noirâtre; taille plus forte : bec de 22 1/2 à 24 m/m; aile de 58 à 60 m/m (2).

P. thaumantias chloroleucurus (Cab. et Heine).

3ᵉ Genre. — SMARAGDITES

— ♂ Corps en dessus vert cuivré, plus terne sur la tête; dessous vert doré
jaunâtre soyeux; sous-caudales vertes comme l'abdomen. Rectrices en
dessous vert franc très brillant, en dessus vert plus cuivré ou olive, un
peu plus foncé. — ♀ Corps en dessous vert cuivré soyeux plus ou moins
mêlé de blanc en avant (plumes du menton et souvent de la gorge à base
blanche apparente); abdomen passant au blanc à la base; sous-caudales
blanches à disques verts très petits. Rectrices externes, subexternes et
latérales internes brièvement pointées de blanc pur; submédianes très
finement lisérées de blanc au bord apical. — ♂ ♀ Aile de 58 à 59 m/m.
Bec de 18 1/2 à 19 m/m (3).   **S. Theresiæ** (da Silva).

Sous-espèce. — (b) ♂ ♀ Sous-caudales entièrement blanches.

S. Theresiæ leucorrhous (Scl. et Salv.).

4ᵉ Genre. — DOLEROMYIA

— Corps en dessus et scapulaires vert cuivré grisâtre (chaque plume frangée de
gris), un peu bleuâtre (à peine) sur le milieu du dos, avec la tête plus
sombre et plus mate. Corps en dessous fauve rougeâtre isabelle, plus ou
moins rosé, passant au gris-cendré fondu sur les côtés de la gorge et du cou
(jusqu'aux épaules), le plus souvent au blanc sur le milieu et à la base de,

---

(1) Sans doute l'oiseau dont parle Gould (Intr. p. 126) « I have a small specimen
collected by M. Warszewicz on the River Magdalena, which may prove to be distinct; but
until i have further evidence that such is the case. I decline to characterize it, indepen-
dantly of its smaller size, it has much more white on the tail than any other i have seen. »

(2) La femelle ne diffère du type que par la taille plus forte.

(3) Un mâle de Aunaï, Guyane anglaise (par H. Whitely, mai 1892) est exceptionnellement
petit (aile 52 m/m, bec 16 m/m.).

l'abdomen. Rectrices médianes et submédianes en dessus vert cuivré
clair; les submédianes très étroitement frangées de blanc à l'extrémité;
les autres gris-bronzé verdâtre dans leur moitié basale, marquées ensuite
d'une zone assez étroite noirâtre, passant au vert cuivré vers la base,
enfin très longuement pointées de blanc surtout les externes, plus que dans
leur tiers apical et avec le stipe blanc (mais avec la moitié externe, parfois
légèrement lavé de gris clair); sous-caudales blanches, parfois un peu
lavées de fauve à la base, le long du stipe. Mandibule inférieure jaune
paille sauf à la pointe. Bec de 22 à 23 m/m. . . .   **D. fallax** (Bourc.).

Sous-espèce douteuse. — (b) Rectrices latérales plus brièvement pointées de
blanc. . . . .   **D. fallax cervina** (Gould).

NOTA. — Le *Doleromyia* de l'île Margarita, décrit par C. W. Richemond,
sous le nom de *D. pallida* (changé en *Doleromyia Richmondi* par Cory en
1915 à cause du double emploi de *pallidus* dans le genre *Leucippus*) ne diffère
absolument pas de celui de la côte N.-E. du Vénézuéla, dont l'île Margarita
n'est au reste distante que de quelque milles. J'ai pu comparer un cotype
envoyé par l'auteur au Musée W. Rothschild à Tring à une nombreuse
série du golfe de Cariaco (plus de 25 individus par F. André); la teinte fauve
du dessous du corps est légèrement variable et paraît un peu plus intense,
pour les deux sexes, à l'époque de la reproduction; la longueur et la coloration du bec sont les mêmes si l'on compare des individus adultes, car les jeunes
ont le bec relativement plus court avec la mandibule inférieure rosée et un
peu transparente au lieu de jaune paille et opaque. Mais ces oiseaux diffèrent
peut-être un peu de ceux du Vénézuéla N.-O. et de la côte nord de la Colombie;
aussi j'admets, au moins provisoirement, une sous-espèce occidentale *D. fallax
cervina* J. Gould; d'après Salvin ces oiseaux ont les pointes blanches des
rectrices externes relativement un peu moins longues (1) comme Gould les
décrit pour son *D. cervina* (2) mais ce caractère est parfois peu appréciable.

— Corps en dessus et scapulaires vert cuivré avec la tête gris noirâtre mat.
  Corps en dessous gris jaunâtre, passant au blanc à la base de l'abdomen.
  Rectrices médianes en dessus vert cuivré parfois bleuâtre passant graduellement au bronzé rougeâtre à l'extrémité; les submédianes passant au
  noirâtre et très finement liserées de blanc; les autres, en dessous, gris
  blanchâtre dans leur moitié basale (ou un peu plus) ensuite noirâtres et
  assez brièvement pointées de blanc (les externes un peu plus longuement, au moins au côté externe, que les subexternes et surtout que les
  latérales-internes). Sous-caudales blanc pur. Bec entièrement noir, de
  21 à 22 m/m . . . .   **D. Baeri** (E. S.).

----

(1) « The Colombian birds have a little less white on the lateral rectrices, and in this
respect agree with the type of *D. cervina* Gould; the difference is hardly material (Cat.
p. 177). »

(2) Le type est de provenance inconnue; il fait partie des collections du Musée britannique (D. du catalogue Salvin); la réduction de la pointe blanche des rectrices latérales est
moins exagérée que ne le dit Gould et la teinte brunâtre de la mandibule supérieure paraît
accidentelle (Introd. p. 56, n° 65).

5ᵉ Genre. — **LEUCIPPUS**

— (♀) (1) Rectrices latérales en dessus gris noirâtre un peu teinté de bronzé vert, sans aucune partie blanche à la base mais passant au gris blanchâtre fondu à l'extrémité. Côtés de la gorge et surtout de la poitrine largement mouchetés de vert cuivré ne laissant, au niveau de la poitrine, qu'un espace médian blanc assez étroit. Bec de 20 1/2 m/m.

L. viridicauda Berl.

— Rectrices latérales en dessous, au côté externe jusqu'au stipe, gris noirâtre teinté de vert bronzé mais passant souvent au blanchâtre fondu à la base ; au côté interne blanches dans leur portion basale (plus ou moins longue) (2) gris noirâtre fondu dans l'apicale (3). Côtés de la gorge finement et peu densément pictés de vert, côtés de la poitrine (surtout ♀) largement vert cuivré, laissant néanmoins un large espace médian. Bec de 20 à 22 1/2 m/m . . . . **L. chionogaster** (Tschudi).

Forme locale ou sous-espèce.— (b). ♂ (4) Corps en dessous presque entièrement blanc pur ; parties latérales vertes beaucoup plus restreintes. Taille un peu plus forte ; bec de 23 à 25 m/m (5).

L. chionogaster hypoleucus (Gould).

6ᵉ Genre. — **TEPHROPSILUS**

— Supra-caudales vert cuivré comme le dos. Rectrices médianes bronzé vert très foncé passant longuement au noir à l'extrémité ; rectrices externes et subexternes noires passant au bronzé verdâtre obscur à la base, avec un très fin liseré blanc apical, souvent à peine visible. Bec 22 m/m.

T. hypostictus (Gould).

— *Forme locale ou sous-espèce.* — (b). Supra-caudales et scapulaires d'un vert plus franc (moins cuivré) que celui du dos. Rectrices médianes noir-bleu d'acier parfois légèrement verdâtre à la base ; rectrices externes et subexternes noir violacé, passant graduellement au vert bleuâtre foncé à la base. Bec un peu plus long, de 24 à 25 m/m.

T. hypostictus peruvianus, subsp. nova.

7ᵉ Genre. — **TALAPHORUS**

— Rectrices médianes en dessus vert bronzé foncé ou vert cuivré, passant parfois au cuivré rougeâtre fondu à l'extrémité ; rectrices latérales en dessous gris bronzé pâle concolores ou, le plus souvent, teintées de bronzé vert au côté interne, surtout dans la moitié apicale ; plumes uropygiales et supra-caudales étroitement frangées de blanc ou de blanc

---

(1) Cette espèce ne m'est connue que par une seule femelle, provenant des chasses de O. Garlepp à Marcapata, prov. de Cuzco, au Pérou.

(2) Rarement entièrement blanches dans leur moitié interne.

(3) Tantôt dans leur quart ou leur tiers apical, tantôt dans toute leur moitié apicale ; ces variations sont individuelles.

(4) Tous les spécimens qui me sont connus sont des mâles ; une femelle de même provenance (Sierra de Sᵗᵃ Cruz, en Bolivie), diffère à peine du *L. chionogaster* typique.

(5) Je n'ai jamais observé la longueur 27 m/m indiquée pour un mâle de la province de Salta (en Argentine) par W. Schlüter.

grisâtre ; sous-caudales blanches teintées de gris fauve très pâle le long du stipe ; bord externe de l'aile légèrement lavé de fauve ; celui de la rémige externe très blanc. Taille grande ; aile de 67 à 70 m/m ; bec de 24 à 26 m/m.

T. Taczanowskii (Scl.).

Sous-espèce (invisa). — (b) « Similar to true *T. Taczanowskii* Scl., but upper parts darker and purer green, less mixted with grayish and less coppery ; bill much shorter. » Aile de 68 à 70 m/m. Bec de 21,5 à 22 m/m.

T. Taczanowskii fractus Bangs.

— Rectrices médianes en dessus vert bleuâtre ; latérales en dessous gris bronzé pâle, teintées de vert bleuâtre surtout au côté interne sauf à l'extrémité ; plumes uropygiales et supra-caudales frangées de roux ; sous-caudales blanches, avec de petits disques basilaires grisâtres étroits ; bord externe de l'aile roux, celui de la rémige externe blanc. Taille plus petite ; aile de 57 à 58 m/m ; bec de 18 à 19 m/m   **T. chlorocercus** (Gould).

8ᵉ Genre. — CHIONOMESA

TABLEAU DES ESPÈCES

1. Menton, gorge et poitrine d'un beau bleu brillant   **2**
— Menton, gorge et poitrine vert brillant.   **3**

2 (♂ ♀) Sous-caudales blanc pur. Rectrices médianes en dessus noires souvent teintées de bronzé vert obscur, surtout à la base ; latérales en dessous noir-bleu passant (peu distinctement) au grisâtre fondu au bord apical. Corps en dessus vert cuivré, plus foncé mais parfois un peu rougeâtre sur la tête, passant au vert bleuâtre plus clair sur le cou et les épaules, au bronzé olive ou rougeâtre sur les supra-caudales ; en dessous menton, gorge et poitrine bleu-violet ; abdomen vert-bleu foncé avec une bande médiane blanche dilatée à la base. Bec de 17 à 19 m/m.

C. lactea (Less.).

— Sous-caudales noir-bleu ou gris noirâtre, longuement (surtout ♀) frangées de blanc. Corps en dessus vert cuivré, légèrement rougeâtre sur la nuque, passant au bronzé olive parfois un peu rougeâtre sur les supra-caudales ; en dessous menton, gorge et poitrine bleu-violet, avec les plumes étroitement frangées de blanc ; abdomen vert foncé bleuâtre avec une bande médiane blanche dilatée à la base. Bec plus long, de 22 à 23 m/m. — ♂ Rectrices latérales en dessous noir-bleu très finement (à peine distinctement) frangés de gris au bord apical ; rectrices médianes en dessus vert cuivré très foncé, passant au noir fondu à l'extrémité et sur les côtés. — ♀ Rectrices latérales en dessous noir-bleu, les externes et subexternes marquées d'une tache apicale gris-blanc très nette ; rectrices médianes en dessus d'un vert cuivré plus clair, passant au noir dans leur quart apical ; sous-caudales plus longuement frangées de blanc ; en dessous, gorge et poitrine d'un bleu brillant plus clair ; flancs de l'abdomen vert cuivré moins bleuâtre   **C. Bartletti** (Gould).

3. Sous-caudales bronzé foncé ou noirâtres, plus ou moins frangées de blanc. Menton, gorge et poitrine vert brillant à reflets bleus. Rectrices médianes bronzé vert ou cuivré foncé passant plus ou moins au noir à l'extrémité ; les autres noir-bleu jusqu'à la base   **4.**

— Sous-caudales blanches, entièrement ou en grande partie. Menton, gorge et poitrine vert brillant doré, sans reflets bleus. Rectrices latérales passant, le plus souvent, au bronzé vert à la base et à l'extrémité . . 5.

4. Rectrices latérales noir-bleu, entièrement ou passant étroitement au gris fondu au bord apical. Corps en dessus vert cuivré, plus rougeâtre sur la nuque et les supra-caudales; rectrices médianes presque entièrement bronzé rougeâtre ou bleuâtre. Taille forte; aile de 58 à 60 m/m; bec de 22 à 24 m/m . . . . C. fluviatilis (Gould).

Race locale. — (b) Dessus du corps généralement d'un vert plus franc. Rectrices médianes bronzées à la base plus longuement noires à l'extrémité. Taille plus faible; aile de 54 à 55 m/m; bec de 19 à 21 m/m.
C. fluviatilis læta (Hart.).

— Rectrices externes noires avec une tache apicale blanc pur très nette; sous-caudales brun foncé plus largement bordées de blanc. Aile de 50 à 53 1/2 m/m. Bec de 22 1/2 à 23 m/m . . . . C. apicalis (Gould).

5. Sous-caudales blanches, à disques petits grisâtres. Rectrices médianes entièrement bronzé olive ou bronzé plus rougeâtre; rectrices latérales passant à l'extrémité au bronzé gris fondu et souvent liserées de blanchâtre à leur bord apical; leur bord externe vert cuivré dans leur moitié ou leur tiers basal. Bec de 18 1/2 à 19 1/2 m/m pour les oiseaux de Cayenne; de 19 1/2 à 20,6 m/m pour ceux de Surinam; de 17 à 18 1/2 pour ceux de Trinidad et du Vénézuéla N.-E. (1) . . . . C. fimbriata (Gm.).

Races locales ou sous-espèces. — (b) Rectrices médianes vertes ou vert bronzé, généralement moins rougeâtre (quatre spécimens de Aunaï, du voy. H. Whitely, très semblables entre eux), passant rarement au noir à l'extrémité (un seul mâle du Roraima, plus gros que les autres), rectrices externes brièvement bronzé vert à la base externe, terminées par une tache vert cuivré brillant très visible et coupée net; sous-caudales blanches à disques gris clair, très petits et linéaires souvent effacés. Bec de 17 1/2 à 19 m/m . . . . C. fimbriata nitidicauda (Ell.).

— (c) Sous-caudales du type. Rectrices latérales en dessous noires jusqu'à la base (au moins chez les adultes) très brièvement teintées de gris ou de bronzé fondu à l'extrémité. Rectrices médianes tantôt bronzé rougeâtre foncé, passant au noir à l'extrémité (oiseaux du Vénézuéla: Silla de Caracas, S. Esteban, Bolivar, S. Fernando de Apure), tantôt bronzé olive ou vert (la plupart des oiseaux de Bogota). Bec généralement plus long, de 19,8 à 22 m/m . . . . C. fimbriata terpna (Heine).

— (d) Sous-caudales entièrement blanches. Abdomen plus largement blanc, surtout à la base. Rectrices médianes vert bronzé, parfois un peu bleuâtre, passant au noir fondu à l'extrémité; rectrices latérales d'un noir plus pâle, passant au gris. Taille plus forte; aile de 58 à 60 m/m.; bec de 20 à 22 m/m . . . . C. fimbriata tephrocephala (Vieill.)

---

(1) *Thaumatias maculicauda* Gould est une variété individuelle ou peut-être d'âge; ses rectrices médianes sont vert bleuâtre; les autres en dessus vert cuivré; les externes en dessous vert cuivré passant au gris-blanc fondu à l'extrémité; le type est un jeune de la Guyane anglaise (par Schomburgk); j'en ai trouvé un semblable, mais paraissant plus adulte, parmi des *fimbriata* typiques de Trinidad.

— (e) Sous-caudales entièrement blanches. Gorge et poitrine d'un vert brillant plus foncé ; abdomen vert sombre, coupé d'une bande blanche assez étroite mais dilatée à la base. Rectrices latérales noir-bleu jusqu'à la base, très finement lisérées de gris-blanc à l'extrémité, parfois plus longuement pointées de gris bronzé obscur fondu. — ♂ (adulte). Rectrices médianes noires, passant au bronzé foncé à la base et sur les côtés. ♀ et jeune. Rectrices médianes entièrement bronzé plus ou moins foncé, tantôt cuivré, tantôt olivâtre, rarement bronzé clair bleuâtre. Taille faible : aile de 50 à 56 m/m ; bec de 16 1/2 à 17 1/2 m/m (très rarement 18 et même 18 1/2 m/m) . . . . **C. fimbriata nigricauda** (Ell.).

9º Genre. — AMAZILIS

TABLEAU DES ESPÈCES

1. Corps en dessous entièrement fauve-roux, généralement un peu plus clair sur le menton ; sous-caudales rousses comme l'abdomen ; supra-caudales frangées de roux, les plus longues souvent rousses. Rectrices d'un roux plus foncé ; les médianes bordées à l'extrémité, les latérales à l'extrémité et au bord externe, de bronzé plus ou moins foncé ; leur stipe roux ; ailes entièrement noirâtre violacé. **2**

— Gorge et poitrine, au moins en partie, vert doré. Corps en dessus vert cuivré avec la tête plus terne **3**

2. Corps en dessus bronzé rougeâtre, plus terne et plus foncé sur la tête, passant en arrière au bronzé verdâtre ; rectrices médianes assez étroitement et obliquement bordées de bronzé obscur à l'extrémité. Taille grande : aile de 70 à 71 m/m ; bec de 26 à 27 m/m. **A. Graysoni** (Lawr.).

— Corps en dessus vert cuivré un peu plus terne sur la tête ; rectrices médianes assez longuement et nettement pointées de bronzé doré brillant. Taille plus faible : aile de 58 à 60 m/m ; bec de 21 à 24 m/m.

                                                 A. rutila. (Del.).

NOTA. — M. R. Ridgway a décrit récemment, sous le nom d'*Amazilis Bangsi*, une espèce dont la validité me surprendrait beaucoup. « Similar to *A. rutila*, but whole side of neck, including lateral portions of lower throat, metallic greenish bronze or bronze green instead of cinnamon-rufous. » — Contrairement à ce que dit l'auteur, *A. rutila* a toujours quelques plumes à disques vert cuivré sur les côtés du cou. Le type de *A. Bangsi* (collection Bangs, nº 16682) est marqué « Volcan de Meravelles. C. F. Underwood, 7 sept. 1895 ». — Je possède aussi deux *A. rutila* normaux de la même localité et du même chasseur, marqués de sa main, l'un 15 août 1895, l'autre 17 août 1895. Impossible également de limiter la sous-espèce *A. rutila saturata* E. W. Nelson, qui repose uniquement sur l'intensité de la teinte rousse du dessous du corps, caractère très variable ; d'après R. Ridgway, *Troch. corallirostris* Bourc. et Muls. correspondrait à cette forme *saturata*.

3. Ailes noirâtres avec la base des grandes couvertures et des rémiges primaires plus ou moins rousse. Corps en dessus bronzé vert rougeâtre avec la tête plus foncée et plus terne ; partie inférieure du dos et supra-caudales grisâtres à reflets bronzés ; en dessous menton, gorge et poitrine vert

doré brillant; abdomen et sous-caudales fauve-roux vif. Rectrices fauve-roux plus foncé; les latérales assez étroitement bordées de bronzé doré de chaque côté, les médianes en dessus largement bronzé doré à l'extrémité et sur les bords. Bec 18 à 18 1/2 m/m (1). **A. castaneiventris** Gould.

— Ailes entièrement noirâtres sauf au bord externe (2). Corps en dessus vert cuivré brillant avec la tête plus foncée et plus terne . . . . **4.**

4. Lores roux (3) ou teintés de roux. Menton, gorge et poitrine vert brillant (plumes vertes à base blanchâtre, grise ou fauve non apparente), sans aucune partie blanche . . . . **5.**

— Lores verts ou blancs comme le menton. Menton, gorge et poitrine vert très brillant (plumes vertes à base blanche plus ou moins apparente), milieu de la poitrine largement blanc. . . . . **6.**

5. Abdomen gris plus ou moins obscur au milieu et à la base, vert cuivré sur les flancs. Rectrices roux foncé; les médianes bordées de bronzé doré à l'extrémité; les externes au côté externe presque jusqu'à la base et à l'interne dans leur moitié ou leur tiers apical seulement; les plus longues supra-caudales rousses comme les rectrices ou d'un roux plus clair; les plus courtes parfois à petits disques verts. — ♂ Bec de 18 à 19 m/m; mandibule supérieure jaune ou rouge à la base, graduellement et plus ou moins longuement rembrunie vers l'extrémité. — ♀ Bec de 19 à 21 1/2 m/m; mandibule supérieure plus foncée, parfois entièrement noire.

A. Tzacatl (La Llave).

Sous-espèce. — (b) Bec plus fort et plus long, de 21 à 23 m/m, plus robuste, large et déprimé à la base; mandibule supérieure jaune (ou rouge). — ♂ obscurcie seulement à la pointe ou, ♀, dans sa moitié apicale; abdomen généralement d'un gris plus clair . . . . **A. Tzacatl jucunda** (Heine) (4).

— Abdomen et sous-caudales entièrement du même roux foncé; les supra-caudales vert cuivré comme le dos, mais, au moins les plus longues, frangées de roux; menton, gorge et poitrine vert brillant, avec les plumes à base rousse, surtout au voisinage de l'abdomen; cette partie verte nettement tranchée en arrière, non prolongée sur les flancs (au moins ♂). Rectrices d'un roux plus foncé, à stipes roux; les médianes en dessus (♂) bordées de cuivré dans leur quart apical et finement sur les côtés jusqu'au

---

(1) D'après trois spécimens du Musée britannique, préparés à la manière des oiseaux de Bogota, leur mandibule supérieure paraît noire ou à peine teintée de brunâtre à la base, ce qui arrive pour les *A. Tzacatl* de même provenance; mais il est impossible de savoir ce que peut être la coloration du bec pendant la vie. *A. castaneiventris* a de très grands rapports avec certains *Saucerottea* tels que *S. Ocai, Dévillei, beryllina* qui ont aussi les ailes en partie rousses, et sa classification reste un peu douteuse.

(2) Dans toutes les espèces du genre, le bord externe de l'aile est roux ou mêlé de roux et de blanc, et le bord externe de la rémige externe est finement blanc.

(3) Ce caractère très net dans l'*A. Tzacatl* et dans la forme type de l'*A. yucatanensis* s'atténue beaucoup dans les deux formes secondaires de ce dernier.

(4) Quelques auteurs, notamment E. Hartert (in Tierr., Tr., p. 58) distinguent encore deux races : *A. Tzacatl* (*typica*) pour les oiseaux de Colombie et de Panama et *A. T. Dubusi* (Bourc. et Muls.) pour ceux de l'Amérique centrale, mais je ne trouve aucun caractère constant; les oiseaux du Mexique et du Guatémala sont généralement un peu plus gros, ce qui n'a rien d'absolu.

milieu; les externes en dessous, brièvement bordées de bronzé à leur
extrémité externe. — ♂ Bec de 19 à 20 m/m, rouge passant au noirâtre
seulement à l'extrémité (1) . . . . **A. yucatanensis** (Cabot).

Sous-espèces. — (b) Menton, gorge et poitrine vert doré avec la base des plumes
blanchâtre sur le menton et la gorge, légèrement teintée de fauve sur la
poitrine; partie verte brièvement prolongée de chaque côté sur les flancs
par quelques plumes vertes isolées, frangées de roux; abdomen d'un fauve-
rouge plus clair et plus vif tirant un peu sur l'orangé; sous-caudales d'un
roux plus foncé. — ♂ Rectrices médianes en dessus rousses bordées de
cuivré environ dans leur quart apical et finement sur les côtés jusqu'au
milieu, à stipe roux passant au noir à l'extrémité. — ♀ Rectrices médianes
en dessus cuivré verdâtre très finement lisérées de noirâtre, passant
plus ou moins au roux à la base, surtout au milieu le long du stipe;
celui-ci noirâtre. — ♂♀ Bec de 19 à 20 1/2 m/m; mandibule supérieure
roux foncé graduellement rembrunie et passant au noir à l'extrémité.
A. yucatanensis cerviniventris (Gould).

— (c) Menton, gorge et poitrine vert doré avec la base des plumes blanchâtre
à peine teinté de fauve au voisinage de l'abdomen; partie verte plus
dégradée en arrière, plus ou moins prolongée sur les flancs (surtout ♀);
abdomen fauve isabelle pâle parfois un peu grisâtre; sous-caudales fauve-
roux clair. — ♀ Rectrices médianes entièrement vert cuivré, passant
parfois au bronzé rougeâtre à l'extrémité; supra-caudales non ou très
finement frangées de roux; mandibule supérieure presque entièrement
noire, un peu éclaircie seulement à la base (2). — ♂♀ Bec de 19 à 22 m/m.
A. yucatanensis chalconota (Oberh.).

6. Uropygium, au moins dans sa partie postérieure, et supra-caudales roux
comme les rectrices; rectrices externes et subexternes entièrement
rousses; les médianes en dessus rousses et bordées de vert bronzé à
l'extrémité . . . . **7.**

— Uropygium et supra-caudales vert cuivré comme le dos (sauf les plus
longues supra-caudales souvent frangées de roux); corps en dessous
comme *A. leucophæa* . . . . **8.**

7. Menton, gorge et poitrine vert brillant avec les plumes finement frangées
de blanc et à base blanche plus ou moins apparente sur le milieu de la
poitrine (présentant un espace blanc mal défini et irrégulier, s'effaçant
parfois chez les vieux mâles). Rectrices médianes en dessus largement
bordées de vert bronzé à l'extrémité. — ♀ (ou jeune) Poitrine plus
largement variée de blanc; rectrices médianes en dessus cuivrées dans
leur moitié apicale, rousses dans la basale au moins au milieu. — ♀♂ Bec
de 15 à 17 m/m; mandibule supérieure brun foncé ou noir, éclaircie
seulement à la base. . . . . **A. amazilia** (Less.).

— Poitrine largement blanc pur au milieu, en forme de plastron; menton,
gorge (au moins sa partie supérieure) et côtés de la poitrine vert très

---

(1) Je ne connais que le mâle de la forme typo.
(2) Je ne vois aucune différence dans la teinte du dessus du corps entre les trois formes
de l'*A. yucataniensis.*

brillant sur fond blanc (plumes souvent disjointes). Rectrices médianes en dessus assez brièvement bordées de vert bronzé à l'extrémité, sauf parfois à l'extrême-pointe. Bec un peu plus court, de 15 à 17 m/m; mandibule supérieure jaune ou rouge au moins dans sa moitié basale (1).
A. leucophæa Reichenb.

8. Rectrices toutes vert bronzé olive (les externes rarement un peu teintées de roux fondu à l'extrémité interne ou le long du stipe), leurs stipes brunâtres, éclaircis vers la base; abdomen fauve-roux foncé jusqu'à la base ou presque . . . . **A. Dumerili** (Less.).

— Rectrices latérales roux assez foncé, très étroitement liserées de bronzé au côté externe, leur stipe roux; rectrices médianes vert bronzé passant au roux foncé à la base, dans la partie recouverte par les supra-caudales; celles-ci étroitement frangées de roux; abdomen fauve-roux plus clair, passant largement au blanc à la base . . . . **A. alticola** Gould.

Species invisa et incerta.

AMAZILIS LUCIDA Ell., in Ann. Nat. Hist. (4ᵉ sér.) xx, 1877, p. 404. « Crown of head dark metallic grass-green; upper surface shining grass-green lighter than the head. Upper tail coverts golden-bronze. Throat, breast, abdomen and flanks metallic grass-green, a light mouse-colored spot on the lower part of the abdomen. Thighs white, feathers fluffy. Under tail-coverts dark bronzy-brown, edged with white. Wings dark purple. Tail reddish bronze, darkest in the central portion of the feathers along the shafts, with the tips of the lateral rectrices bluish black, their edges reddish-bronze; this bluish-black colour almost resolves itself into a subterminal bar, and is especially conspicuous on the under side of the tail. Bill apparently brownish red, perhaps flesh color in life, with a dark tip. »

Elliot le dit voisin de *A. Devillei* (*Saucerottea*) dont il diffère, comme des autres *Amazilis*, par la coloration de la queue et de ses couvertures.
La coloration du bec semble cependant indiquer plus de rapports avec les vrais *Amazilis*; la tache vert mousse de l'abdomen est probablement un caractère d'immaturité.

10ᵉ Genre. — **URANOMITRA**

TABLEAU DES ESPÈCES

1. Corps en dessous entièrement blanc pur; flancs de chaque côté (sous les ailes) étroitement teinté de gris-fauve rarement de gris-bleu (*U. Elliöti*); corps en dessus gris olive à peine teinté de vert **2**

— Corps en dessous blanc avec les flancs de l'abdomen (sous les ailes et débordant plus ou moins) verts ou bronzés (2); gorge bordée de chaque côté de bronzé vert ou de bleu **5**

---

(1) Je ne vois aucun caractère sexuel parmi les spécimens assez nombreux que je possède.
(2) Il est curieux que les auteurs récents, notamment R. Ridgway, ne tiennent pas compte de ce caractère important expressément indiqué par Elliot et Salvin et figuré par B. Sharpe pour l'*U. viridifrons* Elliot (d'après le type même), dans le supplément de Gould (pl. 49). Les trois espèces de cette section me sont au reste inconnues en nature et j'en donne les caractères d'après les auteurs.

2. Tête en dessus noir ou suie mat très légèrement teinté de vert graduellement un peu éclairci et fondu en arrière sur la nuque et le cou ; dos bronzé obscur verdâtre en avant, passant au fauve brunâtre en arrière, avec les supra-caudales cuivré-rouge, très finement lisérées de blanchâtre au bord apical ; rectrices en dessus cuivré-rouge violet foncé, passant au noir fondu à l'extrémité (au moins les médianes et submédianes) ; en dessous cuivré rougeâtre plus clair ; bord externe de l'aile fauve roux foncé. Mandibule supérieure noire passant au rouge à la base seulement. Bec de 19 1/2 m/m. . . . . **U. atricapilla E. S**

— Tête en dessus bleu-violet ; mandibule supérieure (de l'adulte) rouge, passant au noir dans sa moitié ou son tiers apical. Aile de 60 à 64 m/m. Bec de 21 à 23 m/m. . . . . **3**.

3. Rectrices en dessus et en dessous et supra-caudales vert bronzé olive clair ; gorge et poitrine bordées, de chaque côté, de plumes isolées bleu brillant, passant généralement en arrière, près des épaules, au vert bleuâtre ; tête d'un bleu légèrement violet très brillant ; bord externe de l'aile blanc.
U. Ellioti Berl.

— Rectrices cuivré rougeâtre, un peu plus foncé en dessus ; supra-caudales cuivré rougeâtre très finement liserées de gris-blanc ; tête d'un bleu plus violet, bord externe de l'aile fauve rougeâtre . . . . **4**.

4. Corps en dessus bronzé olive verdâtre avec la tête et la nuque d'un bleu violet brillant ; gorge et poitrine bordées, de chaque côté, de plumes isolées d'un vert bleuâtre brillant ; rectrices en dessus cuivré rougeâtre brillant, passant souvent au cuivré jaune sur les bords ou à la base.
U. violiceps (Gould).

— Corps en dessus gris olivâtre terne, légèrement teinté de bronzé olive au niveau des épaules, avec la tête d'un bleu-violet plus foncé et plus mat moins prolongé sur la nuque ; gorge et poitrine bordées, de chaque côté, de gris olive terne comme le dos ; rectrices médianes en dessus cuivré violacé, plus terne, mais parfois teintées de cuivré rougeâtre, surtout à la base. Taille un peu plus faible . . . . **U. Derneddei E. S.**

5. Tête en dessus, y compris la nuque et le rebord oculaire, bleu brillant ; partie antérieure du dos, scapulaires et tectrices alaires, bleu verdâtre ; partie inférieure du dos et uropygium gris verdâtre. Supra-caudales et rectrices vert métallique très foncé, les externes offrant les traces d'une barre subterminale obscure ; menton et gorge mouchetés, sur les côtés, de bleu brillant ; côtés de la poitrine vert bleuâtre, ceux de l'abdomen largement verts. Bec de 22,8 m/m. Aile de 53,8. (sec. W. Brewster et R. Ridgway.)
U. Salvini (Brewst.)

— Tête en dessus jusqu'à la nuque, bleu ou vert foncé presque mat ; corps en dessus vert doré ou bronzé avec les supra-caudales et les rectrices cuivré-rouge ; menton et gorge de chaque côté étroitement bordés de vert cuivré, côtés de la poitrine et de l'abdomen plus largement vert cuivré ou bronzé . . . . **6**.

6. Tête en dessus vert foncé presque mat, teinté de vert plus brillant sur les côtés (sec. Elliot). . . . . **U. viridifrons (Ell.)**

— Tête en dessus bleu indigo foncé presque mat, partie inférieure du dos
plus grisâtre. Rectrices bronzé un peu plus foncé (sec. Salv.).
U. guerrerensis (Salv.) (1).

11e Genre. — HYPOCHIONIS

♂ ♀ Corps en dessus vert cuivré, passant graduellement en arrière au
bronzé olive, avec la tête d'un bleu très brillant passant légèrement sur
la nuque au bleu verdâtre; en dessous menton, gorge et poitrine blanc
pur bordés de chaque côté de vert brillant, plus largement sur la poitrine;
abdomen blanc dans le milieu surtout à la base, très largement bronzé
doré sur les flancs; *rectrices bronzé olive clair* surtout en dessous, les latérales souvent (♀) en dessous bordées de gris blanchâtre fondu au côté
externe. *Sous-caudales bronzé clair étroitement frangées de blanc.* Bec de
19 à 21 m/m. Mandibule inférieure jaune pâle, rembrunie seulement dans
son quart apical, ou (♀) dans sa moitié apicale.
H. cyanocephala (Less.).

Forme locale ou sous-espèce. — (b) Rectrices bronzé olive ou rougeâtre un peu
plus foncé et plus brillant surtout en dessus.
H. cyanocephala guatemalensis (Gould).

— ♂ (jeune) Bec beaucoup plus court, 13 1/2 m/m. Flancs, rectrices et sous-
caudales bronzé plus rouge (2).   **H. microrrhyncha** (Ell.).

12e Genre. — AGYRTRIA

TABLEAU DES ESPÈCES

1. Rectrices latérales noir bleuâtre, passant souvent au bronzé vert et très
finement (peu distinctement) liserées de gris-blanc à l'extrémité. Rectrices
médianes en dessus bronzé vert un peu plus doré et rougeâtre que celui
du dos, parfois bronzé olive plus terne (peut-être les femelles), passant
même souvent au noir à l'extrémité. Corps en dessus vert cuivré avec la
tête jusqu'à la nuque d'un vert doré plus brillant (à voir en avant). Corps
en dessous blanc pur avec les côtés du cou et surtout de la poitrine vert
brillant; sous-caudales blanches (3).   **A. leucogaster** (Gm.).

— Rectrices vert cuivré ou bronzé clair, les externes presque toujours marquées d'une barre subterminale ombrée ou noirâtre. Corps en dessous en
grande partie blanc; sous-caudales blanches.   **2**

---

(1) *U. viridifrons* (Ell.) et *guerrerensis* (Salv.) qui me sont tous deux inconnus en
nature ne sont maintenus ici que provisoirement à cause de l'insuffisance de nos renseignements; il est possible qu'ils correspondent aux deux sexes d'une même espèce, *U. guerrerensis*
étant le mâle adulte.

(2) R. Ridgway qui a pu étudier le type unique (collection Elliot aujourd'hui au Musée
de New-York) lui reconnaît des signes d'immaturité.

(3) Les oiseaux de Bahia sont généralement un peu plus gros, mais la différence est très
faible et il y a de nombreuses exceptions. Il me paraît impossible de maintenir la sous-
espèce *A. leucogaster Bahiæ* Hartert, reposant uniquement sur ce caractère. La teinte des
rectrices médianes varie individuellement du bronzé rougeâtre au bronzé vert olive; cette
dernière livrée est peut-être celle de la femelle.

2. Tête en dessus et nuque d'un bleu, plus franc et plus brillant chez le mâle.
  Corps en dessous et sous-caudales blanc pur, avec les côtés du cou et de
  la poitrine vert ou bleu brillant. Rectrices cuivrées, les latérales unicolores (ou presque unicolores) chez le mâle, marquées, chez la femelle,
  d'une barre subterminale noirâtre et pointées de gris-blanc. — ♂ Mandibule inférieure jaune paille rembrunie dans son tiers apical seulement,
  ♀ rembrunie au moins dans ses deux tiers apicaux, parfois jusqu'à la
  base. — ♂ ♀ Bec long de 22 à 24 m/m . . . . **3.**

— ♂ ♀ Tête en dessus tantôt vert brillant, tantôt vert bronzé foncé et terne
  comme celui du dos; rectrices latérales éclaircies à l'extrémité et marquées
  d'une barre subterminale obscure. Bec généralement plus court . . **5.**

3. ♂ Tête et nuque d'un beau bleu franc brillant; dos vert passant sur l'uropygium et les supra-caudales au cuivré souvent rougeâtre. Rectrices médianes
  en dessus d'un cuivré moins rougeâtre que celui des supra-caudales;
  côtés du cou (à voir en avant) *vert doré très brillant*, ceux de la poitrine et
  souvent de l'abdomen d'un vert cuivré. — ♀ Tête d'un bleu verdâtre plus
  terne fondu en arrière; rectrices latérales à barre subterminale noirâtre.

A. Franciæ (B. et M.)

— Côtés du cou (à voir en avant) bleu plus ou moins brillant. . . . **4.**

4. Tête en dessus et nuque bleu clair très brillant; dos et supra-caudales
  entièrement vert cuivré ou olive; en dessous gorge bordée, de chaque
  côté, de bleu verdâtre clair et brillant; poitrine de vert cuivré; abdomen
  et sous-caudales entièrement blancs. Rectrices en dessus bronzé olive
  clair, parfois un peu bleuâtre; latérales en dessous comme celles de
  A. Franciæ seulement d'un cuivré un peu plus verdâtre. — ♀ Tête en
  dessus vert bleuâtre terne; rectrices médianes et submédianes d'un cuivré
  verdâtre plus brillant passant au noir fondu à l'extrémité; latérales en
  dessous cuivré vert avec une barre subterminale noirâtre assez large et
  une pointe gris-blanc fondue. . . . . **A. cyaneicollis** (Gould).

♀ (?) Tête en dessus bleu violet foncé peu brillant, fondu en arrière; dos vert
  bleuâtre foncé, passant au bronzé olive sur les supra-caudales; dessous
  largement bordé, de chaque côté, surtout au niveau de la poitrine, de
  gris-bleu assez brillant, passant au noirâtre sur les flancs de l'abdomen.
  Rectrices médianes et submédianes en dessus bronzé olive, les submédianes seules passant au noir à l'extrémité; rectrices latérales en dessous
  et bec comme ceux de A. cyaneicollis ♀ . . . . **A veneta**, sp. nov..

Nota. — C'est probablement près des *A. cyaneicollis* et *veneta* qu'il faudra
placer l'espèce suivante qui m'est inconnue en nature ;

Agyrtria Hollandi Todd « with a general ressemblance to *Agyrtria Milleri*
(Bourc.), but crown bright blue (not greenish blue), under parts less extensi-
vely white; sides of the throat and breast prominently spangled with light
blue; and upper parts much darker green. — Type nº 33928, collection Carnegie
Museum, adult male; El Dorado, Rio Cuyuni, Venezuela, April 16 1910;
M. A. Carriker ⸶ ».

5. Tête en dessus vert doré brillant. . . . . **6.**

— Tête en dessus non brillante, vert bronzé comme le dos souvent même plus
  obscur . . . . **9.**

6. Bec entièrement noir (1); tête en dessus vert doré très brillant; dos vert cuivré passant graduellement sur l'uropygium et les supra-caudales au bronzé rouge plus ou moins vif (caractère variable individuellement). Corps en dessous blanc avec les côtés du cou vert très brillant, côtés de la poitrine (très largement) et de l'abdomen vert cuivré souvent rougeâtre. Rectrices médianes et submédianes en dessus bronzé rouge (très rarement bronzé olive); rectrices latérales en dessous bronzé rouge un peu plus clair, éclaircies et grisâtres à la pointe, avec (au moins au côté interne) une large barre subterminale noirâtre à reflets violets ou bronzé rouge; sous-caudales blanches à disques gris bronzé clair plus ou moins développés. Aile de 49 à 55 m/m; bec de 16 à 20 m/m.

A. chionopectus (Gould).

Race locale ou sous-espèce. — (b) Taille plus faible : aile de 49 à 50 m/m; bec de 15 1/2 à 17 m/m (2). . . . . . **A. chionopectus Whitelyi** (Boucard).

— Mandibule supérieure noire; l'inférieure jaune paille sauf à l'extrémité. **7.**

7. Sous-caudales entièrement blanches. Tête en dessus d'un vert doré très brillant, s'étendant sur la nuque jusqu'à la base du cou; dos vert cuivré passant au bronzé, parfois rougeâtre sur les supra-caudales; corps en dessous blanc avec les côtés du cou vert doré brillant, ceux de la poitrine largement vert cuivré, parfois quelques plumes vertes isolées sur les flancs. Rectrices médianes en dessus bronzé olive parfois teinté de rouge. Taille forte. Aile 55 m/m ou un peu plus; bec de 23 à 26 m/m.

A. viridiceps (Gould).

— Sous-caudales blanches, à disques allongés gris pâle. Tête en dessus vert-bleu brillant; flancs de l'abdomen et surtout de la poitrine plus largement vert cuivré. Taille beaucoup plus petite . . . . **8.**

8. Tête en dessus vert bleuâtre très brillant, s'étendant sur le cou presque jusqu'au niveau des épaules; dos vert cuivré légèrement bronzé olive ou rougeâtre en arrière; corps en dessous blanc avec les côtés du cou légèrement vert brillant parfois bleuâtre (généralement moins bleu que celui de la tête), côtés de la poitrine (parfois jusqu'au milieu) et de l'abdomen vert cuivré. Rectrices médianes en dessus bronzé olive clair terne; rectrices latérales en dessous à barre submédiane noirâtre généralement large et nette (3). Bec de 16 à 16 1/2 m/m. . . . . **A. Milleri** (Bourc.).

Sous-espèce. — (b) Tête en dessus et côtés du cou d'un vert brillant plus doré (sans teinte bleue) rappelant celui d'*A. viridiceps* et ne dépassant pas la nuque en arrière. Rectrices médianes en dessus d'un bronzé olive plus rougeâtre. Bec plus robuste à la base (4) . . . . . **A. Milleri Laglaizei**, subsp. nova.

---

(1) D'après O. Bangs, les jeunes ont la mandibule inférieure teintée de jaune à la base.

(2) Les oiseaux rapportés de la Guyane anglaise par H. Whitely sont assez nettement plus petits que ceux de Trinidad; mais la différence est parfois si peu sensible que j'hésite à admettre la sous-espèce *Agyrtria (Uranomitra) Whitelyi* Boucard, qui repose uniquement sur ce faible caractère.

(3) J'ai vu dans la collection Berlepsch un *A. Milleri* de Iquitos (Amazonie péruvienne) dont la barre des rectrices latérales est à peine indiquée; l'espèce est peut-être représentée dans cette région par une race spéciale, mais de nouveaux matériaux seraient nécessaires.

(4) Décrit sur un seul individu (Mus. E. Simon, par Laglaize).

8

— Tête en dessus vert-bleu brillant (bleu sous certaines incidences) ne dépassant pas la nuque ; menton, gorge et poitrine vert bleuâtre brillant plus ou moins mélangé de blanc au moins au milieu (plumes à base blanche longuement apparente) ; abdomen vert bronzé passant au blanc moucheté à la base. Rectrices médianes comme celles d'*A. Milleri*, rectrices externes en dessous à barre noirâtre nette généralement plus étroite. Bec plus court, de 14 1/2 à 15 m/m . . . . **A. nitidifrons** (Gould).

Sous-espèce. — (b) Menton, gorge et souvent poitrine au milieu largement blanc comme *A. Milleri*. Bec 15 m/m . **A. nitidifrons meracula**, subsp. nova (1).

9. Sous-caudales blanches, les plus courtes parfois teintées de gris très pâle au disque. Corps en dessus vert, un peu plus cuivré, souvent un peu rougeâtre en avant, sur le cou et la tête, en arrière sur les supra-caudales ; celles-ci parfois bronzé olive. Corps en dessous blanc pur avec les côtés de la poitrine et les flancs de l'abdomen étroitement vert cuivré. Rectrices en dessus bronzé vert, parfois un peu rougeâtre surtout à l'extrémité, en dessous latérales bronzé olive pâle avec une barre noirâtre, plus large au côté interne qu'à l'externe ; parfois ces rectrices bronzé plus vert au moins dans leur moitié basale, d'autre fois passant au blanchâtre à l'extrémité (2). — Bec de 16 1/2 à 19 m/m (3) . . . . **A. candida** (B. et M.)

— Sous-caudales gris bronzé clair, frangées de blanc. Rectrices vert bronzé olive ; les médianes en dessus tantôt d'un vert bronzé un peu bleuâtre, tantôt d'un vert bronzé olive comme les externes (le premier cas s'observe dans la forme *affinis* et dans la forme type) ; les externes (plus étroites) en dessous plus claires, passant très légèrement et graduellement au gris blanchâtre vers l'extrémité, étroitement et souvent vaguement barrées de noirâtre seulement dans la moitié interne. En dessous gorge et poitrine vert très brillant légèrement bleuâtre, plus ou moins mêlé de blanc au milieu surtout au menton et à la gorge (base blanche des plumes apparente mais ne formant pas de bande définie) ; abdomen vert cuivré passant au blanc à la base. Bec court, de 13 à 14 1/2 m/m . . **A. versicolor** (Vieill.).

Sous-espèces ou variétés (4). — (b) Menton, gorge et poitrine d'un vert très brillant, coupés d'une bande longitudinale d'un blanc pur, acuminée au menton, ensuite à bords presque parallèles et nets ; abdomen vert cuivré sur les flancs, largement au milieu et surtout à la base ou la partie blanche occupe parfois toute sa largeur. Rectrices externes en dessous généralement plus

---

(1) Ces deux formes diffèrent l'une de l'autre à peu près comme *A. versicolor* diffère de *A. brevirostris* (voir plus loin). Je connais *A. nitidifrons meracula* de deux origines, ceux de la mission C. Wiener (au Muséum de Paris), de localité incertaine, mais préparés à la manière des Guyanes, ne différant pas des *nitidifrons* types par le vert brillant de la tête ; celui de l'Orénoque (par Chauffanjon, au Muséum de Paris) est beaucoup plus bleu vu en avant ; certaines plumes sont même tout à fait bleues, il faudrait le comparer à l'*A. Hollandi* Todd, dont il a été question plus haut.

(2) Caractère probablement propre aux femelles.

(3) Ce dernier chiffre est très exceptionnel.

(4) Les trois formes de l'*A. versicolor* sont assez mal définies et passent plus ou moins les unes aux autres. Aussi ne faut-il pas les considérer comme de vraies sous-espèces.

nettement barrées de noirâtre, dans leur moitié interne seulement. Bec un peu plus de long de 15 1/2 à 16 m/m (1) **A. versicolor brevirostris** (Less.).

— (c) Menton, gorge et poitrine entièrement d'un vert brillant uniforme, sans mélange de blanc (2); abdomen vert cuivré plus foncé avec les plumes du milieu et de la base frangées de gris-blanc. Rectrices et bec comme ceux de l'*A. versicolor* type   **A. versicolor affinis** (Gould).

13ᵉ Genre. — DAMOPHILA

TABLEAU DES ESPÈCES

1. Tête en dessus vert cuivré foncé comme le dos; supra-caudales et rectrices médianes bronzé olive foncé. En dessous menton et gorge vert doré très brillant; poitrine bleu brillant souvent un peu violet; abdomen vert cuivré obscur passant au gris noirâtre au milieu et à la base; sous-caudales blanc pur, molles et filamenteuses (ressemblant à celles des *Chalybura*). Rectrices externes noir-bleu, brièvement teintées de bronzé vert obscur à la base externe (3); Bec entièrement noir, ou mandibule inférieure un peu éclaircie à la base; de 18 1/2 à 20 1/2 m/m (♀ inconnue).
 D. Rosenbergi (Boucard).

— Corps en dessus vert cuivré un peu rougeâtre avec la tête vert doré très brillant. Sous-caudales gris noirâtre ou bleu ardoisé, frangées de blanchâtre. Mandibule inférieure jaune pâle passant au noir seulement à l'extrémité.   2

2. ♂ Menton, poitrine et épigastre entièrement bleu très brillant à reflets violets, bordés de chaque côté en avant d'une ligne sous-oculaire vert brillant; abdomen vert bleuâtre sur les côtés, gris cendré au milieu; sous-caudales bleu ardoisé, finement bordées de blanchâtre. Rectrices toutes noir bleuâtre; supra-caudales d'un vert plus obscur que celui de l'uropygium. Bec 19 m/m (♀ inconnue)   **D. cyaneotincta** (Goun.).

— ♂ Menton et partie supérieure de la gorge vert foncé (noirâtre vus en avant); poitrine bleu-violet brillant plus ou moins étendu   3

3. Supra-caudales et rectrices médianes bronzé-rouge-violet foncé (4); rectrices latérales noir bleuâtre souvent teintées de bronzé obscur à la base surtout externe (noirâtres vues en avant); poitrine bleu-violet bril-

---

(1) Exceptionnellement 17 m/m sur un oiseau de Joinville (État de Santa Catharina) 16,2 m/m sur un autre, 15,8 m/m sur deux autres de la même localité; quelques oiseaux de Bahia ont le milieu de la bande blanche plus ou moins picté de vert; au fond la plus grande longueur du bec est le caractère le plus constant.

(2) En regardant la poitrine obliquement d'arrière en avant les plumes du milieu laissent voir une étroite ligne de leur base blanche.

(3) Au moins chez l'adulte correspondant au *P. Reinii* Berlepsch (décrit du N. E. de l'Ecuador); chez les jeunes les rectrices externes sont plus nettement et plus longuement bronzé rougeâtre parfois jusqu'au milieu et la mandibule inférieure passe au jaune testacé dans toute sa moitié basale; *P. Rosenbergi* a été décrit par Boucard sur des jeunes rapportés du Rio Dagua (Colombie Occidentale) par W. F. H. Rosenberg.

(4) Caractère un peu variable; certains *D. amabilis* ont les rectrices médianes bronzé olive, à peine plus dorées que celles de *D. decora*.

lant, plus ou moins étendu (1); abdomen vert cuivré sur les flancs, passant au gris au milieu et surtout à la base; sous-caudales gris-noirâtre, plus ou moins frangées de blanchâtre. Bec de 16 1/2 à 17 1/2 m/m (très rarement 18 m/m). — ♀ (ou jeune) (2). Corps en dessous gris blanchâtre; menton moucheté de gris-bronzé, poitrine parsemée de plumes bleu clair brillant isolées; en dessus tête vert brillant comme celle du mâle, mais fondu en arrière avec la teinte dorsale et ne formant pas de plaque définie; supra-caudales et rectrices médianes bronzé plus foncé et plus terne; rectrices externes et subexternes pointées ou simplement liserées de gris à l'extrémité. Bec plus long de 18 1/2 à 21 m/m. . . . . . . **D. amabilis** (Gould).

— ♂ Supra-caudales et rectrices médianes bronzé-olive foncé, rarement légèrement doré ou violacé; parure céphalique vert brillant généralement plus prolongée sur la nuque et la base du cou. En dessous tache bleue pectorale plus restreinte. Bec plus long : de 20 à 21 1/2 m/m (3).

D. decora (Salv.).

14° Genre. — ARENELLA

— ♂ Gorge et poitrine vert brillant à peine bleuâtre, mêlé de blanc surtout au menton et à la poitrine (base blanche des plumes apparente); abdomen blanc largement varié de vert cuivré sur les flancs, au moins en avant; sous-caudales blanches. Corps en dessus vert cuivré avec la tête plus foncée et plus terne, mais avec les supra-caudales, souvent l'uropygium et même le milieu du dos d'un cuivré plus brillant un peu rougeâtre. Rectrices médianes bronzé vert ou un peu rougeâtre; latérales noires, passant au bronzé vert à la base, surtout le long du stipe, étroitement liserées de gris-blanc fondu à l'extrémité; rectrices externes et subexternes égales. Bec de 17 1/2 à 18 m/m; aile de 51 à 52 m/m. — ♀ Corps en dessous blanc avec les côtés de la gorge et de la poitrine variés de vert cuivré; sous-caudales blanches; rectrices latérales plus distinctement (mais très brièvement) pointées de gris-blanc. Bec 18 m/m; aile 51 m/m.

A. Boucardi (Muls.).

15° Genre. — SAUCEROTTEA

TABLEAU DES ESPÈCES

— 1. Ailes noirâtres avec la base des grandes couvertures et des rémiges primaires plus ou moins rousse 2

— Ailes entièrement noirâtres (rémiges et couvertures) 5

— 2. Rectrices, en dessus et en dessous, et supra-caudales bleu d'acier brillant; sous-caudales bleu d'acier souvent plus terne et violacé, très finement liserées de gris-fauve. Grandes couvertures longuement rousses, passant

---

(1) Parfois d'un bleu plus pâle, passant au bleu verdâtre en avant.

(2) Il est possible que cette description s'applique au jeune mâle; la femelle figurée par Gould (Monog. V, pl. 344) diffère davantage du mâle adulte.

(3) La plus grande longueur du bec est le seul caractère constant, mais il est toujours corroboré au moins par l'un des caractères de coloration, assez fugaces à la vérité; au fond, la validité de l'espèce *Damophila decora* (Salv.) n'est pas certaine.

au noir dans leur quart apical seulement (au moins les trois externes).
Rémiges primaires (sauf les deux externes) rousses dans leur tiers basal
ou un peu moins. Corps en dessus vert cuivré dans la première moitié,
cuivré doré dans la seconde, passant en arrière au rouge violacé brillant ;
en dessous entièrement vert doré. Bec de 16,8 à 17,8 m/m.

S. cyanura (Gould).

Sous-espèces. — (b) Rectrices en dessus et supra-caudales bleu d'acier violacé ; sous-caudales gris violacé, les plus courtes teintées de rouge-
violet, frangées de gris-blanc ou de fauve pâle ; grandes couvertures (les
trois externes) brièvement rousses à la base, noires au moins dans leurs
2/3 apicaux. Rémiges primaires entièrement noirâtres (parfois très brièvement rousses à la base, mais cette partie cachée par les couvertures).
Corps en dessus d'un vert plus foncé et plus franc en arrière ; uropygium
passant au violet doré plus foncé (1). Bec 17 à 18 1/2 m/m.

S. cyanura guatemalæ Dearborn.

— (invisn). (c) Comme le type mais plus gros, avec le bec plus court ; tête,
dos et poitrine d'un vert plus foncé ; sous-caudales bleu d'acier, frangées
de fauve-roux vif (sec. Bangs) . . . . . **S cyanura impatiens** Bangs.

— Rectrices et sous-caudales fauve-rouge, violet irisé ou vert olive. Corps en
dessus vert cuivré, plus brillant sur la tête, passant en arrière au bronzé
olive ou au cuivré rouge ; abdomen tantôt entièrement vert comme la
poitrine, tantôt fauve grisâtre au milieu, vert cuivré sur les flancs. . . **3**

3. Rectrices, en dessus et en dessous, bronzé vert olive brillant ; en dessous
les externes avec le stipe et le bord externe (presque jusqu'à l'extrémité)
fauve-rouge clair. Corps en dessus vert foncé avec la tête, jusqu'à la
nuque, d'un vert plus clair très brillant à reflets bleuâtres, formant une
plaque bien définie ; partie inférieure du dos et supra-caudales bronzé
vert. En dessous menton et milieu de la gorge blanc, mêlé de plumes vert
doré brillant sériées, côtés de la gorge et de la poitrine du même vert
brillant ; abdomen gris-fauve dans le milieu, vert bronzé sur les flancs ;
sous-caudales bronzé verdâtre clair, frangées de blanc. Bec 18,2 m/m (2).

S. Ocai (Gould).

— Rectrices fauve-rouge cuivré ou violet doré brillant ; en dessus tête, cou et
partie antérieure du dos vert doré, plus brillant sur la tête, sans former
de plaque définie ; partie postérieure du dos cuivré rougeâtre ou olivâtre,
passant au violet-rouge sur les supra-caudales ; sous-caudales fauve-rouge
plus pâle que les rectrices **4**

4. Corps en dessous entièrement vert brillant, du bec à la base de l'abdomen ;
sous-caudales fauve-rouge mat assez foncé, non frangées de blanc ou
seulement à la base. Rectrices en dessous brun violacé foncé avec, dans
la moitié apicale, une bordure rouge violacé plus claire et plus brillante.
En dessus rouge cuivré brillant ; supra-caudales d'un violet plus bleu et
plus terne que celui des rectrices, au moins à l'extrémité dans la moitié

---

(1) Les deux derniers caractères ne sont pas absolus ; l'un de mes individus de San
Augustino est en dessus semblable au *S. cyanura* du Nicaragua.

(2) D'après le type unique au Musée de Londres.

interne. Rémiges primaires brièvement rousses à la base, les trois
externes entièrement noirâtres ; les grandes couvertures rousses dans
leur moitié ou leur tiers basilaire seulement. Bec de 17 à 17,8 m/m (1).

S. Devillei (B. et M.).

— Corps en dessous vert brillant avec l'abdomen, surtout à la base, fauve
rougeâtre. Rectrices en dessous entièrement fauve-rouge violet sans bordure, en dessus (surtout les médianes) plus brillantes et plus dorées ;
supra-caudales violet rougeâtre plus foncé ; sous-caudales fauve-rouge
clair frangées de blanc (très étroitement à l'extrémité, plus largement à
la base), toutes les rémiges primaires longuement rousses à la base ; les
grandes couvertures rousses avec une bordure apicale noirâtre.

S. beryllina (Licht.).

Race locale ou sous-espèce. — (b) Abdomen gris cendré moins rougeâtre,
souvent plus restreint ; rectrices médianes en dessus violet rougeâtre plus
foncé (moins doré et moins brillant) ; supra-caudales plus bleuâtres (2).

S. beryllina viola Miller.

5. Abdomen blanc pur au milieu et à la base ; vert sur les flancs au moins en
avant ; menton, gorge et poitrine vert doré brillant ; tête en dessus et cou
jusqu'aux épaules vert, un peu plus foncé (surtout moins cuivré) sur la
tête (sauf vu tout à fait en avant) ; dos, scapulaires et uropygium cuivré-
rouge brillant, plus rarement olive avec les plus longues supra-caudales
approchant de la teinte des rectrices médianes . . . . 6.

— Abdomen vert comme la poitrine, rarement gris foncé au milieu . . . . 7.

6. Rectrices en dessous noir bleuâtre, en dessus (au moins les médianes) noir
violacé ; supra-caudales bleu-violet. — ♂ Rectrices externes unicolores ;
sous-caudales cuivré-vert (parfois gris bronzé, au moins les plus longues)
passant vers les bords au gris noirâtre, mais étroitement frangées de
fauve blanchâtre. — ♀ Rectrices externes marquées d'une petite tache
apicale bronzé doré et souvent brièvement bordées de bronzé doré à la
base externe (3) ; sous-caudales d'un gris bronzé pâle.

S. nivelventer (Gould).

— Rectrices cuivré-rouge doré comme celles de *Chrysuronia* passant souvent,
surtout en dessus, au rouge-violet, toutes très finement liserées de noirâtre
fondu ou de gris ; dos cuivré-rouge brillant comme les scapulaires, passant en arrière, sur l'uropygium et les supra-caudales, au bronzé plus

---

(1) Ici viendrait se placer *S. Sumichrasti* Salv., qui m'est inconnu en nature ; différant
de *S. Devillei* par les rectrices entièrement cuivré bronzé très brillant. Cette espèce n'est
connue que par le type, tué à Santa-Efigenia, Tehuantepec, par F. Sumichrast en décembre 1877
et décrit par Salvin. Deux oiseaux de la collection Boucard, étiquetés *Amazilia Sumichrasti*
sont des *S. beryllina viola* de Oaxaca.

(2) Salvin avait déjà observé cette coloration des rectrices chez certains individus de
S. beryllina, mais sans y attacher d'importance (Cf. à ce sujet, Cat. XVI, p. 210). W. Miller
cite un oiseau de Moro Léon (Guanajuato), intermédiaire à *viola* et à *beryllina* type ; j'en
possède un autre (sans localité précise) qui offre les rectrices de *beryllina* et l'abdomen de
viola. — Salvin attribuait au sexe (peut-être avec raison) la différence de coloration ventrale (in Biol. centr. Amer., Av., p. 21).

(3) Les jeunes ont les rectrices externes violet rougeâtre (un peu comme celles des
Lampornis), passant au noir-bleu au bord interne et à l'extrémité, mais avec une large
tache apicale et une bordure interne rouge cuivré doré.

olive foncé brunâtre, sauf souvent les dernières supra-caudales plus
brillantes ; sous-caudales fauve clair bordées de blanchâtre, plus largement à la base . . . . **S. Edwardi.** (D. et B.).

7. Rectrices rousses ou violettes (1) . . . . **8.**

— Rectrices bleu d'acier ou noir-bleu, rarement noir violacé. Corps en dessous
entièrement vert brillant . . . . **9.**

8. Tête en dessus (vue en avant) vert brillant jusqu'à la nuque ; partie postérieure du dos et uropygium cuivré plus ou moins rouge, mais avec les
plus longues supra-caudales rousses. Corps en dessous entièrement vert
brillant, souvent un peu plus doré que celui de la tête (2). Rectrices roux
foncé ; les médianes en dessus légèrement obscurcies et violacées vers
l'extrémité, mais souvent brièvement pointées de bronzé doré ; les latérales en dessous, le plus souvent bordées de roux doré ou de cuivré
verdâtre, plus clair et plus brillant ; sous-caudales entièrement d'un roux
vif plus clair que celui des rectrices (3) . . . . . **S. cupreicauda** (Salv.).

— Tête en dessus vert foncé comme le dos mais (vue en avant) passant au vert
plus brillant dans la région frontale, sans former de plaque définie ; uropygium passant au gris fauve ou olivâtre obscur ; supra-caudales violet
rougeâtre plus foncé. Corps en dessous vert brillant avec le milieu de
l'abdomen, surtout à la base, gris noirâtre terne ; sous-caudales gris
violacé plus ou moins foncé, frangées de fauve clair, plus rarement de
blanchâtre (probablement les jeunes) ; rectrices bleu d'acier brillant,
légèrement violacé, surtout au bord externe. — ♂ Bec de 16 à 18 m/m ;
♀ de 18 1/2 à 19 m/m . . . . **S. viridigaster** (Bourc.).

Forme locale ou sous-espèce. — (h) Rectrices violet rougeâtre clair et brillant ;
les latérales souvent étroitement bordées de fauve ou de gris dans leur
moitié basale interne et très finement de noirâtre au côté externe ; parfois
bordées de doré clair, largement à l'extrémité et plus étroitement au côté
externe ; plus rarement toute leur moitié interne et leur extrémité passant au bleu (4) ; rarement les médianes en dessus largement bleues
comme celles du type, mais entièrement bordées de violet rougeâtre
clair brillant ; sous-caudales (au moins celles du mâle) beaucoup plus

---

(1) Excepté dans la forme *melanura* de *S. viridigaster.*

(2) Il est possible que chez la femelle le milieu et les flancs de l'abdomen soient plus ou
moins mêlés de roux, mais le seul individu que l'on possède ne me paraît pas complètement
adulte.

(3) D'après cinq individus du voyage de H. Whitely au Roraima en 1883 : quatre
marqués ♂, un ♀ (celui de la note précédente).

(4) Ces oiseaux, assez fréquents dans les lots de Bogota, font le passage du type à la
forme *iodura* et répondent à la description de l'*Amazilia Lawrencei* Ell. « Crown of head,
neck, back, upper wing-coverts, and upper tail coverts dull bronzy-green, wings purple ;
base of primaries and secondaries blackish ; Throat, sides of neck and breast glittering
grass-green ; lower part of flanks and abdomen very dark chestnut-brown ; under tail coverts
cinnamon, tail bright chestnut ; tips and edges of both webs bluish-black, most extensive
on lateral tail feathers, reaching on outer webs nearly to their base, habitat Bogota. » Elliot,
(in Auk, vi, p. 209). Tous les specimens rapportés par Weeler de Villavicencio de Medina,
llanos du rio Meta, sont de ce type, ils ont été indiqués par Salvin, je crois avec raison,
sous le nom d'*Amazilia Lawrencei.*

longuement frangées de roux plus vif, parfois entièrement rousses ; plus rarement gris clair frangées de blanc (1).

S. viridigaster iodura (Reichenb.).

(o) ♀ Rectrices noir luisant ; les médianes seules légèrement teintées de violet vers la base ; toutes, sauf les médianes, brièvement pointées de fauve rougeâtre ; sous-caudales fauve-roux foncé très légèrement rembrunies au disque ; base de l'abdomen d'un gris tirant davantage sur le fauve . . . . S. viridigaster melanura E. S.

9. Supra-caudales, surtout les plus longues, noires ou bleu d'acier comme les rectrices (au moins chez les mâles adultes). Tête en dessus tantôt bleu foncé, tantôt vert foncé et terne comme le dos. **10,**

—. Supra-caudales cuivré-rouge ou violacé, parfois rousses, toujours très différentes des rectrices. Tête, vue en avant, vert brillant jusqu'au vertex. . . . . **12.**

10. ♂ Tête en dessus et nuque bleu indigo foncé ; dos vert foncé passant sur l'uropygium au bronzé olive, les plus longues supra-caudales noires comme les rectrices mais très finement frangées de gris blanchâtre. Corps en dessous entièrement vert brillant assez foncé ; sous-caudales gris noirâtre souvent un peu bleuâtre, longuement frangées de blanc ; les plus courtes parfois vert cuivré au disque. Rectrices noir-bleu très foncé. Bec de 16 à 17 1/2 m/m. — ♀ (2) Tête en dessus et nuque bleu verdâtre plus clair ; dos et surtout uropygium cuivré plus doré ; les plus longues supra-caudales cuivré violacé passant au noir à l'extrémité. Corps en dessous vert plus clair et plus doré, plumes du menton et souvent de la gorge à base blanche un peu apparente et finement frangées de blanc ; celles de la base de l'abdomen, au moins au milieu, plus longuement frangées de gris blanchâtre. Bec un peu plus long, de 18 à 20 m/m. **S. cyaneifrons** (Bourc.).

— ♂ ♀ Dessus de la tête vert cuivré foncé comme le dos. . . . . **11.**

11. Rectrices noir-bleu foncé, légèrement verdâtre, surtout en dessous ; supra-caudales noires (rarement en partie bronzé olive) frangées de noirâtre ou de gris bronzé ; sous-caudales bicolores : celles de la base vertes ou bronzé vert, les autres gris-noir ou bleuâtre, toutes étroitement frangées de blanc ou de gris-blanc (plus longuement chez les jeunes) ; scapulaires et dos entièrement d'un vert assez foncé, plus sombre sur la tête (oiseaux de Bogota, d'Atuncella et de Jimenez) ; parfois dos légèrement et graduellement plus cuivré en arrière, dans la région uropygiale (oiseaux d'Ibagué. — Bec ♂ de 15,8 à 16 m/m ; ♀ de 17 à 17,2 m/m.

S Saucerottei (D. et B.).

---

(1) Peut-être des femelles ; les oiseaux qui offrent ces sous-caudales ont le bec un peu plus long et la mandibule inférieure plus longuement noire, au moins dans toute sa moitié apicale.

(2) C'est à tort que les auteurs récents ont donnés les sexes de *S. cyaneifrons* comme semblables ; Bourcier avait cependant indiqué dans la description originale des différences qui ont été confirmées.« ♂ partie antérieure de la tête d'un bleu obscur paraissant tendre et brillant à certain jour, partie postérieure de la tête graduellement d'un bleu-vert peu brillant. — ♀ tête couverte de plumes brillantes d'un bleu-vert » — la femelle correspond exactement à l'*Amazilia Alforoana* Underwood ; le type unique que j'ai étudié à Londres, semble préparé à la manière indigène de Bogota.

— Rectrices et supra-caudales bleu d'acier brillant; sous-caudales bleu d'acier
    un peu plus clair, parfois violacé, très étroitement frangées de fauve
    grisâtre ou de blanc (les barbules blanches à la pointe). Corps en dessus
    vert, plus foncé sur la tête, graduellement un peu plus clair et plus cuivré
    en arrière jusqu'aux supra-caudales sans ceinture brillante, mais parfois
    les plumes extrêmes étroitement frangées de violet; scapulaires vertes
    comme le dos ou à peine plus cuivrées. Bec de 16 à 17 m/m; aile de 51 à
    58 m/m (1) . . . . **S. mellisuga** (L.).

Sous-espèces. — (b) Corps en dessus vert plus cuivré, passant même souvent au
    cuivré-rouge ou violet sur l'uropygium; celui-ci bordé en arrière, au
    dessus des supra-caudales, d'une sorte de ceinture violet-rouge très bril-
    lant; scapulaires cuivré rougeâtre. Bec de 17 à 18 m/m; aile de 51 à 58 m/m.
                         S. mellisuga Hoffmanni (Cab. et Heine).

— (c) Corps en dessus et scapulaires entièrement d'un vert foncé, très légère-
    ment bleuâtre sur la tête. Corps en dessous d'un vert plus foncé; supra-
    caudales, sous-caudales et rectrices d'un bleu encore plus brillant, mais
    en dessus parfois un peu violet; sous-caudales plus nettement frangées
    de blanc pur; taille plus petite. Bec 16 m/m; aile 49 m/m.
                         S. mellisuga Warszewiczi (Cab. et Heine).

NOTA. — Gould dit avoir comparé côte à côte le type de *Trochilus Sophiæ*
Bourcier (2), celui de *Tr. caligatus* Gould et un topotype de *Hemithylaca Hoffmanni* Heine, communiqué par le Musée de Berlin, et avoir trouvé ces trois
oiseaux identiques; mais Gould confondait deux formes très voisines, comme
le prouve la distribution géographique qu'il donne à son *E. Sophiæ*.

Bourcier paraît avoir connu deux espèces de ce groupe; il dit de son
Tr. Saucerottei (in Rev. Zool. 1846, p. 311) « queue noir-bleu » et de son *Tr.
Sophiæ* (in Ann. Sc. phys. Lyon, 1846, p. 318) « queue bleu d'acier »; il indique le
premier de Cali, dans la vallée de la Cauca, le second de Bogota (3), ce qui doit
être exact; j'ai trouvé (très rarement à la vérité) les deux formes parmi les
oiseaux de Bogota.

La forme à queue bleue de Bogota est très probablement le *Tr. caligatus*
de Gould (4), elle ne diffère pas de celle de Mérida au Vénézuéla, correspondant à *H. braccata* Heine, mais elle diffère suffisamment de celle de l'Amérique
centrale par l'uropygium et les scapulaires; cette dernière, figurée par Gould
comme *S. Sophiæ* doit prendre le nom de *S. mellisuga Hoffmanni* Cab. et
Heine (5).

---

(1) De 54 à 58 m/m pour les oiseaux de Mérida, de 51 à 54 pour ceux de Santa-Marta.

(2) Aujourd'hui au Musée de New-York, ex-collection Elliot.

(3) Il y a eu postérieurement des confusions, car j'ai vu, au Muséum de Paris, sous le
n° 852, un oiseau de Colombie, étiqueté *Amazilia Sophiæ* de la main de Bourcier, qui
correspond à l'espèce connue aujourd'hui sous le nom de *A. Saucerottei*.

(4) La description s'y applique très bien « Trochilus vertice et corpore superiore viridi-
bus, gula et corpore inferiore splendide viridissimis, alis purpurascente nigris; caudæ tectricibus et cauda nitide metallico-cæruleis. Crissi plumis eodem coloratis albo-fimbriatis;
femoribus tarsisque plumis niveis indutis. — New Grenada ».

(5) Il n'y a pas à tenir compte des synonymies données plus tard par F. Heine, in J. f.
Orn., xi, 1861, pp. 192, 193.

La forme *mellisuga* (sensu stricto) a une large distribution, elle se trouve en abondance dans la Sierra de Mérida au Vénézuéla, dans celle de Santa-Marta au nord de la Colombie, et plus rarement dans la cordillère orientale de Colombie ; c'est elle que beaucoup d'auteurs, notamment Salvin, ont décrit à tort sous le nom d'*A. Warzewiczi* Cab. et Heine.

Mais elle diffère certainement d'une petite forme plus foncée localisée dans la base Magdalena, et sur les pentes inférieures de la Sierra de Santa-Marta, correspondant beaucoup mieux à l'*H. Warzewiczi* Cab. et Heine (1).

12. Queue longue et très fourchue ; rectrices noir violacé, les médianes en dessus teintées de bronzé doré sur les bords et à l'extrémité ; partie inférieure du dos et uropygium vert cuivré doré brillant ; supra-caudales violet-rouge ; sous-caudales les plus courtes vert doré comme l'abdomen, les plus longues bronzé doré légèrement violacé, très longuement frangées de blanc grisâtre. Bec 16,2 m/m (2) . . . . **S. elegans** (Gould).

— Queue plus courte et moins fourchue entièrement noir bleuâtre ou bleu d'acier **13**

13. Rectrices bleu d'acier brillant (3). Tête en dessus et corps en dessous généralement d'un vert plus doré et plus clair que celui de *S. tobagensis* et *erythronota* ; dos passant graduellement en arrière au vert doré plus brillant, parfois un peu rougeâtre ; supra-caudales nettement roux vif avec de petits disques basilaires violet doré brillant, plus rarement violettes et frangées de roux ; scapulaires cuivrées comme le dos. — ♂ Sous-caudales brun rougeâtre, les plus courtes seules vert cuivré au disque. — ♀ vert cuivré ou violacé, frangées de fauve, de gris fauve ou, rarement, de blanchâtre . . . . **S. Feliciæ** (Less.)

Formes locales douteuses. — (b) (invisa et incerta). « Differs from *S. feliciæ*, in being darker, less bronzy green in general coloration (sec. Todd) ».

                                   S. Feliciæ monticola (Todd).

— (c) Dessus du corps entièrement du même vert cuivré y compris les supra-caudales (4). **S. Feliciæ apurensis** E. S.

---

(1) La diagnose originale pourrait laisser des doutes : *Hemil. Warzewiczi* Cab. et Heine (Mus. Heine, III, 1860, p. 30, n° 81) Minor (comparé à *H. Hoffmanni*) ; uropygio tectricibusque caudæ superioribus cærulescentibus nitore quodam violaceo rufescente. — Veragua ♂.

Mais elle a été complétée et la localité rectifiée par Gould d'après des spécimens du même chasseur (Intr. Tr. p. 163) « as the *S. Sophiæ* (*S. Hoffmanni*) differs from the *S. typica* (*S. Saucerottei*) in the richer blue colouring of its upper und under tail-coverts and tail, so does this species differ from the *S. Sophiæ* in having the tail and its coverts both above and beneath of a still richer and more violet blue, it is also of smaller size, and the green of its under surface is different from that of both, being purer and deeper. The examples in my collection were obtained by M. Warszewicz on the banks of the Magdalena. »

(2) D'après le type unique de la collection Gould.

(3) Cette teinte des rectrices est le seul caractère constant pour distinguer *S. feliciæ* de *S. erythronota*, encore faut-il l'étudier sur des spécimens tués assez récemment car elle s'altère vite et disparait sur les oiseaux vieux en collection. Les jeunes ont parfois aux rectrices latérales une petite tache apicale violet brillant.

(4) Ce caractère est celui qu'Elliot donnait seul pour distinguer *S. feliciæ* de *S. erythronota*, mais je ne l'ai observé que sur les oiseaux du haut Orénoque, que je considère, au moins provisoirement, comme une race locale, géographiquement largement séparée de la forme type.

— Rectrices noir-bleu profond . . . . **14.**

14. Tête en dessus (vue en avant) et corps en dessous entièrement d'un vert
   brillant assez foncé ; en dessus cou et partie antérieure du dos, jusqu'aux
   épaules, vert assez foncé, au-delà passant graduellement au cuivré puis
   au rouge cuivré vif parfois violacé sur l'uropygium ; scapulaires cuivrées
   comme l'uropygium ; supra-caudales violet-rouge foncé ; sous-caudales
   noirâtre bleuté ou violacé sauf les plus courtes, le plus souvent à petits
   disques vert cuivré, frangées, au moins à la base, de gris blanchâtre.
   Rectrices latérales assez étroites nettement plus longues que les autres ;
   queue un peu plus fourchue (1) . . . . **S. tobagensis** (Lath.).

— Tête en dessus (vue en avant) et corps en dessous entièrement d'un vert un
   peu plus clair et surtout plus doré jaune (2) ; supra-caudales violet-rouge
   foncé le plus souvent finement frangées de fauve roux (fauves ou gris
   fauve chez les jeunes) (3). — ♂ Sous-caudales brun rougeâtre violacé
   longuement frangées de roux, rarement entièrement rousses (4). — ♀ Partie
   cuivré rouge de l'uropygium plus restreinte et plus sombre ; sous-caudales
   gris noirâtre ou gris violacé plus clair, mais les plus courtes à disques
   cuivrés ou vert cuivré, parfois toutes bronzé vert au centre, parfois toutes
   blanchâtres teintées de fauve au milieu. — ♂ ♀ Rectrices latérales un
   peu plus larges et un peu plus courtes ; queue à peu près carrée.

S. erythronota (Less.).

Races locales douteuses. — (b) « *S. erythronotos* dictæ simillima, differt uropygio
   infimo supracaudalibusque obscure violaceis griseo-marginatis (nec
   cupreo æneis) (5) ; tectricibus subcaudalibus obscure grisente æneis,
   albido-marginatis (nec bronzino cupreis, vel rufescentibus) nec non corpore
   subtus paulo clariore viridi. » **S. erythronota caurensis** Berl. et Hart.

— (c) Ne diffère de *S. erythronota* typique que par les sous-caudales entièrement rousses (6) ; les rectrices d'un noir plus bleu (7).

S. erythronota Aliciæ (Richmond).

---

(1) Ce dernier caractère paraît un peu mieux marqué sur les oiseaux de l'île de Grenade (types de *S. Wellsi* Boucard, au Museum de Paris) que sur ceux de l'île de Tobago, mais je ne trouve pas la teinte violette des rectrices en dessus, signalée par Boucard comme caractéristique de *S. Wellsi*.

(2) Seul caractère d'une certaine constance ; bien sensible quand on peut mettre en regard des séries suffisantes des deux espèces ; les autres caractères sont variables et ne doivent être considérés que comme des tendances.

(3) Ce qui est le cas pour la forme *S. erythronota caurensis* Berl. et Hart.

(4) Ce qui est le cas pour la forme *S. erythronota Aliciæ* Richmond.

(5) Cette coloration dorsale est souvent celle du jeune ; celle des sous-caudales est très variable.

(6) Ce caractère est loin d'être absolu, car il s'observe parfois sur les oiseaux de Trinidad.

(7) Ce caractère indiqué par R. Ridgway, rapprocherait *S. E. Aliciæ* de *S. Feliciæ* ; mais j'ai vu à Tring un cotype, communiqué par l'auteur, dont les rectrices ne m'ont pas paru différer de celles des *S. erythronota* de Cumana ; je suis au reste convaincu que les trois formes : *erythronota* typique, *caurensis* et *Aliciæ* ne méritent pas d'être maintenues et que les trois formes : *tobagensis*, *erythronota* et *Feliciæ*, indiquées provisoirement comme espèces, sont à peine des sous-espèces valables.

　　　　　EUGÈNE SIMON

22e Groupe. — EUPHERUSA

Bec environ de la longueur de la tête (1), droit sauf à l'extrémité de la mandibule supérieure aiguë et infléchie, ou plus ou moins courbé (*Elvira*); sa mandibule supérieure nettement serrulée dans sa partie apicale surtout celle du mâle, celle de la femelle plus faiblement (2); base du culmen emplumée atteignant rarement (*Microchera*) l'extrémité des narines; écailles nasales le plus souvent (excepté *Microchera*) en partie nues et très visibles. Queue carrée ou légèrement arrondie (ouverte). Rectrices larges obtuses, rarement tronquées; les externes un peu plus courtes que les subexternes. Sous-caudales toujours blanches, à barbes filamenteuses et plumeuses, comme celles des *Chalybura* mais beaucoup plus courtes. Ailes et pieds normaux; tarses emplumées surtout en dessus dans la partie basale et au côté externe. — ♂ ♀ Corps en dessus vert cuivré, ordinairement un peu plus terne sur la tête (excepté quelques mâles); rectrices latérales blanches ou en partie blanches et noires. Sexes très dissemblables : ♂ rarement orné d'une plaque frontale squamiforme (*Microchera*); dessous du corps vert doré brillant, rarement noir mat (*Callipharus*) ou violet-rouge foncé (*Microchera*); ♀ dessous du corps blanc ou gris-blanc varié de vert sur les côtés de la poitrine.

TABLEAU DES GENRES

1. Bec plus court que la tête et droit; base du culmen (surtout ♂) emplumée au moins jusqu'à l'extrémité des narines; écailles nasales brièvement et densément emplumées et cachées sauf à leur bord inférieur (à voir de profil). Rectrices latérales courtes, très larges à l'extrémité, obtusément tronquées. Ailes noir violacé. — ♂ Corps en dessus et en dessous rouge-violet très foncé passant au noir; tête en dessus ornée, du bec au sommet de la nuque, d'une plaque d'un blanc brillant satiné, formée de larges plumes squamiformes imbriquées; en dessous, gorge bronzé olive foncé; rectrices médianes bronzé rougeâtre, latérales blanches à la base, ensuite noires ou bronzées et finement liserées de blanc au bord apical. — ♀ Corps en dessus vert cuivré avec les supra-caudales et les rectrices médianes cuivré rougeâtre brillant; corps en dessous entièrement blanc; rectrices latérales blanches à la base et à l'extrémité, noires au milieu.

Microchera.

— Bec aussi long ou un peu plus long que la tête; base du culmen emplumée à peine jusqu'au milieu des écailles; celles-ci presque nues et très visibles. Rectrices latérales un peu plus longues et un peu plus étroites, à l'extrémité brièvement atténuées et obtuses. — ♂ Sans aucune parure céphalique . . . . **2.**

---

(1) Un peu plus court chez les *Microchera*, un peu plus long chez quelques *Eupherusa*.

(2) Cette serrulation existe aussi bien chez la femelle que chez le mâle, mais celle de la femelle est formée de dents moins régulières et plus inégales, obtuses, incolores, lamelleuses et fragiles; elle est parfois très frustre, soit pour cause d'usure, soit pour cause d'accidents; je n'ai pas toujours réussi à la vue chez le *Callipharus* et chez la femelle de l'*Elvira cupreiceps* dont je ne possède que très peu d'individus.

2. Bec un peu courbé; sa mandibule supérieure noire, l'inférieure jaune clair
ou moins à la base. Ailes entièrement noirâtres, sans parties rousses. —
♂ Corps en dessous vert cuivré brillant sauf à la base blanche de l'abdomen. Rectrices latérales blanches avec l'extrémité noire mais sans bordure sur les côtés. — ♀ Rectrices externes blanches avec une barre noire
transverse, sinueuse ou anguleuse . . . . Elvira.

— Bec droit, entièrement noir. Ailes noirâtre violacé avec les grandes couvertures rousses au moins à la base . . . . 3.

3. Bec à peine aussi long que la tête. Queue nettement arrondie; sous-
caudales, rectrices externes et subexternes entièrement blanches. —
♂ Corps en dessous et tête en dessus jusqu'au vertex, noir mat.
Callipharus.

— Bec un peu plus long que la tête. Queue presque carrée; rectrices latérales
blanches mais bordées de noir à l'extrémité et au côté externe. — ♂ Corps
en dessous entièrement vert doré brillant; en dessus vert cuivré, un peu
plus foncé et plus terne sur la tête . . . . Eupherusa.

1ᵉʳ Genre. — MICROCHERA

— ♂ Corps en dessus, jusqu'à la plaque blanche céphalique, rouge-violet très
foncé, passant au noir en avant, sur le cou et la nuque. Corps en dessous
noir mat avec le menton, la gorge et partie de la poitrine teintés de
bronzé vert foncé s'effaçant en arrière, les flancs plus ou moins teintés
de rouge-violet comme le dos. Rectrices médianes cuivré rougeâtre très
foncé, presque noir; rectrices externes en dessous blanches et à stipe
blanc dans leur moitié basale, très nettement noires dans l'apicale, mais
avec l'extrémité étroitement liserée de blanc; rectrices latérales très
larges, longuement tronquées et très légèrement échancrées au côté
interne. Aile de 39 à 41 1/2 m/m; bec de 11 à 11 1/2 m/m. — ♀ Corps en
dessus vert cuivré; supra-caudales et rectrices médianes cuivré rougeâtre
brillant. Corps en dessous et sous-caudales entièrement blancs; rectrices
externes blanches avec une barre subterminale noire assez large à bords
bien définis. . . . . M. albocoronata (Lawr.).

— ♂ Corps en dessus, jusqu'à la plaque blanche céphalique, entièrement d'un
rouge-violet plus brillant; en dessous, menton et gorge noir teinté de
bronzé olive, s'effaçant en arrière; poitrine et flancs rouge-violet foncé;
milieu et base de l'abdomen noir mat. Rectrices médianes cuivré
rougeâtre plus clair; rectrices externes en dessous blanches et à stipe
blanc environ dans leur tiers basal (ou un peu plus) mais finement striées
de noir; noirâtre bronzé dans toute leur partie terminale (les deux
teintes légèrement fondues), très finement liserées de blanc à l'extrémité
rectrices latérales un peu plus étroites, presque arrondies à l'extrémité.
Aile de 41 à 43 m/m; bec de 11 à 13 m/m. — ♀ Comme M. albocoronata,
seulement rectrices latérales noirâtre bronzé, passant assez longuement
au blanc à la base, les deux teintes fondues; assez largement et plus
nettement pointées de blanc. Aile de 39 à 42 m/m; bec de 11 à 13 m/m.
M. parvirostris (Lawr.).

2ᵉ Genre. — CALLIPHARUS

— ♂ Corps en dessus cuivré plus ou moins vert ou rougeâtre ; tête, en dessus jusqu'au vertex, et sur les côtés, et dessous du corps noir mat, avec les flancs de l'abdomen variés de quelques plumes cuivrées ; sous-caudales, rectrices externes et subexternes entièrement blanc pur ; rectrices latérales internes blanches bordées de noirâtre au moins à l'extrémité, rectrices médianes et submédianes noires, teintées de bronzé vert foncé. Ailes noirâtre violacé avec les grandes couvertures rousses au moins à la base. Bec noir de 13 à 13 1/2 m/m. — ♀ Corps en dessus vert cuivré, plus terne et plus foncé sur la tête (plumes à base noirâtre apparente) ; en dessous blanc à peine grisâtre ; sous-caudales et rectrices latérales blanches ; les plus internes seules très finement liserées de noirâtre de chaque côté vers le milieu. Bec un peu plus long, plus courbé à l'extrémité, de 14,7 m/m . . . . C. nigriventris (Lawr.)

3ᵉ Genre — EUPHERUSA

TABLEAU DES ESPÈCES

— ♂ Rectrices médianes d'un vert plus cuivré que celui des supra-caudales ; rectrices submédianes et toutes les latérales blanches, en dessus striées de noir dans leur moitié externe et passant étroitement au noirâtre fondu à la marge ; les externes blanc pur dans leur moitié interne, gris noirâtre dans l'externe et à l'extrémité interne. Ailes à grandes couvertures rousses, à rémiges secondaires longuement rousses à la base. Bec de 17 1/2 à 19 m/m. — ♀ Rectrices externes blanches avec un très fin liséré noir externe n'atteignant pas l'extrémité ; subexternes blanches à bordure externe plus large, mais abrégée et avec une tache noire marginale interne submédiane ; latérales internes blanches à la base et à l'extrémité, noires au milieu sauf le long du stipe ; submédianes bronzées passant au noir à l'extrémité et pointées de blanc ; les médianes vert bronzé ; grandes couvertures des ailes rousses légèrement teintées de brunâtre à l'extrémité. Bec de 17 à 19 m/m . . . . E. polyocerca Ell.

— ♂ Rectrices médianes et submédianes bronzé vert foncé ou noires et teintées de bronzé au moins à la base ; rectrices latérales en partie blanches ; supra-caudales d'un vert plus cuivré que celui du dos surtout à la base, parfois rougeâtres ou violacées. Ailes à grandes couvertures seules rousses et bordées de noirâtre à l'extrémité. — ♀ Rectrices externes et subexternes blanches en tout ou en partie ; les autres noires passant au bronzé obscur à la base, non pointées de blanc. . . . . 2.

2. ♂ Rectrices externes et subexternes blanches dans leurs 2/3 basilaires internes, noires au côté externe jusqu'au stipe et dans leur tiers apical interne (les deux teintes nettement tranchées) ; latérales internes blanches dans leur tiers basal seulement. — ♀ Rectrices externes et subexternes comme celles du mâle, seulement leur bordure noire externe atténuée vers la base et n'atteignant pas le stipe ; latérales-internes submédianes et médianes noires teintées de bronzé. Bec de 16 à 19 1/2 m/m . . E. eximia (Del.)

Race locale. — (B) « Similar to *E. eximia* but larger, especially the bill (18 1/2 to
19 m/m) ; green of under parts more yellowish, and black tip of lateral
rectrices with line of demarcation against the basal white decidedly
oblique and much less sharply defined. » (sec. R. Ridgway).

E. eximia Nelsoni Ridgw.

— ♂ Rectrices externes et subexternes blanches, passant au noir à l'extrémité
et bordées de noir ou de gris noirâtre fondu au côté externe (cette bordure n'atteignant jamais le stipe); ailes à grandes couvertures généralement d'un roux plus clair. — ♀ Rectrices externes et subexternes, entièrement blanches ou les subexternes seules bordées de noir des deux
côtés. Bec de 17 à 20 m/m . . . . E. egregia (Scl. et Salv.).

4ᵉ Genre. — ELVIRA

— ♂ ♀ Corps en dessus vert avec les supra-caudales plus cuivrées, souvent un
peu rougeâtres (surtout ♂) ; rectrices médianes et submédianes bronzé
vert souvent olivâtre. Bec à peine courbé. — ♂ Sous-caudales blanches,
les plus courtes seules à disques vert cuivré ; rectrices latérales blanches
sauf dans le tiers apical (ou un peu moins) très noir ; partie noire coupée
obliquement sur les externes, presque droit sur les autres. — ♀ Rectrices
externes blanches à barre noire anguleuse assez large.

E. chionura (Gould).

— ♂ ♀ Corps en dessus vert cuivré plus brillant, passant au cuivré rougeâtre
sur la tête surtout en avant; supra-caudales cuivré-rouge brillant ; rectrices médianes et submédianes cuivré rouge un peu plus clair. Bec fortement courbé. — ♂ Sous-caudales entièrement blanches; rectrices latérales blanches étroitement bordées de gris noirâtre fondu à l'extrémité.
— ♀ Rectrices externes blanches à barre noire plus étroite et bisinuée.

E. cupreiceps (Lawr.).

23ᵉ Groupe. — CHALYBURA

Bec généralement beaucoup plus long que la tête et un peu arqué, robuste ;
ses deux mandibules finement serrulées dans leur partie apicale, sa base
emplumée jusque vers le tiers apical des écailles nasales, mais, vue en dessus,
plus ou moins échancrée par l'arête nue du culmen; écailles nasales nues sauf
à la base et à leur bord supérieur. Queue assez longue, légèrement fourchue ;
ses rectrices amples et obtuses, légèrement et graduellement plus longues des
médianes aux externes. Sous-caudales presque toujours blanches, longues et
amples, à barbules dès la base, décomposées et filamenteuses plumiformes.
Ailes et pieds normaux, ceux-ci médiocres, tarses emplumés en dessus sauf à
l'extrémité et plus densément au côté externe. Sexes très dissemblables. —
♂ Corps en dessous vert ou bleu sans grand éclat (plumes squamiformes assez
petites et serrées (1). Rectrices unicolores noires ou bronzées sans aucune partie

---

(1) Dans toutes les espèces (sauf *Ch. melanorrhoa* et probablement *Lampraster Branickii*)
les plumes vertes ou bleu du dessous du corps (au moins celles de la gorge et de la poitrine)
sont finement frangées de blanc (surtout vues d'arrière en avant) ce qui donne à l'ensemble
un reflet cendré mat.

blanche. — ♀ corps en dessous blanc ou gris-blanc avec les côtés de la poitrine et de l'abdomen plus ou moins variés de vert; sans bande oculaire définie; rectrices latérales pointées ou liserées de blanc à l'extrémité.

TABLEAU DES GENRES

1. ♂ Sans parure céphalique et sans parure jugulaire. — ♂ ♀ Bec beaucoup plus long que la tête arqué. Ailes noirâtres. . . . . **2.**

— ♂ Orné d'une parure jugulaire d'un rose brillant. . . . . **3.**

2. Sous-caudales filamenteuses très longues atteignant au moins en dessous le milieu des rectrices, blanc pur (sauf tout à fait à la base quelques petites sous-caudales, plus ou moins cachées, noirâtres frangées de blanc); de chaque côté tache pleurale petite blanche et très nette. Rectrices noir-bleu sauf parfois les médianes. Pieds noirs au moins en dessus. Bec entièrement noir. . . . . **Chalybura.**

— Sous-caudales filamenteuses beaucoup moins longues, ne dépassant pas en dessous le tiers basal des rectrices; de chaque côté tache pleurale blanchâtre diffuse ou effacée. Rectrices bronzé violacé ou cuivré plus ou moins foncé (excepté C. *intermedia* Hart.); mandibule inférieure jaune ou rouge sauf à l'extrémité. Pieds jaune testacé clair, couleur de chair pendant la vie (excepté C. *intermedia*). . . . . **Chlorurisca.**

3. Bec presque droit, assez court, néanmoins plus long que la tête, noir. Ailes en partie rousses. Une parure céphalique et une parure jugulaire très brillantes . . . . **Lampraster.**

— Bec plus long et arqué comme celui de *Chalybura*, mandibule inférieure jaune au moins à la base. Ailes entièrement noirâtres. Une parure jugulaire; pas de parure céphalique (1). . . . . **Placophora.**

1ᵉʳ Genre. — CHALYBURA

♂ ♀ Corps en dessus vert plus ou moins cuivré, avec les supra-caudales bronzé rougeâtre ou olive. — ♂ Corps en dessous entièrement vert assez foncé. Rectrices médianes noires le plus souvent teinté ou bronzé obscur violacé ou olivâtre sur les bords ou à la base, rarement bronzé vert foncé. entièrement ou passant au noir à l'extrémité. — ♀ Corps en dessous gris-blanc, côtés de la poitrine et de l'abdomen (plus densément et plus largement) verts (plumes vertes longuement frangées de gris-blanc) Rectrices médianes bronzé olive un peu obscurci à l'extrémité, passant parfois au noir fondu; les autres noir-bleu jusqu'à la base, ou les externes vaguement teintées de bronzé vert obscur à la base externe; les externes et subexternes brièvement pointées de blanc grisâtre. Bec de 22 à 25 1/2 m/m. . . . . **C. Buffoni** (Less.).

Races locales ou sous-espèces. — (b) ♂ Rectrices médianes cuivré un peu olivâtre, entièrement (ois. de San-Esteban et de Santa-Marta) ou presque entièrement (ois. de Valencia, N. Colombie) parfois cuivré rougeâtre

---

(1) On ne connaît pas les femelles des deux derniers genres.

légèrement violacé (ois. de Caracas et de Cuñcga, N. O. Colombie) ; rectrices submédianes et latérales internes bordées extérieurement de cuivré au moins à la base. Corps en dessous et bec comme chez le type. — ♀ Côtés de la poitrine variés de vert ; abdomen presque entièrement gris-blanc ; rectrices médianes entièrement vert cuivré plus clair et plus brillant ; rectrices latérales passant brièvement au vert cuivré à la base externe, un peu plus longuement pointées de blanc (1).

C. Buffoni æneicauda Lawr.

— (c) Corps en dessous bleu foncé, passant graduellement au vert sur le menton et au vert sombre sur l'abdomen ; rectrices médianes noir-bleu comme les latérales, très rarement un peu teintées de bronzé obscur sur les bords à la base. — ♀ Poitrine et abdomen plus largement vert cuivré sur les côtés, mouchetés de vert jusqu'au milieu ; rectrices médianes en dessus bronzé olive foncé passant au noir à l'extrémité (2).

C. Buffoni cæruleigaster (Gould).

2° Genre. — CHLORURISCA

TABLEAU DES ESPÈCES

1. ♂ Sous-caudales noir mat; corps en dessus vert cuivré avec l'uropygium cuivré-rouge foncé ; les supra-caudales violet noirâtre ; corps en dessous vert foncé passant au noir à la base de l'abdomen ; rectrices en dessus bronzé violacé foncé (néanmoins plus clair et plus cuivré que les supra-caudales) ; en dessous bronzé encore plus foncé presque noir, tantôt violacé, tantôt olivâtre ; mandibule inférieure jaune, passant au noir seulement à la pointe. — ♀ Corps en dessous gris assez foncé, largement vert sur les côtés de la poitrine ; sous-caudales gris obscur enfumé ; supra-caudales bronzé violacé foncé presque noir ; rectrices médianes bronzé violacé très foncé surtout à l'extrémité ; latérales bronzé vert très foncé, plus obscur et noirâtre vers l'extrémité, brièvement pointées de blanc. — ♂ ♀ Bec de 22 à 23 m/m. . . . . C. melanorrhoa (Salv.).

— ♂ ♀ Sous-caudales principales blanches ; les basales plus courtes, plus ou moins colorées ou à disques foncés ; . . . . 2.

2. Rectrices noir-bleu en dessus et en dessous ; sous-caudales basales courtes noir-bleu, finement frangées de blanc ; mandibule inférieure rouge dans sa moitié (rarement dans son tiers) basale, noire ensuite ; pieds noirâtres au moins en dessus ; corps en dessus et supra-caudales vert cuivré ; corps en dessous vert passant graduellement sur l'abdomen au vert bleuâtre plus foncé et à la base au gris noirâtre. Bec 23 1/2 m/m (femelle inconnue).

C. intermedia (Hart.)

---

(1) Cette sous-espèce est faiblement caractérisée ; pour les mâles on trouve des formes de transition, même parmi les oiseaux de Bogota ; je ne puis affirmer que les caractères de la femelle soient constants car je les donne d'après un seul individu de mon voyage à San Esteban ; parmi les oiseaux de la collection Boucard se trouve un mâle, provenant du voyage de W. F. H. Rosenberg au Rio Dagua, dont la mandibule inférieure passe au jaune testacé fondu dans sa moitié basale ; caractère que je considère, jusqu'à preuve du contraire, comme accidentel.

(2) Les caractères donnés pour la femelle ne sont pas certains, il est possible qu'ils s'appliquent au jeune mâle.

— Rectrices bronzé foncé, tantôt cuivré, tantôt violacé; sous-caudales basales
courtes blanches mais avec de petits disques grisâtres; mandibule infé
rieure jaune paillé (peut-être rouge pendant la vie) rembrunie ou noire
dans son tiers ou son quart apical seulement; pieds entièrement blanchâtres ou couleur de chair; corps en dessus vert avec les supra-caudales
et partie de l'uropygium bronzé cuivré ou violet . . . . 3.

3. ♂ Corps en dessous vert-bleu foncé, passant au gris noirâtre sur l'abdomen;
en dessus vert cuivré passant sur l'uropygium au cuivré-rouge assez
brillant, sur les supra-caudales au cuivré-violet plus foncé; rectrices
tantôt bronzé olive, tantôt bronzé rougeâtre violacé, dans ce cas les
externes en dessous légèrement teintées de bronzé vert à la base, de
noirâtre à l'extrémité. — ♀ Corps en dessous gris-blanc avec quelques
plumes vertes sur les côtés, au niveau de la poitrine; sous-caudales
blanches, à peine teintées de grisâtre au disque; rectrices médianes vert
cuivré-rouge comme l'uropygium; latérales bronzé vert avec une zone
noirâtre dans le tiers apical, pointées de gris-blanc assez foncé. —
♂ ♀ Bec de 22 à 23 1/2 m/m. . . . . C. isauræ (Gould).

— ♂ Corps en dessous vert assez foncé sans teinte bleue, passant au gris
noirâtre sur l'abdomen; en dessus vert assez foncé un peu plus cuivré en
arrière; supra-caudales et rectrices bronzé doré plus olivâtre et plus
clair; rectrices externes en dessous finement lisérées de noirâtre fondu
au bord externe et à l'extrémité. — ♀ Corps en dessous gris-blanc, côtés
de la poitrine assez largement vert cuivré; sous-caudales blanches (au
moins les plus longues); rectrices vert bronzé, toutes les latérales pointées
de gris-blanc. — ♂ ♀ Bec de 20 à 23 m/m. . . . . C. urochrysea (Gould).

3ᵉ Genre. — PLACOPHORUS

— ♂ (jeune). Corps en dessus vert cuivré foncé sans parure frontale; en
dessous vert cuivré, un peu plus brillant en avant; gorge ornée d'une
plaque presque carrée d'un rose brillant; de chaque côté une petite ligne
blanche post-oculaire; sous-caudales longues, blanches; rectrices
médianes vert cuivré, latérales noirâtre teinté de bronzé; ailes entièrement noir violacé; bec noir avec la mandibule inférieure jaune au
moins à la base, de 26 m/m (1) (femelle inconnue). P. gularis (Gould).

4ᵉ Genre. — LAMPRASTER

— ♂ (adulte). Corps en dessus vert cuivré, plus foncé en avant; tête ornée, de
la base du bec au vertex, d'une bande d'un vert brillant un peu plus doré
près du bec; en dessous vert cuivré, un peu plus brillant en avant; gorge
ornée d'une plaque presque carrée d'un rose brillant; de chaque côté une
petite ligne blanche post-oculaire. Ailes brun violacé avec les grandes
couvertures en partie rousses; sous-caudales longues, blanches; rectrices
médianes vert cuivré, les latérales noir à reflets violacés. Bec noir avec la

---

(1) Description prise sur les types, deux mâles incomplètement adultes, au Musée britannique. Il n'est pas impossible que *Platophorus gularis* ne soit autre que le jeune mâle de
Lampraster Branickii Tacz.

mandibule inférieure jaune pâle au moins dans sa moitié basale. Aile de
66 à 68 m/m; bec de 21 à 26 m/m (1) (♀ inconnue). . **L. Braniekii** Tacz.

24ᵉ Groupe. — CŒLIGENA

Bec généralement plus long que la tête, courbé ou droit, dans ce cas sa
mandibule supérieure aiguë un peu infléchie sur l'inférieure, noir et dur au
moins la mandibule supérieure; ses marges lisses, mutiques, non serrulées (2),
base du culmen emplumée au moins jusqu'au milieu des écailles nasales ou
un peu plus, écailles emplumées et cachées sauf à leur extrémité antérieure et
étroitement à leur bord inférieur. Queue assez longue, généralement un peu
fourchue chez le mâle, carrée ou un peu arrondie chez la femelle, rarement
arrondie dans les deux sexes; toutes ses rectrices amples et obtuses, presque
semblables. Pieds forts, tarses généralement emplumés. Sous-caudales longues
molles mais non filamenteuses; ailes normales; toujours un point blanc postoculaire et, au moins chez la femelle, une bande noire oculaire dépassant à
peine l'œil en avant mais fortement prolongée en arrière sur les côtés du cou
en large bande tronquée, le plus souvent bordée en dessous d'une ligne
blanche ou fauve atteignant la commissure du bec mais dépassant rarement
en arrière le niveau de l'œil, et en dessus d'une fine ligne blanche postoculaire (3). Sexes le plus souvent dissemblables, parfois semblables dans ce cas
le mâle gynémorphe.

TABLEAU DES GENRES

1. Tarses densément revêtus de plumes sétiformes au moins en dessus sauf à
    l'extrémité, et de chaque côté formant frange. Sexes dissemblables (excepté
    Aphantochroa) . . . . **2**.

— Tarses nus ou presque nus. Sexes semblables, mâle gynémorphe (excepté
    par la parure céphalique dans le genre *Anthocephala*). Queue, dans les
    deux sexes, un peu arrondie; ses rectrices légèrement plus courtes des
    submédianes aux externes. Bec environ de la longueur de la tête. . . **7**.

2. Rectrices toutes très amples et obtuses. Bec robuste et un peu arqué (excepté
    Lamprolæma). Mâle différant de la femelle par une plaque jugulaire bril-
    lante mais sans parure céphalique. . . . . **3**.

— Rectrices plus étroites. Bec moins robuste (excepté *Aphantochroa*), droit
    ou un peu arqué, sa mandibule supérieure aiguë, un peu infléchie sur
    l'inférieure, seulement à la pointe. . . . . **4**.

---

(1) Description prise sur un mâle adulte de la collection Berlepsch, différant un peu de
celle de Taczanowski, en ce qui concerne la parure de la tête et de la gorge.

(2) Ou parfois denticulations très rudimentaires dans la partie apicale enroulée de la
mandibule dont le rebord tranchant paraît suivi d'une petite marge membraneuse irrégulière et déchiquetée même dans le genre *Cœligena* (surtout *C. henrica*). O. Salvin classait
les genres *Aphantochroa*, *Cœligena*, *Oreopyra* et *Lamprolæma* dans la section des *lævi-
rostres*, les *Adelomyia* et *Anthocephala* dans celle des *intermédiaires*, bien que la plupart
ne diffèrent pas sous ce rapport.

(3) Ces derniers caractères d'apparence insignifiante sont cependant, à mon avis, les
plus essentiels du groupe des *Cœligena*.

3. Queue ample, un peu arrondie, rectrices un peu plus courtes des submédianes aux externes, mais médianes à peine plus courtes que les submédianes, noires; les externes et subexternes pointées de blanc ou de gris. Bec plus long que la tête, robuste, légèrement courbé. Sous-caudales gris noirâtre et frangées de gris-blanc. Ailes noirâtres unicolores sans parties rousses. — ♂ En dessous une plaque jugulaire séparée du bec par un étroit menton noirâtre et coupée droit en arrière, bleu, violet ou rose un peu cendré (chaque plume, vue d'arrière en avant, étroitement liserée de blanchâtre, ce qui donne à l'ensemble un aspect écailleux), poitrine non brillante, comme l'abdomen (1). . . . . **Cœligena**.

— Queue ample, plus longue, nettement fourchue, rectrices un peu et graduellement plus longues des médianes aux externes, noir-violet unicolores. Bec environ de la longueur de la tête, assez faible, droit sauf à la pointe. Sous-caudales noires. Ailes en grande partie rousses. — ♂ En dessous une plaque jugulaire allongée rose brillant bordée de noir et une grosse tache pectorale bleu-violet brillant, abdomen noirâtre. **Lamprolæma**.

4. Sexes semblables; mâle gynémorphe sans aucune partie brillante. Queue carrée; rectrices médianes vertes ou bronzées, latérales bronzé obscur violacé, passant au cuivré à la base. Bec robuste et à peine arqué, noir, un peu plus long que la tête (2) . . . . **Aphantochroa**.

— Sexes dissemblables; mâle différant de la femelle par une plaque céphalique et une plaque jugulaire brillantes; parfois d'un autre style de coloration (*Oreopyra*). Queue carrée ou très légèrement échancrée; rectrices à peine plus longues des médianes aux externes. Bec moins robuste, droit, environ de la longueur de la tête. 5

5. Queue à peu près carrée; rectrices médianes, vues en dessus, à peine plus courtes que les autres; celles-ci égales entre elles, relativement assez étroites; de chaque côté une bande sous-oculaire vert brillant et une ligne postoculaire blanche, longue, arquée en bas en demi-cercle. Corps en dessous en grande partie blanc. — ♂ Orné d'une plaque jugulaire violette séparée du bec par un menton vert, et d'une plaque céphalique vert doré très brillant formée de plumes squamiformes assez petites, s'étendant du bec à la base de la nuque, atténuée et bordée de noir en arrière. . . . . **Prodoria** (3).

— Queue plus nettement fourchue; rectrices médianes, vues en dessus, plus courtes que les autres; celles-ci graduellement et très légèrement plus

---

(1) Ridgway qui admet ici deux genres (*Cyanolæma* pour *C. Clemenciæ*, et *Delattria* pour *C. henrica*), indique une différence dans la forme et la courbure du bec qu'il m'est impossible de saisir.

(2) Les affinités des *Aphantochroa* sont obscures; les plus étroites me paraissent être avec les *Cœligena*, de plus éloignées avec quelques genres du groupe des *Agyrtria* tels que *Talaphorus* et *Tephropsilus*. Les *Aphantochroa* ont cependant été rapprochés des *Campylopterus* par les auteurs de l'époque de Gould et d'Elliot et j'avais même proposé de les réunir au genre *Phæochroa* avec lequel ils me paraissent aujourd'hui n'avoir qu'une certaine analogie de livrée, car le bec et les rectrices sont très différents; les *Phæochroa* se rapprochant plus des *Eutoxeres*.

(3) Sur les affinités des *Prodoria* et des *Oreopyra* avec les *Leucaria*, voir plus loin au groupe des *Bourcieria*.

longues des submédianes aux externes; de chaque côté une bande sous-
oculaire noir mat et une ligne postoculaire blanche. — ♂ Orné d'une
plaque jugulaire brillante, atteignant la base du bec (1). . . .   6.
6. Rectrices médianes en dessus à côtés presque parallèles, obtuses. Corps
en dessus vert cuivré avec les supra-caudales noires comme les rectrices.
Corps en dessous en grande partie blanc; rectrices latérales en grande
partie blanchâtres ou gris bronzé clair. — ♂ Partie céphalique garnie de
plumes assez petites d'un vert plus brillant que celui du dos, sans former
de plaque définie; en dessous une plaque jugulaire vert brillant. — ♀ Corps
en dessous blanc comme celui du mâle, mais sans parure jugulaire.

Leuconympha.

— Rectrices médianes en dessus longuement et légèrement atténuées; brièvement subacuminées. Corps en dessus vert cuivré avec les supra-caudales
d'un vert plus franc ou plus foncé, souvent noirâtres à la base (♂). —
Sexes complètement dissemblables. — ♂ orné d'une plaque céphalique
de très larges plumes squamiformes d'un vert clair très brillant, s'étendant
jusqu'à la nuque; corps en dessous vert cuivré passant au gris ou au
noirâtre sur l'abdomen, orné d'une plaque jugulaire violet irisé ou blanc
mat. Rectrices unicolores, médianes et latérales semblables, celles-ci non
pointées de blanc. — ♀ Corps en dessus sans plaque céphalique; en
dessous sans plaque jugulaire, entièrement fauve-roux. Rectrices médianes vert bronzé, les latérales pointées de blanc grisâtre. . . Oreopyra.

7. Sexes semblables; corps en dessus vert cuivré, plus terne sur la tête; de
chaque côté une bande noire sous-oculaire prolongée et dilatée en arrière
et une petite ligne blanche postoculaire; en dessous gris-blanc ou fauve,
surtout sur les flancs; gorge mouchetée de petites taches vert-bronzé;
brunâtres ou rarement bleues; sous-caudales gris-blanc ou fauve pâle;
rectrices médianes bronzé obscur; latérales en dessous bronzé noirâtre
éclaircies (parfois fauves) à la base interne, longuement pointées de blanc
ou de fauve . . . . Adelomyia.

— Sexes dissemblables par le dessus de la tête; corps en dessus vert foncé
passant au cuivré sur l'uropygium et les supra-caudales; celles-ci frangées
de fauve; de chaque côté une bande noire oculaire et un petit point blanc
postoculaire; corps en dessous gris-fauve; rectrices médianes bronzé
cuivré, latérales vert bronzé à la base ensuite noires, longuement pointées
de blanc ou de fauve. — ♂ Tête en avant blanc lavé de fauve passant
graduellement en arrière au roux canelle violacé non métallique.

Anthocephala.

1ᵉʳ Genre. — APHANTOCHROA

— Corps en dessus vert bronzé, plus foncé et plus terne sur la tête, avec les
supra-caudales (au moins les plus longues) bronzé plus clair et plus
cuivré; en dessous gris foncé, plus rarement gris-blanc, plumes de la
gorge, de la poitrine et parfois des flancs à disques vert bronzé assez
petits; sous-caudales gris noirâtre étroitement frangées de blanc, parfois
un peu teintées de vert bronzé au disque (les plus courtes) ou le long du

---

(1) Excepté *Oreopyra pectoralis* Salv.

stipe. Rectrices médianes en dessus vert bronzé olive, plus ou moins
teinté de rougeâtre surtout à l'extrémité ; les autres, en dessus et en
dessous, bronzé plus violet, passant graduellement au cuivré verdâtre
obscur à la base, surtout externe, au noirâtre violacé à l'extrémité, au
moins en dessous. Bec de 19 à 20 m/m. . . . . . **A. cirrochloris** (Vieill.).

Races locales. — (b) Rectrices médianes et submédianes vert foncé légèrement
bleuâtre ; les autres comme celles du type mais un peu plus ternes. Bec
semblable. . . . . **A. cirrochloris ænescens,** var. nova.

— (c) Rectrices médianes seules vert foncé légèrement bleuâtre ; les autres à
partie basale, plus longue, d'un cuivré plus clair et plus brillant. Bec un
peu plus long et un peu plus courbé, de 22 à 23 m/m.

A. cirrochloris longirostris, var. nova.

2e Genre. — COELIGENA

— ♂ Plaque jugulaire bleu légèrement cendré ; lores blancs teintés de jaunâtre
surtout en avant ; corps en dessus vert cuivré, plus foncé et plus terne sur
la tête, passant en arrière au bronzé olive ; supra-caudales tantôt noires
(les plus longues) tantôt bronzé olive foncé ; rectrices noires ; les médianes
et submédianes unicolores ; les externes et subexternes blanches au moins
dans leur tiers apical (surtout au côté externe) ; les latérales internes
marquées d'une petite tache blanche apicale ; sous-caudales gris noirâtre
frangées de blanc. — ♀ Corps en dessous gris plus clair avec le menton
et la gorge souvent éclaircis et très légèrement teintés de jaunâtre (1), les
côtés de la poitrine (et parfois de l'abdomen) plus ou moins vert cuivré
cendré. Rectrices externes blanches dans toute leur moitié apicale, au
moins au côté externe. — ♂ ♀ Taille forte : aile de 75 à 82 m/m ; bec de
23 à 25 1/2 m/m . . . . **C. Clemenciæ** (Less.).

— ♂ Plaque jugulaire rose clair à reflets bleus ; lores fauves au moins en avant ;
corps en dessus vert cuivré plus brillant, néanmoins plus foncé et plus
terne sur la tête, passant sur l'uropygium au bronzé rougeâtre parfois
violacé ; supra-caudales noirâtre légèrement bronzé ; de chaque côté une
bande sous-oculaire noirâtre bronzé à peine plus foncée que la tête ; corps
en dessous gris assez foncé avec les côtés de la poitrine largement vert
cuivré. Rectrices noires, les externes et subexternes pointées, à peine dans
leur quart apical, de gris obscur souvent fondu ; sous-caudales gris noirâtre, assez longuement et nettement frangées de blanchâtre. — ♀ corps en
dessous gris plus clair, passant nettement au fauve rougeâtre sur la gorge
et le menton. — ♂ ♀ Taille assez forte : ♂ bec de 18 1/2 à 20 m/m, ♀ de
20 à 20 1/2 m/m. . . . . **C. amethystina** (Sw.).

Races locales ou sous-espèces. — (b) Diffère du type par le bec plus long, de 22 à
24 m/m (2) et la bande sous-oculaire noir mat. — ♂ Corps en dessous d'un
gris plus foncé noirâtre avec la plaque jugulaire d'un rose vif sans reflets

---

(1) Les jeunes mâles ont au contraire le menton et la gorge d'un gris foncé plus
noirâtre.

(2) Mesures prises sur trois mâles de la collection Simon.

bleus ; les côtés de la poitrine d'un cuivré moins vert, parfois un peu
rougeâtre. — (?) ♀ Corps en dessous gris, non ou à peine teinté de fauve
en avant (1). . . . . **C. amethystina Salvini** (Ridgw.).

— (c) ♂ Diffère du type par la plaque jugulaire rose vif sans reflets bleus
(comme celle de *C. am. Salvini*) ; le corps en dessous d'un gris plus foncé ;
la taille un peu plus faible ; (?) le bec un peu plus court (sec. Ridgway) (2).
C. amethystina brevirostris (Ridgw.).

— (d) Plaque jugulaire violette (3) ; sous-caudales plus étroitement et moins
distinctement frangées de gris-blanc fondu. Plumage général foncé ; en
dessus et en dessous comme *C. amethys. Salvini* ; côtés de la poitrine
cuivré doré sans reflets verts. — ♀ Menton et gorge d'un roux plus foncé
nettement défini ; rectrices externes plus brièvement pointées de gris fondu.
C. amethystina margaritæ (Salv. et Godm.).

— (e) ♂ Plaque jugulaire violet-bleu (royal purple or more bluish). Corps en
dessus vert cuivré plus bronzé (sec. Nelson et Ridgw.) (4).
C. amethystina Pringlei (Nelson).

3° Genre. — **LAMPROLÆMA**

— ♂ Corps en dessus vert, graduellement plus cuivré en arrière sur le dos,
l'uropyglum et les supra-caudales ; de chaque côté un point blanc postoculaire ; en dessous menton et gorge noir profond avec une large bande
médiane, un peu atténuée en arrière, rose carminé ou violacé brillant ;
poitrine bleu-violet foncé brillant ; abdomen noir de suie grisâtre mêlé de
vert cuivré sur les flancs ; sous-caudales noir bleuâtre, les plus courtes
seules brièvement frangées de blanc ; rectrices violet très foncé ; ailes
brunâtres avec les scapulaires et petites couvertures vert cuivré ; les
grandes couvertures rousses, liserées de noirâtre au moins à l'extrémité ;
les rémiges secondaires rousses, les basales étroitement, les apicales longuement bordées de noirâtre ; les rémiges primaires longuement rousses
à la base, l'externe bordée de roux au moins jusqu'à son tiers apical. Bec
de 17 à 17 1/2 m/m. — ♀ Corps en dessus vert cuivré un peu plus clair ;
en dessous gris foncé avec quelques plumes vert cuivré isolées sur les
flancs ; de chaque côté une bande sous-oculaire noirâtre et une courte ligne
blanche postoculaire ; sous-caudales noirâtres étroitement frangées de
gris-blanc ; rectrices externes brièvement bordées de gris-blanc à l'extrémité et finement au bord externe dans leur moitié apicale ; parties rousses
des rémiges généralement plus restreintes. — ♂ *jeune*, livrée de la femelle
seulement côtés de sa poitrine vert bleuâtre, côtés de l'abdomen passant
au noirâtre et parsemés de plumes vert cuivré foncé.   **L. Rhami** (Less.).

---

(1) Je ne suis pas sur que l'oiseau décrit ici comme femelle (sur un seul individu) ne
soit pas un jeune mâle.

(2) *C. amethystina brevirostris* m'est inconnu en nature ; la longueur du bec donnée
19 m/m (in description originale) 19 à 21 m/m (in Birds of N. Amer., v, p. 498) serait
normale pour *C. amethystina* typique ; dans son dernier ouvrage l'auteur exprime des
doutes sur la validité de cette forme, connue seulement par deux mâles (loc. cit, p, 498, nota).

(3) Ridgway ajoute que les plumes violettes de cette plaque ne sont pas lisérées de
blanchâtre, mais sous ce rapport je ne trouve aucune différence entre la forme type et la
forme *margaritæ* (d'après trois mâles provenant de O. T. Baron).

(4) Cette forme m'est inconnue en nature ; ces caractères me paraissent très faibles.

4e Genre. — PRODORIA

— ♂ Corps en dessus vert cuivré ; tête ornée (vue en avant) d'une plaque d'un vert très brillant, atténuée en arrière, nuque et cou d'un vert foncé (passant au noir vus en avant); supra-caudales cuivré olive; en dessous menton vert brillant (plumes isolées frangées de gris-blanc) suivi d'une plaque jugulaire violet-mauve, bordée de chaque côté de vert très brillant ; poitrine et abdomen blanc pur avec les flancs vert cuivré; sous-caudales blanches, au moins les plus courtes lavées de gris clair au disque. Rectrices médianes et submédianes en dessus bronzé olive ou cuivré doré (1) ; latérales en dessous gris bronzé clair, passant graduellement au bronzé vert ou doré puis au noirâtre vers l'extrémité et assez étroitement pointées de gris-blanc fondu. Bec de 16 1/2 à 19 m/m. — ♀ Corps en dessous blanc pur avec les côtés de la gorge et de la poitrine ornés de plumes isolées sériées vert brillant. Rectrices médianes en dessus plus teintées de cuivré-rouge à l'extrémité; les latérales en dessous plus longuement et plus nettement pointées de blanchâtre. Bec de 18 1/2 à 21 m/m.

P. hemileuca (Salv.).

5e Genre. — LEUCONYMPHA

— ♂ Corps en dessus vert cuivré, passant en arrière au bronzé rougeâtre ou olivâtre plus foncé ; tête vue en dessus vert foncé, vue en avant vert plus brillant, surtout à la base du bec (sans former de plaque définie). Corps en dessous blanc; menton et gorge ornés d'une plaque vert clair brillant, formée de plumes squamiformes non confluentes (à base blanche apparente); flancs, surtout au-dessous de la poitrine, vert cuivré; supra-caudales, rectrices médianes et submédianes en dessus noirâtre mat ; rectrices latérales en dessous gris clair, concolores ou légèrement lavées de noirâtre à l'extrémité, leur stipe gris-fauve; sous-caudales gris clair étroitement frangées de blanchâtre. Bec de 17 à 18 m/m. — ♀ Gorge et poitrine blanches; rectrices médianes bronzé foncé, latérales en dessous gris clair, presque blanches à l'extrémité et au bord externe.

L. viridipallens (B. et M.).

— ♂ jeune (2). Corps en dessus vert cuivré plus brillant, avec la tête et la nuque d'un vert foncé ; en dessous gorge et poitrine ornées de plumes squamiformes vert clair brillant non confluentes (à base blanche apparente) ; abdomen de plumes vert cuivrée frangées de blanc au moins au milieu et à la base; sous-caudales gris noirâtre clair, longuement frangées de blanc; supra-caudales noir-bleu. Rectrices médianes noir-bleu passant à la base au noir mat; submédianes également noires mais marquées à la base d'une bande médiane blanche abrégée; rectrices latérales en dessous blanches, finement liserées de noir au côté interne, plus ou moins lavées de noirâtre à l'extrémité, leur stipe noir. Bec un peu plus long, de 18 1/2 à 19 m/m . . . . L. Sybillæ (Salv. et Godm.).

---

(1) Les submédianes ont généralement une petite bordure gris-blanc apicale précédée, surtout au côté interne, d'une zone noirâtre fondue.

(2) L'espèce n'est connue que par des mâles incomplètement adultes ; plusieurs des caractères indiqués tiennent peut-être à l'âge.

6ᵉ Genre. — OREOPYRA

TABLEAU DES ESPÈCES

1. — ♂ Rectrices gris clair, légèrement et graduellement obscurcies vers l'extrémité et (vues en dessus) au bord externe ; les médianes un peu plus foncées, passant longuement au noirâtre fondu à l'extrémité, stipes blancs en dessous, noirs en dessus. Tête en dessus vert-bleu très brillant ; plaque jugulaire blanc pur (1) ; poitrine vert doré très brillant, jusqu'à la plaque blanche ; abdomen gris, passant au vert cuivré sur les flancs ; sous-caudales gris bronzé verdâtre frangées de blanchâtre. — ♀ Rectrices médianes en dessus vert bronzé olive ; externes en dessous gris un peu bronzé, surtout au côté interne, très légèrement et graduellement plus foncé vers l'extrémité mais assez longuement pointées de blanc grisâtre. — ♂ ♀ Bec de 19 1/2 à 20 m/m. . . . . **O. cinereicauda** Lawr.

— ♂ Rectrices noir bleuâtre, leurs stipes noirs ou noirâtres. Tête en dessus d'un vert clair très brillant non bleuâtre ; abdomen gris noirâtre dans le milieu et à la base ; sous-caudales gris noirâtre, étroitement frangées de blanc, les plus courtes souvent vert cuivré au disque. . . . . **2.**

2. ♂ Plaque jugulaire atteignant la base du bec, tantôt blanc mat (forme *leucaspis*) tantôt violet clair irisé (forme *calolæma*) (2) ; poitrine entièrement vert doré brillant. Rectrices d'un noir mat, plus profond en dessus qu'en dessous et parfois légèrement bleuâtre (les médianes) ; les externes passant parfois graduellement à la base ou bronzé très obscur. — ♀ Rectrices médianes vert plus bronzé moins bleuâtre que celui des supra-caudales, latérales en dessous vert cuivré à la base interne, grises à la base externe, ensuite noir-bleu et assez longuement pointées de blanc grisâtre. — ♂ ♀ Bec de 17 1/2 à 20 1/2 m/m. **O. castaneiventris** (Gould).

— ♂ Plaque jugulaire violet irisé séparée de la base du bec par un menton noirâtre parsemé de plumes à disque vert bronzé ; poitrine vert cuivré foncé, passant au noir en avant (plaque jugulaire vue d'avant en arrière paraissant largement bordée de noir) ; rectrices noir un peu bleuâtre en dessus et en dessous. Bec 17 1/2 (femelle inconnue). **O. pectoralis** Salv.

7ᵉ Genre. — ADELOMYIA

TABLEAU DES ESPÈCES

1. Gorge ornée de quelques larges plumes d'un bleu brillant, squamiformes, non confluentes ; menton de taches plus petites vert foncé bleuâtre. Rectrices médianes bronzé foncé légèrement teintées de violet à l'extrémité ; les autres rectrices pointées de fauve-roux ; les externes (en dessous) noirâtre violacé légèrement et graduellement éclaircies vers la base,

---

(1) Présentant parfois quelques plumes bleues ou violet brillant sur les bords ; il est probable que cette plaque a deux colorations comme celle d'*O. castaneiventris*, mais jusqu'ici je ne connais que la forme blanche.

(2) Probablement une forme de saison ; on trouve des individus en plumage transitoire.

longuement pointées de fauve-roux, plus prolongé dans la moitié externe
(atteignant parfois le milieu). Bec de 13 à 13 1/2 m/m.

        A. inornata (Gould).

— Gorge mouchetée de petites taches vertes, vert bronzé ou brunâtres.
Rectrices médianes bronzé olive très obscur, sans teinte violette.	**2**

2. Menton et gorge marqués de très petites taches brunâtres punctiformes
allongées, espacées, subsériées, ne se prolongeant pas sur la poitrine,
rectrices latérales en dessous noirâtre violacé, passant insensiblement
vers la base externe au bronzé et à la base interne au fauve obscur fondu,
assez brièvement pointées de fauve rougeâtre clair, dessinant une tache
à base triangulaire, un peu prolongée en pointe le long du stipe. Corps
en dessous fauve, plus foncé et plus roux sur les flancs, plus ou moins
mêlé de vert cuivré sur les côtés de la poitrine. Bec noir, mandibule inférieure rarement un peu éclaircie à l'extrême base; taille un peu plus forte
que celle d'*A. melanogenys*, mais bec relativement plus court, de 14 1/2
à 15 m/m (1)	**A. cervina** Gould.

— Menton et gorge marqués de taches subsériées un peu plus grosses et plus
denses, vertes ou bronzé verdâtre, se prolongeant plus ou moins sur les
côtés de la poitrine. Rectrices externes et subexternes plus longuement
pointées de fauve ou de blanc plus ou moins lavé de fauve, formant une
tache à base tronquée droit, ou obliquement, ou un peu sinueuse.	**3**

3. Gorge ponctuée de vert brillant (sp. *ignota* et *incerta*) (2).

        A. chlorospila Gould.

— Gorge ponctuée de bronzé verdâtre obscur.	**4**

4. Corps en dessous gris-blanc légèrement teinté de fauve, passant au fauve
rougeâtre, plus ou moins mêlé de vert cuivré, sur les flancs de l'abdomen;
gorge marquée de petites taches vert bronzé, ovales, subsériées se
prolongeant sur la poitrine, mais toujours plus petites et plus espacées
(parfois nulles) au milieu. Rectrices latérales en dessous noir violacé avec
la moitié basale interne gris-blanc assez nettement limitée, pointées de
blanc légèrement lavé de fauve; pieds noirâtres en dessus, jaune testacé

---

(1) Voici les mesures des individus à ma disposition :
1° Oiseau de la Tigra (ancienne collection de Dalmas) bec 15,5 ; aile 56.
2°			—			—			bec 15, ; aile 57.
3° Oiseau de Rio Aquacatal (nord de la vallée de la Cauca) bec 15, ; aile 55.
4°			—			—			bec 14,8; aile 55,5.
5° Oiseau de Bogota (prép. indigène)			bec 14, ; aile 55.

(2) O. Salvin ajoute l'*A. chlorospila* à la synonymie d'*A. maculata*; les spécimens qui
figurent comme types dans la collection du Musée britannique (*U. V.* du catalogue Salvin)
ressemblent en effet à des *A. maculata* mais ils paraissent être des femelles, de même que
celui rapporté antérieurement du Pérou par Warszewicz (*Z* du catalogue Salvin) que
J. Gould attribuait aussi à son *A. chlorospila*; la description originale du mâle indique
pour ce sexe seulement de grandes différences qui font penser à une espèce plus voisine
d'*A. inornata* «throat chest and abdomen buffy white, the feathers of the throat punctulated
with *glittering green* » ce qui n'est certainement pas le cas pour les autres espèces du genre.

en dessous. Bec noir avec la base de la mandibule inférieure éclaircie ou fauve, de 13,8 à 14 1/2 m/m (rarement 15 m/m).

A. melanogenys (Fraser) (1).

Formes locales. — (b) Corps en dessous blanc presque pur, sans teinte fauve sauf légèrement sur les flancs de l'abdomen, sous les ailes; mouchetures de la gorge plus petites et longues, plus limitées, ne s'étendant pas sur le milieu de la poitrine, entièrement blanc. Rectrices externes noir violacé, passant au gris fondu au côté interne dans leur tiers ou leur quart basal seulement, pointées de fauve vif. Pieds entièrement noirs ou à peine éclaircis en dessous. Bec noir, plus petit, de 13 à 13 1/2 m/m.

A. melanogenys œneotincta (E. S.).

— (c) Corps en dessous blanc légèrement grisâtre à peine teinté de fauve sur les flancs; mouchetures de la gorge plus grosses et généralement plus arrondies, s'étendant plus ou moins sur la poitrine, mais toujours plus petites et plus espacées au milieu. Rectrices latérales noir violacé, passant au blanchâtre dans leur tiers basal interne, un peu plus longuement pointées de blanc à peine lavé de fauve (un peu plus sur les subexternes et les latérales internes que sur les externes). Bec plus fort et plus long : de 14 1/2 à 15 1/2 m/m; mandibule inférieure jaune testacé au moins dans son tiers basal. Pieds jaune testacé, à peine rembrunis en dessus.

A. melanogenys maculata (Gould).

8ᵉ Genre. — ANTHOCEPHALA

— ♂ Corps en dessous gris clair sur le menton, la gorge et la poitrine, un peu obscurci et mêlé de vert bronzé sur les côtés de celle-ci, fauve-roux vif sur l'abdomen; sous-caudales fauve-roux plus clair; supra-caudales longuement frangées de roux foncé. Rectrices médianes en dessus cuivré rouge, passant, à la base, au cuivré doré; rectrices latérales en dessous vert bronzé à la base passant au bronzé-rouge foncé puis au noir violacé, toutes longuement pointées de fauve-roux. Bec un peu plus long que la tête, de 14 à 15 m/m (2). . . . . A. floriceps (Gould).

— ♂ Corps en dessous entièrement gris à peine teinté de fauve à la base de l'abdomen; sous-caudales blanchâtres à petits disques gris brunâtre; supra-caudales plus étroitement frangées de fauve blanchâtre. Rectrices médianes en dessus uniformément bronzé cuivré rougeâtre; rectrices latérales en dessous vert bronzé à la base, passant ensuite au noirâtre fondu; les externes et subexternes très longuement, les latérales internes

---

(1) Parmi les oiseaux de Bogota on trouve parfois des individus ayant le dessous du corps fauve rougeâtre plus foncé; les taches du menton et de la gorge brunâtres, disposées en séries longitudinales, dans chaque série subconfluentes; la tache apicale des rectrices latérales fauve. Cette variété est individuelle; il faut se garder de la confondre avec *A. cervina* que j'ai une fois trouvé dans un lot de Bogota. Les oiseaux de Mérida (Vénézuéla) sont un peu intermédiaires à la forme type de Bogota et à la forme *æneotincta*; par le dessous du corps et les pieds ils se rattachent à la forme type, mais leur bec est généralement plus faible et les taches latérales de leurs rectrices latérales sont plus teintées de fauve, sans être d'un fauve vif comme celles de l'*A. æneotincta*. Dans la collection Boucard, un *A. melanogenys* foncé de Bogota est faussement déterminé *A. cervina*; un albinisme de la même espèce figure sous le nom inédit d'*A. simplex*.

(2) Je ne connais pas la femelle.

brièvement pointées de blanc pur. Bec beaucoup plus long que la tête, de 17 à 17 1/2 m/m. — ♀ Corps en dessous fauve-roux, graduellement éclairci en avant ; rectrices latérales très longuement pointées de blanc teinté de fauve . . . . **A. Berlepschi** Salv.

25ᵉ Groupe. — **UROSTICTE**

Bec plus long que la tête, droit sauf à l'extrémité de la mandibule supérieure très brièvement infléchie, à marges longues et mutiques non ou à peine serrulées ; base emplumée du culmen très courte, laissant les écailles nasales à découvert sauf étroitement à leur bord supérieur. Queue médiocre, généralement fourchue chez le mâle, carrée ou un peu arrondie chez la femelle, rarement dans les deux sexes ; toutes ses rectrices assez étroites et obtuses ; sous-caudales assez longues et molles. Pieds relativement petits, tarses emplumés en dessus à la base seulement et de chaque côté, plus longuement sur la face externe. Sexes le plus souvent dissemblables, parfois semblables, dans ce cas (*Phlogophilus*) le mâle gynémorphe.

TABLEAU DES GENRES

Bec grêle dès la base noir. Pieds noirs au moins en dessus. Corps en dessus vert cuivré assez foncé ; de chaque côté une petite tache blanche postoculaire. Sexes très dissemblables : ♂ en dessous, menton et gorge vert brillant ; poitrine verte ou violette ; queue fourchue ; rectrices médianes et submédianes égales, longuement atténuées et pointées de blanc ; rectrices latérales assez étroites mais peu ou point atténuées et obtuses, légèrement et graduellement plus longues des latérales internes aux externes, unicolores vert bronzé foncé. — ♀ Corps en dessous blanc, densément moucheté de vert doré, queue plus courte presque carrée ; les médianes et submédianes plus larges mais atténuées, unicolores bronzé ou vert cuivré souvent teinté de rouge à l'extrémité ; les latérales noir-verdâtre pointées de blanc, l'externe un peu plus courte que la subexterne.

                                                Urosticte.

— Bec plus robuste à la base ; mandibule supérieure noire, l'inférieure jaune testacé à la base, longuement rembrunie à l'extrémité. Pieds jaune clair. Sexes semblables, mâle gynémorphe. — ♂ ♀ Corps en dessus vert cuivré sans point blanc postoculaire ; en dessous blanc ou fauve avec la gorge et le haut de la poitrine peu densément mouchetés de vert ; les flancs de l'abdomen plus ou moins vert cuivré ; queue ronde, rectrices médianes légèrement atténuées obtuses, les autres graduellement plus courtes des submédianes aux externes, noires, avec la base et l'extrémité blanches.

                                             Phlogophilus.

1ᵉʳ Genre. — **UROSTICTE**

TABLEAU DES ESPÈCES

— ♂ Menton et gorge vert brillant ; poitrine et abdomen vert plus sombre, légèrement mêlé de blanc sur la poitrine *sans tache violette* ; point blanc postoculaire très petit ; sous-caudales fauve-roux vif à disques verts très petits. Bec de 19 à 19,2 m/m. — ♀ Rectrices médianes et submédianes en dessus *bronzé rouge parfois vioacé foncé* passant graduellement à la base au vert cuivré; rectrices latérales en dessous vert bronzé très foncé passant au noir-bleu foncé sur les bords, mais les *externes et subexternes seules pointées de blanc*, les latérales internes le plus souvent marquées d'un point blanc apical; sous-caudales fauve rougeâtre pâle unicolores ou à très petits disques vert bronzé. — ♂ *jeune*, coloration de la femelle seulement en dessous mouchetures vertes plus denses; en dessus rectrices médianes vert cuivré unicolores ou très légèrement teintées de rougeâtre à l'extrémité (comme celles d'*U. Benjamin* ♀). — ♂ *jeune plus avancé* menton et gorge fauve-roux parsemés de plumes vert brillant à base blanche. . . . . **U. ruficrissa Lawr.**

Race locale. — (b) ♂ Sous-caudales d'un fauve très clair, passant au blanc à la base, les plus courtes à disques verts plus développés. — ♂ ♀ Taille un peu plus forte. Bec de 20 1/2 à 21 m/m. **U. ruficrissa corpulenta, var. nova.**

— ♂ Menton et gorge vert brillant, suivis d'une tache pectorale violet-mauve plus mat, formée de très larges plumes squamiformes; poitrine et abdomen d'un vert cuivré plus sombre, plus ou moins mêlé de blanc en avant. . . . . **2.**

2. ♂ Sous-caudales vertes étroitement frangées de blanc; tache pectorale violet rougeâtre grande; de chaque côté un point blanc postoculaire assez gros. Rectrices médianes et submédianes bronzé rougeâtre très foncé, souvent presque noir, blanc très pur dans leur moitié ou leur tiers apical. Bec de 18 1/2 à 19 1/2 m/m (très rarement 20 m/m). — ♀ Sous-caudales blanches légèrement teintées de fauve, les plus courtes à très petits disques verts; corps en dessus vert cuivré souvent un peu plus franc sur les supra-caudales; *rectrices médianes en dessus vert bronzé plus foncé uniforme* ou légèrement teinté de cuivré rougeâtre à l'extrémité; de chaque côté les *trois externes pointées de blanc* (l'interne plus brièvement). **U. Benjamin (Bourc.).**

Variétés individuelles. — ♂ 1° Rectrices médianes terminées par une tache bronzé rougeâtre foncé comme la base de la plume; submédianes dans leur tiers apical entièrement blanches (un seul mâle de l'Ecuador). — 2° Rectrices médianes bronzé rouge foncé avec une petite tache blanche submédiane au côté externe, le long du stipe; submédianes blanches dans leur tiers apical avec une petite tache noire apicale interne; tache pectorale violette plus petite. Bec 18 1/2 m/m (un seul mâle de l'Ecuador).

Sous-espèce. — (b) ♂ Tache pectorale plus petite, d'un violet plus gris et plus terne; abdomen et surtout côtés de la poitrine plus largement mêlés de blanc. Bec beaucoup plus long, de 23 m/m. Rectrices médianes et submédianes plus acuminées avec une petite tache noire apicale (dans la partie blanche) (1). . . . . **U. Benjamin rostrata Hellm.**

— ♂ Sous-caudales vertes frangées de fauve; tache pectorale plus petite subtriangulaire d'un violet terne plus foncé; de chaque côté point blanc

---

(1) Sur un seul mâle au Musée de Munich; ses caractères très faibles sont peut-être individuels.

postoculaire plus petit. — ♀ Sous-caudales blanchâtres teintées de roux
(sec. Taczanowski) . . . . U. intermedia Tacz. (1).

<h3 align="center">2ᵉ Genre. — PHILOGOPHILUS</h3>

— Corps en dessus vert cuivré assez foncé; en dessous blanc avec le menton
étroitement roux à la base du bec; la gorge et le haut de la poitrine
mouchetés de vert; les flancs de l'abdomen (surtout en avant) vert
cuivré; partie blanche de la poitrine prolongée de chaque côté jusqu'à
l'épaule en large bande oblique; sous-caudales blanc grisâtre; rectrices
médianes vert cuivré ou bleuâtre, passant le plus souvent au noir à
l'extrémité; latérales noir bleuâtre, brièvement blanches à la base,
longuement à l'extrémité. — ♂ pointe blanche des rectrices latérales
bordée de noir au côté externe, ♀ sans bordure noire (2).
P. hemileucurus Gould.

— Corps en dessus vert plus foncé, plus bleuâtre; dessous fauve pâle passant
au blanchâtre sur la gorge et le milieu de l'abdomen; côtés de la gorge et
région sous-oculaire mouchetés de très petites taches vertes; rectrices
externes plus longuement blanches à la base, plus brièvement pointées de
blanc lavé de fauve . . . . P. Harterti Berl.

<h3 align="center">26ᵉ Groupe. — HELIODOXA</h3>

Voisin du groupe *Cœligena*; il en diffère surtout, chez le mâle, par la base
du bec emplumée, au moins jusqu'à l'extrémité des écailles nasales et
souvent même au delà (*Eugenia* etc.); celles-ci emplumées et cachées (3),
chez la femelle ou dans les deux sexes (quand le mâle est gynémorphe, par
la bande noire oculaire très étroite mais un peu dilatée en avant de l'œil, non
prolongée au-delà; bordée, en dessous seulement, d'une étroite ligne blanche
atteignant en avant la commissure du bec, mais ne dépassant pas l'œil en
arrière (4).

<h3 align="center">TABLEAU DES GENRES</h3>

— ♂ ♀ Bec noir, long, arqué, dès la base. Rectrices latérales pointées de blanc
ou de fauve, leur stipe blanc. Ailes à grandes couvertures en partie
rousses. — ♂ Sans parure céphalique; gorge vert brillant sans plaque
jugulaire; poitrine bleu-violet bordée de noir. — ♀ Menton, gorge et
poitrine blanc mouchetés de vert; abdomen fauve-roux. Sternoclyta.

— ♂ Bec droit (5) sauf le plus souvent à l'extrémité; ♀ généralement arqué;
♂ rectrices jamais pointées de blanc . . . . 2.

---

(1) Species ignota, peut-être une forme amoindrie de l'*U. Benjamin*.

(2) Je ne suis pas certain que ce caractère soit sexuel.

(3) Ce dernier caractère atténué dans les genres *Eugenes* et *Sternoclyta* dont le bord
inférieur des écailles reste dénudé surtout en avant.

(4) Excepté dans le genre *Ionolæma* dont la ligne blanche sous-oculaire est un peu dilatée
en arrière et prolongée bien au delà de l'œil.

(5) Excepté *Hylonympha* et *Phæolæma*.

2. Rectrices bronzées ou en partie rousses, au moins par leurs stipes en
dessous ; sous-caudales tantôt vertes, tantôt bronzé clair, plus ou moins
frangées de blanchâtre ou de fauve . . . . **3.**

— Rectrices noir-bleu ou noir mat (entièrement ♂, ou en grande partie ♀).
. . . **7.**

3. ♂ ♀ Rectrices rousses ou bronzé clair (sauf les médianes) à stipes roux
ou fauves ; queue à peine fourchue. — ♂ orné d'une plaque céphalique
atteignant le bec en avant, atténuée sur le vertex, en dessous d'une
plaque jugulaire brillante. — ♀ sans plaque céphalique ni plaque jugulaire ; rectrices jamais pointées de blanc. . . . . **4.**

— ♂ ♀ Rectrices bronzé olive à stipes noirs . . . . **6.**

4. Sous-caudales rousses à disques gris bronzé. Rectrices bronzé rougeâtre ou
olivâtre, les latérales et parfois les médianes, à stipes fauves. Bec long
arqué ou seulement sa mandibule supérieure légèrement infléchie, environ
dans son tiers apical. — ♂ ♀ Corps en dessus vert cuivré avec les supra-
caudales bronzées ou dorées ; en dessous fauve varié de vert cuivré sur
les flancs ; ailes noir violacé avec le bord externe roux, les grandes
couvertures rousses au côté interne, au moins à la base. — ♂ orné d'une
plaque jugulaire rose brillant formée de grosses plumes squamiformes ;
parure céphalique nulle ou réduite à une bande vert brillant formée de
plumes petites. — ♀ sans plaque jugulaire ni bande céphalique ; menton
et gorge blancs ou fauve très clair, à mouchetures vertes petites subsérices ;
ligne sous-oculaire blanche. . . . . **Phæolæma.**

— ♂ Sous-caudales vert cuivré comme l'abdomen. Rectrices roux foncé,
bordées de bronze, à stipes roux ; bec droit. Corps en dessous en grande
partie vert brillant avec le menton noir. — ♀ ligne sous-oculaire fauve ou
blanchâtre . . . . **5.**

5. Bec à peine plus long que la tête (au moins ♂). Queue ample et assez longue ;
sous-caudales n'atteignant pas le milieu des rectrices. Sexes complètement
dissemblables : ♂ en dessous vert brillant avec une plaque jugulaire rouge ;
en dessus une plaque céphalique acuminée en arrière vert très brillant.
— ♀ corps en dessous et sous-caudales entièrement roux ; bande sous-
oculaire, plus large que la bande noire oculaire, fauve blanchâtre (1).
. . . . **Clytolæma.**

— Bec plus long que la tête. Queue plus courte ; sous-caudales atteignant
ou dépassant le milieu des rectrices. Corps en dessous vert brillant
avec le menton noir et une large bande pectorale transverse roux
mat. — ♂ Parure céphalique bleue. — ♀ Semiandromorphe, différant du
mâle par l'absence de parure céphalique ; ligne sous-oculaire étroite fauvé-
roux. . . . . **Polyplancta.**

6. Queue aussi longue que le corps, profondément fourchue ; ses rectrices
étroites, les latérales longuement atténuées subacuminées, ♂ ♀ bronzé

---

(1) Ce genre pourrait presque avec autant de raison être rapporté au groupe précédent
et placé à côté du genre *Lamprolæma* dont il est en réalité voisin ; il en diffère par la base
du culmen et les écailles nasales plus emplumées et cachées ; les rectrices à stipe roux ; les
médianes plus étroites ; les sous-caudales du mâle vertes comme l'abdomen ; la dissem-
blance sexuelle plus complète, la femelle rousse rappelant celle des *Oreopyra.*

olive foncé ; sous-caudales vertes. — ♂ Tête en dessus ornée d'une plaque
frontale vert doré très brillant ; en dessous gorge et poitrine vert sombre
presque mat avec une petite plaque jugulaire rose-violet ; abdomen vert
doré brillant (à plumes squamiformes larges). — ♀ Sans plaque frontale
brillante ; menton, gorge et milieu de la poitrine blancs mouchetés de
vert (rectrices non pointées de blanc) . . . . **Eugenia.**

— Queue plus courte que le corps, peu fourchue, ses rectrices amples et obtuses.
— ♂ Corps en dessus vert cuivré passant au noir (vu en avant) sur le cou
et les côtés de la tête ; tête en dessus ornée d'une large plaque d'un beau
bleu-violet s'étendant sur la nuque, mais séparée du bec en avant par un
espace frontal noirâtre mat ; corps en dessous noir ou vert cuivré avec le
menton et la gorge vert brillant ; les supra-caudales vert cuivré comme
le dos ; sous-caudales molles, vert bronzé ou grisâtre, étroitement frangées
de blanc ou de fauve ; rectrices cuivrées ou bronzées, les externes très finement lisérées de gris-blanc au bord apical. — ♀ Corps en dessus vert
cuivré, plus terne sur la tête, passant au gris noirâtre ; dessous gris blanchâtre ou légèrement fauve avec la gorge et le haut de la poitrine mouchetés de gris brunâtre, les flancs variés de vert cuivré. Rectrices latérales
en dessous noires, passant au vert ou au bronzé à la base et pointées de
blanc (au moins les externes et subexternes, les latérales internes très
brièvement). . . . . **Eugenes.**

7. ♂ Corps en dessus vert un peu cuivré avec une petite plaque à la base du
bec vert doré très brillant, les supra-caudales d'un vert moins cuivré que
celui du dos, plus franc et souvent un peu bleuâtre ; en dessous menton
et gorge noir profond, poitrine marquée en avant d'une large plaque
transverse violette ; abdomen noir ou noirâtre varié de vert cuivré sur les
flancs ; sous-caudales et rectrices noir-bleu, le plus souvent les rectrices
médianes très étroitement pointées de vert bleuâtre. Bec noir, fort et long,
droit sauf à l'extrémité de la mandibule supérieure infléchie. — ♀ ou
jeune ♂, semiandromorphe, sans plaque frontale ; de chaque côté une
longue ligne blanche sous-oculaire légèrement teintées de fauve en avant,
dilatée et prolongée en arrière bien au delà du niveau de l'œil ; plaque
violette pectorale plus petite ; abdomen vert bronzé passant au gris
noirâtre au milieu ; sous-caudales en partie (les plus courtes) vert
bleuâtre. Rectrices médianes vertes comme le dos ou parfois plus bleuâtre ;
les autres noir-bleu ; les submédianes et latérales internes en dessus
teintées de vert à l'extrémité ; les externes souvent marquées d'une très
petite tache apicale gris-blanc. Bec plus long et plus longuement courbé à
l'extrémité. (1) . . . . **Iolæma.**

— ♂ Corps en dessus vert cuivré passant souvent au noir en avant mais avec
une large plaque céphalique bleu ou vert brillant, en dessous menton
et gorge vert doré brillant ; abdomen noir ou vert cuivré. — ♀ Corps en
dessous blanc moucheté de vert ; rectrices externes et subexternes pointées
de blanc ; ligne blanche sous-oculaire n'atteignant pas ou au moins ne
dépassant pas le niveau de l'œil en arrière (2). **8**

---

(1) Ce qui est dit ici de la femelle ne convient peut-être qu'à celle de *I. Schreibersi*
(Bourc.), je ne connais pas celle de *I. Whitelyana* Gould ; les specimens qui ont les plumes
de la poitrine à base blanche apparente sont probablement des jeunes.

(2) Je n'ai pu vérifier ce caractère dans le genre *Hylonympha.*

8. ♂ Bec courbé au moins dans son quart apical, noir mais avec la mandibule
inférieure de chaque côté bordée, surtout à la base, de blanc jaunâtre
subtransparent. Queue très profondément fourchue ; rectrices graduées
des médianes aux subexternes ; les externes deux ou trois fois plus
longues que les autres et beaucoup plus longues que le corps, molles,
obtuses, à bords parallèles ; sous-caudales noires comme les rectrices. —
♀ Queue très fourchue ; rectrices latérales rousses à la base ensuite noires,
les externes et subexternes pointées de blanc ; leur stipe roux.

Hylonympha.

— ♂ Bec droit sauf à la pointe. Queue fourchue, ses rectrices graduées des
médianes aux externes ; celles-ci de même forme et de même consistance
que les autres ; sous-caudales vert bronzé comme l'abdomen, étroitement
frangées de gris-blanc. — ♀ Queue très peu fourchue, rectrices latérales
en dessous noires à peine teintées de vert bronzé obscur à la base externe,
brièvement pointées de blanc ; leur stipe noir . . . . **9.**

9. ♂ ♀ Mandibule inférieure jaune, rembrunie dans son tiers (♀) ou son
quart (♂) apical. Corps en dessus vert cuivré foncé passant sur les supra-
caudales au vert plus franc moins cuivré, plaque céphalique vert brillant
petite, ne dépassant pas ou à peine le niveau des yeux ; en dessous une
plaque jugulaire bleue. Queue courte très peu fourchue. — ♀ Corps en
dessus vert cuivré avec le devant de la tête d'un vert plus brillant ne
formant pas de plaque définie . . . . **Xanthogonys.**

— ♂ ♀ Bec entièrement noir. Corps en dessus vert cuivré, passant au cuivré
rouge sur le cou et la nuque, au bronzé olive ou rougeâtre sur les supra-
caudales ; plaque céphalique très atténuée en arrière, prolongée sur
l'occiput. — ♂ Queue plus longue profondément fourchue. — ♀ Corps en
dessus vert cuivré avec la tête plus foncée et plus terne que le dos. **10.**

10. ♂ Plaque céphalique d'un beau bleu brillant, gorge et poitrine vert brillant sans plaque jugulaire. — ♀ Abdomen teinté de fauve rougeâtre surtout
au milieu . . . . **Heliodoxa.**

— ♂ Plaque céphalique vert doré très brillant, large sur le front mais très
atténuée sur le vertex ; menton, gorge et poitrine vert très brillant avec
une plaque jugulaire bleue ou violet-bleu. — ♀ En dessous menton et
gorge blancs mouchetés de petites taches vertes subsériées ; poitrine et
abdomen presque entièrement verts sauf au milieu, plumes vertes à base
blanche apparente, sans aucune teinte rousse. — **Smaragdochroa** (1).

<h3 align="center">1ᵉʳ Genre. — CLYTOLÆMA</h3>

— ♂ Tête en dessus et cou jusqu'aux épaules vert cuivré ; dos, uropygium et
supra-caudales cuivré rougeâtre ; tête vue en avant plus foncée presque
noire mais ornée d'une bande d'un vert doré très brillant s'étendant du
bec au vertex, plus étroite que l'espace interoculaire, et très atténuée en
arrière ; en dessous menton noirâtre (plumes noires frangées de fauve,
quelques-unes à petits disques verts) ; gorge ornée d'une plaque presque

____

(1) Dans toutes les espèces des genres *Smaragdochroa* et *Heliodoxa* les jeunes mâles
ont les lores et le menton roux ; leur parure jugulaire paraît avant la parure frontale.

carrée rouge brillant; poitrine vert très brillant; abdomen vert bronzé plus sombre, passant souvent au gris noirâtre à la base; sous-caudales vert bronzé, frangées de fauve. Rectrices roux foncé à stipes roux; les médianes bronzé verdâtre ou cuivré dans leur moitié interne, bordées de bronzé à l'externe; les latérales finement bordées de bronzé au côté externe (un peu plus largement à l'extrémité) et le plus souvent à l'extrémité interne. Ailes noirâtre violacé, avec le bord externe roux; grandes couvertures et rémiges primaires, au moins les plus internes, passant brièvemeet au roux à la base (cette partie rousse généralement cachée). Bec de 18,5 à 19 m/m. — ♀ Corps en dessus vert cuivré (1); en dessous fauve-rouge souvent plus clair en avant; sous-caudales rousses comme l'abdomen, de chaque côté bande noire oculaire étroite bordée en dessous d'une bande plus large blanchâtre fauve. Rectrices médianes vert bronzé unicolores ou passant au roux le long du stipe dans la moitié basale, externes entièrement fauve-roux, plus clair au bord externe et à l'extrémité; les autres rousses; les subexternes étroitement, les autres plus largement bordées de vert bronzé au côté externe. Bec un plus plus long de 19 à 20 m/m . . . . **C. rubricauda** (Bodd.).

2ᵉ Genre. — **POLYPLANCTA**

— ♂ Corps en dessus vert avec la tête plus foncée, passant au noir vue en avant, mais ornée, de la base du bec au vertex, d'une bande assez étroite et atténuée en arrière, d'un bleu-violet brillant; en dessous menton noir mat; gorge et côtés du cou d'un vert doré très brillant; poitrine d'un roux vif non métallique; abdomen vert cuivré foncé; sous-caudales vertes comme l'abdomen, mais brièvement rousses à la base. Rectrices médianes vert cuivré; latérales vert bronzé au côté externe et à l'extrémité, rousses au côté interne au moins dans leurs deux tiers basilaires, à stipe roux; touffes tibiales très développées blanc pur. Bec de 18 1/2 à 19 m/m. — ♀ (2) Dessus de la tête vert cuivré un peu plus foncé que celui du dos, sans bande bleue; de chaque côté une ligne sous-oculaire fauve clair; en dessous bande rousse pectorale plus claire et moins bien définie, surtout en avant; sous-caudales vertes frangées de roux; rectrices externes d'un roux un peu plus clair à l'extrémité, à peine distinctement liserées de noirâtre au bord externe; touffes tibiales blanches passant au noir à la base . . . . **P. aurescens** (Gould).

3ᵉ Genre. — **PHÆOLÆMA**

TABLEAU DES ESPÈCES

— ♂ En dessus tête d'un vert foncé comme le dos sans plumes brillantes (3);

---

(1) L'uropygium est parfois en partie roux; en dessous les côtés de la poitrine et de l'abdomen sont parfois parsemés de plumes vert cuivré; mais ces caractères sont peut-être ceux du jeune mâle; il est à remarquer que cette femelle, qui ressemble beaucoup à celle des *Oreopyra*, s'en distingue tout de suite par ses rectrices latérales rousses et par sa bande oculaire noire non prolongée sur les côtés du cou et non liserée de blanc en dessus.

(2) Il n'est pas impossible que cette description soit celle du jeune mâle et que la femelle adulte reste encore à découvrir.

(3) Sauf parfois quelques petites plumes plus brillantes, isolées au dessus de la base du bec.

en dessous menton vert brillant, ses plumes vertes frangées de fauve blanchâtre; plaque jugulaire d'un rose brillant légèrement orangé. — ♂ ♀ Rectrices médianes bronzé souvent un peu rougeâtre à stipe fauve roux au moins dans la moitié basale; sous-caudales rousses à disques gris bronzé petits en bande transverse arquée; supra-caudales bronzé olive souvent un peu plus doré et plus brillant que celui des rectrices. — ♀ Menton et gorge blancs pictés de plumes vertes subsériées, très petites et parfois effacées en avant; poitrine blanchâtre fauve presque unicolore au milieu, plus densément et plus grossièrement mouchetée de vert cuivré sur les côtés; abdomen d'un fauve plus roux éparsement moucheté de vert en avant sur les côtés. — Bec fort visiblement courbé long de 22 à 24 m/m. . . . . P. æquatorialis Gould.

— ♂ Tête en dessus, vue très en avant, orné d'une bande vert doré brillant, formée de plumes squamiformes petites, large au dessus du bec, atténuée en forme de ligne sur le vertex, parfois bifurquée, parfois effacée, en arrière. — ♂ ♀ Rectrices médianes bronzé doré ou olivâtre à stipe noir, passant rarement au brun-rouge à l'extrême base; sous-caudales à disques gris bronzé plus larges, plus étroitement frangées de roux. . . . . . 2.

2. ♂ Menton fauve clair comme la poitrine (plumes fauves à disques verts très petits et peu apparents); plaque jugulaire rose un peu orangé, de même teinte que celle de *P. æquatorialis* mais plus grosse; supra-caudales et scapulaires bronzé olive comme les rectrices ou à peine plus doré. Bec fort et long, de 22 à 24 m/m comme celui de *P. æquatorialis.*
P. cervinigularis Salv.

— ♂ Menton vert assez foncé; plaque jugulaire rose carminé brillant; rectrices en dessus bronzé cuivré; supra-caudales et scapulaires cuivré-rouge plus brillant. Bec plus court et presque droit, de 12 1/2 à 19 1/2 m/m (1).
P. rubinoides (B. et M.).

4ᵉ Genre. — IOLÆMA

— ♂ Poitrine marquée, au dessous de la plaque violette (2), d'une large zone d'un vert doré très brillant. — ♂ Bec 21 m/m; ♀ bec 23 1/2 à 25 m/m.
J. Schreibersi (Bourc,).

— ♂ Poitrine sans zone verte, noir mat comme l'abdomen jusqu'à la plaque violette. . . . . J. whitelyana Gould.

---

(1) Ces mesures sont celles des oiseaux de Bogota; le bec paraît un peu plus long dans ceux des Andes occidentales, voici celles prises sur 6 individus de San Antonio à 2.100 m., alto de los Angeles 2.200 m. et Santa Margareta à 2.300, communiqués par le Prof. Dernedde: 1° 22 1/2; 2° 21 1/2; 3° 21 faible; 4° 21 faible; 5° 20 m/m; 6° 19 m/m; ces oiseaux ne diffèrent pas autrement de ceux de Bogota, sauf peut-être par l'abdomen d'un roux un peu plus pâle; il me paraît probable que des specimens semblables ont été cités par M. Chapman sous le nom de *P. rubinoides æquatorialis* par confusion avec l'espèce de l'Ecuador.

(2) Ce violet est variable; ordinairement un peu rougeâtre sur les oiseaux du Napo et de l'Ecuador oriental, il est presque bleu sur le seul mâle adulte que j'ai reçu de l'Ecuador méridional à Loja.

5ᵉ Genre. — EUGENIA

— ♂ Corps en dessus vert cuivré avec une plaque frontale vert doré très brillant
(vue en avant) n'atteignant pas le niveau des yeux; en dessous menton,
gorge et poitrine vert très foncé avec une petite plaque jugulaire rose-
violet; abdomen vert doré très brillant; sous-caudales d'un vert plus
terne. Rectrices externes et subexternes noirâtre légèrement bronzé olive
au moins en dessous; les autres rectrices plus vertes et plus cuivrées. —
♀ Corps en dessus vert cuivré; en dessous menton, gorge et milieu de la
poitrine blanchâtres, densément mouchetés de vert cuivré; mouchetures
subsériées, graduellement plus petites et plus espacées au menton; abdomen vert cuivré brillant légèrement varié de roux au milieu — *jeune*
coloration de la femelle seulement menton et lores fauve-roux. — ♂ ♀
Bec de 25 à 26 m/m. . . . . E. imperatrix Gould.

6ᵉ Genre. — EUGENES

— ♂ Corps en dessous (vu en avant) noir mat, changeant en cuivré vu
d'arrière en avant, et passant plus ou moins au grisâtre à la base de
l'abdomen; menton et gorge vert doré brillant. Tête en dessus violet
brillant. Rectrices en dessous cuivré-jaune graduellement plus clair vers
l'extrémité; sous-caudales gris bronzé clair, brièvement frangées de blanchâtre. Bec de 25 à 26 m/m; aile de 69 à 75 m/m. — ♀ Rectrices médianes
en dessus vert cuivré; latérales en dessous vert cuivré à la base, ensuite
noires et pointées de gris blanc. Bec 29 m/m. . . . . . E. fulgens (Sw.).
— ♂ Corps en dessous vert cuivré foncé, le plus souvent mêlé de gris au
milieu de la poitrine; menton et gorge vert doré plus bleuâtre. Tête en
dessus violet plus bleu. Rectrices en dessous bronzé plus foncé et plus
rougeâtre; les externes passant au noirâtre fondu à l'extrémité; sous-
caudales vert cuivré comme l'abdomen, étroitement frangées de fauve
pâle; taille plus forte : Bec de 29 à 30 1/2 m/m; aile de 78 à 80 m/m. — ♀
Rectrices en dessus bronzé rougeâtre surtout à l'extrémité; rectrices
latérales, en dessous, noires, légèrement teintées de bronzé vert foncé à
la base externe, plus brièvement pointées de gris-blanc. Bec de 35 à 36 m/m.
. . . . E. spectabilis (Lawr.).

Forme locale. — (b) Gorge (généralement) d'un vert bleuâtre un peu plus foncé;
rectrices latérales en dessous d'un bronzé-rouge, parfois olivâtre plus
foncé, passant largement au noir fondu au côté interne et à l'extrémité;
taille généralement encore plus forte mais bec relativement plus court (1).
. . . . E. spectabilis chiriquensis Nehrkorn.

---

(1) Voici les mesures prises sur les individus de ma collection; le bec mesuré du milieu
des narines à la pointe :

♂ *E. spectabilis* type		♂ *E. spectabilis chiriquensis*	
du volcan Irazu	29 1/2 m/m	du Chiriqui	28 m/m
id.	30 m/m	id.	28,2 m/m
id.	30 m/m	id.	29 m/m
du volcan de Barta	30 1/2 m/m	id.	29 m/m
de Rancho Redondo	29 m/m	id.	30 m/m

7ᵉ Genre. — SMARAGDOCHROA

♂ Plaque verte céphalique nettement plus étroite que l'espace interoculaire, vue en avant paraissant largement bordée de noir, en arrière très
acuminée sur le vertex. Rectrices médianes noir bleuâtre comme les latérales, parfois légèrement bronzé violacé au bord apical ou le long du
stipe. Bec fort et long : ♂ de 23 à 25 m/m ; ♀ de 24 à 27 m/m.

S. Jamesoni (Boure.)

♂ Plaque verte céphalique, vue en avant, aussi large ou presque aussi large
que l'espace interoculaire, moins atténuée et plus obtuse en arrière.
Rectrices médianes bronzé verdâtre ou rougeâtre ; les submédianes
souvent bronzées à l'extrémité ou marquées d'une petite tache apicale
fondue. Bec plus court : ♂ de 19 à 21 m/m ; ♀ de 20 à 23 m/m.

S. jacula (Gould) (1).

Forme locale. — (b) Toutes les rectrices noires comme celles de *S. Jamesoni*
mais les supra-caudales d'un cuivre-rouge plus brillant. Plaque jugulaire
d'un bleu plus clair, parfois un peu verdâtre ; taille un peu plus forte.

S. jacula Henryi (Lawr.)

8ᵉ Genre. — XANTHOGONYS

♂ Plaque frontale vert très brillant, assez étroite, atténuée, dépassant à
peine le niveau des yeux ; en dessous, menton, gorge et poitrine vert glacé
très brillant avec une plaque jugulaire d'un beau bleu ; abdomen vert
cuivré foncé, passant au noirâtre à la base ; sous-caudales noires un peu
teintées de vert au milieu, les plus longues frangées de gris-blanc à la base
seulement. Toutes les rectrices noir profond. — ♀ Corps en dessous
blanc ; gorge et poitrine densément mouchetées de vert brillant ; menton
à mouchetures plus petites et plus espacées ; abdomen vert cuivre, coupé
en avant d'une ligne blanche mal définie, largement blanc à la base ;
sous-caudales bronzé noirâtre, nettement bordées de blanc, les plus
courtes seules tachées de vert au disque. Rectrices médianes bronzé vert
foncé, les autres noires, les externes, subexternes et latérales internes
marquées d'une petite tache blanche apicale. X. xanthogonys (Salv.)

9ᵉ Genre. — HELIODOXA

♂ Corps en dessus vert cuivré passant au bronzé-rouge sur le cou et la
nuque ; tête ornée d'une plaque bleu violet, vue en avant bordée de noir
et plus étroite que l'espace interoculaire, et atténuée sur la nuque ; en
dessous menton, gorge et poitrine vert très brillant sans plaque jugulaire ;
abdomen et sous-caudales vert cuivré foncé ; celles-ci très étroitement
frangées de gris-blanc ; supra-caudales et rectrices médianes bronzé olive
ou plus ou moins rougeâtre ; les autres noires mais les submédianes en
dessus teintées de bronzé à l'extrémité. — ♀ Corps en dessus et supra-
caudales vert cuivré, celles-ci parfois bronzé olive ; en dessous blanc avec
l'abdomen teinté de fauve surtout au milieu ; menton, gorge et poitrine

---

(1) Je ne trouve rien pour distinguer les femelles de ces deux espèces.

densément mouchetés de taches vert brillant, plus petites et plus espacées
au menton; sous-caudales bronzé verdâtre, plus longuement frangées de
fauve blanchâtre; rectrices médianes vert cuivré souvent un peu rougeâtre; les autres noires teintées de vert bronzé très obscur à la base
externe; les externes, subexternes et latérales internes brièvement pointées de blanc. — ♂ ♀ Bec de 21 à 23 m/m. . . . **H. Leadbeateri (Bourc.).**

Race locale. — (b) Taille plus petite; bec plus court, ♂ de 18 à 21 m/m;
rectrices médianes et surtout supra-caudales généralement d'un bronzé
rouge plus vif. . . . . **H. Leadbeateri parvula Berl.**

10ᵉ Genre. — HYLONYMPHA

— ♂ Corps en dessus vert cuivré foncé, vu en arrière un peu plus rougeâtre sur
le cou, vu en avant tête, cou et milieu du dos très noirs mais tête ornée
d'une plaque bleu-violet brillant un peu plus étroite que l'espace interoculaire, atténuée en avant et surtout en arrière sur le vertex en fer-de-lance;
supra-caudales vertes comme le dos; en dessous menton, gorge et poitrine
vert doré brillant sans plaque jugulaire; abdomen noir dans le milieu
vert cuivré foncé sur les flancs; sous-caudales noir mat; rectrices en
dessus noir mat, en dessous noir légèrement bleuâtre. — ♀ Corps en
dessus vert cuivré sans parure céphalique; en dessous blanc, moucheté
de vert mais avec le milieu de la poitrine entièrement blanc; la base de
l'abdomen et les sous-caudales fauve rougeâtre; rectrices noir-bleu avec
le stipe roux, les externes rousses dans leur moitié basale interne et dans
leurs 3/4 externes avec une tache blanche apicale externe; les autres
latérales rousses dans leur moitié basale et étroitement le long du stipe.
— ♂ jeune, lores roux; partie verte de la poitrine moins bien arrêtée,
plus ou moins prolongée sur l'abdomen par des plumes vertes isolées.

H. macrocerca Gould.

11ᵉ Genre. — STERNOCLYTA

— ♂ Corps en dessus vert cuivré, plus foncé et plus terne sur la tête, sans
aucune plaque brillante; supra-caudales et rectrices médianes et submédianes bronzé olive ou rougeâtre parfois rouge violacé; en dessous
menton et gorge vert doré très brillant; poitrine bleu-violet brillant,
bordée de noir; abdomen vert bronzé foncé passant à la base au gris
obscur légèrement fauve; sous-caudales bronzé obscur, frangées de gris-
blanc lavé de fauve. Rectrices latérales en dessous noires passant souvent
à la base au bronzé vert très obscur fondu; leur stipe fauve; les externes
et subexternes pointées, au côté interne seulement, de blanc lavé de
fauve; les latérales internes marquées d'une très petite tache blanche
apicale. Ailes noirâtres avec les grandes couvertures rousses à leur bord
supérieur au moins à la base. Bec de 30 à 31 m/m. — ♀ Corps en dessous
blanc moucheté de plumes vertes, petites, espacées et subsériées au
menton, plus grosses et beaucoup plus denses sur la gorge et la poitrine;
abdomen fauve plus ou moins roux avec quelques plumes vertes isolées
sur les flancs (au repos cachées par l'aile); de chaque côté une bande

sous-oculaire blanche ou lavée de fauve, atteignant à peine le bord antérieur de l'œil, un peu plus large que la bande noire, et une petite tache
très blanche postoculaire ; sous-caudales plus longuement frangées de
fauve clair ; rectrices latérales en dessous noires passant au bronzé vert
fondu à la base, pointées, surtout au côté interne, de fauve clair, leur
stipe fauve blanchâtre. Bec de 31 1/2 à 32 1/2 m/m.

S. cyanelpectus (Gould).

27ᵉ Groupe. — **TOPAZA**

Ne diffère guère du groupe précédent que par la queue ronde, ses rectrices,
assez larges et subacuminées, étant graduellement plus longues des externes
aux submédianes, l'absence de point blanc postoculaire, chez la femelle de
bande noire oculaire et de ligne sous-oculaire blanche ; par les pieds assez
forts mais fauves ou blanchâtres avec les tarses brièvement emplumés ; enfin
par les caractères sexuels. Le bec est robuste, courbé et, surtout chez le mâle, à
peine plus long que la tête, avec la mandibule inférieure plus ou moins décolorée, variant du jaunâtre testacé au brun-rouge (T. pyra) ; la supérieure noire
avec la base du culmen emplumée mais laissant l'extrémité effilée des narines
et le bord inférieur des écailles nasales assez largement dénudés et à décou-
verts. — ♂ Rectrices submédianes assez brusquement rétrécies vers le tiers
basal et prolongées en filets un peu incurvés au moins aussi longs que le
corps entier ; dessus et dessous du corps rouge brillant, en dessus tête noir
profond sans plaque frontale, en dessous une plaque jugulaire doré topaze
très brillant et bordée de noir, atteignant la base du bec et couvrant toute la
gorge ; supra-caudales et sous-caudales vert cuivré. — ♀ Queue normale
(submédianes ne dépassant pas les autres) ; corps en dessus et en dessous vert
cuivré, en dessous gorge et souvent milieu de la poitrine rouge-cuivré fondu (1).

1ᵉʳ Genre. — **TOPAZA**

— ♂ Tête et nuque en dessus noir mat ; dos rouge carminé sombre, graduellement
éclairci en arrière, passant au doré verdâtre fondu sur les supra-caudales ; en dessous rouge carmin violacé, un peu plus brillant sur l'abdomen ;
plaque jugulaire topaze doré très brillant nettement teinté d'orangé au
milieu, non ou rarement teinté de vert sur les bords, assez largement
bordée de noir sur les côtés et en arrière ; sous-caudales cuivré verdâtre
ou vert cuivré. Rectrices médianes vert cuivré ou bronzé passant souvent
au noir verdâtre fondu à l'extrémité ; submédianes (longues) noir violacé,
parfois noires à reflets verts ; latérales internes en partie noir violacé en
partie rousses ; les deux externes entièrement rousses, rarement un peu
rembrunies à la base. Ailes noirâtres avec les grandes couvertures rousses,
non ou étroitement bordées de noirâtre à l'extrémité, la plus interne seule
largement bordée extérieurement de noirâtre, passant plus ou moins au
vert à l'extrémité ; plumes tibiales fines et couchées, très blanches. —

---

(1) Gould supposait que ce plumage était celui du jeune et que la femelle adulte devait
ressembler au mâle sauf par les longues rectrices submédianes ; sans doute parce qu'à cette
époque beaucoup d'oiseaux étaient envoyés de Cayenne manquant de ces deux longues
plumes ; mais cette supposition n'a pas été confirmée.

♀ Corps en dessus vert un peu cuivré, plus foncé et plus terne sur la tête, d'un vert plus franc (moins cuivré) sur l'uropygium et les supra-caudales; en dessous vert doré plus brillant; menton et gorge ornés d'une bande rouge cuivré passant au doré sur les côtés et fondue, parfois prolongée ou s'atténuant sur la poitrine; sous-caudales d'un vert plus foncé et plus franc. Rectrices médianes vert bronzé passant brièvement au noir à la pointe; submédianes entièrement noir violacé; latérales internes noir violacé avec une petite tache rousse apicale; subexternes rousses avec le côté interne noir violacé dans toute la moitié basale; les externes rousses très brièvement noires à la base interne; grandes couvertures des ailes noirâtres comme les rémiges, rarement teintées de roux obscur à la base.

T. pella (L.).

Formes locales. — (b) En dessus dos, jusqu'aux épaules, rouge carminé sombre, ensuite rouge orangé plus clair et plus brillant (les deux teintes nettement tranchées); en dessous rouge carminé passant sur l'abdomen au rouge orangé plus brillant; plaque jugulaire dorée non ou à peine rougeâtre mais à reflets légèrement verts sur les côtés.

T. pella smaragdina (Bosc)

— (c) (invisa et incerta) diffère du type par les rectrices submédianes un peu plus longues (108 et 122 m/m au lieu de 88 et 92 m/m) et les ailes un peu plus courtes (77 et 78 m/m, au lieu de 82 à 84 m/m) (1).

T. pella pampreta Oberh.

♂ Tête en dessus noir mat jusqu'au niveau des épaules; dos rouge orangé uniforme, ou un peu plus brillant en avant; uropygium et surtout supra-caudales vert doré; en dessous plaque jugulaire doré très brillant passant sur les bords au vert émeraude, très largement bordée de noir mat; abdomen rouge-orangé brillant; sous-caudales vert doré. Rectrices médianes bronzé vert très foncé, les autres noir violacé sans aucune partie fauve; touffes tibiales noires. Ailes (couvertures et rémiges) entièrement noirâtres. — ♀ Rectrices externes semblables aux subexternes c'est-à-dire rousses, avec leur partie basale interne plus ou moins longuement noir violacé (sec. Salvin) (2) . . . . **T. pyra** Gould.

28° Groupe. — **OREOTROCHILUS**

Bec noir, plus long que la tête comme dans les deux groupes précédents (*Heliodoxa* et *Topaza*), mais plus étroit dès la base et, au moins dans le genre type, courbé avec les écailles nasales complètement emplumées et cachées. Queue arrondie comme celle des *Topaza*, mais avec les rectrices différentes comme forme et coloration : assez étroites rigides (au moins les externes), atténuées

---

(1) Je n'admet ici qu'avec beaucoup de doute le *T. pampreta* car le seul caractère que donne Oberholser pour le distinguer du type n'est pas absolu; certains gros individus de *T. pella* offrant à peu près les mêmes dimensions; d'un autre côté il n'est pas invraisemblable que le *T. pella* soit représenté par une forme légèrement spécialisée, sur le rio Napo, si éloigné de son habitat classique.

(2) Salvin parle d'après deux spécimens de l'ancienne collection Gould et ne donne que ce caractère pour dstinguer la femelle de *T. pyra* de celle de *T. pella*; mais je ne suis pas sûr que ces deux spécimens soient bien déterminés, je doute même que leurs rectrices soient complètes.

parfois subacuminées ; les externes un peu plus courtes que les autres, mais souvent les médianes et submédianes égales ; les latérales en partie blanches ou fauve clair et noires ; sous-caudales longues, amples et molles ; ailes normales longues ; pieds noirs relativement très forts, tarses densément emplumés sauf en dessus à l'extrémité. Sexes le plus souvent dissemblables mais parure brillante squamuleuse du mâle restreinte à la tête, en dessus et en dessous, ou (le plus souvent) en dessous seulement sur la gorge ; son abdomen le plus souvent marqué d'une bande longitudinale noire ou rousse. — ♀ Rarement andromorphe (*Urochroa*) presque toujours grisâtre en dessous avec la gorge pictée sans ligne oculaire noire ni ligne sous-oculaire blanche.

TABLEAU DES GENRES

— Bec courbé dès la base, ses écailles nasales densément et entièrement emplumées et cachées. — Rectrices externes à stipe très excentrique, leur côté externe beaucoup plus étroit que l'interne ; supra-caudales longues, les plus longues ovales atténuées obtuses, atteignant ou dépassant en dessus le milieu des rectrices. Plumage en grande partie blanc ou fauve. Sexes dissemblables ; ♂ orné d'une grande plaque jugulaire verte ou bleue, atteignant en avant la base du bec, couvrant toute la poitrine et bordée de noir en arrière. **2**

— Bec droit, beaucoup plus long que la tête, ses écailles nasales nues et à découvert dans leur partie antérieure. Rectrices presque égales, les externes à stipe presque médian ; supra-caudales assez courtes presque arrondies ne couvrant que le tiers basal des rectrices médianes. Corps en dessous en grande partie bleu. Sexes semblables ou presque semblables ; femelle andromorphe. . . . . **Urochroa.**

2. Bec un peu plus long que la tête. Queue très légèrement arrondie ; rectrices externes étroites, un peu plus courtes que les autres ; médianes et submédianes larges, égales ou les médianes un peu plus courtes. — ♂ Corps en dessous, sauf la gorge, en grande partie blanc avec une bande abdominale noire ou rousse ; rectrices latérales en partie noires et blanches. . . . . **Oreotrochilus.**

— Bec beaucoup plus long que la tête. Queue conique, toutes ses rectrices étroites et atténuées, graduellement plus longues des externes aux médianes ; celles-ci dépassant les submédianes. — ♂ Corps en dessous brun-rouge avec le menton et la gorge vert doré brillant, largement bordés de noir en arrière ; abdomen coupé d'une bande noire plus ou moins large ; sous-caudales gris-olive, étroitement frangées de fauve ; corps en dessus gris-olive, plus terne sur la tête ; rectrices noires ou les latérales en partie fauves . . . . **Gnaphocercus.**

1ᵉʳ Genre — OREOTROCHILUS

TABLEAU DES ESPÈCES

1. Tête d'un bleu-violet brillant, en dessus jusqu'aux épaules, en dessous sur le menton et la gorge ; en dessous la partie bleue bordée d'une bande noire et marquée d'une tache médiane vert doré variable mais ordinaire-

ment trapézoïde ; corps en dessus vert bronzé olive ; en dessous blanc
pur ; abdomen marqué d'une bande longitudinale noire étroite acuminée
et abrégée en avant ; sous-caudales gris olive très étroitement frangées de
blanchâtre. Rectrices à peu près égales ; les médianes en dessus vert-bleu
foncé ; les externes noires, blanches à la base interne, les autres blanches
avec une bordure noire externe atteignant le stipe à l'extrémité mais
s'atténuant fortement vers la base, parfois très réduite ou nulle sur les
submédianes. Bec de 18 1/2 à 20 m/m . — ♀ Corps en dessus bronzé olive, un
peu plus vert sur la tête et les supra-caudales ; dessous gris plus ou moins
foncé (chaque plume étroitement frangée de blanchâtre ; gorge blanchâtre,
pictée de gris noirâtre au milieu, de vert bleuâtre foncé sur les côtés ;
rectrices externes noir bleuâtre passant au blanc à la base et très souvent
tachées de blanc à l'extrémité interne (parties blanches plus ou moins
étendues) (1). Bec de 19 à 21 m/m. . . . . . **O. chimborazo** (D. et B.).

Variété. — (b). Menton et gorge entièrement bleu-violet comme le dessus de la
  tête, sans partie verte . . . . **O. chimborazo var. Jamesoni** (Jardine).

— Corps en dessus gris olive ou vert uniforme sans parure céphalique ; en
  dessous blanc avec une grosse plaque jugulaire vert doré brillant, bordée
  en arrière d'une bande noir-bleu ; abdomen coupé d'une bande longitudinale noire ou rousse, atténuée et abrégée en avant ; sous-caudales gris
  verdâtre ou olivâtre. Rectrices médianes vert-bleu foncé ; les latérales en
  partie blanches et noirâtres ; les externes généralement plus étroites et
  plus courtes que les autres, celles-ci presque égales. — ♀ Corps en dessous
  gris ou blanchâtre avec la gorge plus blanche et pictée . . . . . . **2**.

2. ♂ ♀ Corps en dessus et supra-caudales vert cuivré ; rectrices médianes vert-
  bleu foncé. — ♂ bande abdominale noir-bleu, assez étroite ; rectrices
  externes aussi longues que les autres et à peine plus étroites, noir bleuâtre
  au côté externe presque jusqu'à la base et au côté interne dans leur moitié
  apicale ; blanches dans leur moitié basale (les deux teintes fondues) ; les
  autres latérales blanches, finement bordées et souvent tachées de noir au
  côté externe. — ♀ Gorge à mouchetures vert cuivré subsériées presque
  égales, cependant un peu plus grosses et plus denses sur les côtés. Rectrices
  externes noires ou gris noirâtre au côté externe sauf dans leur tiers basal
  blanc, au côté interne noir-bleu au milieu, longuement blanches à la base
  plus brièvement à l'extrémité (variable). — ♂ ♀ Bec de 19 à 19 1/2 m/m.
                O. Stolzmanni Salv.

— ♂ ♀ Corps en dessus gris olive ; supra-caudales bronzé vert parfois un peu
  rougeâtre . . . . **3**.

3. ♂ Rectrices externes beaucoup plus étroites que les autres, plus courtes et
  incurvées, peu atténuées et obtusément tronquées, noir-bleu passant le
  plus souvent au blanc, à la base, très brièvement au côté externe, plus
  longuement à l'interne ; les autres latérales blanches, finement liserées de
  noir au bord externe (parfois les subexternes assez largement gris noirâtre au côté externe dans la moitié apicale) ; corps en dessous comme celui
  de *O. Stolzmanni* seulement gorge d'un vert un peu plus doré ; bande noir-
  bleu de l'abdomen beaucoup plus large ; en dessus supra-caudales bronzé

---

(1) Certains individus ont tout le côté interne de la rectrice blanc avec une grosse
tache médiane irrégulière noir-bleu ou noirâtre.

un peu rougeâtre; rectrices médianes vert très foncé presque noir, souvent à reflets bleuâtres. — ♀ Ressemble à *O. Stolzmanni* mais gorge parsemée de points bleu verdâtre très foncé presque noir; rectrices semblables mais partie blanche des externes souvent plus étendue. — ♂ ♀ Bec 18 1/2 à 19 m/m (1). .... **O. leucopleurus** Gould.

— ♂ Rectrices externes non ou à peine plus courtes mais un peu plus étroites que les autres, droites, non incurvées, atténuées et obtuses, noires au côté externe sauf à la base et au bord interne environ dans leurs deux tiers apicaux, les deux teintes fondues; en dessus supra-caudales bronzé vert olive; rectrices médianes vert bleuâtre plus foncé. — ♀ Gorge parsemée de points brunâtres, très petits et espacés au milieu, un peu plus denses et bleuâtres sur les côtés. — ♂ ♀ Bec de 19 1/2 à 20 1/2 m/m. ..... 4.

4. ♂ Bande abdominale rousse. — ♀ Corps en dessous presque blanc.
                                    O. Estella (Orb. et Lafresn.).

— ♂ Bande abdominale noir-bleu comme celle d'*O. leucopleurus* mais plus étroite. — ♀ Corps en dessous gris brunâtre (2).   **O. bolivianus** Boucard.

2ᵉ Genre. — GNATHOCERCUS

— ♂ Plaque jugulaire vert doré, suivie d'une large bande pectorale transverse très noire; abdomen brun-rouge châtain vif, coupé d'une étroite bande longitudinale noire; rectrices médianes noirâtre mat; les autres noirâtres au côté externe et à l'extrémité, fauve un peu rougeâtre au côté interne, mais finement bordées de noirâtre. Bec très long, de 26 à 27 m/m. — ♀ Corps en dessous brun châtain avec la gorge blanchâtre pictée de brun; rectrices externes blanchâtres avec une large barre subterminale noirâtre (sec. Salvin pour la femelle) .... **G. Adela** (Orb. et Lafresn.).

— ♂ Plaque jugulaire vert doré suivie d'une poitrine et d'un abdomen très noirs; celui-ci passant étroitement au roux châtain sur les flancs; toutes les rectrices noir verdâtre. Bec plus court, de 23 m/m. — ♀ Gorge blanchâtre non pictée; toutes les rectrices latérales noirâtres pointées de blanc (sec. Elliot pour la femelle) ...... **G. melanogaster** (Gould).

3ᵉ Genre. — UROCHROA

— ♂ ♀ Corps en dessus cuivré rougeâtre foncé, à peine teinté de bronzé verdâtre sur le milieu du dos, mais avec les supra-caudales plus dorées et plus brillantes; lores largement roux; en dessous menton, gorge et poitrine bleu-violet brillant, passant au vert bleuâtre sur les côtés et en arrière; abdomen noirâtre fuligineux, lustré de vert-cuivré sur les flancs; sous-caudales noirâtre mat, un peu teintées de bronzé près du disque. Rectrices médianes noires teintées de vert obscur à la base; rectrices externes noires sauf à l'extrême base interne; les autres (subexternes, latérales-internes et submédianes) blanches, bordées de noir au côté externe. Sexes semblables. Bec de 30 m/m ... **U. Bougueri** (Bourc.).

---

(1) Pour le nid et les œufs Cf. P. L. Sclater, in P. Z. S., 1886, p. 398.

(2) D'après deux spécimens de la collection Boucard; la détermination de la femelle n'est pas certaine.

— ♂ Corps en dessus vert cuivré, un peu plus foncé sur la tête, passant au
cuivré-rouge brillant sur l'uropygium et les supra-caudales; lores vert
foncé comme la tête; en dessous gorge et poitrine d'un bleu brillant un
peu plus clair, passant au vert foncé sur le menton, au vert-bleu brillant
sur les côtés; abdomen d'un gris noirâtre plus clair, passant au vert cuivré
sur les flancs surtout en avant; sous-caudales bronzé obscur. Rectrices
médianes entièrement bronzé verdâtre; toutes les autres blanches avec
une bordure noire externe, très fine sur les externes et subexternes, plus
large sur les latérales-internes et submédianes où elle atteint le stipe
(variable individuellement). — ♀ Lores étroitement roux; bordure
noire des rectrices externes plus large, atteignant le stipe dans la moitié
apicale mais très effilée vers la base, celle des subexternes et latérales
internes au contraire très étroites (1). — Bec de 30 m/m.

U. leucurus Lawr.

29ᵉ Groupe. — **PATAGONA**

Bec noir, beaucoup plus long que la tête, droit, mandibule supérieure un
peu infléchie à la pointe, robuste surtout à la base, ses deux mandibules
mutiques non serrulées; base du culmen emplumée au moins jusqu'au niveau
de la pointe des écailles nasales mais partiellement échancrée en dessus par la
côte nue; écailles fortement mais assez étroitement emplumées à leur bord
supérieur, dénudées sur leur face externe au moins dans leur moitié inférieure.
Queue fourchue; rectrices graduellement plus longues des médianes aux
externes, toutes larges mais atténuées obtuses; sous-caudales longues, molles,
blanchâtres, vaguement rembrunies au disque. Ailes très longues, atteignant
ou dépassant un peu l'extrémité de la queue. Pieds noirs, assez petits relativement à la taille de l'oiseau; tarses densément emplumés sur les côtés surtout
à la face externe jusqu'à la base des doigts, presque nus en dessus, surtout à
l'extrémité. Sexes presque semblables, mâle subgynéforme, sans aucune plume
squamiforme optique. — ♂ ♀ En dessus une large bande blanche transverse
uropygiale.

Genre **PATAGONA**

— ♂ ♀ Corps en dessus bronzé olive terne avec les plumes uropygiales
blanches; supra-caudales et rectrices médianes bronzé-vert un peu
bleuâtre, les premières finement lisérées de blanc; rectrices latérales en
dessous gris blanchâtre satiné, passant à l'extrémité, surtout interne, au
noirâtre parfois teinté de bronzé verdâtre, leur stipe blanchâtre dans la
partie grise; sous-caudales blanches, tachées de gris brunâtre ou lavées
de gris-fauve très clair (♀); scapulaires vert bleuâtre gris; ailes noirâtres
avec les grandes couvertures et les rémiges secondaires le plus souvent
très finement lisérées de blanc à l'extrémité (sans doute caractère d'immaturité). — ♂ Corps en dessous fauve-roux foncé; en dessus uropygium
assez largement blanc; précédé d'une zone rousse irrégulière. — ♀ Menton

---

(1) Je ne suis pas certain que les caractères tirés de la bordure noire des rectrices latérales soit constant à cause de l'insuffisance de mes matériaux (mon unique femelle
d'*U. leucurus* a même une queue incomplète).

et gorge blanchâtres ou gris-fauve, densément pictés de noirâtre; poitrine gris cendré (plumes grises frangées de fauve); abdomen fauve-roux; en dessus uropygium plus étroitement blanc, ses plumes blanches le plus souvent à disques bronzés irréguliers, précédé ou non d'une zone rousse moins nette. — ♂ ♀ Aile de 124 à 130 m/m. Bec de 34 à 36 m/m.

P. gigas (Vieill.).

Variations individuelles ou locales. — *Patagona gigas* Vieill. est un oiseau de la haute montagne, répandu des Andes de l'Ecuador au nord à celles du Chili au sud, sans présenter de variations locales suffisantes pour être regardées comme des sous-espèces; on peut dire seulement que les *Patagona* de l'Ecuador sont généralement plus gros que ceux du Chili et de l'Argentine et que leur bec est plus robuste sans être plus long (1); Boucard a cependant proposé conditionnellement le nom de *Patagona peruviana* pour les spécimens du Pérou provenant du voyage de Whitely et celui de *Patagona boliviana* pour ceux rapportés de Bolivie par Buckley; mais je me suis assuré, par l'examen des types, que les caractères de coloration qu'il donne (in Gen. Humm. Birds, p. 61) tiennent à l'âge (2) ou sont même tout à fait illusoires (3).

30e Groupe. — AGLAEACTIS

Bec droit (mandibule supérieure à peine infléchie à l'extrême pointe, l'inférieure, au même niveau, un peu arquée en haut) assez grêle dès la base, aigu, de la longueur de la tête ou à peine plus long; mandibules mutiques; base du culmen emplumée environ jusqu'à l'extrémité des écailles nasales; celles-ci emplumées et cachées à leur bord supérieur, dénudées à l'inférieur. Queue légèrement fourchue (au moins fermée); toutes ses rectrices amples, à côtés parallèles, obliquement tronquées de chaque côté à l'extrémité avec l'apex très brièvement aigu. Ailes très longues, atteignant l'extrémité de la queue; rémige externe (dixième) courbée, beaucoup plus étroite que les autres mais un peu élargie près de l'extrémité, obliquement tronquée; sous-caudales longues et molles. Pieds robustes et noirs; tarses assez brièvement mais densément emplumés sauf à l'extrémité en dessus; touffes tibiales médiocres filamenteuses blanches passant au noir à la base. Sexes semblables; plumage mou et duveteux; en dessous poitrine ornée de quelques plumes plus grosses et obtuses subpédiculées blanches ou au moins plus claires que le fond; en dessus uropygium seul très brillant irisé, doré vert ou violet, vu d'arrière en avant (4).

---

(1) Le bec me paraît même un peu plus long sur deux spécimens du Tucuman provenant du voyage de S. A. Baer.

(2) La fine bordure blanche des rémiges et des couvertures alaires et l'absence de partie rousse en avant de la bande blanche uropygiale sont des caractères de jeunes.

(3) Comme, par exemple, la gorge en partie noire des oiseaux péruviens.

(4) Contrairement à ce qui a lieu chez les autres Trochilidés, dont l'éclat ne paraît que vu d'avant en arrière; quelques genres de la série des *Hourciera* (32e); *Homophania, Lampropygia*), offrent cependant, à un moindre degré, la même particularité; elle doit tenir à la structure même des plumes uropygiales, ce qui, à ma connaissance, n'a jamais été étudié.

Genre. — AGLÆACTIS

TABLEAU DES ESPÈCES

1. Corps en dessus et en dessous noir profond et mat ; en dessus seconde
moitié du dos, uropygium et supra-caudales d'un vert doré éclatant ; en
dessous poitrine pourvue d'un groupe de plumes lancéolées assez petites,
terminées de blanc pur ou tachées de blanc. Sous-caudales et rectrices
roux foncé ; rectrices bordées de noirâtre fondu, étroitement à l'extrémité,
très finement au côté externe, leurs stipes roux. Bec noir de 18 à 19 m/m.
                                              A. Pamela (Orb. et Lafr.).

— Corps en dessus brun olive noirâtre avec l'uropygium et les supra-caudales
violet brillant ou rose-violet irisé ; en dessous en partie fauve ou blanc.
Bec noir avec la mandibule inférieure le plus souvent éclaircie au moins
à la base . . . . 2.

2. Corps en-dessous noirâtre ; menton et lores blancs parfois teintés de
jaunâtre ; gorge noir profond avec les plumes finement liserées de blanc ;
poitrine marquée en avant d'une large bande blanche transverse, en arrière
ornée d'un groupe de plumes lancéolées terminées de blanc ; abdomen
graduellement éclairci vers la base passant au milieu au blanc grisâtre ; bord
externe des ailes, épaules et couvertures internes, ainsi que les sous-
caudales blanc pur ; en dessus dans la première moitié brun noirâtre
passant au noir vu en arrière, dans la seconde moitié rose-violet très brillant passant en arrière au doré verdâtre mais avec les dernières supra-
caudales violettes. Rectrices médianes bronzé olive à stipe noir, graduellement éclaircies et passant au blanc à la base ; les latérales en dessous
bronzé olive plus clair, passant, au côté interne, au fauve puis au blanc à
la marge, au moins dans leur moitié basale ; leurs stipes blancs un peu
rembrunis vers l'extrémité. Bec de 14 à 15 m/m ; mandibule inférieure
passant au jaune tout à fait à la base ou au plus dans son quart basal. —
Q Lores fauve clair ; bande blanche pectorale, abdomen et couvertures
internes de l'aile plus ou moins variés de fauve ou de jaunâtre.
                                              A. Aliciæ Salv.

— Plumage sans aucune partie blanche sauf parfois chez A. *Castelnaudi* les
grosses plumes pectorales ; gorge, au moins au milieu, abdomen, bord
externe del'aile et les couvertures internes et sous-caudales fauve-roux ;
stipe des rectrices fauve clair, Bec plus long. . . . . 3.

3. Corps en dessus brun foncé (passant au noir vu en avant), dans la seconde
moitié, vu en arrière, violet très brillant, sans aucun mélange de doré ou
de vert ; en dessous noirâtre avec le milieu de la gorge et l'abdomen, au
moins à la base, fauve-roux foncé ; poitrine ornée d'un groupe de très
grosses plumes allongées et obtuses, inégales, longuement pointées de
blanc pur et à stipes blancs. Rectrices fauve-roux brillant ; les médianes
en dessus bordées de bronzé vert de chaque côté et à l'extrémité ; les
latérales en dessous très largement bordées de bronzé au côté externe
(jusqu'au stipe) étroitement à l'extrémité interne. Bec noir presque jusqu'à
la base, de 19 à 20 m/m . . . . **A. Castelnaudi** (B. et M.)

— Corps en dessus, dans la première moitié, brun olivâtre foncé avec un étroit collier fauve (souvent interrompu) au niveau des épaules; dans la seconde rose brillant irisé, passant au violet en avant, au vert doré en arrière; dessous fauve-roux avec la gorge plus ou moins grivelée de brun; les flancs souvent rembrunis; les plumes allongées de la poitrine fauve plus clair, rarement blanchâtre. Rectrices médianes bronzé olive passant au fauve à la base et le long du stipe; les latérales fauve-roux bordées de bronzé olive au côté externe jusqu'au stipe et à l'extrémité interne. — Mandibule inférieure passant au jaunâtre testacé au moins dans son tiers basal. Bec de 17,5 à 20 m/m. . . . . **A.** cupreipennis (Bourc.).

Races locales ou sous-espèces. — (b) Corps en dessous, surtout à la poitrine, d'un roux plus vif et plus foncé; plumes pectorales allongées non ou à peine distinctes. Taille plus petite. Bec de 15 à 17 m/m.

A. cupreipennis parvula (Gould).

— (c) Corps en dessous brunâtre obscur avec la gorge et le haut de la poitrine largement fauve-rouge, et l'abdomen teinté de fauve à la base; plumes pectorales allongées fauves comme la gorge, se détachant mieux sur le fond brunâtre. Rectrices latérales en dessous bronzé olive, bordées de fauve-roux au côté interne dans la moitié basale. Taille du type.

A. cupreipennis caumatonota (Gould).

31ᵉ Groupe. — **LAFRESNAYEA**

Bec beaucoup plus long que la tête, grêle et cylindrique dès la base et assez fortement arqué, avec les mandibules mutiques, ses écailles nasales densément emplumées et cachées sauf à leur bord inférieur; la queue plus courte que celle des groupes précédents, carrée (fermée légèrement échancrée), ses rectrices amples; les latérales obliquement tronquées à l'extrémité de chaque côté (plus longuement au côté interne) en triangle obtus ou subaigu; les sous-caudales également amples et très longues, atteignant au moins le tiers apical et souvent le quart apical des rectrices, au moins celles du mâle, colorées et consistantes, sauf à la base, différant beaucoup des rectrices latérales; celles-ci en partie blanches ou jaunes. Pieds noirs et assez forts néanmoins plus petits que ceux des *Aglæactis* et *Oreotrochilus*, leurs tarses également emplumés. Ailes longues, atteignant ou atteignant presque l'extrémité des rectrices, leurs rémiges primaires ressemblant à celles des *Aglæactis*, graduellement plus étroites du dedans au dehors, les deux externes d'égale longueur, l'externe courbe, légèrement échancrée et amincie avec le stipe très excentrique, les barbes externes très courtes à peine visibles. — Sexes plus dissemblables que dans les groupes précédents; corps en dessus vert cuivré, plus foncé et plus terne sur la tête, sans parure frontale ni occipitale. — ♂ en dessous menton, gorge, poitrine et flancs de l'abdomen vert brillant (plumes squamiformes larges); milieu et base de l'abdomen noir profond; sous-caudales vert cuivré passant à la base au blanc ou au fauve; rectrices médianes vert-cuivré ou bronzé; les autres blanches ou jaune clair; les externes noires ou bronzé foncé au côté externe au moins dans la moitié apicale et au côté interne seulement à l'extrémité, les autres de plus en plus finement et brièvement bordées des subexternes aux submédianes. — ♀ Corps

en dessous blanc ou fauve, moucheté de vert plus densément sur les flancs ;
sous-caudales molles longuement frangées de blanc ou de fauve. Le genre
Lafresnayea est l'un des plus isolés de la famille des *Trochilidés* et l'un de ceux
dont les affinités sont le plus difficile à saisir ; Gould et Elliot le rapprochait
des *Lampornis*, des *Eulampis* et des *Chalybura* ; à mon avis il se rapproche
surtout des *Bourcieria* avec certains caractères rappelant les deux groupes
précédents des *Oreotrochilus* et des *Aglæactis*.

Genre LAFRESNAYEA

— Rectrices latérales blanc pur ; bordure des externes généralement noir mat
teinté de vert bronzé surtout au côté interne ; supra-caudales vertes comme
le dos ; rectrices médianes bronzé un peu doré ; sous-caudales vert cuivré
à base blanc pur. — ♀ Dessous du corps blanc avec le menton et les côtés
de la gorge légèrement teintés de jaunâtre clair ; menton, gorge et poitrine
mouchetés de taches vertes grosses et denses sur la poitrine, graduellement plus petites en avant ; abdomen, sauf sur les flancs, presque entièrement blanc ; sous-caudales vertes, plus longuement frangées de blanc
surtout à la base (1). — ♂ ♀ Bec courbé, long de 24 à 25 1/2 m/m.

L. Gayi (B. et M.).

Sous-espèce (incerta). — (b) ♂ Bec un peu moins courbé (2) mais aussi long
que celui du type. Supra-caudales plus bronzé doré que le dos, ressemblant davantage aux rectrices médianes. Rectrices latérales à bordure
bronzé vert (3). — ♀ Dessous du corps fauve jaunâtre clair passant au
blanc sur l'abdomen. Gorge et poitrine mouchetées de vert plus cuivré.

L. Gayi Liriope (Bangs.).

Sous-espèce (invisa et incerta). — (c) Bec presque droit et un peu plus court ;
22 1/2 m/m ; aile et queue un peu plus longues ; gorge et poitrine d'un vert
un peu plus clair et plus doré ; partie noire de l'abdomen moins étendue
(sec. H. v. Berlepsch). . . . . . . L. Gayi rectirostris (Berl. et Stolz.).

— Rectrices latérales fauve jaunâtre ; bordure des externes bronzé vert olive
chez le mâle, noire chez la femelle ; supra-caudales généralement un peu

---

(1) Il est impossible de distinguer les jeunes mâles des femelles.

(2) La différence dans la courbure du bec est si faible et si variable qu'il n'y a pas à y
attacher la moindre importance ; dans tous les cas il ne serait exact que pour le mâle.

(3) Ce dernier caractère dont Bangs ne parle pas est pris sur les specimens provenant
de la Sierra de Mérida au Vénézuéla, mais à part cela correspondant bien à la description
de Bangs dont le type provenait de la Sierra de Santa Marta ; ces oiseaux répondent
aussi à ceux dont parle Gould dans l'*Introduction* sous le nom de *L. Saulæ* sans pouvoir
affirmer qu'ils correspondent aussi au *Trochilus Saul* Del. et Bourc. J. Gould (et d'après lui
Reichenbach) admettait deux espèces parmi les *Lafresnayea Gayi* : l'une à bordure verte
correspondant à *Trochilus Saul* Del. et Bourc., l'autre à bordure noire correspondant à
Tr. gayi B. et M. J. Gould dit à ce sujet : « Since writing my account of *L. Gayi* I have
received many additional exemples, all of which had white tails tipped with purplisch black ;
but I possess fully adult examples of a white tailed bird named *Saulæ* by M. Bourcier, in
which the tippings are bronzy green My specimens were brought by Delattre ; but from what
locality is unknown. The difference mentioned seems to warrant the belief that the bird
is distinct ; and I therefore give it a place in this synopsis, notwithstanding the opinion to
the contrary expressed in my account of *L. Gayi.* » (Intr. Tr. 1861, p. 70).

plus cuivrées que le dos; rectrices médianes d'un bronzé plus doré
parfois un peu rougeâtre; sous-caudales vert cuivré à base jaunâtre; bec
aussi long que celui de *L. Gayi*, généralement un peu moins courbé (caractère très peu appréciable). — ♀ Corps en dessous fauve jaunâtre assez
vif, un peu plus clair et passant au blanchâtre sur l'abdomen, parsemé
de mouchetures vertes généralement plus petites au moins au milieu;
sous-caudales fauve jaunâtre comme les rectrices, à petits disques verts
parfois effacés (1) . . . . **L. Lafresnayei** (Boiss.).

<h3>32e Groupe. — BOURCIERIA</h3>

Bec droit (mandibule supérieure à peine infléchie à l'extrême pointe;
l'inférieure, tout à fait droite et très aiguë ou légèrement arquée en haut à
l'extrémité, assez grêle dès la base et toujours beaucoup plus long que la tête;
mandibules (exceptés *Docimastes* et *Apatelosia*) finement et souvent peu distinctement serrulées à l'extrémité; culmen emplumé, au moins jusqu'à l'extrémité
des écailles nasales, parfois un peu plus; écailles entièrement emplumées et
cachées. Queue fourchue; rectrices graduellement plus longues des médianes
aux externes; les médianes toujours larges et obtuses; les latérales généralement un peu plus étroites, souvent atténuées mais obtuses; sous-caudales
amples et très longues, le plus souvent colorées comme l'abdomen (au moins ♂)
mais assez molles. Ailes longues et normales; rémiges externes non amincies.
Pieds relativement petits et faibles; tarses emplumées. Sexes dissemblables,
mais femelles généralement semi-andromorphes rarement hologynes, *Pterophanes, Leucuria*). ♂ ♀ Corps en dessus plus lustré vu d'arrière en avant
(caractère rappelant le groupe des *Aglæactis*) mais, le plus souvent, uropygium
et supra-caudales de teinte différente parfois roux comme les rectrices, parfois
très brillant lumineux vu d'avant en arrière et rappelant celui des *Eriocnemis*.
Deux genres *Eudosia* et *Apatelosia* ne figurent dans ce groupe qu'avec doute
et sans doute provisoirement, leurs types paraissant être des hybrides, ce qui
est actuellement invérifiable.

<h3>TABLEAU DES GENRES</h3>

1. Bec plus long que le corps entier. Queue profondément fourchue; rectrices
   latérales assez étroites atténuées, mais obtuses. — ♂ sans parure frontale
   ni plaque jugulaire; en dessous menton et gorge noir mat, poitrine vert
   brillant; rectrices bronzées unicolores. — ♀ en dessous blanchâtre densément grivelé de vert cuivré; rectrices externes bordées de blanc au côté
   externe. **Docimastes**.

— Bec plus court que le corps mais toujours beaucoup plus long que la tête.
   Rectrices latérales obtuses, généralement amples. **2**

2. Pieds petits blanc et membraneux, même en dessus **3**

---

(1) *L. cinereorufa* Boucard n'est autre qu'une femelle de *L. Lafresnayei* atteinte d'albinisme partiel n'affectant que les plumes vert cuivre des flancs en dessous et du dessus du
corps (sauf celles de la tête); chaque plume étant d'un blanc sale avec une étroite bordure
gris noirâtre en écaille (d'après le type).

— Pieds généralement plus forts (1), noirs ou brun au moins en dessus, parfois
blancs avec les écailles dorsales plus dures et colorées. . . . . **5.**

3. Rectrices latérales en grande partie blanches; sous-caudales noires ou
vertes comme l'abdomen non frangées (sauf parfois à la base). Sexes
dissemblables, femelles semi-andromorphes (2). ♂ Tête ornée d'une plaque
brillante verte ou violette, généralement occipitale. Corps en dessous
vert cuivré ou noir, marqué d'une très grosse tache pectorale blanche ou
fauve; scapulaires foncées comme le dos . . . . **4.**

— Rectrices noires unicolores; sous-caudales noires bordées de blanc. Tête
sans plaque brillante; corps en dessous noir avec une plaque jugulaire
bleu verdâtre ou violette et, de chaque côté de la poitrine une grosse
tache blanche; de chaque côté une tache scapulaire bleu ou violet
brillant. Bec comme celui des *Bourcieria*. Sexes semblables (femelle
andromorphe) . . . . **Homophania.**

4. Bec tout à fait droit, ses mandibules finement serrulées à l'extrémité;
rémige externe seulement un peu plus étroite que la subexterne. Menton
et gorge noire ou plus ou moins vert foncé, rarement vert brillant au
moins au milieu sans plaque jugulaire; poitrine marquée d'une large
bande transverse blanche ou fauve . . . . **Bourcieria.**

— Bec légèrement courbé (moins que celui des *Lafresnayea*), ses mandibules
très aiguës mutiques non serrulées. Rémige externe beaucoup plus
étroite que la subexterne et plus arquée. Menton vert foncé noirâtre;
gorge ornée d'une grosse plaque jugulaire violette formée de plumes
squamiformes, suivie d'une grosse tache pectorale blanche plus longue
que large, atténuée et obtuse en arrière . . . . **Apatelosia.**

5. Tête sans plaque frontale. Rectrices unicolores, noires ou bronzées;
supra-caudales non lumineuses mais dessus du corps, vu d'arrière en
avant, lustré brillant . . . . **6.**

— Tête ornée d'une plaque frontale très brillante (manquant chez *Helianthea
violifera*). Sexes dissemblables . . . . **8.**

6. Bec légèrement arqué en haut à l'extrémité, au moins sa mandibule inférieure; bord externe de l'aile noir verdâtre ou bleuâtre. Sexes dissemblables. — ♂ plumage général vert foncé, assez mou; sous-caudales
vertes comme l'abdomen; supra-caudales et rectrices bronzé cuivré ou
olivâtre. — ♀ Corps en dessous roux foncé varié de vert cuivré sur les
flancs; sous-caudales vertes. Rectrices externes noires au côté interne,
gris-blanc à l'externe, sauf à la marge . . . . **Pterophanes.**

— Bec tout à fait droit, plus long. Queue moins fourchue; ses rectrices
bronzées ou cuivrées; bord externe de l'aile roux; sous-caudales
bronzées, longuement frangées de roux. Corps en dessus, au moins en
partie, bronzé rougeâtre. Sexes semblables ou presque semblables. **7.**

---

(1) Les pieds des *Calligæna* et, surtout ceux des *Eudosia*, diffèrent très peu de ceux des
Bourcieria.

(2) Le genre *Apatelosia* n'est connu que par un seul mâle.

7. Corps en dessous brun avec une plaque jugulaire violette et, de chaque
   côté de la poitrine, une tache blanc mat.
                    Lampropygia pars (1re sec. **Pseudohomophania**).

— Corps en dessous blanchâtre, moucheté de brun ou de noir sur la gorge et
   la poitrine ; brun ou noirâtre sur l'abdomen.
                    Lampropygia pars. (2e sect. **Pseudocœligena**).

8. Rectrices et sous-caudales, au moins en partie, fauve-roux ; ailes noirâtres
   avec les grandes couvertures et souvent la base des rémiges roux plus ou
   moins obscur ; en dessus uropygium et supra-caudales non lumineux ;
   abdomen, au moins à la base, fauve ou cuivré. — ♀ semiandromorphe.   9

— Rectrices et ailes sans aucune partie rousse, ...   10.

9. Queue profondément fourchue ; supra-caudales et souvent uropygium
   fauve-roux comme les rectrices. Tête couverte, jusqu'à la nuque, de
   larges plumes squamiformes très brillantes, rouge feu et bleues ou vert
   doré . . . . **Diphlogæna**.

— Queue médiocrement fourchue ; supra-caudales (excepté *H. violifera*) vert
   cuivré ou rouge cuivré comme l'uropygium (mais sans éclat lumineux,
   vu d'avant en arrière) ; tête ornée, à la base du bec, d'une petite plaque
   frontale très brillante (manquant chez *H. violifera*).
                    Helianthea (pars 1re sect. **Pseudodiphlogæna**).

10. Sexes peu dissemblables. — ♂♀ Rectrices bronzées ou noirâtres unicolores.
    — ♂ Tête ornée d'une plaque frontale vert ou bleu très brillant ne
    dépassant pas le niveau des yeux ; gorge d'une plaque jugulaire bleue ou
    violette. — ♀ Semiandromorphe, ne différant du mâle que par l'absence
    de plaque frontale et de plaque jugulaire (1)   . . . .   **11**.

— Sexes entièrement dissemblables. — ♂ Rectrices, supra-caudales et sous-
   caudales blanc pur ; corps vert en dessus et en dessous ; en dessus une
   plaque céphalique très brillante formée de larges plumes squamiformes
   (comme celles des *Diphlogæna* et des *Oreopyra*) s'étendant du bec au
   bord postérieur de la nuque ; en dessous une large plaque jugulaire
   violette. — ♀ Rectrices bronzé foncé, les latérales pointées de gris-blanc ;
   corps en dessus vert cuivré plus brillant sur la tête ; en dessous entièrement roux ; sous-caudales rousses à petits disques bronzés.   **Leucuria**.

11. Uropygium et supra-caudales, vus en avant, très brillants lumineux. Ailes
    unicolores noirâtres . . . . .   Heliantea (pars 2e sect. **Hypochrysia**).

— Uropygium et supra-caudales non lumineux, mais celles-ci parfois un peu
   plus brillantes que le dos . . . .   **12**.

12. Ailes noirâtres avec les grandes couvertures blanches ou fauves ; pas de
    tache blanche pectorale . . . .   **Calligæna**.

— Ailes noirâtres unicolores ; une tache blanche pectorale transverse (comme
   celle des *Boureferia*) au dessous de la plaque jugulaire violette. **Eudosia**.

---

(1) *Eudosia Travtesi* Muls., dont la femelle n'est pas connue, est classée dans cette
section par analogie.

1ᵉʳ Genre. — PTEROPHANES

♂ Corps en dessous vert assez foncé et bleuâtre; sous-caudales vert-bleu un peu plus clair, les plus longues souvent plus cuivrées. Rectrices entièrement bronzé, verdâtre foncé. Ailes à couvertures secondaires et primaires, à rémiges secondaires sauf à la pointe, à rémiges primaires dans leur moitié ou leur 2/3 basilaires, en dessus et en dessous d'un beau bleu d'acier brillant. — ♀ Corps en dessous fauve-roux assez foncé avec les côtés parsemés de plumes vert-cuivre, plus larges et plus denses sur les flancs de l'abdomen, au dessous de la poitrine. Rectrices externes en dessous au côté interne noires jusqu'au stipe, au côté externe blanc grisâtre mais étroitement bordée de noir jusqu'à la base, leur stipe noir ou brunâtre. — ♂ ♀ Bec de 28 à 30 m/m. Aile de 112 à 115 m/m.

P. cyanopterus (Fraser).

Variété d'âge ou de saison. — ♂ Corps en dessous et sous-caudales d'un vert plus cuivré moins bleuâtre. Rectrices latérales en dessous tantôt (oiseaux de l'Ecuador) unicolores, d'un bronzé un peu plus cuivré, tantôt (oiseaux de Colombie) passant plus ou moins au gris dans leur moitié externe sauf à la marge. Ailes à couvertures secondaires et primaires (au moins à la base) bleu d'acier; rémiges en dessus et en dessous entièrement noir mat (1). — ♀ Rectrices externes en dessous blanc grisâtre, passant souvent graduellement au gris noirâtre vers l'extrémité, brièvement noires à la base, étroitement bordées de noir au côté externe, largement au côté interne, mais partie blanche débordant toujours le stipe; celui-ci blanc jaunâtre.

2ᵉ Genre. — LEUCURIA (2)

— ♂ Corps en dessus vert foncé, vu d'avant en arrière, passant au noir mat au moins jusqu'au niveau des épaules; tête recouverte, de la base du bec au bord postérieur de la nuque, de plumes squamiformes d'un vert bleuâtre très brillant, plus bleues et un peu plus grosses en arrière; en dessous

---

(1) Plusieurs de ces caractères semblent des indices d'immaturité d'autant mieux que les oiseaux qui les présentent ont presque toujours les plumes vertes de la base de l'abdomen plus ou moins frangées de roux.

On reçoit les deux formes mêlées de Colombie et de l'Ecuador, mais dans les lots de Bogota la forme à rémiges noir mat est la plus fréquente, tandis que dans ceux de l'Ecuador la forme à rémiges bleues domine; les quelques spécimens que j'ai vus du Pérou et de Bolivie sont tous de la forme à rémiges bleues; Boucard avait proposé pour cette dernière le nom conditionnel de *Pterophanes peruvianus.* (Gen. Humm. B. 1895, p. 263, nota), mais elle répond vraisemblablement au type de l'espèce; c'est elle qui a été figurée par Gould. (Monog. III, pl. 178.)

(2) Le genre *Leucuria* me paraît devoir se placer dans le voisinage des *Calligæna*; je reconnais cependant qu'il est anormal pour le groupe des *Bourcieria* et je lui trouve des analogies avec les *Oreopyra* et *Prodoria* du groupe des *Cœligena*; la parure céphalique du mâle (qui ressemble aussi à celle des *Diphlogæna*, des *Panterpe* et des *Eustephanus*) et la livrée inférieure rousse de la femelle ressemblent à celle des *Oreopyra*, mais la femelle manque de la bande oculaire si caractéristique dans le groupe des *Cœligena* (à moins que cette bande ne soit représentée, à l'état de vestige, par le point noir antéoculaire) et chez le mâle la parure céphalique s'avance plus sur la base du bec.

menton vert très foncé presque noir ; gorge ornée d'une large plaque
trapézoïde violet-bleu ; poitrine vert très brillant ; abdomen vert cuivré
un peu plus sombre ; supra-caudales, sous-caudales et rectrices blanc
pur (1). Bec de 27 à 28 m/m. — ♀ (ou jeune mâle) (2). Corps en dessus et
supra-caudales vert cuivré, vu en avant, plus brillant sur la tête jusqu'au
vertex, un peu plus foncé sur la nuque et le cou. Corps en dessous roux
foncé mat ; de chaque côté un petit point noir antéoculaire et un point
blanc postoculaire ; sous-caudales rousses à petits disques transverses
bronzé verdâtre ; Rectrices médianes vert cuivré assez brillant, étroitement bordées de noirâtre ; les latérales en dessous bronzé vert plus foncé
surtout vers l'extrémité, très brièvement pointées de blanchâtre fauve ;
leur stipe blanchâtre. Bec de 29 à 30 m/m.   L. phalerata Bangs.

3ᵉ Genre. — CALLIGÆNA

♂ Corps en dessus noir profond teinté de vert bronzé en arrière (en grande
partie vert quand l'oiseau n'est pas tout à fait adulte), avec une plaque
frontale assez grande d'un vert doré très brillant ; supra-caudales plus
ou moins bronzé olive foncé. Corps en dessous vert brillant sauf une
plaque jugulaire bleu souvent un peu violet ; sous-caudales vert-cuivré
non ou étroitement frangées de fauve. Rectrices bronzé vert ou olive
obscur. Ailes noirâtres avec les grandes couvertures blanc jaunâtre ou
fauve très clair, bordées de noirâtre à l'extrémité. Bec de 28 à 33 m/m.
— ♀ Corps en dessus vert assez foncé, sans plaque frontale, avec les
supra-caudales beaucoup plus cuivrées, en dessous menton et gorge
fauve rougeâtre mat ; poitrine également fauve mais largement mouchetée
de vert ; sous-caudales vertes, plus longuement frangées de fauve roux.
    C. Lutetiæ (O. et B.).

— *Sous-espèce.* — (b) (invisa et incerta) ♂ plumage d'un vert plus clair et plus
doré. — ♀ gorge d'un roux plus foncé.   C. Lutetiæ Hamiltoni (Goodf.).

Variations locales ou individuelles. — Les oiseaux de Bogota sont en général un
un peu plus petits que ceux de l'Ecuador et leur plaque jugulaire est
souvent d'un bleu plus clair et moins violet. Parmi les oiseaux de l'Ecuador
oriental amazonien il s'en trouve d'un vert plus clair et plus doré en
dessous, qui correspondent très probablement au *C. Lutetiæ Hamiltoni*,
décrit de Papallacta par Goodfellow, mais cette teinte étant normalement
très variable, je doute de la validité de cette sous-espèce, j'ajoute cependant que je n'ai jamais vu de spécimen de la localité type (Papallacta).
Les supra-caudales sont encore plus variables ; elles sont ordinairement
bronzé olive foncé mais parfois les plus longues passent en arrière au
bronzé rouge-violet en ceinture étroite ; très rarement elles sont entièrement de cette teinte et ressemblent à celles de l'*Eudosia Traviesi*, ce que

---

(1) Sur le seul mâle que je possède les rectrices blanches submédianes, latérales internes
et subexternes sont légèrement lavées de gris noirâtre à l'extrémité.

(2) La seule femelle que j'aie vu offre, au milieu de la gorge rousse, une seule plume
squamiforme brillante du même bleu que la plaque jugulaire du mâle, ce qui me fait
croire à un jeune mâle.

j'ai observé pour plusieurs oiseaux d'Ambato. Chez la femelle l'intensité du fauve-roux, au menton et à la gorge, est aussi un peu variable.

4ᵉ Genre. — EUDOSIA

♂ Corps en dessous noir profond passant au vert cuivré foncé en arrière, avec une tache frontale plus petite que celle de *Calligæna lutetiæ*, bleu ou bleu verdâtre très brillant; supra-caudales et partie de l'uropygium violet-rouge foncé. Corps en dessous, vu en avant, noir, passant largement au vert cuivré brillant sur les côtés de la poitrine et sur l'abdomen; menton pourvu au milieu en avant de petites plumes vert bleuâtre foncé, plus en arrière d'une plaque d'un violet-bleu formée de quelques grosses plumes squamiformes, suivie d'une bande pectorale blanc mat, atténuée de chaque côté; sous-caudales vert cuivré ou bronzé, non frangées; rectrices bronzé vert ou olive obscur comme celles de *Calligæna*; ailes entièrement noirâtre violacé. Bec 32 m/m. Aile 79 m/m (femelle inconnue).

E. Traviesi (M. et V.) (1).

5ᵉ Genre. — HELIANTHEA

TABLEAU DES ESPÈCES

1. ♂ ♀ Rectrices et sous-caudales fauve-roux mat au moins en grande partie. Ailes noirâtres avec les grandes couvertures et souvent la base des rémiges roux plus ou moins obscur. En dessus uropygium et supra-caudales non lumineux (1ᵉ sect. *Pseudodiphlogæna*). **2**

— ♂ ♀ Rectrices et ailes sans aucune parties rousses; uropygium et supra-caudales, vus en avant, très brillant lumineux. — ♂ Tête et cou, vus en avant, noir mat avec une plaque frontale vert doré très brillant ne dépassant pas le niveau des yeux. — ♀ Tête en dessus d'un vert plus foncé et plus terne que celui du dos, en dessous menton et gorge fauve-roux clair sans mouchetures, poitrine ornée de plumes vert brillant; abdomen de plumes de même teinte que celles du mâle, les unes et les autres à base rousse apparente et frangées de roux (2ᵉ sect. *Hypochrysia*). . . . **5**

2. ♂ Tête sans parure frontale, vue en avant noir verdâtre mat; en dessous menton, gorge et poitrine vert très foncé un peu bleuâtre, graduellement plus cuivré en arrière avec une plaque jugulaire violette très grosse et

---

(1) Il est possible que l'*Eudosia Traviesi* soit un hybride de *Bourcieria torquata* et de *Calligæna Lutetiæ*, ce qu'on ne peut vérifier expérimentalement; le dessus du corps est à peu près celui de *C. Lutetiæ*; la plaque frontale brillante occupe la même place mais elle est plus bleue, comme celle de *B. torquata* (celle-ci est occipitale); le corps en dessous rappelle davantage le *B. torquata* surtout par sa teinte en partie noire et sa grosse bande pectorale blanche, mais celle-ci est précédée de la tache jugulaire violette de *C. Lutetiæ*; les ailes unicolores noirâtres, sont celles de *B. torquata*; la queue unicolore bronze vert foncé est celle de *C. lutetiæ*. Enfin deux caractères qui pouvaient passer pour particulier à l'*E. traviesi*: les supra-caudales violet-rouge, les sous-caudales vertes, non frangées, se retrouvent à la vérité, rarement chez *C. Lutetiæ* (voir supra). En résumé *E. Traviesi* offre un mélange des caractères de deux espèces sans en avoir un seul en propre, ce qui est ordinairement le cas pour les hybrides; on peut objecter cependant, le nombre des individus semblables (au moins une douzaine) connus jusqu'ici, tous trouvés dans les lots d'oiseaux provenant de Bogota.

sur la poitrine une très étroite ceinture blanche sinueuse ; abdomen fauve
roux mêlé de vert-cuivré seulement en avant ; supra-caudales et rectrices
en dessus fauve-roux assez foncé ; celles-ci étroitement bordées de bronzé
verdâtre dans leur partie apicale ; sous-caudales et rectrices en dessous
fauve-roux plus clair ; les rectrices latérales passant au bronzé pâle
seulement à leur extrémité externe ; ailes à grandes couvertures roux
obscur seulement à la base. . . . . H. violifera (Gould).

— ♂ Tête, vue en avant, noir verdâtre mat et ornée d'une plaque frontale vert
très brillant ; poitrine sans ceinture blanche (excepté parfois chez H.
dicrura) ; supra-caudales rouge cuivré comme l'uropygium ou bronzé
olive. . . . . 3.

3. Corps en dessous en avant vert assez foncé passant graduellement sur la
poitrine au doré verdâtre brillant, sur l'abdomen (jusqu'à la base) au
cuivré-rouge éclatant, avec une grosse plaque jugulaire violette ; en dessus
plaque frontale vert doré ; dos, dans sa première moitié, cuivré verdâtre
foncé, dans la seconde cuivré-rouge comme l'uropygium et les supra-
caudales. Rectrices en dessus roussés à la base vert bronzé doré dans
leur moitié apicale (un peu plus ou un peu moins) ; sous-caudales et
rectrices en dessous fauve-roux ; celles-ci étroitement bronzé doré à
l'extrémité au moins externe ; ailes à grandes couvertures roussés étroitement bordées de noirâtre à l'extrémité. — ♀ Tête en dessus vert foncé ;
menton et gorge fauves à mouchétures vertes petites assez denses subsériées. Rectrices médianes en dessus bronzé doré au moins jusqu'au tiers
basal roux, parfois plus. . . . . H. Eos Gould.

— Corps en dessous vert plus foncé surtout dans la région du menton, passant
au cuivré sur le bas de la poitrine et sur l'abdomen, mais base de l'abdomen fauve clair mat ; plaque jugulaire violette plus petite et transverse ;
en dessus dos vert cuivré graduellement plus rougeâtre en arrière mais
avec les supra-caudales bronzé olive, plus foncé que l'uropygium ; sous-
caudales fauve très pâle comme l'abdomen ; ailes à grandes couvertures
fauve obscur à la base, longuement noirâtres à l'extrémité. . . . . . 4.

4. ♂ Tête ornée d'une petite plaque frontale vert bleuâtre très brillant ; sous-
caudales entièrement fauve très pâle comme l'abdomen ; rectrices médianes en dessus fauve rougeâtre clair à la base, vert bronzé dans leur
moitié apicale ou leurs deux tiers apicaux ; rectrices latérales en dessous
fauve très pâle comme les sous-caudales, brièvement bronzé vert fondu
à l'extrémité, surtout externe. . . . . H. osculans Gould.

— ♂ Tête ornée d'une plaque frontale plus grosse, vert doré très brillant ;
poitrine offrant le plus souvent les traces d'une fine ceinture blanche
(comme celle de H. violifera) ; sous-caudales fauves à petits disques vert
bronzé ; supra-caudales et rectrices médianes entièrement bronzé vert ;
rectrices latérales en dessous fauve pâle dans leur moitié basale, bronzé
vert dans l'apicale (les deux teintes nettement tranchées.) H. dicrura Tacz.

5. ♂ Corps en dessus vert assez foncé, passant graduellement au cuivré en
arrière ; uropygium et supra-caudales (vus en avant) rouge feu éclatant ;
en dessous menton, gorge et poitrine vert brillant un peu plus foncé au
menton avec une plaque jugulaire bleue ; abdomen rouge feu éclatant ;

sous-caudales cuivré-vert ou rougeâtre étroitement frangées de roux.
Rectrices bronzé doré plus foncé, un peu olivâtre surtout en dessous. —
♀ Abdomen parsemé de plumes rouge cuivré, plus denses sur les flancs ;
sous-caudales rousses à disques bronzé vert très petits. Rectrices bronzé
vert, les externes et subexternes brièvement pointées de blanchâtre fauve.

H. Bonapartei (Boiss.).

— ♂ Corps en dessus vert très foncé, presque noir vu en avant ; uropygium
et supra-caudales, vus en avant, bleu verdâtre très brillant parfois un peu
ardoisé ; plumes uropygiales à base violette plus ou moins apparente ; en
dessous menton, gorge et poitrine vert très foncé presque noir avec une
plaque jugulaire bleu-violet ; abdomen rouge-violet brillant, parfois
mêlé de rouge cuivré à la base et sur les flancs ; sous-caudales bronzé
doré un peu violacé, les plus courtes étroitement frangées de roux.
Rectrices bronzé vert très foncé, parfois presque noir. — ♀ Abdomen
parsemé de plumes rouge-violet, plus denses sur les flancs ; sous-caudales
bronzé vert ou doré foncé, longuement frangées de roux. Rectrices unicolores ou les externes seules finement lisérées de fauve au bord apical.

H. helianthea (Less.).

6ᵉ Genre. — BOURCIERIA

TABLEAU DES ESPÈCES

I. Bande pectorale fauve-roux mat. — ♂ Corps en dessus vert-cuivré avec
la tête noir profond, ornée d'une plaque frontale triangulaire d'un vert
très brillant à reflets bleus (vue de côté), n'atteignant pas le niveau des
yeux, le plus souvent un peu échancrée en arrière et précédée, sur les
narines, d'un petit espace noir ; supra-caudales et rectrices médianes d'un
cuivré plus jaune ; en dessous menton et gorge noirs avec, au milieu,
quelques petites plumes isolées à disques vert cuivré ; poitrine fauve
rouge mat ; abdomen et sous-caudales vert doré brillant (plumes squamiformes de l'abdomen très grosses). Rectrices latérales en partie blanches,
les submédianes en dessus vert cuivré au moins dans leur tiers apical,
les externes bordées de cuivré plus foncé et olivâtre à l'extrémité et au côté
externe au moins dans leur moitié apicale. Bec 32 1/2 m/m. — ♀ (ou
♂ jeune). Menton et gorge fauve-roux comme la poitrine mais variés sur
les côtés de plumes vert-cuivré ; tête en dessus vert cuivré plus terne et
plus foncé que celui du dos, parfois noirâtre, mais avec quelques plumes
vert brillant irrégulières en avant (1) ; rectrices externes blanches avec
une bordure externe n'atteignant pas le stipe, entière mais atténuée vers
la base, noirâtre légèrement bronzé, offrant parfois au côté interne blanc
une tache subapicale noirâtre fondue n'atteignant ni le stipe ni la
marge (2). Bec de 33 à 34 m/m. . . . . **B. inca** Gould.

— Bande pectorale blanc pur . . . . **2.**

---

(1) Peut-être seulement chez le jeune mâle.

(2) Ces rectrices externes paraissent assez variables, chez certains individus leur moitié
externe est noire jusqu'au stipe.

2. Corps en dessus et en dessous vert brillant, plus doré sur la tête (vue en avant) mais sans plaque frontale ni occipitale définies; sous-caudales vertes comme l'abdomen; supra-caudales et rectrices médianes vert plus cuivré, externes en dessous blanches dans leur moitié basale, vert cuivré dans l'apicale et bordées extérieurement de vert cuivré jusqu'à leur tiers basal; ailes étroitement bordées d'un roux vif au bord externe. — ♂ Menton et gorge vert doré brillant. — ♀ Menton et gorge fauve pâle, mouchetés de plumes vertes subsériées très petites et espacées au milieu, plus grosses et plus denses sur les côtés; plumes vertes de l'abdomen, au moins au milieu et surtout à la base, plus ou moins frangées de blanchâtre fauve. — ♂ ♀ Bec de 31 1/2 à 33 m/m . . . . **B. Conradi** (Bourc.).

— ♂ Corps en dessus noir dans sa première moitié avec une plaque occipitale brillante largement séparée de la base du bec, vert sombre dans la seconde; en dessous menton et gorge vert foncé; abdomen vert très foncé, passant souvent au noir, au moins au milieu. — ♀ Corps en dessus vert cuivré sans tache occipitale; menton et gorge blancs mouchetés de vert bronzé; abdomen vert sombre, plumes du milieu et surtout de la base frangées de gris-blanc. — ♂ ♀ Ailes noires bordées de brun rougeâtre; sous-caudales vert foncé; supra-caudales et rectrices médianes bronzé verdâtre très foncé presque noir; latérales blanches à la base, bronzé foncé au moins dans leur tiers apical et au bord externe jusqu'au tiers basal . . . . **3.**

3. ♂ Menton et gorge noir mêlé au milieu de quelques plumes à petits disques bleu verdâtre très foncé; abdomen noir profond rarement uniforme, le plus souvent plus ou moins teinté de vert bleuâtre foncé sur les flancs; plaque occipitale violet-bleu. — ♀ Corps en dessus vert cuivré légèrement bleuâtre sur la tête et la nuque (1). — Bec de 32 à 33 m/m.

B. torquata (Boiss.).

— ♂ Menton et gorge vert doré plus brillant mais assez foncé; abdomen noir en grande partie vert sombre; plaque occipitale bleu verdâtre ou verte.

4.

4. ♂ Plaque occipitale bleu brillant passant au vert, principalement sur les bords (plumes bleues à bases vertes apparentes). — ♀ Corps en dessus vert, plus cuivré sur le milieu du dos, sans teinte bleue en avant. — ♂ ♀ Bec de 34 à 36 m/m . . . . **B. fulgidigula** Gould.

— ♂ Plaque occipitale vert doré jaune. Bec plus long, de 36 à 37 m/m (1).

B. insectivora (Tschudi).

---

(1) Je n'ai pas de renseignements sur la livrée des jeunes *Bourcieria* mais j'ai trouvé plusieurs fois parmi les oiseaux de Bogata (préparation indigène) des spécimens plus petits, en dessous d'un noir de suie avec la gorge flammulée de plumes noires à disques blancs espacées et irrégulières et la base de la mandibule inférieure décolorée jaunâtre qui sont probablement des jeunes de *B. torquata*.

(1) Le seul individu que je possède de *B. insectivora* est un jeune mâle (de Campany au Pérou, par G. A. Baer) dont le front est orné, près la base du bec, de plumes plus brillantes d'un vert légèrement bleuâtre, ce qui m'avait fait penser que chez l'adulte la plaque céphalique devait se prolonger en avant ou être divisée, mais il n'en est rien comme j'ai pu m'en convaincre depuis sur les individus adultes du Musée de Tring; la plaque est occipitale et ne diffère de celle de *T. fulgidigula* que par sa teinte d'un vert doré analogue à celle du front de *B. Conradi*; je ne connais pas la femelle de *B. insectivora*, les auteurs ne donnent aucun caractère pour la distinguer de celle de *B. fulgidigula* sauf la plus grande longueur du bec.

7ᵉ Genre. — **APATELOSIA**, nov. gen.

— ♂ Corps en dessus vert cuivré un peu plus franc sur les supra-caudales,
un peu plus foncé en avant avec le dessus de la tête (vu en avant) marqué
d'une bande un peu plus brillante mais peu nette, s'étendant du bec à la
nuque formée de plumes squamiformes passant, selon les incidences, du
vert bleuâtre au bleu violet ; celles de la nuque plus grosses, toutes
marquées au disque d'une petite tache noire basale. Corps en dessous
vert foncé noirâtre, avec le menton vert bronzé foncé et mat, la gorge
marquée d'une grosse plaque jugulaire, occupant presque toute sa largeur,
formée de plumes squamiformes bleu-violet brillant à base blanche
cachée, suivie d'une grosse tache pectorale plus longue que large, très
large, coupée droit et très blanche en avant, atténuée obtuse et passant
au blanc jaunâtre en arrière avec les bords un peu pictés de noirâtre ;
côtés et abdomen noir mat mêlés de plumes bleues sur les côtés de la tache
blanche pectorale, de plumes vert cuivré foncé sur les flancs. Rectrices
médianes vert bronzé ; les autres blanc jaunâtre pointées de bronzé vert,
les externes marquées de plus d'une bordure externe atteignant le stipe
dans le tiers apical mais très atténuée vers la base. Sous-caudales vert
bleuâtre foncé à base blanche. Tarses densément emplumés de blanc,
mêlé de noir à la base. Bec 27 m/m ; aile 73 1/2 m/m.

A. Lawrencei (Boucard) (1).

8ᵉ Genre. — **HOMOPHANIA**

♂ ♀ Corps en dessus, vu d'avant en arrière, noir profond avec le bord postérieur de l'uropygium et parfois le front, bronzé vert très obscur, vue
d'arrière en avant, moitié antérieure du dos, jusqu'aux épaules, à reflets
bleus irisés passant au violet au milieu, moitié postérieure cuivré verdâtre
lustré (chaque plume bleu foncé à la base, rouge cuivré au milieu, vert à
l'extrémité) ; supra-caudales noir violacé. — Corps en dessous noir mat ;
gorge ornée d'une plaque assez petite bleu verdâtre formée de plumes
squamiformes disjointes ; de chaque côté de la poitrine, une grosse tache
très blanche ; scapulaires bleu verdâtre brillant ; sous-caudales noires
nettement bordées de blanc (2) ; rectrices noir mat ; pieds blancs. Bec de
26 à 27 m/m.   H. Prunellei (B. et M.).

Race locale. — (b) Plaque jugulaire et scapulaires d'un bleu plus violet ;
rectrices latérales passant le plus souvent au gris fondu au bord apical.
Taille plus faible (3).   H. Prunellei assimilis (Ell.).

---

(1) *Apatelosia Lawrencei* Boucard dont on ne connaît qu'un seul individu est peut-être
un hybride de *Lafresnayea Lafresnayei* Bouc. et de *Bourcieria torquata.*

(2) Bordure blanche passant parfois au fauve au bord apical interne.

(3) La valeur de cette sous-espèce est douteuse ; *H. assimilis* se trouve mêlé à la forme
type dans les lots d'oiseaux provenant de Bogota ; il est possible que ses caractères soient
individuels, ou qu'ils tiennent à l'âge.

9ᵉ Genre. — LAMPROPYGIA

TABLEAU DES ESPÈCES

1. Corps en dessous brun olivâtre ou un peu rougeâtre avec une grosse plaque
jugulaire violet-mauve, et, de chaque côté de la poitrine, une tache blanche ; bord externe de l'aile d'un roux vif ; celui de la rémige externe d'un
roux plus clair (1ʳᵉ section *Pseudohomophania*). . . . . **2.**

— Corps en dessous blanchâtre et moucheté de brun ou de noir sur la gorge
et la poitrine ; brun ou noirâtre sur l'abdomen ; bord externe de l'aile d'un
roux vif ; celui de la rémige externe blanchâtre (2ᵉ section *Pseudocœligena*).
3

2. Corps en dessous brun olivâtre ; gorge ornée d'une large plaque trapézoïde
violet-mauve brillant ; de chaque côté de la poitrine une tache blanche
antéscapulaire. Corps en dessus, vu d'arrière en avant, du bec aux épaules
bronzé un peu rougeâtre lustré, au-delà vert lustré (chaque plume
noirâtre frangée de vert brillant un peu bleuâtre) ; sous-caudales brunâtre
bronzé, longuement frangées de roux vif ; rectrices médianes bronzé
rougeâtre ; rectrices latérales en dessous souvent un peu verdâtre,
surtout au côté externe, très finement frangées de fauve à l'extrémité ;
pieds brunâtres (1). Bec de 29 à 31 m/m. . . . . **L. Wilsoni** (D. et B.).

— (*Jeune*) Gorge noir de suie, chaque plume frangée de gris-blanc ou de
fauve (caractère d'immaturité) ; abdomen noirâtre, de chaque côté une
tache blanche antéscapulaire plus longue. Corps en dessus, vu d'arrière
en avant, du bec aux épaules presque noir à reflets violacés (quelques
plumes violet doré sombre au disque), ensuite vert lustré ; supra-caudales
violet foncé presque noir. Rectrices en dessus noir à reflets violet sombre ;
en dessous un peu plus clair ; sous-caudales noirâtres, largement frangées
de fauve blanchâtre. Bec 30 m/m ; aile 29,2 m/m (2).
L. purpurea (Gould).

3. ♂ ♀ Corps en dessus, vu d'arrière en avant, tête, dos et scapulaires
rouge-violet (chaque plume rouge bronzé frangée de noir ; celles de la
tête à base noire largement apparente) ; uropygium vert doré brillant
(chaque plume rouge cuivré au disque, longuement frangée de vert) ;
supra-caudales rouge-violet comme le dos ; en dessous gorge et poitrine
blanches, mouchetées de taches noirâtres allongées (chaque plume noire
au disque longuement frangée de blanc) ; abdomen gris-brun, plus foncé
et un peu rougeâtre sur les flancs ; sous-caudales brunâtres, longuement

---

(1) Je ne connais rien des caractères sexuels ; il me paraît probable que la femelle est
andromorphe.

Boucard supposait (Gen. H. B., p. 282) que *L. Wilsoni* pouvait être le mâle de *L. Cœligena* ;
cette supposition, assez plausible au premier abord, est cependant erronée car les deux espèces n'habitent pas les mêmes localités. *L. Wilsoni* est commun dans les Andes de l'Ecuador
et la Colombie méridionale où *L. Cœligena* est rare et accidentel, tandis qu'il manque dans
celles de Bogota et du Vénézuéla où *L. Cœligena* est au contraire très abondant. De plus on
connaît parfaitement aujourd'hui, par dissection, les deux sexes de *L. Cœligena* typique des
Andes du Vénézuéla.

(2) Description prise sur le type ; jeune d'une espèce dont on ne connaît pas l'adulte.

frangées de roux ; bord externe de l'aile d'un roux vif. Rectrices bronzé cuivré, légèrement teinté de rouge surtout en dessus. Taille grande ; bec de 30 à 33 m/m ; aile de 75 à 80 m/m. . . . . . . **L. Cœligena (Less.).**

Sous-espèces. — (b) Tête et dos, vus d'arrière en avant, bronzé doré légèrement olive, parfois rougeâtre ; uropygium plus brièvement vert brillant ; scapulaires cuivrées ; en dessous comme le type sauf l'abdomen gris noirâtre passant au rougeâtre à la base ; sous-caudales plus longuement frangées de roux. Rectrices bronzé cuivré plus clair et plus jaune. Taille plus faible. Aile de 72 à 75 m/m ; bec de 28 à 29 m/m. **L. Cœligena columbiana (Ell.).**

— (c) Corps en dessus comme *L. Cœl. Columbiana* seulement un peu plus rougeâtre ; lores et côtés de la tête en dessous et au dessus de l'œil, d'un roux vif. Corps en dessous, surtout aux flancs, plus rouge ; sous-caudales presque entièrement fauve-roux, non ou à peine bronzées à la base ; gorge et poitrine d'un blanc moins pur, moins nettement défini, plumes plus courtes du menton fauves. Rectrices bronzé cuivré assez brillant. (?) Bec plus court, 27 m/m (1). . . . . . **L. Cœligenea ferruginea Chapman.**

— (d) Tête et dos, vus d'arrière en avant, bronzé plus foncé et moins rouge ; uropygium vert doré brillant ; scapulaires cuivrées ; en dessous abdomen noirâtre plus foncé et plus terne ; sous-caudales plus brièvement frangées de roux foncé. Rectrices noirâtre violacé légèrement bronzé ; les latérales très finement frangées de gris-blanc au bord apical. Taille de *L. Cœligena* typique . . . . **L. Cœligena boliviana (Gould).**

10ᵉ Genre. — DOCIMASTES

Corps en dessus vert cuivré, passant au cuivré-rouge sur la tête et le cou, plus rarement sur les supra-caudales et les scapulaires. — ♂ en dessous menton et gorge noir de suie grisâtre (chaque plume noire finement lisérée de fauve obscur) ; poitrine, vue en avant, vert très brillant ; abdomen vert cuivré passant au gris noirâtre au milieu et surtout à la base ; sous-caudales vertes finement frangées de gris-blanc ; les principales plus longuement frangées. Rectrices en dessus bronzé doré un peu rougeâtre surtout les médianes ; en dessous bronzé plus verdâtre, plus foncé presque noirâtre au bord interne. — ♀ Corps en dessous blanchâtre ; menton et gorge mouchetés de petites taches allongées noirâtres ou bronzées ; poitrine et abdomen de taches vert cuivré beaucoup plus grosses et plus denses, souvent confluentes sur les flancs. Rectrices externes en dessous gris-blanc au côté externe, sauf à la base, noires à l'interne mais très souvent teintées de vert à la base, le long du stipe ; stipe blanchâtre. — ♂ ♀ Bec de 8 à 11 cent. (2). . . . . **D. ensifer (Boiss.).**

---

(1) Je donne ces caractères d'après le seul individu que je possède (de Antioquia par Salmon) ; les mouchetures de la gorge et la teinte de l'uropygium ne me paraissent pas différer de celles de *L. Cœlig. columbiana.* Ces caractères sont sans doute variables, celui tiré de la brièveté du bec n'est probablement pas absolu.

(2) Les *Docimastes* de l'Ecuador ont généralement le bec un peu plus long que ceux de la Colombie, mais ce caractère est si variable qu'il n'y a pas lieu de maintenir la sous-espèce *D. ensifer Schliephacket* Heine.

11ᵉ Genre. — DIPHLOGÆNA

TABLEAU DES ESPÈCES

1. ♂ Corps en dessus et en dessous, épaules, supra-caudales, sous-caudales,
   ailes et rectrices fauve-rouge vif (rectrices un peu plus foncées) ; en dessus
   tête garnie jusqu'à la nuque de larges plumes squamiformes d'un vert
   très brillant à reflets bleus (passant au bleu vu tout à fait en avant), plus
   doré en arrière (1) ; nuque et cou noir mat parfois verdâtre ; en dessous
   menton et gorge vert très brillant à reflets bleus comme la tête, sans
   plaque jugulaire ; poitrine vert foncé plus mat. Rémiges primaires, passant longuement au brunâtre bronzé ou violacé à l'extrémité ; rémiges
   secondaires largement bordées de brunâtre à leur bord supérieur ;
   rémiges bâtardes, plus ou moins tachées de vert foncé. — ♀ Tête, menton
   et gorge d'un vert brillant plus uniforme ; plumes de la gorge et de la
   poitrine à base fauve un peu apparente ; en dessus cou vert foncé mat. —
   ♂ ♀ Bec de 25 à 25 1/2 m/m ; ailé de 80 à 82 m/m.   **D. aurora** (Gould).

—Corps en dessus bronzé vert ou noir au moins dans sa première moitié.
   —♂ Tête garnie, jusqu'à la nuque, de larges plumes squamiformes doré
   très brillant, passant en arrière au rouge feu, toujours bordée en arrière
   de bleu brillant ; en dessous menton et gorge vert doré brillant, le plus
   souvent marqués d'une petite plaque jugulaire violette ; poitrine d'un vert
   graduellement plus sombre ; épaules, petites et moyennes couvertures
   vert cuivré ; grandes couvertures et rémiges primaires rousses bordées de
   brun au moins à la base ; sous-caudales, supra-caudales et rectrices fauve-
   roux plus ou moins vif. — ♀ Plaque céphalique plus prolongée sur la
   nuque, fondue en arrière et non bordée de bleu ; en dessous sans plaque
   jugulaire ; plumes de la gorge à base blanchâtre ou fauve très clair, un
   peu apparente. . . . . **2**.

2. Corps en dessus, jusqu'aux supra-caudales, cuivré vert ou rougeâtre ;
   plaque céphalique rouge feu entièrement divisée par une ligne bleu
   brillant et largement bordée de bleu en arrière. Rectrices roux foncé,
   assez largement bordées en dessus à l'extrémité, surtout les médianes, de
   bronzé doré brillant (2). . . . . **3**.

—Corps en dessus, dans la moitié antérieure, bronzé vert foncé ou noir, dans
   la moitié postérieure fauve-roux vif comme les supra-caudales ; plaque
   céphalique rouge feu, sa ligne bleue médiane le plus souvent réduite à
   quelques plumes isolées, parfois nulle, plus étroitement bordée de bleu
   en arrière. Rectrices roux foncé, plus finement lisérées de bronzé en
   dessus à l'extrémité. . . . . **4**.

3. ♂ Corps en dessus cuivré verdâtre, passant au noir à reflets rouge cuivré
   sur le cou et la nuque ; plaque céphalique rouge feu largement bordée de
   bleu en arrière. Corps en dessous vert doré brillant avec la base de
   l'abdomen fauve-rouge obscur ; la gorge marquée d'une tache violette
   formée de 7 ou 8 petites plumes squamiformes ; supra-caudales, sous-

---

(1) Plaque céphalique offrant parfois à son bord postérieur une ou deux plumes bleues.

(2) Caractère très atténué chez *D. Eva.*

caudales et rectrices fauve-roux foncé; celles-ci en dessus nettement bordées de bronzé doré de chaque côté à l'extrémité sauf parfois au niveau
du stipe. — ♀ Plaque céphalique d'un rouge moins brillant, fondue en
arrière sur la nuque, divisée, au moins jusqu'au vertex, par une fine ligne
bleue un peu verdâtre; en dessous plumes vertes de la gorge à base blanchâtre un peu apparente; celles de l'abdomen et de la poitrine (en partie)
frangées de fauve pâle(1). — ♂ ♀ Bec de 27 à 28 m/m; aile de 81 à 83 m/m.

D. Hesperus Gould.

— Corps en dessus, jusqu'à la plaque céphalique, cuivré-rouge passant au vert
sur les côtés du cou; plaque céphalique rouge feu un peu plus prolongée
sur la nuque, au delà de la bordure bleue; en dessous tache violette de la
gorge très réduite ou nulle; abdomen presque entièrement fauve brunâtre
plus terne; sous-caudales fauve beaucoup plus clair blanchâtre. Rectrices
rousses en dessus, marquées à l'extrémité externe seulement d'une petite
tache bronzé-vert en bordure étroite et très abrégée. — ♀ Tête d'un rouge
brillant plus jaune, prolongé jusqu'à la base de la nuque et fondu en
arrière avec la teinte dorsale, sans parties bleues; en dessous plumes de
la gorge et de la poitrine à base fauve très clair ou blanchâtre un peu
apparente; abdomen d'un fauve-roux plus clair comme les sous-caudales.
— ♂ ♀ Taille un peu plus forte: Bec plus long: ♂ 30 m/m., ♀ de 34 à
35 m/m; aile de 85 à 88 m/m . . . .   D. Eva Salv.

— ♂ En dessus, moitié antérieure du dos vert bronzé foncé, passant au noir à
reflets cuivrés rouge sur le cou et la nuque; plaque céphalique doré très
brillant (généralement moins rouge que celle de D. Herperus) largement
bordée de bleu en arrière, non divisée mais le plus souvent marquée d'une
très petite tache bleue submédiane; en dessous menton et gorge vert brillant avec une petite plaque violet-mauve formée de 3 à 5 petites plumes
squamiformes manquant parfois. — ♀ Plaque céphalique plus prolongée sur
la nuque et passant au roux en arrière; en dessous plumes de la gorge à
bases blanchâtres un peu apparentes. — ♂ ♀ Taille égale à celle de D. Herperus mais bec un peu plus court. ♂ de 26 1/2 à 27; ♀ 29 m/m.

D. Iris Gould.

Sous-espèces. — (b) ♂ En dessus moitié antérieure du dos noire, passant vue
en arrière, au bronzé-rouge foncé principalement sur le cou et la nuque;
plaque céphalique doré éclatant plus rouge surtout en arrière; bordée de
bleu en arrière et entièrement divisée, jusqu'à la base du bec, par une
ligne bleue, plus fine que celle de D. Hesperus; en dessous menton et
gorge vert brillant, sans plaque jugulaire; rectrices en dessus à bordure
bronzée un peu plus large que celle de D. Iris mais plus étroite que celle
de D. Herperus. — ♂ Bec long de 26 m/m (je ne connais pas la femelle).

D. Iris hypocrita subsp. nova.

— (c) ♂ En dessus moitié antérieure du dos noir mat et profond, sans reflets
sauf un peu en arrière (vu très obliquement en arrière); plaque céphalique rouge feu éclatant; bordée de bleu en arrière, mais non divisée par
une ligne bleue; en dessous menton et gorge vert brillant à plaque violet-
mauve très réduite ou nulle; rectrices en dessus à bordure bronzée très

---

(1) Sur les caractères sexuels de *D. Hesperus* cf. Berlepsch et Taczanowski, in P. Z. S.,
1884, pp. 303 et 304.

étroite et peu visible, interrompue à la pointe. — Taille un peu plus
petite : ♂ bec de 25 1/2 à 26 m/m ; aile de 76 à 80 m/m. (je ne connais pas
la femelle) (1). . . . . **D. Iris fulgidiceps** subsp. nova.

<h3 style="text-align:center">33ᵉ Groupe. — EUSTEPHANUS</h3>

Bec aussi long que la tête ou un peu plus court, droit sauf parfois à l'extrémité de la mandibule supérieure brièvement infléchie ; ses marges très légèrement et obtusément dentées près de l'extrémité ; base emplumée du culmen
(surtout mâle) dépassant le niveau des écailles nasales ; celles-ci complètement
emplumées et cachées ; queue légèrement fourchue, rectrices un peu plus
longues des médianes aux externes, amples, non atténuées, très brièvement
sinueuses acuminées à l'extrémité sauf parfois les externes ; sous-caudales
longues, amples, molles, de même teinte que l'abdomen. Pieds noirs relativement forts ; tarses en partie nus au moins en dessus ; dessus de la tête orné
(dans les deux sexes ou chez le mâle seulement) de très larges plumes squamiformes brillantes. Sexes toujours dissemblables, femelle parfois poecilogyne.

<h3 style="text-align:center">TABLEAU DES GENRES</h3>

— Bec environ de la longueur de la tête ; mandibule supérieure droite jusqu'à la
pointe aiguë ; rectrices médiocrement larges ; de chaque côté un point blanc
postoculaire. ♂ ♀ dessus du corps vert ; dessous gris-blanc picté de vert.
— ♂ sémigynémorphe, différent de la femelle par une plaque céphalique
rouge brillant, formée de larges plumes squamiformes. **Eustephanus.**

— Bec plus court que la tête ; mandibule supérieure un peu courbée sur
l'inférieure à l'extrémité ; rectrices plus amples ; pas de point blanc
postoculaire. Sexes complètement dissemblables. ♂ entièrement roux avec
une plaque céphalique rouge-orangé brillant. — ♀ en dessus vert avec
une plaque céphalique vert-bleu brillant passant au bleu ; dessous blanc
plus ou moins moucheté de vert ; sous-caudales blanches, les plus courtes
à petits disques verts ; rectrices médianes et latérales en grande partie
blanches. . . . . **Thaumaste.**

<h3 style="text-align:center">1ᵉʳ Genre. — EUSTEPHANUS</h3>

— ♂ ♀ Corps en dessus vert cuivré passant en avant au cuivré plus foncé et
plus rouge ; en dessous menton et gorge assez densément mouchetés de
petites taches d'un vert bronzé, sériées, allongées et accuminées en avant,
poitrine (en partie) et abdomen grisâtres, parsemés de taches cuivrées
plus grosses rondes ou semicirculaire transverses très espacées au milieu,
très denses sur les flancs ; sous-caudales gris bronzé largement bordées
de gris-blanc ou de fauve clair. Rectrices médianes et submédianes d'un
vert plus cuivré que celui des supracaudales ; les latérales en dessous
vert cuivré plus clair, passant au gris-blanc fondu au côté externe surtout
à la base et très finement au bord apical. — ♂ tête ornée en dessus

---

(1) Boucard a émis la singulière opinion (in Gen. H. B. p. 265) que *Diphlogæna Iris* et
Hesperus étaient les deux sexes d'une même espèce, le second étant le mâle, ce qui est absolument faux.

jusque sur la nuque de larges plumes squamiformes d'un rouge très brillant formant une plaque séparée du bord frontal, dans la région des narines, par un étroit bandeau noir et, vue en avant, paraissant bordée de noir en arrière. — ♀ tête en dessus vert cuivré un peu plus foncé et plus terne que le dos. Rectrices externes offrant en dessous, dans leur moitié interne, une large zone submédiane plus foncée noirâtre (1).

E. galeritus (Molina).

Sous-espèces. — (b) ♂ Corps en dessus d'un vert beaucoup moins cuivré légèrement bleuâtre, passant en avant, sur le cou et la nuque au vert foncé mat; plaque céphalique doré très brillant à reflets orangés (rappelant celui de la plaque jugulaire des *Topaza*). En dessous menton et gorge mouchetés de petites taches vert assez foncé un peu bleuâtre brillant sériées . . . . E. galeritus Burtoni (Boucard) (2).

2° Genre. — THAUMASTE

— ♂ Plaque céphalique rouge-orangé brillant n'atteignant pas en arrière la base de la nuque, — ♀ plaque céphalique vert-bleu brillant (passant au bleu sous certaines incidences). Corps en dessous vert à peine cuivré, passant au vert-bleuâtre sur l'uropygium et surtout les supracaudales; en dessous blanc pur avec le menton et la gorge assez densément mouchetés de vert-bleu brillant; la poitrine (au moins sur les côtés) et les flancs de l'abdomen (au moins en avant) parsemés de très petits points du même vert; rectrices médianes vert-bleu : les autres blanches dans leur moitié interne, bordées de vert foncé dans leur moitié externe; cette bordure n'atteignant pas tout à fait le stipe, n'occupant que la moitié apicale sur les externes, s'étendant presque jusqu'à la base sur les autres.

T. fernandensis (King).

— ♂ Plaque céphalique rouge-orangé brillant plus prolongée sur la nuque. — ♀ plaque céphalique vert brillant à peine bleuâtre ; corps en dessus vert cuivré passant au vert plus foncé sur l'uropygium, les supra-caudales et les rectrices médianes ; en dessous blanc pur avec le menton, la gorge, la poitrine et les flancs de l'abdomen presque également mouchetés de cuivré-verdâtre ; rectrices latérales noires dans leur moitié externe sauf à l'extrémité le long du stipe, noires à reflets verts dans leur moitié ou leurs deux tiers basilaires internes, blanches à l'extrémité.

T. Leyboldi (Gould).

34° Groupe. — HELIANGELUS

Diffère du groupe *Bourcieria* par le bec plus court, environ de la longueur de la tête, ou à peine plus, à part cela semblable, droit, aigu avec la mandibule supérieure, vue de profil, légèrement infléchie à l'extrême pointe, l'inférieure tout à fait droite ou très largement arquée en haut près de l'extrémité mais d'une et l'autre mutiques non serrulées ; la base du culmen et les écailles

---

(1) Pour l'éthologie de l'*E. galeritus* cf. C. L. Landbeck, in Zool. Gart., 1876, p. 225.

(2) Type unique au Musée de Paris, ancienne collection Boucard.

nasales également emplumées, mais celles-ci généralement dénudées à leur bord inférieur; queue assez longue, presque toujours échancrée, au moins fermée; ses rectrices obtuses, les externes un peu plus étroites que les médianes; les sous-caudales longues, molles, un peu filamenteuses, souvent blanches, toujours frangées de blanc ou de fauve; pieds plus forts que ceux des *Bourcieria*; — tarses tantôt (*Boissonneauxia*) densément emplumées jusqu'à la base des doigts, le plus souvent dénudés et écailleux en dessus, n'étant emplumés qu'à la base sur la face externe. Ailes longues et normales (rémige externe non amincie). Sexes non ou peu dissemblables; femelles andromorphes ou subandromorphes.

TABLEAU DES GENRES

1. Tarses très densément emplumés, presque jusqu'à la base des doigts, de plumes couchées très denses formant gaine; touffes tibiales filamenteuses très développées (1) laissant néanmoins les doigts et l'extrémité du tarse à découvert. Bec plus long que la tête, robuste à la base. Queue peu fourchue; rectrices latérales tantôt rousses, tantôt jaune clair ou blanches bordées ou pointées de bronzé ou de noir. Rémiges externes bordées de roux extérieurement; les grandes couvertures rousses ou teintées de roux dans leur moitié supérieure au moins à la base; épaule présentant en dessous une touffe de plumes non filamenteuses rousses ou jaunes (touffe sous-scapulaire) Sexes semblables; ♀ andromorphe.

Boissonneauxia.

— Tarses emplumés sur leur face externe seulement à la base, dénudés sur leur face supérieure écailleuse; touffes tibiales filamenteuses réduites, non ou peu apparentes. Bec plus grêle dès la base, de la longueur de la tête ou à peine plus long (excepté *Heliotrypha luminosa*). Ailes et queue sans aucune partie rousse ou blanche. Rectrices médianes généralement bronzées; les autres noires, unicolores. Sexes presque semblables; ♀ subandromorphe (2) . . . . 2.

2. Poitrine marquée d'une large bande transverse blanche ou fauve clair séparant la plaque jugulaire de l'abdomen. Queue généralement courte et peu fourchue . . . . Heliangelus.

— Poitrine sans bande transverse blanche ou fauve; plaque jugulaire brillante, vue en avant, largement bordée de noir de chaque côté, queue généralement plus longue et plus fourchue. . . . . 3.

---

(1) Caractère rappelant le groupe suivant des *Eriocnemis*.

(2) Quelques doutes existent à cet égard, car on ne connaît sûrement les deux sexes que pour deux espèces *Heliotrypha viola* et *exortis*; la plupart des auteurs attribuent aux autres espèces des femelles dépourvues de parure frontale et de parure jugulaire; celle-ci étant remplacée par une tache blanche mal définie ou par une zone pictée sur fond blanc; mais ces oiseaux, qui sont envoyés en abondance, en même temps que les mâles, sont probablement des jeunes (ceux à gorge blanche, des femelles, ceux à gorge pictée des mâles) comme le supposaient Gould et Berlepsch, et comme l'a démontré Chapman pour *H. exortis*; la femelle adulte a, comme le mâle, une plaque jugulaire mais avec les plumes brillantes moins denses, à base blanche (au lieu de gris noirâtre) plus ou moins apparente.

3. Corps en dessus vert cuivré avec une plaque frontale brillante lumineuse (1).
Rectrices médianes noires ou vert bronzé. . . . . **Heliotrypha**.

— Corps en dessus et rectrices médianes violets; pas de plaque frontale lumineuse. . . . . **Aeronympha**.

1er Genre. — BOISSONNEAUXIA

TABLEAU DES ESPÈCES

1. En dessus tête jusqu'à la nuque (vue en avant) bleu-violet foncé; nuque et
cou, jusqu'aux épaules, noir profond et mat, dos vert bleuâtre étincelant
vu d'avant en arrière, passant au bronzé, parfois au cuivré rougeâtre ou
violacé, au bord postérieur de l'uropygium; supra-caudales noir violacé;
en dessous menton et gorge noir profond, milieu de la poitrine et abdomen
bleu-violet (un peu plus clair que celui de la tête), côtés de la poitrine
vert bleuâtre brillant comme le dos, scapulaires vert cuivré; sous-caudales
noirâtres, étroitement frangées de blanc. Rectrices médianes noires
parfois teintées de vert bronzé très foncé; latérales blanches bordées de
noirâtre à l'extrémité interne et au côté externe (mais en s'atténuant vers
la base); touffes tibiales et plumes couchées du tarse noires à la base,
longuement blanches à l'extrémité. Touffes sous-scapulaires d'un roux
foncé. . . . . **B. Jardinei** (Bourc.).

— Corps en dessus vert cuivré plus brillant sur la tête (vue en avant); en
dessous en partie vert brillant, en partie roux ou fauve. Rectrices
médianes vert cuivré ou bronzé; rectrices latérales (en tout ou en grande
partie) et sous-caudales rousses ou fauve clair . . . . **2**.

2. Corps en dessous roux foncé avec le menton et la gorge un peu plus clairs et
ornés de plumes squamiformes vert doré non confluentes (chaque plume
verte frangée de roux et à base rousse apparente); sous-caudales et
rectrices latérales fauve-roux plus clair; celles-ci passant souvent au
bronzé à l'extrémité ou au côté externe dans la moitié apicale; supra-
caudales et rectrices médianes bronzé cuivré. Touffes tibiales filamenteuses blanches passant au gris noirâtre à la base; plumes couchées du
tarse d'un roux vif, touffes sous-scapulaires rousses comme l'abdomen.
— ♀ Côtés de la poitrine parsemés de plumes vert cuivré.
B. Matthewsi (Bourc.).

— Corps en dessous vert doré jaune très brillant, varié de blanchâtre ou de
fauve clair sur l'abdomen surtout à la base (plumes longuement frangées);
sous-caudales blanc jaunâtre souvent teintées de gris au disque, plus
rarement à petits disques bronzés. Rectrices latérales blanc jaunâtre ou
fauve pâle, bordées de bronzé verdâtre à l'extrémité (plus ou moins
largement) et souvent au côté externe, au moins dans leur moitié apicale;
supra-caudales et rectrices médianes bronzé olivé; les premières souvent
plus dorées; touffes tibiales et revêtement des tarses blanc pur; touffes
sous-scapulaires d'un jaune vif un peu orangé. **B. flavescens** (Lodd.).

---

(1) Excepté *H. luminosa* (Ell.).

3ᵉ Genre. — HELIANGELUS

1. Poitrine (vue en avant) vert très brillant, au dessous de la bande blanche pectorale; plaque jugulaire rose-carmin brillant à reflets bleus, précédée d'un menton très noir; plaque frontale petite vert doré très brillant.   2.

— Poitrine vert bronzé foncé comme l'abdomen; celui-ci passant plus ou moins au fauve ou au gris à la base; rectrices médianes vert bronzé; rectrices latérales très étroitement liserées de gris à l'extrémité .   .   . 3.

2. Sous-caudales blanches (parfois à petits disques étroits grisâtres); plumes de l'abdomen, surtout au milieu et à la base, frangées de fauve grisâtre clair. Rectrices médianes vert cuivré; rectrices latérales noir à peine bleuâtre, les externes avec un très fin liséré blanc au bord apical au moins au milieu . . . . H. Clarissæ (Long.).

Variétés ou aberrations. — (b) Plaque jugulaire violet-bleu (au lieu de rose brillant). Rectrices latérales avec le liséré médian, apical fauve (1).
H. Clarissæ var. Claudia (Hart.).

— (c) Plumes de l'abdomen au milieu à la base frangées de fauve plus roux; sous-caudales noirâtres frangées de fauve plus clair. Rectrices latérales entièrement noires (2). . . . . . **H. Clarissæ var. fulvicrissa, var. nov.**

— Sous-caudales noirâtres, plus ou moins cuivré au disque et frangées de blanc; plumes de l'abdomen, surtout au milieu et à la base, frangées de gris noirâtre. Queue un peu plus fourchue; rectrices médianes noires souvent teintées de bronzé obscur, rarement bronzé vert comme celles de *H. Clarissæ* (*H. Henrici* Boucard) (3); rectrices latérales plus nettement noir-bleu et sans liséré apical. Bec un peu plus robuste à la base et plus court, de 14 m/m . . . . **H. strophianus (Gould).**

Variété ou aberration. — (b) Plaque jugulaire entièrement d'un beau violet (au lieu de rose brillant). Ensemble du plumage plus foncé surtout en dessus (4) . . . . **H. strophianus var. violicollis (Salv.).**

3. Plaque frontale vert brillant, grande, s'étendant jusqu'au niveau des yeux; plaque jugulaire rose carmin brillant irisé à reflets bleus, surtout aux bords, précédée d'un menton noir; sous-caudales blanches à disques noirâtres ou un peu bronzés linéaires étroits suivant le stipe; rectrices latérales noir-bleuâtre, les externes finement liserées de blanc à leur bord apical au moins interne. . . . . 4.

---

(1) Probablement un mélanisme au premier degré; *H. dubius* Hart. est certainement un mélanisme plus avancé; toutes les parties vertes de l'oiseau y sont passées au gris noirâtre.

(2) Oiseau singulier dont les sous-caudales ressemblent à celles de *Boissonneauxia flavescens*, tandis que le bec et les rectrices ne diffèrent de celles de *Heliangelus Clarissæ* que par l'absence de la fine bordure apicale, caractère peut-être individuel. Peut-être un hybride d'*Heliangelus* et de *Boissonneauxia*.

(3) Variation individuelle très inconstante.

(4) Peut-être un mélanisme au premier degré, analogue à celui de *H. Claudia* pour l'espèce précédente.

— Plaque frontale plus petite argentée ou rouge; plaque jugulaire atteignant ou atteignant presque (*H. Spencei*) la base du bec, non irisée; rectrices latérales noirâtres teintées de vert bronzé obscur surtout au côté externe et à la base; sous-caudales à disques assez larges gris ou noirâtres frangées de fauve ou de blanc 5

4. Plaque frontale vert-bleu brillant; bande pectorale blanc pur (1); abdomen passant au fauve testacé clair au milieu et à la base. Bec de 14 1/2 à 15 m/m . . . . **H. laticlavius** Salv.

— Plaque frontale vert doré brillant; bande pectorale fauve pâle. Abdomen passant au milieu et surtout à la base au fauve-roux. Bec de 17 à 17 1/2 m/m . . . . **H. amethysticollis** (Orb. et Lafresn.)

5. Plaque frontale argenté bleuâtre très brillant; plaque jugulaire rose-violet mat; bande pectorale blanc pur; abdomen passant au milieu et à la base au gris-fauve très clair blanchâtre; sous-caudales noires ou vert cuivré ou bronzé, frangées de blanc. Bec de 14 1/2 à 15 m/m. **H. Spencei** (Bourc.).

— Plaque frontale rouge feu; plaque jugulaire rouge de minium brillant; bande pectorale fauve-roux; abdomen passant largement au fauve-roux plus foncé au milieu et à la base; sous-caudales bronzées, bordées de fauve clair ou de blanchâtre. Bec de 14 1/2 à 15 m/m . **H. mavors** Gould.

4ᵉ Genre — HELIOTRYPHA

TABLEAU DES ESPÈCES

1. Plaque jugulaire verte, bordée de noir de chaque côté (vue en avant ou en arrière) précédée d'un menton étroit et mal défini de plumes plus petites noires plus ou moins bordées de vert plus foncé. Corps en dessus vert cuivré légèrement rougeâtre en avant, plus franc (moins cuivré) sur les supra-caudales; tête passant au noir, vue d'avant en arrière et ornée d'une petite tache frontale vert doré brillant. Corps en dessous vert cuivré foncé; sous-caudales du même vert, frangées de blanchâtre. Rectrices noires. Bec nettement plus long que la tête, de 17 1/2 à 19 m/m . . . 2

— Plaque jugulaire rose, violette ou rouge feu 3

2. Plaque jugulaire vert très clair argenté et légèrement ardoisé, nettement tronquée en arrière; plaque frontale très petite parfois peu distincte; rectrices médianes noires comme les latérales ou à peine teintées de bronzé vert sur les bords près la base . . . . . . **H. Barrali** Muls.

— Plaque jugulaire vert clair un peu doré très brillant, plus prolongée mais mal définie en arrière; plaque frontale vert doré plus nette et plus grosse, n'atteignant cependant pas le niveau des yeux; rectrices médianes bronzé vert très foncé passant au noir à l'extrémité (2).

H. speciosa Salv.

---

(1) Cette bande blanche n'est pas plus large que celle des *Heliangelus Clarissæ* et *strophianus*.

(2) Il est possible que *H. speciosa* ne soit qu'une variété de *H. Barrali* ou l'oiseau plus adulte, mais les matériaux que j'ai à ma disposition sont insuffisants pour trancher la question.

3. Plaque jugulaire violette s'étendant jusqu'à la base du bec ; plaque frontale
vert bleuâtre très brillant, grande, s'étendant jusqu'au niveau des yeux.
Sous-caudales fauve-roux à disques vert cuivré, larges sur les plus courtes,
étroits et plus petits sur les autres. Queue profondément fourchue ; rectrices latérales relativement étroites et très longues ; médianes et submédianes vert cuivré foncé ; les autres noires mais les latérales internes et
les subexternes passant en dessus au vert cuivré fondu à l'extrémité. —
♂ Plaque jugulaire violet rougeâtre ; poitrine vert bleuâtre très brillant
(ses plumes squamiformes plus grosses et mieux définies que celles de
l'abdomen) ; abdomen vert cuivré plus foncé. Queue très profondément
fourchue, ses rectrices médianes relativement courtes. — ♀ Plaque jugulaire violet plus bleu, vue en avant étroitement bordée de noir en arrière ;
poitrine vert cuivré non bleuâtre, se fondant avec celui de l'abdomen.
Queue un peu moins fourchue (ses rectrices médianes relativement plus
longues). Bec un peu plus court. . . . . **H. viola** (Gould).

— Plaque jugulaire rose brillant ou rouge feu, séparée de la base du bec par
un large menton noir ou en partie bleu ; plaque frontale vert doré, petite,
n'atteignant pas le niveau des yeux. Sous-caudales blanches ou frangées
de blanc. Queue moins longue et moins fourchue ; ses rectrices médianes
relativement plus longues, bronzé foncé ; les autres noires plus larges. 4.

4. ♂ Plaque jugulaire rose très brillant, précédée d'un large menton, noir en
avant passant en arrière au bleu-violet brillant. Corps en dessus vert
cuivré foncé, passant sur l'uropygium et les supra-caudales au bronzé
olive ; en dessous poitrine vert doré brillant ; abdomen vert cuivré plus
foncé, au milieu et à la base ses plumes frangées de gris-fauve obscur ;
sous-caudales blanc pur ; rectrices noires, les médianes plus ou moins
teintées de vert bronzé obscur. Bec de 14 à 16 m/m. Aile de 62 à 63,5 m/m.
— ♀ Plumes rose brillant de la plaque jugulaire moins denses, à base
blanche (au lieu de gris noirâtre) plus ou moins apparente ; taille un peu
plus petite : aile de 58 à 60 m/m ; mais bec aussi long. **H. exortis** (Fraser).

— ♂ Plaque jugulaire rouge feu, précédée d'un large menton noir mat. . 5.

5. ♂ Sous-caudales blanches ; les plus courtes très légèrement lavées de fauve
à la base et le plus souvent à très petits disques gris ou bronzés (1). En
dessus tête ornée d'une petite tache frontale d'un vert très brillant ; uropygium et supra-caudales bronzé rougeâtre. Corps en dessous vert cuivré ;
milieu et base de l'abdomen à plumes vertes longuement frangées de
gris-fauve. — ♀ (ou *jeune* ♂) plaque jugulaire rouge feu plus petite, précédée d'un menton blanc densément picté de noir surtout en avant ;
abdomen plus largement fauve pâle au milieu et à la base. — ♂ ♀ Bec de
14 à 14 1/2 m/m. . . . . **H. micraster** (Gould) (2).

---

(1) Ce caractère est certainement très exagéré sur les figures du supplément de la Monographie de Gould (pl. 23).

(2) Cette espèce a été parfois rapportée au genre *Heliangelus* à cause de sa queue aussi
courte que celle des *H. Clarissæ* et *strophianus* ; elle se rattache cependant mieux au genre
Heliotrypha par l'absence de bande pectorale ; elle me paraît surtout voisine de
H. exortis.

Forme locale. — (b) ♂ Bec plus long, de 16 1/2 à 17 m/m; plumes abdominales
    frangées de roux plus vif. . . .   **H. micraster cutervensis, var. nova.**

— ♂ Sous-caudales brunâtre bronzé, étroitement frangées de blanc; en dessus
    tête sans parure frontale (vue en avant noire jusqu'à la base du bec);
    uropygium et supra-caudales bronzé-violet.; dessous du corps bronzé
    rougeâtre foncé à reflets dorés. Bec beaucoup plus long, 20 m/m (1).
                                                      H. luminosa (Ell.).

<h3 style="text-align:center">5° Genre. — AERONYMPHA</h3>

1. Corps en dessus et rectrices médianes violet foncé; en dessous noirâtre;
    plumes de la poitrine à bases blanches apparentes (sans doute indice de
    jeune âge); plaque jugulaire doré brillant à reflets orangés; sous-caudales
    blanchâtre légèrement fauve, à disques petits et étroits gris noirâtre;
    rectrices latérales en dessous noir-bleu violacé très finement liserées de
    gris-blanc au bord apical. . . . .   **Æ. Rothschildi** (Boucard) (2).

<h3 style="text-align:center">35° Groupe. — ERIOCNEMIS</h3>

Caractères généraux du groupe précédent, dont il diffère, à première vue,
par le grand développement des touffes tibiales filamenteuses enveloppant
complètement et cachant le tarse (nu, au moins en dessus) et même une partie
des doigts. Bec de la longueur de la tête ou à peine plus (excepté *Threptria
Isaacsoni*) généralement plus grêle dès la base. Queue toujours fourchue, sous-
caudales généralement plus consistantes et plus colorées. Pieds petits et faibles.
Sexes presque semblables, femelles subandromorphes (3).

<h4 style="text-align:center">TABLEAU DES GENRES</h4>

1. Sous-caudales obtuses, consistantes, squamiformes brillantes. . . . .   **2.**
— Sous-caudales longues, étagées, molles, noirâtres ou vertes, plus ou moins
    frangées de blanc ou de fauve. . . . .   **5.**

2. Sous-caudales vert brillant. Queue courte fourchue; rectrices externes
    obliquement tronquées à l'extrémité interne, subacuminées. . . . .   **3.**
— Sous-caudales bleu brillant. Queue longue, profondément fourchue, noire;
    rectrices externes légèrement atténuées obtuses. . . . .   **4.**

3. Touffes tibiales noires (♂) ou en partie noires (♀). Rectrices noires; les
    externes larges, longuement et très obliquement tronquées à l'extrémité
    interne et terminées en pointe subaiguë; leur stipe très excentrique;

---

(1) D'après un jeune mâle de l'ancienne collection Gould (type de l'espèce) et un mâle,
qui paraît plus adulte, de la collection E. Gounelle.

(2) Je ne serais pas surpris que *Æ. Rothschildi* ne soit qu'un hybride d'*Heliotrypha* et de
Rhamphomicrus microrhynchus, il présente un mélange des caractères de ces deux espèces
sans pouvoir rentrer exactement ni dans le genre *Heliothrypha*, ni dans le genre *Rhamphomicrus*.

(3) Le point blanc postoculaire est très net dans plusieurs espèces (*Engyete, Niche,
Eriocnemis Catharinæ*, etc); d'autres espèces (*Erioc Luciani*) n'en présentent que des traces;
il manque dans le plus grand nombre.

leurs barbes externes très courtes, surtout dans la moitié apicale (ou elles sont presque nulles). Pas de point blanc postoculaire (au moins chez le mâle). . . . . **Erebenna.**

— Touffes tibiales blanc pur. Rectrices vert cuivré; les externes larges, longuement et obliquement tronquées à l'extrémité interne mais obtuses; leur stipe moins excentrique, avec les barbes externes égales, plus courtes que les internes. De chaque côté un petit point blanc postoculaire.

                                                      Engyete.

4. Tête ornée d'une plaque bleue formée de larges plumes squamiformes brillantes. Points blancs postoculaires très nets (1). . . . . **Niche.**

— Tête sans parure de plumes squamiformes; uropygium et supra-caudales (ou seulement celles-ci) beaucoup plus brillants que le dos (vu obliquement en avant). . . . . **Eriocnemis.**

5. Queue longue, profondément fourchue; rectrices médianes courtes vert bleuâtre, latérales longues étroites, acuminées noirâtres ou bronzé obscur; corps en dessus vert cuivré ou doré avec les supra-caudales, vues d'avant en arrière, doré très brillant lumineux; dessous vert brillant ou doré; touffes tibiales blanches. Bec plus long que la tête. . . . . . . **Threptria.**

— Queue plus courte, peu fourchue; rectrices, sauf parfois les médianes noires, les latérales plus larges et obtuses; corps en dessus vert cuivré avec la tête bronzé très obscur, noirâtre en avant, passant au bronzé rouge sur la nuque et le cou; supra-caudales bronzé rouge un peu plus brillantes que le dos; touffes tibiales le plus souvent en partie rousses. Bec généralement de la longueur de la tête. . . . . **Haplophædia.**

1er Genre. — EREBENNA

— ♂ ♀ Corps en dessus vert cuivré avec les supra-caudales (vues obliquement en avant) vert doré très brillant, précédées d'une ceinture rouge cuivré vif. Corps en dessous doré verdâtre, à reflets rougeâtres sur les côtés; poitrine passant au noirâtre, vue obliquement d'arrière en avant; sous-caudales vert doré très brillant. — ♂ Tête en dessus vert comme le dos mais souvent un peu moins cuivré. Touffes tibiales entièrement noires. — ♀ Tête en dessus, passant graduellement en avant, du vertex au bec, au bleu verdâtre; lores pourvus de quelques courtes plumes blanches; plumes de la gorge et du milieu de la poitrine à base blanche plus ou moins apparente; celles du milieu de l'abdomen longuement frangées de blanc. Touffes tibiales mi-partie blanches et noires. — ♂ ♀ Bec long de 17 à 18 m/m . . . . **E. Derbyi** (D. et B.)

Race locale. — (b) Bec plus long, de 20 à 23 m/m. **E. Derbyi longirostris** Hart.

---

(1) On pourrait ajouter que l'uropygium et les supra-caudales sont d'un vert cuivré à peine plus brillant que le dos, sans reflets lumineux, mais je ne suis pas assez sûr que ce caractère ne tienne pas uniquement à la vétusté de l'exemplaire type, terni par près d'un siècle d'exposition au soleil et à la poussière.

2ᵉ Genre. — ENGYÈTE

— ♂ ♀ Corps en dessus vert cuivré avec une plaque frontale vert doré très brillant (au moins ♂) n'atteignant pas le niveau des yeux et avec les supra-caudales (vue d'avant en arrière) d'un vert plus franc et plus brillant ; dessous vert doré très brillant (rarement légèrement bleuâtre) avec la poitrine largement blanche, peu densément mouchetée de vert ; sous-caudales d'un vert également brillant; rectrices en dessus vert cuivré assez foncé, plus ou moins olivâtre; en dessous plus clair et plus brillant; les externes anguleuses à leur côté interne, ensuite fortement et longuement atténuées. Bec de 16 à 17 m/m. . . . . **E. Alinæ** (Bourc.).

— ♂ ♀ Corps en dessus vert cuivré, sans plaque frontale ; en dessous poitrine blanche plus densément mouchetée de vert; rectrices externes plus brièvement atténuées et plus obtuses. Bec de 18 à 18 1/2 m/m.

                                 E. Dybowskii (Tacz.)

3ᵉ Genre. — NICHE

— ♂ Tête ornée, de la base du bec au vertex, d'une plaque d'un bleu brillant légèrement violet ne dépassant pas ou à peine le niveau des yeux, formée de plumes squamiformes; de chaque côté une petite tache blanche postoculaire. Corps en dessus vert cuivré foncé, un peu plus clair et plus brillant sur l'uropygium et les supra-caudales (sans être lumineux (1). Corps en dessous entièrement vert doré brillant avec un léger reflet bleuâtre sur le milieu de la poitrine; sous-caudales d'un bleu brillant; touffes tibiales blanches; rectrices noir-bleu. — Ailes 52 m/m (2).

                               N. glaucopoïdes (Orb. et Lafresn.).

4ᵉ Genre. — ERIOCNEMIS

TABLEAU DES ESPÈCES

1. Gorge ornée d'une plaque jugulaire bleue ou bleu-violet ; uropygium et supra-caudales très brillants lumineux . . . . **2.**

— Gorge sans plaque jugulaire; supra-caudales seules plus brillantes que le dos. **6.**

2. ♂ Corps en dessus noir, passant au vert bleuâtre très foncé sur le devant de la tête et les côtés du dos surtout en arrière ; uropygium et supra-caudales, vus en avant, bleu d'acier brillant ; dessous noir passant au vert cuivré foncé sur les flancs; plaque jugulaire grosse, bleu-violet. Bec de 15 à 16 m/m. — ♀ Corps en dessus vert, un peu plus cuivré dans la région du cou; uropygium et supra-caudales vert bleuâtre très brillant; en dessous

---

(1) Ce qui tient peut-être à ce que le type unique, du voyage de d'Orbigny est sans doute un peu terni par un très long séjour à la lumière et à la poussière. (Oiseau monté de la collection générale, n° 4768.)

(2) Je ne donne pas la longueur du bec qui porte les traces d'un raccommodage, probablement avec le bec d'un autre oiseau.

gorge et poitrine vert doré avec les plumes à base rousse un peu apparente et les lores roux; abdomen vert plus bleuâtre, plaque jugulaire plus petite d'un bleu plus clair, parfois un peu verdâtre. Bec de 15 1/2 à 17 m/m.

E. nigrivestis (B. et M.).

— ♂ ♀ Corps en dessus vert cuivré; uropygium et supra-caudales doré très brillant; dessous vert brillant. Bec plus long. . . . . **3.**

3. ♂ Corps en dessus entièrement vert cuivré; en dessous vert doré clair et brillant jusqu'à la base du bec, avec une zone à peine plus foncée sur la poitrine; plaque jugulaire réduite à quelques plumes bleues ou bordées de bleu. Bec assez robuste, de 17 1/2 à 18 m/m; aile de 61 à 61 1/2 m/m. (♀ inconnue). . . . . **E. Godini** (Bourc.).

— ♂ Corps en dessus en avant, jusqu'aux épaules, d'un vert cuivré foncé un peu rougeâtre, au-delà vert plus franc; en dessous plaque jugulaire bien définie bleu-violet, séparée de la base du bec par un étroit menton noir ou vert foncé. Bec un peu plus grêle, de 16 à 19 m/m; aile de 58 1/2 à 63 m/m. — ♀ Corps en dessous vert doré plus clair, plumes de la gorge et souvent de la poitrine à base rousse apparente et frangées de roux, celles du milieu de l'abdomen frangées de blanc et à base blanche un peu apparente; plaque jugulaire d'un bleu plus pâle, ses plumes, surtout en avant, disjointes et à base blanche ou rousse apparente; sous-caudales d'un bleu plus clair, plus ou moins frangées de blanc, les plus longues passant souvent au noir à la base. . . . . **4.**

4. Gorge et poitrine vert très foncé, passant au noir vu d'avant en arrière; abdomen vert doré-jaune très brillant (1). — ♀ Gorge et poitrine rousses à mouchetures vert doré petites et espacées, au moins au milieu; plaque jugulaire bleu plus clair parfois un peu verdâtre, ses plumes à base blanche un peu apparente, séparée de la base du bec par un menton entièrement roux ou blanchâtre. . . . . **E. vestita** (Less.).

— ♂ Corps en dessous entièrement vert brillant, de la plaque jugulaire violette à la base de l'abdomen, non ou à peine plus doré sur l'abdomen que sur la poitrine, sans zone noirâtre en avant. — ♀ Gorge et poitrine rousses, leurs plumes vert doré un peu plus grosses et plus denses que celles de l'*E. vestita*; plaque jugulaire bleu-violet clair séparée de la base du bec par un menton garni de plumes violettes ou noirâtres beaucoup plus petites frangées de roux (2). . . . . **5.**

5. ♂ Plaque jugulaire violette grosse (comme celle de l'*E. vestita*); en dessus uropygium et supra-caudales (vus obliquement en avant) doré très brillant mais plumes uropygiales passant graduellement au vert en avant. Taille de l'*E. vestita*. . . . . **E. smaragdinipectus** Gould.

---

(1) *E. vestita* est sujet à des variations individuelles ou aberrations. Les cas de mélanisme y sont assez fréquents; ainsi l'*E. Berlepschi* Hartert est, d'après le type, un mélanisme d'*E. vestita* rappelant, sauf par la longueur du bec, *E. nigrivestis*, j'en possède un autre exemple un peu moins avancé, en dessous d'un vert très foncé un peu ardoisé. J'ai aussi un mâle anormal offrant, au-dessous de la plaque jugulaire, une large tache d'un fauve-roux foncé mat. *E. ventralis* O. Salvin est (d'après le type) un oiseau de Bogota à plumage altéré par accident, ressemblant un peu en dessous à *Helianthea helianthea*.

(2) Les caractères donnés pour distinguer les femelles des *E. vestita* et *smaragdinipectus* ne sont ni bien constants ni même bien certains, ils peuvent en partie tenir à l'âge.

♂ Plaque jugulaire violette plus petite (comme celle de *E. nigrivestis*). Corps
en dessus d'un vert plus uniforme moins cuivré ; uropygium brillant
nettement teinté de bleuâtre, supra-caudales seules doré très brillant.
Taille un peu plus petite ; bec de 17,5 à 18,7 m/m ; aile de 56,6 à 57 m/m.
(sec. Chapman). . . . .   **E. paramillo** Chapman.

6. Corps en dessous nettement bicolore . . . .   **7.**

— Corps en dessous entièrement vert à peu près uniforme ; sexes semblables.
Bec de 20 à 21 m/m ; aile de 65 à 70 m/m. . . . .   **8.**

7. Menton, gorge et poitrine vert mousse brillant, un peu plus foncé et plus
doré sur la poitrine ; abdomen cuivré-rouge surtout au milieu, passant le
plus souvent au vert sur les flancs. Corps en dessus vert cuivré un peu
rougeâtre, avec les supra-caudales d'un vert plus franc et plus brillant
(vues en avant). Bec de 18 à 20 m/m. — Sexes semblables. — *Jeune* corps
en dessous vert cuivré ou olive foncé, non ou à peine rougeâtre sur
l'abdomen ; gorge marquée d'une plaque d'un vert mousse plus clair et plus
brillant formée de larges plumes squamiformes (1).
E. cupreiventris (Fraser).

— ♂ Menton, gorge et poitrine vert doré ; abdomen vert-bleu brillant (les deux
teintes fondues). Corps en dessus vert, plus cuivré, souvent même rougeâtre, sur le cou et la nuque, mais passant au vert bleuâtre foncé sur le front ;
supra-caudales (vues en avant) vert bleuâtre brillant. Bec de 19 à 21 m/m.
— ♀ Corps en dessous vert doré passant au vert à peine bleuâtre sur
l'abdomen ; plumes du menton et de la gorge à base blanche un peu
apparente ; lorés en partie blancs ; sous-caudales d'un bleu plus clair
légèrement verdâtre au moins à la base. — ♂ ♀ de chaque côté un point
blanc postoculaire très net. . . . .   **E. Catharinæ** Salv.

8. Corps en dessus vert cuivré jusqu'à la base du bec, mais passant sur le cou
et la nuque au cuivré plus rougeâtre fondu ; supra-caudales plus vertes
(moins cuivrées) et plus brillantes (vues en avant) ; sous-caudales d'un
bleu franc . . . .   **E. sapphiropygia** Tacz.

— Corps en dessus vert cuivré avec le devant de la tête d'un bleu foncé assez
mat, passant graduellement en avant sur la base du bec, en arrière, sur le
vertex, au bleu verdâtre un peu plus clair (2) ; supra-caudales d'un vert
un peu moins cuivré et plus brillant (vues en avant) ; sous-caudales généralement d'un bleu plus violet (3) . . . .   **E. Luciani** (Bourc.).

---

(1) Cette livrée correspond à celle de l'*E. simplex* Gould. — *E. dyselius* Ell. est le
mélanisme plus ou moins complet de l'*E. cupreiventris* (Fraser).

(2) Certains jeunes, ayant déjà la taille de l'adulte, ont la tête d'un vert plus foncé et
moins cuivré que celui du dos, mais à peine bleuâtre, au point de ressembler à l'*E. sapphiropygia* dont ils diffèrent cependant par l'absence de cuivré rougeâtre sur le cou et la
nuque ; tel est le cas d'un oiseau reçu d'Ambato, en même temps que de nombreux *E. Luciani*,
que j'avais catalogué à tort autrefois comme *E. sapphiropygia*.

(3) Ce dernier caractère peu sensible, parfois en défaut.

5ᵉ Genre. — THREPTRIA

— Corps en dessus vert cuivré avec la tête, vue en avant, d'un vert plus foncé et
moins cuivré; supra-caudales d'un doré plus brillant lumineux; en dessous
menton et gorge verts (plumes à base blanche); poitrine dorée souvent
rougeâtre très brillant (plumes à base rousse); abdomen vert cuivré plus
foncé. Lores blancs ou en partie blancs. Rectrices en dessus vert bronzé
assez brillant, légèrement bleuâtre (surtout les médianes); les subexternes
et externes, en dessus et en dessous noirâtres, teintées de bronzé-olive,
surtout à leur côté interne, dans toute leur longueur ou seulement à la
base; les externes étroites longuement acuminées; sous-caudales gris
noirâtre, le plus souvent légèrement frangées de blanc; les plus courtes
seules à disques vert foncé; touffes tibiales blanc pur. Bec de 18 à 19 m/m.

T. Mosquera (D. et B.).

Sous-espèce. — (**b**) Bec plus long, de 20 à 22 m/m; sous-caudales vert foncé un
peu bleuâtre, brièvement frangées de gris sur les côtés et à l'extrémité,
de blanc à la base (1). . . . . **T. Mosquera bogotensis** Hart.

— Corps en dessus vert cuivré, vu en avant un peu plus brillant dans la région
frontale (2) et avec les supra-caudales dorées lumineuses comme celle de
T. Mosquera; en dessous menton et gorge vert brillant passant sur la
poitrine au vert cuivré; abdomen cuivré-rouge très brillant (à plumes
squamiformes très larges). Rectrices en dessus vert bronzé bleuâtre foncé
passant au noirâtre au côté interne; les subexternes et externes
noirâtres (3), en dessous légèrement teintées de bronzé-olive foncé dans
leur moitié basale; les externes plus larges que celles de *T. Mosquera*
mais longuement atténuées; sous-caudales vert brillant (4). Touffes tibiales
blanches. Bec long. 22 1/2 m/m. . . . . . **T. Isaacsoni** (Parzudaki) (5).

---

(1) Tous nos spécimens ont les plumes vertes du menton et de la gorge à bases blanches
plus apparentes, ce qui tient peut-être à ce qu'ils ne sont pas complètement adultes.

(2) Sans former de tache frontale lumineuse comme le dit Elliot; il est cependant possible
que le spécimen de la collection Elliot soit plus adulte que les autres.

(3) Ce caractère, pris sur l'oiseau de la collection Boucard, ne concorde pas exactement
avec la description de O. Salvin, faite sur le type, conservé au *Derby museum* de Liverpool
« tail uniform purple, black slightly teinted with green on the under surface ».

(4) Ce caractère est tiré des descriptions concordantes de Parzudaki, Gould, Elliot et
O. Salvin; les sous-caudales de notre spécimen sont très incomplètes, elles paraissent plutôt
bronzé vert et frangées de blanc au moins à la base comme celles de *T. Mosquera*.

(5) C'est à tort que cet oiseau a été rapporté au genre *Helianthea* par Elliot qui en avait
pris l'idée de Malsant (Essai Cl., 1866, p. 205) et au genre *Eugenia* par nous-mêmes à une
époque où nous ne le connaissions que par les descriptions insuffisantes des auteurs.
E. Isaacsoni (Parzud.) est assez exceptionnel dans la série des *Eriocnemis* par les larges
plumes squamiformes de son abdomen et la plus grande longueur de son bec; à part cela,
il se rapproche d'*E. Mosquera* (D. et B.); la race colombienne de celui-ci (*bogotensis* Hartert)
forme même une sorte de transition, au moins en ce qui concerne le bec.

6e Genre. — HAPLOPHÆDIA

— Corps en dessus vert cuivré, passant au bronzé rougeâtre sur le cou, la
    nuque et les supra-caudales, au vert foncé noirâtre sur le devant de la
    tête (parfois entièrement bronzé rougeâtre); corps en dessous gris
    noirâtre; plumes de la gorge et de la poitrine noires assez brièvement
    frangées de blanc en écailles; celles de l'abdomen noirâtres longuement
    frangées de gris-blanc; côtés de la poitrine plus ou moins vert bronzé
    foncé; sous-caudales gris noirâtre ou vert bronzé, longuement frangées
    de gris-blanc; rectrices entièrement noires; touffes tibiales très blanches
    mais offrant sur leur face interne, un peu en dessous, une mèche de duvet
    fauve-roux. — ♀ Touffes tibiales entièrement blanches (sauf la base gris
    noirâtre) (1). . . . . H. lugens (Gould).

— Corps en dessus vert cuivré plus clair et plus brillant, passant au cuivré
    rougeâtre en avant sur le cou et la nuque, en arrière sur l'uropygium et
    les supra-caudales; devant de la tête vert foncé (plumes noirâtres frangées
    de vert). Corps en dessous vert bronzé obscur à reflets dorés; plumes de
    la gorge et de la poitrine frangées de fauve obscur, celles de l'abdomen
    plus longuement frangées de gris-blanc ou de blanc, surtout celles de la
    base; sous-caudales vert cuivré très étroitement frangées de fauve.
    Rectrices noires à peine bleuâtre ou verdâtre; les médianes en dessus
    passant le plus souvent au bronzé-vert très obscur à la base. — ♂ Touffes
    tibiales bicolores, par moitié blanches et fauve-roux vif. — ♀ Touffes
    tibiales entièrement blanches; corps en dessous plus vert surtout aux
    flancs; abdomen largement blanc à la base (2). Bec de 16 1/2 à 18 m/m.
                                            H. Aureliæ (B. et M.).

Sous-espèces ou races locales. — (b) ♂ Plumes de la gorge noires frangées de
    fauve plus clair; rectrices entièrement noir-bleu; touffes tibiales comme
    celles du type. Taille un peu plus forte. Bec plus long, de 19 1/2 à 22 m/m.
                                            H. Aureliæ russata (Gould).

— (c) Touffes tibiales entièrement gris blanchâtre teintées de fauve très clair.
    Corps en dessus et en dessous comme le type. Rectrices médianes en
    dessus généralement plus nettement teintées de vert bronzé au moins à
    la base. Taille généralement un peu plus faible : bec de 17 à 18 m/m.
                                            H. Aureliæ assimilis (Ell.).

— (d) Corps en dessus vert foncé plus franc, passant au noirâtre sur le devant
    de la tête, partie rouge cuivré de la nuque plus restreinte, en arrière les
    supra-caudales seules cuivré-rouge. Corps en dessous vert foncé légè-
    rement bleuâtre; ni cuivré ni doré, toutes les plumes, même celles de la

---

(1) Ce caractère sexuel, généralement admis et vraisemblable, par analogie avec les
autres espèces, n'est cependant pas certain car d'après M. Oberholser, les oiseaux à manchettes entièrement blanches seraient au contraire les mâles; mais il est bien possible qu'une
erreur dans la notation des sexes ait été commise par les chasseurs, ce qui arrive trop
souvent (Cf. Pr. U. S. Mus., XXIV, 1902, p. 330).

(2) Je ne suis pas absolument certain de ces caractères sexuels; il est possible que les
oiseaux à manchettes et ventre blancs ne soient que les jeunes; ils sont relativement rares
dans les lots d'oiseaux envoyés de Bogota.

gorge, frangées de blanc; abdomen largement blanc pur au milieu et
surtout à la base; sous-caudales vert foncé un peu bleuâtre, non cuivré,
étroitement frangées de blanc un peu lavé de fauve. — ♂ Partie rousse
des touffes tibiales très réduite; ♀ touffes tibiales entièrement blanc pur.
Bec de 16 1/2 à 19 m/m . . . . **H. Aureliæ caucensis (E. S.) (1).**

36ᵉ Groupe. — **SPATHURA**

Bec comme celui des *Eriocnemis*, sauf les écailles nasales plus dénudées à
leur bord inférieur et à leur pointe antérieure effilée, dépassant un peu les
plumes du culmen; touffes tibiales filamenteuses, au moins aussi développées,
exsertes, enveloppant et cachant complètement le tarse et la base des doigts.
Pieds très faibles et incolores. Queue très fourchue. Sexes très dissemblables
par la livrée et les rectrices. — ♂ vert cuivré, plus brillant sur la gorge et la
poitrine (2); sous-caudales vertes. Rectrices médianes courtes et obtuses, les
trois suivantes graduellement plus longues du dedans au dehors; les subexternes acuminées; les externes aussi longues ou plus longues que le corps
entier, plus ou moins incurvées, très atténuées (à barbules très courtes et
espacées dans la moitié apicale) mais brusquement terminées par une dilatation ou palette — ♀ corps en dessous blanc, moucheté de vert, avec de chaque
côté une ligne oculaire noirâtre; sous-caudales fauve-roux clair, molles;
queue beaucoup plus courte néanmoins fourchue; ses rectrices assez étroites
à côtés parallèles, et obtuses, les externes et subexternes égales ou celles-ci un
peu plus longues, en grande partie noires et pointées de blanc.

Genre SPATHURA

♂ ♀ Touffes tibiales blanc pur — ♀ menton étroitement noir ou vert cuivré à
la base du bec; sous-caudales vertes comme l'abdomen. — ♀ sous-
caudales fauve clair. Rectrices externes noir-bleu passant au gris à la
base et au bord externe, pointées de blanc, ... **2**

♂ Touffes tibiales roux vif; menton vert brillant comme la gorge jusqu'à la
base du bec. — ♀ sous-caudales et touffes tibiales fauve-rougeâtre. . **3**

2. ♂ Gorge et poitrine vert brillant, bordés de chaque côté en avant d'une
étroite ligne sous-oculaire d'un vert cuivré plus foncé, se rejoignant au
menton en forme de V; palettes des rectrices externes noir bleuâtre. —
♀ Corps en dessous blanc avec la gorge et la poitrine parsemées de points

---

(1) Cette forme s'éloigne beaucoup plus du type que les deux précédentes et devrait peut-
être être élevée au rang d'espèce.

(2) L'adulte a les plumes vertes de la poitrine à base gris foncé ou noirâtre, celles de la
gorge et du menton blanchâtres, mais chez les jeunes toutes sont à base blanche apparente,
ce qui donne un aspect moucheté analogue à celui de la femelle, avec prédominance des
parties vertes dans un âge plus avancé; les rectrices externes d'abord semblables à celles
de la femelle, perdent graduellement leurs barbes en commençant par la base.

verts, très petits et très espacés au milieu où ils manquent souvent (1), sans lignes noires latérales ; abdomen parsemé, au moins sur les côtés, de taches vertes plus grosses et plus denses ; sous-caudales fauve-roux assez vif. . . . . **S. Underwoodi** (Less.)

— ♂ Gorge et poitrine vert brillant, bordées de chaque côté d'une bande sous-oculaire noir-mat plus large, se rejoignant au menton en forme de V ; palettes des rectrices externes bleu d'acier brillant. Taille un peu plus faible. — ♀ gorge et poitrine blanc pur (sans mouchetures), bordées de chaque côté en avant d'une ligne noir-cuivré souvent ponctuée, convergeant jusqu'à la base du bec ; sous-caudales fauve plus clair.

S. melananthera (Jardine).

3. ♂ Palette des rectrices externes ovale allongée comme celle de *S. Underwoodi* ; sous-caudales entièrement vertes comme l'abdomen. — ♀ Corps en dessous blanc moucheté de vert, très finement au milieu, plus grossièrement et plus densément sur les côtés, surtout au niveau de l'abdomen ; rectrices externes en dessous noir-bleu jusqu'à la base, pointées de blanc pur, subexternes noir-bleu au côté interne vert-bleuâtre foncé à l'externe, étroitement liserées de blanc à l'extrémité au moins interne (2).

S. peruana Gould.

— Palette des rectrices externes aussi large ou presque aussi large que longue ; sous-caudales rousses à disques petits vert-cuivré. . . . . 4.

4. ♂ Rectrices externes légèrement incurvées mais ne se croisant pas (3).

S. rufocaligata (Gould).

5. ♂ Rectrices externes fortement incurvées et se croisant au repos (4).

S. Annæ Berl.

37ᵉ Groupe. — SAPPHO

Bec assez grêle dès la base, légèrement arqué au moins à l'extrémité ; ses marges non serrulées ; base emplumée du culmen atteignant le niveau de l'extrémité des écailles ; celles-ci emplumées et cachées. Queue longue et profondément fourchue ; ses rectrices plus longues des médianes aux externes parfois très inégales ; les externes en dessous bordées de blanc au côté externe au moins à la base ; sous-caudales molles de la teinte de l'abdomen ; de chaque côté un point blanc postoculaire ; lores pourvus de quelques petites plumes

---

(1) Ce qui est de règle générale pour les oiseaux de Mérida au Vénézuéla, mais s'observe parfois ailleurs même parmi les oiseaux de Bogota ; les femelles envoyées par S. M. Klages de la Cerra de Avila (Nord du Vénézuéla) ressemblent plus à celles de Bogota qu'à celles de Mérida. Hartert avait proposé une sous-espèce *S. Underwoodi Brisenoi* reposant sur cet unique caractère, mais il n'est pas constant et rien n'y correspond chez le mâle, sauf la taille un peu plus forte ; si la sous-espèce était maintenue elle devrait prendre le nom de *S. Underwoodi discifera* Heine, également indiqué de Mérida.

(2) Je ne connais pas les femelles des autres espèces à touffes tibiales rousses.

(3) Les individus que je possède ont les plumes vertes du dessous du corps à base blanche en partie apparente, ce qui tient sans doute à ce qu'ils ne sont pas complètement adultes, car ce caractère n'a pas été figuré par Gould (III, pl. 165).

(4) J'ai vu cette espèce dans la collection Berlepsch, sans avoir pu en faire une étude complète.

blanches ou fauves, dessinant très rarement une bande sous-oculaire (*Polyo-nymus*). Pieds relativement forts, noirs; tarses nus, au moins en dessus et au côté interne, brièvement emplumés au côté externe, au moins à la base. Ailes normales. Sexes dissemblables : ♂ sans parure céphalique mais orné d'une plaque jugulaire très brillante; queue aussi longue ou généralement plus longue que le corps; ligne blanche des rectrices externes dépassant rarement le milieu (1). — ♀ Corps en dessous blanc moucheté de vert, sans plaque jugulaire; queue plus courte que le corps; ligne blanche des rectrices externes plus large et atteignant l'extrémité sans former de tache apicale définie.

TABLEAU DES GENRES

— ♂ Queue environ de la longueur du corps; ses rectrices externes et sub-externes égales; les latérales-internes, submédianes et médianes, graduelle-ment plus courtes, mais celles-ci bien développées et au moins aussi lon-gues que la tête. — Bec plus long que la tête et presque droit. Plaque jugulaire rose brillant. . . . . **Polyonymus.**

— ♂ Queue beaucoup plus longue que le corps; ses rectrices externes de moitié ou au moins de un tiers plus longues que les subexternes, à côtés presque parallèles, tronquées ou obtuses; les médianes généralement plus courtes que la tête. Plaque jugulaire vert doré brillant. . . . . . **2.**

2. Rectrices en dessus (sauf les médianes et submédianes arrondies) obtusé-ment tronquées et à bords parallèles. Bec plus long que la tête. — ♂ Queue beaucoup plus longue que le corps; rectrices médianes de la longueur de la tête ou à peine plus longues; les submédianes, latérales-internes et subexternes presque également graduées, les externes dépassant les autres environ de la longueur des submédianes et latérales-internes réunies, en dessus rouge brillant, les médianes finement bordées de noir à l'extré-mité, les autres marquées chacune en dessus d'une grosse barre apicale noir-mat; en dessous rougeâtre violacé, finement bordées de noir au moins dans la moitié basale et passant au noir à la base interne, éclaircies au bord externe vers la base mais sans bordure blanche définie. Corps en dessus jusqu'aux épaules vert cuivré, au-delà jusqu'aux rectrices, violet-rouge ou ardoisé; corps en dessous vert cuivré souvent mêlé de gris-blanc, avec une plaque jugulaire ovale atténuée obtuse vert mousse très bril-lant; sous-caudales fauves, avec ou sans petits disques violets ou noirâ-tres. — ♀ Corps en dessus vert avec l'uropygium plus cuivré, les supra-cau-dales, au moins les dernières, rouges; en dessous blanc; menton et gorge lavés de fauve clair et mouchetées de petites taches vertes sériées, rare-ment punctiformes; poitrine et abdomen vert cuivré avec les plumes frangées de blanc et le milieu de l'abdomen blanc. Queue environ de la longueur du corps, rectrices en dessus rouge brillant comme celles du mâle, passant graduellement au noirâtre pourpré à l'extrémité, mais sans barre noire apicale définie; en dessous les externes noires dans leur moitié interne, blanche dans l'externe et à l'extrémité interne. Sous-cau-dales entièrement fauve clair . . . . **Sappho.**

---

(1) Cette ligne est à peine indiquée ou manque le plus souvent dans les mâles du genre *Sappho.*

— Rectrices en dessus (sauf les externes à bords parallèles et obtusément tronquées) atténuées subacuminées obtuses; les externes en dessous bordées de blanc au côté externe au moins à la base; bec tantôt aussi long
que la tête, tantôt plus court, rarement un peu plus long. . . . . 3.

3. Bec plus court que la tête (*P. gracilis, Gouldi* etc.), de même longueur (*P.
Juliæ, Nuna* etc.) ou un peu plus long, légèrement courbé au moins à l'extrémité. — ♂ Queue deux fois (ou souvent plus) plus longue que le corps;
rectrices médianes réduites, plus courtes que la tête; les externes au moins
deux fois plus longues que les subexternes, étroites, noires le plus souvent
brièvement pointées de vert ou de bronzé; en dessous leur côté externe
bordé de blanc au moins dans la moitié ou le tiers basal; les autres vert
brillant, plus foncé vers la base, rarement noires et pointées de vert; corps
en dessus vert cuivré. — ♀ Corps en dessous blanc moucheté de vert,
plus densément sur les flancs; queue de la longueur du corps ou un peu
plus; rectrices externes plus longuement bordées de blanc parfois jusqu'à
l'extrémité. . . . . **Psalidoprymna.**

Bec beaucoup plus court que la tête, presque droit. Rectrices médianes larges,
plus longues que la tête, les externes très larges, à bords parallèles et
obtusément tronquées, en dessus violet pourpré ou noirâtre, en dessous
les externes bordées de blanc en dehors. — ♂ ad. Dessus du corps violet
foncé. — ♀ (ou *jeunes*) vert cuivré. . . . . **Zodalia.**

1ᵉʳ Genre. — PSALIDOPRYMNA

TABLEAU DES ESPÈCES

1. ♂ Plaque jugulaire vert brillant prolongée sur la poitrine, atténuée obtuse
ou subacuminée. Rectrices externes en dessus noir mat sans reflets,
mais parfois marquées d'une petite tache apicale verte ou bronzée. . 2.

— ♂ Plaque jugulaire vert brillant, ni atténuée, ni prolongée sur la poitrine,
largement arrondie ou tronquée. Rectrices externes en dessus noires
presque toujours lustrées de vert, vues d'arrière en avant; ornées d'une
tache apicale . . . . 5.

2. Rectrices externes ornées en dessus d'une très petite tache apicale vert
cuivré ou bronzé (parfois finement rouge sur la partie correspondante du
stipe) en dessous ligne blanche externe ne dépassant pas, ou à peine, le
niveau des subexternes; subexternes et latérales internes plus longuement vertes à l'extrémité, passant à la base au noir lustré de vert;
médianes et submédianes entièrement vertes (sauf à la base dans la partie
recouverte); base de l'abdomen fauve clair; sous-caudales d'un fauve plus
roux, à disques vert cuivré, tantôt très petits, tantôt plus larges. — Bec de
12 m/m. Rectrices externes de 130 à 135 m/m (1).   **P. eucharis** (B. et M.).

---

(1) D'après un mâle de ma collection, trouvé mêlé à de nombreux de *P. Victoriæ* dans
un lot de Bogota et deux mâles du Musée britannique : *a*) du catalogue Salvin, étiqueté de
Buenaventura, et *b*), sans localité. Un autre specimen existe au Musée de Munich sec. Hellmayr. — Un 3ᵉ mâle du musée de Londres (*d* du catalogue) type du *Nuna Kaoli* Lesson,
d'après Gould, est véritablement *P. nuna*, contrairement à l'opinion de Salvin (Cat. p. 148).
Deux autres individus de la même collection étiquetés *eucharis* sont des femelles ou des
jeunes de détermination douteuse.

— Rectrices externes en dessus noir mat, unicolores ou parfois avec l'indice d'une très petite tache apicale bronzée ou ardoisée ; en dessous leur ligne blanche externe dépassant nettement les rectrices subexternes ; toutes les autres rectrices en dessus noir mat, vertes ou bronzées à l'extrémité seulement ; sous-caudales fauves, unicolores ou les plus longues offrant seules les traces de très petits disques obscurs linéaires . . . . **3.**

3. Rectrices médianes et submédianes marquées en dessus d'une petite tache apicale vert cuivré un peu bleuâtre (au moins le long du stipe) ; latérales internes et subexternes d'une petite tache apicale vert plus doré parfois cuivré-rouge ; rectrices externes, étroites et très longues, à ligne blanche externe en dessous, n'atteignant pas leur milieu. Base de l'abdomen et sous-caudales fauve rougeâtre (variables) ; sous-caudales presque toujours unicolores ; supra-caudales vert bronzé olive ou un peu rougeâtre à peine plus foncé que le dos. Bec de 14 1/2 à 15 m/m. Queue de 15 à 17 cent. (1).

P. Victoriæ (Bourc.).

Variations locales ou individuelles de P. Victoriæ. — Les oiseaux de Colombie sont généralement un peu plus petits que ceux de l'Ecuador, en dessous d'un vert plus bronzé (moins franc) avec les plumes bronzées plus nettement frangées de fauve plus roux : leurs sous-caudales sont aussi généralement d'un roux plus vif ; mais aucun de ces caractères n'est constant, et la plupart des oiseaux de l'Ecuador ne pourraient se distinguer de ceux de Bogota s'ils étaient préparés de la même manière. A. Boucard a cependant proposé de séparer spécifiquement les oiseaux de l'Ecuador sous le nom de *Lesbia aequatorialis*, mais il n'y a pas lieu d'en tenir compte.

— Rectrices médianes et submédianes en dessus, au moins dans leur moitié apicale, vert doré passant légèrement au bleu vers la base (de la partie verte) ; latérales internes et subexternes marquées d'une petite tache apicale du même vert ; rectrices externes relativement plus courtes et un peu plus larges, en dessous leur ligne blanche externe plus longue dépassant de beaucoup leur milieu ; supra-caudales vert cuivré comme le dos ; en dessous base de l'abdomen et sous-caudales fauve plus pâle, parfois blanchâtre. . . . . **4.**

4. Taille faible : bec de 11 1/2 à 13 m/m ; rectrices externes de 112 à 118 m/m ; subexternes de 60 à 64 m/m ; médianes de 24 à 26 m/m. . . **P. Juliæ** Hart.

— Taille un peu plus forte : bec de 15 à 16 1/2 m/m ; rectrices externes de 123 à 128 m/m ; subexternes de 65 à 68 m/m ; médianes de 25 à 27 m/m. (sec. C. E. Hellmayr ; species invisa). . . . . **P. Berlepschi** Hellm.

5. Rectrices externes en dessous à ligne blanche dépassant de beaucoup les subexternes ; en dessus noires, vue d'arrière en avant à reflets vert cuivré s'atténuant vers la base, passant à l'extrémité au vert plus franc et doré, en dessous noir verdâtre passant à la base (plus ou moins longuement) au noir violacé ; rectrices subexternes et latérales internes, vues en arrière, entièrement d'un beau vert, plus brillant à l'extrémité, passant parfois à

---

(1) Les jeunes mâles, en plumage de transition, ont souvent la plaque jugulaire incomplète orangé doré très brillant.

la base au cuivre-rouge, vues en avant passant au noir à la base. Corps en dessus vert, souvent un peu plus cuivré en avant; base de l'abdomen fauve-roux; sous-caudales vert cuivre, longuement frangées de fauve-roux, surtout les plus courtes. — Bec de 8 1/2 à 9 m/m. Queue de 80 à 83 m/m.

                                           P. gracilis (Gould).

Races locales de P. gracilis. — (b) Rectrices externes en dessus noires, vues en en arrière, à reflets très faibles vert bronzé foncé parfois un peu bleuâtre mais avec une très petite tache apicale vert doré nette; en dessous noir violacé bleuâtre non ou très légèrement teinté de verdâtre dans le tiers apical; les autres rectrices vert doré, vues d'arrière en avant, les subexternes et latérales internes passant brièvement au noirâtre à la base rarement avec un reflet rougeâtre. Corps en dessus vert cuivré comme *P. Gouldi* (oiseaux de Chota au N. du Pérou); le plus souvent d'un vert cuivré plus rouge (oiseaux de Cochabamba et de Leimabamba); abdomen en dessous à la base blanchâtre légèrement lavé de fauve; sous-caudales vert cuivré (disques plus ou moins larges), frangées de fauve pâle ou de blanchâtre. Bec de 10 1/2 à 11 m/m. Queue de 100 à 105 m/m.

                                       P. gracilis labilis, var. nova.

— (c) Rectrices externes en dessus noir sans reflets verts, mais passant à l'extrémité au bronzé-rouge fondu; en dessous noir bleuâtre à peine teinté de verdâtre à l'extrémité; rectrices subexternes et latérales internes vert doré à la pointe, passant longuement à la base au bronzé rougeâtre (à voir d'arrière en avant); rectrices médianes et submédianes vert doré, parfois teintées de cuivre-rouge sur les bords au moins à la base. Corps en dessus vert comme celui de *P. gracilis* typique; en dessous abdomen à la base blanc presque pur; sous-caudales blanc, non ou très légèrement lavé de fauve, à petits disques vert cuivré. — Bec 10 m/m. Queue 100 m/m.

                                       P. gracilis pallidiventris E. S.

— (d) Rectrices externes, subexternes et latérales internes comme celles du précédent; rectrices médianes et submédianes d'un vert plus franc uniforme. Abdomen vert cuivré passant au fauve-roux seulement à la base; sous-caudales vert cuivré, assez brièvement frangées de fauve rougeâtre clair. — Bec plus petit, de 9 m/m. Queue plus longue, de 107 m/m.

                                       P. gracilis longicauda, var. nova.

— Rectrices externes en dessous à ligne blanche n'atteignant pas ou au moins ne dépassant pas les subexternes. 6.

6. Rectrices externes en dessus noir à reflets verts très prononcés (paraissant parfois entièrement vertes, d'arrière en avant) passant au vert doré à l'extrémité; en dessous noir verdâtre passant au noir-violet environ dans leur tiers basal, leur ligne blanche externe non ou à peine plus courte que les subexternes (1); les autres rectrices entièrement vert doré mais les subexternes et latérales internes, vues en arrière, graduellement plus foncées vers la base; sous-caudales vert doré étroitement frangées de fauve-roux — Taille petite; Bec de 9 à 10 m/m; queue de 90 à 105 m/m.

                                       P. Gouldi (Lodd.).

---

(1) Elle paraît même parfois un peu plus longue sur les spécimens dont la queue a été étirée par la préparation.

— Rectrices externes en dessus noir mat sans reflets mais avec une petite tache apicale vert doré; en dessous noir violacé ou bleuâtre; leur ligne blanche externe beaucoup plus courte que les subexternes; celles-ci en dessus noir lustré de vert avec l'extrémité verte; les autres vert doré avec les latérales internes, vues en arrière, passant au noir à la base surtout le long du stipe; base de l'abdomen et sous-caudales fauve très pâle parfois blanchâtre; celles-ci marquées de très petits disques verts. — Taille assez forte: bec de 13 1/2 à 14 1/2 m/m; queue de 120 à 125 m/m.   **P. Nuna.** (Less).

Variations locales ou individuelles de P. Nuna. — Les oiseaux de Bolivie ont généralement la base de l'abdomen et les sous-caudales d'un fauve plus roux que celui des oiseaux du Pérou, et les disques verts de celles-ci sont plus petits ce qui n'a rien d'absolu; le spécimen de la collection Boucard au Muséum étiqueté « *Lesbia bolviana*, type Bolivie, Buckley » a la plaque jugulaire d'un vert doré plus clair et les pointes des rectrices d'un vert plus cuivré, mais ces derniers caractères ne se retrouvent pas sur les *P. Nuna* boliviens que j'ai vus au Musée britannique et dans la collection Berlepsch, je ne pense pas qu'il y ait lieu de maintenir la sous-espèce *P. Nuna boliviana* Boucard (1).

2ᵉ Genre. — SAPPHO

— ♂ Tête et cou jusqu'aux épaules, vus en dessus, vert cuivré; dos rouge carmin violacé. Corps en dessous vert cuivré; plumes de la poitrine brièvement frangées de blanc, celles du milieu de l'abdomen plus longuement de blanchâtre; sous-caudales fauve clair unicolores ou les plus longues à petits disques allongés violet-rouge. — ♂ ♀ Rectrices en dessus rouge-orangé très brillant. Bec presque droit, de 17 à 18 m/m. — ♀ Rectrices externes en dessous dans leur moitié interne jusqu'au stipe, noir bleuâtre, passant dans la seconde moitié, le long du stipe, au rouge sombre fondu; blanches dans leur moitié externe jusqu'à la base, et à l'extrémité interne.
S. sparganurus (Shaw).

— ♂ Tête et cou jusqu'aux épaules, ou un peu au-delà, vert plus bronzé, plus terne et plus brunâtre sur la tête; dos violet-rouge foncé légèrement ardoisé. Corps en dessous vert cuivré, toutes ses plumes plus longuement frangées de blanchâtre; milieu de l'abdomen gris-blanc, tirant parfois sur le fauve clair; sous-caudales fauve clair, à disques plus larges noirâtre violacé. — ♂ ♀ Rectrices en dessus rouge plus carminé très brillant. Bec courbé et plus long, de 21 à 23 m/m. — ♀ Rectrices externes en dessous dans la moitié interne noir-bleu n'atteignant pas le stipe et sans teinte rouge; blanches dans la moitié externe jusqu'à la base et à l'extrémité interne. S. Phaon (Gould).

---

(1) Il sera toujours impossible de savoir ce que peut être le *Lesbia chlorura* de Gould, décrit avec doute du Pérou (in P. Z. S., 1871, p. 504) ; la description convient surtout au *P. Gouldi* ; dans ce cas la localité serait erronée. Au Musée britannique j'ai vu, sous le nom de *L. Gouldi Chlorura* « ? Peru, by Warszewicz » un oiseau (f. du catalogue Salvin) qui est peut être le type de Gould ; le même dont il parle dans la Monographie à l'article de *L. gracilis*, mais ce spécimen est incomplet et en mauvais état ; ses rectrices principales sont usées par le bout et il est en fait impossible de le rapporter avec certitude à l'une plutôt qu'à l'autre des deux espèces si voisines du Pérou, en admettant que cette provenance soit exacte.

3ᵉ Genre. — **POLYONYMUS**

— ♂ Corps en dessus vert, un peu plus cuivré sur le cou et la nuque, plus terne et grisâtre sur la tête; passant au vert bleuâtre en arrière; de chaque côté une petite tache blanche postoculaire; corps en dessous vert bronzé terne; menton et gorge rose brillant, bordés de chaque côté en avant d'une ligne sous-oculaire gris-blanc; plumes de la poitrine et surtout de l'abdomen frangées de gris-blanc; sous-caudales bronzé clair, frangées de blanc; rectrices médianes et submédianes en dessus cuivré vert passant souvent au vert bleuâtre à l'extrémité, parfois au bronzé plus rougeâtre à la base; les latérales internes cuivré-rouge violacé; les subexternes et externes violet pourpré sombre; en dessous les subexternes noir-violet ou noir-bleu passant à l'extrémité, surtout interne, au violet-rouge plus clair et plus brillant; les externes au côté interne noir bleuâtre jusqu'au stipe, un peu teinté de violet à l'extrémité, au côté externe gris-blanc passant au noir à la base, leur stipe fauve ou blanchâtre graduellement plus foncé vers la base. Bec de 18 à 18 1/2 m/m. — ♀ ou *jeune* ♂. Corps en dessous blanchâtre grivelé de bronzé-vert (chaque plume verte frangée de blanc plus pur); plumes brillantes de la gorge d'un rouge plus orangé, moins denses parfois sériées sur fond blanc apparent; sous-caudales gris-blanc à petits disques bronzé clair. Bec un peu plus grêle et un peu courbé . . . . **P. Caroli** (Bourc.).

4ᵉ Genre. — **ZODALIA**

— ♂ adulte. Corps en dessus d'un beau violet (plumes violettes à base verte); supra-caudales bordées de rouge-violet brillant; en dessous menton et gorge vert clair très brillant; poitrine et abdomen vert cuivré mêlé de fauve-roux, surtout au milieu et à la base de l'abdomen; sous-caudales rousses; en dessus rectrices médianes vertes, les autres noirâtres, les externes marquées d'une petite tache apicale verte; les autres d'une large tache apicale bronzé-rouge violacé, en dessous bleu d'acier passant au vert à l'extrémité; les externes très étroitement bordées de blanc au moins dans leur 3/4 basilaires (sec. Lawrence) (1). — ♂ *jeune*, corps en dessus vert bleuâtre foncé (lustré vu d'arrière en avant); supra-caudales comme le dos; dessous du corps fauve grisâtre moucheté de plumes vert-bleu foncé, plus denses sur les flancs; menton et gorge ornés d'une bande longitudinale, atténuée en arrière vert clair olivâtre brillant; rectrices en dessus violet-rouge très foncé, légèrement teintées de cuivré vers la base; les médianes et submédianes brièvement pointées de bleu, en dessous violet noirâtre; les externes bordées de blanc extérieurement (jusqu'au stipe, sauf dans leur tiers apical); sous-caudales fauve pâle à très petits disques violets. Bec 11,2 m/m; aile 54 1/2 m/m (2).

---

(1) Description originale du *Lesbia Ortoni* par Lawrence; la pl. 38 du Supplément de Gould paraît composée d'après cette description.

(2) Description prise à Londres du type de *Cometes glyceria* jeune ♂ ayant encore à peu près la livrée de la femelle; les plumes de la tête et du cou frangées de roux sont un signe d'immaturité.

— ♀ (adulte ou subadulte) comme le jeune mâle sauf gorge sans bande brillante, mouchetée de petites taches vertes ; queue plus courte ; rectrices en
dessus et en dessous d'un violet plus bleu ; les médianes et submédianes
passant au bronzé à l'extrémité, en dessous les latérales sans bordure
blanche externe mais avec une petite tache blanche apicale. Bec 12,7 m/m.
Aile 55 m/m (1) . . . . **Z. glyceria** (Bonap.).

38ᵉ Groupe. — **METALLURA**

Voisin du groupe précédent ; en diffère seulement par le bec plus petit, de
la longueur de la tête, ou, le plus souvent, plus court (2) (rarement courbé) ;
sa mandibule supérieure droite, vue de profil à peine infléchie à l'extrémité
très aiguë, ses marges mutiques ou très vaguement serrulées, l'inférieure également aiguë, légèrement comprimée et un peu arquée en haut à l'extrémité ;
base du culmen et écailles nasales comme celles du groupe précédent. Queue
plus courte, néanmoins assez longue et fourchue, au moins celle du mâle
(ressemblant davantage à celle des *Heliangelus* et des *Eriocnemis*) ; ses rectrices
généralement très amples et obtuses, non bordées de blanc au côté externe,
mais celles de la femelle pointées de blanc. Pieds généralement plus forts,
noirs. Sous-caudales molles, peu colorées.

TABLEAU DES GENRES

1. Rectrices en dessus (vues d'arrière en avant) passant, selon les incidences,
   du bleu d'acier au violet ou bronzé doré, à stipes noirs, toutes amples et
   obtuses ; les médianes en dessus à peine de un quart ou d'un cinquième
   plus courtes que les externes ; corps en dessus vert-cuivré ou noir sans
   parure céphalique. — ♂ orné en dessous d'une plaque jugulaire brillante,
   allongée, formée de plumes squamiformes rondes égales (non prolongées).
   — ♀ Corps en dessous passant au roux en avant sans plaque jugulaire ;
   rectrices latérales pointées de gris-blanc. . . . . **Metallura**.
— Rectrices sans reflets irisés (3). . . . . **2**.

2. Queue très longue et profondément fourchue ; rectrices (au moins celles du
   mâle) unicolores et à stipes noirs (passant parfois au brun à la base,
   surtout en dessous) ; les médianes vues en dessus au moins de moitié
   plus courtes que les externes ; corps en dessus vert cuivré ou bronzé
   parfois violet, sans aucune parure céphalique. . . . . **3**.
— Queue beaucoup moins fourchue, rectrices médianes en dessus à peine de
   1/5 plus courtes que les externes. — ♂ tête ornée en dessus d'une plaque
   ou d'une crête. . . . . **4**.

---

(1) Description prise à Londres d'un oiseau étiqueté *Zodalia Ortoni* Lawr., Intac,
Ecuador (Buckley) (A du catalogue Salvin).

(2) Sous ce rapport certains *Psalidoprymna* (*P. Gouldi, gracilis*) diffèrent à peine des
Rhamphomicrus.

(3) Cependant en dessus, vues d'arrière en avant, parfois plus lustrées brillantes mais
sans changement de couleur.

3. Rectrices latérales relativement assez étroites, un peu atténuées obtuses. —
♂ Corps en dessus violet ou noir sans plaque céphalique ; en dessous
orné d'une plaque jugulaire doré très brillant, acuminée sur la poitrine,
formée de plumes squamiformes égales assez petites. Rectrices noir ou
noir pourpré ; supra-caudales bronzé rouge brillant ; — ♀ dessous du corps
blanc souvent un peu teinté de fauve en avant, menton et gorge pictés
de petites taches sériées d'un vert foncé, poitrine, surtout sur les côtés et
flancs de l'abdomen ornés de plumes plus grosses d'un vert plus cuivré.
Queue plus courte, ses rectrices en dessus bronzé violet très foncé
bordées de noir, en dessous noires, les externes longuement, les subexternes brièvement pointées de blanc . . . . **Rhamphomicrus.**

— Rectrices latérales très amples, non ou peu (*C. Stanleyi*) atténuées, obtuses.
— ♂ orné en dessous d'une bande jugulaire très brillante, se terminant
sur la poitrine par des plumes plus longues et graduées. — ♀ semiandromorphe, ne différant du mâle que par l'absence de bande jugulaire ;
rectrices semblables . . . . **Chalcostigma.**

4. ♂ ♀ Rectrices toutes à stipes blancs, au moins dans les deux tiers basilaires ; les médianes bronzé-vert, les latérales (excepté *O. Lindeni*) en
grande partie blanches. — ♂ Tête noire ou vert foncé, bordée latéralement et en dessous d'un large collier blanc ; en dessus pourvue, sur la
nuque, de longues plumes effilées aiguës, graduées noires ou vert foncé,
de plus coupée d'une bande longitudinale blanche formée en arrière de
plumes graduellement plus longues et plus fines d'avant en arrière et
presque unisériées, divisant la touffe noire occipitale, renfermant en
avant (au dessus du bec) une tache allongée noire ou vert foncé comme
la tête. Corps en dessous noirâtre ou bronzé foncé, grivelé (chaque plume
frangée de blanc ou de fauve clair). Menton et gorge noirs, coupés d'une
barbe blanche, verte ou bleue, prolongée sur la poitrine par des plumes
étroites très longues et inégales. — ♀ (ou jeunes mâles). Tête en dessus
bronzé-vert comme le dos ; dessous du corps blanc ou fauve clair ;
menton, gorge et poitrine parsemés de très petites taches brunâtre bronzé
et offrant, vers le milieu, des taches plus grosses en ligne semicirculaire
peu régulière ; abdomen brunâtre, bronzé au moins sur les flancs.

Oxypogon.

— ♂ ♀ Rectrices à stipes noirs ou bruns (sauf dans la partie apicale blanche).
Tête ornée en dessus d'une plaque rouge orangé mat formée de plumes
non squamiformes sans éclat métallique. — ♂ En dessous une bande
jugulaire non bordée, se terminant sur la poitrine par des plumes plus
longues graduées, vertes, dorées ou rouge feu. . . . . **5.**

5. ♂ ♀ Plaque céphalique roux mat, ♂ prolongée sur la nuque (ou un peu
au delà) par une ligne de plumes plus longues d'un roux plus clair et plus
jaune. Queue longue, ses rectrices noir-bleu ou violet, les externes et
subexternes pointées de blanc pur. — ♀ Sans bande jugulaire brillante.

Eupogonus.

— ♂ Plaque céphalique roux mat, arrondie en arrière sur la nuque, sans
atteindre sa base. Queue courte, cuivrée unicolore. — ♀ Sans plaque
céphalique ni bande jugulaire. . . . . **Selatopogon.**

1ᵉʳ Genre. — RHAMPHOMICRUS

— ♂ Corps en dessus entièrement d'un beau violet avec les dernières supra-
caudales (souvent cachées) d'un violet un peu plus rouge et frangées de
noir-bleu; dessous vert bronzé foncé avec le menton et la gorge ornés
d'une plaque doré verdâtre très brillant se terminant en pointe obtuse sur
la poitrine; plumes abdominales, surtout au milieu et à la base, frangées
de gris-fauve; sous-caudales noirâtres, plus ou moins longuement frangées
de fauve, souvent bronzé-violet au milieu du disque. Rectrices en dessus,
surtout les médianes, noir teinté de violet pourpre, en dessous noir à
peine teinté de bronzé-verdâtre. — ♀ Sous-caudales fauves à disques très
petits parfois nuls. — ♂ ♀ Bec très petit et presque droit, de 7 à 7 1/2 m/m.

R. microrynchus (Boiss.).

Race locale. — (b) ♂ Plaque jugulaire dorée se terminant sur la poitrine par
quelques plumes d'un vert brillant; sous-caudales d'un roux plus vif, à
disques noirs ou violacés très petits (1).   R. micror. andicola, var. nova.

— ♂ Corps en dessus noir mat, teinté de vert obscur sur la tête, avec les
supra-caudales cuivré-violet foncé; dessous gris obscur densément
bronzé-vert, avec la gorge doré très brillant légèrement orangé. —
♂ ♀ Sous-caudales vert noirâtre, très longuement frangées de gris-blanc.
Bec un peu plus fort, plus courbé, de 8 à 8 1/2 m/m (2).

R. dorsalis Salv.

2ᵉ Genre. — METALLURA

TABLEAU DES ESPÈCES

1. ♂ ♀ Corps en dessus et en dessous noir mat; en dessus, vu d'arrière en
avant, passant au violet rougeâtre lustré; en dessous menton et gorge
ornés d'une bande de plumes squamiformes vert-bleu foncé; sous-caudales
noires teintées de violet-rouge très foncé au centre, finement frangées de
fauve-roux, au moins les plus courtes. Rectrices en dessus bronzé-rouge
plus ou moins foncé, passant, vues d'arrière en avant, au bleu-gris ardoisé;
rectrices latérales en dessous tantôt cuivré-rouge brillant, tantôt violet-
rouge plus ou moins foncé (3). Sexes semblables.   M. Phœbé (L. et D.)

---

(1) Ne connaissant que deux mâles adultes de Mérida (Vénézuéla), je ne puis affirmer
que ces caractères soient constants.

(2) Je ne connais de cette espèce que deux individus incomplètement adultes, surtout le
mâle; aussi la description que j'en donne ici est-elle provisoire.

(3) Caractère variable individuellement (peut-être sexuel?). *M. Jelskii* Cabanis qui repose
uniquement sur la teinte plus violette et plus foncée de ses rectrices latérales ne peut être
maintenu même comme sous-espèce, contrairement à ce que j'avais supposé d'après des
matériaux insuffisants.

(4) Ici viendrait se placer
M. chloropogon (Cab. et Heine) ♂ « purpureo-fuscescens, nitore quodam metallico
virescenti, vertice humeris uropygioque valde, imprimis autem macula gulari splendidis-
sime virescente-fulgentibus; alis purpureo-fuscis; rectricibus intissimis, pulchre purpureo-
resplendentibus; crisso albido, tectricibus caudæ inferioribus virescenti-nitentibus, margine
lutescenti. — *Fem.* (an mas. juv.) subtus brunescenti-ochracea, gula lateribusque maculis
parvis fuscis virescentibusque guttatis, rectricibus splendide purpurascentibus, tribus
externis apice pallide albescentibus (Cab. et Heine) ». Sur deux individus, sans localité et
ayant dit-on, séjournés dans l'alcool.
Peut-être *M. Phœbe* très altéré?

— ♂ ♀ Corps en dessus violet brunâtre ou vert cuivré. . . . . **2.**

2. Corps en dessus violet brunâtre ou bleu verdâtre passant, vu d'arrière en avant, au bleuâtre lustré . . . . **3.**

— Corps en dessus vert cuivré. . . . . **4.**

3. Corps en dessus bronzé foncé (1) passant au rouge sombre sur le cou et la tête; en dessous gorge et partie supérieure de la poitrine rouge orangé très foncé avec une bande médiane jaune d'or; bas de la poitrine et abdomen bronzé noirâtre passant au rougeâtre sur les flancs; sous-caudales violet noirâtre frangées de roux très foncé. Rectrices médianes noir-bleu passant au bronzé-vert sur les bords, vues d'arrière en avant bleu d'acier brillant; rectrices latérales bronzé-vert, un peu plus foncé au côté interne (♂ incomplètement adulte) . . . . . . **M. Theresiæ** E. S.

— Corps en dessus bleu verdâtre lustré; en dessous menton et gorge vert doré brillant, poitrine et abdomen bleu verdâtre; les plumes frangées de fauve surtout à la base de l'abdomen; sous-caudales bleu d'acier violacé ou violet sombre, longuement frangées de roux; rectrices violet-pourpré; les médianes teintées de bleu verdâtre à l'extrémité (sec. Hartert et Oberholser). — ♀ Corps en dessous fauve foncé moucheté de petites taches bleu-verdâtre, plus grosses et plus denses sur la poitrine et les flancs (sec. Oberholser) . . . . **M. purpureicauda** (Hart.).

4. Rectrices en dessous vert cuivré clair brillant, très finement liserées de noirâtre au bord externe; sous-caudales bronzées comme l'abdomen, assez étroitement frangées de roux foncé . . . . **5.**

— Rectrices en dessous bleu d'acier ou violet-rouge brillant. Sous-caudales bronzé obscur comme l'abdomen, plus longuement frangées de fauve clair ou de blanchâtre . . . . **9.**

5. Corps en dessous brunâtre bronzé ou semi-doré avec une plaque jugulaire rouge feu ou violet-rouge vineux . . . . **6.**

— Corps en dessous vert bronzé ou cuivré, plus brillant sur la gorge et la poitrine avec ou sans plaque jugulaire verte. — ♀ plumes de la gorge et de la poitrine à bases rousses apparentes; rectrices latérales étroitement bordées de gris-blanc à l'extrémité . . . . **7.**

6. ♂ Menton et gorge ornés d'une bande assez étroite et atténuée rouge feu (2). Bec de 12 à 13 m/m. . . . . **M. eupogon** (Cab.).

— ♂ Menton, gorge et partie supérieure de la poitrine presque entièrement violet-rouge vineux foncé. — ♀ plumes violet-rouge de la gorge à base fauve apparente, au moins au milieu; poitrine et abdomen grivelés de fauve pâle ou de blanchâtre. Rectrices latérales brièvement pointées de blanchâtre fondu. — ♂ ♀ Bec 13 m/m. . . . . **M. Baroni** Salv.

7. Corps en dessous vert bronzé (plumes vert cuivré à base fauve clair plus ou moins apparente et frangées de fauve clair); gorge ornée d'une plaque

---

(1) Plumes rouge cuivré très longuement frangées de vert-bleu; peut-être un caractère de jeune; il est possible que chez l'adulte le corps soit en dessus entièrement vert-bleu foncé, sauf la tête.

(2) Je ne connais pas la femelle.

jugulaire plus ou moins nette, formée de plumes squamiformes vert
mousse brillant. Rectrices latérales en dessous cuivré doré brillant à
reflets verts passant un peu à la marge au doré plus rougeâtre fondu. —
♀ Sans plaque jugulaire définie ; rectrices latérales d'un doré plus
rougeâtre surtout à l'extrémité, et pointées de gris-blanc obscur ombré,
fondu. — ♂ ♀ Bec relativement long, de 17 à 19 m/m (1).

M. æneicauda (Gould).

— Corps en dessous vert bronzé avec une tendance à passer au bronzé
rougeâtre, chez les mâles très adultes, avec la gorge et la poitrine d'un
doré plus brillant sans présenter de plaque jugulaire définie ; plumes
squamiformes à base roux vif. Rectrices en dessous vert cuivré très brillant. — ♀ Plumes de la gorge et de la poitrine à bases fauves ; celles de
l'abdomen à bases blanchâtres un peu apparentes, surtout au milieu.
Rectrices latérales d'un cuivré plus roux surtout à l'extrémité, finement
liserées de gris-blanc au bord apical. — ♂ ♀ Bec assez court, de 13 1/2 à
15 m/m. . . . . . / . . . . **8.**

8. ♂ Gorge et poitrine entièrement cuivré verdâtre brillant. — Rectrices latérales en dessus liserées de gris noirâtre au côté externe, brièvement pointées de gris-blanc. — Bec de 15 à 15 1/2 m/m . . . **M. primolina** Bourc.

— ♂ Gorge coupée d'une étroite bande longitudinale noir mat, n'atteignant
pas tout à fait la base du bec. — ♀ Rectrices latérales teintées de cuivré-
rouge dans leur moitié externe, un peu plus largement pointées de gris-
blanc. Bec de 13 1/2 à 14 m/m (2). . . . . **M. atrigularis** Salv.

9. ♂ Corps en dessous entièrement vert bronzé ou cuivré sans plaque
jugulaire définie. Rectrices en dessus bleu-violet clair irisé. Bec de
12 1/2 m/m (3). . . . . **M. Williami** (D. et B.).

— ♂ Corps en dessous bronzé-vert plus ou moins foncé, parfois noirâtre, avec
une plaque jugulaire vert brillant très nettement définie, se terminant en
pointe sur la poitrine. — ♀ Menton, gorge et poitrine roux uniforme, sans
plaque jugulaire. . . . . **10.**

10. Rectrices latérales en dessous bleu d'acier très brillant à reflets violet-
rouge surtout au côté externe. Rectrices médianes, vues d'arrière en avant,
bleu d'acier très vif, passant au cuivré ou au rouge-violet à leur bord
apical, vues en dessus violet-bleu plus foncé et finement striées d'or, vues

---

(1) Les deux individus que je possède et tous ceux que j'ai vus à Londres et à Paris
(provenant presque tous de Buckley) ne me paraissent pas complètement adultes, et il est
possible que certains des caractères donnés ci-dessus tiennent à l'âge. — La coloration des
rectrices est variable, surtout chez la femelle ; j'ai vu dans la collection Berlepsch un jeune
différant du type par ses rectrices latérales en dessus d'un violet-rouge brillant rappelant
celles de *M. tyrianthina* ; cet oiseau, décrit sommairement par Berlepsch, sous le nom de
Metallura malagæ est peut-être un hybride, ou le jeune d'une autre espèce voisine de
M. æneicauda ; de nouveaux matériaux seraient nécessaires pour trancher cette question.

(2) *M. atrigularis* n'est peut-être qu'une race locale de *M. primolina* : il est cependant
à noter que la bande noire de la gorge n'est pas le seul caractère qui l'en distingue ; mais
les matériaux à ma disposition sont insuffisants.

(3) D'après les deux oiseaux (montés, en mauvais état et en partie décolorés) de
l'ancienne collection Gould ; il est bien possible que pendant la vie les rectrices aient une
toute autre coloration. D'après Elliot, le type de Bourcier serait à New-York.

de côté passant au bronzé doré. Corps en dessus et supra-caudales verts ;
en dessous vert bronzé obscur, plumes de la poitrine légèrement frangées
de fauve pâle ; celles de l'abdomen do blanchâtre ; sous-caudales fauve
très clair ou blanchâtre, à petits disques noirâtre violacé ou cuivré vert.
— ♀ Corps en dessous fauve ou gris-fauve graduellement éclairci en
arrière ; passant au blanchâtre sur le milieu de l'abdomen ; gorge
mouchetée de petites taches vert noirâtre sériées ; poitrine vert cuivré au
moins sur les côtés ; flancs de l'abdomen mouchetés de vert cuivré ;
sous-caudales fauve pâle à disques obscurs très petits ; rectrices latérales
pointées de gris-blanc. Ailes de 56 à 59 m/m ; bec de 11 à 12 m/m.

M. smaragdinicollis (Orb. et Lafresn.).

Sous-espèces ou races locales. — (b) ♂ Semblable au type sauf les sous-caudales
fauve-roux plus foncé, à disques vert cuivré plus larges (1). — ♀ Gorge et
poitrine entièrement fauve-roux sans mouchetures, au moins au milieu ;
abdomen gris blanchâtre largement moucheté de vert cuivré.

M. smaragdinicollis districta (Banks).

— (c) ♂ Corps en dessous d'un bronzé vert plus pâle ; plumes de la poitrine
et de l'abdomen plus longuement frangées de gris-blanc ou de fauve pâle ;
plaque jugulaire d'un vert doré un peu plus clair. Rectrices médianes en
dessus plus cuivré-rougeâtre, vues en arrière passant au bleu d'acier un
peu plus violet ; sous-caudales comme celles du type. — ♀ Normale. —
♂ ♀ Taille un peu plus forte ; aile de 60 à 62 m/m ; bec 12 m/m.

M. smaragdinicollis peruviana (Boucard).

— Rectrices latérales en dessous violet-rouge brillant, un peu plus clair et plus
doré dans leur moitié externe, avec une fine bordure noirâtre, au moins
dans leur moitié basale ; rectrices médianes en dessus rouge-violet,
passant, vues d'arrière en avant, au bleu-violet ardoisé ; supra-caudales
plus ou moins cuivrées parfois rouge cuivré, au moins à la base. Corps
en dessous bronzé vert foncé ; plumes de la poitrine non ou à peine frangées
de gris-fauve ; plaque jugulaire assez étroite, d'un vert foncé, vue d'avant en
arrière, paraissant largement *bordée de noir.* — ♀ Corps en dessous d'un
roux assez vif passant au blanchâtre sur l'abdomen ; poitrine et milieu de
l'abdomen unicolores ; menton et gorge plus ou moins mouchetés de
très petites taches bronzé-noir espacées sériées (2) ; flancs de l'abdomen
plus ou moins vert cuivré ; rectrices latérales en dessous d'un cuivré, plus
terne dans leur moitié externe, pointées de blanchâtre, parfois lavé de
fauve. — ♂ ♀ Bec petit de 9 à 10 m/m . . . . . M. tyrianthina (Lodd.).

Race locale. — (b) (3) ♂ Plumes de la poitrine et du milieu de l'abdomen frangées de fauve pâle ou de blanchâtre ; plaque jugulaire plus large, d'un
vert un peu plus clair et plus doré, ses plumes à base fauve clair le plus
souvent un peu apparente ; supra-caudales vertes comme le dos ou à

---

(1) Je ne vois aucune différence dans les rectrices, ni comme forme ni comme teinte.

(2) Manquant parfois sur les oiseaux de Bogota.

(3) *Metallura tyrianthina* est en outre sujet à diverses modifications accidentelles dont
la plus fréquente est un mélanisme partiel n'affectant que la plaque jugulaire dont les
plumes squamiformes vert brillant, passent au noir ardoisé, j'en ai vu un (forme de Bogota)
dans la collection Boucard sous le nom inédit de *Metallura griseo-cyanea* et j'en possède un
autre (de la forme *quitensis*).

peine plus dorées ; rectrices latérales en dessous plus nettement bicolores ;
violet-rouge brillant dans leur moitié interne, cuivrées dans leur moitié
externe. — ♂ ♀ Bec un peu plus long, de 11 à 12 m/m.

M. tyrianthina quitensis (Gould).

5e Genre. — CHALCOSTIGMA

TABLEAU DES ESPÈCES

1. ♂ Tête et cou, vus en dessus, bronzé verdâtre foncé, jusqu'aux épaules ;
dos violet foncé ; supra-caudales bleu verdâtre. Corps en dessous gris
noirâtre à peine bronzé, passant au bleuâtre sur les flancs ; bande jugulaire, vue d'avant en arrière, largement bordée de noir de suie, vert brillant, se terminant par des plumes plus longues, inégales et graduées rose-
violet ; sous-caudales noirâtres longuement frangées de blanc. Rectrices
en dessous bleu d'acier, les latérales souvent plus claires au bord externe,
en dessus bleu un peu plus verdâtre. — ♀ (ou jeune ♂), Corps en dessus bleu
verdâtre foncé ; ses parties violettes plus ou moins mêlées de vert bronzé ;
en dessous gris noirâtre, avec la gorge variée de blanc (plumes blanches
à petits disques noirâtres). . . . . C. Stanleyi (Bourc.).

Race locale. — (b) Corps en dessous gris noirâtre sans reflets bronzés ; bande
jugulaire, vue d'avant en arrière, plus étroitement bordée de noir, verte
se terminant par quelques plumes, à peine plus longues que les autres,
violet ardoisé. . . . . C. Stanleyi vulcani (Gould).

— Corps en dessus et rectrices bronzé vert olivâtre ou cuivré . . . . . . 2.

2. Corps en dessus vert cuivré, passant largement au cuivré-rouge sur l'uropygium et les supra-caudales et souvent sur la nuque ; dessous bronzé
verdâtre, plus foncé en avant, sur les côtés de la bande jugulaire ; celle-ci
vert doré, prolongée sur la poitrine par de très longues plumes graduées,
rose violacé, frangées extérieurement de bleu foncé. Base de l'abdomen
et sous-caudales fauve-roux foncé ; celles-ci à disques étroits brunâtres ;
rectrices bronzé doré un peu rougeâtre, plus brillant en dessus. — ♀ ou
♂ jeune. — Bande jugulaire nulle ou réduite à quelques plumes vertes
isolées, frangées de fauve. . . . . C. heteropogon (Boiss.)

— Corps en dessus gris bronzé olive clair ; en dessous gris olivâtre passant au
noirâtre sur la gorge et le menton ; bande jugulaire vert brillant, passant
au doré ou au rouge feu, prolongée sur la poitrine par de longues plumes
violet-rouge foncé et ardoisé unisériées. Rectrices gris bronzé olive clair,
teintées de vert en dessus ; sous-caudales de même teinte, frangées de
blanchâtre fauve. — Bec un peu plus court (1). . C. olivaceum (Lawr.).

4e Genre. — EUPOGONUS

♂ Corps en dessus vert cuivré passant au cuivré-rouge brillant sur l'uropygium
et les supracaudales, vu en avant, ou noir sur la tête et le cou. Tête ornée
d'une plaque rouge-orangé foncé et mat, prolongée sur la nuque par une
ligne d'un orangé plus clair et plus jaune. Corps en dessous bronzé-vert

---

(1) Description prise à Londres, sur un mâle adulte, de Junin au Pérou (par Jelski) ;
espèce beaucoup plus différente de *C. heteropogon* que ne semblent l'indiquer les descriptions.

mêlé de fauve obscur sur l'abdomen; bande jugulaire étroite et très brillante: vert doré au menton, rouge-feu sur la gorge et la poitrine. Rectrices
médianes et submédianes en dessus violet foncé; latérales en dessous noir
bleuâtre: les externes longuement, les subexternes plus brièvement pointées de blanc pur; les latérales internes marquées d'une très petite tache
blanche apicale; sous-caudales fauve très clair passant au blanc, souvent
marquées de petits disques obscurs allongés. — ♀ Tête en dessus rouge
orangé foncé, mêlé en arrière, sur la nuque, de noir et de vert bronzé.
Corps en dessous bronzé-vert très obscur parfois noirâtre, plumes de
l'abdomen, au moins au milieu, frangées de fauve-roux foncé. . . . . . .
E. Herrani (D. et B.).

5ᵉ Genre. — SELATOPOGON

♂ Corps en dessus et supra-caudales vert cuivré; tête et nuque d'un roux
foncé et mat souvent mêlé, sur les côtés et en arrière, de plumes vert
foncé bleuâtre. Corps en dessous fauve mêlé de bronze vert surtout sur
les flancs; bande jugulaire brièvement acuminée sur la poitrine, vert
brillant; sous-caudales fauve clair. Rectrices bronzées; les médianes en
dessus olivâtres, les autres plus cuivrées et plus claires parfois un peu
rougeâtre. — ♀ Corps en dessus vert cuivré avec la tête d'un vert plus
foncé un peu bleuâtre; dessous fauve passant au blanchâtre sur
l'abdomen; gorge et flancs mouchetés de vert bronzé. Rectrices latérales
brièvement pointées de fauve blanchâtre fondu. . . . S. ruficeps (Gould)

Race locale. — (b) Plaque jugulaire verte se terminant sur la poitrine par
quelques plumes doré très brillant. S. ruficeps aureofastigatus (Hart.)

6ᵉ Genre. — OXYPOGON

TABLEAU DES ESPÈCES

1. ♂ ♀ Rectrices latérales bronzé-violet très foncé (sauf le stipe blanc, au
moins dans ses 2/3 basilaires); sous-caudales bronzé verdâtre, frangées de
blanc, longuement à la base, finement à l'extrémité. — ♂ Tête en dessus
noir mat à crête blanc pur ou à peine lavé de fauve en avant, renfermant,
au-dessus du bec, une bande noire abrégée; barbe blanc pur, mêlée en
avant de quelques plumes plus courtes à très petits disques punctiformes
verts. O. Lindeni (Parzudaki).

— ♂ ♀ Rectrices latérales en grande partie blanches ou fauve clair. . . . 2.

2. Rectrices externes fauve pâle dans toute leur moitié externe (♀ sec.
Meyer) excepté à la base (♂ sec. Chapman). ♂ Très voisin de *O. Guerini*;
barbe également verte sur le menton mais passant à l'orangé-pourpré sur
la gorge; les longues plumes de la crête occipitale plus teintées de fauve;
le corps en dessous plus rufescent (sec. Chapman) (1). O. Stubeli Meyer.

---

(1) Species invisa, décrite sur une seule femelle en mauvais état. M. Chapman, qui a
pu depuis étudier un mâle, malheureusement en plumage imparfait, ajoute à la description
primitive de Meyer « the male bears a general resemblance to *O. Guerini* of the eastern
Andes, which it evidently represents, but has the elongated feathers of the crown more
tawny; the underparts generally more rufescent; outer web (except at the base), tip, shaft,
and a narrow strip along the shaft on the inner web of the outer tail-feather ochraceous-
buff; an ochraceous-buff shaft-streak on the remaining tail-feathers. The metallic throat-
plumes are in molt, but it is apparent that those of the chin would have been green, while
the longer plumes would have been orange-purple. — Santa Isabel, 2. »

— Rectrices externes blanches avec l'extrémité (interne et externe) bronzé-
       rougeâtre . . . . **3.**

3. ♂ Barbe vert brillant (plumes du menton courtes arrondies vert doré ; celles
       de la gorge graduellement plus longues et anguleuses, d'un vert plus franc
       parfois un peu bleuâtre), bordée de blanc ; tête en dessus noir mat, bordée
       de blanc lavé de fauve sur les côtés ; crête blanc un peu jaunâtre (au
       moins en avant), renfermant en avant, au dessus du bec, une bande noir
       mat abrégée. — ♂ ♀ Rectrices latérales blanches, largement pointées de
       bronzé-rougeâtre, les externes bordées au côté interne, dans toute leur
       longueur, d'une bande de même teinte graduellement mais faiblement
       élargie vers la base (sans atteindre le stipe), au côté externe, dans leur
       moitié basale seulement, d'une ligne beaucoup plus fine et plus noirâtre ; les
       autres bordées de chaque côté, mais un peu plus étroitement à l'externe ;
       sous-caudales blanchâtres souvent lavé de fauve clair, à disques bronzés,
       assez larges au moins sur les plus longues. . . . . . **O. Guerini** (Boiss.).

— ♂ Barbe d'un beau bleu assez foncé, bordée de blanc ; tête en dessus vert
       très foncé presque noir, bordée de blanc pur ; crête blanche, renfermant
       en avant, au-dessus du bec, une bande vert foncé abrégée. Rectrices laté-
       rales blanches, largement pointées de bronzé rougeâtre ; les externes non
       bordées sur les côtés ; les autres bordées de chaque côté (mais très fine-
       ment à l'externe) de même teinte ; sous-caudales blanches ou presque
       blanches, sans disques apparents (1) . . . . **O. cyanolæmus** Salv.

39ᵉ Groupe. — OPISTHOPRORA

Bec à peine aussi long que la tête ; vu en-dessus aminci et comprimé
environ dans son quart apical, vu de profil ses deux mandibules très aiguës
arquées en haut, la supérieure à la pointe, l'inférieure dans toute sa moitié apicale ; base du culmen, écailles nasales et queue comme dans le groupe *Metallura* ; queue sans reflets irisés, peu fourchue ; ses rectrices amples ; les externes
et subexternes presque égales, pointées ou liserées de gris-blanc ou de fauve à
l'extrémité. Sexes semblables, mâle complètement gynomorphe sans aucune
parure, ni céphalique ni jugulaire.

Genre OPISTHOPRORA

Corps en dessus et supra-caudales vert cuivré, passant au bronzé-rouge sur le
cou et la tête ; dessous vert cuivré foncé, plumes du menton, de la gorge
et du milieu de la poitrine, longuement frangées de blanc ; celles des
flancs plus étroitement frangées de roux ; base de l'abdomen passant au
roux foncé au moins sur ses côtés, parfois au blanchâtre au milieu ; lores
roux ; sous-caudales vertes, longuement frangées de roux. Rrectrices
médianes et submédianes bronzé-vert ou cuivré (les submédianes passant,

---

(1) Je n'ai vu qu'un trop petit nombre d'individus pour affirmer que ce dernier caractère
soit constant ; je ne suis pas sûr de connaître la femelle adulte d'*O. cyanolæmus* ; le seul spécimen que je possède comme femelle est un jeune de sexe incertain, dont les rectrices sont
très finement bordées au côté externe seulement.

le plus souvent, au noir au bord interne, surtout à la base) les latérales
en dessous noir bleuâtre (parfois violacé, parfois verdâtre) étroitement
bordées de blanc ou de fauve blanchâtre à l'extrémité.

O. euryptera (Lodd.)

40ᵉ Groupe. — LESBIA

Bec non ou à peine plus long que la tête, tout à fait droit, assez robuste à
la base mais très acuminé, vu en dessus fortement comprimé, près de l'extrémité seulement, mandibule supérieure légèrement (à peine distinctement)
serrulée; base emplumée de son culmen dépassant un peu (surtout ♂) le
niveau de l'extrémité des écailles; celles-ci emplumées et cachées sauf étroitement à leur bord inférieur; queue profondément fourchue (surtout ♂); ailes
normales; pieds médiocres, noirs; tarses nus, sauf à la base en dessus. Sexes
généralement très dissemblables : mâle orné d'une plaque céphalique de
larges plumes squamiformes brillantes; queue très longue; ses rectrices
graduellement plus longues, étagées, des médianes aux subexternes; les
externes beaucoup plus longues que les autres et plus longues que le corps,
comme celles des *Psalidoprymna* et des *Sappho*, mais sans bordure blanche
externe. — ♀ Queue généralement plus courte que le corps, ses rectrices
externes et subexternes égales ou presque égales, pointées de blanc; corps le
plus souvent en dessous en partie blanc et roux (1).

TABLEAU DES GENRES

— Bec environ de la longueur de la tête. ♂ Rectrices externes plus de deux
  fois plus longues que les autres, assez étroites, à bords parallèles, et
  obtusément tronquées; les autres graduellement plus courtes des subexternes aux médianes, atténuées obtuses, en dessus bleues, violettes ou
  vert très brillant. Corps en dessus vert cuivré, plus foncé en avant,
  passant au noir, vu d'avant en arrière; tête ornée d'une plaque d'un vert
  brillant, prolongée sur la nuque en bande souvent sinueuse (formée de
  plumes squamiformes unisériées). Corps en dessous vert cuivré ou bronzé
  avec ou sans tache jugulaire violette; point blanc postoculaire très petit
  ou nul. — ♀ Corps en dessous blanc; gorge et poitrine mouchetés de vert;
  de chaque côté un point blanc postoculaire et une ligne sousoculaire
  blanche; abdomen et sous-caudales le plus souvent roux. Queue plus
  courte que le corps; ses rectrices externes et subexternes presque égales,
  en dessous noir-bleu et pointées de blanc . . . . **Lesbia**.

— Bec un peu plus long que la tête. — ♂ ♀ Queue beaucoup plus longue que
  le corps, ses rectrices amples, obtuses et graduées; les externes à peine
  de 1/4 plus longues que les subexternes, toutes en dessus bronzé-vert
  cuivré; corps en dessous gris-blanc, de chaque côté un point blanc
  postoculaire très net. — ♂ Menton et gorge ornés d'une plaque de plumes
  squamiformes bleues; ♀ mouchetés de petites taches vert cuivré sériées.
Tephrolesbia.

---

(1) Ce qui n'est rigoureusement vrai que pour le genre *Lesbia*; dans le genre *Tephrolesbia* la femelle ressemble bien plus au mâle.

1ᵉʳ Genre. — TEPHROLESBIA

♂ Corps en dessus cuivré-vert un peu rougeâtre; tête, vue en avant, d'un vert
doré clair beaucoup plus brillant, parfois quelques plumes blanches irrégulières sur l'uropygium (1); de chaque côté une très étroite ligne noirâtre
sous-oculaire; corps en dessous gris-blanc avec la gorge d'un bleu saphir
brillant, striée de blanc (plumes squamiformes bleues à base blanche
apparente), côtés de la poitrine variés de vert cuivré clair; sous-caudales
gris-blanc à petits disques vert cuivré; supra-caudales et rectrices
médianes cuivré-rouge brillant; celles-ci teintées de vert à la base et le
long du stipe; les rectrices suivantes en dessus vert foncé passant au
cuivré-rouge à l'extrémité; en dessous les longues externes bleu d'acier
passant graduellement au bleu verdâtre à l'extrémité. Bec de 19 à
20 m/m. — ♀ Corps en dessus cuivré-vert, un peu plus terne sur la tête,
de chaque côté bande noirâtre sous-oculaire plus large doublée en
dessous d'une bande blanche; dessous gris-blanc plus verdâtre (plumes
de la poitrine et des flancs à petits disques verts); menton et gorge
marqués de petites taches vert bronze sériées; sous-caudales et rectrices
comme celles du mâle mais celles-ci un peu plus courtes. — ♂ jeune.
Tête en dessus d'un vert plus franc moins cuivré que celui du dos mais à
peine plus brillant; corps en dessous comme celui de la femelle mais
abdomen, surtout à la base, légèrement teinté de fauve.

T. griseiventris (Tacz.).

2ᵉ Genre. — LESBIA

TABLEAU DES ESPÈCES

1. ♂ *Sous-caudales longuement frangées de blanc* (à disques verts petits);
rectrices externes très longues et relativement plus larges que celles des
autres espèces du genre, non ou à peine atténuées, en dessous entièrement noir-bleu assez brillant. Corps en dessus entièrement vert cuivré
mais plaque verte céphalique, vue en avant, étroitement bordée de noir
de chaque côté (comme celle de *L. caudata*). Rectrices externes en dessus
d'un beau bleu-violet (comme celles de *L. cœlestis*) mais légèrement lavé
de vert à l'extrémité; les médianes d'un bleu plus clair teinté de vert;
les autres violet foncé à la base passant vers l'extrémité au bleu plus
clair à peine teinté de vert. — ♀ Corps en dessous blanc pur *sans aucune
partie rousse*; menton et gorge parsemés de petites taches vertes; poitrine
largement vert cuivré sur les côtés; abdomen presque entièrement blanc
avec quelques plumes vertes isolées sur les flancs; sous-caudales blanches;
corps en dessus vert cuivré avec la tête et la nuque d'un bleu verdâtre
foncé peu brillant; rectrices en dessus bleues, les médianes teintées de
bleu-vert, en dessous bleu d'acier luisant, les externes assez longuement
pointées de blanc. . . . . L. Berlepschi (Hart.).

— ♂ *Sous-caudales frangées de fauve*; rectrices externes généralement un peu
moins longues, sensiblement atténuées et plus étroites au moins à l'extré-

---

(1) Peut-être un caractère de jeune.

mité. — ♀ Corps en dessous avec le menton et la gorge blancs ponctués de vert cuivré ; *abdomen et sous-caudales roux vif* ; tête en dessus vert bleuâtre foncé mais plus brillant que le vert cuivré du dos . . . . .   **2.**

— ♂ Corps en dessous bronzé rougeâtre (plumes vert cuivré longuement frangées de fauve-roux) ; sous-caudales fauve-roux vif à petits disques vert cuivré ; plaque céphalique vert brillant, vue en avant nettement plus étroite que l'espace interoculaire ; rectrices externes en dessus bleu-violet, les autres du même bleu mais passant à l'extrémité au vert plus ou moins bleuâtre. Bec de 15 1/2 à 16,2 m/m. — ♀ Gorge blanche mouchetée de plumes vert cuivré disposées en lignes peu régulières ; *poitrine largement blanche* ; abdomen et sous-caudales roux vif ; rectrices en dessus vert cuivré passant au noir à la base (les médianes souvent entièrement vert cuivré) ; en dessous les externes seules pointées de blanc.

L. cœlestis (Gould).

— ♂ Corps en dessous vert cuivré (plumes vertes plus étroitement frangées de gris) ; sous-caudales vert cuivré plus étroitement frangées de fauve pâle ; plaque céphalique, vu en avant, un peu plus étroite que l'espace interoculaire. Bec de 13 1/2 à 14,8 m/m rarement 15 m/m. — ♀ Gorge blanche mouchetée de vert cuivré ; *poitrine et abdomen roux* (un peu plus pâle sur la poitrine) avec quelques plumes vertes sur les flancs ; rectrices en dessus vert brillant passant graduellement au bleu foncé à la base (sauf parfois les médianes) ; en dessous noir-bleu ; les externes pointées de blanc, les subexternes tachées de blanc à l'extrémité interne. . . .   **3.**

3. Corps en dessous entièrement vert-cuivré sans plaque jugulaire violette ; en dessus depuis la nuque vert cuivré, plaque verte céphalique, vue en avant, bordée de noir de chaque côté ; queue très longue. . . . .   **4.**

— Corps en dessous vert cuivré avec la gorge ornée d'une petite plaque violette ou bleue . . . .   **5.**

4. ♂ Rectrices toutes en dessus (dans leur partie découverte) vert très brillant ; les externes en dessous noir verdâtre dans leur moitié apicale (ou un peu moins), noir-bleu dans la basale. Bec de 14 à 15 m/m (1).

L. Emmae (Berl.).

— ♂ Rectrices externes en dessus bleu-violet, les autres du même bleu à la base passant à l'extrémité au bleu verdâtre ou doré ; les externes en dessous noir à peine bleuâtre dans leur moitié apicale sans teinte verte, noir violacé dans la basale. Bec petit, de 13 à 14 m/m (2). — ♀ comme celle de *L. Kingi* seulement bec un peu plus court.   **L. caudata** (Berl.).

5. ♂ Rectrices en dessus (dans leur partie découverte) d'un vert très brillant ; les externes en dessous noir verdâtre dans leur moitié apicale (ou un peu moins), noir-bleu dans la basale. Corps en dessous vert cuivré avec une plaque jugulaire bleue ou violette. . . . .   **6.**

---

(1) La femelle de *L. Emmæ* n'est pas sûrement connue ; l'oiseau décrit sous ce nom par le Comte de Dalmas (in Ornis xi, 1901, p. 219) me paraît être un jeune mâle.

(2) On trouve parfois, parmi les *L. Kingi* de Bogota, des individus sans plaque jugulaire, ressemblant ainsi à *L. caudata* ; je les considère comme des *L. Kingi* incomplètement adultes, ou en mue ; ils diffèrent en outre de *L. caudata* par le dessus du corps d'un vert plus foncé, passant plus largement au noir, en avant sur la nuque et le cou, par le bec plus robuste à la base et plus long, de 15 à 19 m/m (pour le reste voir plus loin au *L. Kingi*).

— ♂ Rectrices en dessus bleu de ciel ou bleu-violet, entièrement ou en grande
    partie ; les externes en dessous noir bleuâtre ou violacé sans teinte
    verte. . . . .   **7**.

6. ♂ Plaque jugulaire d'un bleu-violet ; plaque céphalique, vue en avant,
    paraissant bordée de noir. — ♀ comme celle de *L. Kingi*, seulement les
    rectrices externes en dessus vertes, passant brièvement au cuivré à la
    pointe, les latérales non ou à peine teintées de bleu vers la base.
                                               L. Mocoa (D. et B.).

— ♂ Plaque jugulaire d'un bleu pâle parfois verdâtre ; plaque céphalique, vue
    en avant, bordée de vert cuivré obscur comme le dos ; queue générale-
    ment plus courte (1). . . . . **L. smaragdina** (Gould).

7. Corps en dessus vert cuivré uniforme, de la plaque céphalique aux rectrices
    médianes; plaque vue en avant étroitement bordée de noir sur les côtés.
    Rectrices externes en dessus d'un beau violet passant le plus souvent à la
    pointe au bleu verdâtre fondu ; les autres vert brillant graduellement
    teintées de bleu vers la base, sauf les médianes et parfois les submédianes
    entièrement vertes. . . . . **L. Margarethæ** Heine.

— Corps en dessus vert cuivré plus foncé, passant graduellement en arrière,
    sur l'uropygium au vert bleuâtre obscur ; plaque céphalique, vue en
    avant, étroitement bordée de noir sur les côtés, largement en arrière sur
    la nuque. Rectrices externes en dessus d'un beau bleu de ciel clair et
    brillant, non ou à peine violet, parfois à reflets verts ; en dessous noir
    violacé dans toute leur moitié basale; les autres en dessus vert brillant
    passant graduellement au bleu de ciel à la base. Bec 13,3, 13,5 ou 13,7 m/m.
                                                     L. Kingi (Less.).

Variétés. — (b) Diffère du type par les rectrices externes en dessus d'un beau
    violet; les autres vert brillant graduellement teintées de bleu à la base
    même les médianes (mais parfois très peu). Bec généralement un peu plus
    long, de 14 à 14,8 m/m, rarement, 15 m/m.
                            L. Kingi var. **pseudomargarethæ** E. S.

— (c) Diffère du précédent par les rectrices externes, en dessus bleu-violet un
    peu rougeâtre ; les autres du même bleu à la base, passant graduellement
    au bleu plus clair parfois un peu verdâtre à l'extrémité, rarement au vert
    comme celles de *L. Margarethæ*, mais les médianes jamais entièrement
    vertes. Bec de 13,3 à 13,7 m/m. . . . . **L. Kingi** var. **holocyanea** E. S.

— (d) Corps en dessus plus foncé, passant au bleu sur l'uropygium, les supra-
    caudales et les rectrices médianes; les subexternes et latérales internes
    passant au vert brillant seulement à l'extrémité ; les grandes externes
    teintées de bleu verdâtre à la pointe (comme celles de *L. Margarethæ* ; en
    dessous presque entièrement noir bleuâtre, très brièvement violacé à la

---

(1) Ce dernier caractère, auquel Gould attachait de l'importance, n'est pas absolu. Il
serait peut-être mieux de considérer *L. smaragdina* comme une forme locale de *L. Mocoa* ;
la teinte de la plaque jugulaire est en effet variable : les *L. Mocoa* du Napo et ceux que
l'on reçoit de Quito ont toujours cette plaque d'un bleu-violet, mais dans la nombreuse série
que j'ai reçue d'Ambato, quelques individus ont cette plaque d'un bleu plus clair rappelant
celle des oiseaux de Bolivie ; la bordure noire de la plaque céphalique est sans doute plus
constante mais pour *L. smaragdina* mes matériaux sont insuffisants.

base; sous-caudales plus longuement frangées de roux foncé, à disques vert cuivré étroits. Bec plus fort et plus long, 15 1/2 m/m (1).

					L. Kingi var. pseudocœlestis E. S.

41º Groupe. — **OREONYMPHA**

Bec beaucoup plus long que la tête, tout à fait droit, assez étroit dès la base, très brièvement comprimé près de l'extrémité très aiguë, sa mandibule supérieure très finement, à peine distinctement, serrulée; base du bec emplumée jusqu'à l'extrémité des écailles, mais vue en dessus, échancrée par la côte nue du culmen; écailles emplumées et cachées. Queue longue, profondément fourchue; rectrices médianes, submédianes et latérales internes graduées, très larges (surtout les médianes) et subarrondies; subexternes et externes plus longues mais peu inégales entre elles, plus atténuées mais obtuses. Pieds forts, noirs; tarses emplumés sur leur face externe et en dessus à la base. Plumage mou comme celui des *Oxypogon*. Sexes presque semblables (femelle subandromorphe); tête ornée, du bec à la nuque, d'une plaque de larges plumes squamiformes bleues et rouge sombre. Corps en dessous blanc avec une plaque jugulaire brillante largement bordée de noir, se terminant sur la poitrine par de longues plumes étagées. Rectrices latérales en partie blanches.

Genre **OREONYMPHA**

♂ Corps en dessus bronzé olive foncé, passant au cuivre-rouge brillant sur les supra-caudales, avec la tête revêtue de larges plumes squamiformes d'un bleu-violet brillant et coupée d'une large bande brun-rouge mat, atténuée et sinueuse en arrière. Corps en dessous blanc légèrement grisâtre, lavé de fauve clair sur l'abdomen, surtout à la base; côtés de la tête et gorge noir profond et mat avec une plaque longitudinale de plumes squamiformes vert brillant, prolongée jusqu'à la poitrine par une ligne de plumes graduellement plus longues, rouge-violet irisé. Sous-caudales bronzé-olive, les plus courtes plus ou moins frangées de blanchâtre. Rectrices médianes en dessus bronzé-olive doré; les autres en dessus bronzé un peu plus-rouge comme les supra-caudales; les externes blanc pur, bordées de bronzé rougeâtre dans leur tiers apical interne; les subexternes blanches à la base, bronzé rougeâtre dans leur quart apical externe et au côté interne environ jusqu'au milieu mais en s'atténuant vers la base; latérales internes blanches dans leur tiers basal seulement. Bec de 24 1/2 à 25 m/m. Aile de 95 à 98 m/m. — ♀ (ou *jeune* ♂), — Tête en dessus bleu verdâtre avec une bande brun-rouge moins définie, mêlée de vert; gorge noirâtre avec une bande verte non prolongée; rectrices externes blanches plus longuement bordées de bronzé-rougeâtre au côté interne. . . . . **O. nobilis** Gould.

---

(1) Ces deux derniers caractères qui rappellent *L. cœlestis* ont été cause que celui-ci a été cité à tort de la Colombie occidentale, notamment par Chapman (l. c. 1917, p. 309, nº 1379); au reste *L. cœlestis* n'est peut-être lui-même qu'une forme locale de *L. Kingi*.

42ᵉ Groupe. — AUGASTES

Diffère du groupe précédent par le bec plus court, néanmoins, le plus souvent, un peu plus long que la tête, avec la mandibule supérieure très nettement serrulée dentée, l'inférieure très légèrement; la base plus brièvement emplumée (n'atteignant pas le niveau de l'extrémité des écailles), celles-ci en grande partie dénudées, au moins au bord inférieur et en avant, à part cela extrémité du bec tantôt semblable à celle des *Oreonympha*, tantôt à celle des *Heliothrix*, c'est-à-dire longuement et très fortement comprimée (*Schistes*). Queue plus courte, carrée ou un peu arrondie; ses rectrices larges, les latérales un peu élargies de la base à l'extrémité, obtuses ou obtusément tronquées; toutes vert cuivré ou rouge feu sans aucune partie blanche; sous-caudales amples, longues, molles, mais ordinairement colorées au disque. Pieds plus petits; tarses partiellement emplumés. Plumage brillant; femelles andromorphes ou semiandromorphes (1).

TABLEAU DES GENRES

— Bec brièvement comprimé seulement près de l'extrémité. Queue carrée; rectrices à peu près égales. — ♂ Corps en dessus vert cuivré avec la tête noir mat, ornée en avant d'une plaque frontale vert très brillant, ne dépassant pas le niveau des yeux; en dessous menton et gorge vert brillant se terminant en pointe sur la poitrine; rectrices unicolores. — ♀ Tête vert cuivré comme le dos ou un peu plus foncé, sans parure frontale; en dessous comme chez le mâle mais de teintes moins vives; rectrices latérales passant au gris-blanc à l'extrémité (2). . . . . **Augastes.**

— Bec très fortement comprimé dans son tiers apical au moins. Queue un peu arrondie; rectrices légèrement plus longues des externes aux médianes. Corps en dessus et en dessous vert foncé ou cuivré, orné de chaque côté d'une bande oculaire noire se terminant, au niveau de la poitrine, par une touffe de larges plumes squamiformes violet-rouge brillant (3); menton et gorge vert brillant; poitrine traversée d'une bande blanche (4). Rectrices médianes vert bleuâtre ou vert cuivré, plus obscur dans leur tiers apical; rectrices latérales vert cuivré ou bleuâtre brillant à la base et à l'extrémité, bleu d'acier foncé au milieu. — ♀ presque andromorphe.

Schistes.

1ᵉʳ Genre. — AUGASTES

♂ Corps en dessus vert assez foncé avec les supra-caudales plus bleuâtres; tête ornée d'une plaque frontale d'un vert clair très brillant, suivie, au niveau des yeux, d'une bande noire transverse assez étroite. En dessous

---

(1) Les caractères sexuels ne sont pas parfaitement connus.

(2) Les caractères sexuels sont mal connus; il est possible que les oiseaux décrits jusqu'ici comme femelles ne soient que des jeunes.

(3) Plumes bleues à la base, rose brillant à l'extrémité; les plus rapprochées de la partie noire souvent entièrement bleues.

(4) Plumes blanches des côtés pourvues de quelques barbules noires longues sétiformes isolées.

menton et gorge vert clair très brillant formant une plaque allongée se
terminant en pointe sur la poitrine, bordée de chaque côté d'une bande
oblique noir mat se terminant par une tache beaucoup plus large violet
foncé et suivie d'une bande transverse fauve clair (parfois blanche)
récurvée; poitrine et abdomen d'un beau bleu foncé, passant au vert
cuivré sur les flancs; sous-caudales blanches avec de petits disques
bleuâtres. Rectrices en dessous vert bleuâtre clair très brillant, en
dessus plus foncé et plus terne mais passant au cuivré à la base. —
♀ Plaque frontale réduite et non suivie d'une bande noire; en dessous
bande pectorale blanche; abdomen bleu plus clair, passant au grisâtre au
milieu et à la base, au vert cuivré sur les flancs; rectrices externes et
subexternes d'un cuivré plus vert parfois bleuâtre, bordées de gris-blanc
fondu, assez largement à l'extrémité, très finement au côté externe sans
atteindre la base (1). Bec de 15 à 16 m/m . . . . A. superbus (Vieill.).

— Corps en dessus vert plus cuivré mais avec les supra-caudales d'un vert
plus foncé et plus franc, la tête noir mat jusqu'à la nuque, mais ornée en
avant d'une tache frontale vert doré très brillant; en dessous menton et
gorge vert doré très brillant, formant une large plaque ovale, bordée de
noir de chaque côté, et prolongée en arrière, sur la poitrine, par quelques
grosses plumes plus longues et inégales, rouge feu passant au violet à la
base; poitrine et abdomen entièrement cuivré verdâtre (parfois les traces
d'une bande blanche pectorale peu indiquée). Rectrices en dessous
rouge cuivré très brillant, en dessus rouge cuivré un peu plus foncé et
très finement liserées de noirâtre; sous-caudales comme les rectrices mais
passant au gris-blanc à la base. — ♀ (ou jeune ♂) Tête en dessus vert
foncé noirâtre, parure de la gorge plus terne; bande pectorale blanchâtre
plus nette; sous-caudales blanches avec de petits disques cuivré pâle;
rectrices latérales étroitement bordées de gris-blanc à l'extrémité. Bec de
19 à 22 m/m . . . . A. lumachellus (Less.).

2ᵉ Genre. — SCHISTES

— ♂ Corps en dessus vert foncé un peu cuivré uniforme, avec le front,
jusqu'au niveau des yeux, d'un vert doré très brillant; dessous vert très
foncé avec le menton et la gorge vert doré brillant, formant une plaque
ovale assez étroite, se terminant en pointe en arrière, suivie d'une large
bande blanche pectorale entière, récurvée; sous-caudales vert bleuâtre,
non ou étroitement frangées de blanchâtre. Rectrices médianes vert-bleu
foncé légèrement et graduellement éclaircies vers la base; rectrices latérales en dessous bleu d'acier passant à la base et à l'extrémité au bleu
verdâtre plus clair, rarement au vert cuivré, non frangées de blanc. —
— ♀ Front vert foncé comme le dos, sans plumes brillantes; en dessous

---

(1) Description prise de spécimens provenant des voyages de E. Gounelle et dont le sexe
aurait été déterminé par la dissection; antérieurement je considérais comme femelle de
l'*A. superbus* un spécimen sec qui est probablement un jeune : corps en dessus vert cuivré,
plus terne sur la tête, plus bleuâtre sur les supra-caudales; en dessous grisâtre foncé avec
une bande pectorale blanche assez mince et droite; rectrices en dessous cuivré clair (couleur
de laiton), les externes et subexternes pointées de blanc grisâtre.

menton et gorge entièrement blancs; sous-caudales plus nettement frangées de blanc; rectrices latérales très finement liserées de blanc au bord
apical . . . . **S. albogularis** Gould.

Sous-espèce. — (b) Corps en dessous et plaque frontale brillante comme le type;
corps en dessus vert plus cuivré avec les supra-caudales cuivré-doré brillant; rectrices médianes vertes, plus cuivrées vers la base; sous-caudales
vert cuivré clair (non bleuâtre) longuement frangées de blanc; rectrices
latérales nettement bordées de blanc à l'extrémité comme celles de
S. Geoffroyi . . . . **S. albogularis bolivianus**, subsp. nova.

— ♂ ♀ Corps en dessus vert cuivré passant au cuivré-jaune ou rougeâtre assez
terne sur une partie du dos, l'uropygium et les supra-caudales et plus
étroitement en avant, sur la nuque; front non brillant (1). Corps en dessous vert légèrement grisâtre, surtout au milieu et à la base de l'abdomen
dont les plumes sont frangées de blanc; menton et gorge vert brillant
formant une plaque ovale assez étroite, acuminée en arrière, suivie d'une
bande blanche pectorale, étroite, fortement récurvée et anguleuse presque
en triangle et toujours interrompue au milieu; sous-caudales vert clair
frangées de blanc. Rectrices médianes vert cuivré, plus foncé et plus
terne à l'extrémité sauf au bord apical; rectrices latérales bleu d'acier
foncé passant au vert cuivré plus clair à la base et à l'extrémité; celle-ci
bordée de blanc, surtout au côté interne (2) . . . . **S. Geoffroyi** (Bourc.)

43ᵉ Groupe. — HELIOTHRIX

Bec un peu plus long que la tête, tout à fait droit, fortement comprimé
dans sa partie apicale et très aigu; marges des mandibules serrulées (excepté
Heliactin) dans la partie médiane (serrulations ne s'étendant pas à la partie
comprimée); base du culmen densément emplumée, dépassant un peu le
niveau de l'extrémité des écailles nasales; celles-ci emplumées et cachées sauf
parfois (*Heliactin*) à leur bord inférieur. Queue longue, conique ou arrondie,
généralement plus longue chez la femelle que chez le mâle (3); rectrices
médianes, submédianes et parfois latérales-internes égales ou peu inégales
entre elles; les autres graduellement plus courtes du dedans au dehors. Ailes
normales. Pieds très petits noirs; tarses emplumés, au moins en dessus, jusqu'aux doigts (*Heliothrix*) ou seulement à la base (*Heliactin*). — Corps en dessous, sous-caudales et rectrices latérales blancs ou en grande partie blancs.
Sexes dissemblables mais parure du mâle limitée au dessus de la tête et souvent
à des bandes ou touffes oculaires.

TABLEAU DES GENRES

— Bec très fortement comprimé au moins dans tout son tiers apical; mandibules, surtout la supérieure, finement serrulées, au moins dans leur partie
médiane. ♂ Queue assez courte; rectrices larges, les médianes et submé-

---

(1) Parfois quelques plumes brillantes à la base du bec, au moins latéralement.

(2) Je ne connais aucun caractère sexuel.

(3) Caractère qui n'a d'analogue que dans le groupe des *Phaëthornis*.

dianes, égales, les autres légèrement et graduellement plus courtes du dedans au dehors; supra-caudales vertes, très longues, couvrant une grande partie des rectrices médianes; de chaque côté bande noire oculaire se terminant par une touffe de plumes violettes. — ♀ Queue beaucoup plus longue, rectrices médianes submédianes et latérales internes égales, les autres beaucoup plus courtes graduées; pas de touffes violettes.

Heliothrix.

— Bec comprimé et aminci près de l'extrémité seulement; mandibules mutiques non serrulées. — ♂ ♀ Queue aussi longue que le corps, rectrices médianes et submédianes presque égales, longuement et graduellement atténuées, fines à l'extrémité; les autres plus larges mais atténuées, graduellement plus courtes du dedans au dehors. — ♂ Tête en dessus bleu brillant, ornée, de chaque côté, d'une crête rouge-feu ou dorée; en dessous menton et gorge noirs se terminant en pointe sur la poitrine; — ♀ pas de parure frontale; corps en dessous entièrement blanc. . . . . . **Heliactin.**

1ᵉʳ Genre. — HELIOTHRIX

1. ♂ ♀ Corps en dessus et supra-caudales vert doré; en dessous blanc; de chaque côté une bande oculaire noire; sous-caudales blanches; rectrices médianes et submédianes noires, de chaque côté les trois latérales blanches. — ♂ Bande noire oculaire se terminant de chaque côté, au niveau de la poitrine, par un groupe de larges plumes bleu-violet brillant. Tête en dessus et cou jusqu'aux épaules d'un vert doré plus brillant que celui du dos. Corps en dessous entièrement blanc jusqu'à la base du bec; gorge et menton bordés de chaque côté (sous la bande noire) d'une bande d'un vert brillant effilée en avant; queue assez courte; rectrices latérales entièrement blanches, larges et graduées, toutes un peu plus courtes que les submédianes. — ♀ Bandes oculaires entièrement noires; gorge (non bordée de vert) et poitrine mouchetées de petites taches grisâtres; queue beaucoup plus longue; rectrices latérales blanches, toutes marquées, près la base, d'une bande transverse oblique noir-bleu; les externes beaucoup plus courtes que les subexternes, celles-ci beaucoup plus courtes que les latérales internes, celles-ci égalant les médianes et submédianes (noir-bleu). — ♂ *jeune* tête et corps du mâle adulte, queue de la femelle; rectrices externes et subexternes, marquées d'une barre ou d'une petite tache noire subbasale . . . . **H. auritus** (Gm.).

Formes locales ou sous-espèces. — (b) ♂ Bandes vert brillant latérales de la gorge non ou à peine plus larges que celle de *H. auritus* type mais en avant confluentes sous la base du bec et formant un étroit menton vert; queue comme celle du type; supra-caudales vertes, ne dépassant pas ou dépassant à peine en dessus le milieu des rectrices médianes. . . . .

H. auritus auriculatus (Nordm.).

— (c) ♂ Bandes vert brillant latérales de la gorge beaucoup plus larges et plus longuement confluentes, dessinant un large menton vert; la partie blanche de la gorge se terminant en avant en pointe aiguë; queue plus courte, ses rectrices plus larges et moins inégales; supra-caudales vertes dépassant

de beaucoup en dessus le milieu des rectrices médianes, atteignant parfois leur extrémité (1). . . . . **H. auritus Poucheti** (Less.).
— (d) ♂ Menton et gorge entièrement vert brillant ; la partie verte coupée droit en arrière non échancrée par le blanc de la poitrine ; supra-caudales et rectrices comme celles de *H. Poucheti* . . . . **H. auritus phænolæmus** (Gould).

— ♂ Tête en dessus bleu-violet brillant, passant sur la nuque au violet-rougeâtre ; corps en dessous et queue comme ceux de *H. auritus* forme type. — ♀ Corps en dessous entièrement blanc comme celui du mâle (2) ; le reste comme *H. auritus* . . . . **H. Barroti** (Bourc.).

9ᵉ Genre. — **HELIACTIN**

♂ Corps en dessus vert cuivré, teinté de bleuâtre sur le cou et les supra-caudales, avec la tête bleu brillant, ornée de chaque côté d'une crête mobile de plumes squamiformes rigides, plus longues et graduées, rouge feu à la base, jaune doré à l'extrémité et liserées de bleu en arrière. Corps en dessous blanc pur avec un plastron noir profond mat se terminant en pointe aiguë sur la poitrine ; côtés de la poitrine et flancs de l'abdomen (plus étroitement) vert cuivré. Rectrices médianes noirâtres, les autres blanches, les submédianes entièrement, les latérales bordées de gris clair fondu au côté externe ; sous-caudales blanches. — ♀ Corps en dessus vert cuivré doré brillant, plus terne sur la tête ; dessous blanc avec les côtés de la poitrine vert cuivré ; rectrices médianes, au moins aussi longues que celles du mâle, vert bleuâtre (3) avec l'extrémité noire ; les autres blanches avec une large barre noire oblique submédiane,

. . . . **H. cornutus** (Wied).

44ᵉ Groupe. — **LODDIGIORNIS**

Bec plus long que la tête, grêle dès la base, droit (avec une très légère tendance à la courbure) ; mandibule supérieure à peine comprimée, tout à fait à l'extrémité, un peu infléchie sur l'inférieure, non serrulée ; base emplumée du culmen dépassant un peu le niveau de l'extrémité des écailles nasales ; celles-ci entièrement emplumées et cachées ; sous-caudales assez courtes, molles au

---

(1) Les femelles des formes *auriculatus* et *Poucheti* ne diffèrent pas de celles du type ; je ne connais pas la femelle de la forme *phænolæmus* ; celle qui lui a été attribuée par Gould (Monog. V, pl. 215) ressemble davantage à *H. Barroti* par l'absence de mouchetures grises sur la gorge et la poitrine.

(2) Ce caractère n'est valable que pour la femelle très adulte ; les femelles jeunes offrent, sur la gorge et la poitrine, des traces de points grisâtres et ne peuvent être distinguées sûrement de *H. auritus* de même âge.

M. Oberholser a proposé une sous-espèce *H. Barroti alincius* pour les *H. Barroti* du Guatemala, mais je me suis assuré que les proportions différentes qu'il indique n'ont rien de constant ; si cette forme pouvait être conservée elle devrait reprendre le nom de *H. Barroti Gabriel* Delattre 1843, également décrit du Guatemala.

(3) Au moins pour les oiseaux des États de Minas et de Goyaz ; la seule femelle que je possède de l'État de Bahia a les rectrices médianes vert cuivré brillant passant au bronzé rougeâtre foncé vers l'extrémité puis au noir.

moins sur les bords, à l'exception de deux plumes très longues étroites et acuminées ayant la consistance de rectrices Queue très dissemblable d'un sexe à l'autre : ♀ rectrices médianes, submédianes, latérales internes et subexternes vues en dessus courtes larges et obtuses, égales (les subexternes à peine plus longues) les externes plus de trois fois plus longues que les autres et au moins aussi longues que le corps, assez larges dès la base, dilatées arrondies en forme de massue à l'extrémité ; ♂ rectrices, sauf les externes, rudimentaires ou nulles (dans tous les cas indistinctes des supra-caudales) ; les externes beaucoup plus longues que le corps, à stipe rigide, arqué en haut en demi-cercle, garni de barbes très courtes et couchées, sauf une énorme palette apicale subarrondie; ailes relativement très courtes et très obtuses ; pieds noirs très petits ; tarses emplumés sur leur face externe et en dessus à la base. — Corps en dessous au moins en partie blanc, Sexes très dissemblables : mâle orné d'une parure céphalique et d'une parure jugulaire très brillantes et d'une bande noire pectorale et souvent ventrale ; femelle sans parure, en dessous blanchâtre passant au vert cuivré sur les flancs.

Genre LODDIGIORNIS

— ♂ Corps en dessus vert cuivré un peu rougeâtre en avant ; tête ornée, jusqu'à la nuque, d'une plaque de plumes squamiformes bleu-violet, graduellement un peu plus longues en arrière; en dessous blanc avec les flancs plus ou moins vert cuivré; gorge ornée d'une plaque jugulaire longue, acuminée en arrière, vert très brillant passant au bleu vue d'arrière en avant, étroitement bordée de cuivré rougeâtre, prolongée sur la poitrine et souvent même sur l'abdomen par une bande noire; sous-caudales vert doré, frangées de gris-blanc ou de blanc teinté de fauve ; les deux plus longues vert bronzé-olive, passant au noirâtre, avec l'extrême pointe blanche; palette des grandes rectrices noir-bleu violacé,
— ♀ Corps un dessus vert cuivré, plus terne sur la tête, rougeâtre sur le cou ; en dessous blanc un peu jaunâtre, avec les côtés de la gorge et de la poitrine mouchetés de petites taches vert cuivré inégales, ceux de l'abdomen vert cuivré ; sous-caudales blanc jaunâtre, les plus courtes à très petits disques verts. Rectrices médianes vertes, très finement frangées de noir à l'extrémité arrondie ; les submédianes, latérales internes et subexternes noires passant au vert bronzé à la base interne; externes gris noirâtre pâle passant au noir violacé à l'extrémité dilatée.

L. mirabilis (Bourc.).

45ᵉ Groupe. — HELIOMASTER

Bec au moins deux fois plus long que la tête, élargi à la base, droit ou légèrement courbé (*Heliomaster*), à marges mutiques ou à peu près; base du culmen tantôt brièvement emplumée et laissant les écailles à découvert, souvent plus longuement emplumée et cachant en partie les écailles sauf à leur bord inférieur. Queue plus courte que le corps, carrée ou fourchue; rectrices externes et subexternes pointées de blanc, dans les deux sexes ou chez la femelle seulement ; sous-caudales longues et molles. Ailes normales

cachant de chaque côté une grosse tache pleurale d'un blanc soyeux. Pieds
assez forts, noirs, tarses presque nus. Sexes le plus souvent peu dissemblables ;
mâle subgynémorphe, surtout par le corps en dessous gris-blanc, par les
rectrices et les sous-caudales, ne différant de la femelle que par ses plaques
brillantes, jugulaire et céphalique ; rarement complètement dissemblables ; le
mâle très brillant en dessus et en dessous, et avec les rectrices plus longues,
plus aiguës et unicolores ; la femelle hologyne, en dessous gris-blanc et avec
les rectrices latérales pointées de blanc.

TABLEAU DES GENRES

1. Base emplumée du culmen peu avancée, n'atteignant pas (ou à peine) le
niveau du milieu des écailles nasales; celles-ci en grande partie nues et
et très visibles, sauf parfois à la base. Queue presque carrée ; ses rectrices
larges et obtuses (celles du mâle gynémorphes) ; les externes et subexternes noires pointées de blanc et passant au vert à la base ; sous-
caudales larges blanches, souvent rembrunies ou noires au disque. Corps
en dessus vert cuivré avec quelques plumes blanches irrégulières dans la
région uropygiale ; de chaque côté une bande oculaire noirâtre et une
ligne sous-oculaire blanche, atteignant en avant la commissure du bec,
bordant de chaque côté le menton et la gorge. Corps en dessous gris avec
le milieu et la base de l'abdomen blanchâtres, les flancs plus ou moins
bronzés. — ♂ Menton noir mat, gorge parée d'une plaque de plumes
squamiformes brillantes, rouge ou rouge-violet, non prolongées aux angles.
Anthoscœnus.

— Base emplumée du culmen atteignant presque l'extrémité des écailles
nasales ; celles-ci emplumées, sauf à leur bord inférieur nu jusqu'à la base
ou presque. Queue fourchue ; ses rectrices graduellement plus longues
des médianes aux externes, celles du mâle unicolores. — ♂ Plaque jugulaire prolongée de chaque côté à l'angle par des plumes plus longues et
graduées . . . . **2.**

2. Bec droit comme celui des *Anthoscœnus*. Queue médiocrement fourchue,
ses rectrices légèrement et graduellement plus longues des médianes aux
externes, atténuées obtuses ; les latérales du mâle vert-bleuâtre très foncé.
Sous-caudales longues filamenteuses blanches à disques obscurs étroits.
De chaque côté une courte ligne blanche sous-oculaire dépassant à peine
en avant le niveau de l'œil (chez le mâle). — ♀ Légèrement andromorphe,
en dessous blanchâtre avec la gorge pictée ; ses rectrices externes et
subexternes pointées de blanc . . . . **Lepidolaryax.**

— Bec aussi long, mais un peu plus grêle, un peu courbé. Queue profondément fourchue ; rectrices latérales plus étroites acuminées ; celles du mâle
vert-bleu ; ses sous-caudales de la couleur des rectrices ; pas de ligne
blanche sous-oculaire mais un petit point blanc postoculaire. Sexes complètement dissemblables ; ♀ hologyne ; corps en dessous gris blanchâtre ;
rectrices externes seules pointées de blanc . . . . **Heliomaster.**

1ᵉʳ Genre. — ANTHOSCÆNUS

1. ♂ ♀ (1) Corps en dessus cuivré plus ou moins vert avec la tête un peu
plus foncée et plus terne (sans plaque brillante), les supra-caudales le plus
souvent d'un cuivré plus vif. Corps en dessous gris passant au blanchâtre
sur la poitrine en avant et sur le milieu de l'abdomen ; menton noir de suie
mat strié de blanc (chaque plume noire finement liserée de blanc), gorge
rouge feu éclatant (un peu variable, tantôt orangé, tantôt plus carminé) ;
sous-caudales blanches à larges disques acuminés gris-fauve passant au
noir à la pointe ; menton et gorge bordés de chaque côté d'une ligne très
blanche partant de la commissure du bec. Rectrices en dessus vert cuivré
plus ou moins foncé, toutes pointées de noir ; rectrices externes en dessous,
dans leur moitié basale gris blanchâtre (parfois lavé de vert au côté
externe), dans leur moitié apicale noires mais terminées par une assez
longue pointe blanche, elle-même marquée au côté externe d'une bordure
et d'une tache noire ; les subexternes pointées de blanc au côté interne
seulement. — ♂ Bec de 33 1/2 à 36 1/2 m/m. — ♀ de 34 à 37 1/2 m/m.

A. Constanti (Delatt.).

Sous-espèce. — (b) ♂ ♀ Menton d'un gris noirâtre (au lieu de noir) s'étendant
plus largement sur la gorge ; partie rouge feu de celle-ci plus réduite
n'occupant que le bord postérieur de la plaque jugulaire ; corps en
dessous d'un gris clair analogue à celui de l'*A. Constanti* du Guatemala.
Bec ♂ de 32 à 36 m/m ; ♀ de 33 à 35 m/m (sec. Ridgway) (2).

A. Constanti Leocadiæ (B. et M.).

— ♂ Corps en dessus vert cuivré souvent rougeâtre avec la tête ornée, du bec
à la nuque, d'une plaque de larges plumes squamiformes vert bleuâtre ou
bleu brillant (variable) (3) ; en dessous gris passant au blanc sur le milieu
de l'abdomen, surtout à la base ; menton plus étroitement noir mat, non
ou à peine strié (au moins chez l'adulte) ; gorge d'un rouge violacé brillant ; menton et gorge bordés d'une ligne sous-oculaire partant de la

---

(1) Les caractères souvent attribués à la femelle sont ceux du jeune mâle, sauf en ce
qui concerne la plus grande longueur du bec. R. Ridgway dit à propos de la femelle
adulte : « Very similar to the adult male and not always distinguishable. »

(2) Je ne connais cette forme que d'après les types de *Heliomaster pinicola* Gould, au
Musée britannique, qui me paraissent un peu immatures ; R. Ridgway l'a depuis étudiée sur
une belle série d'adultes des deux sexes (15 ♂, 5 ♀). D'après cet auteur les *A. Constanti* du
Guatemala sont en dessous d'un gris plus clair et plus blanchâtre que ceux du Costa-Rica et
cependant le type de l'espèce, décrite du Guatemala par Delattre, (actuellement au Musée de
New-York) a plutôt la livrée des oiseaux du Costa-Rica. Mais Ridgway émet des doutes sur
la provenance exacte de ce soit-disant type et je puis ajouter qu'avant de faire partie de la
collection Elliot cet oiseau avait appartenu à J. Bourcier qui était peu soigneux dans ses
indications.

(3) Les *A. longirostris* du Vénézuéla N. E. (*Cumana* etc.) et de la Guyane anglaise
(Roraima) ont la tête vert bleuâtre brillant ; les rectrices médianes vert bronzé, moins
cuivré que le dos ; ceux du Vénézuéla N. O. (San Esteban), du Panama (Chiriqui) et du
Costa-Rica (San José) ont la tête généralement plus bleue, rappelant celle des oiseaux de
Bogota et leurs rectrices médianes sont d'un vert bleuâtre tranchant davantage avec la teinte
cuivrée du dos ; mais ces caractères sont très fugaces ; ceux des races locales que je décris
ci-dessous le sont au reste presque autant ; il m'est impossible de les considérer comme des
sous-espèces fixes.

commissure et dépassant de beaucoup en arrière le niveau de l'œil ; flancs
légèrement variés de vert cuivré ; sous-caudales noires ou noirâtres
bordées de blanc. Rectrices externes en dessous noires, passant à la base
au vert cuivré foncé fondu et pointées de blanc ; les subexternes plus
brièvement pointées ; les latérales internes offrant souvent un petit point
blanc apical. — ♀ Corps en dessus vert cuivré, un peu plus terne sur la
tête (sans plumes brillantes) ; en dessous menton et gorge blanchâtres
ponctués de noir, surtout en arrière (plumes blanches à petits disques
basilaires noirs) ; gorge parfois ornée de quelques plumes rouge violet
isolées (1). Bec de 30 1/2 à 33 m/m. . . . . . ; **A. longirostris** (Vieill.).

Races locales. — (b) ♂ dessus du corps, sous-caudales et rectrices latérales
comme ceux du type ; tête en dessus bleu, tantôt très franc, tantôt
verdâtre. Rectrices médianes en dessus *bronzé rougeâtre comme le dos.*
A. longirostris var. chalcura, var. nova.

— (c) ♂ Bec plus long, de 33 à 36 m/m, toujours plus robuste à la base ; tête
en dessus bleu très brillant, non ou à peine verdâtre ; corps en dessous
d'un gris plus foncé presque noirâtre, avec les flancs largement vert
cuivré obscur ; gorge violet-rouge plus sombre, ses plumes, surtout les
marginales plus larges ; sous-caudales comme celles du type. Rectrices
médianes en dessus d'un bronzé plus rougeâtre presque comme le dos,
passant parfois au noir à l'extrémité ; rectrices externes en dessous à
pointe blanche plus petite mais un peu plus prolongée le long du stipe ;
celle des subexternes souvent réduite à un petit point blanc apical.
A. longirostris var. Stewartæ (Lawr.).

— (d) Bec de 30 à 33 m/m. Tête en dessus vert d'eau clair et brillant ; corps en
dessous gris très clair, blanchâtre sur la poitrine mais avec les flancs
largement vert cuivré grisâtre ; menton plus largement noir, légèrement
strié de blanc ; dos et supra-caudales d'un vert cuivré rougeâtre plus
brillant ; sous-caudales gris bronzé obscur, passant au noirâtre et
frangées de blanc ; rectrices comme celles du type, généralement les
latérales brièvement mais plus nettement vert cuivré à la base.
A. longirostris var. pallidiceps (Gould).

— (e) Bec de 32 à 33 m/m. Tête en dessus vert clair et brillant à peine bleuâtre ;
sous-caudales blanches à disques très petits basilaires gris ou noirâtres ;
rectrices médianes bronzé-doré comme le dos, passant au noir à l'extrémité ; externes en dessous plus longuement pointées de blanc.
A. longirostris var. albiorissa (Gould).

2° Genre. — LEPIDOLARYNX

— ♂ Corps en dessus vert cuivré ; tête couverte, jusqu'à la nuque, d'une
plaque de larges plumes squamiformes d'un vert d'eau brillant tirant
parfois sur le bleu ; uropygiales en partie frangées de blanc ; de chaque
côté une étroite ligne blanche sous-oculaire abrégée. Corps en dessous
vert très foncé bleuâtre parfois presque noir ; menton et gorge d'un
rouge carminé brillant plus ou moins violacé, avec les plumes angulaires

---

(1) La femelle est difficile à distinguer du jeune mâle.

plus longues et étagées ; poitrine et abdomen coupés d'une ligne blanche
longitudinale étroite et un peu sinueuse, dilatée à la base de l'abdomen ;
sous-caudales blanches à disques noir bronzé assez étroits et longs,
acuminés. Rectrices médianes d'un vert un peu moins cuivré que celui
du dos ; les autres en dessous vert bleuâtre foncé passant au noir-bleu au
côté interne. — Q. Corps en dessus vert cuivré ; en dessous gris-blanc ;
menton et gorge plus blancs mais marqués de petites taches vert bronzé
subsériées ; côtés de la poitrine légèrement variés de vert cuivré ; sous-
caudales blanches à disques très petits grisâtres ; rectrices vert cuivré
brillant ; de chaque côté les trois latérales et parfois la submédiane,
passant nettement au noir à l'extrémité, l'externe et la subexterne seules
pointées de blanc . . . . L. squamosus (Temm.).

3ᵉ Genre — HELIOMASTER

— ♂ Corps en dessus vert cuivré, plus brillant en tirant un peu sur le bleu au
milieu du dos (vu d'avant en arrière), tête et nuque couvertes d'une
plaque de larges plumes squamiformes d'un vert d'eau très brillant.
Corps en dessous d'un beau bleu brillant (1) ; menton et gorge ornés d'une
plaque, élargie d'avant en arrière, rouge carminé, bordée de bleu, avec
les plumes angulaires bleues plus longues étagées et divergentes ; sous-
caudales tantôt bleu foncé plus mat, tantôt vert-bleu, tantôt vert cuivré
foncé, rarement les plus longues frangées de blanc. Rectrices en dessus
tantôt vert cuivré, tantôt vert-bleu foncé ; en dessous toujours vert
bleuâtre brillant. — Q Corps en dessus vert cuivré doré, plus terne sur la
tête ; en dessous gris-blanc avec les côtés de la poitrine et de l'abdomen
variés de vert cuivré ; sous-caudales blanches à petits disques gris et vert
ou bleuâtre cuivré. Rectrices médianes vert cuivré souvent teintées de
bleuâtre, surtout à l'extrémité ; latérales en dessous vert bleuâtre brillant,
passant au noir dans leur tiers ou leur moitié apicale ; les externes seules
brièvement pointées de blanc. — ♂ jeune comme la femelle sauf les côtés
de la poitrine et de l'abdomen vert-bleu foncé ; rectrices en dessus vert-
bleu brillant passant au noirâtre près de l'extrémité seulement ; les
externes pointées de blanc (2) . . . . H. furcifer (Shaw).

46ᵉ Groupe. — ARCHILOCHUS

Bec tantôt droit, de la longueur de la tête ou plus court, rarement plus
long et un peu courbé mais toujours avec la mandibule supérieure un peu
infléchie à l'extrême pointe, l'inférieure brièvement arquée en haut, l'une et
l'autre très aiguës ; base du culmen emplumée jusqu'au niveau de l'extrémité
des écailles ou un peu plus ; écailles emplumées, sauf étroitement à leur bord
inférieur dénudé, mais caché par les plumes un peu rabattues. Queue très
variable, très dissemblable d'un sexe à l'autre ; celle de la femelle toujours
courte, arrondie (au moins les rectrices externes plus courtes que les subexternes) toutes les latérales pointées de blanc ou de fauve-roux ; sous-caudales

---

(1) Il est à noter que sur les oiseaux très vieux en collection ce bleu s'altère et passe
plus ou moins au vert bleuâtre.

(2) Les subexternes ont souvent une très petite tache blanche apicale.

très longues, molles, généralement blanches ou rousses comme l'abdomen. Ailes généralement courtes; leurs rémiges externes rigides et courbes, généralement un peu plus longues et plus étroites que les subexternes. Pieds petits; tarses généralement emplumés sur la face externe au moins en dessus et en dessus à la base. Sexes dissemblables : mâle (sauf *Dyrthia*) orné d'une plaque jugulaire rouge, orangée, rose, ou irisée, mais rarement (*Calypte*) d'une parure céphalique; femelle en dessous sans parure; blanche ou le plus souvent rousse au moins sur les flancs, avec une bande oculaire noire.

Le groupe des *Archilochus*, le plus nombreux de la famille des *Trochilidés*, est un peu moins homogène que les précédents; je propose de répartir ses genres en huit sous-groupes ou sections.

TABLEAU DES SECTIONS

1. Queue ronde; ses rectrices médianes aussi longues que les submédianes, les autres graduellement plus courtes de celles-ci aux externes; les médianes larges; celles du mâle brusquement plus étroites à l'extrémité en petite pointe obtuse. Corps en dessus vert cuivré sans parure frontale; en dessous plaque jugulaire du mâle rouge feu, rose ou mauve, ardoisée ou passant au vert; poitrine blanche, flancs plus ou moins roux ou mêlés de roux . . . . sect. **H. Selasphorus.**

— Queue plus ou moins fourchue; rectrices médianes plus courtes que les latérales **2**

2. Rectrices médianes relativement bien développées, larges et obtuses, très différentes des supra-caudales atteignant ou dépassant un peu la furca. — ♀ Rectrices latérales noires, pointées de blanc; médianes et submédianes vertes . . . . **3.**

— Rectrices médianes et souvent submédianes très courtes, cachées par les supra-caudales, latérales, sauf parfois les externes, longues, noires, inégalement graduées. Corps en dessus vert ou vert cuivré, plus terne sur la tête, sans parure frontale (excepté *Nesophlox lyrura*) . . . . **5.**

3. Bec courbé, deux fois plus long que la tête; plumes frontales s'avançant sur le culmen et cachant les narines. — ♂ Queue presque aussi longue que le corps; ses rectrices médianes larges et obtuses, submédianes près de moitié plus longues, plus atténuées, latérales-internes près de moitié plus longues que les submédianes, de même forme mais un peu plus étroites, subexternes et externes étroites dès la base, environ de 1/4 plus longues que les latérales-internes; les externes dépassant un peu les subexternes; supra-caudales rousses. — ♀ Corps en dessous blanc, sans teinte rousse; sous-caudales blanches; supra-caudales vertes, frangées de roux; rectrices submédianes plus longues que les médianes, égalant les latérales-internes; celles-ci un peu plus courtes que les subexternes, qui sont un peu plus longues que les externes . . . . sect. **A. Rhodopis.**

— Bec plus court, droit ou presque droit; plumes frontales moins avancées sur le culmen; narines en partie à découvert. — ♂ Queue plus courte, ses rectrices graduellement et presque également plus longues des

submédianes aux subexternes ; externes égalant les subexternes ou un
peu plus courtes, toujours un peu plus étroites. — ♂ ♀ Supra-caudales
vert cuivré comme le dos. **4.**

4. ♂ Queue assez profondément fourchue ; rectrices latérales acuminées.
Plaque jugulaire brillante coupée droit en arrière, séparée en avant de la
base du bec par un menton noir. Corps en dessus vert cuivré, plus sombre
sur la tête, sans parure céphalique. Rémige externe (excepté *Archilochus
Alexandri*) plus étroite que la subexterne, au moins à l'extrémité.

sect. D. Archilochus.

— ♂ Queue à peine fourchue, rectrices latérales non acuminées obtuses,
plaque jugulaire (manquant dans le genre *Dyrinia*) tronquée en arrière
mais plus ou moins prolongée aux angles, atteignant en avant la base du
bec . . . . sect. **E. Calypte.**

5. ♂ De chaque côté les trois rectrices latérales égales, étroites, rigides et
incurvées, noirâtres ; les submédianes plus courtes que les latérales mais
plus longues que les médianes. — ♂ ♀ Bec plus long que la tête, grêle
dès la base et courbe. Corps en dessus vert cuivré, plus terne sur la tête.
— ♂ Corps en dessous blanc avec une plaque jugulaire très brillante
tronquée (non prolongée aux angles). — ♀ Corps en dessous fauve rougeâtre pâle ; rectrices latérales plus larges mais atténuées obtuses ;
l'externe un peu plus courte que la subexterne et plus longuement pointée
de blanc . . . . sect. **F. Myrtis.**

— ♂ De chaque côté les trois rectrices latérales inégales et souvent dissemblables. . . . . **6.**

6. ♂ De chaque côté rectrice submédiane beaucoup plus longue que le corps
et très fine ; les trois latérales de même forme mais graduellement plus
courtes du dedans au dehors. Corps en dessus vert cuivré ; en dessous en
grande partie blanc, avec la gorge ornée d'une plaque brillante tronquée
carrément. — ♀ Corps en dessous blanc ou fauve pâle, sans bande sous-
oculaire définie ; queue arrondie ; rectrices médianes en grande partie
vertes, larges, non atténuées arrondies ; les autres noires à la base longuement pointées de blanc ; les submédianes plus longues que les médianes ;
les autres graduellement plus courtes des submédianes aux externes.

sect. B. Thaumastura

— ♂ De chaque côté rectrices externe et subexterne plus longues que la
submédiane. — ♀ Queue tronquée carrément ou un peu échancrée. **7.**

7. ♂ De chaque côté rectrices externe et subexterne égales ou l'externe un
peu plus longue. — ♀ Rectrices médianes et submédianes vertes.

sect. C. Philodice.

— ♂ De chaque côté rectrice externe très fine sétiforme, beaucoup plus
courte que la subexterne ; celle-ci souvent aussi sétiforme et un peu plus
courte que la latérale interne. — ♀ Toutes les rectrices noires et pointées
de roux, ou les médianes seules vertes . . . . . sect. **G. Chætocercus.**

Section A. — 1er Genre. — RHODOPIS

— ♂ Corps en dessus vert cuivré clair, passant sur la tête au gris-olive mat
(chaque plume frangée de blanchâtre); partie inférieure de l'uropygium
et supra-caudales fauve-roux vif (les plus longues supra-caudales à disques
verts allongés plus ou moins cachés). Corps en dessous blanc avec une
plaque jugulaire d'un rose très brillant à reflets bleus; les côtés de la
poitrine légèrement variés de vert cuivré; sous-caudales blanc pur;
rectrices médianes, submédianes et souvent latérales internes (au moins
au côté interne) en dessus bronzé-olive clair; les subexternes et externes
en dessous noir violacé, bordées de gris-blanc au côté interne; les
subexternes presque jusqu'à l'extrémité, les externes seulement dans leur
moitié basale. — ♀ Corps en dessous blanc; rectrices médianes en dessus
vert cuivré olive; les submédianes vert cuivré, passant au noir à l'extrémité et finement lisérées de blanc ou de fauve; les autres en dessus, dans
leur moitié basale, vert cuivré, en dessous grisâtres, ensuite noires; les
externes et subexternes longuement pointées de blanc; les latérales
internes marquées d'une très petite tache blanche ou fauve apicale. —
♂ ♀ Taille forte: bec de 29 à 32 m/m (celui de la femelle un peu plus
long). . . . . **R. vesper** (Less.).

— ♂ Supra-caudales vertes longuement frangées de fauve-roux, surtout les
plus courtes. — ♀ Rectrices latérales en dessus plus longuement vert
cuivré, environ dans leurs 2/3 basilaires, à partie apicale noire plus
restreinte. — ♂ ♀ Taille plus faible: bec de 20 à 23 m/m (1).

R. atacamensis (Leyb.)

Section B. — 2e Genre. — THAUMASTURA

— ♂ Corps en dessus vert cuivré clair, plus terne sur la tête; en dessous
blanc; plaque jugulaire d'un rose brillant à reflets bleus; flancs variés de
vert cuivré, surtout en avant; sous-caudales blanches souvent avec de
très petites taches grisâtres au disque; rectrices médianes courtes, en
grande partie recouvertes par les supra-caudales, assez larges et obtuses,
blanches au côté externe, gris bronzé à l'interne et souvent à l'extrémité;
les autres rectrices très étroites mais obtuses; les submédianes beaucoup
plus longues que le corps entier, blanches avec le bord externe et l'extrémité noirs; les suivantes, de moitié plus courtes, noires avec un fin liséré
blanc interne à la base; les deux externes graduellement plus courtes
noires, avec ou sans liséré blanc. — ♀ Corps en dessous fauve isabelle
très clair, passant au blanc sur le milieu de l'abdomen, sans bande oculaire
définie. Queue plus courte que le corps, cunéiforme; rectrices médianes
larges non atténuées obtuses, vertes, bordées de blanc dans leur moitié
basale externe, passant parfois au noirâtre ou au noir dans l'apicale;
les autres rectrices toutes longuement atténuées subacuminées mais
obtuses, noires à la base ensuite longuement blanches; les submédianes
plus longues que les médianes (environ de 1/5); les autres graduellement
plus courtes du dedans au dehors. . . . . **T. Cora** (Less.).

---

(1) D'après les oiseaux de O. T. Baron provenant tous du Pérou.

Variétés. — (b) ♂ Corps en dessus d'un vert plus clair ; plaque jugulaire de chaque côté à reflets violacés, moins bleus ; bordure des rectrices noirâtre teinté de vert (sec. Cory) (1) . . . **T. Cora** var. **montana** Cory.

— (c) ♂ Corps en dessus et flancs d'un vert plus bleuâtre ; rectrices principales (submédianes) blanches sauf à la pointe noirâtre, bordées de gris dans leur moitié basale seulement ; les externes plus nettement liserées de blanc des deux côtés. . . . . **T. Cora** var. **cyanescens**, var. nova (2).

Section C.

TABLEAU DES GENRES

1. ♂ ♀ Bec beaucoup plus long que la tête et courbe. — ♀ Corps en dessous et sous-caudales roux ou fauve clair. Rectrices médianes et submédianes vert cuivré, les autres rousses à la base ensuite noires, les externes et subexternes pointées de blanc. . . . . **2.**
— ♂ ♀ Bec non ou à peine plus long que la tête, droit ou presque droit. . **4.**

2. ♂ Queue beaucoup plus longue que le corps ; rectrices externes et subexternes très étroites obtuses, l'externe environ de 2/5 plus longue, les autres courtes graduées. Sous-caudales vert cuivré comme l'abdomen ; plaque jugulaire violette, coupée droit en arrière, précédée d'un menton noir verdâtre ; poitrine fauve blanchâtre. . . . . **Doricha.**
— ♂ Queue de la longueur du corps ou plus courte. Rectrices externes et subexternes égales ou presque égales. Sous-caudales longues molles blanches parfois à disques étroits un peu ombrés. Plaque jugulaire rose brillant atteignant la base du bec ; poitrine et milieu de l'abdomen blancs.
                          3.

3. ♂ Plaque jugulaire rose brillant irisé à reflets bleus ; ses plumes angulaires longuement prolongées et graduées sur les côtés de la poitrine. Queue plus courte que le corps, ses rectrices latérales étroites atténuées, noirâtres non bordées. — ♀ Corps en dessous fauve rougeâtre, plus clair et presque blanc au milieu et surtout à la base de l'abdomen . . . . . **Calothorax.**
— ♂ Plaque jugulaire rose brillant sans reflets ; tronquée en arrière non prolongée aux angles. Queue aussi longue que le corps, ses rectrices latérales noir violacé, les subexternes et latérales internes bordées de fauve au côté interne ; les externes et subexternes égales et semblables, légèrement élargies de la base à l'extrémité et très obtuses subspathulées. — ♀ Corps en dessous gris-blanc teinté de fauve brunâtre. . . . . **Piocerous.**

4. ♂ ♀ Touffes blanches pleurales largement débordantes en dessus, formant, vers le tiers postérieur du dos, une ceinture interrompue. — ♂ Queue aussi longue que le corps ; rectrices latérales noires annelées de blanc et de roux et pointées de blanc ; les externes au moins de 1/4 plus longues que les subexternes, assez brusquement et longuement atténuées dans leur partie apicale ; sous-caudales courtes, vert foncé, au moins au disque ; plaque jugulaire bleu foncé coupée droit en arrière. — ♀ Corps en dessous

---

(1) Cette forme m'est inconnue en nature.
(2) Sur un seul mâle de Tulpa par G. A. Baer, mêlé à la forme type.

roux sans bande oculaire ; sous-caudales rousses. Queue courte, ses
rectrices égales, à peine atténuées, obtuses, les médianes vert cuivré
passant au noir à l'extrémité ; les autres noires longuement pointées de
blanc. . . . . **Tilmatura**.

— ♂ ♀ Touffes blanches pleurales cachées en dessus par les ailes au repos ou
réduites à une très petite mèche. — ♂ Queue plus courte que le corps,
de la longueur de la tête ou plus ; de chaque côté rectrices externes et
subexternes plus longues que les autres, égales ou presque égales entre
elles ; les externes noires, les subexternes bordées de roux. Plaque jugulaire rose brillant. — ♀ Rectrices latérales longuement pointées de roux.
                                                                              5.

5. ♂. Plaque jugulaire n'atteignant pas la base du bec, courte, avec les plumes
angulaires beaucoup plus longues et étagées, prolongées jusqu'à la
poitrine ; poitrine et milieu de l'abdomen gris-blanc ; flancs vert foncé
sans teinte rousse. Rectrices externes et subexternes égales, longues
étroites, mais très légèrement élargies à l'extrémité ; latérales internes
larges et obtuses, beaucoup plus courtes dépassant peu les submédianes,
noir-violet brillant ; médianes et submédianes égales, semblables, arrondies et vertes ; sous-caudales vertes frangées de roux. — ♀ Corps en
dessous fauve très clair ; de chaque côté une bande noirâtre sous-oculaire ;
en dessus uropygium et supra-caudales vert cuivré comme le dos.
Rectrices courtes presque égales, larges, non ou à peine atténuées ; les
médianes et submédianes vert cuivré, arrondies ; les autres rousses avec
une barre médiane noire, à peine atténuées subarrondies. **Microstilbon**.

— ♂ Plaque jugulaire atteignant la base du bec, coupée droit en arrière, non
prolongée aux angles ; poitrine blanche ; abdomen roux vif à la base.
Rectrices externes et subexternes égales (excepté *N. lyrura*) ; latérales
internes longues, de 1/3 ou de 1/4 seulement plus courtes que les subexternes et semblables, noires bordées de roux intérieurement (excepté
P. Mitchelli) ; rectrices submédianes beaucoup plus longues que les
médianes, longuement atténuées. . . . . **6.**

6. ♂ Sous-caudales assez courtes, vert bronzé, étroitement frangées de roux.
Bec droit ; corps en dessus entièrement d'un vert bronzé très foncé ; en
dessous plaque jugulaire rose ou violette, non irisée ; poitrine blanche ou
gris-blanc ; abdomen vert cuivré ou bronzé passant au roux vif à la base ;
tache pleurale mi-partie blanche et rousse. Rectrices médianes et submédianes courtes, ne dépassant pas le milieu des latérales internes, ovales
larges subacuminées ; les médianes vert foncé noirâtre, les submédianes
teintées du même vert au moins dans leur moitié interne ; les autres noirâtres, les externes et subexternes de même longueur. — ♀ Corps en
dessous fauve-roux, éclairci en avant, plus foncé et plus rouge sur les
flancs ; de chaque côté bande postoculaire noirâtre mêlée de bronzé,
longuement prolongée et arquée en demi-cercle jusqu'à la poitrine, suivie
d'une tache antéscapulaire blanchâtre ; sous-caudales fauve-roux comme
l'abdomen. Queue très courte, ses rectrices, au moins les latérales, rousses
avec une barre submédiane noir violacé. . . . . **Philodice**.

— ♂ Sous-caudales plus longues, molles, roux clair frangées de blanc. Bec
                                                                          15

plus grêle, très légèrement courbé ; plaque jugulaire rose brillant changeant à reflets bleus ; poitrine blanche ; abdomen vert cuivré passant au
roux à la base et souvent au milieu, Rectrices médianes assez courtes
vertes ; submédianes au moins deux fois plus longues, dépassant le milieu
des latérales internes. — ♀ Corps en dessous gris-blanc, passant au roux
vif sur l'abdomen, sans bande oculaire définie ; sous-caudales roux clair ;
queue assez longue ; ses rectrices médianes un peu plus courtes que les
latérales vertes ; latérales roux vif avec une large barre médiane noire
et la base externe passant au vert cuivré . . . . **Nesophlox.**

3° Genre. — PHILODICE

— ♂ Plaque jugulaire violet-rose assez foncé. Rectrices latérales noirâtre violacé sans bordure ; les externes aussi longues mais plus étroites que les
subexternes. — ♀ En dessus uropygium et supra-caudales d'un roux vif,
plumes uropygiales, au moins en avant, à disques vert cuivré. Rectrices
médianes en dessus rousses à la base, longuement noires à l'extrémité et
finement lisérées de roux au bord apical, partie noire offrant en avant, au
moins au milieu, une étroite zone vert cuivré ; rectrices latérales en
dessous roux foncé à la base, roux plus clair à l'extrémité avec une barre
submédiane noire ; bande postoculaire noirâtre assez étroite, suivie d'une
tache antéscapulaire fauve clair comme la gorge ou à peine plus blanche.

P. Mitchelli (Bourc.)

— Plaque jugulaire rose à peine violacé. Rectrices latérales noir violacé
bordées de fauve au côté interne presque jusqu'à l'extrémité ; les externes
aussi longues que les subexternes et de même largeur. — ♀ Uropygium et
supra-caudales cuivré verdâtre comme le dos sans partie rousse, les plus
longues supra-caudales vert foncé moins cuivré passant au noirâtre à
l'extrémité. Rectrices médianes noir violacé passant à la base, au moins
externe, au vert foncé ; les autres noires et longuement pointées de roux,
les externes passant aussi au roux à la base. Bande noire postoculaire plus
large et plus courbée, en partie bronzée, suivie d'une tache antéscapulaire plus blanche ; bec plus long. — ♂ jeune Menton, gorge, poitrine et
milieu de l'abdomen blanc non ou à peine lavé de fauve, flancs d'un roux
vif, le reste comme la femelle adulte (1). . . . . . **P. Bryantæ** (Lawr.).

4° Genre. — NESOPHLOX

— ♂ Corps en dessus vert cuivré avec la tête plus terne grisâtre. Rectrices
externes noir violacé, droites, assez larges mais brusquement plus étroites
et atténuées dans leur moitié apicale, subéchancrées au côté interne ;
subexternes (aussi longues ou un peu plus longues que les externes) et
latérales internes (à peine plus courtes) noir violacé au côté externe mais
finement bordées de roux dans la moitié basale, roux vif au côté interne

---

(1) Je ne suis pas certain que cette coloration soit celle du jeune mâle, d'autant moins
que certains individus à gorge fauve (que je donne comme femelles) ont parfois quelques
plumes brillantes isolées sur la gorge.

dans toute leur longueur (partie noire externe débordant un peu le stipe);
submédianes en dessus noires parfois teintées de vert sur les bords,
finement et brièvement liserées de roux à la base des deux côtés surtout
à l'interne. Aile de 37 à 40 1/2 m/m; bec de 15 1/2 à 16 1/2 m/m. — ♀ (ou
jeune mâle) gorge d'un gris perle passant au blanc sur le menton; poitrine
blanche; flancs de l'abdomen d'un roux assez vif; sous-caudales d'un
roux plus clair, passant au blanc à la base. Queue longue; ses rectrices
assez larges et obtuses, les médianes comme les supra-caudales d'un vert
moins cuivré que celui du dos; rectrices latérales en dessous noires,
longuement pointées de roux foncé, près la base leur côté externe teinté
de vert cuivré, leur côté interne roux. Aile de 41 1/2 à 45 1/2 m/m. Bec
de 15 1/2 à 18 m/m . . . . **N. Evelynæ** (Bourc.).

— ♂ Corps en dessus vert cuivré légèrement bleuâtre, avec le front, jusqu'au
niveau des yeux, rose brillant à reflets bleus comme la gorge. Rectrices
externes noir violacé, étroites et un peu arquées en dehors; subexternes
plus courtes, plus larges, non ou très légèrement arquées, noir violacé
au côté externe, rousses à l'interne; latérales internes un peu plus courtes
que les subexternes, plus finement bordées de roux, au moins vers
l'extrémité; submédianes en dessus vert foncé un peu bleuâtre passant
au noir à la base et le long du stipe, bordées de roux au côté externe
dans leur moitié basale seulement. Aile de 37 à 38 1/2 m/m; bec de 13 1/2
à 16 m/m. — ♀ Menton, gorge et poitrine blanc à peine teinté de gris au
milieu; flancs de l'abdomen et sous-caudales d'un roux vif. Rectrices un
peu plus étroites que celles de *N. Evelynæ;* les médianes en dessus d'un
vert bleuâtre comme les supra-caudales, les latérales en dessous noires,
longuement pointées de blanc légèrement lavé de fauve à l'extrémité,
passant au gris bronzé dans leur tiers basal externe, au roux très brièvement à la base interne. Aile de 40 1/2 à 43 m/m; bec de 16 à 17 m/m
(sec. R. Ridgway) (1) . . . . **N. lyrura** (Gould).

<h2 align="center">5e Genre. — DORICHA</h2>

— ♂ ♀ Corps en dessus vert cuivré, plus foncé et plus terne sur la tête. —
♂ Menton noir verdâtre suivi d'une plaque jugulaire violet brillant;
poitrine fauve blanchâtre; abdomen vert foncé, ses plumes frangées de
blanc ou de gris-blanc au milieu et surtout à la base; sous-caudales vert
cuivré non ou finement frangées de blanc. Rectrices externes noir violacé,
beaucoup plus longues que le corps, très étroites et à bords parallèles;
subexternes environ de 1/5 plus courtes, de même forme, noir violacé
avec une fine bordure interne fauve n'atteignant ni la base ni l'extrémité;
les autres rectrices vert souvent un peu bleuâtre, graduées. Bec de 18 à
18 1/2 m/m. — ♀ Corps en dessous fauve-roux, passant au blanchâtre
fondu au menton; de chaque côté une bande sous-oculaire noirâtre;
sous-caudales fauves, les principales à très petits disques bronzés. Rectrices médianes et submédianes vert cuivré brillant; latérales internes

---

(1) La description de la femelle, qui diffère un peu de celle qu'en a donné Ridgway, est
prise sur l'unique spécimen de la collection Boucard; les mesures seules sont celles données
par Ridgway.

vertes dans leur moitié basale interne, rousses dans l'externe, noires dans
leur moitié apicale, avec une bordure ou une petite tache rousse (souvent
plus étendue en dessus) à l'extrémité; les subexternes et externes rousses
dans leur tiers basal (ou un peu plus), ensuite noires et longuement pointées de blanc, lavé de fauve à l'extrémité (surtout pour les subexternes) (1).

D. henicura (Vieill.).

6° Genre. — TILMATURA

— ♂ Corps en dessus vert cuivré foncé avec une tache blanche de chaque côté,
vers le tiers postérieur; en dessous plaque jugulaire bleu foncé, striée de
noir (plumes squamiformes noires à la base, bleues à l'extrémité);
poitrine blanche; abdomen vert bronzé foncé (plumes, au moins au
milieu, frangées de blanc); sous-caudales vertes comme l'abdomen,
frangées de blanc; rectrices médianes courtes vert bronzé; submédianes
à peine plus longues, vert bronzé passant au noir au côté interne; les
autres étroites, graduellement plus longues, atténuées, obtuses; les
externes assez brusquement amincies dans leur tiers apical mais très
légèrement dilatées, spathuliformes à l'extrémité, toutes noir-violet et
pointées de blanc; les latérales internes marquées, vers le milieu, d'une
tache blanche interne et souvent teintées de vert au côté externe au même
niveau, les subexternes et externes marquées chacune d'un large anneau
submédian mi-partie roux et blanc (partie blanche des subexternes
parfois brièvement bordée de vert à l'extrémité). — ♀ Corps en dessus
vert plus cuivré, avec les taches blanches pleurales souvent lavées de
fauve; dessous fauve-roux, plus foncé sur l'abdomen et les sous-caudales,
sans bande noire oculaire. Queue courte; rectrices médianes vert cuivré
souvent bleuâtre passant au noir à l'extrémité; les autres noires passant
brièvement au vert cuivré foncé à la base; pointées de blanc souvent lavé
de fauve . . . . **T. Duponti** (Less.).

7° Genre. — MICROSTILBON

— ♂ Corps en dessus vert foncé; en dessous menton brièvement garni de plumes
blanchâtres à petits disques gris, suivi d'une plaque jugulaire rose-violet
très-brillant, courte mais avec les plumes angulaires beaucoup plus
longues et étagées, prolongées jusqu'aux côtés de la poitrine; de chaque
côté une bande sous-oculaire assez large, noir mat, bordant la partie
brillante et quelques plumes blanches formant une petit ligne postoculaire souvent mal définie; gorge en arrière, poitrine et milieu de l'abdomen
gris-blanc; mêlé en avant (dans l'angle formé par le bord rentrant de la
plaque) de quelques plumes vert cuivré; flancs vert cuivré foncé; sous-
caudales vert cuivré, les basales très longuement, les apicales brièvement
frangées de fauve rougeâtre. Rectrices externes entièrement noir violacé;
les subexternes bordées intérieurement, au moins jusqu'à leur quart
apical, de fauve clair; les latérales internes noir-violet plus clair surtout
au côté interne; les médianes et submédianes vert cuivré comme le dos

---

(1) Pour l'éthologie cf. O. Salvin, in Ibis I, p. 129, II, p. 140 et p. 264.

se confondant avec les supra-caudales. Aile de 29 à 30 m/m; bec 13 m/m.
— ♀ Corps en dessus vert plus clair et plus cuivré; en dessous fauve très clair, passant au blanc sur le milieu de l'abdomen, au fauve-roux plus vif sur les flancs; de chaque côté une bande sous-oculaire noirâtre s'étendant jusqu'au niveau de la poitrine, ses dernières plumes isolées teintées de vert; sous-caudales d'un roux plus foncé que celui du corps; rectrices médianes et submédianes vert cuivré, égales; les autres rousses avec une barre médiane noire, étroite et sinuée, dentée sur les externes, plus large et plus droite sur les autres; les latérales internes dépassant un peu les médianes; les externes un peu plus courtes et à peine plus étroites que les subexternes. . . . . **M. Burmeisteri** (Scl.).

8e Genre. — PIOCERCUS

♂ Corps en dessus vert très cuivré mais plus terne et grisâtre sur la tête; dessous blanc avec une plaque jugulaire couvrant le menton et la gorge rose brillant; les flancs surtout en avant, vert cuivré; sous-caudales blanches, parfois teintées de fauve. Rectrices médianes (très courtes et cachées) vertes; les submédianes vertes largement bordées de fauve au côté interne; rectrices latérales noir violacé; l'externe unicolore sauf un fin liséré interne près la base et un autre apical; les subexternes et latérales-internes présentant au côté interne une large bordure fauve-roux n'atteignant pas l'extrémité. — Bec de 12 1/2 à 20 1/2 m/m. — ♀ (1) Corps en dessous gris-blanc teinté de fauve brunâtre et largement varié de vert bronzé sur les flancs; sous-caudales fauves; rectrices latérales fauve-roux vif dans leur moitié basale, ensuite noires; les deux externes longuement pointées de blanc. Bec un peu plus long, de 22 à 23 m/m (2).

P. Eliza (L. et D.).

9e Genre. — CALOTHORAX

— ♂ Rectrices externes beaucoup plus étroites que les subexternes, longuement acuminées subaiguës et un peu plus courtes; abdomen nettement teinté de roux de chaque côté à la base. — ♀ Rectrices latérales rousses à la base, ensuite étroitement vertes puis noir-violacé et pointées de blanc; externes plus étroites et plus courtes que les subexternes, fortement atténuées dans leur moitié apicale, mais obtuses. Bec de 19 1/2 à 22 m/m. **C. lucifer** (Sw.).

— ♂ Rectrices externes et subexternes presque semblables, les externes, à peine plus courte, mais plus atténuées. Abdomen non ou à peine teinté de roux à la base. — ♀ Rectrices latérales plus brièvement rousses à la base, ensuite noir pur et pointées de blanc, externes à peine plus courtes et à peine plus étroites que les subexternes, mais un peu plus atténuées obtuses. Bec généralement un peu plus court, de 17 à 18 1/2 m/m.

C. pulcher, Gould.

(1) Mes matériaux sont insuffisants pour la femelle.
(2) Pour l'éthologie, cf. Montes de Oca, in Pr. Acad. Nat. Sc., Philad., 1860, p. 552.

Section D

TABLEAU DES GENRES

— Bec plus long que la tête, droit ou presque droit. — ♂ Menton noir ; plaque
jugulaire rouge ou violette ; poitrine gris-blanc ; abdomen vert bronzé sur
les flancs, gris au milieu ; sous-caudales gris bronzé frangées de blanc ;
supra-caudales et rectrices médianes vert cuivré, les autres noirâtres,
graduellement et presque également plus courtes de la subexterne à la
submédiane ; l'externe aussi longue que la subexterne ou un peu plus
courte, plus étroite, longuement atténuée, obtuse ; médianes vert cuivré
larges, dépassant un peu la furca. — ♀ Corps en dessous blanc ou gris-
blanc sans parties rousses, avec de chaque côté une bande sous-oculaire
gris noirâtre courte non prolongée ; sous-caudales blanches ; rectrices
médianes vert cuivré, submédianes et latérales internes vert cuivré à la
base ensuite noires, les latérales étroitement gris bronzé à la base
ensuite noires, l'externe longuement, la subexterne et surtout la latérale
interne plus brièvement pointées de blanc. . . . . **Archilochus**.

— Bec à peine plus long que la tête et droit. — ♂ Plaque jugulaire rose-violet
couvrant le menton et la gorge ; poitrine blanchâtre ; abdomen vert
bronzé. Queue profondément fourchue ; ses rectrices graduellement et
presque également plus longues des médianes aux externes, médianes et
submédianes vert cuivré, larges mais atténuées, les médianes ne dépassant
pas la furca, les autres noirâtres, l'externe plus longue que la subexterne,
un peu plus étroite, acuminée subaiguë ; rémige externe (10°) plus étroite
que la suivante (9°) presque dès la base. — ♀ Corps en dessous blanc
avec les flancs et les sous-caudales plus ou moins roux ; de chaque côté
une bande postoculaire noirâtre prolongée et dilatée en arrière, presque
jusqu'au niveau de la poitrine. Queue presque carrée, ses rectrices latérales pointées de blanc, pur ou lavé de fauve. . . . . **Calliphlox**.

10° Genre. — ARCHILOCHUS

— ♂ Menton étroitement noir ; plaque jugulaire beaucoup plus longue que le
menton, rouge feu. Rectrices médianes seules vert cuivré souvent un peu
bleuâtre ; les autres noirâtre violacé, l'externe non ou à peine plus longue
que la subexterne mais plus étroite, longuement atténuée ; la subexterne
nettement plus longue que la latérale interne. Rémige externe plus étroite
que les suivantes, très atténuée, surtout près de l'extrémité mais obtuse.
Bec de 14 à 16 m/m (1). — ♀ Corps en dessous blanc presque pur. Bec de 17
à 17 1/2 m/m . . . . **A. colubris** (L.).

— ♂ Menton noir mat très large ; plaque jugulaire courte, violet brillant foncé ;
rectrices médianes vert cuivré, les autres noirâtres mais les submédianes
au-dessus passant au vert cuivré au moins au côté externe ; l'externe un
peu plus courte que la subexterne, plus étroite acuminée ; subexterne et

---

(1) Les formes albines ne sont pas rares, l'une a été décrite par L. A. Mellington, in
Amer. Nat., 1868, p. 110.

latérale interne subégales. Rémige externe aussi longue que les suivantes, non ou à peine atténuée et tronquée à l'extrémité. Bec un peu plus long, de 17 à 18 m/m. — ♀ Corps en dessous gris blanchâtre un peu teinté de fauve. Bec 19 m/m. . . . . A. Alexandri (B. et M.) (1)

11ᵉ Genre. — CALLIPHLOX

♂ Plaque jugulaire rose violacé; poitrine étroitement d'un blanc grisâtre fondu en arrière; abdomen vert bronzé, au moins sur les flancs, souvent teinté de fauve à la base; sous-caudales blanches à disques bronzés ou gris bronzé plus ou moins larges, les plus courtes souvent frangées de fauve. Rémige primaire externe un peu plus courte que la subexterne et courbe. — ♀ Corps en dessous blanc souvent un peu grisâtre avec les flancs largement fauve rougeâtre; sous-caudales fauve clair; rectrices latérales grises, à la base, ensuite noires et longuement pointées de blanc souvent lavé de fauve. Bec de 12 à 15 m/m. — ♂ *jeune* gorge blanchâtre garnie de plumes roses plus ou moins denses (2), poitrine brièvement blanche; abdomen roux foncé avec une étroite bande médiane blanche abrégée; queue courte égale carrée; sous-caudales comme celles de femelle; le plus souvent rectrices externes noires, assez longuement pointées de roux; parfois les externes et subexternes seules marquées d'une petite tache apicale très blanche (3). . . . . C. amethystina (Gm.)

— *Variations locales ou individuelles.* — *C. amethystina,* très répandu, varie légèrement; ceux de Trinidad et du Vénézuéla oriental sont généralement plus pâles en dessous; leurs sous-caudales bronzé très clair sont longuement bordées de blanc; leurs rectrices latérales sont très souvent en dessus, brièvement pointées de gris ou même de blanc; ceux du Brésil, de l'Ecuador et du Pérou sont en dessous d'un bronzé vert plus foncé et plus étendu, leurs sous-caudales plus foncées sont plus finement frangées de blanc et leurs rectrices latérales paraissent souvent un peu plus longues, ils correspondent, au moins en partie, à l'*Orn. amethystoides* de Lesson; ceux des montagnes de la Guyane sont à peu près semblables à ceux du Brésil sauf par la plaque jugulaire d'un violet plus rouge, ils correspondent au C. *roraimæ* de Boucard; les deux premières formes sont reliées par des passages si gradués qu'il me paraît impossible de les considérer comme des sous-espèces définies; pour la troisième je n'en possède qu'un trop petit nombre d'individus (4).

---

(1) *Trochilus violajugulum* Jeffries (in Auk, 1888, p. 168) de Santa Barbara en Californie, est un hybride d'*Archilochus colubris* L. et de *Zephyritis Anna,* comme l'auteur le supposait lui-même et comme O. Bangs l'a démontré depuis. O. Bangs a décrit (in Auk 1907, p. 312) un autre hybride d'*Archilochus Alexandri* et de *Z. Costæ.*

(2) Les individus plus jeunes ont la gorge blanche mouchetée de très petites taches bronzé pâle. La croissance du *Calliphlox amethystina* est très irrégulière; certains jeunes mâles ont les rectrices de l'adulte avant le développement de la parure de la gorge; d'autres ont la gorge de l'adulte ayant encore les rectrices et les sous-caudales de la femelle.

(3) Ces derniers correspondent à l'*Orn. orthura* Lesson. Parmi les auteurs plus récents Gould supposait que cet *orthura* était une vieille femelle (Intr. p. 98). Elliot avait cru y voir une espèce propre et avait même proposé pour elle un genre *Catharma.*

(4) Trois mâles adultes du Roraima, un seul de la Guyane française, sans localité précise.

Section E

TABLEAU DES GENRES

1. Sexes peu dissemblables; mâle subgynéforme, sans parures brillantes; bec
à peine aussi long que la tête, droit, noir, assez robuste et déprimé à la
base; sous-caudales ne dépassant pas ou à peine le milieu des rectrices.
— ♂ Corps en dessous blanc avec la gorge pictée de gris brunâtre, l'abdomen vert cuivré coupé d'une bande longitudinale blanche étroite; rectrices noires unicolores. — ♀ Corps en dessous entièrement blanc; rectrices noires, les médianes teintées de vert au moins à la base, de chaque
côté les trois latérales pointées de blanc . . . . **Dyrinia.**

— Sexes dissemblables; mâle orné d'une plaque jugulaire atteignant en avant
la base du bec, toujours prolongée aux angles postérieurs et souvent d'une
parure céphalique; sous-caudales plus prolongées, dépassant de beaucoup
le milieu des rectrices. **2.**

2. ♂ Orné d'une plaque céphalique et d'une plaque jugulaire très brillantes. — ♀ Corps en dessous blanc ou gris, sans aucune teinte rousse. **3.**

— ♂ Orné d'une plaque jugulaire mais dépourvu de plaque céphalique. —
♀ Corps en dessous plus ou moins teinté de roux sur les flancs et les sous-
caudales. . . . . **4.**

3. Bec plus long que la tête. Queue assez longue; rectrices externes beaucoup
plus étroites que les subexternes . . . . **Zephyritis.**

— Bec à peine aussi long que la tête. Queue courte; rectrices externes, subexternes et latérales internes presque semblables . . . . . . **Calypte.**

4. ♂ ♀ Bec noir, non ou à peine plus long que la tête; ♂ queue gynémorphe, rectrices latérales pointées de blanc; les externes un peu plus
courtes mais aussi larges que les subexternes. — Plaque jugulaire à plumes
squamiformes denses et serrées . . . . **Atthis.**

— ♂ ♀ Bec visiblement plus long que la tête; ♂ mandibule inférieure éclaircie
et jaunâtre au moins à la base; toutes les rectrices gris noirâtre pâle, les
externes un peu plus courtes que les subexternes. Plaque jugulaire formée
de plumes brillantes disjointes sur fond blanc . . . . **Stellula.**

12ᵉ Genre. — DYRINIA

— ♂ Corps en dessus vert cuivré avec la tête, le cou et l'uropygium plus
foncés et moins cuivrés; en dessous menton, gorge et poitrine blanc
soyeux avec le menton et la gorge mouchetés de très petites taches gris
noirâtre; l'abdomen vert cuivré avec une étroite bande blanche faisant
suite à la poitrine; plumes vertes des flancs frangées de blanc; sous-caudales blanches à petits disques vert bronzé. Rectrices médianes et les
plus longues supra-caudales noir légèrement verdâtre surtout à l'extrémité, les autres en dessus noir mat, en dessous noir un peu bleuâtre. —
♀ Corps en dessus vert cuivré plus brillant sauf sur la tête; les supra-caudales, au moins les dernières, vert bleuâtre, très finement liserées de blanc,

Corps en dessous blanc, sans mouchetures, avec quelques plumes cuivrées
isolées sur les côtés de la poitrine, plus rarement sur les flancs; sous-caudales blanches. Rectrices médianes en dessus vert cuivré à la base, noires
à l'extrémité avec une très petite tache verte apicale; les autres noires,
les externes et subexternes assez longuement, les latérales internes brièvement pointées de blanc. — ♂ Aile de 34 à 38 m/m. ; bec de 10 à
10 1/2 m/m. — ♀ Aile de 36 à 39 m/m. ; bec de 10 à 10 1/2 m/m.

D. minima (L.).

Race locale ou sous-espèce. — (b) ♂ Corps en dessus vert cuivré passant au noirâtre sur l'uropygium et les supra-caudales ; en dessous blanc grisâtre;
gorge à mouchetures plus grosses et plus denses ; sous-caudales à disques
gris bronzé plus larges. — ♀ Corps en dessus vert plus foncé et moins
cuivré ; rectrices médianes plus longuement vert bleuâtre à la base, noires
à l'extrémité avec une très fine bordure verte apicale.

D. minima Vieilloti (Shaw).

13e Genre. — ZEPHYRITIS

♂ Corps en dessus vert doré; supra-caudales et rectrices médianes d'un vert
un peu moins brillant, plus rarement d'un vert bleuâtre ; tête en dessus,
menton et gorge rose brillant à reflets un peu ardoisés ; plumes angulaires larges *peu prolongées.* Corps en dessous gris fuligineux passant au
blanchâtre sur la poitrine mais avec les flancs largement vert cuivré.
Rectrices, sauf les médianes, noirâtres ou gris noirâtre, dans ce cas plus
foncé au milieu le long du stipe; les externes et subexternes étroites à
bords parallèles, *non incurvées* obtuses, le plus souvent finement liserées
de blanc au bord apical. — ♀ (ou *jeune* ♂). Corps en dessus vert cuivré
passant au brunâtre terne sur la tête, au vert bleuâtre sur les rectrices
médianes. Corps en dessous gris fuligineux avec la gorge mouchetée de
petites taches noirâtres mêlées sur les côtés de plumes vertes, au milieu
de quelques plumes squamiformes rouges isolées; sous-caudales gris clair
frangées de blanchâtre légèrement fauve. Rectrices plus larges, les
médianes entièrement vert cuivré; les submédianes également vertes
mais passant à l'extrémité au noir, très finement liseré de blanc ou avec
une très petite tache verte médio-apicale ; de chaque côté les trois
externes noires passant brièvement au vert à la base et pointées de blanc,
plus longuement du dedans au dehors (1). Z. Anna (Less.)

— ♂ Corps en dessus vert cuivré plus clair cendré, parfois un peu bleuâtre
surtout aux rectrices; tête, menton et gorge rose violet très brillant à
reflets bleus; plumes angulaires plus étroites et *très longuement prolongées*; poitrine et milieu de l'abdomen blancs; flancs vert cuivré (2). Rectrices latérales, gris noirâtre; les externes étroites *fortement incurvées*;
sous-caudales blanc pur légèrement teintées de gris au milieu ou à petits
disques cuivrés. Bec très légèrement courbé. — ♀ Corps en dessous blanc

---

(1) Pour l'ethologie cf. C. H. Townsend, l. c., 1887, pp. 207-209.

(2) L'abdomen est parfois vert cuivré avec ou sans ligne blanche médiane mais avec les
plumes, surtout au milieu, frangées de blanc ou de gris.

avec la gorge finement mouchetée de brunâtre. Rectrices comme celles
de *Z. Annæ*, sauf les pointes blanches des trois latérales de chaque côté,
plus longues (1). . . . . Z. Costai (Bourc.).

14ᵉ Genre. — CALYPTE

♂ Corps en dessus bleu d'acier, graduellement teinté de vert cuivré en avant;
en dessus tête et nuque, en dessous plaque jugulaire rouge-rose très
brillant, la jugulaire séparée de chaque côté de la plaque céphalique par
une bande postoculaire gris noirâtre assez large, plumes angulaires de la
gorge très longuement prolongées graduées; poitrine, milieu et base de
l'abdomen blanc grisâtre, flancs largement vert bleuâtre foncé; sous-
caudales blanches, à petits disques vert-bleu; rectrices bleu d'acier très
brillant; les médianes et submédianes unicolores, les autres noir mat
dans leur moitié ou leur tiers apical. — ♀ Corps en dessus vert bleuâtre,
passant au cuivré en avant, avec la tête plus foncée et plus terne (vue en
avant gris noirâtre). Corps en dessous entièrement blanc un peu grisâtre;
sous-caudales blanches, le plus souvent très légèrement lavées de gris au
disque; rectrices médianes et submédianes vert-bleu; les autres en
dessous noires assez brièvement vert-bleu à la base; les externes et
subexternes brièvement pointées de blanc pur. — ♂ ♀ Bec de 10 à
11 m/m; aile de 29 à 31 m/m . . . . C. Helenæ (Lembeye).

15ᵉ Genre. — STELLULA

♂ Plaque jugulaire formée de plumes squamiformes d'un rose brillant non
confluentes sur fond blanc, petites et sériées sauf aux angles postérieurs
où elles sont plus denses, beaucoup plus longues et graduées. Dessous du
corps blanc, sans parties rousses avec les côtés de la poitrine et les flancs
parsemés de plumes vert cuivré clair. Sous-caudales blanc pur, les plus
courtes parfois un peu lavées de fauve à la base. Rectrices gris noirâtre
subtransparent parfois marquées (sauf les externes et subexternes) d'un
très fin liséré roux à la base externe; les externes plus étroites que les
subexternes et incurvées, très rarement marquées de petites taches subapi-
cales blanchâtres vagues. Rémiges externes normales. Bec un peu plus
long que la tête, sa mandibule inférieure éclaircie à la base. — ♀ Menton
en gorge pictés peu densément de très petites taches bronzé noirâtre
subsériées; flancs à peine teintés de gris-fauve. Sous-caudales blanches,
les plus courtes seules lavées de fauve. Rectrices médianes vert cuivré
comme le dos; les autres en dessus vert bronzé obscur, passant au noir
mat à l'extrémité et, sauf les externes, étroitement bordées de roux de
chaque côté à la base; en dessous les externes et subexternes gris obscur
à la base, ensuite noires puis longuement pointées de blanc pur, les latérales internes plus brièvement pointées de blanc (2).   S. Calliope (Gould).

---

(1) Pour le nid cf. R. W. Shufeldt, l. c., 1914, tab. 2, f. 1, tab. 4 f. 1, tab. 6 f. 15 (photog.)
(2) Pour l'éthologie cf. C. H. Townsend, l. c., 1887, pp. 207-209. Pour le nid R. W. Shufeldt
l. c., 1914, tab. 3, f. 4 et tab. 5, f. 15 (photog.).

16ᵉ Genre. — ATTHIS

— ♂ Plaque jugulaire rose carmin brillant avec des reflets bleu ardoisé, au moins sur les plumes latérales et angulaires, celles-ci graduellement plus longues ; poitrine marquée, de chaque côté, d'une tache vert cuivré s'avançant en coin vers le milieu ; flancs non ou à peine teintés de fauve. Rémiges externes assez brusquement rétrécies près de l'extrémité et terminées en pointe étroite arquée ; sous-caudales blanches, lavées de gris ou de fauve très clair au disque. Rectrices médianes vertes, submédianes vertes bordées de roux dans leur moitié basale ; les autres rousses à la base, ensuite noir un peu violacé puis pointées de blanc, souvent marquées d'une petite tache verte subbasilaire externe ; les externes obtuses et presque aussi larges que les subexternes. Bec noir, environ de la longueur de la tête. — ♀ Menton et gorge assez densément pictés de très petites taches brunâtre bronzé ; flancs et sous-caudales fauve-roux clair. Rectrices médianes en dessus, vertes avec un fin liséré apical roux au moins au milieu, les autres rectrices à pointes blanches lavées de fauve sur les bords . . . . **A. Heloisa** (L. et D.).

— ♂ Plaque jugulaire rose carmin un peu plus clair et plus uniforme sans reflets bleus (1). Rémige externe normale obtuse (non brusquement aciculée). Rectrices médianes en dessus rousses dans leur tiers ou leur moitié basale, vertes dans l'apicale (partie rousse le plus souvent recouverte par les supra-caudales) ; flancs de l'abdomen fauve-roux. — ♀ Corps en dessus vert plus cuivré et plus brillant un peu rougeâtre ; menton et gorge ponctués de taches brun-bronzé un peu plus grosses ; flancs et sous-caudales fauve-roux plus foncé et plus vif. . . . **A. Ellioti** Ridgw.

Nota. — Une troisième espèce, très imparfaitement connue, a été décrite par R. Ridgway sur une seule femelle, dont je reproduis la description :

A. Morcomi Ridgway. — Similar to *A. Heloisa*, but smaller (except bill) ; adult female paler below, with bronzy spots on chin and throat much smaller, sides less extensively cinnamon-rufous, and under tail-coverts pure white. (Adult male not seen.) — (R. Ridgway in Birds N. Amer. v, p. 595) (2).

Section F

TABLEAU DES GENRES

Toutes les rectrices très courtes, subégales cachées au dessus par les supra-caudales, en dessous par les sous-caudales. Plaque jugulaire n'atteignant pas la base du bec, ses plumes squamiformes brillantes mêlées de blanc au moins en avant . . . . **Myrmia**

Rectrices sauf les médianes (très courtes et cachées) assez longues, subégales, étroites et rigides. Plaque jugulaire atteignant la base du bec, ses plumes squamiformes brillantes très denses . . . . **Myrtis**

---

(1) Ce caractère difficile à exprimer, est cependant assez frappant quand on a des séries sous les yeux.

(2) Cette description fait penser à la femelle de *Stellula Calliope*.

17ᵉ Genre. — MYRTIS

— ♂ Corps en dessus vert cuivré assez brillant, surtout au milieu, mais plus
terne sur la tête (1); en dessous plaque jugulaire vert-bleu clair très
brillant bordée de violet-rouge en arrière; poitrine et milieu de l'abdomen
blancs; flancs vert cuivré souvent teintés de fauve vers la base (2); sous-
caudales blanches, rarement un peu obscurcies au disque; rectrices
médianes cachées vert cuivré, submédianes à peine de 1/5 plus courtes
que les latérales, un peu plus étroites dès la base, noirâtres teintées de
vert bronzé au côté externe; de chaque côté les trois latérales noirâtre
violacé, obtuses et incurvées. — ♀ Corps en dessous fauve rougeâtre avec
le menton et la gorge d'un fauve plus clair, parfois blancs, le milieu de
l'abdomen largement blanc pur; sous-caudales fauves; en dessus supra-
caudales et rectrices médianes vert cuivré comme le dos ou légèrement
bleuâtre; les latérales noires, longuement pointées de blanc, les externes
dans leur tiers apical ou plus, très brièvement rousses à la base (cette
partie cachée) . . . . **M. Fannyæ** (Less.).

— ♂ Corps en dessus vert bronzé olive; en dessous blanc avec la plaque
jugulaire violet-rose brillant à reflets bleus; les flancs variés de vert
cuivré. Rectrices submédianes vert doré, d'un tiers plus courtes que les
latérales, assez larges mais très acuminées; les autres noirâtres, égales,
très étroites et aiguës. — ♀ Corps en dessous blanc, légèrement teinté de
fauve sur les côtés; rectrices comme celles de *M. Fannyæ* (3).
                                    M. Yarrelli (Bourc.).

18ᵉ Genre. — MYRMIA

♂ Corps en dessus vert cuivré assez brillant, plus terne et grisâtre sur la tête,
passant au vert souvent un peu bleuâtre sur les supra-caudales. Corps en
dessous blanc, légèrement teinté de fauve sur les flancs et souvent avec
des plumes vert cuivré sur les côtés de la poitrine; plaque jugulaire rose-
violet irisé coupée droit, plus ou moins mêlée de blanc au menton et sur
les côtés; sous-caudales blanches, les plus courtes souvent avec de très
petits disques bronzés ou verts; rectrices latérales noires. — ♀ Corps en
dessous fauve-roux clair passant au blanc sur l'abdomen; sous-caudales
blanches, le plus souvent lavées ou bordées de fauve pâle; les médianes
et submédianes vert foncé passant au noir, les submédianes finement
liserées de blanc, les autres noires, pointées de blanc. **M. micrura** (Gould).

Section G

TABLEAU DES GENRES

♂ Rectrices externes fines dès la base, presque sétiformes, de 1/3 ou 1/4 plus

---

(1) Certains mâles très adultes ont de chaque côté, au-dessus de l'œil, dans la région
sourcilière, quelques plumes brillantes comme celles de la gorge.

(2) Les mâles du Pérou ont les côtés du corps, de la plaque jugulaire à la base de
l'abdomen, fauve rougeâtre avec quelques plumes vert cuivré isolées au niveau de la poitrine;
je n'en ai vu qu'un si petit nombre que je ne puis affirmer que ce caractère soit constant.

(3) Descriptions prises à Londres sur les types.

courtes que les subexternes. Plaque jugulaire rouge ou rose-violet brillant (1). Rectrices noires, les subexternes parfois finement bordées de fauve seulement à la base interne. — ♀ Toutes les rectrices, même les médianes (excepté A. astrans), noires longuement pointées de roux et (au moins les latérales) rousses à la base. . . . . **Acestrura.**

— ♂ Rectrices externes petites, assez larges, mais très atténuées, lancéolées aiguës et terminées en pointe sétiforme rigide, les subexternes et latérales-internes beaucoup plus longues, longuement atténuées mais obtuses, semblables entre elles. Plaque jugulaire tronquée droit, rouge ou violette. Rectrices subexternes et latérales-internes noir mat, bordées de fauve-roux dans leur moitié ou leur tiers basal interne et à stipe roux. — ♀ Rectrices médianes vert cuivré; submédianes presque noires; les autres noires au milieu, fauve-roux à la base et à l'extrémité; les externes un peu plus courtes que les subexternes, plus atténuées, subacuminées, mais obtuses. (C. rosæ) . . . . **Chætocercus.**

19ᵉ Genre. — ACESTRURA

TABLEAU DES ESPÈCES

♂ Rectrices subexternes fines et sétiformes comme les externes mais plus longues. Plumes brillantes de la plaque jugulaire à base blanche ou fauve. **2.**

— Rectrices subexternes visiblement plus larges que les externes, non sétiformes, ressemblant aux latérales-internes (seulement plus étroites) de même longueur ou presque de même longueur. Plumes brillantes de la plaque jugulaire à base gris foncé ou noirâtre; poitrine blanche ou gris-blanc passant au blanc en avant. **4.**

2. Plaque jugulaire rouge carmin brillant, coupée presque droit; ses plumes à base fauve; poitrine fauve clair; abdomen vert cuivré foncé avec une bande médiane de plumes frangées de gris ou de gris-blanc; sous-caudales fauves avec de très petits disques verts, plus rarement vertes et frangées de blanc; corps en dessus vert un peu plus cuivré sur la tête, un peu plus franc sur les supra-caudales. Rectrices noir violacé, les latérales internes seules bordées de roux au côté interne, au moins dans leur tiers basal ou un peu plus; les subexternes de 1/3 plus longues que les externes, mais au moins de 1/3 plus courtes que les latérales internes; celles-ci un peu plus larges néanmoins étroites et atténuées. — ♀ Corps en dessus vert cuivré plus terne sur la tête; supra-caudales cuivrées comme le dos, les dernières (cachées) seules rousses; corps en dessous et sous-caudales entièrement roux vif; de chaque côté une courte et étroite bande noire post-oculaire suivie de quelques plumes cuivrées isolées. Rectrices noires et longuement pointées de roux; les médianes et submédianes obtuses, passant à la base (cachée) au vert cuivré, les autres (toutes plus acuminées) passant brièvement au roux à la base (cachée).

A. bombus (Gould).

-----

(1) Les plumes de la plaque jugulaire sont tantôt à base fauve (*A. bombus*), tantôt à base noire (*A. Heliodori*), tantôt à base blanche mais suivie d'une zone vert brillant précédant la partie apicale rouge découverte (*A. Mulsanti*).

♂ Plaque jugulaire rose-violet, ses plumes à base blanche mais suivie d'une zone verte précédant la partie violette découverte ; poitrine blanche ; dessus du corps entièrement vert très foncé un peu bleuâtre. Rectrices entièrement noir-violacé (1) les subexternes plus longues que les externes, égalant les latérales internes . . . . **3.**

3. — ♂ Plaqué jugulaire rose-violet, coupée droit, non à peine prolongée aux angles ; ses plumes augulaires arrondies ; menton étroitement blanc ou fauve pâle ; poitrine et milieu de l'abdomen largement blancs ; flancs vert foncé ; sous-caudales blanches souvent teintées de fauve, rarement en partie rousses, tantôt à disques verts assez développés, tantôt à disques grisâtres punctiformes. Rectrices sétiformes externes à peine de 1/5 plus courtes que les subexternes. — ♀ Corps en dessus et supra-caudales vert cuivré, parfois un peu rougeâtre ; en dessous fauve-rouge foncé sur les flancs et les sous-caudales, beaucoup plus clair et passant au blanc en avant et sur le milieu de l'abdomen ; de chaque côté une large bande noire postoculaire prolongée sur les côtés de la gorge et même de la poitrine où elle passe au vert bronzé. Rectrices médianes noires, pointées de roux, passant graduellement à la base (cachée) au bronzé vert foncé ; les autres noires, longuement pointées de roux, étroitement rousses à la base (cachée), médianes et submédianes larges et arrondies ; les autres, surtout les externes un peu plus acuminées. . . . . **A. Mulsanti (Bourc.).**

♂ Plaque jugulaire (menton et gorge) rose violet, prolongée, à chacun des angles postérieurs par de longues plumes graduées (comme celle d'*A. Heliodori*) ; abdomen et sous-caudales entièrement vert-bleu foncé. Rectrices sétiformes externes, environ de 1/3 plus courtes que les subexternes (femelle inconnue). . . . . **A. decorata (Gould).**

4. Plaque jugulaire très longuement prolongée aux angles par des plumes graduées ; ses plumes à base noirâtre ; poitrine gris cendré, passant au blanc en avant (au bord de la plaque jugulaire). Rectrices noires non liserées, les médianes en dessus teintées de vert cuivré ou de bleu comme le dos, au moins au côté externe . . . . **5.**

— Plaque jugulaire brièvement prolongée aux angles postérieurs largement arrondis ; poitrine blanc un peu grisâtre. Rectrices subexternes et latérales internes brièvement liserées de roux à la base interne . . . . . **6.**

5. Plaque jugulaire rose violet ; abdomen et sous-caudales vert très foncé un peu bleuâtre, les plumes du milieu plus ou moins frangées de gris formant une bande médiane très vague ; corps en dessus entièrement vert foncé bleuâtre. Queue courte ; rectrices externes un peu moins fines que dans les autres espèces, à peine de moitié plus courtes que les subexternes. — ♀ Corps en dessus vert cuivré avec les supra-caudales rousses (parfois à petits disques verts) ; dessous fauve-roux, plus foncé sur les flancs et les sous-caudales ; toutes les rectrices rousses à la base et à l'extrémité, noires au milieu ; cette partie noire (au moins pour les médianes) séparée de la

---

(1) Les latérales internes ont parfois, tout à fait à la base, une très fine bordure rousse, cachée par les sous-caudales.

partie rousse basale par une étroite zone vert cuivré; les externes et sub-externes plus atténuées que les médianes, mais obtuses, non acuminées (1).

H. **Heliodori** (Bourc.).

— ♂ Plaque jugulaire rose carminé à reflets dorés, striée de noir comme celle de *Chætocercus rosæ*. Corps en dessus vert foncé, passant graduellement en arrière au vert-bleu, puis au bleu presque pur sur l'uropygium et les supra-caudales; en dessous abdomen et sous-caudales vert-bleu foncé; abdomen offrant en avant au milieu quelques plumes blanches isolées. Queue plus longue; rectrices externes sétiformes, plus de moitié plus courtes que les subexternes. — ♀ Corps en dessus vert bleuâtre, un peu plus cuivré sur le cou et la tête; supra-caudales et rectrices médianes vertes comme le dos (2), les plus longues supra-caudales et les rectrices médianes très finement liserées de roux au bord apical (3); corps en dessous fauve-roux, passant au blanchâtre sur la gorge et le menton.

A. **astrans** Bangs.

6. Rectrices subexternes un peu plus larges que les externes, environ de même longueur que les latérales internes, mais plus étroites, toutes acuminées; Plaque jugulaire rose légèrement violacé (comme celle de *Philodice Bryantæ*), ses plumes à base grise; sous-caudales vert cuivré, assez longuement frangées de fauve ou de blanc; corps en dessus vert cuivré.

A. **Berlepschi** (E. S.).

— Rectrices subexternes beaucoup plus larges que les externes, plus longues que les latérales internes mais à peine plus étroites, également atténuées mais obtuses. Plaque jugulaire d'un rose plus violet (comme celle de *Calliphlox amethystina*), ses plumes à base gris noirâtre; sous-caudales vert foncé plus étroitement frangées de blanc; corps en dessus d'un vert plus foncé, moins cuivré (4). . . . . A. **Harterti** (E. S.).

20e Genre. — CHÆTOCERCUS

— ♂ Plaque jugulaire violet-rose non striée; poitrine blanc légèrement grisâtre; abdomen vert foncé un peu bleuâtre; sous-caudales vertes comme l'abdomen, étroitement frangées de blanc et à base blanche (je ne connais pas la femelle). . . . . C. **Jourdani** (Bourc.).

— ♂ Plaque jugulaire rouge carmin très brillant, nettement striée de noir; poitrine fauve pâle passant souvent au blanc en avant; abdomen vert cuivré; sous-caudales vert cuivré plus clair frangées de fauve. — ♀ Corps en dessus vert cuivré; en dessous fauve pâle, plus foncé et plus rouge sur les flancs; de chaque côté bande postoculaire noir cuivré très longue

---

(1) A. *Heliodori* de Mérida (Vénézuéla), que A. Boucard avait déterminé à tort A. *decorata* Gould, ne diffère pas de celui de Bogota sauf parfois par la plaque jugulaire d'un rose un peu plus bleu.

(2) Cette coloration des rectrices médianes, analogue à celle des *Chætocercus* femelles, est exceptionnelle dans le genre *Acestrura*.

(3) Peut-être la marque d'une légère immaturité.

(4) Les femelles des *Acestrura Berlepschi* E. S. et *Harterti* E. S. ne sont pas connues.

et large prolongée jusqu'à la poitrine. Rectrices médianes vert cuivré
comme le dos ; submédianes noires un peu teintées de cuivré à la base et
au bord apical ; de chaque côté les trois latérales noires avec la base et
l'extrémité presque également et longuement fauve-roux; sous-caudales
fauve-roux foncé. *Jeune ?* en dessus uropygium et supra-caudales fauve-
roux vif; rectrices médianes vert cuivré mais pointées de roux comme les
latérales. Dessous du corps d'un fauve plus clair. . . . **C. rosæ** (B. et M.).

Section H. — 21ᵉ Genre. — SELASPHORUS

TABLEAU DES ESPÈCES

1. Mâles. . . . . **2.**

   Femelles. . . . . **10.**

2. Plaque jugulaire rose brillant avec la *base des plumes blanche*, coupée droit,
non prolongée aux angles. Rectrices médianes vert cuivré souvent un
peu bleuâtre ; les autres noirâtre violacé ; les submédianes et latérales
internes étroitement bordées de roux au côté interne dans leurs deux
tiers basilaires ; les deux externes concolores ou rarement finement
bordées de roux, à la base interne ; de chaque côté les deux externes
presques égales ou la subexterne un peu plus longue ; sous-caudales
blanches à disques étroits, gris ou vert cuivré clair. Rémige externe
brusquement plus étroite dans sa partie apicale, acuminée et très légèrement arquée en dehors ; la subexterne (9ᵉ) un peu plus large, néanmoins
plus étroite que les suivantes, atténuée dans sa partie apicale et obliquement tronquée. Bec noir (1). . . . . **S. platycercus** (Sw.).

— Plaque jugulaire avec la *base des plumes rousse*. Rectrices médianes noires ou
vert bronzé, bordées de roux au moins à la base. . . . . **3.**

3. Plaque jugulaire rose terne ou mauve ardoisé, longuement prolongée aux
angles postérieurs. Sous-caudales fauve rougeâtre clair (variable) passant
au blanc fondu à la marge. Rectrices médianes vert cuivré, étroitement
bordées de fauve-roux de chaque côté, sauf à l'extrémité. Rectrices latérales noir violacé, les externes un peu plus courtes que les subexternes
plus étroites mais obtuses, noires non [ou très finement liserées de fauve
à la base interne et offrant une tache fauve subapicale interne (variable);
les autres plus largement bordées de fauve-roux dans leur moitié ou leurs
2/3 basilaires internes. Rémige externe normale, légèrement et graduellement atténuée obtuse. Bec petit ; mandibule inférieure teintée de jaune à
la base. . . . . **4.**

— Plaque jugulaire rouge plus ou moins vif, plus brièvement et plus obtusément prolongée aux angles postérieurs . . . . **5.**

4. Plaque jugulaire rose terne à reflets argentés soyeux; abdomen nettement
teinté de fauve-roux sur les flancs plus ou moins mêlé, surtout en avant,
de vert cuivré. . . . . **S. flammula** Salv.

---

(1) Pour de nid du *S. platycercus* cf. R. W. Sufeldt, in Dansk Ornith. for tiddsrk. VIII,
p. IV, 1914, tab. 4, f. 10 et tab. 6, f. 20.

— Plaque jugulaire mauve ardoisé assez foncé ; flancs de l'abdomen vert cuivré
non ou à peine teintés de fauve vers la base. . . **S. torridus** Salv. (1).

Variété. — (b) Plaque jugulaire, vue en avant, passant plus ou moins au vert
foncé olive ou bleuâtre (2) ; chaque plume mauve étant bordée de vert
isolément. . . . . **S. torridus** var. **vidua** (var. nova (3).

5. Plaque jugulaire rouge foncé presque mat. Rectrices médianes noires ou
teintées de vert au côté interne, bordées de fauve-rouge dans leurs 2/3
basilaires ; rectrices latérales noir violacé ; les externes presque semblables aux subexternes et obtuses, concolores ou offrant une très petite
tache fauve marginale interne subapicale ; les autres bordées de fauve
dans leur moitié basale et offrant une tache subapicale interne plus développée. Bec petit noir . . . . **6.**

— Plaque jugulaire rouge orangé éclatant. Rectrices médianes fauve-roux
avec une bande médiane noire ou vert bronzé ; sous-caudales fauve-roux.
. . . . **7.**

6. Plaque jugulaire rouge-carmin foncé ; sous-caudales fauve-roux. Rectrices
médianes en dessus noir violacé, passant au vert cuivré au côté interne,
étroitement bordées, de chaque côté, de fauve-roux dans leur 2/3 basilaires ; larges, brusquement plus étroites à l'extrémité. Rémige externe
graduellement et légèrement atténuée, régulièrement arquée.
. . . . **S. Simoni** Carriker,

— Plaque jugulaire rouge de minium foncé ; sous-caudales longues, blanches,
lavées de fauve clair le long du stipe (4). Rectrices médianes noir violacé
sans teinte verte, plus largement bordées de fauve-roux, larges, mais
graduellement acuminées. Rémige externe plus fortement acuminée et
plus courbée près de l'extrémité. . . . . **S. ardens** Salv.

7. Rectrices externes et subexternes grêles et acuminées ; les externes beaucoup
plus courtes que les subexternes ; les autres rectrices larges mais longuement acuminées ; les médianes rousses à bande médiane noire n'atteignant
pas la base ; supra-caudales rousses ; abdomen en dessous roux, plus
foncé et plus vif sur les flancs ; plaque jugulaire rouge brièvement prolongée et très obtuse à chacun des angles postérieurs . . . . **8.**

— Rectrices externes à peine plus étroites et à peine plus courtes que les
subexternes ; celles-ci semblables aux latérales internes, toutes obtuses ;
les médianes rousses à bande médiane noire atteignant la base. Corps en
dessus et supra-caudales vert cuivré ; abdomen en dessous roux plus ou
moins mêlé de vert cuivré sur les flancs, passant souvent au blanchâtre
au milieu. Plaque jugulaire rouge plus longuement prolongée et plus
acuminée à chacun des angles postérieurs. . . . . **9.**

---

(1) Il serait peut-être mieux de considérer *S. torridus* comme une race locale de
S. flammula.

(2) *Vert héliotrope* des auteurs américains.

(3) Cette variété est individuelle, nullement subspécifique ; elle se trouve, à divers
degrés, mêlée au type.

(4) Ce qui n'est rigoureusement exact que pour l'oiseau très adulte ; les sous-caudales
des jeunes sont plus nettement fauve-roux mais elles passent toujours au blanc à la frange,
ce qui n'a pas lieu pour *S. Simoni.*

16

8. Corps en dessus roux avec la tête bronzé-vert obscur, parfois le dos parsemé de plumes vertes. Rectrices médianes à bande noire large à l'extrémité mais prolongée en ligne graduellement effilée le long du stipe sur la partie basale; rectrices submédianes aussi larges que les médianes à la base mais brusquement plus étroites à l'extrémité avec une échancrure interne. S. rufus (Gm.).

— Corps en dessus vert cuivré; supra-caudales seules rousses (1). Rectrices médianes à bande noire n'occupant guère que le tiers apical (non ou très brièvement prolongée le long du stipe), submédianes plus étroites que les médianes graduellement acuminées sans échancrure; rectrices externes et subexternes encore plus étroites (2). S. **Alleni** Henshaw.

Nota. — Je n'admet qu'avec doute la validité de S. *Alleni*; il est fort possible que S. *rufus* ait deux livrées locales ou saisonnières, liées à une légère différence dans la forme des rectrices : les individus intermédiaires pour la coloration dorsale, sont peut-être des jeunes; les deux formes ont été confondues par tous les anciens auteurs et même par Gould ; en 1877, la forme à dos vert a été décrite comme espèce par Henshow sous le nom de S. *Alleni*; Elliot l'a cependant considérée comme type et a donné la même année le nom de S. *Henshawi* à la forme à dos roux; il est cependant à peu près certain que cette dernière représente le type; il ressort de la diagnose de Gmelin que la tête y est seule de couleur verte « Trochilus rufus subtus exalbidus, *vertice viridi-aureo*, gutture et pectore coccineo-aureis ».

9. Plaque jugulaire rouge orangé éclatant comme celle de S. *rufus*. Rectrices médianes en dessus à bande entièrement noire étroite (généralement beaucoup plus que les parties latérales rousses) (3). Rectrices externes noir violacé dans leur moitié externe, rousses dans l'interne (offrant rarement un peu de noir au milieu). Taille très petite. S. **scintilla** (Gould).

— Plaque jugulaire d'un rouge orangé moins brillant, légèrement rosé. Rectrices médianes en dessus à bande noire passant au vert dans la moitié interne, très large (plus que la bordure rousse). Rectrices externes noir violacé, leur moitié externe unicolore, l'interne marquée à la base d'une étroite bordure, près l'extrémité d'une tache allongée, plus large, mais n'atteignant pas le stipe, rousses. Taille un peu plus forte (4). S. **Underwoodi** Salv.

---

(1) Caractère un peu variable; plumes de la région du cou et en arrière de l'uropygium très souvent frangées de roux.

(2) Pour l'ethologie des *Selasphorus rufus* et *Alleni*, cf. H. W. Henshaw, in Auk, iii, 1886, pp. 75-78, et C. H. Townsend, Auk., 1887, p. 207; pour le nid, cf. R. W. Shufeldt, l. c. 1914, pl. 4, f. 8 et pl. 6, f. 18 (photog.).

(3) Caractère assez variable; certains *S. scintilla* ressemblent sous ce rapport au *S. Underwoodi*, mais il arrive parfois (surtout pour les oiseaux préparés par Underwood) que les rectrices submédianes passées en dessus, tiennent la place des médianes, ce qui peut être une cause d'erreur; il me paraît probable que ce sont des oiseaux ainsi préparés dont parlent MM. Bangs et Carriker (in Ann. Carn. Mus. vi, p. 549). Bien que voisines, les deux espèces sont valables et c'est à tort que R. Ridgway les donne comme synonymes (in Birds of N. Amer. v, p. 609). Ce qui est dit ci-dessus s'applique à la largeur de la bande médiane mais la teinte verte interne reste spéciale à *S. Underwoodi*.

(4) Description prise sur un oiseau du Chiriqui différant peut-être un peu du type (à Londres) auquel je n'ai pu le comparer.

10. (♀) (1) Rectrices médianes entièrement vertes. Taille plus forte . . . . 11.

— Rectrices médianes bordées de roux de chaque côté, au moins à la base. Taille plus faible . . . . 12.

11. De chaque côté les trois rectrices latérales pointées de blanc pur. Gorge gris-blanc mouchetée ou non de très petites taches bronzé-vert; poitrine blanche; abdomen fauve-roux, plus foncé sur les flancs, passant au blanchâtre au milieu; sous-caudales fauve-roux plus clair que celui des flancs, vaguement frangées de blanc . . . . **S. platycercus.**

— Rectrices latérales pointées de blanc lavé de fauve, surtout vers la base; gorge gris-blanc lavé de fauve, mouchetée de petites taches vert cuivré; poitrine, abdomen et sous-caudales entièrement fauves, plus foncé et plus rouge sur les flancs (2) . . . . **S. rufus.**

12. Rectrices latérales pointées de blanchâtre, légèrement lavé de fauve; sous-caudales fauve-roux clair; rectrices médianes vertes, très finement lisérées de fauve à la base seulement, (parfois entièrement vert cuivré sans bordure, passant rarement au noir à l'extrémité); corps en dessous blanc avec la gorge densément pictée; les lores lavés de fauve clair; les flancs de l'abdomen assez étroitement teintés de roux plus vif. 13.

— Rectrices latérales pointées de fauve-roux vif . . . . 14.

13. Gorge finement pictée de petites taches grises ou gris-bronzé allongées linéaires . . . . **S. flammula.**

— Gorge plus grossièrement pictée de noirâtre . . . . **S. torridus.**

14. Rectrices médianes largement bordée de roux jusqu'à l'extrémité, leur bande verte médiane étroite, passant au noir à l'extrémité; rectrices latérales largement rousses à la base et à l'extrémité; leur partie médiane noire environ de la largeur de chacune des parties rousses; gorge fauve clair passant au blanc, mouchetée de très petits points bronzés, un peu plus gros et plus denses sur les côtés; poitrine et milieu de l'abdomen blancs; flancs et sous-caudales fauve-roux . . . . **S. scintilla**

— Rectrices médianes bordées de roux seulement à la base . . . . . 15.

15. Rectrices médianes finement bordées de roux au moins jusqu'à leur quart apical; rectrices latérales brièvement rousses à la base ensuite noires, puis pointées de fauve-roux; gorge blanche mouchetée de taches bronzé noirâtre subarrondies; poitrine blanche; abdomen fauve-roux foncé mais éclairci et blanchâtre dans le milieu; sous-caudales fauve-roux vif.
                                                              S. Simoni.

---

(1) La partie du tableau relative aux femelles est provisoire. Je ne connais aucun critérium pour distinguer les femelles des jeunes mâles; en règle générale, on peut considérer comme de jeunes mâles les individus dont les sous-caudales sont blanches ou presque blanches, la gorge plus densément mouchetée et ornée de quelques plumes squamiformes rouges isolées et irrégulières.

(2) Je considère comme de jeunes mâles les individus dont les rectrices médianes vertes sont plus ou moins bordées de roux à la base et dont les rectrices externes sont pointées de blanc, ces oiseaux sont presque blancs en dessous sauf sur les flancs roux et les sous caudales, et leur gorge est plus ou moins parsemée de plumes squamiformes rouge vif non confluentes. Les caractères donnés par R. Ridgway (loc. cit. p. 597) pour les femelles des *S. rufus* et *Alleni* me paraissent s'appliquer à de jeunes mâles.

— Rectrices médianes largement bordées de roux au moins dans leur moitié
basale ; rectrices latérales plus largement rousses à la base et plus longuement pointées de roux comme celles de *S. scintilla* ; gorge, poitrine et
abdomen blancs ; gorge à moucheture très petites linéaires, à peine visibles
manquant parfois ; flancs de l'abdomen et sous-caudales fauve-roux plus
clair . . . . **S. ardens.**

Nota. — Il est aujourd'hui reconnu que le *Selasphorus Floresi* Gould
(Monog. iii, 1861, p. 139) n'est autre qu'un hybride de *Selasphorus rufus* et
de *Zephyritis Anna* (1) ; un autre hybride, entre *Selasphorus rufus* et *Stellula
Calliope* a été décrit par O. Bangs (in Auk, xxiv, n° 3, 1907, p. 312).

---

(1) Trois autres individus à peu près semblables ont été indiqués depuis : 1° par Bryant
(in Forest and Stream, xxvii, n° 22, p. 207) de San Francisco ; — 2° par Emerson (in Condor,
iii, 1901, p. 68) de Haywards, Alameda C°, Californie ; — 3° par W. L. Taylor (in Auk, xxvi,
1909, p. 191) de Nicasio, Marin C°, Californie. — R. Ridgway met en doute la provenance
mexicaine donnée par Gould à son *S. Floresi* (Balaños dans l'Etat de Jalisco, par Floresi),
le chasseur Floresi ayant aussi parcouru la Californie.

CATALOGUE

1er Groupe. — *HEMISTEPHANIA*

1er Genre. — **HEMISTEPHANIA**

Doryfera (nom. præocc.) Gould, in P. Z. S., xv, 1847, p. 95 (type *Troch. Louise*
Bourc.) (1). — *Helianthea a Hemistephania* Reichenb., Aufz. d. Colib., 1854
(2), p. 9 (type *Troch. Ludoviciæ*). — *Doryphora* (nom. emend.) Cab. et
Heine, Mus. hein., iii, 1860, p. 77. — *Hemistephania* Ell. Syn. Tr., 1878,
p. 80 (3). — *Ibid.* Salv. Cat., p. 38. — *Doryfera* Hart. in Tierr. Troch.,
p. 10. — *Hemistephania* Ridgw. in Birds N. Am. v, 1911, p. 342. — *Doryfera*
Cory, Cat. B. Amér., pars 2, n° 1, p. 148, mars 1918.

1. **H. Johannæ** (Bourc.). — *Troch. J.* Bourc. in P. Z. S., xv, 1847, p. 45, et Rev.
Zool., août 1847, p. 257 (Pérou, par Matthews). — *Troch. (Doryfera) violi-
frons* Gould, in P. Z. S., xv, 1847, p. 95 (inc. sed.), *Doryfera Johannæ* Gould,
Monog., ii, pl. 87, oct. 1853 (4). — *Helianthea Hemistephania J.* Reichenb.
Tr. Enum., pl. 731, ff. 4675-4676. — *Doryfera Euphrosinæ* Muls. et Verr., in
Ann. Soc. Linn. Lyon (nouv. ser.), xviii, 1872, p. 319 ♀. — *Hem. Johannæ*

---

(1) *Doryfera* Gould 1847 (mot hybride dont le sens n'est pas douteux), est primé par
Doryphora (même mot écrit correctement) Illiger 1809. Salv. (Cat., xvi, 1892, p. 8) le Hand
List. 1908 et Ridgw. (B. Amer., v, 1911, p. 342) ont conclu dans ce sens. — Hart. était
jusqu'ici le seul à avoir conservé le nom fautif de *Doryfera*; cette opinion est cependant
soutenue par quelques ornithologistes américains qui n'admettent pas la correction des noms
hybrides même quand ils sont primés par le même nom écrit correctement (cf. à ce sujet
W. de W. Miller, in Auk xxxi, janv. 1914, p. 102 et C. B. Cory, 1918).

(2) Mémoire inséré comme un annexe, à la fin du vol. 1853 du *Journ. f. Ornithol.* réellement paru en 1854.

(3) L'ouvrage classique d'Elliot, *A Classification and Synopsis of the Trochilidæ*,
imprimé par la « Smithsonian Contributions to Knowledge, n° 327 », avec la mention :
Accepted for publication January 1878 est sans doute paru dans le courant de 1878,
quelques auteurs le donnent cependant comme de 1879, ce que je n'ai pu vérifier.

(4) Les dates de publication des planches de Gould sont données d'après O. Salvin, in
Cat. B., xvi.

et *Euphrosinæ* Ell., Syn., 1878, pp. 80-81. — *Hem. guianensis* Boucard in Humm. Bird., III, n° 1, mars 1891, p. 10, (Guiane angl., par H. Whitely) (1). — *Doryfera Johannæ* Hart. in Tierr. Tr., p. 11. — *Ibid.* Chubb, Bds Brit. Guiana, I, 1916, p. 378. — *Ibid.* Cory, Cat., pars II, 1918, p. 146.

Guyane anglaise : Carimang riv. et Mᵗˢ Mérumé. — Colombie : savane de Bogota. — Ecuador or.: vallée du Napo. — Pérou or.

2. **H. Ludoviciæ** (B. et M.). — *Troch. Lud.* B. et M. in Ann. Sc. phy. Lyon, x, 1847, p. 136 et tabula (N. Grenade (2). — *Doryfera Lud.* Gould, Monog., II, pl. 88, oct. 1853. — *Helianthea Hemistephania Lud.* Reichenb. Tr. Enum., pl. 731, ff. 4673-4674 (Mexico [errore]). *Doryfera Ludob. typica* Hart., Tierr. Tr., p. 11. *Doryfera Ludoviciæ Ludoviciæ* Chapman, in Bull. Amer. Mus., n° 5, XXXVI, 1917, p. 278. — *Ibid.*, C. B. Cory, l. c., p. 148.

Vénézuela : Andes de Mérida. — Colombie : Andes centr. et orient. — Pérou central : vallée de Marcapata (la Garita del Sol). — Bolivie : Tilotilo (par Buckley).

    Subsp. (B). — **H. Ludov. rectirostris** (Gould). — *Doryfera rectirostris* Gould, Intr., 1861, p. 71, n° 101 (Ecuador). — *Doryf. Ludov. rectirostris* Hart. in Nov. Zool., 1894, p. 44, et Tierr. Tr. p. 11. — *Ibid.*, Cory l. c. 1918, p. 149.

    Ecuador : région orientale des Andes, plus rarement occidentale.

3. **H. veraguensis** (Salv.). — *Doryfera v.* Salv. in P. Z. S., 1867, p. 154 (cordillera de Tolé, par Arcé). — *Doryfera v.* Sharpe in Gould, supp., pl. 22, 1883. — *Hemistephania v.* Salv. et Godm., in Biol. centr. Amer., Av., II, p. 253, pl. 55, f. 1. — *Ibid.*, Ridgw., Bds N., Amer., v, 1911, p. 343.

Costa-Rica : Cervantes de Cartago, volcan Irazu, la Hondura, Coriblanco de Sarapiqui, San Isidro de la Palma. — Rép. de Panama occid. : Chiriqui, cordill. de Tolé.

2ᵐᵉ Genre. — ANDRODON

Gould, in Ann. Nat. Hist. (3ᵉ sér.), XII, 1863, p. 247 (type *A. æquatorialis*).

1. **A. æquatorialis** Gould, l. c., 1863, p. 247 (Ecuador). — *Grypus æq.* Muls. et Verr., H. n. Ois. M., I, 1874, p. 32, pl. 2 (3). — *Androdon æ* Sharpe in Gould, Supp., pl. I, janv. 1881 (4). — *Ibid.*, Chapman, in Bull. Amer. Mus., XXXVI, 1917, p. 279.

---

(1) Exactement semblable aux oiseaux de Bogota ; d'après les types de la collection Boucard, au Muséum de Paris.

(2) La description de Bourcier et Mulsant s'applique peut-être à la grosse forme de l'Ecuador, comme semble l'indiquer la longueur du bec (37 m/m) ; mais la provenance est donnée de Nᵉˡᵉ Grenade ; dans la collection Boucard un oiseau de Bogota porte sur l'étiquette « type de Bourc. » mais certainement par erreur.

(3) Bonne figure d'un mâle presque adulte.

(4) Figures médiocres ; les lignes noires du dessous du corps sont beaucoup trop régulières et trop continues : la figure du haut est une femelle jeune, les deux figures du bas sont des mâles presque adultes, mais n'ayant pas encore la tête bleu foncé ; le mâle adulte n'a jamais été figuré ; je n'en ai vu qu'un seul, rapporté de l'Ecuador par le Dʳ C. Rivet, au Muséum de Paris, sans doute le seul qui existe en Europe.

Colombie occid. du Pacifique : bassin du rio Patia et de son affluent le rio
Telembi (à Barbacoas), du rio S. Juan et de ses affluents (Juntas de
Taruana, Novita, Noanama), près des sources du rio Atrato à Bagado. —
Colombie centrale jusqu'à Remedios, dans la vallée de la Magdalena (au
confluent du rio Ité) au Nord (par Salmon). — Ecuador : région N.-E.

2e Groupe. — GLAUCIS

1er Genre. — RHAMPHODON

Grypus (non Germar 1817) Spix, Av. Bras., i, 1824, p. 79 (type *G. ruficollis* =
Tr. nævius Dumont). — *Grypus* et *Glaucis* (pars *G. Dohrni*) Gould, Monog., i,
pl. 1, 2 et 10. — Id. Introd., p. 35 et 39. — *Ramphodon* (sic) Less., Traité
Orn., 1831, p. 287 et Troch., Index gen., 1833, p. viii (type *R. maculatum*
Less. = *nævius* Dum.).

1. **R. nævius** (Dumont) *Troch. n* Dumont, in Dict. Sc. nat., xvii, 1818, p. 432
(montagnes de Corcovado au Brésil, par Delalande). — *Ibid.*, Temm. Pl.
col. Ois., liv. 20, 26 juin 1824, pl. 120, f. 3. — *Ibid.* Licht., Verz d. Doublett.
zool. Mus. 1824, p. 14, n° 117 (Sao Paulo). *Ramphodon* (sic) *maculatum*
Less. Col. 1831 (1), p. 18, pl. 1 (sec. Temm.), *id.* Traité Orn., p. 288 (monte
Corcovado, prope Rio). — *Grypus ruficollis* Spix, Av. Br. (2), 1824, i, p. 79,
pl. 80, f. 3 (in silvis Rio-de-Janeiro). — *Grypus nævius* Gould, Monog., i,
pl. 1, mai 1852. — *Rhamphodon n.* Hart. in Tierr. Tr., p. 12.

Brésil S. E. : états de Santa Catharina, de S. Paulo, de Espiritu Santo, de
Rio, de Minas et de Goyaz.

2. **R. Dohrni** (B. et M.). *Trochil. D. B.* et M., in Ann. Soc. Agr. Lyon, ser. 2e, iv,
1852, p. 139 (Ecuador [errore]) (3). — *Grypus Spixi* Gould, in P. Z. S., 1860,
p. 304, et Monog., i, pl. 2, juillet 1861 (incert. sed.). — *Glaucis Dohrni* Gould,
Monog., i, pl. 10 (mai 1855) (d'après le type de Bourcier) (4), *Rhamphodon
Chrysurus* Reichenb. Aufz. Col., 1854, p. 15. — (?) *Threnetes longicauda*

---

(1) Les trois volumes de Lesson ne portent pas de dates et les citations qui en ont été
faites ne sont pas toujours exactes. D'après le *Journal de la librairie*, le 1er volume *Hist.
nat. des Oiseaux-Mouches* est paru en 17 livraisons, du 31 janvier 1829 au 17 juillet 1830; —
le 2e vol. *Hist. nat. des Colibris*, suivie d'un supplément à l'*Hist. nat. des Oiseaux-Mouches*,
est paru en 13 livraisons, du 13 octobre 1830 au 14 janvier 1832; les 15 premières planches
sont de 1830, les six dernières de 1832, — le 3e vol. les *Trochilidés ou les Colibris et les Oiseaux-
Mouches* est paru en 14 livraisons, du 19 mai 1832 au 31 décembre 1833; l'*index général*,
dans lequel plusieurs espèces sont nommées pour la première fois, est entièrement de 1833;
l'auteur préparait un 4e volume, dont il n'a donné que quelques extraits dans l'*Echo du
Monde savant* de 1849; les planches dont parle Lesson dans ces articles n'ont jamais été
publiées.

(2) Avium species novæ, quas in itinere per Brasiliam annis MDCCCXVII, — MDCCCXX,
jussu et auspiciis Maximiliani Josephi I, Bavariæ Regis, suscepto et descripsit Dr J. B. de
Spix, Monachii 1824.

(3) Les types de *Trochilus Dohrni* et de *Grypus Spixi* Gould, sont au Musée britannique, d'après O. Salvin.

(4) *Dorhni*, par Elliot, est un lapsus.

Cory, in Field Mus. nat. hist. publ., 182, Ornith. ser., v. 1, n° 8, fév. 1915, p. 301; id. Cat., l. c., p. 151, et *Glaucis Dohrni* Cory, Cat. l. c., p. 152.

Brésil S. E. : prov. de Espiritu Santo (par de Gaud, fide Gould). Brésil E. : prov. de Ceara : Jua prope Ignatu (par R. H. Becker, sept. 1913 (type au Mus. de Chicago, sub *Threnetes longicauda* G. B. Cory).

2° Genre. — GLAUCIS

Boie in Isis, 1831, p. 545 (1) (type *Troch. brasiliensis* Lath. = *Tr. tomineo* L., désigné par G. R. Gray en 1840). *Glaucis* (ad part.) Gould, Monog., I, et Intr., p. 37.

1. **G. tomineo** (L). — *Troch. tomineo* L., Syst. Nat., éd. 10°, p. 129 (America), ibid., in Mus. Adolp. Frider. II (Prodr., 1764, p. 23 (2). — *Troch. hirsutus* Gm., Syst. Nat., éd. 13°, I, 1788, p. 490, n° 39 (ex *Polytmus brasiliensis* Briss., III, p. 670). — *Tr. brasiliensis* Lath., Ind. orn., 1790, p. 308. — *Tr. hirsutus* Audeb. et Vieill. Ois. dorés, I, 1802, p. 47, pl. 20, et p. 148, pl. 68. — *Tr. ferrugineus* Wied, Beitr. Nat. Br., IV, 1832, p. 120 (Bahia). — *Tr. Mazeppa* Less., Tr. 1832, p. 18, pl. 3 (Guyane) (2). — *Glaucis hirsuta* Gould, Monog., I, pl. 5, mai 1858 ♂ (Brésil E., Vénézuela, Trinidad). — (?) *Gl. Mazeppa* (sec. Less.) id., pl. 6, sept. 1861 ♀ (Guyanes, Trinidad et Tobago) (3). *Gl. lanceolata* id., pl. 8, sept. 1861 (jeune) (du Para). — *Phaëthornis anthophilus* (non Bourc.) Pelzeln, Orn. Br., 1868, p. 57 (Matto Grosso, par Natt.). — *Gl. hirsuta, Mazeppa, lanceolata, Rojasi* (de Caracas) Boucard, Gen. H. B., pp. 361-365. — *G. hirsuta hirsuta* Ridgw., Birds N. Amer., V, 1911, p. 330. — *G. hirsuta insularum* Hellm. et J. Seilern, in Verh. Ornith. Ges. Bayern, XI, 4, déc. 1913, p. 316 (Tobago et Trinidad), id. Cory, Cat. 1918, p. 152 (4).

Iles de Grenada, de Tobago et de Trinidad. Vénézuela or. : sierra de Cumana. Guyanes (région basse). — Brésil or. : état du Para et Ile de Marajo, états de Bahia, de Pernambuco, de S. Paulo, de Esperitu Santo, de Rio, de Goyaz et de Matto Grosso.

---

(1) Ensemble hétérogène.

(2) La diagnose du *Trochilus tomineo* in Syst. Nat., éd. 10°, p. 121. *Rectricibus subæqualibus basi ferrugineis apice albis, corpore supra fusco, subtus albo*, est tellement sommaire que certains auteurs ont cru y reconnaître la femelle du *Chrysolampis mosquitus*, d'autres, à l'exemple de Gmelin, celle de l'*Archilochus colubris*; mais Linné a complété cette première description dans le *Prodromus* d'un second volume du *Museum Adolphi Friderici* paru en 1764 (en même temps que le *Museum Ludovicæ Ulricæ*) « corpus inter maxima sui generis, fuscum, abdomine albo, vix sericeo. Remiges ferrugineo-fuscæ. Rectrices (12 [errore]) *fuscæ, basin versus ferrugineæ, apice albæ*, exceptis duabus intermediis apice non albis, cauda rotundata; *Rostrum capite longius, arcuatum*, convexum, teretiusculum, maxilla superiore intus valde canaliculata ut totam fere inferiorum tegat. — Variat colore *subtus griseo* » ce qui ne convient absolument (au moins les passages soulignés) qu'au *Glaucis* plus connu sous le nom de *G. hirsuta* Gmelin. — *Tomineo* est, d'après Deville, un nom vulgaire espagnol donné aux oiseaux-mouches à cause de leur petitesse, *tominas* étant une très petite mesure valant au plus 12 grains.

(3) Peut-être la forme dont il est question plus loin sous le nom de *G. tomineo Roraimæ*, dans ce cas les deux dernières localités seraient erronées.

(4) *Troch. superciliosus* Less. ♀, Col. p. 38, pl. 7, souvent cité en synonymie de *Gl. tomineo* est plutôt un *Phaëthornis* ayant perdu ses rectrices médianes.

Var. (1) (B). — **G. tomineo affinis** (Lawr.) in Ann. Lyc. N. Y., vi, 1858,
p. 261 (Ecuador). — *Gl. melanura* Gould, in P. Z. S., xxviii, 1860,
p. 304, et Monog., i, pl. 9, juill. 1861 (jeune) (Rio Napo et r. Negro). —
Gl. affinis, id., pl. 7, sept. 1861 (adulte) (Bogota). — *Gl. melanura* et *G. ænea*
(non Lawr.). Boucard, Gen. H. B., p. 361 et 363. — (?) *G. hirsuta fusca*
Cory, in Field Mus. Nat. Hist., i, n° 7, mai 1913, p. 286 (Vénézuela,
S.-O. du lac de Maracaïbo). — *Gl. hirsuta affinis* Chapman, in Bull.
Amer. Mus., xxxvi, 1917, p. 280.

Rép. de Panama or. : rio Tuyra, rio Capeti. — Vénézuela : S.-O. du lac
Macaraïbo (2). — Colombie : vallée du rio Atrato, de la Cauca et de
la Magdalena, savane de Bogota. — Ecuador or.: rio Napo. — Pérou or. :
Huallaga, Marañon.

Var. (C). — **G. tomineo Roraimæ** Boucard in Gen. Humm. B., p. 364
(des monts Roraima) (3). — *G. hirsuta affinis* Ridgw. Birds N. Amer,
v, 1911, p. 333 (saltem ad part.).

Guyane anglaise : monts Roraima (H. Whitely). — Guyane française : Saint-
Jean-du-Maroni. — Vénézuela : San Esteban et Valencia.

Var. (D). — **G. tomineo ænea** (Lawr.). — *Glaucis ænea* Lawr., in
Pr. Ac. N. S. Phil., xix, 1867, p. 232 (Costa-Rica, par Endres). —
Gl. columbiana Boucard, Gen. H. B., 1895, p. 402 (Colombie occid. :
rio Dagua) (4). — *Gl. hirsuta ænea* Bangs, in Auk, xxiv, 1902, p. 295.
— *Ibid.*, Carriker, in Ann. Carn. Mus., vi, 1910, p. 518. — *Ibid.*, Ridgw.,
l. c., 1911, p. 334. — *Ibid.*, Hellm., in P. Z. S., 1911, p. 1178. — *G. ænea*
Chapman, in Bull. Amer. Mus., xxxvi, 1917, p. 280.

Nicaragua, Costa-Rica et Panama occid. — Colombie occid. pacif. :
Saint-Juan, rio Dagua, rio Patia. — Ecuador N.-O., prov. Esmeralda.

3ᵉ Genre. — HETEROGLAUCIS

Glaucis Gould, Monog., i (pars, *G. Ruckeri*, pl. 11 et *G. Fraseri*, pl. 12). —
Threnetes auct. rec. (ad partem). — *Heteroglaucis* E. S., Rev. fr. Orn.,
n° 120, avril 1919, p. 52 (5).

---

(1) Variétés ou mieux races locales n'ayant pas la valeur de sous-espèces, sauf peut-être
Gl. ænea; encore ai-je quelques spécimens de Bahia et de l'île de Grenada rappelant beaucoup
G. ænea par la teinte dorsale cuivré rougeâtre, mais leur taille est toujours un peu plus
forte.

(2) Si *G. hirsuta fusca* Cory est réellement synonyme de *G. affinis*, ce qui paraît bien
probable « similar to *G. hirsuta* (= *tomineo*) but green of upper parts darker aut under
parts much darker, less rufous and more dusky ».

(3) D'après le type.

(4) R. Ridgw. et C. B. Cory rapportent cette espèce de Boucard à une autre forme
G. hirsuta affinis Lawrence (de l'Ecuador) ce qui explique pourquoi ils ajoutent aux localités de ce dernier le rio Dagua.

(5) Déjà signalé in Notice sur les travaux scientifiques de M. E. Simon, 1918, imp.
Villain et Bar.

1. **H. Ruckery** (Bourc.). — *Troch. R.*, Bourc. in P. Z. S., 1847, p. 46. — *Id.*, in
Rev. Zool., août 1847, p. 259 (inc. sed., coll. Loddiges) (1). — *Glaucis R.*,
Gould, Monog., I, pl. 11, nov. 1851 (la Veragua). — *Threnetes R.* auct.
recent.

Nicaragua. Costa-Rica. Rép. de Panama : forêts des parties basses.

2. **H. Fraseri** (Gould). *Glaucis Ruckeri* Sclater in P. Z. S., XXVIII, p. 296. —
Glaucis Fraseri Gould, Monog., I, pl. 12, sept. 1861 (Ecuador : Babahoyo,
par Fraser). *Id.*, Intr., p. 39, n° 12. — *Threnetes Fraseri* auct. recent.

Colombie occid. pacifique : rio Dagua, rio San Juan, rio Patia, etc. —
Ecuador occid. : Babahoyo, Esmeraldas, Pombilan (2).

> *Subsp.* (invisa et incerta) (B). — **H. Fraseri venezuelensis** (Cory).
> *Threnetes Fr. ven.*, in Field Mus. Nat. Hist., I, n° 7, p. 286, mai 1913;
> ibid., XIII, Cat., p. 151.
>
> Vénézuela occid. : Orope Julia au S.-O. du lac de Maracaïbo (sec. Cory).

4ᵉ Genre. — THRENETES

Gould, Monog., I, pl. 13, 1852 (type *Troch. leucurus* L.). — *Dnophera* Heine, in
J. Orn., XI, 1863, p. 175 (type *Troch. Antoniæ* B. et M. = *Tr. niger* L.). —
Glaucis Ell., Syn. 1878, p. 5. — *Threnetes* auct. recent. (saltem ad. max.
part.).

1. **T. niger** (L.). — *Troch. n.* L. in Mus. Ad. Frid., 1754, p. 18 (habitat in América) (3). *Id.* Syst. Nat., ed. 10ᵉ, I, 1758, p. 121, n° 13. — *Tr. Antoniæ* Bourc.
et Muls., in Ann. Sc. phys. Lyon, IX, 1846, p. 329 (de Cayenne) (4). —
Threnetes Antoniæ Gould, Monog., I, pl. 15, oct. 1852. — *Glaucis Antoniæ*
Muls. et Verr., H. N. Ois. M., I, p. 46, pl. 3, — *Ibid.*, Ell. Syn., 1878, p. 7,
n° 3. — *Threnetes A.*, Hart., Tierr., Tr., p. 13.

Guyane française (5) :

2. **T. leucurus** (L.). — *Troch. l.* Linné, Syst. Nat., éd. 12ᵉ, I, 1766, p. 190 (ex
Edwards, glan., I, p. 99, pl. 266 ; et *Polytmus surinamensis* Briss., III,
p. 674 ; et Pl. enlum., pl. 600, f. 1) — *Threnetes leucurus* Gould, Monog., I,
pl. 13 (oct. 1852) et auct. recent.

---

(1) La description de Bourcier semble mieux convenir à l'espèce suivante « dos et
couvertures caudales vert sombre, luisant » mais le type, dans l'ancienne collection Loddiges,
à, paraît-il, été identifié depuis.

(2) Aussi indiqué par Salvin de l'Ecuador orient., à Sarayacu (sec. Buckley), mais sans
doute par erreur.

(3) Première espèce rapportée au genre *Trochilus*, par Linné, in *Museum Adolphi Friderici Regis*, 1754, p. 18 « *Tr. niger, corpus totum nigrum, subtus a gula ad anum ex atro-
auratum, anus album, cauda integra, habitat in America* », phrase descriptive qui ne peut
absolument convenir qu'à l'espèce connue des auteurs modernes sous le nom de *Threnetes
Antoniæ*, avec d'autant plus de raison qu'à cette époque, la faune américaine était surtout
connue par la Guyane.

(4) L'oiseau figuré par Edwards (N. Hist. of Birds, pl. 32, figure du haut) rapporté
par tous les auteurs à *Pygmornis ruber*, ressemble plus à un jeune *Threnetes niger*.

(5) Ne se trouve probablement plus à Cayenne ; je l'ai reçu de Saint-Jean et de Saint-
Laurent du Maroni.

Guyanes hollandaise et anglaise (1). — Brésil : Amazonie — Pérou central
(fide Berlepsch). — Bolivie (par d'Orbigny, au Muséum de Paris) (2).

Subsp. invisa et incerta (B). **T. leucurus rufigastra** Cory, in Field Mus.
Nat. Hist., publ., 183, ornithol. ser. 1, n° 9 aug 1915, p. 363; *ibid.*, 1918,
p. 150 (3).

Pérou : Moyobamba (par W. H. Osgood et M. P. Auderson; types au
Musée de Chicago).

3. **T. cervinicauda** Gould, in P. Z. S., XXII, 1854, p. 109 (du Napo ou de Quito),
id. Monog., I, pl. 14, sept. 1861.

Colombie N : Santa-Marta (muséum de Paris, par Fontanier); Cordillère
centrale et orientale (oiseaux de Bogota) — Colombie amazonienne : Florentia, la Morelia. — Ecuador or : vallée du Napo et du Pastassa. —
Pérou N. et E. : Chamicuros (par Bartlett), Pebas sur l'Amazone (par
Hauxwell) (4). — Brésil N.-E., bas Amazone : district du Para (5).

3ᵉ Groupe. — *PHAËTHORNIS*

1ᵉʳ Genre. — **PHAËTHORNIS**

Phroëthornis Sw., in Zool. J., III, déc. 1827, p. 357 (type *Tr. superciliosus*, désigné par Gray en 1840). — *Phaëthornis* (nom. emend.) Sw., Fn., bor.,
Amer., II, 1831, p. 322 (6). — *Ptyonornis* Reichenb. Aufz. d. Colib., 1854, p. 14
(type *Tr. Eurynome* Less.) (7). — *Milornis* Muls. et Verr. H.-n. Ois. M., I, 1874,
p. 77 (type *Troch. squalidus* Temm.) — *Phaëthornis* auct. recent. (ad.
part.) (8).

---

(1) Sa présence en Guyane française, indiquée par quelques auteurs, peut-être par analogie, ne m'a jamais été confirmée; il est à noter que sur le bas Amazone (au Para et à l'île de Marajo, l'espèce est remplacée par *T. cervinicauda* Gould.

(2) Peut-être à rapporter à la forme *rufigaster*; l'oiseau de Bolivie au Muséum de Paris, n'est pas assez frais pour en juger, le *T. rufigaster* ne différant du type que par une plus forte intensité de ses parties rousses.

(3) Le *Threnetes longicauda* du même auteur (ibid., p. 301) est probablement le jeune de *Rhamphodon Dohrni*.

(4) Boucard a proposé conditionnellement le nom de *T. Hauxwelli* pour les oiseaux tués à Pebas par Hauxwell, qui ne diffèrent cependant en rien de la forme type (cf. Gen. Humm. B., p. 371).

(5) Un oiseau du Muséum de Paris portant pour indication « le Para, par Baracquin » est remarquable par ses rectrices d'un fauve très clair presque blanc; mais les individus envoyés depuis par Hoffmanns, du Para et de S. Antonio do Prata (district du Para) sont normaux.

(6) L'orthographe *Phoëthornis*, par Swainson en 1827, est certainement le résultat d'un lapsus, corrigé par Swainson lui-même en 1831 (et non par Strickland en 1841) en *Phaëthornis*; tantôt écrit *Phaëthornis*, par Swainson, Lesson, Cabanis, Gould; tantôt *Phaëtornis*, par Agassiz, Gray, Bonap. (1850); la première forme est sans doute la meilleure.

(7) Comprenant en outre : *P. hispida, intermedia* (*squalida* vel *Pyg. Longuemarea*) et *cephala*. — le genre *Phaëthornis* du même auteur était encore plus hétérogène comprenant : *P. superciliosa, malaris, melanotis* (*Eurynome*) *leucophrys* (*squalida*), *Pretrei, anthophila, Augusti, Guyi, squalida, Yaruqui, Longuemarea*, et (?) *pavonina* Lath.

(8) On ne peut citer que pour mémoire un travail préliminaire, *notes on the Trochilidæ*, in Ibis 1878, the gen. *Phaëthornis*, pp. 114, the genera *Pygmornis, Glaucis* et *Threnetes*, pp. 269-279.

1. **P. superciliosa** (L). — *Troch. s. L.*, Syst. Nat., éd. 12ᵉ, ı, 1766, p. 189. (Cayenne, ex Brisson, ııı, p. 686, pl. 35, f. 5). — *P. fraterculus* Gould, Monog., ı, pl. 28, sept. 1861 (Cayenne). — *P. guianensis* Boucard, in Humm. B., ı, 1891, p. 17 (Guyane angl.) (1). *P. superciliosus guianensis* Hart., in Tierr. Tr., 1900, p. 20, nº 3ᵉ.

Guyanes anglaise, hollandaise et française (2).

Subsp. (B). — **P. superciliosa saturatior** E. S. — *Ph. superciliosa*, Berl. et Hart., in Nov. Zool., ıx, 1902, p. 80 (3).

Guyane française : Maroni, Vénézuela E. : bassin de l'Orénoque et de la Caura. — ? Brésil nord : sur le haut rio Branco (4).

Subsp. (C). — **P. superciliosa Moorei** Lawr., in Ann. Lyc. N. York, vı, 1858, p. 258. (Amazonas ex Hauxw.). — *Phæthornis consobrinus* Gould (sec. Bourc., M. S.) Intr., 1861, p. 42, nº 18 (nomen nudum). — *P. superciliosa Moorei* Hart., in Tierr., Troch. 1900, p. 20, nº 3ᵇ. — *Ibid.*, E. Snethl., Cat. Av. Amaz., 1914, p. 190. — *Ph. fraterculus Moorei* Chapman, in Bull. Amer. Mus., xxxvı, 1917, p. 281.

Colombie : Cordillère orientale, à Bogota et Colomb. amazonienne (5).

Ecuador : région orientale. — Brésil et Pérou : hᵗ Amazone.

Varietas. — **P. superciliosa Moorei** var. **nigella** E. S. — Bogota.

Subsp. (D). — **P. superciliosa Baroni** Hart., in Ibis, ser. 7ᵉ, ııı, 1897, p. 426 (Naranjal, par O. T. Baron). — *Ibid.*, Hart., in Tierr. Trochil., 1900, p. 20, nº 5. — *P. longirostris Baroni*, Oberh., in Pr. U. S. N. Mus., xxıv, 1902, pp. 312-313. — *Ibid.*, Cory, 1918, *l. c.*, p. 156.

Ecuador : région occidentale du Pacifique.

Subsp. (E). — **P. superciliosa Mülleri** Hellm. — *Ph. affinis Moorei* (non Lawr.) Hellm., in Nov. Zool., xııı, 1906, p. 374 (S. Antonio do Prata). — *Ph. superciliosus Muelleri* (sic) *id.*, in Bull. Orn., Cl., xxvıı, mai 1911, p. 32 (Peixe Boi, près le Para). — *P. supercil. Mülleri*; *id.*, in

---

(1) Salvin (Cat. xvı, p. 271) donne le *Phaëthornis affinis* Pelz. comme synonyme du *P. superciliosa* et depuis (in Bull. Mus. 1906) je l'ai identifié au *P. fraterculus* Gould, à cause de deux oiseaux de l'Amazone déterminés *P. affinis* au musée de Vienne; mais j'ai appris depuis que ce nom d'*affinis* avait été proposé par Pelzeln pour remplacer celui de *P. superciliosa* Wied, qui n'est autre que le *Ph. Pretrei*.

(2) *Phaëtornis superciliosa* a été indiqué par erreur des environs de Lima au Pérou par Taczanowski, cf. à ce sujet Berlepsch et Stolzmann, in P. Z. S., 1892, p. nº 2.
P. superciliosa indiqué du Rio-Jary en Amazonie (par Goeldi et E. Snethlage) est probablement une autre forme.

(3) Dans cet article les auteurs indiquent les caractères de cette forme locale de *P. superciliosa* mais sans lui donner de nom. Elle correspond, au moins en grande partie, au *Ph. supercilosa typica* Hartert, in Tierr. Trochil., p. 29, nº 3.

(4) C'est probablement à cette forme qu'il faudra rapporter le *P. superciliosa* cité par C. B. Cory, du N. du Brésil. (Serra da Lua Monts, near Boa Vista sur le rio Branco).

(5) J'appelle Colombie amazonienne la vaste région qui s'étend à l'est de la cordillère la plus orientale et dont tous les cours d'eau coulent de l'ouest à l'est (rio Meta, r. Ariari ou Guaviara, r. Apoporis, r. Yari, r. Caqueta, r. Putumayo, etc., etc.), sont tributaires des deux grands bassins de l'Orénoque et de l'Amazone. L'indication d'un *Phæthornis longirostris* dans une forêt près de Naranjo en Colombie par Wyatt (Ibis 1871) se rapporte vraisemblablement à *Ph. superc. Moorei* Lawr.

Abh. Bayer. Ak. Wiss., xxvi, 4, 1912, p. 51 (Peixe Boi, Ipitiava).
P. supercil. Muelleri Sneth., Cat. Av. Amaz., 1914, p. 190. — *P. malaris
Mülleri* Cory *l. c.* 1918, p. 155.

Brésil : S.-E. de l'état du Pará (1).

2. **P. Malaris** (Licht.) — *Troch. superciliosus* (non L.) Audeb. et Vieill., Ois.
dorés, i, 1802, p. 42, pl. 17 (Gnyane, par Dufresne) (2). — *Troch. malaris*
Licht. in Nordman, in Erman's Reise Verz., 1835, p. 2, pl. 16 (habitat non
indiqué, au musée de Berlin). *Ph. superciliosa* (non L.) Gould, Monog. i,
pl. 17, sept. 1858. — *Ph. malaris*, id., Intr., 1861, p. 41, n° 17. — *Ibid.*, Berl.,
in J. Orn., xxxv, 1887, p. 315. *Ibid.*, Hart. Tierr. Tr., p. 20, n° 4.

Guyane française : Cayenne, Maroni, Oyapoc.

3. **P. longirostris** (Del.). — *Orn. longirostris* Del. in Echo du monde savant,
n° 45, 15 juin 1843, 1ᵉʳ sém., col. 1070 (Guatemala). — *Troch. cephalus* B. et M.,
in Rev. Zool., sept. 1848, p. 269 (Amérique centr. par A. Sallé). *Ph. cephalus*
Gould, Monog., i, pl. 19, sept. 1858. — *Ph. longirostris* et *longir. cephalus*
(saltem ad max. part.) Ridgw., Birds N. Amer., v, 1911, pp. 321-322,
ibid., Cory, *l. c.*, 1918, pp. 155-156.

Guatemala, Honduras brit., rép. de Honduras, Nicaragua, Costa Rica, rép.
de Panama (pentes du Chiriqui).

Subsp. (B). — **P. longirostris mexicana** Hart., in Ibis sér. 7ᵉ, III,
1897, p. 425 (Dos Arroyos, prope Chilpancingo, par O. T. Baron),
ibid., Ridgw., *loc. cit.*, 1911, p. 323.

Mexique S.-O. : états de Guerrero et Oaxaca occid.

Subsp. (C). — **P. longirostris veraecrucis** Ridgw., in Pv. biol. Soc.
Wash., xxiii, av. 1910, p. 54 (Buena Vista dans l'état de Vera-Cruz).
— Ibid., *l. c.* 1911, p. 323.

Mexique S.-E. : états de Vera-Cruz, Oaxaca orient. et Tabasco (sec.
Ridgw.) (3).

4. **P. Cassini** Lawr., in Ann. Lyc. N. York viii, 1866, p. 347 (Turbo, golfe de
Darrien) (4). — *Ph. panamensis* Boucard, in Humm. B. ii, n° 9, sept. 1892,
p. 83 (Panama, Veragua).

---

(1) Cité de Mocajatuba, Ananindeua, Santa Isabel, Sao Antonio do Prata, rio Mojú,
bas. Tocantins.

(2) L'Oiseau figuré comme femelle, pl. 18, paraît être un *Phaëthornis* à queue incomplète;
celui figuré pl. 19 est un *Pygmornis* difficile à identifier.

(3) Contrairement à ce que dit R. Ridgway (*l. c.* p. 328) *Ph. cephalus* de Gould me
paraît mieux se rapporter à la forme type.

(4) *P. Cassini* est décrit comme *sp. nova*, différant de toutes les autres par le dessus du
corps rougeâtre bronzé sans aucune trace de vert (Lawr. *l. c.* 1866). le type (in Unit. St. Nat.
Museum n° 17918) est un jeune en mauvais état, aussi est-ce uniquement d'après sa provenance que je le cite ici. Berlepsch qui l'a eu entre les mains dit à ce propos « it is a bad
and imperfect skin, and in consequence of this it is difficult to make a close comparaison
with specimens of *Ph. longirostris* from central America. I may however note that in
Turbo bird, the upper tail-coverts are of a deeper tint, being more brownish fulvous, the
back is dark brown, with slight bronze reflections, instead of being green, the stripe in the

Isthme de Panama (1) et Veragua ; Colombie N. : côte du Darrien.

> *Subsp.* (B). — **P. Cassini sussura** (Bangs) *Ph. sussura* Bangs, in Pr. N.
> Engl. Zool., Cl., II, 1901, p. 64 (de Chirua). — *Id.*, Brabourne et Chubb,
> Bd⁵ S. Amer., I, p. 107, n° 1613.
>
> Colombie N. : Sierra Nevada de Santa-Marta ; à une faible altitude.

5. **P. boliviana** Gould, Intr., 1861, p. 42, n° 22 (Bolivie). — *Ibid.*, Salv., Cat., XVI,
1892, p. 273. — *Ibid.*, Hart. Tierr. Tr., p. 21.
Pérou : Huanuco (par Hoffmanns) ; Chauchamayo. — Bolivie : Tilotilo (par
Buckley).

> *Subsp.* (B). — **P. boliviana ochraceiventris** (Hellm.). — *Ph. affinis* (ex
> Pelz.) *ochraceiventris* Hellm., in Bull. br. Orn. Cl., XIX, 1907, p. 54
> (Humaytha). — *Phaël. ochr.*, id., in Nov. Zool., XIV, 1907, p. 393, et
> XVII, 1910, p. 373.
>
> Brésil : du rio Madeira (Calama, Humaytha), au rio Solimoëns
> (Teffé) (2).

6. **P. syrmatophora** Gould, in Jardine, Contrib. Orn., III, 1851, p. 139. —
Ibid., Monog., II, pl. 20, oct. 1852 (Quito, par W. Jameson). — *P. Bérlepschi*
Hart., in Nov. Zool., I, p. 56 (rio Pescado). Id., Tierr. Tr., p. 22.
Colombie : région ouest du Pacifique et versant O. des Andes occiden-
tales (3). — Ecuador : rég. occid. et interandine.

7. **P. colombiana** Boucard, in Humm. B., I, 1891, p. 17 (Bogota). — *P. syr-
matophorus* (non Gould) Hart., *l. c.*, I, p. 56 (rio Pastassa) et Tierr. Tr.,
p. 21. *P. syrmatophorus columbianus* Chapman, *l. c.*, 1917, p. 282. — *Ibid.*,
Cory, 1918, p. 158.
Colombie : cordillère orient. (savane de Bogota) et très haute vallée de la
Magdalena à la Palma (sec. Chapman). — Ecuador : rég. orientale.

8. **P. hispida** (Gould) *Troch. h.* Gould, in P. Z. S., XIV, 1846, p. 90 (Pérou) (4). —
Troch. Oseryi Bourc. et Muls., in Ann. Sc. agr. Lyon, sér. 2ᵉ, IV, 1852,
p. 139 (Ecuador or. : rio Pastassa). — *Ph. Oseryi* Gould, Monog., I,
pl. 23, sept. 1853 (Bogota ([errore] et Ecuador). — *Ph. hispida* E.-S. et
Dalm., in Ornis, XI, 1901, p. 307.
Vénézuela E. : vallée de la Caura. Ecuador or. : bassins du Napo et du

---

middle af upper throat and the mystacal stripe are of a deeper fulvous etc. (in Pr. U. S. Nat.
Museum 1888, p. 560) sauf en ce qui concerne le dos, ces caractères sont exactement ceux
des oiseaux de Panama décrits depuis par Boucard sous le nom de *P. panamensis.* D'un
autre côté M. O. Bangs qui a aussi vu le type, le rapporte à *P. longirostris* (in Pr. N. Engl.
Zool. cl. II, p. 63), ce qu'on peut attribuer au mauvais état de ce specimen, signalé par
Berlepsch.

(1) Il est possible que les deux espèces se trouvent dans l'isthme ; *Ph. longirostris* dans
les montagnes, *P. Cassini* dans les vallées et sur la côte.

(2) Un individu du musée britannique, étiqueté « *Ph. bolivianus,* Brazil » (s du Catalogue Salvin).

(3) Aussi indiqué de la vallée de la Cauca (à Cali et Medellin par Salmon), mais peut
être par confusion avec l'espèce suivante.

(4) Indiqué du Pérou par erreur, le type est de Bolivie par Bridges.

Pastassa, Peru or. ; Pebas, Iquitos sur l'Amazone, Brésil : h. Amazone et rio Madeira ; Matto Grosso. — Bolivie : Yungas (1), rio Beni.

Subsp. (B). — **P. hispida villosa** (Lawr.). — *Ph. villosa* Lawr., in Ann. Lyc. N. York, vi, 1858, p. 259 (Ecuador, [errore] et Santa-Fé de Bogota). — *P. hispidus* Gould, Monog. 1, pl. 22, oct. 1852 (Bolivie [errore]) (2). *Ph. hispida villosa* E.-S. et Dalm., *l. c.*, 1901, p. 308. — ? *Ph. hispida Oseryi* Chapman, in Bull. Amer. Mus., xxxvi, 1917, p. 282, n° 1017. — *Ibid.*, Cory, *l. c.*, 1918, p. 158.

Vénézuéla S.-O. : h. Orénoque (Nericagua, sec. Hellm.). — Colombie ; Andes orient. (savane de Bogota) et Col. amazonienne (Villavicencio, rio Meta).

9. **P. Eurynome** (Less.). — *Troch. E.* Less., Trochil, 1832-1833, p. 91, pl. 31 (Brésil). — *Troch. melanotis* Licht., in Nordmann, in Erman's Reise, 1835, p. 2, pl. 17. — *Ph. Eurynome* Gould, Monog., 1, pl. 16, juin 1849 ; et auct. recent. — *Ptyonornis E.* Reichenb. Aufz. Colibr., p. 14.

Brésil : états de Rio, Goyaz ; S. Paulo, Rio-Grande-do-Sul. — Paraguay. — Argentine : h. Parana (Bertoni) (3).

10. **P. anthophila** (Bourc.) *Troch. a.* Bourc., in Rev. Zool., vi, mars 1843, p. 71, *id.* Bourc. et Muls. in Ann. Sc. phys. Lyon, vi, 1843, p. 47 (vallée supér. de la Magdalena). *Ph. anthophilus* Gould, Monog., 1, pl. 24, mai 1854.

Vénézuéla N., Colombie N. O., et centre (bassin de la Magdalena (4).

Forme locale ou subsp. [B]. — **P. anth. hyalina** (Bangs). — *Ph. hyalinus* Bangs in Auk, xviii, 1901, p. 27 (Ile S. Miguel). — *P. anth. hyalinus* Ridgw., Birds N. Amer., v, 1911, p. 324.

Ile S. Miguel de l'archipel de las perlas, dans la baie de Panama.

Subsp. (C). — **P. anth. fuscicapilla** Cory, in Field Mus. Publ., n° 167, Orn. sér. 1, n° 7, 1913, p. 288.

Vénézuéla occid., forêts basses et chaudes au sud du lac de Maracaïbo : Orope, la Braca, Tachira, et Colomb., à Cucuta, sur la frontière du Vénézuéla (5).

Subsp. (D). — **P. anth. fuliginosa** (E. S). — *Ph. fuliginosa* E. S., in Ornis, xi, 1901, p. 201 (6).

Colombie (préparation indigène de Bogota.

---

(1) Par d'Orbigny et Lafresnaye, sous le nom erroné de *Troch. superciliosus*.

(2) Les deux formes ont été parfaitement figurées par Gould, Monog., 1, pl. 22 et pl. 23, mais dans le texte les localités ont été transposées — *Ph. hispida Oseryi* Chapman, correspond, d'après sa distribution, à la seconde forme.

(3) Seule espèce du genre indiquée du territoire argentin. Les localités des Trochilidés de l'Argentine sont empruntées à l'ouvrage classique de R. Dabbene, Ornithologia argentina, Catálogo sist. y descript. de las aves de la República Argentina, t. 1, 1910, pp. 265-270.

(4) L'oiseau indiqué par Pelzeln (Orn. Bras. 1868, pp. 27-36), du Matto Grosso (a Engenho de Gama, par Natterer), sous le nom de *Phaethornis anthophila*, n'est autre que *Glaucis tominea*.

(5) D'après l'auteur, les oiseaux de Cucuta sont un peu intermédiaires à *P. anthophila* typique de Bogota et à sa variété *P. anth. fuscicapilla*.

(6) Le nom de *fuliginosa* a été employé depuis, en 1913, par Schlüter pour une toute autre espèce, probablement un spécimen altéré de *Guyornis Guyi*, ce nom a au reste été changé par l'auteur en *Phaët. fumosus*.

11. P. squalida (Natt.). — *Troch. squalidus* Natt., in Temm., Pl. col. Ois., liv. 20, juin 1824, pl. 120, f. 1 (1). — *Troch. leucophrys* Licht. in Nordmann, in Erman's Reise, etc., 1835, pl. 2. — *Troch. squal.* Less., Col. 1830, p. 40, pl. 8; id. Traité orn., p. 289. — *Phæth. intermedius* (non Less.), Gould, Monog., I, pl. 30, mai 1853. *Phæt. squal.* id., Introd. 1861, p. 45, n° 33. — *Ptyonornis intermedia* Reichenb., Aufz. Colib., p. 14.

Brésil S. E. : états de Rio, de Minas, de Santa Catharina, de Sao Paulo, de Matto grosso.

Subsp. (B). — **P. squalida subochracea** Todd, in Pr. biol. Soc. Wash., XXVIII, 1915, p. 176 (subsp. invisa et incerta).

Bolivie : Santa Cruz de la Sierra.

12. P. Rupurunii Boucard. — *P. Rupurumii* (lapso) Boucard in Humm. B., II, 1892, p. 1 (fleuve Rupuruni. — *P. Rupurunii* id. in Gen. H. B., 1895, p. 384. — *P. Rupurumi* Hart. in Tierr. Tr., 1900, p. 24 (2).

Guyane angl. : Aunai et Rupuruni riv. — Vénézuéla occid. : bassins de l'Orénoque et de la Caura. — Brésil N.-E. sur le h¹ rio Branco (Boa Vista au pied de la Serra de Lua, sec. Cory).

13. P. amazonica (Hellm.). — *P. Rupuruni amazonicus.* H., in Bull. Orn. cl. XVI, 1906, p. 82, et Nov. Zool., XIV, 1907, p. 23 (Urucuritaba, par Hoffmanns), id. E. Snethlage, in Bolet. Mus. Goeldi, VIII, 1914, p. 191.

Rio Amazone : Itaituba, Urucuritaba. rio Tapajoz : Santarem, Boim, Goyana, Arumanduba, Monte Alegre (Mus. Goeldi).

2° Genre. — ANISOTERUS

Phaëthornis auct. (ad part). — *Anisoterus* Muls. et Verr., H. N. Ois. M., I, 1874, p. 72 (type *Tr. Pretrei* Less).

1. A. Pretrei (Less. et Del). — *Troch. superciliosus* (non L.). Wied, Beitr., etc., IV, 1832, p. 116 (Brésil). — *Troch. Pretrei* Less. et Del., in Rev. Zool., II, 1839, p. 20 (Minas Geraes). — *Ph. affinis* (substitué à *superciliosus* Wied) Pelzeln, in S. B. Math. Nat. cl., Ak. W. Wien, XX, 1857, p. 157. — *Ph. Pretrei* Gould, Monog., I, pl. 28, mai 1854. — *Ph. superciliosus* Gould, Introd., 1861, p. 45, n° 31. — *Ph. Garleppi* Boucard, in Humm. B. III, n° 1, mars 1893, p. 9 (3) (de Bueyes en Boliv., par G. Garlepp). *Ph. pallidiventris* L. Madarasz in Ornith. monatb., XIX ; janv. 1911, n° 1 (Brésil) (4).

Brésil or. et centr. : états de Bahia, Minas, Espiritu-Santo, Rio, Sao Paulo, Goyaz, Matto Grosso (5) Bolivie E. Bueyes.

---

(1) La figure de Temminck n'est pas parfaitement exacte ; les couleurs y sont trop vives et trop tranchées, rappelant en petit celles de *P. Eurynome.*

(2) Type à Paris, ancienne coll. Boucard.

(3) Jeune d'*A. Pretrei*, d'après le typo.

(4) Sans doute une légère variété d'*A. Pretrei*, plus pâle en dessous.

(5) Aussi indiqué par Salvin de Sarayacu (sec. Buckley), mais sans doute par confusion.

2. **A. Augusti** (Bourc.). — *Troch. A.* Bourc., in Ann. Sc. phys. Lyon, x,
 1847, p. 623 ; id. in Rev. Zool., déc., 1847, p. 401 (Caracas, par A. Sallé). —
 Ph. Augusti Gould, Monog., i, pl. 29, mai 1854.

Vénézuela : Orénoque (Caicara), Andes de Cumaña, de Caracas, de
 Valencia, de Mérida.

    Subsp. (B). — **A. Augusti incanescens** E. S.

Guyane angl. : Quanga, Monts Mérumé et Roraima (par H. Whitely).

    Subsp. C). — **Augusti vicarius** E. S.

Colombie : cordill. orient. (savane de Bogota) et Col. amazonienne N.
 (par B. Wyatt 1871).

3ᵉ Genre. — ANOPETIA

Phaëthornis auct. (ad part. *P. Gounellei*). — *Anopetia* E. S. in Rev. Fr. Ornith
 nᵒ 120, avril 1919, p. 52.

1. **A. Gounellei** (Boucard). — *Phaëthornis* G. B., in Humm. B., i, 1891, p. 17.
 Ibid. Hart., in Tierr., Tr., 1900, p. 23 (1).

Brésil : Sao Antonio da Barra ; sur la limite des états de Bahia et de Minas
 (E. Gounelle) ; Paraguari dans l'état de Piauhy (M. Reiser).

4ᵉ Genre. — AMETRORNIS

Reichenb, Aufz. d. Col., mars 1854, p. 14 (type *A. abnormis* Reichenb. =
 Tr. Bourcieri Less.) (2). — *Orthornis* Bonap., in Rev. Mag. Zool. vi, mai 1854,
 p. 249 (type non désigné).

1. **A. Bourcieri** (Less.). — *Troch. B.* Less., Tr., 1832, p. 62, pl. 18 (Brésil). —
 Phaët. Bourcieri Gould, Monog. i, pl. 25, mai 1853 (Cayenne). *Ametrornis
 abnormis* (3) Natt. in Pelz., Orn. Bras., 1868, p. 56 (Marabitanas). *Ph. Whitelyi* A. Boucard, in Humm. B., i, 1891, p. 18 (Guyane angl.) (4).

Guyanes. Brésil : bassin de l'Amazone jusqu'aux Andes, rio Negro (Marabitanas [5], par Natt.).— Région orientale ou amazonienne de la Colombie,
 de l'Ecuador et du Pérou (Xeberos, Chyavetas, etc., par Bartlett).

2. **A. Filippii** (Bourc.). — *Troch. Philippii* (sic) (6) Bourc. in Ann. Sc. phys.
 Lyon, x, 1847, p. 623 (7). — *Tr. de Filippii* Bourc. in Rev. Zool., déc. 1847,
 p. 401 (Bolivie). — *Phaët. Philippii* Gould Monog. i, pl. 21, sept. 1855. — *Ame-*

---

(1) Type à Paris dans l'ancienne coll. Boucard.

(2) Comprenant *Trochilus Bourcieri, Defilippi* et *Oseryi*, ce dernier synonyme de *Ph. hispidus* Gould.

(3) D'après un nomen nudum de Reichenbach.

(4) L'auteur a depuis renoncé à cette soit-disant espèce.

(5) Près la frontière du Vénézuela.

(6) Dédié à Filippi de Filippi, prof. au musée de Milan et non à Rud. Amand Philippi.

(7) Type unique à New-York, ancienne coll. Elliot (soc. Elliot).

trornis De Filippi Reichenb., Aufz. d. Col., 1854, p. 14. — *Phaël. Filippii*
Berl., in J. Orn , 1839, p. 100 (Fontebôa). — *Phaël. Philippii* Hellm., in
Nov. Zool., xiv, p. 394 et xvii, p. 374.

Bolivie E. — Brésil : rég. amazonienne moyenne et supérieure : rio Soli-
möens et ses affluents du sud (à Fontebôa, Teffé, etc.), rio Madeira, rio
Purus (à Cachoeira, sec. E. Snethlage), rio Juruá (sec. Dʳ v. Ihring, (1).

5ᵉ Genre. — GUYORNIS

Bonap. in Rev. Mag. Zool., mai 1854, p. 249; et Consp. Syst. Orn. 1854,
p. 32 (2) (type *Tr, Guy* Less.). — *Toxoteuches* (substitué à *Guyornis*) Cab. ét
Heine in Mus. hein., iii, 1860, p. 11. — *Phaëthornis* subgen. *Mesophila* Muls.
et Verr., Ess. Classif., 1866, p. 17. — *Phaëthornis* auct. (ad part. *Troch. Guyi*
Less. et *Yaruqui* Bourc.).

1. G. yaruqui (Bourc.) *Troch. y.* Bourc. in C. R. Ac. Sc., xxxii, 1851, n° 8, p. 187
(Ecuador : Yaruqui). — *Phaëth. Y.* Gould, Monog. pl. 27, oct., 1852. — *Toxo-
teuches y.* Cab. et H., l. c., 1860, p. 11.
Ecuador central et occidental.

    Subsp. — (B). — **G. Yaruqui Sancti-Johannis** Hellm. *Ph. yaruqui* Cassin,
in Pr. Ac. N. S. Philad., 1860, p. 190 (rio Truando, N. Colomb.). *Ibid.*,
E. S. et Dalm., in Ornis, xi, 1901, p. 218 (Buenaventura) (3). — *Ph.
yaruqui Sancti-Johannis* Hellm., in Bull. br. Orn. Cl., xxvii, mai 1911,
p. 92 ; et P. Z. S., 1911, p. 1178. — *Ibid.*, Chapman, in Bull. Amer. Mus.,
xxxvi, 1917, p. 281.

    Colombie Occ. Pacifique : rio S. Juan, rio Dagua, rio Patia, et versant
occidental des Andes.

2. G. Guyi (Less.). — *Troch. Guy* Less. Tr., 1832, p. 119, pl. 44 ♀ (inc. sed.). —
Phaëthornis Guyi Gould, Monog., i, pl. 26, oct. 1852♀. — *Toxoteuches G.* Cab.
et Heine, Mus. heine., iii, 1860, p. 11. — *Phaëth. Guyi typicus* Hart. in Tierr.
Tr., 1900, p. 19. — *Phaëth. Guyi Guyi* Ridgw., 1911, l. c., p. 315. — *Ibid.*, Cory,
1918, l. c., p. 153.
Vénézuela N.-E. Ile de Trinidad (4).

    Subsp. (B). — **P. Guyi napensis** E. S.
    Ecuador orient. : bassin du Napo.

---

(1) Sous le nom de *Ph. Bourcieri* in Rev. Mus. Paul., vi, 1905, p. 443.

(2) D'après une note de Waterhouse, le *Conspectus systematis Ornithologicæ*, paru en
librairie en 1854 est extrait des *Annales des Sciences Naturelles*, sér. 4ᵉ, vol. i, 1854, pp. 105-
152 ; pour avoir la pagination des Annales il faut ajouter 104 à celle du volume — ne pas
confondre cet ouvrage avec un autre antérieur du même auteur, *Conspectus generum
avium*, 2 vol., 1850-1857.

(3) J'ai parlé de cette forme d'après des mâles seulement ; la femelle reçue depuis de
M. G. Palmer, est mieux caractérisée (cf. à ce sujet. C. E. Hellmayr, l. c., p. 1178).

(4) *Troch. apicalis* Licht. (Tschudi, in Archiv. Naturg., 1844, 1, p. 296 et Tschudi, Fn.
Per. Orn., 1845-46, p. 243) du Pérou est certainement un *Guyornis Guyi*, mais n'ayant jamais
vu de spécimens authentiques du Pérou je ne sais à quelle forme le rapporter ; si l'espèce y
est représentée par une race spéciale, ce qui est fort possible, elle devra prendre le nom de
G. Guyi apicalis Licht.

Subsp. (C). — **G. Guyi Emiliæ** (B. et M.). *Troch. Emiliæ* B. et M., in Ann. Sc. phys., Lyon, ix, 1846, p. 317 (Bogota). — *Phaëth. Emiliæ.* Gould, Intr., 1861, p. 44, n° 29. *Ph. Guyi Emiliæ* E. S. et Dalm.,in Ornis, ix, 1901, p. 217 (Colombie occid. : la Tigra, las Cruces) *P. Guyi coruscus.* Bangs, in Pr. N. Engl., Zool. Cl., iii, 1902, p. 26 (Chiriqui : el. Boquete]. — *Ibid.*, Carriker, in Ann. Carn. Mus., vi, 1910, p. 519 (Costa Rica). — *Ibid.*, Ridgw., Birds N. Amer., v, 1911, p. 317. — *Ph. Guyi coruscus* et *Ph. Guyi Emiliæ* C. B. Cory, 1918, *l. c.*, p. 53 (1).

Costa-Rica. Rep. de Panama. — Vénézuela : Merida. — Colombie N. O. (Truando falls) ; andes occidentales ; andes orientales (savane de Bogota et haute vallée de la Magdalena.)

6ᵉ genre. — PYGMORNIS

Eremita (præocc.) Reichenb., Aufz. d. Col., 1854, p. 14 (type *Troch. rufigaster* Vieill., désig. par J. E. Gray en 1855). — *Pygmornis* Bonap. in Rev. Mag. Zool., 1854, p. 250 (type *Tr. intermedius* Less. = *longuemareus* Less.). — *Pygornis* (nom alter.) Muls. et Verr., Ess. Classif., 1866, p. 18 (2). — *Pygornis* subgen. *Momus* (type *Ph. obscurus* Gould = *Idaliæ*), ibid., p. 19. — *Phaëthornis* (pars) Gould, Monog., i. *Pygmornis*, id., Intr. 1861, p. 46. id., Salv., Cat. xvi, p. 280.

A. — *Subcaudalibus albis.*

1. **P. Idaliæ** (B. et M.). — *Troch. I.* B. et M., in Ann. Soc. Linn. Lyon (n. ser). iii, 1856, p. 187 (Brésil intérieur) (3). — *Phaëthornis obscura* Gould, in P. Z. S., xxv, 1857, p. 14. ♂ (Brésil, prép. de Rio). Ibid., Monog. i, pl. 38, mai 1858. — *Phaët. viridicaudata* Gould (♀), *Ibid.*, Monog., i, pl. 33 (4). — *Phaët. Aspasiæ* (non Bourc.). Gould, Introd., 1861, p. 47, n° 36. — *Ph. Idaliæ* et *viridicaudatus* Hart., in Tierr. Tr., 1900, p. 26.

Brésil S.-E., ét. de Rio : Nova Friborgo (coll. Beske) ; ét. Espiritu Santo : Porto Cachoeiro (Mus. Paul.).

2. **P. longuemarea** (Less.). *Troch. longuemareus* Less. Trochil., 1832, p. 15, pl. 2 (♀) et p. 160, pl. 62 (♀) (de Cayenne). — *Troch. intermedius*, id., p. 65, pl. 19 ♂ (Brésil [errore]). *Phaëthornis longuemareus* Gould, Monog, i, pl. 31, sept. 1857. — *Phaëthornis* vel *Pygmornis* 1. auct.

Guyanes et île de Trinidad.

3. **P. Riojæ** (Berl.), *Phaëthornis R.* Berl., in Ibis (ser. 6ᵉ), 1889, p. 182 (Rioja, par G. Garlepp). — *Ibid.*, Hart. in Tierr. Tr., p. 25.

---

(1) Il faudra probablement ajouter à la synonymie du *G. Guyi Emiliæ*, le *Ph. fuliginosus* Schlüter (in Falcó, août 1913, p. 32), nom préoccupé dans le genre *Phæthornis* et changé par l'auteur en *P. fumosus* (in Falco, 1915, p. 21) ; la description paraît convenir à un jeune ayant le dessous du corps roux-brun grisâtre unicolore, ou à un oiseau de Bogota altéré ou atteint d'albinisme au premier degré.

(2) Ouvrage extrait des Mémoires de la Société des Sciences naturelles de Cherbourg, t. XII, 1866 (pp. 14 à 236), paru en librairie en 1866 ; la préface seule est signée du 10 octobre 1865.

(3) Type à Londres, sec. Salvin.

(4) Type à Londres, cf. du Catal. Salvin, p. 284.

Ecuador E. : bassin du Napo (1). — Pérou N.-E. : la Rioja, et E. Chyavetas (2).

Subcaudalibus rufescentibus fulvisve.

4. **P. Nattereri** (Berl.) (3). *Phaëthornis longuemarea*. Pelz., Orn. Bras.,
p. 27 (du Matto Grosso). — *Ph. Nattereri* Berl., in Ibis sér. 5ᵉ, v, 1887,
p. 290 (Caicara et Engino de Gama, par Natt.). *Pygmornis chapadensis*
Allen, in Bull. Amer. Mus., v, 1893, p. 122 (du Matto Grosso).
Brésil : Matto Grosso.

5. **P. striigularis** (Gould). *Phaëthornis s.* Gould, Monog., ı, pl. 37, oct. 1854
(Bogota). — *Troch. amaura* Bourc. in Rev. Mag. Zool., vııı, déc. 1856, p. 552
(environ de Bogota), *Phaëth. striigularis striigularis* Ridgw. — Chapman.
— Cory, etc.

Colombie, nord et centre (4).

Subspecies (B). — **P. striigularis ignobilis** Todd, in Pr. biol. Soc.
Washington, xxvı, août 1913, p. 173 (♂ de Quiguas). — *Ph. striigularis*
E. S., in Mém. Soc. zool. Fr., ıı, 1889, p. 219 (♂ et ♀ de S. Esteban).
Vénézuela : San Esteban (1888!); Quiguas (par M. A. Carriker).

Subsp. (C). — **P. striigularis subrufescens** Chapman, in Bull. Amer.
Mus., xxxvı, 1917, p. 283, nº 1032 *a* (Barbacoas, Nariño).
Colombie et Ecuador occid. (zone humide de la côte du Pacifique, sec.
Chapman).

6. **P. atrimentalis** (Lawr.). *Phaëthornis A.* Lawr. in Ann. Lyc. N. Y., vı, 1858,
p. 260 (Ecuador : entre Quito et les sources du rio Napo). — *Ph. amaura*
(non Bourc.). Gould, Monog., ı, pl. 32, mai 1859 (? rio Negro sup.) (5).

Ecuador orient. — Pérou : Palma (G. A. Baer).

7. **P. griseigularis** (Gould). *Phaëthornis g.* Gould, in P. Z. S., 1851, p. 115
(Bogota). — *Ibid.*, Monog., ı, pl. 36, nov. 1851. — *Troch. Aspasiæ* Bourc. et
Muls., in Ann. Soc. Linn. Lyon (n. ser.), ııı, 1856, p. 188 (N. Grenade).

Guyane angl. (Monts Roraima (mus. E. Simon, ex Whitely). — Colombie or. :
savane de Bogota et région amazonienne (à Florencia, sec. Chapman).
— Ecuador : région interandine et surtout orientale. — Pérou : Callacate
(Stolzm.).

---

(1) D'où je l'ai cité à tort sous le nom de *P. striigularis atrimentalis* (in Cat. Tr.).

(2) Au musée britannique sous le nom de *P. striigularis* (*s.* du catalogue Salvin).

(3) Reichenbach avait déjà cité à son genre *Ametrornis* (in Aufz. d. Col., 1854) un *Phaë-thornis Nattereri*, comme nomen nudum, sans le décrire.

(4) L'oiseau indiqué de la Guyane française par M. Ménégaux, sous le nom de *P. strii-gularis* est *P. longuemarea* (Muséum de Paris). Au Musée britannique le *P. striigularis* de Chyavetas au Pérou oriental est *P. Riojæ*. Le *P. striigularis* typique est douteux pour le Vénézuela.

(5) Probablement un lapsus pour rio Napo; cette dernière localité indiquée dans l'Intro-duction, p. 46, nº 35. Gould a fait sans doute ici des confusions, car ses figures correspondent mieux au *P. Riojæ*, sauf en ce qui concerne les sous-caudales. *P. Riojæ* est commun; par places, dans le bassin du Napo mais je le crois plus oriental que *P. atrimentalis*, s'étendant plus dans la plaine amazonienne, tandis que l'autre forme est plus confinée dans la haute montagne et se trouve même seule dans la partie interandine de l'Ecaudor.

8. **P. zonura** (Gould). *Phaëthornis zonura* Gould, in P. Z. S., xxviii, 1860, p. 305.
— *Ibid.*, Monog., i, pl. 34, 1861 (Pérou par Warszewicz) (?) *Pygmornis apheles*
Heine (1) in J. f. Orn., xxxii, 1884, p. 235 : (Pérou par Warszewicz). — *Ibid.*,
Berl., in Ibis, 1887, p. 281.

Pérou N.

9. **P. Adolphi** (Gould). *Phaëthornis A.* Gould, Monog., i, pl. 35, sept. 1857
(Tospam dans l'état de Vera-Cruz, par Sallé). *P. Adolphi Adolphi* Ridgw.,
1911, p. 324.

Mexique S. E.

Subsp. (B). — **P. Adolphi saturata** Ridgw., in Pr. Biol. Soc. Wash.,
xxiii, 1910, p. 54 (El Hogar, au Costa-Rica or.); et Birds N. Amer., v,
1911, p. 326.

Guatémala. Nicaragua, rép. de Panama et Costa-Rica.

Subsp. (C). — **P. Adolphi fratercula** (Nelson) *Phaëthornis Ad. fratercula*
Nels., in Smiths. Miscell. Collect., lx, sept. 1913, pl. 12, p. 9 (Cana, rép.
de Panama occid.).

Rép. de Panama Occ.

10. **P. episcopus** (Gould). — *Phaëthornis episcopus* Gould, in P. Z. S., xxv,
1857, p. 14 (Demerara). — *Id.*, Monog., i, pl. 39, f. 2, sept. 1859. — *Eremita
Whitleyi* Boucard, Gen. Humm. B°, 1895, p. 390 (Monts Canucu) (2). —
Ph. caurensis E. S. et Dalm., in Ornis, xi, 1901, p. 208 (la Caura) (3). —
Ph. ruber Berl. et Hart., in Nov. Zool., ix, 1902, p. 82 (Orénoque).

Guyane anglaise. — Vénézuéla or. : Bassin de l'Orénoque et de ses
affluents (4).

11. **P. pygmæa** (Spix). — *Troch. brasiliensis* (nec Lath. nec Vieill.). Temm. Pl.
col. Ois., pl. 120, f. 2, liv. 20, 26 juin 1824. *Troch. pygmæus* Spix, Av. Bras.,
1824, p. 78, pl. 80, f. 1 (5). — *Troch. brasiliensis* Less., Col., 1830, pl. 9 (Brésil).

---

(1) Nom proposé par Heine pour l'espèce citée à tort par Cab. et Heine sous le nom de
Pygmornis griseigularis (non Gould) in Mus. hein., iii, p. 8; Heine signale aussi une autre
erreur dans son article du Jorn. Orn. 1863, p. 176 ou le vrai *griseigularis* est donné comme
P. amaura.

Je n'ai pas vu le type de *P. apheles* Heine, mais d'après H. v. Berlepsch, qui a pu l'étudier (un spécimen en très mauvais état du Nord du Pérou, par Warszewicz) il diffère de
Nattereri par ses rectrices latérales noires et ses ailes plus courtes; ce qui convient à l'oiseau
de même origine, décrit antérieurement par Gould sous le nom de *Phaëthornis zonura*.

(2) D'après le type au Muséum de Paris, ♀ des Monts Canucu (non Canéla) au sud du
Roraïma; le menton n'a pas de bande noire comme le dit l'auteur, mais quelques plume
déplacées ou manquant, dont la base noirâtre est un peu visible.

(3) Les types ont été détruits.

(4) Au musée Rothschild à Tring, quatre individus de l'Orénoque (Manduapo et Nericagua 1 ♂ 3 ♀; 5 de la Caura 2 ♂ 3 ♀.

(5) Les synonymies antérieures sont toutes par trop douteuses : *Troch. ruber L.* (Syst.
Nat., éd. x, 1758, p. 121) est basé sur une figure frustro d'Edwards (Av., pl. 32, fig. supérieure, de Surinam) qui semble mieux convenir au *P. longuemarea*, peut-être même à un
jeune *Threneles niger*. — *Trochilus brasiliensis* (non Latham) Vieill. (in N. Dict., vii,
1817, p. 357) et *Tr. rufigaster* Vieill. (in Tabl. encycl. et method., Orn., ii, 1823, p. 551)
sont faites d'après la pl. 19 des *Oiseaux dorés* « le brin blanc jeune âge » représentant un
oiseau tout différent du *P. pygmæa*, presque blanc en dessous et sans bande pectorale.

— *Troch. davidianus* id., Trochil., 1832, p. 5, pl. 3 ♂ (Cayenne). — *Troch. Adolphi* id., in Echo du monde sav., 1843, 2ᵉ sém., col. 756 (Acapulco [errore]) (1). — *Phaëthornis eremita* Gould, Monog., ɪ, pl. 40, juin 1849 ♀ (*Amazonas* et *Bahia*). *Phaëth. pygmæus* id., pl. 41, oct. 1852 ♂ (Rio). — *Pyg. rufiventris* (nom. emend. pour *rufigaster* Vieill.) Cab. et Heine, Mus. hein., ɪɪɪ, 1860, p. 7. — *Pyg. rufiventris, eremita* et *pygmæa* Gould, Introd. 1861, pp. 48-49. — *Ph. rufigaster typicus* Hart. Tierr. Tr., 1900, p. 27. — *Phaëth. ruber* Snethl., Cat. Aves. Amazon. 1914, p. 191 (2).

Guyane hollandaise et française. — Brésil : bassin de l'Amazone, du Para au pied des Andes : états du Para, de Bahia, de Minas, de Rio et de Matto-Grosso.

12. **P. longipennis** (Berl. et Stolzm.). — *Ph. ruber longipennis* B. et S., in P. Z. S., 1902, p. 19 (Chanchamayo).

Pérou central oriental.

13. **P. nigrocincta** (Lawr.). — *Phaëthornis nigrocincta* Lawr. in Ann. Lyc. N.-York, vɪ, 1858, p. 260 (haut Amazone, par Moore). — *Ibid.*, Gould, Monog., ɪ, pl. 39, f. 1, sept. 1859. *Ph. rufigaster nigricinctus* Hart. Tierr. Tr., 1900, p. 27. — *Ph. ruber nigricinctus* Cory, 1918, p. 164.

Ecuador or. : Napo, Sarayacu. — Brésil : rio Negro. — Pérou amazonien : Pebas, Nauta, Chyavetas, etc. — Bolivie or. (3).

14. **P. Stuarti** (Hart.). — *Phaëth. S.* Hart., in Bull. Orn. Cl., vɪ, 1897, nᵒ 44, p. 89; et Ibis, 1897, p. 442; et Tierr. Tr., 1900, p. 27 (Bolivie N. E. : Salinas sur le rio Beni, par A. Maxwell Stuart).

Bolivie or. : départ. de Santa-Cruz (4) et Bolivie N.-E. : départ. du Béni (5).

4ᵉ Groupe. — *EUTOXÈRES*

1ᵉʳ Genre. — **EUTOXÈRES**

Reichenb., Avium Syst., pl. 40, 1849 (type *Troch. aquila* Bourc.). — *Myiaëthina* Bonap., in Rev. et Mag. Zool., sér. 2ᵉ, vɪ, p. 249 (même type).

1. **E. aquila** (Bourc.) *Troch. A.* Bourc. (Lodd. M. S.). in P. Z. S., 1847, p. 42 (Bogota, par Wallis) ; Ibid., Rev. Zool., août 1847, p. 254. *E. aquila* et *heterura* Salv., Cat. xvɪ, pp. 261-262. — *E. aquila typicus* et *aquila heterura* (pars.) Hart., Tierr. Tr., p. 29.

---

(1) Cette espèce dédiée par Lesson à son frère Adolphe Lesson est différente de celle de même nom, dédiée quatorze ans après par Gould à Adolphe Boucard ; la description de Lesson ne peut convenir qu'au *P. pygmæa* « une écharpe noir intense sur le thorax » mais la provenance « Acapulco au Mexique » est erronée.

(2) D'après les localités citées.

(3) Quatre spécimens au musée W. Rothschild à Tring provenant de San-Augustin. Au Muséum de Paris un individu en mauvais état provenant du voyage de d'Orbigny en Bolivie, étiqueté à tort « *Trochilus brasiliensis* ».

(4) De Yaracares, au musée W. Rothschild ; de la prov. de Sara dans la collection E. Simon

(5) Cinq spécimens au musée W. Rothschild à Tring, types de l'espèce.

Colombie : savane de Bogota et haute vallée de la Magdalena. — Ecuador : rég. nord, interandine et surtout orientale.

>Subsp. (B). — **E. aquila Salvini** (Gould). — *E. aquila* Gould, Monog. I, pl. 3, nov. 1851 (la Veragua, par Warszewicz). *E. Salvini* Gould, in Ann. nat. Hist. (4e sér.), I, 1868, p. 456, E. *aquila heterura* (pars.). Hart., l. c., p. 29. —*Ibid.*, Carriker, in Ann. Carn. Mus., VI, 1910, p. 520 (Costa-Rica). E. *aquila Salvini* Hellm., in P. Z. S., 1911, p. 1180. — *Ibid.*, Ridgw., Birds. N. Amer., etc., V, 1911, p. 312.

>Costa-Rica et rép. de Panama. — Colombie occid. : rio Dagua et rio S. Juan (San-José, S. Antonio).

>Subsp. (C). — **E. aquila heterura** — *E. heterura*, (ad max. part.) Gould, in Ann. nat. Hist. (4e ser.), I, 1868, p. 45 (Quito). — *E. Baroni* E. et C. Hart., in Nov. Zool., I, 1894, p. 54 (rio Pescado). — Ibid., in Tierr., Tr. 1900, p. 29 (1).

>Colombie S.-O. — Ecuador : rég. N., occid. et interandine.

2. **E. La Condaminei** (Bourc.). *Troch. Condamini* (lapso) Bourc. in C. R. Ac. Sc., XXXII, 1851, p. 187 (2) (Archidona). — *Eutoxeres Condaminei* Gould, Monog. I, pl. 4, nov. 1851.

Colombie orientale : région amazonienne à la Morelia (sec. Chapman). — Ecuador or. ; bassin du Napo.

>Subsp. (B). — **E. La Condaminei gracilis.** Berl. et Stolzm.). — E. *Condaminei* Tacz., Orn. Per., I, p. 259 (Pérou central). — E. *La Condaminei gracilis* Berl. et Stolzm., in P. Z. S., 1902, p. 19 (Vitoc).

>Pérou central (Huanuco, Vitoc, Garita del Sol); et Pérou oriental (So-Domingo, prov. Carabaya).

5e Groupe. — PHÆOCHROA

1er Genre. — PHÆOCHROA

Campylopterus Gould, Monog., II (pars, pl. 52). — *Ibid.*, Ell., Syn. Tr., p. 27 (ad part.) — *Phæochroa* Gould, Intr., 1861, p. 54 (type *Tr. Cuvieri*). — *Aphantochroa* Cab. et Heine; E. S., — Hart. (pars) — *Phaeochroa* Ridgw., Birds N. Amer., V, 1911, p. 362.

1. **P. Cuvieri** (D. et B.) — *Troch. C.* D. et B., in Rev. Zool., 1846, p. 310 (isthme de Panama et Teleman [errore]) (3). — *Campylopterus C.* Gould, Monog., II, pl. 52, sept. 1856. — *Ibid.*, Reichenb., Tr. Enum., pl. 805, I, 4871 (4). — *Aphantochroa C.* Cab. et Heine, in Mus. hein., III, 1860, p. 14. — *Ibid.*, Hart. in

---

(1) Cf à ce sujet Salvadori et Festa, in Boll. Mus. Torino, xv, n° 368, p. 2.

(2) Type à New-York, sec. Elliot.

(3) L'indication de Teleman au Guatémala se rapporte plutôt à *P. Roberti* Salv. ; mais la description est prise de l'oiseau de Panama comme l'indique la phrase « mandibule inférieure blanche et noire à son extrémité ».

(4) L'oiseau figuré dans le même ouvrage comme femelle de *Cœligena Clemenciæ* (pl. 687, f. 4517) a une certaine analogie avec *Phæochroa Cuvieri* au moins par ses rectrices, mais le bec est figuré beaucoup trop long pour convenir à cette espèce.

Tierr. Tr., p. 37. — *Ibid.*, Carriker, in Ann. Carn. Mus., vi, p. 523. — *Phæochroa C.* Salv. et Godm., in Biol. centr. Amer., Av., ii, 1888-1904, p. 326. — *Ibid.*, Ridgw., Birds N. Amer., v, p. 363.

Isthme de Panama (commun le long de la ligne du chemin de fer et au golfe de Nicoya) (1). — Costa-Rica occidental (2).

> *Subsp.* (B). — **P. Cuvieri saturatior** (Hart.). — *Aphantochroa id.*, H., in Bull. Brit. Orn. Cl., déc. 1901, p. 33 (île Coïba). — *Phæochroa id.*, Ridgw., *loc. cit.*, p. 365.

Île Coïba, dans la baie de Panama (mus. W. Rothschild).

> *Subsp.* (C). — **P. Cuvieri Berlepschi** Hellm. et Seilern., in Verh. Ornith. Ges. Bayern, xii, juillet 1915, p. 208 (3).

Côte N. de la Colombie à Baranquilla (4).

> *Subsp.* (D). — **P. Cuvieri notia** Todd., in Pr. Biol. Soc. Wash., xxx, 1917, p. 5.

Colombie : Turbaco, Bolivar.

2. **P. Roberti** (Salv.). — *Aphantochroa R.*, Salv. in P. Z. S. 1861, p. 203 (Choctum in tierra caliente de Vera Paz). — *Campylopterus R.* Gould, Monog., ii, pl. 53, sept. 1861. — *Phæochroa R.* Salv. et Godm., *l. c.*, p. 326. — *Ibid.*, Ridgw., *l. c.*, p. 365.

Guatemala — Honduras brit. — Honduras — Nicaragua or. (à los Sábalos).

6ᵉ Groupe. — *CAMPYLOPTERUS*

1ᵉʳ Genre. — PAMPA

Reichenb. Aufz. d. Colib., 1854, p. 11 (type *Orn. pampa* Less.). — *Campylopterus* Gould, Monog., ii, (ad part., pl. 41). — *Sphenoproctus* Cab. et Heine, Mus. hein., iii, 1860, p. 11 (type *Orn. pampa* Less.). — *Ibid.*, Gould, Intr., 1861, p. 50. — *Ibid.*, Ell., Syn. 1878, p. 22.

1. **P. curvipennis** (Licht.). — *Troch. c.* Licht., in Preis.-Verz. Mex. Vög., 1830, i, nᵒ 32 (et in J. Orn. 1863, p. 55) (du Mexique). — *Orn. pampa* Less., Colib., supp. O. M., 1831, p. 127, pl. 15 (intérieur de La Plata, [errore]). — *Pampa campylopterus* Reichenb., Tr. Enum., pl. 800, ff. 4861-4862. — *Campylopterus pampa* M. de Oca, in Pr. Acad. N. S. Philad., 1860, p. 551. — *Sphenoproctus curvipennis* auct. — *Pampa pampa curvipennis* Ridgw., Birds N. Amer., v, 1911, p. 355 (ad max. part.), *id.*, Cory, *l. c.*, 1918, p. 166.

Mexique S.-E. : états de San-Luis-Potosi, Puebla, Vera-Cruz, Oaxaca, Guerrero.

> *Subsp.* (B) — **P. curvipennis yucatanensis** E. S. — *Pampa pampa curvipennis* Ridgw., *l. c.*, 1911, p. 355 (ad part. specimen de Apazoté).

---

(1) Cité de Loma de Léon (canal de Panama), par Bangs, sous le nom erroné de *Aphantochroa cirrhochloris*, in Pr. N. Engl., z., cl. n, 1900, p. 19.

(2) Indiqué par erreur de Caracas, par Gould.

(3) Indiqué antérieurement par Berlepsch, sous le nom de *Cuvieri*.

(4) Type à Munich, ancienne coll. Berlepsch.

Mexique : presqu'île de Yucatan N. O. : Apazote dans l'état de Campêche (1).

2. **P. Lessoni** (E. S.). — *Campylopterus pampa* (non *Orn. pampa* Less.) Gould, Monog., ii, pl. 43, sept. 1855. *Sphenoproctus pampa* auct. — *Pampa Lessoni* E. S., Cat. Troch., 1897, p. 8. — *Ibid.*, Hart., Tierr., Tr., 1900, p. 30. — *Pampa pampa pampa* Ridgw., *l. c.*, 1911, p. 354, *id.*, Cory, 1918, p. 166.

Mexique : état de Yucatan sud et central : Izalam, Tizimin, la Vega (Gaumer et Ridgway). — Guatémala : Coban, Choctum, Chiséc, ciud. de Guatémala, etc.

2ᵉ Genre. — CAMPYLOPTERUS

Sw. in Zool. Journ., iii, 1827, p. 358 (type *C. latipennis* Sw. = *largipennis* Bodd., désigné par G. R. Gray en 1840). — *Campylopterus* auct. recent. (ad part.)

1. **C. largipennis** (Bodd.). — *Troch. l.* Bodd., tables pl. enlum., 1783, p. 41 (ex pl. 672, f. 2 ; de Cayenne). — *Tr. campylopterus* et *cinereus* Gm., Syst. Nat. (ed. 13ᵉ), i, 1788, p. 490 et p. 499. — *Tr. cinereus* Aud. et Vieill., Ois. dorés, i, 1802, p. 21, pl. 5 ♀. — *Tr. campylopterus* Vieill., id., p. 59, pl. 21 ♂ (2). — *Tr. latipennis* Vieill. in Nov. Dict. H. N., vii, 1817, p. 365. — *Tr. latipennis* (ex *Tr. campylopterus* Gm.) Latham, Ind. Orn., i, 1790, p. 310, n° 33. — *Ibid.*, Less., O. M., 1829-1830, p. xlii et p. 121, pl. 34, id., Traité orn. p. 286, et compl. Buff. 1838, p. 570 (de Cayenne). — *Campylopterus latipennis* Gould, Monog., ii, pl. 48, mai 1860. — *Ibid.*, Reichenb. Tr. Enum., pl. 802, ff. 4805-4866.

Guyanes française, hollandaise et anglaise. — Vénézuela : bassin de l'Orénoque moyen et de la Caura. — Brésil Occ. : rio Negro (A. R. Wallace) et S. E. prov. de Minas (E. Gounelle) (3).

Subsp. (B). — **C. largipennis maronicus** E. S.
Guyane française : Maroni.

2. **C. obscurus** Gould, in P. Z. S., xvi, 1848, p. 13 (River Amazonas). — *Ibid.*, Monog., ii, pl. 49 (mai 1860). — *Campyl. obscurus obscurus* Hellm., in Nov. Zool., xiii, p. 375, et in Abh. Bayer. Ak., xxvii, ii, 1912, p. 53 (de S. Antonio do Prata).

Brésil N. E. : état du Para et bas Amazone : le Para, S. Antonio do Prata, Peixe Boi, Macajatuba, Apehù, Santa Isabel, Benevidas, rio Moja, île de Marajo.

— *Forme intermédiaire*, Brésil or. : état de Maranho et Brésil Occ., bassin du rio Madeira.

---

(1) R. Ridgway dit en note, à propos de cet oiseau « the specimen from Apazote, in Campêche, is intermediate between *P. pampa* = *Lessoni* et *P. curvipennis*, but nearer the latter ». Les caractères de la sous-espèce sont donnés d'après deux oiseaux, probablement semblables, de la collection Boucard provenant du voyage de Gaumer au Yucatan (sans autre indication) tandis que d'autres spécimens, de même origine, sont de vrais *Pampa Lessoni*.

(2) Les pl. 1 à 20 (Colibris) sont d'Audebert et Vieillot ; les suivantes (Oiseaux-Mouches) de Vieillot seul.

(3) Indiqué par erreur de Lima, par Taczanowski, in P. Z. S. 1874, p. 541, cf. à ce sujet Berlepsch et Stolzmann, in P. Z. S., 1892, p. 401.

Subsp. (B).— **C. obscurus æquatorialis** (Gould).— *Campyl. æquatorialis,* Gould, Intr., 1861, p. 54 (Quito).

Colombie or. : région amazonienne à la Morelia (sec. Chapman). Ecuador or. : rio Napo, — Pérou or. : région amazonienne à Pébas, et centrale (vallée de Marcapata, prov. de Cuzco).— Bolivie (Maipiri, ex Buckley ; S. Augustino).

3. **C. hemileucurus** (Licht.).— *Troch. h.* Licht., in Preis.-Verz. Mex. Vög., 1830, n° 33 (Mexico).— *Orn. De Lattrei* Less., in Rev. Zool., II, 1839, p. 14 (forêts de Jalapa).— *Campyl. Delattrei* Gould, Monog., II, pl. 45, sept. 1855 (Guatémala).— *Ibid.,* Reichenb., Tr. Enum., pl. 804, ff. 4869-70.— *Campyl. De Lattrei* M. de Oca, in Pr. Ac. Philad., 1868, p. 47 (éthol.).

Mexique central et mérid. : états de Veracruz S., Mexico, Guerrero, Oaxaca, Tabasco, Chiapas. Guatémala. Honduras brit. rép. Honduras. Nicaragua.

Subsp. (B).— **C. hemileucurus mellitus** Bangs., in Pr. N. Engl. Zool., cl. III, 1902, p. 28 (el Boquete), *ibid.,* Carriker, Ann. Carn. Mus., VI, 1910, p. 521 (éthol.)

Costa-Rica et rép. de Panama.

4. **C. ensipennis** (Sw.) *Troch. e.* Sw. Zool. ill., II, 1821, pl. 107 (inc. sed.).— *Campylopterus e* Less. O. M., 1829-1830, p. 124, pl. 35 (sec. Sw.); id., Traité orn., p. 286 ; id., compl. Buff. 1838, p. 571.— *Troch. e.* Less., Troch., 1832-1833, p. 124 et 127, pl. 46 et pl. 47. Jamaica [errore] vel Trinidad.— *Campyl. e.* Gould, Monog., II, pl. 46, sept. 1857 (Tobago).— *Ibid.,* Reichenb., Tr. Enum., pl. 803, ff. 4867-4868.

Ile de Tobago, Ile de Trinidad, île de Grenada. — Vénézuela N. E. : andes de Cumana.

3° Genre. — PLATYSTYLOPTERUS

Reichenb., Aufz. d. Colib., 1854, p. 11 (type *Campyl. rufus* Less. (1).

1. **P. rufus** (Less.) *Campylopterus r.* Less., in Rev. Zool., 1840, p. 73 (loc. non indiquée) (2).— *Campyl. rufus* Gould, Monog., II, pl. 50, mai 1852 (Guatémala). — *Platystylopterus r.* Reichenb., Tr. Enum., pl. 789, ff. 4434-35. — *Campyl. rufus* Ridgw., Birds N. Amer. v, 1911. p. 361.

Guatémala : Dueñas, Atitlan, volcan de Fuego, plaine près de Pacicia et de Patzum (dans la montagne de 1.500ᵐ à 2.200ᵐ).

4° Genre. — LOXOPTERUS

Cab. et Heine; Mus. hein., III, 1860, p. 13 (type *Campyl. hyperythrus* Cab.).

1. **L. hyperythrus** (Cab.) *Campyl. h.* Cab. ap. Schomburgk, Reise Brit. Guiana (Fauna), III, 1848, p. 709 (Mont Roraima)., *ibid.,* Gould, Monog., II, pl. 51, mai 1852 (même type). *Platystylopterus h.* Reichenb., Tr. Enum.,

---

(1) Comprenant aussi *Campyl. hyperythrus* Cab.

(2) Dans l'*Echo du Monde Savant* 1843, 1ᵉʳ sém., col. 1069, et 2ᵉ sém., col. 32, Delattre et Lesson l'indiquent du Guatémala.

pl. 790, ff. 4836-38 (sec. Gould). *Loxopterus h.*, Cab. et Heine, Mus. heine.,
III, 1860, p. 13 (nota). *Campyl. h.*, Chubb, Birds, Brit. Guiana, 1916, p. 391.
Guyane angl. : Mont Roraima,

5ᵉ Genre. — SÆPIOPTERUS

Reichenb., Aufz. d. Colib., 1854, p. 11 (type *Tr. lazulus = falcatus* Sw.). —
Campylopterus auct. recent. (ad part.) (1).

1. **S. falcatus** (Sw.). — *Troch. f.* Sw., Zool. Ill., II, 1821-22, pl. 83 (inc. sed.). —
Ibid., Less. Ois-M., 1829-1830, p. 126, pl. 36 (sec. Sw.). Ibid., Traité Orn.,
p. 28, et compl. Buffon, 1838, p. 571. — *Troch. Mazeppa* (non Less., 1832),
in Rev. Zool., 1840, p. 72 ♂ (Bogota et Curaçao). — *Troch. castanurus*
Dubus, in Bull. Acad. Belg., XCI, 1842, p. 525 (Colombie). — *Troch. Azureus*
(nom. nov. pour *Troch. Mazeppa* 1840). Less. in Echo du Monde sav.,
12 oct. 1843, 2ᵉ sem., col. 686. — *Campyl. lazulus* (non *Troch. Lazulus*
Vieill.), Gould, Monog., II, pl. 44, sept. 1856. Ibid., Ell. — Salv. — Hart. —
Sæpiopterus lazulus Reichenb. Tr. Enum., pl. 801, ff. 4863-4864. — *Polytmus*
(*Campylopterus*) *Ceciliæ*. Benvenuti in Ann. Mus. Firenze (n. ser.), I, 1865,
p. 197 (Bogota). — *Sæp. Gœringi* Boucard, Gen. Humm. B., 1895, p. 358 (2).

Vénézuela. — Colombie, — Ecuador or.

2. **S. phænopeplus** (Salv. et Godm.). *Campylopterus phainopeplus*, id., in Ibis
(4ᵉ ser.) 1879, p. 202; ibid., 1880, p. 171, pl. 4, f. 1. (S. José et Atanquez; in
Sierra Nevada de Santa Marta, par F. Simons). — *Ibid.*, Sharpe in Gould,
supp., pl. 3.
Colombie N. : Sᵃ Nevada de Santa Marta, de 4.000 à 6.000 p. (S. José, Atanquez) en février, mars et avril; de 11.000 et 15.000 p., à la limite des neiges,
de juin à octobre (F. Simons, sec. Salvin).

3. **S. villavicencio** (Bourc.). — *Troch. V.* Bourc. in C. R. Ac. Sc., XXXII, 1851,
p. 187, (3) (du Napo). — *Campylopterus splendens* Lawr., in Ann. Lyc.
N. Y., VI, 1859, p. 262, ♀ (entre Quito et le Napo). — *Campyl. Villavicencio*
Gould, Monog., II, pl. 42, ♂ ♀, mai 1859. — *Campyl. Villavicencio et splendens* Gould, Intr., 1861, p. 53 et 54.

Ecuador or. : bassin du Napo.

---

(1) *Tæniopterus* Gould, Intr., p. 51, est une faute typographique pour *Sæpiopterus*
Reichenb.

(2) *Trochilus lazulus* Vieill. (in Tabl. encyclop. et méthod. Orn., II, 1823, p. 557 et
Galerie des Oiseaux, p. 296, pl. 179), que l'on rapporte ordinairement à cette espèce, en est
certainement différent « la tête, le dessus du cou et du corps, les couvertures supérieures
des ailes sont d'un vert doré à reflets ; la gorge, le devant du cou, la poitrine et le milieu
du ventre d'un beau bleu éclatant, *le bas-ventre et les couvertures inférieures de la queue*
blancs ; les pennes alaires et caudales violettes, Amérique méridionale, collect. Laugier ».
Cette description si ambiguë conviendrait peut-être un peu mieux au *Iache latirostris*
Sw., ce qui est bien loin d'être certain.

(3) Ecrit à tort *Villaviscencio* par Bourcier.

7ᵉ Groupe. — *EUPETOMENA*

1ᵉʳ Genre. — EUPETOMENA

Gould, Monog., ii, pl. 42, oct. 1852, et Introd. p. 50 (type *Orn. hirundinacea*
Less. = *Tr. macrourus*, Gm.). — *Prognornis* Reichenb., Aufz. d. Colib.,
1854, p. 11.

1. **E. macrura** (Gm.). — *Troch. macrourus* Gm., Syst. Nat., éd. 13ᵉ, i, 1788,
p. 487 (ex Briss., pl. 36, f. 9, jamaïca errore). *Tr. forcipatus* (ex *Tr. macrourus* Gm.) Latham, Index Ornit. i, 1790, p. 304, n° 9. — *Ibid.* Shaw, Gen.
Zool., viii, i, 1812, p. 320. *Orn. hirundinacea* Less., O. M. 1829-1830,
pp. xii et 98, pl. 25 (Brésil) et Col. supp. O. M., p. 179, pl. 39; id Tr. Ornith.
1831, p. 272 et compl. Buff. 1838, p. 165. — *Eupetomena hirundinacea* Gould,
Monog., ii, pl. 42, oct. 1853. — *Eup. macrura* Gould, Intr., p. 50. — *Prognornis macrura* Reichenb., Tr. Enum., pl. 805, ff. 4873-4875 (1).
Brésil : état de Bahia (2) — Guyane française.

> *Varietas* (B). — **E. macrura** var. **prasina** E. S., Cat. Tr., 1897, p. 9.
> Guyane hollandaise (?) — Brésil : états du Para (îles de Marajo et de
> Mexiana); de Minas Geraes, de Rio, de S. Paulo, de Goyaz et de
> Matto Grosso.

> *Var.* (C). — **E. macrura** var. **hirundo** (Gould). *Eup. hirundo* Gould, in
> Ann. Nat. Hist. 4ᵉ sér., xvi, 1875, p. 370 (de Huiro par H. Whit.) *Ibid.*
> M. et V., H. n. Ois. M., iv, p. 145 (3), *ibid.* Tacz., Ornith. Per., 1, 1884,
> p. 274.
> Pérou orient. : prov. de Cuzco : Huiro (par H. Whitely). Pérou centr.
> or. : prov. la Convencion : Sᵃ Anna (par Kalinowski, fide Berl.) —
> Bolivie N.-E. : Reyes sur la rio Beni (par Maxwell-Stuart, 1895) (5).

8ᵉ Groupe. — *FLORISUGA*

1ᵉʳ Genre. — FLORISUGA

Bonap., Consp. Gen. Avium, 1, 1850 (6) p. 73, n° 168 (type *Troch. mellivora*
L.). — *Florisuga* auct. (pars.).

1. **F. mellivora** (L.). — *Troch. mellivorus* L., Syst. Nat., éd. 10ᵉ, 1, 1758,
p. 121, n° 14 (in india ex Edwards, pl. 35, f. 1, et pl. enlum., 640, f. 2). —

---

(1) Sur l'éthologie cf. Deville, in Rev. et Mag. Zool., 1852, p. 214.

(2) Et probablement de Piauhy.

(3) L'oiseau figuré pl. 114 du suppl. ressemble bien plus à *Eupetomena macrura*
typique.

(4) Type à Londres, sec. Salvin.

(5) Indiqué antérieurement de Chiquitos et Moxos probablement d'après d'Orbigny.

(6) L'ouvrage imprimé à Leyde (Lugdunum batavorum) porte la date de 1850, et la
préface, sous forme de lettre à H. Schlegel, est signée *Dabam Lugduni Batavorum; Kalen-
dis, April*, mdcccl, *C. L. Bonaparte*; M. F. H. Waterhouse donne cependant le premier
volume comme de 1849.

Tr. punctatus Aud. et Vieill. Ois. dorés, I, 1802, p. 24, pl. 8 (♀ vel ♂ jun).
Tr. fimbriatus (ex Gm., [errore]), ibid., p. 61, pl. 22 (jun. de Cayenne).— *Tr. mellivorus* (ex Gm.) ibid., p. 63, pl. 23 (♂ ad. de Cayenne); pl. 24 (♂ jn.). — *Mellisuga surinamensis* Stephens in G. Shaw, Gen. Zool., xiv, 1826, p. 243. — *Orn. mellivora* Less., Ois. M., 1829-1830, pp. 90 et xxiii, pl. 21 et 22. id. Tr. Orn. 1831, p. 277, et compl. Buff. 1838, p. 564 (Guyane, Brésil et Martinique [errore]). — *Florisuga m.* Gould, Monog., ii, pl. 113, nov. 1851. — *Fl. Sallei* Boucard, in Humm. B. 1, 1891, p. 18 (Mexique) (1). — *Fl. guianensis* id., Gen. Humm. B., p. 340 (Guiane brit.) (2). — *Fl. peruviana* id., p. 341 (Ecuador et Pérou) (3). — *Fl. mellivora* auct. recent.

Ile de Trinidad ; toute l'Amérique centrale et méridionale, du sud du Mexique au bassin de l'Amazone, au Matto-Grosso, et aux Andes de la Colombie, de l'Ecuador et du Pérou.

Subsp. (B), — **F. mellivora flabellifera** (Gould). — *Troch. flabelliferus* G. in P. Z. S., xiv, 1846, p. 45 (Mexico) (4)). *Florisuga f.* Gould, Monog., ii, pl. 114, nov. 1851 (Tobago et (?) Orinoco). *Florisuga mellivora tobagensis* Ridgw., in Pr. biol. Soc. Wash., xxiii, 1910, p. 55 (Tobago). *Id.* Cory, *l. c.* 1918, p. 170.

Ile de Tobago.

2ᵉ Genre. — MELANOTROCHILUS

Florisuga sectio *Melanotrochilus* Deslongch. in Guide du Naturaliste, ii, 1880, p. 7 — *Ibid.*, Cat. descr. Tr. 1881, p. 166 (type *Tr. fuscus* Vieill.). — *Melanotrochilus* Hart., in Tierr. Tr., 1900, p. 35.

1. **M. fuscus** (Vieill.), *Troch. f.* Vieill. in N. Dict., 2 éd., vii, 1817, p. 348 ♀ vel ♂ jn. (Brésil). — *Troch. niger* (non L.) Sw. Zool. Ill., ii, 1821-22, pl. 82. — *Troch. atratus* Licht, Verz. d. Doublett Zool. Mus. etc., 1823, p. 14, n° 113 (Brésil) — *Colibri leucopygus* Spix, Av. Bras., 1, 1824, p. 81, pl. 81, f. 3 — *Troch. ater* Less. (sec. Wied.) Man. Orn., ii, 1828, p. 74. — *Orn. lugubris* Less., Ois. M., 1829-1830, p. 132, pl. 38-39 (Brésil). id. Traité ornith. p. 275, id. compl. de Buffon 1838, p. 573 — *Florisuga atra* Gould, Monog., ii, pl. 115, nov. 1851 — *Floris. fusca* Cab. et Heine, Mus. heine, iii, 1860, p. 29, — *ibid.* Ell., Syn., 1878, p. 48, — *ibid.* Salv., Cat., xvi, p. 331, — *Melanotrochilus fuscus* Deslongch., in Ann. Mus. Caen, i, 1880, p. 215, — *ibid.* Hart. in Tierr. Tr., 1900, p. 35.

---

(1) Individu anormal ou altéré accidentellement dont toute les parties vertes sont bronzé doré, les parties bleues, vert-bleuâtre.

(2) Jeunes mâles ou adultes ayant gardé en partie la livrée du jeune (voir note au synopsis).

(3) Ne diffère en rien du type.

(4) Localité certainement erronée comme Gould l'a reconnu quelques années après dans sa Monographie et dans l'Introduction (p. 81, the island of Tobago and perhaps elsewhere); la diagnose originale s'applique exclusivement à la forme de Tobago « Closely allied to *Tr. mellivorus* but distinguished from that species by its much greater size and by the narrowness and browner colour of the bordering of the tail feathers ».

Brésil : états de Bahia, de Pernambuço (à Pery-Pery et sierra de Communaty, par E. Gounelle), de Minas, de Rio, de S. Paulo, de Rio Grande do Sul (1).

9e Groupe. — PETASOPHORA

1er Genre. — PETASOPHORA

Petasophora G. R. Gray, List. Gen. Birds., 1840, p. 13 (type *Tr. serrirostris* Vieill.). — *Colibri* (2) Spix, Av. sp. nov. in Itin. Bras., etc. 1824, I, p. 80 (type *Tr. serrirostris* Vieill., désigné par Bonap. en 1850). — *Colibri* Bonap., in C. R. Ac. Sc., xxx, av. 1850, p. 382. — *Ibid.* J. E. Gray, in Cat. Gen. et subg. B., 1855, p. 21, n° 211. — *Petasophora g Praxilla* Reichenb., Aufz. d. Colib. 1854, p. 13 (type *Tr. iolatus* Gould). *Petasophora* Cab. et Heine, in Mus., heine., III, 1860, p. 25. *Pinarolæna* Gould, in Ann. Nat. Hist., ser. 3e, V, 1880, p. 489 (type *P. Buckleyi* Gould). — *Petasophora* auct. recent. — *Colibri* Hart., in Tierr. Troch., 1900. p. 93, — *ibid* Ridgw., Birds N. Amer., v, 1911, p. 480.

1. **P. serrirostris** (Vieill.) — *Troch. s.* Vieill., Analyse d'une nouv. Ornith. 1816, p. 69 (Brésil) (3) — *Troch. petasophora* Wied, Reise Bras. II, 1821, p. 191, *Ibid.* Temm.. pl. col, Ois., pl. 203, f. 3, 34e liv., 26 juillet 1823. — *Colibri crispus* Spix, Av. Itin. Bras., 1824, p. 80, pl. 81, f. 1 (Rio) — *Grypus Vieilloti* Stephens ap. Shaw, Gen. Zool. XIV, p. 256. — *Orn. petasophora* Less. O. M. 1829-1830, XXXVIII, pl. 1, — id. Traité orn. p. 284, — id. compl. Buffon (Pourrat 1838) p. 553. — *Petasophora serrirostris* Gould, Monog., IV, pl. 223, mai 1853 (4).

Brésil : états de Bahia, Minas, Rio, Goyaz, Matto-Grosso, S. Paulo — Pérou — Bolivie : Yungas Valle Grande (d'Orbigny) ; Coroico — Argentine : prov. de Tucuman et de Santa-Fé.

2. **P. iolata** (Gould). — *Ramphodon Anaïs* Less., Troch. 1832-1833, p. 146, pl. 55 (non Less. 1829). *Troch. coruscans* (non *Tr. coruscans* Fraser 1840).

---

(1) Boucard ajoute Colombie et Ecuador, mais dans sa collection, le spécimen portant « Ecuador, Buckley » est une peau de Bahia, l'autre étiqueté de Colombie, est une peau de Rio.

(2) Nom d'origine Caraïbe que Linné a sans doute cherché à latiniser en *Colubris* ? (*Troch. colubris* L.). Employé sous cette forme par Hübner (in Samm. Vogel und Schmetterl., 1793, pp. 7-9, pl. 15, 16 et 39) pour un genre qui n'est pas viable, comprenant *Colubris ourissa* (p. 7, pl. 15) *C. mellivorus* (p. 7, pl. 16) et *Colubris minimus* (p. 9, pl. 39) se référant à des figures qui ne représentent pas sûrement les espèces Linnéennes connues sous les mêmes noms (cf. à ce sujet Richemond, in Pr. Nat. Mus. xxxv, 1908, p. 601).

(3) Seul Trochilide décrit dans ce très rare ouvrage, p. 69, « *Trochilus serrirostris*, d'un vert doré en dessus; ailes et queue d'un violet sombre; gorge d'un bleu violet sur les côtés, d'un brun pointillé d'or sur le milieu, parties postérieures de celle-ci de couleur brune; bas ventre et couvertures inférieures de la queue blancs ; bec et pieds noirs ; taille du Rubis topaze ; habite le Brésil ».

(4) Gould (Intr. p. 124) ajoute à cette synonymie : *Petasophora Gouldi* Bonaparte (proposed for a smaller bird inhabitting Bahia) mais je crois que la description n'en a jamais été publiée. *Petasophora chalcotis* Licht., cité par Reichenbach, est aussi resté un nom de collection de même que *Trochilus janthinotus* Natterer, cité par Lesson.

Gould, in P. Z. S., 1846, p. 44 (1) (inc. sed.). *Petasophora coruscans* id,
Monog., iv, pl. 226, mai 1853 — *Pet. iolata* id. in P. Z. S. 1847, p. 9; et Monog.,
iv, pl. 225, mai 1853 (Bolivie). — *P. Anaïs* id. Monog., iv, pl. 224, mai 1873
(Bogota). — *Pet. rubrigularis* Ell. Syn. 1878, p 51 (nota) — *Pinarolæma
Buckleyi* Gould, in Ann. Nat. Hist. (5e sér.) v, 1882, p. 489 (2). (Misqui en
Bolivie, par Buckley), — *Ibid.* Sharpe in Gould, supp., pl. 8, août 1880. —
Colibri iolatus Hellm. et Seilern, in Archiv. Naturg. 1912, p. 142 (la Cumbre
de Valencia). *Colibri iolatus iolatus* et *C. iolatus brevipennis* Cory, Cat., 1918,
pp. 220-221 (3). *Ethol.* cf. Stolzm. in Orn. Pér., p. 368.

Andes du Vénézuéla, de la Colombie, de l'Ecuador, du Pérou, de la Bolivie
et de l'Argentine, dans les prov. de Catamarca occid. (Fontana) et de
Tucuman (la Ciénaga à 2.600 m. par G. A Baer).

P. **germana** Salv. et Godm., in Ibis, 1884, p. 451, et 1885, p. 434 (du Roraima
par H. Whitely). — *Ibid.* Sharpe in Gould, supp., pl. 11, mai 1887. — *Colibri
G.* Chubb, Bd. Brit. Guiana, 1, 1916, p. 406.

Guyane anglaise : mont Roraima.

4. P. **thalassina** (Sw.) *Troch. thalassinus* Sw., in Phil. Mag. n. sér., 1, 1827,
p. 441 (Temascaltepec, Mus. Bullock). *Orn. Anaïs* Less., Col., supp. O. M.,
1831-1832, p. 104, pl. 3 (Chili [errore]). *Ramphodon Anaïs* Less., Troch.
1831, p. 148, pl. 56 (Mexico). — *Petasophora thalassina* Gould, Monog., iv,
pl. 327, mai 1850 — *Colibri thalassinus* Bonap. — Hart. etc, — Ridgw., B. N.
Amer., v, 1911, p. 482.

Mexique, S. : états de Guanajuato, Mexico, Hidalgo, Puebla, Vera-Cruz,
Oaxaca, Guerrero, Michoacan, Jalisco, Chiapas, territ. de Tepic — Guatemala (dans la haute montagne).

5. P. **cyanotis** (Bourc.). — *Orn. Anaïs* Less., Troch., 1832-1833, p. 151, pl. 57
(Mexique [errore]) — *Troch. cyanotus* Bourc. in Rev. Zool., av. 1843, p. 101,
(Caracas) (4). — *Ibid.* Bourc. et Muls., in Ann. Sc. phys. Lyon, vi, 1843,
p. 41 — *Petasophora cyanotis* Gould, Monog., iv, pl. 228, mai 1853 — P. *Caba-
nidis* Heine, in J. f. Orn., 1863, p. 182 (substitué à *P. cyanotis* Cab. non
Bourc.). *P. Cabanisi* Lawr. in Ann. Lyc. N. Y. ix, pp. 125 et 126 — P. *cya-
notus cabanidis* Bangs, in Pr. N. Engl. Zool. Cl., iii, 1902, p. 30 (Chiriqui)
— *Ibid.* Carriker, in Ann. Carn. Mus. vi, 1910, p. 530 (5). *Colibri cyanotus*
Ridgw., in Birds N. Amer., 1911, v, p. 484.

---

(1) Variété individuelle ou altération ; oiseau offrant sur la poitrine quelques plumes plus
ou moins orangé doré ou rose doré, toujours irrégulières. *P. rubrigularis* Ell. (Syn. p. 51
note) repose sur une altération analogue. — Le nom de *Trochilus coruscans* Gould, 1846,
aurait la priorité s'il n'était primé par un autre *Trochilus coruscans* Fraser 1840, synonyme
de *Chalcostigma heteropogon*. Boiss.

(2) Mélanisme incomplet ou décoloration des parties brillantes ; le type de Misqui en
Bolivie était jusqu'ici unique ; Oberholser en a signalé un second de Chillo Valley dans
l'Ecuador.

(3) Malgré la vaste étendue de son habitat, les variations de coloration et de taille que
présente parfois cette espèce m'ont toujours parues idividuelles et non subspécifiques.

(4) Lesson a donné à tort le *Troch. cyanotus* Bourc. comme synonyme de l'*Orn. Delphinæ.*

(5) Voir note p. 36 du synopsis.

Costa-Rica et rép. de Panama. Vénézuela. Colombie. Ecuador. Pérou. Bolivie.

Nota. — Lesson a confondu trois espèces de *Petasophora* sous le nom d'*Anaïs* :
1° Col. supp. Ois. M., p. 104. pl. 3 (= *P. thalassina*); Chili, localité erronée.
2° Troch., p. 146, pl. 55 (= *P. iolata*); Mexique, localité erronée.
3° Id., p. 148, pl. 56 (= *P. thalassina*); Mexique, exact.
4° Id., p. 151, pl. 57 (= *P. cyanotis*) ; Mexique, loc. erronée.

Enfin dans la Rev. de Zool., I, 1838, p. 315, n° 12, et l'Echo du monde savant 1843 (2ᵉ sém.) col. 732; Lesson a donné la nouvelle diagnose d'un *Trochilus Anaïs* de la Guyane qui n'est pas un *Petasophora* ; la courte diagnose, très obscure, pourrait convenir au *Lampornis viridigula* Bodd., femelle ou jeune(1) ou peut-être au *Threnetes niger* (L.) ; tous deux de la Guyane française où le groupe des *Petasophora* n'est représenté que par le *Telesiella delphinæ* ; on pourrait aussi y reconnaître le *Lampornis mango* (L.) de la Jamaïque, dans ce cas la localité serait aussi erronée ; Lesson paraît en avoir vu plusieurs individus ; dans la Revue il ne cite que celui de la collection Parzudaki, dans l'Echo il dit « un individu que nous a communiqué M. Longuemare et un deuxième que nous a communiqué M. Delattre sont les seuls que nous ayons vus, ils provenaient de la Guyane » ; rien ne prouve que ces oiseaux étaient tous de même espèce, ce qui augmente encore la difficulté.

2ᵉ Genre. — TELESIELLA

Petasophora g Telesiella Reichenb., Aufz., Colib. 1854, p. 13 (type *Orn. Delphinæ* Less.) — *Telesilla* (nom. emend.) Cab. et Heine, Mus. heine., III, 1860, p. 27. — *Petasophora* (ad part, *P. Delphinæ*) auct. recent. (2).

1. **T. Delphinæ** (Less.) *Orn. D.* Less. in Rev. Zool., II, 1839, p. 44 (inc. sed. ex Mus. Longuemare). — *Id.* Echo du monde savant, 1843, 2ᵉ sem., col. 733 (pars, adulte non jeune) (3). — *Petasophora Delphinæ* Gould, Monog., VI, pl. 229, mai 1853. — *Ibid.* auct. recent.

Guatemala. Honduras. Nicaragua. Costa-Rica. rép. de Panama. Vénézuela. Colombie. Ecuador. Pérou et Bolivie. Guyanes et île de Trinidad.

---

(1) Ces phrases, *linea nigra rufo marginata sub mentem et colli partem anteriorem*, et plus loin *cauda pennis albido marginatis* semblent convenir à un très jeune mâle de *Lampornis viridigula*.

(2) Dans un mémoire préliminaire au *Conspectus* (in Ann. Sc. Nat., 1854, pp. 137 et 138) Bonaparte avait attribué à Reichenbach un certain nombre de genres, qui je crois n'ont jamais été publiés et doivent disparaître de la nomenclature comme *nomina nuda* : p. 137, *Delphinella, Guimelia, Aline, Luciania, Derbomiya* ; p. 138, *Stokesiella, Cyanopogon, Cora, Elisa* ; les noms de ces genres inédits sont tous empruntés à ceux des espèces qui devaient en être les types.

(3) Lesson se réfère ici à ses *Illustrations de Zoologie*, t. II, 1832 (sans autre indication); ouvrage dont le premier volume a seul paru, encore incomplètement.

10ᵉ Groupe. — *LAMPORNIS*

1ᵉʳ Genre. — **LAMPORNIS**

Sw., in Zool. Journ., III, 1827, p. 358 (type *Tr. mango* L., désigné par Gray en 1840). *Anthracothorax* (1) et *Smaragdites* (pars. *S. aurulentus* et *viridis* (2) Boie, in Isis, 1831, pp. 545-547. — *Anthracothorax b Floresia* (type *Tr. porphyrurus* Shaw) et *Anthracothorax d Hypophania* (type *T. dominicus* L.) et *Margarochrysis* (type *Tr. aurulentus* Vieill.), Reichenb., Aufz. d. Colib., 1854, p. 11. — *Endoxa* (substitué à *Floresia*) Heine in J. Orn., XI, 1863, p. 179 — *Crinis* Muls. et Verr., H. N. Ois. M., 1, 1874, p. 178, et Ann. Soc. linn. Lyon XXII, 1875, p. 202 (type *L. calosoma* Ell.). *Anthracothorax*, (sec. Boie). Richemond. Ridgway et auct. americ. (3).

1. **L. mango** (L.). — *Troch. mango* L. Syst. Nat., éd. 10ᵉ, I, 1758, p. 128, n° 16. (Jamaica, sec. Albin, pl. 49, f. 2). *Tr. porphyrurus* Shaw et Nodder, Nat. Miscell. IX, avr. 1798, pl. 333. — *Lampornis porphyrurus* Gould., Monog., II, pl. 81, mai 1858. — *Anthracothorax Floresia porphyrurus* Reichenb.; Tr. Enum., pl. 795, ff. 4849-4850 (4). — *Lampornis mango* Ell., Syn., 1878, p. 39. — *Anthracothorax mango* Ridgw., B. N. Amer. v, 1911, p. 457.

   Ile de la Jamaïque.

2. **L. dominica** (L.). — *Troch. dominicus* L., Syst. Nat., éd. 12ᵉ, I, 1766, p 191 (séc. *Polytmus dominicensis* Briss., III, p. 672, pl. 35, f. 1). — *Tr. margaritaceus* Gm., Syst. Nat., éd. 13ᵉ, 1788, p. 490. — *Lampornis aurulentus* Gould, Monog., II, pl. 79, mai 1858 (S. Domingue). *Margarochrysis aurulenta.* Reichenb. Tr. Enum., pl. 784, ff. 4822-4823 (S. Domingue et Puerto-Rico) (5).

   — *Anthracothorax dominicus* Rigdw. B. N. Amer., v, 1911, p. 468.
   Ile Saint-Domingue.

---

(1). Comprenant *Troch. mango* L., *holosericeus*, *violaceus* et *gramineus* Gm.

(2) Comprenant en outre *Troch. viridissimus* (sans nom d'auteur); *Maugæi* Vieill., *longicaudus* Vieill., *cristatus* L. et *tobaci* Gm.

(3) Je me suis toujours servi du nom générique *Lampornis* car la raison que donne Richmond (in Auk, XIX, 1902, p. 83) et à son exemple la plupart des auteurs américains, pour lui substituer le nom postérieur d'*Anthracothorax* Boie (Isis 1831) ne me paraît pas valable; le genre *Lampornis* a été décrit par Swainson dans le t. III du *Zoological Journal*, fasc. XI daté de septembre à décembre 1827, p. 358, avec une courte diagnose et la citation des espèces types parmi lesquelles ne figure pas le *Lampornis amethystina*, décrit un peu avant par Swainson dans le *Philosophical Magazine Nat. Sc.*, 1, n° 6, juin 1827, en se référant pour le genre à l'autre travail, celui du *Zool. Journal* t. III, qui paraît ainsi avoir la priorité, contrairement aux dates, sans doute erronées, des fascicules ; dans tous les cas *Lampornis* ne peut prendre date que du jour de la publication de sa diagnose et s'il a été employé un peu antérieurement ce ne peut être que comme *nomen nudum* ; des trois espèces citées comme types dans le Zool. Journ. : 1° *mango* L., 2° *pella* L., 3° *niger* L. Cette qualité revient à la première selon l'application qu'en a faite Gould.
Quant au *L. amethystina* il rentre dans le genre *Cœligena*, voir plus loin.

(4) Je ne cite pas parmi les synonymes du *Tr. mango* L. le *Trochilus Floresi* Bourc. et Muls. (in Ann. Sc. phys. Lyon, 1846, p. 327), car la description, au moins pour le dessous du corps, paraît mieux convenir au *Tr. viridigula* Bodd. (dessous du corps paré en devant et à peu près jusqu'au niveau des épaules de plumes squamiformes vertes) ; dans ce cas l'indication de Jamaïque serait erronée.

(5) Peut-être l'une des formes de Puerto-Rico ?

Subsp. (B). — **L. dominica intermedia** E. S.

Ile de Puerto-Rico (1).

Subsp. (C). — **L. dominica aurulenta** (Vieill.). — *Troch. aurulentus* Aud. et Vieill., Ois. dorés I, 1802, p. 34, pl. 12 ♂, pl. 13 ♀. — *Ibid*, Vieill. in N. Dict., VII, 1817, p. 350 (P.-Rico, par Maugé), *ibid.* Less., Col. 1831, pp. 68 et 75, pl. 16 ♂, 17 ♀, 19 ♂ jn. (P.-Rico, par Maugé, mêmes types). *L. virginalis* Gould, Monog., II, pl. 80, sept. 1861, et Introd. 1861, p. 66 (Saint-Thomas). — *Lamp. Ellioti* Cory, in Auk, VII, 1890, p. 374 (île Anegada) (2). — *Lamp. virginalis* Salv., Cat. XVI, p. 97. — *Anthracothorax aurulentus* Ridgw., *l. c.*, 1911, p. 470.

Ile Puerto-Rico, Iles Vierges, Ile Saint-Thomas, Ile Culebra, Ile S. Johns, et Ile Anegada.

3. **L. viridigula** (Bodd.). — *Troch. viridigula* B., table pl. enlum. etc., 1783, p. 41 (ex. pl. 671, f. 1). — *Tr. violicauda*, id., p. 41 (ex. pl. 671, f. 2 (3) (4). — *Tr. gramineus* Gm., Syst. Nat., éd. 13e, 1788, p. 488, n° 3 (ex. *le Hausse-col vert* de Buffon, Ois. VI, p. 58). — *Tr. maculatus*, id. p. 488 (♂ jn., ex. pl. enlum. 671, f. 1). — *Tr. albus*, id., p. 488, n° 34 (ex. pl. 671, f. 2). — *Tr. nitidus* (substitué à *T. albus* Gm.). — *Tr. pectoralis* (subst. à *gramineus* Gm.), *Tr. gularis* (subst à *Tr. maculatus* Gm.) Latham, ind. Ornith., I, 1790, pp. 305-306. — *Tr. elegans* G. Chr. Reich in Magaz. d. Tierr. 1, fasc. 3, 1795, p. 129. — *Tr. variegatus* Suckow, in Aufangs d. Naturg., II, pars. 1, 1800, p. 682. — *Tr. nitens* Bechstein, 1811 (5). *Tr. gramineus* Aud. et Vieill., Ois. dorés, 1, 1802, p. 26, pl. 9 ♂ et pl. 10 (jn.). — *Tr. gutturalis* (subst. à *gularis* Latham) et *Tr. punctulatus* (subst. à *Tr. punctatus* Gm.) Shaw, Gen. Zool., XII, 1, 1812, pp. 300 et 303. — *Tr. gramineus* Less., Colib., 1831, pp. 52-56, pl. 12 et 12 *bis* (Guyane) (?). — *Tr. anais* (non Less.; 1831) Less. in Rev. Zool., 1, 1838, p. 226, n° 12, et Echo du monde savant, 1843. 2e sem., col. 732. — *Lampornis gramineus*

---

(1) *Trochilus atrigaster* Vieill. (N. Dict. VII, p. 356 et Tabl. Encycl., p. 550 ex Ois. dorés I, pl. 65) également de Puerto-Rico, pourrait être synonyme de l'une des formes de *L. dominica*, ce qui est cependant douteux à cause de ses sous-caudales blanches.

(2) Cette synonymie est plus que probable ; je reproduis à ce sujet la diagnose de Cory : *L. Ellioti* « Similar to *L. dominicus* but differt from it in being smaller, in having the wings and tail shorter, and in having the belly crissum and under tail coverts, much paler, the white feather on the thinghs are more extended, two central tail-feathers golden bronze, etc. »

(3) Cette figure 2 représente une femelle et pourrait tout aussi bien convenir à toutes les espèces du même groupe, mais il n'y a aucune raison valable pour croire que le dessinateur de la pl. 671 n'ait pas représenté les deux sexes de la même espèce, de même origine ; plusieurs auteurs : Elliot, Salvin, etc., ont cependant attribué arbitrairement cette figure 2 à l'espèce suivante *L. nigricollis*.

(4) Boddaert ajoute bien *Linn. 66, o*, mais pour indiquer que l'espèce, inconnue de Linné, rentre dans le 66e genre de cet auteur. Les synonymies de l'ouvrage de Boddaert ont été récemment indiquées par Mathews et Iredale (1915, pp. 31-51).

(5) Les noms de *Trochilus elegans* Reich, *variegatus* Suckow, et *nitens* Bechstein, ont été proposés pour un *Trochilus* décrit mais non nommé par Richard et Bernard in Act. Soc. Hist. Nat. de Paris, 1792, p. 117, sp. n° 45 de la Liste des Oiseaux envoyés de la Guyane par Le Blond.

Gould, Monog., ii, pl. 77, mai 1858. — *Anthracothorax Hypophania domi-
nicus* Reichenb., Tr. enum., pl. 792, ff. 4845-4846 (S. Domingo (errore),
Guyane). — *Lampornis gramineus* auct. recent. *Anthracothorax gram.*
Hellm., 1906. Berl., 1908. Ridgw., 1911. — *Anthr. viridigula* Chubb, 1916.
Vénézuela N.-E., Ile de Trinidad. — Guyanes. — Brésil N.-E. : Cunani ; états
du Para et de Maranho.

4. **L. veraguensis** (Reichenb.). *Anthracothorax Sericotes veraguensis* Reichenb.. Tr. Enum., 1855, p. 9, pl. 794, f. 4848 (la Veragua). — *Lampornis
   verag.* Gould, Monog., ii, pl. 76, mai 1858 (Chiriqui, par Warszewicz). —
   Anthracothorax verag. Ridgw., l. c., 1911, p. 467.
   République de Panama ; isthme : Calobre, cordill. del Chucu ; la Veragua ;
   volcan du Chiriqui (douteux pour le Costa-Rica).

5. **L. nigricollis** (Vieill.). — *Troch. n.* Vieill. in n. Dict. vii, 1817, p. 399 (Brésil),
   et *Troch. mango* (non L.), p. 23 (ex Ois. dorés, i, pl. 7 ♂) (1). — *Troch. mango*
   (non L.) Shaw, Gen. Zool., viii, 1, 1812, p. 294. *Ibid.*, Less. Colib., 1830,
   pp. 56 et 64, pl. 13 à 15 (jamaica [errore]) (2). — *Ibid.*, Audubon, B. of
   Amer, (2e éd., 1844), p. 186, pl. 251 (Key-West in East Florida). — *Anthracothorax mango* Reichenb. Tr. Enum., 1855, pl. 791, ff. 4839-4841. — *Lampornis
   mango* Gould, Monog., ii, pl. 74, sept. 1856. — *Lamp. violicauda* (ex Bodd.).
   Ell. — Salv., etc., etc. — *Anthrac. nigricollis-nigricollis* Hellm. et Seilern,
   in Arch. Naturg., 1912, p. 142 (la cumbre de Valencia), *ibid.*, Hellm. in Abh.
   Bayern Ak. W., xxvi, ii, 1912, p. 51 (le Para). — *Ibid.*, Ridgw. B. N. Amer.
   v, 1911, p. 459. *Ibid.*, Chapman, in Bull. Amer. Mus. xxxvi, 1917, p. 294. —
   Anthrac. violicauda Chubb, B. Br. Guiana, 1916, p. 410.

   États-Unis S.-E. : Key-West sur la côte E. de la Floride (sec. Strobel) (3)
   toute l'Amérique du Sud, de Panama au Pérou et à la Bolivie (d'Orbigny) (5) ; du Vénézuéla et de l'Ile de Trinidad au sud du Brésil, au
   Paraguay et au N. de l'Argentine (Prov. Missiones sec, Dabbene).

6. **L. iridescens** Gould, Intr., 1861, p. 65, n° 84 (Guayaquil, par Jameson).
   Anthrac. violicauda iridescens Oberh., in Pr. U. S. Nat. Mus., xxiv, 1902,

---

(1) Quelques autres synonymies plus anciennes sont toutes très douteuses.

(2) La pl. 70 rapportée par l'auteur à la même espèce me paraît plutôt convenir soit à
L. Prevosti soit à *L. Hendersoni*, mais il faudra peut-être ajouter à cette synonymie *Trochilus
bromicolor* Less., in *Echo du monde savant*, 1843, 2e sem. col. 755 ; dont la description est
cependant quasi incompréhensible. Les auteurs de l'époque de Lesson ont souvent représenté la bande noire du dessous du corps plus ou moins bleu.

(3) Localité sans doute accidentelle car le *L. nigricollis* n'y a été tué qu'une seule fois,
il y a plus de 75 ans par Strobel, et d'autant plus curieuse que l'espèce n'existe ni dans les
grandes Antilles ni au Mexique. J. J. Audubon a donné une description et des figures de
ce spécimen (2e éd., p. 286, pl. 251) ; la femelle figurée sur la même planche avait été
envoyée à l'auteur de Charleston, mais ne provenait probablement pas des Etats-Unis.

(4) L'indication « Saint Andrews Island, Caribbean Sea » faite par Ridgw. (Birds
N. Amer., v, p. 461) se rapporte probablement à *L. Hendersoni*.

(5) Je ne le connais cependant pas de l'Ecuador occidental où il est remplacé, dans la
région côtière, par *L. iridescens* Gould ; mais il existe dans l'Ecuador or. amazonien, à
Sarayaca.

p. 321. — *Anthrac. nigricollis iridescens* Ridgw., Bds. N. Amer., v, 1911,
p. 456 (au tableau).

Ecuador occidental : parties basses de la côte du Pacifique.

7. **L. Prevosti** (Less.) *Troch. P.* Less., Col. 1831, p. 87, pl. 24 (inc. sed.); *ibid.*
Bourc., in Rev. Zool., av. 1843, p. 99 (Caracas [errore]) (1). *Lampornis P.*
Gould, Monog., II, pl. 75, mai 1858. — *Anthrac. P.* Reichenb., Tr. Enum.,
pl. 792, ff. 4842-44. — *Lamp. thalassius* Ridgw., in Pr. biol. Soc. Wash., III,
1885, p. 3 (Yucatan : Ile Cozumel). — *Anthrac. Prevosti Prevosti* Ridgw., *l. c.*,
v, 1911, p. 463 (1).

Mexique S. : états de Tamaulipas, Vera-Cruz, Oaxaca, Chiapas, Yucatan et
Iles de la côte, Honduras brit., Honduras et Guatémala.

Subsp. (invisa) (B). — **L. Prevosti gracilirostris** (Ridgw.). — *Anthrac.*
Prev. gracilir. Ridgw. In Pr. biol. Soc. Wash., XXIII, 1910, p. 55
(Costa-Rica : Bolson). — Ibid., *l. c.*, v, 1911, p. 465. — *Anthr. Prevosti*
Prevosti Carriker, in Ann. Carn. Mus., VI, p. 538.

Nicaragua et Costa-Rica.

8. **L. Hendersoni** Cory, in Auk IV, 1887, p. 177 (île Vieja Providencia, par
R. Henderson). — *Ibid.*, Salv. Cat. XVI, p. 99. — *Ibid.*, E. S. in Rev. Fr.
Ornith., 1909, p. 9. — *Anthracoth. Prevosti Hendersoni* (2) Ridgw., *l. c.*, v,
1911, p. 466.

Vénézuela N. et E. : Caracas et andes de Cumana. Ile Vieja Providencia sur
le banc des Mosquitos (3).

Subsp. (invisa et incerta) (B). — **L. Hendersoni viridicordata** (Cory). —
Anthracoth. Prevosti viridicordatus Cory, in Field Mus. nat. hist., 1,
n° 7, mai 1913, p. 286. — Id., Cat., 1918, p. 221.

Vénézuela N. : lagune de Maracaïbo à el Panorama, sur le rio Aurare,

---

(1) Les deux premiers auteurs ont indiqué le principal caractère de l'espèce : la bande
noire du dessous, chez le mâle, n'occupant que le menton et la gorge, coupée net au niveau
de la poitrine ; chez la femelle, se prolongeant en s'atténuant sur la poitrine et une partie
de l'abdomen où elle devient diffuse. Lesson n'a connu que la femelle et sa description
laisse des doutes, d'autant plus qu'il dit : « on la prendrait pour le jeune du Colibri à
plastron noir (*L. nigricollis*) mais il s'en distingue par son bec plus court ». Or on sait que
L. Prevosti diffère précisément de l'espèce voisine par son bec plus long. Lesson ignorait la
provenance de l'oiseau qui lui avait été communiqué par F. Prévost, il l'a indiqué, probablement par erreur, de Surinam dans son *Index* (p. XII, n° 21). Bourcier décrit le mâle
adulte de même origine, également donné par F. Prévost ; mais il l'indique à tort de Caracas,
car au Vénézuela, le *L. Prevosti* de l'Amérique centrale, est jusqu'ici exclusivement
remplacé par *L. Hendersoni* ; il est probable que F. Prévost, ignorant la provenance des
oiseaux de sa collection, leur avait donné des patries de fantaisie.

(2) *L. Hendersoni* serait bien plutôt une forme de *L. nigricollis*, cf. à ce sujet E. S.,
Rev. Fr. Ornith., 1909, p. 9.

(3) Ces localités, très éloignées les unes des autres, sont cependant situées sur le même
parallèle, et il est probable que l'espèce est disséminée dans toutes les montagnes littorales
qui bordent le golfe du Mexique, de la pointe de Paria à l'est, aux îles Vieja Providencia et
S. Andres à l'ouest, ce qui fait supposer que *L. viridicordatus* est plutôt une forme de
L. Hendersoni.

9. **L. viridis** (Audeb. et Vieill.) *Troch. viridis*, in Ois. dorés, I, 1802, p. 39, pl. 15 (îles de l'Amérique sept., par Maugé) (1). — *Tr. aureo-viridis* Shaw, Gen. Zool., XII, 1, 1812, p. 305 (ex Vieill., pl. 15). — *Tr. viridis* Less., Col., p. 50, pl. 11; id., Traité pra., 1831, p. 290 (Puerto-Rico, par Maugé). — *Lamp. viridis* Gould, Monog., II, pl. 78, mai 1861 (♂ non ♀) (2). *Agyrtria d Chalybura viridis* Reichenb. Tr. Eum., pl. 765, f. 4771.
Îles de Puerto-Rico et de Saint-Thomas (3).

NOTA. — Je ne fais pas figurer dans ce catalogue *Lampornis calosoma* Ell. que je considère comme un hybride de *Lampornis nigricollis* et de *Chrysolampis mosquitus* (*Chrysolampis chlorolæmus* Elliot, in Ann. Nat. Hist. (4ᵉ s.) VI, 1870, p. 346 = *Lampornis calosoma* Elliot, ibid., 1872, p. 451 et Syn. 1878, p. 41). Oiseau pour lequel Mulsant avait proposé un genre *Grinis*.

2ᵉ Genre. — AVOCETTULA

Reichenb., Av. Syst. 1849, pl. 39 (type *Tr. recurvirostris* Sw.). — *Avocettinus* Bonap., in C. R. Ac. Sc., XXX, av. 1850, p. 383 (même type) (4). — *Streblorhamphus* (subst. à *Avocettinus*) Cab. et Heine, in Mus. heine., III, 1860, p. 76.

1. **A. recurvirostris** (Sw.) *Troch r.* Sw., in Zool. Illustr., II, 1821-22, pl. 105 (Peru [errore] ex Mus. Bullock). *Orn. r.* Less. O. M. 1829-1830, pp. XXXVI et 129, pl. 37 (sec. Sw.); id., Col., supp. O. M. 1831, p. 166, pl. 34, ♂ jn. (Cayenne); id., Traité Ornith., p. 284 (Pérou sec. Sw.). — Id., Compl. de Buffon, 1838, p. 572. — *Orn. avocetta*, id., Col. supp. O. M., p. 145, pl. 24, ♀ (5) (Cayenne). — *Avocettula r.* Gould, Monog., III, pl. 201, mai 1856. — *Ibid.* Reichenb. Tr. Enum., pl. 679, ff. 4487-4489 ♂. — *Avoc. euryptera* (non Lodd.) Reichenb., id., pl. 679, ff. 4485-4486 ♀ (Cayenne). *Streblorhamphus r.* Cab. et Heine in Mus. heine., III, 1860, p. 76.
Guyane angl. : Demerara, Bartica Grove. — Guyane fr. : (?) Cayenne (6), Maroni. — Brésil : distr. du Para, Sao-Antonio do Prata (Hoffmanns); rio Tocantins à Arumathena, Monte Alegre (sec. E. Snethlage).

---

(1) L'oiseau de Puerto-Rico, figuré pl. 16 (sub *Tr. margaritaceus* L.) est peut-être le jeune, certainement pas la femelle adulte.

(2) L'oiseau figuré comme femelle est peut-être *L. dominicus* ♀ ou jeune ♂ ; la femelle de *Lampornis viridis* est andromorphe.

(3) J'ai comparé à Londres les oiseaux de S. Thomas à ceux de Puerto-Rico et les ai trouvés entièrement semblables.

(4) Bonaparte dit à propos de ce genre « *Avocettinus* n'est que la régularisation du groupe *Avocettes* de Lesson, composé de deux espèces qui peut-être n'en forment qu'une seule ». C'est à tort que certains auteurs, à l'exemple de Gould (Monog. III, pl. 200 et 201) ont donné un sens différent aux noms *Avocettula* et *Avocettinus*.

(5) D'après un oiseau monté de la collection Longuemare, la queue entièrement noir-bleu, en dessus et en dessous, ne lui appartient peut-être pas. Lesson le considérait comme le jeune d'une espèce différente de son *Orn. recurvirostris* et le décrit sous le nom de *Orn. avocetta*; plus tard Bonaparte (in Consp. Av. p. 75) a proposé pour le même oiseau le nom d'*Avocettinus Lessoni*.

(6) Je ne suis pas sûr que l'espèce habite encore les abords de Cayenne, très dépeuplés par les défrichements, mais elle s'y trouvait autrefois; Lesson dit à ce propos (p. 146, recueilli par M. Freyre : c'est sur les collines qui bordent la ville de Cayenne que l'oiseau-mouche à bec recourbé a été tué). Tous les spécimens fraîchement préparés que j'en ai vus proviennent du Maroni.

3ᵉ Genre. — EULAMPIS

Boie, in Isis, 1831, p. 547 (1) (type *Tr. auratus* Audeb. = *jugularis* L., désigné par Gray en 1840).

1. **E. jugularis** (L.). *Troch. j.* L., Syst. Nat., éd. 12ᵉ, 1766, I, p. 190 (Surinam [errore], ex Briss., pl. 35, f. 3). — *Troch. auratus* et *cyanomelas* Gm. Syst. Nat., éd. 13ᵉ, 1788, pp. 487 et 498. — *Troch. granatinus* (subst. à *auratus* Gm.), *Tr. jugularis* et *Tr. Bancrofti* (subst. à *cyanomelas* Gm.) Lath., Index ornith. I, 1790, pp. 305 et 317. — *Troch. violaceus* Shaw, Gen. Zool., VIII I, 1812, p. 291 (ex Briss., *Polytmus cayennensis violaceus*). — *Troch. granatinus* Vieill., in N. Dict., VII, 1817, p. 350 (ex Ois. dorés, pl. 4). — *Troch. auratus* Less., Col. 1831, p. 46, pl. 10; et Traité Orn. 1831), p. 289 (Guyane [errore]) (2). — *Eulampis jugularis* Gould, Monog., II, pl. 82, sept. 1857. — *Ibid.*, Reichenb., Tr. Enum., pl. 796, ff. 4851-4852. — *Eul. jugularis eximius* Berl. in Ibis, 1887, p. 244, ♀ (3) (ins. Nevis, fide H. Whitely).

Petites Antilles : îles Barbuda, Saint-Christophe, Nevis, Antigua, Montserrat, la Guadeloupe, la Dominique, la Martinique, Sainte-Lucie, Saint-Vincent, Barbadoes, Bequia.

4ᵉ Genre. — SERICOTES

Anthracothorax g Sericotes Reichenb., Aufz. d. Col. 1854, p. 11 (type *Tr. holosericeus* L.). — *Eulampis* Gould, Monog., II (ad part.) et auct. rec.

1. **S. holosericeus** (L.) *Trochil. h.* L., Syst. Nat., éd. 10ᵉ, 1758, p. 120, n° 9 (América, sec. Edw., Av. pl. 36). — *Ibid.*, Aud. et Vieill., Ois. dorés, 1, p. 22, pl. 6. — *Ibid.*, Less., Tr. Ornith., p. 290 (île S. Thomas). *Eulampis holosericeus* Gould, Monog., II, pl. 83, sept. 1857. *Anthracothorax Sericotes h.* Reichenb., Tr. Eum., pl. 794, f. 4847.

Petites Antilles : îles Sombrero, Anguilla, Saint-Martin, S. Barthelemy, Barbuda, Saba, S. Eustatius, S. Christophe, Nevis, Antigua, Montserrat, la Guadeloupe et Marie-Galante, la Dominique, la Martinique, Sainte-Lucie, S. Vincent, Barbadoes. — Groupe des îles Vierges : Culebra, S. Thomas, S. John, Tortola, Anegada, Virgin-Gorda, Sainte Croix. — Groupe des Grenadines : Bequia, Cañouan, Union, Carriacou.

2. **S. chlorolæmus** (Gould) (4). — *Eulampis c.* Gould. Monog., II, pl. 84, sept. 1857 (Nevis [errore]). — *Eul. chlorolæmus* (Saint-Thomas et Sainte-Croix [errore]), et *Eul. longirostris* ♀ (inc. sed.) id., Introd. pp. 68-69.

Petites Antilles du Sud : Ile Grenade (5).

---

(1) Comprenant *Tr. violaceus* Gm., *jugularis*, *auratus* L., *niger* Sw.

(2) Les auteurs de cette époque attribuaient souvent à la Guyane les productions des Antilles, ce qui tient peut-être à ce qu'il se faisait aux Antilles un grand commerce de peaux d'oiseaux qui étaient expédiées dans toutes les parties de l'Amérique du sud.

(3) Les caractères sont ceux de la femelle ; sexuels et non subspécifiques.

(4) Cité seulement (nom. nudum) par Bonaparte, in Rev. et Mag. Zool., 1854, p. 250.

(5) Seule localité certaine ; J. Gould l'indique à tort de Saint-Thomas et de Sainte-Croix ; l'observation d'Edward Newton qu'il relate (Int. p. 68) s'applique à *S. holosericeus*. Elliot dit à tort que les *E. chlorolæmus* et *longirostris* Gould sont de simples synonymes de *S. holosericeus.*

11ᵉ Groupe. — CHRYSOLAMPIS

1ᵉʳ Genre. — CHRYSOLAMPIS

Boie, in Isis, 1831, p. 546 (type *Tr. mosquitus* L., désigné par G. R. Gray, en 1840).

1. **C. mosquitus** (L.); *Troch. m.* L., Syst. Nat., éd. 10ᵉ, 1758, ɪ, p. 120, n° 8, *id.*, éd. 12ᵉ, ɪ, p. 192, n° 14, *id.*, Museum Adolp. Frid., ɪɪ, prodromus, 1764, p. 24. — *Tr. elatus* L., Syst. Nat., éd. 12ᵉ, ɪ, 1766, p. 192, n° 19 (ex Edw Glan., pl. 344, fig. super.). — *Tr. moschitus* n° 74 (1) (*Tr. mosquitus* L.); *Tr. carbunculus* n° 61 (l'Escarboucle de Buffon, Ois. vɪ, p. 28. *Tr. Guja-nensis* n° 63 (ex Bancroft p. 168). *Tr. striatus*, n° 49, p. 495 (ex Lath. Syn., 1, 2, p. 776, n° 42). *Tr. elatus*, n° 19, p. 499 (ex Edw. Glan. pl. 344), Gm. Syst. Nat., éd. 13ᵉ, ɪ, pp. 494-498. — *Tr. hypophæus* (subst. à *striatus* Gm.). Lath., Ind. Orn., ɪ, 1790, p. 314, n° 45. — *Tr. obscurus* Audb. et Vieill., Ois. dorés, 1, 1802, p. 72, pl. 28 ♀. — *Tr. moschitus* (ex Gm.), id., p. 74, pl. 29 ♂, pl. 30, ♂ jn. — *Tr. carbunculus* (ex Gm.), id., p. 122, pl. 54, ♂ et p. 124, pl. 55 ♀ (2). — *Chrysolampis moschitus*, Gould, Monog., ɪv, pl. 204, sept. 1856. — *Chrysolampis mosquitus* (ex L.) Reichenb., Tr. Enum., pl. 723, ff. 4646-4649. — *C. carbunculus* (ex Gm.), pl. 723, f. 4650. — *Chrysolampis moschita* (ex Gray) et *C. Reichenbachi* (ex *carbunculus* Reichenb. non Gm.) Cab. et Heine, Mus. heine., ɪɪɪ, 1860, p. 21 (Colombie). — *Chrysolampis infumatus*, Berl., in Zeitschr. Orn., ɪv, 1888, p. 182 (mélanisme au 1ᵉʳ degré; de Bogota).— *Chrysolampis mosquitus* (vel *moschitus*) auct. recent. — *Chrysolampis elatus* (ex L.) Berl., in Nov. Zool., xv, 1908, p. 264. — *Ibid.*, Chapman, in Bull. Amer. Mus., xxxvɪ, 1917, p. 297. — *Ibid.*, Chubb, B. Brit. Guiana, ɪ, 1916, p. 412.

Costa-Rica S.-O. (San-Pedro). — Vénézuéla : de la côte N. et E. au haut Orénoque, et îles de la côte (Margarita, Blanquilla, los Testigos, Bonnaire, Aruba, Curaçao). — Colombie : de l'embouchure de la Magdalena à Bogota au S.-E., à Caldas, à l'O. — Ile de Tobago et île de la Trinidad. — Guyanes anglaise, hollandaise et française. — Brésil : états du Para, Maranhao, Pernambuco, Bahia, Rio, Minas, Parahiba sur (sec. Deville), Goyaz, Matto-Grosso. — Argentine : prov. Missiones (Berg).

Nota. — Berlepsch a proposé de substituer le nom de *Ch. elatus* (ex L., éd. 12ᵉ, p. 192) à celui de *C. mosquitus* ex L. éd. 10ᵉ) parce que certaines phrases ajoutées par Linné à la diagnose primitive (in Museum Adolphi Friderici, ɪɪ, prodromus 1764, p. 24), lui ont paru mieux convenir à un oiseau plus gros (*corpus passeris*) comme serait par exemple un *Topaza pella*; mais je ne puis partager cette opinion car la description de Linné, en très grande partie, désigne bien le *Rubis topaze*, les passages soulignés lui conviennent même à l'exclusion de tout autre Trochilidé « Rostrum cylin-dricum *rectum*, æquale acutum, *caput versus rostrum elongatum flammeum*,

---

(1) *Mosquitus* est l'orthographe linnéenne ; Gmelin paraît être le premier à l'avoir altérée en *moschitus* ; il a été suivi par G. R. Gray, J. Gould, Cabanis et Heine, Elliot, etc., tandis que Reichenbach, Hartert, Ridgway, etc. ont maintenu la tradition.

(2) La pl. 56, très jeune *Rubi topaze*, est douteuse.

corpus passeris (1), *collum subtus, a rostro ad sternum, flavo-aureum.* Rémiges nigræ, sensim breviores, ultimæ ferrugineæ. *Rectrices æquales, ferrugineæ exteriores apice parum nigricantes* ». D'un autre côté la description de *Trochilus elatus* L. (Syst. Nat., éd. 12°, 1, 1766, p. 192) paraît avoir été faite uniquement d'après une figure d'Edwards (pl. 344, fig. supér.) représentant sûrement le Rubis-topaze au vol, mais inexacte surtout pour le bec et la bordure des rectrices.

2° Genre. — MICROLYSSA

Orthorhynchus G. R. Gray, List Gen. B., 1840, p. 14 (type *Tr. cristatus* L.) (2) ; *id.* Bonap., Consp. Gen. Av. 1, 1850, p. 83 ; *id* Reichenb. Aufz. d. Col. 1854, p. 11, *id* Gould, Monogr. pl. 205-207, 1857 ; *id.* Ridgw., B., N. Amer. v, 1911, p. 656 (non Lacépède). — *Bellona* Muls. et Verr., Ess. Class. Tr., 1866, p. 75 (non *Bellona* Reichenb. 1852) et auct. récent. — *Microlyssa* Riley, in Auk, xxi, n° 4, oct. 1904, p. 485.

1. **M. cristata** (L.). — *Troch. cristatus* L., Syst. Nat., éd. 10°, 1, 1758, 1, p. 121 (America ex Edwards, pl. 37). *Tr. puniceus* (ex Latham, syn. 1, p. 7843) et *cristatus* (Cayenne [errore], (ex pl. Enl. 227, f. 1). Gm., Syst. Nat., éd. 13° 1788, pp. 497-498. *Tr. pileatus* (subst. à *puniceus* Gm). Latham, Ind. Orn. 1, 1790, p. 318, n° 17. — *Tr. puniceus* ex Gm. Audb. et Vieill., Ois. dorés, 1, 1802, p. 134, pl. 63. — *Tr. pileatus* (ex Latham) Vieill., in tabl. encyclop. et méth., Orn., pars ii, p. 566. *Orn. cristata* var. *a,* huppe bleue de Saint-Domingue Less. Trochil., p. 20, pl. 4 (Saint-Domingue [errore]) (3). *Orthorhynchus cristatus* Gould, Monog. iv, pl. 205, mai 1857. — *Ibid* Reichenb. Tr. Enum., pl. 807, ff. 4876-4877. — *Orth. emigrans* Lawr. in Ann. N. Y. Ac. Sc. 1, 1877, p. 50 (Vénézuela [errore]). *Bellona cristata* et *emigrans* Boucard, Gen.

---

(1) Peut-être est-il question ici de la forme et non de la taille ; Linné s'exprime tout autrement dans les descriptions des deux autres espèces ; l'une et l'autre plus petites que *Topaza pella* : p. 24 *Trochilus melisugus (Saucerottea)* « corpus inter majores hujus generis » p. 24, *Trochilus tominso (Glaucis)* « corpus inter maxima hujus generis ».

(2) Le nom *Orthorhynchus* date de l'époque où les auteurs n'admettaient que deux divisions très artificielles parmi les *Trochilides* : 1° ceux à bec courbé ou *Colibris* (*Trochilus*) ; 2° ceux à bec droit ou (*Oiseaux-mouches* (*Orthorhynchus* pour les uns, *Ornithomyia* ou *Mellisuga* pour les autres. — *Orthorhynchus* a été employé pour la première fois par Cuvier comme *nomen nudum* dans un tableau synoptique du règne animal annexé à ses leçons d'anatomie comparée, 1, 1800, tabl. 2. Il a été cité dans les mêmes conditions par Lacépède, in Mémoires de l'Institut, Paris, iii, 1801, p. 510, par Duméril, in Zoologie analytique, 1806, p. 47 et par Illiger, in prodomus syst. mamm. et av., 1811, p. 209 ; mais ce dernier a fait un pas de plus en citant à la suite du nom une synonymie de Brisson et trois exemples « *Orthorhynchus* (*Mellisuga*) rostro recto : *Tr. mellivorus, colubris, minimus* L. », enfin G. R. Gray l'a admis dans ses listes en 1840, en lui donnant un type différent, *Tr. cristatus* L., non cité par Illiger, mais à cette époque le nom *Orthorhynchus* (resté pour les oiseaux un nomen nudum jusqu'en 1840), était primé par *Orthorhynchus* Mac Leay, coléoptères 1827. *Bellona* Mulsant et Verreaux 1866 ayant été usé dans un autre sens par Reichenbach en 1852 ; M. J. H. Riley était en droit de le remplacer par le nom nouveau de *Microlyssa*, contrairement à l'opinion de Oberholser (notes on the nomenclature, in Smithson. Misc. Coll., xlviii, pp. 59-68, et Auk, xxii, 1905, p. 436).

(3) Dans ses autres ouvrages (surtout Compl. de Buffon, p. 569) Lesson a confondu toutes les formes de l'espèce sous le nom commun d'*Orn. cristata.*

Humm. B., pp. 52-54. — *Ibid.* A. K. Clark, in Auk xxII av. 1905, p. 215. — *Orthor. cristatus cristatus* et *cristatus emigrans* Ridgw., B. N. Amer., v, p. 1911, pp. 662 et 664. — *Ibid.* Cory, Cat. 1918, p. 306.

Petites Antilles du sud : îles Barbadoes, Grenade, Union, Carriacou et Mustique (1).

Subsp. (B). — **M. cristata ornata** (Gould). — *Orthorynchus ornatus* Gould, Monog., IV, pl. 206, sept. 1861 (inc. sed.). — *Bellona Hectoris* Muls. et Verr., Ess. Classif. Tr., 1866, p. 75. — *Bellona superba* Boucard, in Humm. B. I, 1891, p. 43 (île Saint-Vincent). *Orthor. exilis ornatus* Ridgw., l. c., 1911, p. 661. — *Ibid.*, Cory, Cat., 1918, p. 105.

Petites Antilles : île Saint-Vincent.

Subsp. (C). — **M. cristata exilis** (Gm.). — *Troch. ex.* Gm., Syst. Nat. éd. 13e, I, 1788, p. 484 (Guyana [errore]), ex Lath. Syn. I, p. 764, n° 9). *Troch. cristatellus* Lath. Ind. or. — supp. 1801, p. 39. *Tr. cristatus* (ex L.) Audeb. et Vieill. Ois. dorés, I, 1802, p. 110, pl. 47♂, pl. 48♀ (la Martinique, Cayenne [errore]) *Orn. cristata* Less., O. M. 1829-1830, pp. xxxix et 113, pl. 21-32 (la Martinique, Trinité [errore]). *Orthor. chlorolophus* Bonap., Consp. I 1849, p. 83 (la Martinique). *Orth. exilis* Gould, Monog. IV, pl. 207, mai 1857. — *Ibid.* Reichenb., Tr. Enum., pl. 807, f. 4879. — *Orth. exilis exilis* Ridgw. l. c. 1911, p. 658. — *Ibid.* Cory, Cat. 1918, p. 305.

Petites Antilles : île Sombrero, Saint-Barthelemy, Saba, Saint-Eustache Saint-Christophe, Nevis, Barbuda, Antigua, Montserrat, Guadeloupe et dépendances, la Dominique, la Martinique et Sainte-Lucie. — Groupe des Iles vierges : Virgin Gorda, Anegada, Sainte-Croix, Saint-Thomas (2).

12e Groupe. — *CLAÏS*

1er Genre. — CLAÏS

Basilinna B. Klaïs Reichenb., Aufz. d. Colib., 1854, p. 13 (type Tr. *Guimeti* Bourc.). — *Basilinna* (ex Boie) Cab. et Heine, Mus. heine., III, 1860, p. 44, (ad part. *B. Guimeti*). — *Claïs* (nom. emend.) Heine, in J. Orn., xi, 1863, p. 196. — *Id.* E. S., Cat. 1897 (3).

1. **C. Guimeti** (Bourc.). — *Troch.* G. Bourc. in Rev. Zool., mars 1843, p. 72 (Caracas). — *Id.* Bourc. et Muls., in Ann. Sc. phys. Lyon, vi, 1843, p. 38, t. 2. — *Klaïs Guimeti* Gould, Monog. IV, pl. 210, sept. 1857. — *Mellisuga Merritti* Lawr. in Ann. Lyc. N. Y., vii, 1860, p. 110♀ (el Mineral, distr. de Belen, la Veragua, par J. K. Merritt). *Klaïs Guimeti* Salv. de Godm. in Biol. centr. Amer. Aves II, 1892, p. 343. — *Ibid.* Carriker in Ann. Carn. Mus. vi, 1910, p. 551. — *Ibid.* Ridgw. *l. c.* 1911, p. 514. *K. Guimeti Merritti* Berl. et Stolzm., in P. Z. S, 1902. p. 29 (Pérou centr.). — *Id.* Chapman, l. c. 1917, p. 312.

---

(1) Gould ajoute l'île Saint-Vincent, d'où je ne connais que la forme suivante; le genre n'est représenté ni à Saint-Domingue ni à Trinidad.

(2) Aussi indiqué de Puerto-Rico mais probablement à tort.

(3) Pour le nom *Guimetia* Bonaparte, voir p. 272, note 2.

Nicaragua. Costa-Rica, rép. de Panama. — Vénézuela : Caracas, S. Esteban,
Mérida. — Colombie, andes orient. : savane de Bogota et au sud : Anda-
lucia ; Colombie amazonienne du rio Meta. — Ecuador : rég. orientale. —
Pérou centr. : Borgona, vallée de Marcapata à Huaynapata (par Kalinowski) huevo Loreto (par G. A. Baer).

2ᵉ Genre. — BAUCIS

Basilinna g Baucis Reichenb. Aufz. d. Colib., 1854, p. 13 (type *Orn. Abeillei*
(L. et D.). — *Myiabeillea* Bonap. in Rev. et Mag. Zool. 1854, p. 253 (type
M. typica = Orn. Abeillei L. et D.) (1). — *Myiabeillia* Gould, Monog. IV,
1854. — *Abeillea* Ell. Salv. Hart. Ridgw.

1. **B. Abeillei** (L. et D.). — *Orn. Abeillei* L. et D., in Rev. Zool., 1839, p. 16
(Jalapa). — *Myiabeillia typica* Gould, Monog. IV, pl. 211. oct. 1854. — *Abeillea
typica* Ell. Syp., p. 184. — *Ibid.* Salv. et Godm., in Biol. centr. Amer.,
Aves, II, 1892, p. 342. — *Ibid.* Salv., Cat. p. 358. — *Abeillea Abeillei* Ridgw.
l. c. v, 1911, p. 517.

Mexique S. E. : états de Vera-Cruz et de Chiapas. Guatemala. Nicaragua N.

3ᵉ Genre. — STEPHANOXIS

Cephallepis Lodd., in P. Z. S. 1830, p. 12 (type *Tr. Delalandei* Vieill.). — *Cephalepis* (nom. emend.) Bonap. Consp. Gen. Av., 1850, p. 83. — *Cephalolepis*
(nom. emend. sed præoccup.) Cab. et Heine, Mus. heine, III, 1860, p. 61.
— *Stephanoxis* (substitué à *Cephalolepis*) E. S., Cat. 1897.

1. **S. Delalandei** (Vieill.). *Troch. Lalandei* Vieill. in N. Dict. XXIII, 1818, p. 427
(Brésil par Delalande). *Orn. Delalandei* Less. O. M., 1829-1830, pp. XXXVIII
et 95, pl. 23 et 24. — Id. Col. O. M. supp., p. 136, pl. 19. — Id., Traité Orn.,
p. 295. — Id. Compl. Buffon, 1838, p. 565. — *Orthorynchus (Cephalepis)
Delalandei* Reichenb., Tr. Enum. pl. 808, ff. 4880-4883. — *Cephalepis Delalandei* Gould, Monog., IV, pl. 208, oct. 1854. — *Cephalolepis Beskei* Pelzeln,
Orn. Bras., 1868, p. 58 (Brasilia ex Beske (2).

Brésil : états de Rio, de Sao-Paulo, et de Minas.

2. **S. Loddigesi** (Gould). — *Troch. L.* Gould, in Pr. Comm. Zool. Soc., I, 1830,
p. 12 (Rio Grande do Sul). *Troch. L.* Less. Tr., 1832, p. 138, pl. 51. *Cephalepis L.* Gould, Monog, IV, pl. 209, oct. 1854. — *Orthorynchus (Cephalolepis)
L.* Reichenb. Tr. Enum., pl. 809, ff. 4884-4887.

Brésil S. E. : états de Parana, S. Paulo (Itararé), Santa-Catharina, Rio Grande
do Sul (3). — Paraguay. — Argentine : h¹ Parana (Bertoni), prov. Missiones (a S. Ignatio, par E. Wagner).

---

(1) Contrairement à ce qui a été admis, le genre *Abeillea* ne figure que conditionnellement (c'est-à-dire sans valeur) dans le *Conspectus Gen. Av.* de Bonaparte en 1850 ; *Trochilus
Abeillei* L. et D. y est rapporté au genre *Rhamphomicron* avec cette note |« forsan genus
constituendum : *Abeillea typica* ? Bonap. »

(2) Synonymie donnée d'après Elliot.

(3) Aussi indiqué par Gould de l'état de Minas, mais peut-être par erreur.

13ᵉ Groupe. — *LOPHORNIS*

1ᵉʳ Genre. — **BELLATRIX**

Boie, in Isis, 1831, p. 542 (1). (Type *Tr. festivus* Licht. = *T. chalybæus* Vieill., désigné par Bonap. en 1854 (2). — *Bellatrix* Bonap. in Rev. Mag. Zool., 1854, p. 27 (*B. chalybæa* et *Verreauxi*). — *Polemistria* Cab. et Heine, in Mus. heine., III, 1860, p. 63 (type *Tr. Verreauxi*). — *Ibid* Muls. et Verr., Ess. classif. Tr., 1866, p. 76 (*Verreauxi* et *Vieilloti*). — *Aurinia* Muls., in Ann. Soc. Linn. Lyon, n. s., XXII, 1875, p. 223 (type *L. Verreauxi*). — *Lophornis* auct. (ad part).

1. **B. chalybæa** (Vieill.) — *Troch. chalybæus*, in tabl. encycl. et meth., pars 2, 1823, p. 574 (Brésil). — *Tr. festivus* Licht., Verz. Doublett Zool. Mus., 1823, p. 14, nᵒ 123 (Sao-Paulo). — *Colibri mystax* Spix, Av. Bras., II, 1824, p. 82, pl. 82, f. 3 (Sao-Paulo). — *Orn. Vieilloti* Less. O. M., 1829-1830, pp. LXI et 186, pl. 64 (Brésil). — Id. Traité Orn., p. 286. — *Orn. Audeneti* Less. Colib. supp. O. M., 1831, p. 102 pl. 2 (Pérou [errore]). — *Lophornis chalybæus* Gould, Monog., III, pl. 124, mai 1852. — *Ibid* Reichenb., Tr. Enum. pl. 812, ff. 4893-4895. *Polemistria* c. Gould, Intr., 1861, p. 85.

Brésil S.-E.

2. **B. Verreauxi** (Bourc. et Verr.). — *Troch. V. B.* et V., in Rev. et Mag. Zool., 1853, V, p. 193, pl. 6 ♂ (du Pérou). — *Id.* in Ann. Soc. agric., Lyon, 1860 ♀ (du Pérou). — *Id.* Gould, Monog., III, pl. 125, sept. 1860. — *Id.* Reichenb., Tr. Enum., pl. 812, f. 4896. — *Polemistria V.* Gould, Intr., 1861, p. 85. — *Lophornis Hauxwelli* Boucard, Gen. Humm. B., 1892, p. 37 (Amazone péruv. : Nauta) (3).

Colombia : andes orient. et région amazonienne. Ecuador (collect. Gould). Région amazonienne du Brésil et du Pérou.

Subsp. (B). — **B. Verreauxi Klagesi** Berl. et Hart., in Nov. Zool., IX, 1902, p. 89 (la Caura),

Vénézuéla or. : la Caura, affluent de l'Orénoque (Suapure, La Pricion, etc).

2ᵉ Genre. — **COSMORRHIPIS**

Lophornis auct. (ad part. *L. pavoninus* Salv.). *Cosmorrhipis* E. S., in Rev. Fr. Ornith., av. 1919, nᵒ 120, p. 52.

1. **C. pavonina** (Salv. et Godm.) — *Lophornis pavoninus* S. et G., in Ibis, (sér. 4ᵉ) VI, 1882, p. 81 (mont Mérumé, par H. Whitely). — *Ibid.* Sharpe in Gould, supp., pl. 36, mars 1887.

Guyane anglaise : monts Mérumé et monts Roraima.

---

(1) Comprenant *Tr. ornatus* Gm., *magnificus* Vieill., *festivus* Licht. = *chalybæus* Vieill., *guttatus* Natt. (inédit).

(2) Elliot, Syn. Tr., p. 131, indique cependant *Tr. ornatus* Bodd., comme type de *Bellatrix*, mais sans en donner de raison.

(3) Ne diffère en rien du type.

3ᵉ Genre. — LITHIOPHANES

Lophornis E.-S. (pars. *L. insignibarbis*). — *Lithiophanes* E. S. in Rev. Fr.
   Orn., avril 1919, n° 120, p. 52.

1. **L. insignibarbis** (E. S.) *Lophornis* i E. S., in Bull. Soc. zool. Fr. xv, 1890,
   p. 17 (Colombie).
   Colombie (préparation de Bogota) (1).

4ᵉ Genre. — LOPHORNIS

Less. O. M., ind. gen. 1833, p. xxxvii (type *Troch. ornatus* Bodd., désigné par
   G. R. Gray en 1840). *Bellatrix* Boie, Isis, 1831, p. 542 (ad part.). — *Lophor-
   nis* Bonap. in Rev. Mag. Zool. 1854, p. 257 (2). — *Telamon* Muls. et Verr.,
   Ess. Classif., 1866, p. 75 (3) et *Lophornis* id. p. 220 (4). — *Idas* Muls., in
   Ann. Soc. Linn. Lyon (n. sér.) xii, 1875, p. 223 (type *Troch. magnificus*
   Vieill.).

SECTIO 1ᵃ (*Lophornis* in specie)

1. **L. magnifica** (Vieill.) *Troch. magnificus* Vieill., in n. Dict., vii, 1817, p. 367
   (Brésil). — *Orn. strumaria* Less. O. M., 1829-1830, p. 143, pl. 42-43 (Paraiba
   par Delalande) ; id. Traité Orn. p. 285, et compl. Buffon, 1838, p. 515. —
   Troch. decorus Licht. Verz. Doublett Zool. Mus., 1823, p. 14, n° 120 (Sao-
   Paulo). — *Colibri Helios* Spix, Av. Bras., 1824, p. 81, pl. 82, f. 2. — *Lophor-
   nis magnifica* Gould, Monog., iii, pl. 119, sept. 1855. — *Bellatrix magnifica*,
   Reichenb., Tr. Enum., pl. 812, ff. 4897-4898.

   Brésil S.-E. : états de Bahia (Moro de Condenba, par E. Goun.), Rio, Goyaz,
      Minas (serra de Caraça, par E. Goun.), Matto-Grosso, Sao-Paulo (5).

2. **L. Gouldi** (Less.). — *Orn. G.* Less., Troch., 1832, p. 103, pl. 36 (inc. sed. ex
   mus. Leadbeater). — *Loph. Reginæ* Schreibers, in Isis, 1833, p. 534 (Matto-
   Grosso, par Natt.). *Loph. Gouldi* Gould. Monog., iii, pl. 118, sept. 1855. —
   Bellatrix Gouldi, Reichenb., Tr. Enum., pl. 813. f. 4901 (sec. Less.).

   Brésil : bas Amazone : Providencia, Bragança, Sao Antonio do Prata, rio
      Guama (a Sᵗᵃ Maria de S. Miguel) ; rio Tocantins à Cameta et Aruma-
      thena) ; Matto-Grosso (Natterer, type de *L. reginæ* Schreibers).

3. **L. ornata** (Bodd.). — *Troch. ornatus* Bodd., in tables pl. enlum. 1783, p. 39,
   (ex pl. 640, f. 3, de Cayenne). — *Ibid.* Gm. Syst. Nat., éd. 13ᵉ, i, 1788,
   p. 497, n° 58. — *Ibid.* Aud. et Vieill., Ois. dorés, ii, 1802, p. 113, pl. 49 ♂,
   t. 50 ♀, pl. 51 (♂ petit développement). — *Orn. o.* Less. O. M., 1829-1830,
   p. 139, pl. 41 (Cayenne et Brésil) ; id. Traité Orn. p. 285 ; et compl. Buffon

---

(1) Encore unique dans la collection E. Simon.

(2) Comprenant : *Tr. Delattrei, reginæ, ornatus, Gouldi, Helenæ, magnificus.*

(3) Comprenant : *Tr. Delattrei, regulus et reginæ.*

(4) Comprenant : *Tr. ornatus, Gouldi et magnificus.*

(5) Indiqué à tort de Cayenne par Deville, (in Rev. Mag. Zool., 1852, p. 245) sans doute
par confusion avec *L. ornatus* Bodd.

1838, p. 574. — *Lophornis aurata* (lapso) Bonap. Consp., 1850, p. 83. — *Loph. ornata* Gould, Monog., III, pl. 117, sept. 1855. — *Ibid.* Reichenb., Tr. Enum., pl. 811, ff. 4889-4891.

Trinidad. — Vénézuela or. — Guyanes angl., holl. et franç. — Brésil : bassin de l'Amazone (1).

SECT. II (*Telamon* Muls. et Verr.)

4. **L. stictolopha** Salv. et Ell. — *Lophor. reginæ* (non Schreibers) Gould, in P. Z. S., 1847, p. 95 (inc. sed.). — *Ibid.* Monog., III, pl. 122, sept. 1855 (Colomb. : Antioquia, par Linden). *L. stictolopha* Salv. et Ell., in Ibis III, 1873, p. 280.

Vénézuela : San Esteban. — Colombie : vallée de la Cauca et andes orient. à Bogota. Ecuador : Zamora (par Fraser, fide Gould).

5. **L. Lessoni** (nom. nov.). — *Lophornis Delattrei* Gould, Monog., III, pl. 121, sept. 1861 (de Bogota). — *Id.* auct. recent.

Costa-Rica S.-O. (san Pedro, par Underwood ; sec. Bangs). — rép. de Panama : Chiriqui, la Veragua, isthme. — Colombie : andes centrales (Ibagüe) et orientales (Bogota, etc.).

6. **L. Delattrei** (Less.). — *Orn. De Lattrei* Del. et Less., in Rev. Zool., II, 1839, p. 19 (2) (incert. sed.) — *Tr. (Lophornis) regulus* Gould, in P. Z. S., 1846, p. 89 (« interior of Brazil » [errore]). — *Lophornis regulus* Gould, Monog., III, pl. 120, sept. 1855 (Bolivia : Morcora, riv. Paracti et yungas de Cochabamba). *Loph. regulus* et *lophotes* Gould, Intr., 1861, p. 80. — *L. Delattrei* Tacz., Orn. Pér. 1, p. 299.

Pérou N.-E. : Rioja et Pérou central : la Borgoñe. — Bolivie : Cochabamba, Maipiri, Tilotilo (par Buckley).

5° Genre. — DIALIA

Muls. in Ann. Soc. Linn. Lyon, nov. ser., XXII, 1875, p. 223 (type *Lophornis adorabilis* Salv.). — *Lophornis* auct., ad part.

1. **D. adorabilis** (Salv.). — *Lophornis a.* Salv. in P. Z. S., 1870, p. 207 (de Bugaba sur le volc. Chiriqui, par E. Arcé). — *D. adorabilis* Muls. et Verr., H. n. Ois. M., III, 1876, p. 208, pl. 27, f. 1. — *Lophornis a* Sharpe, in Gould, supp., pl. 35, août 1880. — *Id* Salv. et Godm. in Biol. centr. Amer., Aves, II, 1888-1894, p. 365, pl. 37, ff. 1-2. — *Ibid.* Carriker in Ann. Carnegie Mus. VI, n° 4, 1910, p. 553. — *Ibid.* Ridgw., Birds N. Amer., V, 1911, p. 675.

---

(1) Indiqué à tort de Rio par Deville, sans doute par confusion avec *L. magnifica* (in Rev. et Mag. Zool., 1852, p. 215).

(1) La description convient beaucoup mieux à cette espèce qu'à la précédente « huppe *très fournie* de plumes couleur canelle allongées sur l'occiput et finissant en brins filiformes supportant une *palette verte* », dans le même ouvrage Lesson décrit plusieurs oiseaux reçus du Pérou par Delattre (*Orn. Phœbe, Orn. Nuna*, etc) ce qui fait supposer que le *Lophornis* aurait la même origine. En 1843, dans l'Echo du Monde savant, 2° sem., p. 758, il indique cependant la Colombie, mais sans doute par confusion avec l'espèce précédente.

rép. de Panama occid. : volcan de Chiriqui : Bugaba, Bibalaz. — Costa-
Rica : Chiriqui, volc. Irazú, mont Redondo, San José, S. Pedro de S. José.
Escazu, Pozo Azul de Perris, Juan Viñas, Boruca.

6ᵉ Genre. — PAPHOSIA

Muls. et Verr.. Ess. Classif,, 1866, p. 75 (type *Orn. Helenæ* Del.) — *Lophornis*
(ad part.) auct. rec.

1. **P. Helenæ** (Del.). — *Orn. H.* Del. in Rev. Zool., mai 1843, p. 133 (Véra Paz,
près Petinck in Guatémala), *id.* in Echo du Monde savant, 4 juin 1843, col.
991. — *Lophornis Helenæ* Gould. Monog., iii, pl. 123, sept. 1855. — *Ibid.*
Reichenb., Tr. Enum., pl. 811. f. 4892. — *Ibid.* Carriker, in Ann. Carneg.
Mus., vi, 1910, p. 552. — *Ibid.* Ridgw. *l. c.* v, 1911, p. 673.

Mexique S.-E. : états de Véra-Cruz et de Chiapas — Guatémala (parties élevées) — Honduras : Costa-Rica or.

14ᵉ Groupe. — *POPELAIREA*

1ᵉʳ Genre. — POPELAIREA

Reichenb., Aufz. d. Colib,, 1854, p. 12 (type *Troch, Popelairei* du Bus,). —
Tricholopha (subst. à *Popelairea*) Heine, in J. Orn., xi, 1863, p. 209 — *Prymnacantha* (sec. Cab. et Heine) Muls. et Verr., Ess. Classif. 1866, p. 78.

1. **P. Popelairei** (du Bus,). *Troch.* P. Du Bus., Esq. Ornith., liv. 2, pl. 6, 1846,
(du Pérou). — *Gouldia* P. Gould, Monog., iii, pl. 127, mai 1854. — *Popelairea
Tricholopha* Reichenb., Tr. Enum., pl. 815, ff. 4905-4907 (Colombie). —
Prymnacantha P. Cab. et Heine, Mus. heine., iii, 1860, p. 64. — *Tricholopha*
P. Heine, in J. Orn., 1863, p. 209.

Colombie, andes orient. et mérid. : Bogota, Popayan, etc. — Ecuador or.
— Pérou : Huambo, etc.

2ᵉ Genre. — GOULDOMYIA

Gouldia Bonap., Consp. Gen. Av., i, 1850, p. 86 (nom. præocc. (1). — *Gouldomyia* (substitué à *Gouldia*) Bonap, in Rev. Mag. Zool., 1854, p. 257. —
Prymnacantha (subst. à *Gouldia*) Cab. et Heine, Mus. heine. iii, 1860, p. 64.
— *Mellisuga* Muls. et Verr. (sec. Briss.) Ess. Classif., 1866, p. 79. — *Gouldia*
(ad part.) auct. recent.

1. **G. Conversi** (Bourc.) *Troch. C.* Bourc., in Rev. Zool., nov. 1846, p. 314, pl. 3
(Bogota) *ibid.* Bourc. et Muls., in Ann. Soc. Sc. phys. Lyon, xi, 1846, p. 313
(même pl.) (2). — *Gouldia* C. Gould., Monog., iii, pl. 129, mai 1854 (Colombia),
Gouldia C. Reichenb., Tr. Enum., pl. 817, ff. 4911-4914 (Bogota). — *Gouldia* C.
æquatorialis. Berl. et Tacz., in P. Z. S., 1883, p. 567 (Ecuador or. : Chimbo).
Popel. Conversi æquatorialis Ridgw., Birds N. Amer., v, p. 679 (3).

---

(1) Adams, 1847.

(2) Mémoire contenant les descriptions de 20 espèces dont deux seulement (*Trochilus
Conversi et Victoriæ*) avaient été publiées antérieurement dans la Revue de Zoologie.

(3) Les oiseaux de l'Ecuador que j'ai comparés à ceux de Colombie ne diffèrent en rien.

Costa-Rica. — rép. de Panama. — Colombie : andes or. (Bogota) et sud occid. (rio Patia). — Ecuador.

2. **G. Langsdorffi** (Vieill.) *Troch. L.* Vieill., in Tableau encycl. et méthod., pars. II, 1823, p. 574 (Brésil). — *Ibid.* in Teniminck, Nov. Rev. pl. col., 11° Livr., 26 juillet 1823, pl. 66, f. 1. — *Colibri hirundinaceus* Spix, Av. Bras. I, 1824, p. 80, pl. 81, f. 2. — *Orn. Langsdorffi* Less., O. M., 1829-1830. pp. xx et 102, pl. 26; id. Colib.. supp. O. M., pl. 16; Trochil. pl. 35; id. Traité d'Orn. 1831, p. 276; et compl. de Buffon 1838, p. 566. — *Gouldia L.*, Gould, Monog., III, pl. 128, mai 1854. — *Ibid* Reichenb., Tr. Enum., pl. 816, ff. 4908-4910 (Brésil).

Brésil S.-E. : de Bahia à S. Paulo.

> *Subsp.* (B). — **G. Langsdorffi melanosternum** (Gould). — *Gouldia melanosternon* Gould in Ann. Nat. Hist. (ser. 4°), 1, 1868, p. 323.
>
> Versant amazonien des andes de l'Ecuador (rio Napo) et du Pérou (bassin du Marañon et de ses affluents; Ucayali, etc.). — Brésil : h. Amazone et rio Madeira.

3° Genre. — MYTHINIA

Muls. in Ann. Soc. Linn. Lyon (n. s.), XXII, 1875, p. 224 (type *Tr. Lætitiæ* B. et M.) (1).

1. **M. Lætitiæ** (Bourc. et Muls.). — *Troch. L.*, B. et M., in Ann. Sc. phys. Lyon, IV, 1852, p. 143 (Bolivie). — *Gouldia L.* Gould, Monog., III, pl. 130, sept. 1855 (d'après le type). — *Prymnacantha Lætitiæ* Cab. et Heine, Mus. heine, III, 1860, p. 64. — *Mythinia Lætitiæ* (2). Muls. et Verr., H. N. Ois. M., III, 1877. p. 245.
Bolivie (3).

4° Genre. — DISCURA

Platurus Less., Traité Orn., 1831, p. 277 et O. M., 1833, p. xxII (nom. præocc.) (type *Tr longicauda* Gm.) — *Discosura* Bonap., Consp. Gen. Av. 1850, p. 84. — *Discura* (nom. emend.) Reichenb., Aufz d. Colib., 1854, p. 8. *Ibid.* Bonap. in Rev. Mag. Zool., 1854, p. 256.

1. **D. longicauda** (Gm.). *Troch longic.*, Gm., Syst. Nat., éd. 13°, I, 1788, p. 496 (ex Buffon, Ois., IV, p. 23). *Troch. platurus* Lath., Ind Orn., I, 1790, p. 317 (ex *Tr. longicaudus* Gm.). — *Troch. longic.* Audeb. et Vieill., Ois. dorés, I, 1802, p. 117, pl. 52. — *Troch. platurus* Shaw, Gen. Zool. XII, I, 1812, p. 316. *Ibid.*, Vieill., in n. Dict. VII, 1817, p. 370 (Guyane). — *Orn. platura* Less. O. M., 1829-1830, pp. xvII et 136, pl. 40; id. Col., supp. O. M., 1831, p. 159, t. 31; id., Traité Orn., 1831, p. 272; id., Compl. Buffon, 1838, p. 573 (Guyane).

---

(1) Parfois écrit *Mitinia* ou *Mythinia*.

(2) Parfois écrit *Letitiæ*, ce qui change le sens.

(3) Connu par deux spécimens, l'un à Londres (sec. Salvin), l'autre à New-York (sec. Elliot).

Troch. (*Ocreatus*) *ligonicaudus* Gould, P. Z, S., 1846, p. 86 (Brésil). — *Discura longicauda*, id. Monog., III, pl. 126, sept. 1858. — *Disc. platura* et *longic.* Reichenb., Tr. Enum., pl. 766, ff. 4521-4595 (1).

Vénézuela : bassin de l'Orénoque à Nericagua (par Cherries), Guyanes française et anglaise. Brésil or. : du Para à Bahia.

15ᵉ Groupe. — *CHLOROSTILBON*

1ᵉʳ Genre. — **PANYCHLORA**

Cab. et Heine, Mus. heine., III, 1860, p. 49 (type *Tr. Alice* Bourc.). — *Chlorostilbon* (ad part.) Gould, Monog., v, 1860). — *Panychlora* id., Intr. 1861, p. 179. — *Chlorostilbon* subgen. *Panychlora* (*Orn. Poortmani* Bourc. et *Chlor. euchloris* R.) et *Smaragdites* (sec. Reichenb.) (type : *Troch. Alice* B. et M.), Muls. et Verr., Ess. Class., 1866, p. 42.

1. P. stenura Cab. et Heine, Mus. heine., III 1860, p. 50 (de Mérida (2). — *Chlorostilbon acuticaudus* Gould, in P. Z. S., XXVIII, 1860, p. 308 (Antioquia). — *Pan. Aliciæ* Wyatt in Ibis, I, 1871, p. 379 (non Bourc.). — *Pan. stenura* Scharpe in Gould, supp., pl. 58, janv. 1883.

Vénézuela : andes de Mérida. — Colombie : Ocaña prov. de Santander (par Wyatt). Antioquia (fide Gould) (3).

2. P. russata Salv. et Godm. in Ibis (sér. 4ᵉ), v, 1881, p. 597. — *Ibid.*, Sharpe in Gould, suppl., pl. 59, 1883. — *Ibid.*, Salv. Cat. xvi, 1892, p. 71. — *Chlorostilbon russatus* Hart., in Tierr. Tr., 1900, p. 78.

Colombie N. : sierra Nevada de Sᵗᵉ Marta et basse Magdalena.

3. P. Aliciæ (Bourc. et Muls.). *Troch. Alice* (4) B. et M. in Rev. Zool., 1848, p. 274 (Caracas) (5). *Chlorestes* (*Smaragditis*) *Aliciæ* Reichenb., Tr. Enum., pl. 754, ff. 4732-4733 (Caracas); ibid., *Mellisuga* id., pl. 754, f. 4731 (Trinidad [errore]). *Chlorostilbon Aliciæ* Gould. Monog., v, pl. 357, sept. 1860.

Vénézuela : cordillère littorale de Cumana et de Caracas (6).

Subsp. (B). — **P. Aliciæ micans** (Salv.). *Pan. micans* Salv., in Ann. Nat. Hist. (ser. 6ᵉ). vii, 1891 p. 375. — Id. Cat. p. 71 et 656, pl. 4, f. 1. Incert. sed. (ex coll. Gould).

4. P. Poortmanni (Bourc.). — *Orn. Poortmani* Bourc., in Rev. Zool., janv. 1843, p. 2 (Colombie). — *Orn. Poortmani* Bourc. et Muls., in Ann. Sc. phys. Lyon, VI, 1843, p. 39. — *Chlorestes maculicollis* Reichenb., Aufz. d. Col.,

---

(1) La figure 4593 représente peut-être un *Spathura*.

(2) Type au Musée de Berlin.

(3) Aussi indiqué par Oberholser, mais peut-être par erreur, de l'Ecuador Nord oriental à Baeza, d'après deux femelles seulement.

(4) Type à New-York, ancienne collec. Elliot (sec. Elliot).

(5) Bourcier avait plusieurs fois négligé de latiniser les noms propres.

(6) Indiqué aussi de Bogota, de Canuto, Periao et Ocaña par C. W. Wyatt, mais peut-être par confusion avec *P. Poortmani*.

1854, p. 23. — *Chlorestes Smaragditis maculicollis* id., Tr. Enum., pl. 694, ff. 4545-4546 (N. Granada). — *C. Esmeralda* id., pl. 694, ff. 4542-4543 (N. Granada (1). *Chlorostilbon Poortmani* (2) Gould, Monog., v, pl. 358, sept. 1860. *ibid.* Gould, Intr., p. 180. — *Panychlora Poortmanni* Cab. et Heine, in Mus. heine. 1860, p. 50, n° 111. — *Ibid.*, Muls. et Verr., H. Nat. Ois. M., II, 1876, p. 112.

Colombie : rég. amazonienne du rio Meta ; andes-orient. : Savane de Bogota.

7. **P. euchloris** (Reichenb.), *Chlorestes euchloris* R. Aufz. Colib., 1854, p. 23. — *Panychlora Poortmanni major* Berl., in J. Orn. XXXII, 1884, p. 313 (de Bacaramanga) (3). *Chl. Portmanni euchloris*, Hart., in Tierr. Tr. 1900, p. 78.

Colombie : savane de Bogota ; prov. de Santander : Bacaramanga (fide Berl.).

6. **P. aurata** (4) Cab. et Heine, in Mus. heine., III, 1860, p. 50, n° 110. Pérou.

5. **P. inexpectata** Berl., in Orn. Centralbl., IV, 1879, p. 63 et J. Orn., 1879, p. 269 et 1887, p. 334 (Bogota).

Colombie : savane de Bogota.

2ᵉ Genre. — PRASITIS

Cab. et Heine, Mus. heine., III, 1860, p. 49 (type *Chlorestes prasinus* non Less. = *Chlorostilbon brevicandatus* Gould) *Chrysomirus* Muls. in Ann. Soc. linn. Lyon, XXII, 1875, p. 2 (type *C. angustipennis* = *melanorrhynchus) ibid.*, Muls. et Verr., H. N. O.-Mouches, II, 1876, p. 102. — *Chlorostilbon* (ad part) auct. récent.

1. **P. peruana** (Gould). — *Chlorostilbon peruanus* Gould Intr., 1861, p. 177 (5). (Peru, ex collect. Bourcier). — *Chlor. Stübeli*, A. B. Meyer, in Zeitschr. Ges. Orn., I, 1884, p. 206. — *Chlor. peruanus*, Salv., Cat., XVI, p. 57, pl. 4, f. 2.

---

(1) Reichenbach attribue ce nom à Lesson ; celui-ci dit bien dans l'*Echo du Monde savant*, 1843, 2ᵉ sem., col. 758, avoir décrit en 1838 un *Ornismyia Esmeralda*, mais je n'ai pu trouver trace de cette description ; antérieurement à Reichenbach, je considère le nom *Esmeralda* comme *nomen nudum*. — *Chlorestes Poortmanni* Reichenbach, pl. 691, ff. 4531-4533, est un oiseau tout différent, peut-être *Chionomesa fimbriata terpna* (le mâle seulement).

(2) *Poortmanni*, in List of plates, et Introd., 1861, p. 180.

(3) Je garde à cette espèce le nom de *Chlorestes euchloris* Reichenb. pour me conformer à l'opinion des auteurs allemands, principalement de F. Heine et de H. Berlepsch, qui en ont probablement vu le type ; je dois cependant reconnaître que la description originale, très insignifiante, ne donne aucun des caractères de l'espèce et que l'indication « Pérou N. par Warszewicz » est singulière pour un oiseau jusqu'ici propre à la Colombie et toujours de préparation indigène. J. Gould a parlé de *P. euchloris* d'après un oiseau du Musée de Berlin, ayant le bec cassé ; Berlepsch qui l'avait redécrit sous le nom de *P. Poortmanni major* a ensuite reconnu son identité avec *Ch. euchloris* Reichenb.

(4) Les deux dernières espèces sont très douteuses ; voir à ce sujet les notes 2 et 3 de la p. 60 du synopsis.

(5) Type à Londres, sec. Salvin.

19

Pérou et Bolivie orient. (1).

2. P. assimilis (Lawr.). — *Chlorostilbon* A. Lawr., in Ann. Lyc. N. Y., VII,
1861, p. 292 (isthme de Panama, par Mc Leannan). — *Chlorostilbon panamensis* (2) Boucard, Gen. Humm. B. 1894, p. 124. — *Chlor. assimilis* auct.
recent.

Rép. de Panama : isthme de Colon à Panama; la Veragua; versants S. et O.
du Chiriqui. — Costa-Rica S.-O. : Terraba Valley et monts Dota.

3. P. melanorrhynchus (Gould). — *Chlorostilbon M.* Gould, in P. Z. S., XXVIII,
1860, p. 308 (Quito). — *Chl. angustipennis* (non Frasér) Ell. Syn., p. 254. —
Chl. chrysogaster (non Bourc. sec. Salv.) Gould, Intr., 1861, p. 178, n° 408.
— *Chrysomirus angustipennis* (non Fraser) Muls. et Verr., H. Nat. O. M.
II, 1876, p. 102.

Ecuador : rég. interandine et orientale (3).

Subsp. (B). — **P. melanorrynchus pumila** (Gould) *Chlorostilbon pumilus*
Gould, in Ann. nat. hist. (sér. 4ª), I, 1872, p. 195 (Ecuador : Citado et
Pallatanga, par Buckley). — *Chlor. comptus* Berl., in Ibis, 1884, p. 296
(Antioquia). — *Chlor. melanorhynchus* Chapman, in Bull. Amér. Mus.,
XXXVI, 1917, p. 290 (saltem ad max part.).

Rép. de Panama et Colombie occid. : région du Pacifique et vallée de la
Cauca. — Ecuador N.-O.

Subsp. (C). — **P. melanorrhynchus perviridis** E. S.

Colombie occid. : Atuncela, rio Zapato, Juntas.

4. P. caribæa (Lawr.). — *Chlorostilbon caribæus* Lawr., in Ann. Lyc. N.-York,
x, 1847, p. 13 (île de Curaçao, par H. Raven).
— Iles de Curaçao, de Bonnaire et de Aruba.

Subsp. (B). — **P. caribæa orinocensis** E. S.

Orénoque moyen et supér. et ses affluents : Ciudad Bolivar, S. Fernando
de Apure.

Subsp. (C). — **P. caribæa Lessoni** (E. S. et Dalm.) (?) *Chlorostilbon Atala*
(non Less.) Gould, Monog., v, pl. 356, sept. 1860 (4). — *Chlor. Atala*

---

(1) Probablement l'oiseau indiqué sous le nom d'*Ornismya mellisuga* par d'Orbigny, et
de *Ch. prasinus* par Sclater, des Yungas à Sicasica sur l'Ayripaya; il sera toujours impossible de savoir ce que peut être le *Trochilus phæopygus* Lichtenstein (in Arch. Naturg.,
1844, I, p. 297) décrit sur un jeune mâle « subtus cinereus, gula smaragdinea nitida » les
mots « rectricibus chalybeis » ne conviennent pas au *P. peruana. Prasitis phæopyga* Cab.
et H., 1860, p. 49.

(2) A. Boucard avait proposé (in Gen. Humm. B., p. 124), le nom de *Chlorostilbon
panamensis* pour un oiseau qui ne diffère en rien de *P. assimilis*, d'après le type, au
Muséum de Paris.

(3) Remplacé en Colombie par la forme *Mel. pumila*, qui diffère à peine du type.

(4) Il est impossible de savoir ce que peut être l'oiseau figuré par Lesson sous le nom
d'*Orn. Atala* (Troch., p. 115, pl. 42) avec les sous-caudales blanches, ce qui ne s'observe
jamais dans le groupe des *Chlorostilbon*; la figure de Reichenbach (pl. 700, f. 4568) sous le
nom de *Chlorestes (Saucerottea) Atala* n'est que la reproduction de celle de Lesson.

Salv., Cat., XVI, p. 55. — *Chlor. caribbæus* (1) *Lessoni* E. S. et Dalm., in Ornis, XI, 1901, p. 212, n° 18. — *Chlor. caribæus* Ridgw., *l. c.*, 1911, p. 559.

Vénézuéla littoral : P° Cabello, Carupaño, Cariaco; île Margareta; île de Trinidad (2).

5. **P. Daphne** (Bonap.). — *Hylocharis Daphne* Bonap. in Rev. et Mag. Zool., 1854, p. 255. — *Agyrtria meliphila* Pelz. Orn. Bras. 1868, p. 57, ad part. (3) (rio Negro : Barcellos par Natt.). — *Chlorostilbon Daphne* Gould, Intr., 1861. p. 111 (4), (pampas del Sacramento, du voyage de Castelnau, sec. Bourc.) *Chlor. napensis* Gould, id., p. 111 (du Napo) (5).

M¹ Amazone et ses affluents, sur le versant oriental du Pérou, de l'Ecuador (bassin du Napo) et de la Colombie. — Colombie (oiseaux de Bogota) (6). — Pérou central : Chachapoyas (O. T. Baron), Chanchamayo (Kalinowski).

Subsp. (B). — **P. Daphne subfurcata** (Berl.). *Agyrtria mellisuga* Pelz., Orn. Bras. I, 1867, p. 57 (Sao Joaquim, par Natter) (7). — *Chlorostilbon prasinus* (non Less.) Salv., in Ibis, 1885, p. 436 (Roraima). — *Chlorostilbon subfurcatus* Berl., in Ibis, 1887, p. 297 (Roraima). — *Chlorostilbon caribæus nanus* Berl. et Hart., in Nov. Zool., IX, 1902, p. 86 (Orénoque moyen) *ibid.*, Cory, Cat., 1918, p. 104.

Guyane anglaise et Vénézuéla orient., dans le bassin de l'Orénoque. — Brésil N.-E. : S. Joaquim sur le haut rio Branco (affluent N. du rio Negro), près la frontière de la Guyane anglaise.

6. **P. brevicaudata** (Gould). — *Chlorostilbon b.* Gould, Intr., 1861, p. 77 (8), (Cayenne). — *Prasitis prasina* (non Less.) Cab. et Heine, Mus. heine., III, 1860, p. 49. — *Chlorostilbon prasinus* Ell. Salv. (9). — *Chlor. prasinus brevi-*

---

(1) Orthographe préconisée par le comte de Dalmas.

(2) J'ai sans doute eu tort de supprimer cette sous-espèce dans le Synopsis p. 63; l'oiseau de Curaçao diffère très légèrement de celui de la côte vénézuélienne et de l'île de Trinidad (voir la note sur ce sujet dans l'Ornis 1901, p. 212); le *Prasitis* décrit sous le nom de *caribæa* dans le Synopsis p. 63 est le *caribæa Lessoni* tandis que les deux spécimens de localité incertaine dont il est question dans la note 3 de la même page, sont des *caribæa* typiques probablement de Curaçao.

(3) La femelle est un *chorestes notatus* (type au Musée de Vienne). — *Agyrtria media* Pelzeln, de Villa Bella au Matto grosso par Natterer est un jeune mâle du groupe de *P. Daphne* (type au Musée de Vienne).

(4) D'après Mulsant (t. II, p. 110) Bourcier avait donné le nom de *Daphne* à Gould mais celui-ci ne l'a jamais publié; d'un autre côté cependant Salvin dit que le type de Gould est à Londres.

(5) Deux individus sous ce nom au Musée britannique : l'un, en mauvais état, probablement *P. Daphne*, l'autre un *P. Villiceps*; la description de Gould correspond mieux au premier « this species is very similar to but smaller than *C. Daphne*, has a still shorter tail and blue of the breast not so extended or confined to the throat ».

(6) Il n'y a été trouvé que deux fois.

(7) Par confusion avec *Trochilus mellisugus* L. — Type au Musée de Vienne.

(8) Type à Londres sec. Salvin.

(9) Ces deux auteurs ont confondu un si grand nombre d'espèces, qu'il n'y a pas à tenir compte des synonymies et des localités qu'ils indiquent.

caudatus Hart., in Tierr. Troch., 1900, p. 77. — *Chlor. prasinus* Berl., in
Nov. Zool., xv, 1908, p. 267 (1).
Guyane française.

7. **P. vitticeps.** E. S., in Rev. Fr. Ornith., 1910, p. 263, n° 48.
Ecuador amazonien : bassin du Napo.

3ᵉ Genre. — SMARAGDOCHRYSIS

Gould, Monog., v, pl. 359, 1861 (type *S. iridescens* Gould), *ibid.* Ell., Syn.
p. 129, *ibid.*, Salv. Cat., xvi, p. 388.

1. **S. iridescens** (Gould). *Calliphlox i.* Gould, in P. Z. S., xxviii, 1860, p. 310
(de Novo Friborgo, par Reeves). — *Smaragdochrysis i.* Gould, Monog., v,
pl. 359, sept. 1861 (2).
Brésil : état de Rio à Novo Friborgo.

4ᵉ Genre. — CHLOROLAMPIS

Cab. et Heine, Mus. heine., iii, 1860, p. 47 (ad part. *Troch. chrysogaster*
Bourc.). — *Merion* (nom præocc.) Muls. et Verr., H. N. Ois. M., ii, 1875,
p. 92 (type *Chlorestes Haberlini = Gibsoni*). — *Marsyas* (nom. præocc.)
Muls. in Ann. Soc. linn. Lyon (n. s.) xxii, 1875, p. 209 (type *Tr. Maugæi*
Viéill.). — *Chlorostilbon* (ad part), et *Sporadinus* vel *Ricordia* (ad part) auct.
recent.

1. **C. Gibsoni** (Fraser). — *Troch. G.* Fraser (ex Lodd. Ms.), in P. Z. S., viii,
1840. p. 17 (♀ incert. sed.). *Troch. angustipennis* Fraser, ibid., p. 18 (♂ de
Bogota). — *Chlorostilbon angustipennis* Gould, Monog., v, pl. 353, mai 1861
(des andes, de Panama à Bogota). — (?) *Chlorestes chrysogaster* Reichenb.,
Tr. Enum., t. 693, ff. 4540-4541 (non Bourc.). — *Chlorostilbon Hæberlini*
Ell., Syn., p. 245 (*Haberlini* lapso) (non Reichenb.). — *Chlor. angustipennis*
Salv. Cat., p. 52. — *Chlor.* speciosus Boucard, in Humm. B. 11, n° 9,
sept. 1892, p. 79 (semimélanisme). — *Chlor. Gibsoni* Chapman, l. c., 1917,
p. 290 (3).

Colombie : andes orient. à Bogota ; hᵗᵉ Magdalena à Popayan, etc. ; andes
centrales sur le versant oriental.

2. **C. chrysogaster** (Bourc.). *Troch. chrysogaster* Bourc., in Rev. Zool., av.
1843, p. 101 (N. Grenade : Cartagena (4). — *Chlorestes Hæberlini* Reichenb.,

---

(1) Pour *Ornismyia prasina* Less., voir au genre *Chlorostilbon*.

(2) Type à Londres.

(3) *Chlorostilbon puruensis* J. H. Riley, que l'on serait tenté de rapporter au genre
Chlorolampis est, d'après l'auteur, très voisin sinon synonyme de *Chlorestes notatus*.

(4) La description de Bourcier laisse un peu de doute à cause de « bec d'un noir brunâtre »
mais le reste convient à l'oiseau le plus souvent désigné sous le nom de *C. Hæberlini* Reichenb. ; l'indication de Cartagena est conforme à l'habitat de cette espèce à l'exclusion d'aucune
autre. — L'oiseau de la collection Boucard, portant « *C. chrysogaster* de Sᵗᵃ Martha, Nouvelle-Grenade, 1853, type de Bourcier » n'est certainement pas le type de Bourcier décrit en
1843, mais il a peut-être été déterminé par lui dans l'ancienne collection de Riocourt. Au
Musée britannique, un autre soit-disant type de *Tr. chrysogaster* Bourc. est, d'après Salvin,
un *C. Gibsoni*.

Tr. Enum., 1855, pl. 703, ff. 4578-4580 (Cartagena). — *Chlorolampis Hæberlini* Cab. et Heine, Mus. heine, iii, 1860, p. 48 (1). — *Chlorostilbon nitens* Lawr. in Ann. Lyc. N. Y., vii, 1861, p. 305 (Vénézuela). — *Chlorostilbon Hæberlini et nitens* Gould, Intr. 1861, pp. 110-112. — *Chlor. Hæberlini* Berl., in J. Orn., xxxii, 1884, p. 312. — *Chlor. chrysogaster* Boucard, in Gen. Humm. B., p. 121. — *Chlor. Hæberlini* Allen, in Bull. Amer. Mus., 1900, p. 142 (Valencia et Banda). — *Ibid.*, Chapman, *l. c.*, 1917, p. 290.

Colombie N. : Cartagena et basse Magdalena; Canta et Ocaña (par Wyatt) (2); la Playa à l'embouchure de la Magdalena (Chapman).

3. **C. Maugæus** (Vieill.). *Troch. M.* Andeb. et Vieill. Ois. dorés, i, 1802, p. 71-79, pl. 37, ♂ ad., pl. 38, ♂ jn., et *Troch. mellisugus* (non L.), p. 97, pl. 39, ♂ plus petit (Puerto-Rico par Maugé). — *Orn. Maugæi* Less. O. M., 1829-1830, pp. xiv et 194, pl. 68-69; id. Traité Orn. 1831, p. 273 et Compl. Buffon. 1838, p. 585. — *Thaumatias Ourissa* Bonap., Consp. Gen. Av., i, 1849, p. 79 (excl. syn.). — *Cœligena Thalurania Ourissa* Reichenb., Troch. Enum., pl. 688, ff. 4519-21 (Puerto-Rico). — *Sporadinus Maugæi* Gould, Monog., v, pl. 349, sept. 1861. — *Chlorestes Gertrudis* (Gundlach in litteris), Cab. in J. Orn., 1875, p. 223. — *Sporadinus Maugæi* Ell. Cory. Salv., etc. — *Riccordia Maugæi* E. S. Hart., etc. — *Chlorostilbon Maugæi* Ridgw., 1911, p. 550.

Ile de Puerto-Rico (3).

5e Genre. — CHLOROSTILBON

Gould, Monog., v, pl. 355, 1853 (type *Ornismya prasina* Less.). — *Chlorostilbon* auct. recent. (pars).

1. **C. aureiventris** (Orb. et Lafresn.) *Orn. aureoventris* O. et L., Syn. Av., ii, 1836, p. 28. — Ibid., in Mag. Zool., viii, 1838, cl. ii, p. 28 (Bolivie). — *Chlorestes Phæthon* (non *Tr. Phæthon* (Bourc.) Reichenb., Tr. En., pl. 755, ff. 4734-35 (4). *Chlorostilbon Phæthon* (non Bourc.) Gould, Monog., v, pl. 354, juillet 1861. — *Chlorostilbon Phæthon et aureiventris* Gould, Intr., 1861, p. 175, n° 399, et p. 176, n° 400. — *Chlorostilbon splendidus* (non *Tr. splendidus* Vieill.). Ell., Syn. 1878, et Salv. Cat. (5).

Subsp. (B). — **C. aureiventris tucumanus** E. S. — *Chlorostilbon aureoventris egregius* (non Heine), Dabbene, Ornith. Argent. Cat., i, 1910, p. 267 (saltem ad maximam partem).

---

(1) Probablement aussi *C. smaragdinea* Cab. et Heine, ibid., p. 48, du Vénézuela.

(2) Peut-être par confusion avec *C. Gibsoni*.

(3) D'après R. S. Bowdisch (Birds of Puerto Rico, in Auk, xix, 1902) *C. Maugæi* est assez commun, sans être abondant, dans la partie ouest à Moyaguer sur la côte et à Las Marias dans l'intérieur; il n'a été vu ni à S. Juan sur la côte Nord, ni aux îles Vierge à l'Est.

(4) *Chlorestes aureiventris* de Reichenb. paraît être plutôt *Prasitis caribæa* ou *P. peruana*.

(5) Il est impossible de savoir ce que peut être le *Chlorostilbon bicolor* Cabanis et Heine (Mus. heine., p. 46, n° 102) à cause de la synonymie composite que ces auteurs lui donnent.

Brésil S.-O. : Matto-Grosso occid. sur le rio Paraguay à Poconé et S. Luis de Caceres (Muséum de Paris, par Mocquerys). — Paraguay. — Argentine : prov. de Jujuy, Salta, Tucuman, Catamarca, San Juan, Santa-Fé, Corrientes, Missiones, Cordoba, Entre-Rios, Buenos-Aires, Mendoza.

2. **C. prasinus** (Less.). — *Orn. prasina* Less., O. M., 1829-1830, p. 188, pl. 65 (Brésil) (1). — Id., Traité Orn., p. 284; et Compl. Buffon, p. 584. — *Troch. Pucherani* Bourc. et Muls. in Rev. Zool. 1848, p. 271, ♂ jn. (Brésil). — *Troch. Phæthon* id., 1848, p. 273, ♂ ad. (inc. sed.) (1). — *Chlorostilbon prasinus* Gould, Monog., v, pl. 355, mai 1853 (Rio yel Minas). *Chlorestes prasinus* Reichenb., Tr. Enum., pl. 694, ff. 4529-4530, pl. 755, f. 4737 (2). *Chlorestes nitidissimus* id., pl. 693, ff. 4538-4539. — *Chlorostilbon prasinus* (forme de Rio et de Minas) et *Chlor. igneus* (forme de Bahia) Gould., Intr., 1861, p. 176 (3). — *Chlorostil. insularis* Lawr., in Ann. Lyc. |N. Y., 1862, p. 457 Mexico : Iles tres Marias [errore sec. Berl.]). — *Chlorostilbon Pucherani* (forme de Bahia) et *Ch. Wiedi* (forme de Rio). Boucard, Gen. Humm. B., 1894, p. 120 (4). — *C. aureoventris Pucherani* Hellm., in Nov. Zool., xv, 1908, p. 75.

Brésil : états de Bahia, de Minas, de Goyaz, de Rio, de S. Paulo (5) de Parana (6).

Subsp. (B). — **C. prasinus egregius** (Heine). — *Chlorostilbon egregius* Heine, in J. Orn., xi, 1863, p. 197. (De Sao Joao del Rey par Sellow, au Musée de Berlin) (7). C. *aureoventris egregius* Hart., Tierr. Tr. 1900, p. 73.

---

(1) La description convient mieux à cette espèce qu'à la précédente « tête revêtue de plumes écailleuses d'un or cuivreux glacé très brillant » et plus loin « dessous du corps couvert de plumes squamiformes glacées très brillantes d'un or *bleuâtre* sur la gorge et le cou, d'un or vert irisé de cuivré sur les parties suivantes ». Mais plus tard Bourcier a confondu les deux espèces; un type (ou cotype) étiqueté de la main de Bourcier *Tr. Phæthon*, au Muséum de Paris, et un autre à Londres (de Bolivie) également indiqué comme type de Bourcier (sans doute également à tort) sont des *P. aureiventris*.

(2) La fig. 4529 est la reproduction de celle de Lesson; la fig. 4530 est très douteuse; la fig. 4737 est une femelle de *Chlorostilbon* quelconque.

(3) Gould parle de cet oiseau (Monog., v, pl. 355) comme ayant été envoyé de Rio-de-Janeiro par Reeves, mais dans l'Introduction p. 176, il dit « habitat supposed to be neighbourhood of Para ». — Les deux suppositions paraissent également erronées.

(4) D'après le type au Muséum de Paris.

(5) Probablement l'oiseau indiqué du Rio Claro par T. Chlostowski sous le nom de *Chlorostilbon auroventris egregius* Heine.

(6) De Carityba par P. Lombard; forme de Rio mais un peu plus grosse.

(7) D'après F. Heine la même forme aurait été indiquée de Lagoa Santa par Burmeister sous le nom de *Hylocharis bicolor* (Syst. uebers. Th. Bras. ii, p. 348).

(8) Le nom de *prasinus* a été appliqué, sauf par Gould, à une toute autre espèce (voir au *Prasitis brevicaudata*). Il est probable que Lesson confondait plusieurs espèces comme le prouve certains passages de sa description « bec noir », mais la figure de l'*Ornismya prasina* (pl. 65) représente très nettement l'oiseau à bec rouge que tous les auteurs modernes décrivent sous le nom de *Ch. Pucherani* Bourc. et Muls.; celui-ci est lui-même douteux étant décrit sur un jeune mâle prenant son plumage d'adulte, J. Gould dit cependant en avoir vu le type.

Brésil mérid. : états de Rio (sud) (1) ; de Sao Paulo et de Rio g^{da} do Sul.
— Paraguay — Argentine : pr. de Buenos-Aires, de Corrientes (2).

6ᵉ Genre. — CHLOANGES

Heine, in J. Orn., 1863, p. 200 (type *Tr. auriceps* Gould). — *Chlorolampis*,
Cab. et Heine, in Mus. heine. III, 1860 p. 47 (ad part) *ibid* Gould. Intr. 1861
p. 173 *(auriceps* et *Caniveti).*

1. **C. Caniveti** (Less.). — *Orn. C. Less.* Colib., supp. O. M. 1831, p. 174, pl. 37-
38. (Brésil [errore]) (3). — *Chlorostilbon Caniveti* Gould, Monog., v, pl. 351,
mai 1860. — *Chlorestes Caniveti* Reichenb. Tr. Enum., pl. 703, ff. 4581-4583.
— *Chlorostilbon Caniveti* auct. (saltem ad part.) *Chl. Caniveti Caniveti*
Ridgw. *l. c.* 1911, p. 552.

Mexique S.-E. : états de Tampico, Vera-Cruz, Puebla, Oaxaca, Chiapas,
Yucatan, Honduras britannique.

Subsp. (B). — **C. Caniveti Osberti** (Gould) *Chlorostilbon Osberti* Gould
in P. Z. S. XXVIII, 1860, p. 309 (Guatemala : Duenas, par Salv.). Id.
Monog., v, pl. 354, juillet 1861. — *Chlorolampis Salvini* Cab. et Heine,
mus. heine. III, 1860, p. 48 (Costa-Rica). *Chl. Osberti* et *Salvini* Gould,
Intr., 1861, p. 174 nᵒˢ 395-396. — *Chorostilbon Caniv. Osberti* et *Salvini*
Hart., in Tierr. Tr. 1900, p. 75. — *Ibid.* Ridgw., *l. c.* 1911, pp. 556-
557. — *Chlorost. Caniv. Salvini* Carriker in Ann. Carneg. Mus.,
VI, 1910, p. 531.

Guatemala, Salvador, Honduras, Nicaragua et Costa-Rica (4).

C. auriceps (Gould). *Troch. a* Gould, in Jardine, Contrib. Orn., 1852, p 137
(Mexico, par Floresi). — *Chlorostilbon auriceps* Gould, Monog. v, pl. 250,
mai 1857. — Id, Ridgw. *l. c.* 1911, p. 551.

Mexique S.-O. et O. central : états de Mexico, Guerrero, Jalisso et territoire
de Tepic.

Subsp. (B). — **C. auriceps forficatus** (Ridgw.) *Chlorostilbon f.* R., in Pr.
biol. Soc. Wash., III, 1885, p. 3 (île de Cozumel par Benedict). — *Ibid.*
l. c. 1911, p. 552.

Côte du Yucatan : Iles Muyeres, Holbox et Cozumel.

---

(1) ♂ jeune des monts Itatiaya, limite des états de Rio et de Minas (collection E. Gounelle), indiqué antérieurement de Itatiaya par Miranda de Ribeiro sous le nom erroné de
Lepidopyga Goudoti (in Mém. Mus. Rio, 1905).

(2) Collection Boucard, par Flamant.

(3) Erreur que Lesson a corrigée lui-même en décrivant la femelle (in Rev. Zool., 1839,
p. 15) rapportée par Delattre du Jalapa au Mexique.

(4) Je ne pense pas que l'espèce se trouve à Panama, comme le suppose Gould ; elle y
est sans doute remplacée par le *Prasitis assimilis* (Lawr.).

16ᵉ Groupe. — *PHÆOPTILA*

1ᵉʳ Genre. — CYANOLAMPIS

Circe Gould, Monog., v, pl. 339, 1860 (ad part. *C Doubledayi* Bourc.) *Iache* Ell.
Syn., p. 234 (ad part.) *Cynanthus* Ridgw. 1911, v (ad part). *C. Doubledayi*
Cyanolampis E. S., in Rev. fr. Orn., avril 1919, n° 120, p. 52.

C. Doubledayi (Bourc.) — *Troch. D.* Bourc., in P. Z. S. xv, 1847, p. 46. Id. D.
Rev. Zool. août 1847, p. 259 (présumé du rio Negro [errore]). — *Circe D.*
Gould, Monog., v, pl. 339, sept. 1860 (Chinantla et Puebla, par Saucerotte)
— *Iache nitida* Salv. et Godm., in Ibis (6ᵉ s.) i, 1889, p. 240 (Acapulco et rio
Papagaio). — *Iache Doubledayi* et *I. nitida* Salv., Cat. xvi, p. 62. — *Cynan-
thus D.* Ridgw., *l. c.* 1911, p. 375.

Mexique S.-O : états de Guerrero, de Puebla et de Oaxaca.

2ᵉ Genre. — IACHE

Circe (nom. præocc.) Gould, Monog., v, pl. 338, mai 1857 (type *Troch. latirostris* Sw.) — *Iache* (substitué à *Circe*) Ell., Syn. 1878, p. 234. *Phæoptila* E. S.
(pars) Cat. 1897. — *id.* Hart. Tierr. Tr., 1900, p. 63. — *Cynanthus* (sec.
Sw.) Ridgw., *l. c.* 1911, p. 368.

Nota. — Les auteurs américains (notamment Stone, in Auk, 1907, p. 192;
Allen, in Bull. Amer. Mus. N. H., 1907, p. 347; 1908, p. 34. Ridgway, Birds N.
Amer. v, 1911, p. 368. C. B. Cory 1918, p. 195), ont proposé de rétablir pour
ce genre le nom de *Cynanthus* Swainson, mais à tort à mon avis; le genre
Cynanthus a été décrit par Swainson in *Zoological Journal* iii (1), p. 357 en
ces termes : *rostrum rectum vel subarcuatum, cauda longissima forficata* Types :
1 *T colubris* L., 2 *T. macrourus* L., 3 *platurus* Sh., 4 *bifurcatus* Sw. inéd., 5 *O.-
M. à queue singulière* Temmink, pl. col. 18, f. 2 ».

Ce n'est que dans un mémoire paru postérieurement (in Philos. Mag. N. S.
i, juin 1827, p. 441) que *Troch. latirostris* Sw. a été ajouté par l'auteur au
genre *Cynanthus* (2).

1. **I. latirostris** (Sw.) *Cynanthus l.* Sw. in Phil. Mag. (n. ser.) i, 1827, p. 441
(Mexique). — *Orn. Lessoni* Del., in Rev. Zool., ii, 1839, p. 15 ♀ (de Jalapa).
— *Circe latirostris* Gould, Monog., v, pl. 338, mai 1857. — *Hylocharis (Cyanophaia) lazula* Reichenb., Tr. Enum., pl. 770, ff. 4783-4784 (Brésil : rio Negro
[errore]). — *Hyl. (Cyan.) cærulescens* id., pl. 770, f. 4785 (Brésil : Moyabamba
[errore]). — *Hyl. (Cyan.) Circe* ibid., pl. 771 ff. 4786-4788 (Mexico). *Iache latirostris* Ell., Syn. p. 235. — *Ibid.* Salv. Cat. p. 60. — *Ibid.*, Salv. et Godm.,

---

(1) Le t. iii du *Zoological Journal* porte la date de 1828, mais il a été réellement constitué,
comme l'indique le titre, de mémoires parus successivement, de janvier 1827 à avril 1828.

(2) Une preuve certaine de la priorité du *Zoological Journal* est que le *Cynanthus*
bifurcatus y est donné comme *inédit* et que le *C. latirostris* n'y est pas même cité, tandis
que ces deux espèces sont décrites dans le *Philosophical Magazine*. Voir sur le même sujet
une note au genre *Lampornis* supra p.

Biol. centr. Amer., Av., ii, 1888-1904, p. 256 (1). — *Cynanthus latirostris* Ridgw., l. c. 1911, p. 370.

États-Unis du sud : Arizona — Mexique (excepté l'extrême sud).

Subsp. (*incerta et invisa*). — (B) **I. latirostris magica** (Muls. et Vert.) — *Hylocharis magica* M. et V., in Ann. Soc. linn. Lyon, xviii, 1872, p. 110 (2) (Mazatlan par Forrer). — *Iache magica* Ell. Syn., p. 235. — id. Salv., Cat. p. 61, — id. Salv. et Godm. l. c. p. 258.

Mexique O. : Mazatlan dans l'état de Sinaloa.

2. **I. Lawrencei** (Berl.) — *Circe latirostris* (non Sw.) Grayson, in Lawr., Pr. Bost. Soc. N. H., xiv, 1871, p. 282 (îles Tres Marias). — *Iache Lawrencei* Berl., in Ibis (5e ser.) v, 1887, p. 294. — *Ibid.* Salv. et Godm., l. c., p. 258. *Cynanthus L.* Ridgw., l. c., 1911, p. 373.

îles Tres Marias, sur la côte occidentale du Mexique (3).

3e Genre. — PHÆOPTILA

Gould, Monog., v, pl. 340, 1861 (type *Cyanomya sordida* Gould).

P. sordida (Gould). — *Cyanomya s.* Gould, in Ann. Nat. Hist. (ser. 3e), iv. 1859, p. 97 (« Western Mexico »). — *Phæoptila s.* id. Monog., v, pl. 340 ($\mathrm{o}^{\!\top}$), juillet 1861. — *Phæoptila zonura* id., Intr. 1861, p. 170 (♀) (Balaños, état de Jalisco, par Floresi). — *Ph. sordida* Ridgw., l. c., v, 1911, p. 367

Mexique S. et O. : états de Guerrero, Oaxaca, Puebla, Morelos, Jalisco et Sonora.

17e Groupe. — THALURANIA

1er Genre. — PTOCHOPTERA

Ell., in Ibis (ser. 3e), iv, 1874, p. 261 (type *Chlorestes iolaimus* Reichenb.

1. **P. iolæma** (Reichenb.) — *Chlorestes Ricordia iolaimus* R. Tr. Enum., 1855, p. 4, pl. 705, ff. 4588-4589. — *Thalurania i.* Pelzeln, Orn. Bras., 1868, p. 57 (Ypanema). — *Ibid.*, Ell. et Salv., in Ibis, 1873, p. 361. — *Ptochoptera i.* Ell. in Ibis, 1874, p. 261 et Syn. p. 130. — *Ibid.*, Salv. Cat., p. 389. Hart. Tierr. Tr., p. 81.

Brésil S.-E. : Ypanema dans l'état de S. Paulo (par Natt.) (4).

---

(1) Cette espèce devrait peut-être reprendre le nom plus ancien de *Trochilus lasulus* Vieill. (1823), mais cette attribution est trop incertaine (voir note au genre *Sæpiopterus* supra p.).

(2) Type à New-York, ancienne collection Elliot (sec. Elliot).

(3) L'archipel des Tres Marias est situé sur la côte du Pacifique, au large du territoire de Tepic ; il se compose des trois îles principales : *Maria Mâare, M. Magdalena* et *M. Cleofas* et deux îles plus petites, *S. Juanila* et *Isabel* ; ce petit archipel possède en propre deux espèces de Trochilides : *Iache Lawrencei* Berl. et *Amazilia Graysoni* Lawr.

(4) Type unique au Musée de Vienne.

2e Genre. — RICORDIA

Chlorestes g. *Ricordia* (*Riccordia* lapso) Reichenb, Auf. d. Colib., mars 1854
p. 8 (type *R. Ramondi* Reichenb. = *Orn. Ricordi* Gerv.). — *Sporadinus*
Bonap. in Rev. Mag. Zool. 1854, p. 255 (*Orn. Ricordi* Gerv., type fixé par
Gray en 1855). — *Sporadicus* (nom. emend.) Cab. et Heine, in Mus. hein.,
III, 1860, p. 25. — *Ricordia* E. S. Hart., etc. — Riccordia Ridgw.

1. **R. Swainsoni** (Less.). — *Troch. elegans* (non *Tr. elegans* Chr. Reich 1795) Aud.
et Vieill., Ois. dorés, I, 1802, p. 37, pl. 14, ♂ (S. Domingue par Vieill.). —
Ibid. Shaw, Gen. Zool., XII, I, 1812, p. 311. — *Orn. Swainsoni* Less., O. M.,
1829, pp. XVII et 197, pl. 70. Id. Traité Orn., 1831, p. 275. Id. Compl. Buff.
1838, p. 586. (Brésil [errore]). — *Chlorestes Riccordia elegans* Reichenb.
Troch. Enum., pl. 704, f. 4587 (sec. Less.). — *Sporadinus elegans* Gould,
Monog. v, pl. 347, mai 1859. *Riccordia* Sw. Ridgw., Birds n. Amer., v,
1911, p. 546 (1).

Ile Saint-Domingue.

2. **R. Ricordi** (Gerv.). — *Orn. R.* Gerv. in Mag. Zool. v, cl. II, 1835, pl. 41-42 (2).
(Santiago de Cuba, par Al. Ricord). — *Orthorynchus R.* Orbigny, ap. R. de
la Sagra, Hist. Cuba, III, Aves, p. 118, pl. 11, f. 2. — *Orn. Parzudakii* Less.
in Rev. Zool. I, 1838, p. 315. (Cuba : circa havanam). — *Chlorestes Ric.
Ramondi* Reichenb., Tr. Enum., 1855, pl. 704, ff. 4584-4586. — *Sporadinus
Ricordi* Gould, Monog. v, pl. 348, sept. 1860. — *Riccordia R.* Ridgw. l. c.,
v, 1911, p. 543 (3).

Ile de Cuba et île des Pins (4).

Race locale (B). — **R. Ricordi æneoviridis** (Palmer et Riley). — *Riccordia æneoviridis* P. et R., in Pr. biol. Soc. Wash., XV, mars 1902, p. 34 (île Abaco). — *R. Ricordi æn.* Riley, in Auk, XXII, 1905, p. 356. — *Ibid.*, Ridgw., l. c., v, 1911, p. 544. — *Ibid.*, Todd et W. W. Worthington, in Ann. Carn. Museum, VII, 1911, p. 423.

Archipel des Bahamas : Iles Andros Abaco, Little Abaco, Great Bahama.

Race locale (invisa et incertissima) (C). — **R. Ricordi Bracæi** (Lawr.) *Sporadinus Bracei* Lawr., in Ann. N. York Ac. Sc., I, déc. 1877, p. 50. *Ibid.* Cory, Bds Bahamas Is., 1880, p. 113.

Archipel des Bahamas : Ile New Providence.

---

(1) Le nom de *Sporadinus incertus* a été proposé par Mulsant (H. N. O. M., II, p. 77) pour remplacer celui de *Erythronota elegans* Gould, qui n'est pas un *Ricordia* mais un *Saucerottea* ; c'est donc par erreur que Boucard a pu dire que Mulsant avait décrit une troisième espèce sous le nom de *Sporadinus incertus*.

(2) La pl. 42 ne représente pas la femelle mais le jeune mâle.

(3) Une figure coloriée de l'oiseau vivant en captivité en Angleterre chez Mr M. A. Ezra a été publiée en frontispice de l'*Avicultural Magazine*, n° de février 1915.

(4) Je n'ai jamais vu de spécimen de l'île de Pins ; je ne serais pas surpris que l'espèce y soit représentée par une forme un peu spécialisée. *Ricordia Ricordi* a aussi été indiqué du sud de la Floride, mais par erreur d'après C. W. Richmond.

8ᵉ Genre. — SAPPHIRONIA

Bonap., in Rev. Mag. Zool., 1854, p. 256 (type *Tr. æruleigularis* Gould, désigné
par Gould en 1860). — *Agyrtria g Lepidopyga* Reichenb. Tr. Enum., 1855,
p. 7 (type *Tr. Goudoti* Bourc.). — *Chlorolampis* subgen. *Emilia* Muls. et
Verr., Ess. Class., 1866, p. 41 (type *Tr. Goudoti* B.). — *Emilia* et *Lepidopyga*
Muls., H. N. O. M., ii, 1876, pp. 64 et 68. — *Cyanophaia* (sec. Reichenb. 1854,
pars). Ell. Salv., etc. — *Lepidopyga* E. S., Hart. Ridgw. Cory, etc.

1. **S. cæruleigularis** (Gould). — *Troch.* (— ?) *cæruleogularis* Gould, in P. Z. S.,
xviii, 1850, p. 163 (1) (near David, par Warszéwicz). — *Sapphironia c.* id.
Monog. v, pl. 246, mai 1860. — *Agyrtria Lepidopyga cæruleigularis* Reichenb.,
Tr. Enum., pl. 764, ff. 4768-70 (la Veragua et Peru [errore]) (2). *Lepidopyga c.*
Ridgw., l. c., v, 1911, p. 539.

République de Panama : la Veragua et pentes sud du Chiriqui (3).

    Subsp. (B). — **S. cæruleigularis Duchassaingi** (Bourc.). — *Troch.
Duchassaingi* Bourc. in C. R. Ac. Sc., xxxii, 1851, p. 87 (4) (entre
Gorgone et Panama). (?) *Lepidopyga Liliæ* Stone, in Pr. Ac. N. S.
Philad. 1917, p. 203. (Puerto Caiman, Santa-Marta en Colombie) (5).

Isthme de Panama (Colon, Castillo, etc.) dans la partie orientale (6). Extrême
N. de la Colombie.

2. **S. Goudoti** (Bourc.) *Troch. Goudoti* Bourc. in Rev. Zool. vi, avril 1843,
p. 100 (4) (N. Grenade : Ibagué). — *Ibid.*, Bourc. et Muls. in Ann. Sc. phys.
Lyon, vi, 1843, p. 47. — *Agyrtria Lepidopyga Goudoti* Reichenb., Tr. Enum.,
pl. 763, ff. 4765-4766. — *Sapphironia G.* Gould, Monog. v, pl. 345, mai 1860.

Colombie : andes orient. et centr., et haute vallée de la Magdalena (8).

    — *Subspecies invisa et incerta* (B). — **S. Goudoti Zuliæ** Cory, in Field
Mus. Nat. Hist., xiii, Cat., part. ii, 1918, p. 182.

    Vénézuela N. : région du lac Maracaïbo (rio Aurare, la Vaca., Trinidad).

3. **S. cœlina** (Bourc.). — *Thalurania c.* Bourc. in Rev. Mag. Zool, 1853, p. 553
(Santa Marta ex Verr.). — *Sapphironia luminosa* Lawr., in Ann. Lyc. N. Y,

---

(1) Type à Londres, sec. Salvia.

(2) *Hylocharis cærulescens* Reichenb., f. 4785, est bien plutôt *Iache latirostris*.

(3) Gould ajoute que l'espèce se trouve aussi à Santa Marta en Colombie, mais cette
indication se rapporte plutôt à la forme *S. cæruleigularis Duchassaingi*, la localité de
Cienaga en Colombie par C. W. Wyatt, ibis 1871, est probablement aussi erronée.

(4) Type à New-York sec. Elliot.

(5) *Lepidopyga Liliæ* Stone « similar to *Lepidopyga cæruleogularis* Gould but lower
breast and abdomen glittering blue instead of green and upper surface darker green with
much less bronze iridescence » précisément les caractères qui distinguent de forme *Ducha-
saingi* de la forme type.

(6) Probablement remplacé par la forme type dans la partie occidentale (Panama, etc.).

(7) Type à New-York sec. Elliot.

(8) Indiqué avec doute et probablement par erreur de Sᵗ Domingo dans l'Ecuador par
Oberholser.

vii, 1862, p. 458 (Barranquilla, par G. Crawther): *Lepidopyga Cœlina* E. S.
in Rev. Fr. Orn., i, 1909, p. 65. — *Ibid*. Ridgw. l. c., v, 1911, p. 539, *ibid*.,
Chapman, l. c., 1917, p. 287.

Colombie : embouchure et basse vallée de la Magdalena ; rio Atrato ; Santa
Marta, Barranquilla, Cartagena (au musée de New-York, ex Schott),
Varrud, Banco, Calamar, Algodonal, Monquido, Choco (sec. Chapman).

4ᵉ Genre. — AUGASMA

Gould, in P. Z. S., 1860, p. 305 (type *A. smaragdinea* Gould). — *Thalurania*
groupe *Augasma* (ad part. *smaragdinea*) E. S. et Hellm., in Nov. Zool., xv,
1908, p. 1.

1. **A. smaragdinea** (*smaragdineum* lapso) Gould, in P. Z. S., 1860, p. 305 (1).
(Novo Friborgo, par Reeves). — *Eucephala smaragdocærulea* Gould,
Monog. v, pl. 331, juillet 1861. — *Timolia Lerchi* (non Muls.) Salv. et Godm.,
in Ibis, 1881, p. 596. *Ibid*., Sharpe in Gould, Supp., pl. 57, avril 1885.
Thalurania smaragdinea E. S. et Hellm., l. c., 1908, p. 20. *Cyanophaia*
smaragdinea Ridgw., l. c., v, 1911, p. 528.
Brésil : états de Bahia et de Rio.

2. **A. chlorophana** E. S., Cat. Tr., 1897. p. 20 (nota). — *Ibid*., E. S. et Hellm.,
in Nov. Zool. xv, 1908, p. 8. *Cyanophaia chl*. Ridgw., l. c., i, v, 1911, p. 528.
Brésil : état de Bahia (2).

5ᵉ Genre. — TIMOLIA

Eucephala (ad max. part.) Gould, Monog., — *Timolia* Muls., in Ann. Soc. linn.
Lyon, n° 6, xxii, 1875. p. 219 (type *Thalurania Lerchi* Muls. et Verr.) —
Eucephala (pars) et *Timolia* Ell., Syn., 1878. — *Timolia* (ad max. part.) et
Thalurania (pars.) E. S., Cat. Tr. 1907. — *Thalurania*, groupe *Augasma* (ad
max. part.) E. S. et Hellm., in Nov. Zool. xv, 1908, p. 1.

1. **T. chlorocephala** (Bourc.). — *Hylocharis Chlorocephala* Bourc. in Rev. et
Mag. Zool., 1854, p. 457 (Ecuador : Guaranda [errore]). — *Eucephala* c.
Gould, Monog., v, pl. 332, juillet 1861. — *Thalurania* c. E. S. et Hellm.,
l. c. 1908, p. 8. — *Cyanophaia* c. Ridgw. l. c., v, 1915, p. 528.
Brésil : état de Rio (3).

2. **T. Lerchi** (Muls. et Verr.) *Thalurania* L. M. et V., in Ann. Soc. linn. Lyon
(nov. sér.) xviii, janv. 1872, p. 108 (4). (N. Grenade) — *Timolia* L. Muls., in
Ann. Soc. Linn. Lyon (ser. 2ᵉ), xxii, 1875, p. 219. — *Eucephala* L. Ell., in
Ibis, 1874, p. 264. — *Ibid*. Muls. et Verr., iv, 1877, p. 191 (avec pl.). —
Timolia L. Ell., Syn., 1878, p. 232. — *Agyrtria tenebrosa* Hart., in Bull. br.

---

(1) Type à Londres.
(2) Type unique dons la coll. E. Simon ; ois. préparé à la manière de Bahia.
(3) Type unique à Londres ; oiseau préparé à la manière de Rio.
(4) Type à New-York, ancienne collect. Elliot (sec. Ell.)

Orn. Cl., x, n° 65, oct. 1899, p. xv (1). — *Thalurania Lerchi* E. S. et Hellm.
l. c. 1908, p. 9. — *Cyanophaia L.* Ridgw., l. c. 1911, p. 528.
Colombie (préparation indigène de Bogota).

3. **T. cæruleo-lavata** (Gould). — *Eucephala c.* Gould, in P. Z. S., 1860, p. 306
(S. Paulo, ex Reever). — Id. Monog., v, pl. 333, juillet 1861. *Thalurania c.*
E. S. et Hellm., l. c., 1908, p. 8. — *Cyanophaia c.* Ridgw., l. c. 1911, p. 528.
Brésil S.-E. (2).

4. **T. scapulata** (Gould). — *Eucephala s.* Gould, Intr., 1861, p. 166, n° 373 (sup-
posed to be Cayenne). — *Thalurania s.* E. S. et Hellm., l. c., 1908, p. 7. —
Cyanophaia s. Ridgw. l. c. 1911, p. 528.
Guyane française (3).

<h3 align="center">6° Genre. — CYANOPHAÏA</h3>

Hylocharis b Cyanophaïa Reichenb., Aufz. d. Col., 1854, p. 10 (type *Troch.
bicolor* Gm., désigné par Gray en 1855, in Cat. gen. et subg. Birds, app.
p. 242, n° 367*). — *Thalurania* (ad part. *T. Wagleri*) Gould, Monog., II. — *Id.*
Ell. 1878 — *id.* E. S. 1897. — *Gmelinus* Boucard, Gen. Humm. B., 1895,
p. 108 (type *Tz. bicolor* Gm.) — *Thalurania* groupe *Augasma* (pars) E. S. et
Hellm., l. c., 1908, p. 1. — *Cyanophaïa* Ridgw., v, 1911, p. 526.

1. **C. bicolor** (Gm.) *Troch. bicolor* Gm., Syst. Nat., éd. 13°, i, 1788, p. 496 (ex le
saphir émeraude de Buffon). — *Ibid.* Audeb. et Vieill., Ois. dorés, i, 1802,
p. 91, pl. 36 (Martinique et (?) Guadeloupe). *Tr. smaragdo-sapphirinus*
Shaw (ex Vieill.) Gen. Zool. xii, i, 1812, p. 325. — *Orn. Wagleri* Less. O. M.
1829-1830, pp. xvii et 203, pl. 73. — id. Traité Orn. 1831, p. 274; et
compl. de Buffon, 1838, p. 587 (Brésil). — *Thalurania Wagleri* Gould,
Monog., ii, pl. 109, ♂ non ♀ (4), mai 1857 (nord du Brésil). — *Cœligena
Thalurania Wagleri* Reichenb., Tr. Enum., pl. 702, ff. 4576-4577. — *Thalurania bicolor* Salv., Cat., xvi, p. 86 (♂ non ♀) ibid E. S. et Hellm., l. c., 1908,
p. 7. — *Cyanophaïa bicolor* Ridgw., l. c., v, 1901, p. 529 (♂ non ♀). — Brésil
oriental (?) (5).
Petites Antilles : la Dominique, la Martinique. — (?) Brésil or. (1).

---

(1) Type au Musée Rothschild à Tring.

(2) Type à Londres ; oiseau préparé à Rio.

(3) Type à Londres ; oiseau préparé à la manière de Cayenne, l'étiquette porte *Oyapoc*.

(4) La femelle figurée par Gould, qui en avait reçu la communication de Bourcier,
appartient sans doute à une autre espèce ; elle ne correspond même pas au *T. Belli* de Vérill.

(5) L'île de la Dominique est la seule localité absolument certaine ; la Martinique est
citée ici sur la foi de R. Ridgway. La plupart des auteurs, depuis Lesson, ont ajouté à sa
distribution le Brésil oriental, ce qui n'a jamais été confirmé d'une manière positive ; plusieurs oiseaux du Musée britannique sont étiquetés du Brésil mais Salvin dit à ce propos
« the locality « Brazil » formerly given for this species is most probably erroneous, it rests
on no satisfactory authority ». Je dois dire cependant que j'ai une fois trouvé, dans un lot
très ancien d'oiseaux de Bahia, un *C. bicolor* paraissant bien avoir été préparé à la manière
indigène de Bahia, mais peut-être s'agit-il d'une substitution : par contre il est à noter
que du temps de Lesson on recevait beaucoup d'oiseaux du Brésil et très peu des
petites Antilles.

7e Genre. — CHLORURANIA

Glaucopis (non Gm. 1788) Burmeister, Syst. Uebers. Thiere Bras., II, 1856, p. 333 (ex *Troch. glaucopis* Gm.) — *Thalurania* auct. (ad part.) — *Chlorostola* (nom. præocc.) E. S., Notice 1918, p. 38, n° 17. — *Chlorurania* (substitué à *Chlorostola*) E. S., in Rev. fr. Orn., 7 av. 1919, n° 120, p. 53, n° 6.

1. **C. glaucopis** (Gm.) — *Troch. g* Gm., Syst. Nat. éd. 13e, I, 1788, p. 497 (Brasilia, ex Briss. pl. 36, f. 5). *Tr. frontalis* (substitué à *glaucopis*) Lath., Index Orn., I 1790, p. 318, n° 60. — *Tr. pileatus* Wied, Reise Bras., I, 1820, p. 64. — *Orn. glaucopis* Less. Ois. M. 1829-1830, pl. 58-59; id. Traité Orn. 1831, p. 273; et compl. à Buffon, 1838, p. 582 (Brésil). — *Thalurania glaucopis* Gould Monog., II, pl. 99, mai 1856. — *Cœligena Thalurania g* Reichenb. Tr. Enum pl. 685, ff. 4509-4510. — *Thal. Luciae* Lawr. in Ann. Lyc. N. Y., VII, 1862, p. 456 (îles Tres Marias [errore]) (1).

Brésil S. E., états de Bahia, Minas, Espiritu Santo, Rio, S. Paulo, Parana, S. Catharina, Rio Grande do Sul, Matto-Grosso — Paraguay — Argentine: prov. Missiones sur le haut Parana (Bertoni) (2).

8e Genre — THALURANIA (3)

Gould, in P. Z. S., XVI, 1848, p. 13 (type *Troch. furcatus* Gm., désigné par Gray en 1855). — *Cœligena Thalurania* Reichenb., Aufz. d. Col. 1854, p. 7 (4).

1. **T. Belli** A. H. Verill. Add. to the Avifauna of Dominica, part II, 1906 (5). — *T. bicolor* Salv. Cat. XVI, p. 56 (♀ non ♂). — *Cyanophaia bicolor* (♀ non ♂) Ridgw. l. c., V, 1911, p. 529.
Ile de la Dominique

2. **T. Watertoni** (Bourc.). — *Troch. W.* B. (Lodd. M. S.) in P. Z. S., 1847, p. 44 (6) (Guyane angl. : Miribi creek à 40 miles du rio Essequibo par Waterton) (7). — *id.* in Rev. Zool. 1847, p. 256. — *Thalurania W.* Gould Monog., II, pl. 100, mai 1856 (même type).

---

(1) Cf. à ce sujet H. v. Berlepsch, in Ibis (5) V, 1887, p. 291.

(2) Peut-être en Colombie, au moins d'après un spécimen de provenance douteuse trouvé dans un lot d'oiseaux de Bogota (préparation indigène).

(3) Les formes *Thaluronia* Gray 1849 et *Thalucania* Bourc. 1856, sont des fautes typographiques.

(4) Comprenant *Troch. furcatus, nigrofasciatus et Watertoni*; dans ce genre *Thalurania* il n'y a pas à tenir compte des synonymies données par Salvin et Elliot, dans *notes on the Trochilidæ ; 3° the gen. Thalurania*, in Ibis 1873, pp. 353-361.

(5) Brochure de 19 pages, publiée par l'auteur; sans pagination et sans date, cf. à ce sujet *the Auk*, XXIII, 1906, p. 236.

(6) Types à Londres, de l'ancienne collection Loddiges; d'après Gould Loddiges tenait cet oiseau de Waterton lui-même.

(7) Du premier voyage de Charles Waterton en 1812 en Guyane, dans les déserts de Damerary et de l'Essequibo. Sans doute à l'extrême nord de l'habitat du *Thalurania Watertoni* car l'espèce n'y a pas été revue depuis, tandis qu'elle a souvent été envoyée des provinces de Pernambuco et de Bahia au Brésil; Gould en cite deux spécimens du nord du Brésil (encore au Musée britannique, *a* et *b* du catalogue Salvin) probablement des bouches de l'Amazone.

Guyane angl. : rio Essequibo (Waterton). — Brésil N. : états du Para, de
Pernambuco (à Perry-Perry dans la région côtière, par E. Gounelle). et de
Bahia.

3. **T. furcata** (Gm.) *Troch. furcatus* Gm., Syst. Nat., éd. 18e I, 1788, p. 486 (ex
Brisson, III, pl. 37, f. 6 (1). — *Ibid.* Aud. et Vieillot, Ois. dorés, I, 1802, p. 87,
pl. 34 (2). — *Orn. furcata* Less., O. M. 1829-1830, p. 82. pl. 28 (Cayenne). —
Thal. furcata Gould, Monog., II, pl. 101, sept. 1858. — *Cœligena Thalurania
furcata* Reichenb., Tr. Enum. pl. 682, ff. 4498-4499 (Brasil [errore]). —
Thal. furcata Cab. et Heine, Mus. heine., III, 1860, p. 24. — *Thal. furc.
furcatoides* Snethl. Cat., 1914, p. 198, n° 4 (saltem ad part.)

Guyane française. Brésil, état du Para.

    Subsp. (B). — **T. furcata gyrinno** (Reichenb.) *Cœligena Thalurania
gyrinno* R. Tr. Enum., 1855, pl. 682, ff. 4500-4501 (?Guiana). — *T. furcatoides* Gould, Intr., 1861, p. 77 (le Para, par A. R. Wallace) (3). —
T. subfurcata Heine, in J. f. Orn. XI, 1863, p. 181. — *T. furcata* Pelzn.
Orn. Bras. 1867, p. 30 (Barra do rio Negro). — *T. furcata intermedia*
Snethl., in Orn. Monatber., oct. 1907, p. 163 ; et Cat. 1914, p. 198, n° 5.
(rio Tocantins). — *T. furcata furcatoides* Hellm., in Nov. Zool., XII,
1905, p. 297 (le Para). id. in Abh. Bayern Ak. W., XXVI, 1912, p. 54. —
id. Cory, Cat., 1918, p. 213.

    Brésil : bassin de l'Amazone, du Tocantins et de leurs affluents ; de
l'île de Mexiana et du Para, au rio Negro ; état de Maranhao (Miritaba).

4. **T. refulgens** Gould, in P. Z. S., XX, 1852, p. 9 (inc. sed.), id. Monog., II,
pl. 102. Vénézuéla or. : presqu'île de Paria et sierra de Cumana (4).

    Subsp. (B). — **T. refulgens forficata** (Cab. et Heine) *Thalurania forfi-
cata*, in Mus. heine., III, 1860, p. 24, n° 48 (5) (le Para [errore]). — *Ibid.*

---

(1) Aussi figuré par Edwards, pl. 266, figure du bas (de Surinam).

(2) *Trochilus albirostris* Vieill. (Ois. dorés, I, p. 107, pl. 45) est peut-être un jeune ou un
anormal de *T. furcata* ; l'auteur ajoute dans le supplément « l'oiseau-mouche à bec blanc,
p. 107, a été donné par erreur pour une espèce, c'est un jeune ou une femelle dont la race
n'est pas connue ».

(3) *T. furcatoides* Gould, date de l'*Introduction* 1861 (p. 77, n° 117) ; sa citation dans la
Monographie (texte de la planche de *T. furcata*) est un *nomen nudum* ; le nom de *gyrinno*,
appuyé de figures assez reconnaissables, a été proposé par Reichenbach (bien antérieurement à l'Introduction) pour remplacer celui de *furcatoides* jugé incorrect ; celui de *subfurcata* a été proposé bien après pour la même raison, par Heine en 1863. L'oiseau du rio
Tocantins décrit par M° Sthelaye comme *T. intermedia* répond assez exactement aux caractères du *T. furcata gyrinno* Reichenb. tandis que la description donnée par le même auteur
du *T. furcatoides* semble mieux convenir au *T. furcata* type.

(4) Parfois indiqué à tort de l'île de Trinidad.

(5) La synonymie donnée par Heine est entièrement erronée ; la description est réduite
à cette phrase « *T. furcata* major, cauda multo longiore » mais elle a été complété par Gould,
d'après le type même communiqué par le Dr Peters, directeur du Musée de Berlin. Cette
description (sauf en ce qui concerne la teinte pourprée des rectrices que je ne retrouve pas)
convient à la forme décrite depuis sous le nom de *Thalurania furcata fissilis* « the under
tail-coverts are black ». Mais l'indication du Para, douteuse d'après Gould « supposed to be
the neighbourhood of Para » est fausse.

Gould, Intr. 1861, p. 77, n° 118 (supposed to be Para). — *T. refulgens*
E. S. et Dalmas, in Ornis, xi, 1901 p. 214 (la Caura par André). *T.
furcata fissilis* Berl. et Hart., in Nov. Zool., ix, 1902, p. 87 (la Caura).

Vénézuela or. : bas Orénoque et bassin de la Caura. — Guyane anglaise :
Monts Mérumé et mont Roraima (par Whitely). — Guyane fr. : S.
Laurent du Maroni (1).

5. **T. Balzani** E. S., in Nov. Zool, iii, 1896, p. 259 (Yungas de Bolivie, par
Balzan).

Bolivie or. : Yungas par Balzan et rio Beni (par M. Stuart).
Brésil N.-E. : rio Madeira à Borba, rio Machado, rio Tapajos et rio Jamachine.

6. **T. Simoni** Hellm., in Bull. br. Orn. Cl., xix, oct. 1906, p. 8; et Nov. Zool.,
1907, p. 77 (de Teffé, par Hoffmanns).

Brésil N. : Teffé (ou Ega) sur le rio Solimoes.

7. **T. Jelskii** Tacz. in P. Z. S., 1874, p. 138; et Orn. Per. i, p. 295 (2) (de Soriano
au Pérou central, par Jelski). — *Ibid.*, E. S. et Hellm., in Nov. Zool., 1902,
p. 179, nota (3).

Pérou mérid. et centr. : prov. Huanuco, Chanchamajo et Carabaio. —
Bolivie N. et orient (4).

8. **T. nigrofasciata** (Gould). — *Troch. n.* Gould, in P. Z. S., xiv, 1846, (rio
Negro). — *T. viridipectus* Gould, in P. Z. S., 1848, p. 13 (5). (Colombian
Andes). — *T. nigrofasciata* Gould, Monog., ii, pl. 104, mai 1861 (6).

Colombie : andes orientales et région amazonienne. — Ecuador or. et
Pérou N.-E., sur le haut amazone et ses affluents du Nord (Nauta, Pebas,
Iquitos, rio Napo). — Brésil N.-O. : rio Negro et rio Içanna (la limite méridionale au rio Marañon (7).

9. **T. Tschudii** Gould in P. Z. S., xxiii, 1860, p. 312 (Ucayali, par Hauxwell) (8).
— Id., Monog., ii, pl. 103, mai 1861 (même type). — *T. nigrofasciata* (non

---

(1) Un seul individu mêlé à de nombreux *T. furcata* typiques.

(2) Type à Varsovie.

(3) Le *Thalurania* figuré sous le nom de *T. Jelskii* par Sharpe dans le suppl. de Gould,
pl. 29, est *T. Tschudii* (voir supra).

(4) Cité par d'Orbigny sous le nom de *Thalurania furcata*, plus tard par Sclater et
Salvin sous celui de *T. nigrofasciata*, également erronés.

(5) Synonymie donnée par Gould lui-même.

(6) *Cœligena Thalurania nigrofasciata* Reichenb., Tr. Enum., pl. 584, f. 406, ressemble
bien plus à *Thal. Fanny*æ, mais dans ce cas la localité serait fausse.

(7) L'indication des Yungas de Bolivie est peut-être erronée.

(8) Gould avait proposé ce nom pour *T. furcata*, Tschudi in Fn. Per., p. 39 (non Gm.),
mais il est impossible de savoir à laquelle des deux espèces péruviennes, *Tschudii* et
Jelskii, se rapporte, la description de Tschudi. Le Musée britannique possède deux mâles
adultes provenant de la collection Gould et marqués de sa main « Ucalayi, amazonas,
Hauxwell, type », mais la figure de la pl. 103 est si imparfaite qu'elle semble prise d'une
autre espèce, ressemblant bien plus à *T. furcata* et *refulgens*. Par contre la figure donnée

Gould) Tacz., Orn. Per., i, 1864, p. 293 (saltem ad part.). — *Th. Jelskii* (non Tacz) Sharpe in Gould, supp. pl. 29, mars 1887. — *Th. Tschudii* E. S. et Hellm., in Nov. Zool., ix, 1902, p. 179.

Pérou N.-E. : vallées de Huallaga et de l'Ucayali (1).

10. **T. Eriphyle** (Less.). — *Orn. Eriphile* (sic) Less., Col. supp. O. M., 1831-1832, p. 148, pl. 25 (Brésil). — *Th. Eriphyle* Gould, Monog., ii, pl. 108, sept. 1858 (Brésil) (2).

Brésil or. : états de Bahia (à Morro de Cadenba, par E. Goun.) ; de Minas (distr. de Diamantina, par E. Goun.) ; de Araguay ; de Rio ; de S. Paulo N.-E. — Argentine : prov. Missiones sur le h^t Parana (Bertoni) (3).

11. **T. Baeri** (Hellm.). — *Th. Eriphyle Baeri* Hellm., in Bull. Br. Orn. Cl., xxi, nov. 1907, p. 27 (4) (Goyaz, par Baer). — Ibid., in Nov. Zool., xv, 1908, p. 75. — *Orn. furcata* (non Gm.) Lafresn. et Orb., Syn. Av., in Mag. Zool., 1838, cl. ii, p. 27 (Bolivia : Moxos). — *Th. Eriphyle* Salv., Cat. xvi, p. 80 (pars, specim. de Chapada).

Brésil central : états de Goyaz ; Araguay ; Matto-Grosso (5) ; Piauhy (6). — Bolivie or. : Chiquitos, Moxos (7).

12. **T. verticeps** (Gould). *Troch. v.* Gould, in Jardine, Contrib. orn., 1851, p. 70, pl. 71 (Ecuador). — *Cœligena Th. Fanny* (non Bourc.) Reichenb., Tr. Enum., pl. 683, ff. 4502-4503 (Buenaventura [errore]). — *Th. verticeps* Gould, Monog., ii, pl. 107, sept. 1858. — *Th. Fannyæ* (ad max. part.) Salv., Cat., p. 78. — *Th. Fannyi verticeps* Chapman, in Bull. Amer. Mus., xxxvi, 1917, p. 292.

Colombie : andes occid. et centrales (sec. Chapman). — Ecuador : régions interandine et orientale.

Varietas **Th. verticeps** var. **hypochlora** (Gould) *T. hypochlora* Gould in

par Sharpe dans le supplément pl. 29, sous le nom de *T. Jelskii* Tacz. représente bien mieux le vrai *T. Tschudii*, l'auteur dit bien « the plate represente the adulte male in three positions and is drawn from a specimen lent to us by Dr Taczanowski », ce dernier devait alors confondre les deux formes ; dans tous les cas il n'a pas communiqué le type unique (un mâle incomplètement adulte, monté). Ce que dit Elliot (Syn. Tr., p. 101) do *T. Jelskii* est erroné.

(1) De Guayabamba 4.000 p. (O. T. Baron), Huayabamba (Garlepp), Nuovo Loreto (G. A. Baer). Cependant un spécimen de Chanchamayo, au Pérou central, communiqué par le Dr Dernedde, se rapporte bien au *T. Tschudii*. *T. Tschudii* a été indiqué à tort de l'Orenoque par Berlepsch et Hartert (in Nov. Zool., 1902, p. 86).

(2) *Cœligena Thalurania Eryphile* (sic) Reichenb., Tr. Enum., pl. 684, ff. 4507-4508, indiqué, sans doute par erreur, de Nouvelle Grenade et de la Veragua est peut-être une autre espèce ; le mâle, f.4507 ressemble à *th. furcata* ; la femelle rappelle davantage *Chlorurania glaucopis*.

(3) Peut-être *Thalurania Baeri* Hellm.

(4) Type à Munich.

(5) De Poconé et Cambara, sur le Rio Parana, Muséum de Paris par Mocguerys.

(6) Où il remplace *T. Eriphyle*.

(7) Muséum de Paris ; du voyage de d'Orbigny.

P. Z. S., 1870, p. 104 (Ecuador : Citado, par Buckley), *ibid.*, Salv., Cat.,
p. 81.

Ecuador (mêlé à la forme type).

13. **T. Fannyæ** (Del. et Bourc.) *Troch. Fannyi* D. et B., in Rev. Zool., 1846,
p. 310 (N. Grenade : rio Dagua). *Cœligena Thal. Lydia* (substitué à *Fanny*)
Reichenb., Aufz. d. Col., p. 7. — *Th. Fanniæ* Gould, Intr., 1861, p. 78 (the
Andes of Quindios). — *Th. Francescæ* (nom. emend.) Heine, in J. f. Orn.,
xi, 1863, p. 180. — *Th. Fanniæ* Salv., Cat. xvi, p. 81 (pars).

Colombie occid. et mérid. (1). — Ecuador N. occid.

14. **T. colombica** (Bourc.). — *Orn. c. B.*, in Rev. Zool., janv. 1843, p. 2 (Colombie).
— *Id.*, Bourc. et Muls., in Ann. Sc. phys. Lyon, vi, 1843, pl. 4. — *Cœligena
Thal. c.* Reichenb., Tr. Enum., pl. 685, ff. 4511-4512. — *Th. c.* Gould,
Monog., ii, pl. 106, sept. 1858 (Bogota). — *Ibid.*, Ridgw., Birds n. Amer., v,
1911, p. 532. — *Ibid.*, Chapman, l. c., 1917, p. 293.

Isthme de Panama (Colon, Panama). Colombie N. (Sᵃ Nevada de Sᵃ Marta).
Colomb. occid. (vallée de la Cauca) et Colomb. or. (savane de Bogota et
vallée de la Magdalena). — Vénézuela occ. (San Christobal).

Subsp. (B). — **T. colomb. venusta** (Gould). — *Troch.* (*Th.*) *venustus* Gould
in P. Z. S., 1850, p. 163 (volcan of Chiriqui, par Warszewicz). —
Cœligena Th. v. Reichenb., Tr. Enum., pl. 683, ff. 4504-4506. — *Th. v.*
Gould, Monog., ii, pl. 105, sept. 1858. — *Th. colombica venusta* Bangs,
in Auk, xxiv, 1907, p. 296. — *Ibid.*, Carriker in Ann. Carn. Mus., vi,
1910, p. 533. — *Ibid.*, Ridgw., l. c., 1911, p. 534.

Nicaragua. Costa-Rica. rép. de Panama (la Veragua et Chiriqui). —
Honduras (Yaruca).

15. **T. Townsendi** Ridgw., in Pr. U. S. Nat. Mus., x, 1888, p. 590. (Segovia
river). — Ibid., l. c., 1911, p. 536. — *Ibid.*, Salv., Cat. xiv, p. 78 (species
invisa).

Honduras : rio Segovia (frontière du Nicaragua) et Guatemala or. : Gualan.

16. **T. Ridgwayi** Nelson, in Auk, xvii, 1900, p. 262 (san Sebastian). — *Ibid.*,
Ridgw., l. c., 1911, p. 537 (species invisa).

Mexique : état de Jalisco (2).

5ᵉ Genre. — NEOLESBIA

Salv., Cat., xvi, 1892, p. 145 (type *Cyanolesbia Nehrkorni* Berl.).

1. **N. Nehrkorni** (Berl.). *Cyanolesbia N.* Berl. in J. f. Orn., xxv, 1887, p. 326 (de
Bogota). — *Ibid.*, in Zeitschr. f. Orn., iv, 1887, p. 178, pl. 3, f. 1.

Colombie (oiseau préparé à Bogota) (3).

---

(1) Aussi indiqué du Panama occid., mais probablement par erreur.

(2) Type unique in U. S. Nat. Mus.

(3) Connu par un seul individu.

18ᵉ Groupe. — *HYLOCHARIS*

1ᵉʳ Genre. — **PANTERPE**

Cab. et Heine, in Mus. heine., iii, 1860, p. 43.

1. **P. insignis** Cab. et Heine, ibid., 1860, p. 43. — *Ibid.*, Gould, Monog., v,
pl. 336, mai 1861.
Costa-Rica et rép. de Panama occid. (confiné dans la haute montagne).

2ᵉ Genre. — **CHRYSURONIA**

Bonap., Consp. Av., i, av. 1850, p. 75, nᵒ 175 (1). — *Chrysurisca* (substitué à
Chrysuronia). Cab. et Heine, Mus. heine., iii, 1860, p. 42. — *Chrysurus*
Chubb, Birds Brit. Guiana, 1916, p. 401. — *Chrysuronia* (ad part.) auct.
recent.

1. **C. Œnone** (Less.). *Orn. Œ.* Less., Colib. supp. O. M. 1831-1832, p. 157, pl. 50
(Trinidad). — *Chrysuronia Œ.* Gould, Monog., v, pl. 325, mai 1859. — *Ibid.*,
Reichenb. Tr. Enum., pl. 722, ff. 4642-4643. — *Chrysuronia Œnone Œnone*
Hellm. et Seilern, in Arch. Naturg., 1912, p. 129 (san Esteban).
Vénézuéla N. et E. (2).

Varietas (B.). — **C. Œnone brevirostris.** Madarasz in Orn. Monatsb.,
nᵒ 2, fasc. 1911, p. 32 (Ecuador).
Ecuador : région interandine et orient. : Napo.

Var. (C). — **C. Œnone longirostris** Berl., in J. f. Ornith. xxxv, p. 333
(Bogota). — *C. Œnone* Salv., Cat., xiv, p. 248 (pars, specimens de
Bogota).
Colombie : andes orient. (savane de Bogota) ; Colomb, amazonienne
(llanos de la Meta).

Var. (D.) — **C. Œnone azurea** E. S.
Ecuador N. (Paramba).

Var. (E.). — **C. Œnone Josephinæ** (Bourc. et Muls). — *Troch. Josephinæ*
B. et M. in Rev. Zool. 1848, p. 272 (inc. sed.). — *Chrysuronia Josephinæ*

---

(1) Bonaparte avait presque simultanément (in C. R. Ac. Sc. xxx, 1850, p. 382) désigné
ce genre sous le nom de *Chrysurus*, traduction latine des *Chrysures* de Lesson. M. Chubb a
tout récemment repris ce nom de *Chrysurus* mais ce que cet auteur dit de sa priorité sur
celui de *Chrysuronia* me paraît très douteux ; le genre *Chrysurus* est en effet proposé dans
le 1ᵉʳ sem. des Cᵗᵉˢ Rend. nᵒ 13, p. 382 et déjà, dans deux articles précédents sur la classification des Oiseaux, on peut lire dans le nᵒ 6, p. 131 « comme on a pu le voir par le
Conspectus dont l'auteur a fait hommage à l'Académie et à chacun des membres de la
section de zoologie ; — et dans le nᵒ 10, p. 291 « j'ai pris le parti que j'ai adopté dans mon
Conspectus. Le 2ᵉ Groupe celui des *Chrysures* de Lesson, dont le type n'est pas désigné, ne
comprenait que deux espèces : *Orn. Oenone* Less. et *Orn. chrysura* Less, le second, aujour-
d'hui un *Hylocharis*, devrait être considéré comme type comme ayant inspiré le nom ; ce
nom de *Chrysurus* qui était connu depuis longtemps comme préoccupé en botanique.

(2) Les oiseaux du N.-E. du Vénézuéla ont longtemps été expédiés en Europe comme
provenant de l'île de Trinidad, où l'espèce ne se trouve probablement pas (sec. Hellmayr).

Gould, Monog., v, pl. 326, mai 1859 (h* Amazone, par Bates). — *Agyrtria Alleni* Ell., in Auk, v, 1888, p. 263. (♀ Bolivia, Yungas) (1). — *Chrysuronia neera* (ex Less., nom. nud. (2). Salv. Cat., p. 249 et *Agyrtria Alleni* ibid., p. 186. — *Chrgs. Buckleyi* Boucard, in Humm. B., III, n° 1, mars 1893, p. 9 (Bolivia, par Buckley). — *Chrys. neera* + *Buckleyi* Boucard, Gen. Humm. B. 1895, pp. 139-140. — *Chrysuronia Œnone intermedia* et *Josephinæ* Hart. in Nov. Zool., v, 1898, p. 519.

Pérou amazonien : Pebas, Iquitos, Nauta (par Bates et Hauxwell). Pérou central : Nuovo Loreto (G. A. Baer), la Merced, Quirimi (Kalinowski). — Bolivia : Yungas, Sierra de S* Cruz, la Rioja (Garlepp). Espiritu-Santo, Maipiri (Garlepp), Tilotilo, Consata (Buckley).

Var. (F). — *C. Œnone cæruleicapilla* Gould, Intr., 1861, p. 165, n° 365 (3) (inc. sed.).

Bolivia : S* de S* Cruz (Garlepp).

3e Genre. — CHLORESTES

Reichenb., Aufz. d. Colib., 1854, p. 7 (ad part. *Troch. cæruleus* Vieill. = *Tr. notatus* R.). — *Eucephala* Gould. Ell. Salv, etc. (ad part.). — *Chlorolampis* subgen. *Halia* Muls. et Verr., Ess. Class., 1866, p. 41. — *Chlorestes* E. S. — Hart. etc.

1. **C. notatus** (Reich). — *Troch. n.* G. C. Reich, in Magazin des Tierreichs, I, fasc. 3, Erlangen, 1795, p. 129. — *Troch. chalybeicaudus* Suckow, Aufang. d. Naturgesch., II, pars. 1, 1800, p. 62. — *Tr. chalybæus* J. M. Bechstein, in Ornitholog. Taschenbuch, etc. pars 1 (vel 8) 1811-1812) (4). — *Troch. cæruleus* Audeb. et Vieill., Ois. dorés, I, 1802, p. 99, pl. 40 ♂ (Guyane). — ? *Tr. cyanogenys* Wied, Beitr. Nat. Bras., 4, 1832, p. 70 (Brésil). — *Orn. Auderberti* Less., O. M. 1829-1830, pp. xxx et 164, pl. 51; id. Traité Orn., p. 181 et Compl. Buff., 1838, p. 579 (Guyane Fr.). — *Orn. Wiedi* Less., Col., supp.

---

(1) D'après le type au Musée de New-York ; Cf. à ce sujet C. E. Hellmayr in Nov. Zool., xx, n° 1, 1913, p. 243.

(2) J'ai vu à Londres l'oiseau indiqué par Gould (Intr., p. 165, n° 364) sous le nom de *Ch. neera* Less. C'est un *Œnone Josephinæ* normal de l'Amazonie ; Gould dit simplement avoir reçu cet oiseau de Paris étiqueté « *O. neera* Less. » c'est à tort que Salvin a ajouté (Cat., p. 250) « type of *O. neera* Less. » *Orn. neera* Del. et Less. in Bev. Zool., II, 1839, p. 18, est un *nomen nudum* ; Lesson dit à propos de cette espèce inédite « Delatre indique Guadas dans la Colombie pour la patrie de cette belle espèce » jusqu'ici je ne connais pas de Colombie la forme *Josephinæ* et je suppose une erreur.

(3) La description est donnée incidemment (p. 165, fig. 2) ; j'ai vu le type, oiseau monté en mauvais état ; il figure dans le Catalogue Salvin, p. 249, comme *Chrysuronia neera* (T).

(4) Je n'ai pu vérifier les trois premières citations ; je les donne d'après Berlepsch, qui tenait la première de Richemond, cf. Novit. Zool., xv, p. 266, nota) ; il paraît certain que les noms de *Tr. notatus* G. C. Reich, *chalybeicaudus* G. A. Suckow et *chalybæus* I. M. Bechstein, ont été tous trois proposés pour un *Trochilus* décrit mais non nommé par Richard et Bernard in Actes de la Soc. d'Histoire naturelle de Paris, 1792, p. 117, sp. n° 48 de la liste des Oiseaux envoyés de la Guyane par Le Blond (super universa viridis, subtus viridis micans, summo gutture cæruleo micante, rectricibus omnibus utrinque chalybæo-cæruleis).

O. M. p. 150, pl. 28 (Brésil ex Wied). — *Eucephala cærulea* Gould, Monog., v, pl. 335, sept. 1857. — *Eucephala cærulea* et *cyanogenys* Gould, Intr., p. 167, n⁰ˢ 375-376. — *Chlorestes cæruleus* Reichenb., Tr. Enum., pl. 692, ff. 4534-4535 (Brésil), *Chl. cyanogenys* id., pl. 692, ff. 4536-4537 (sec. Less.). — *Agyrtria mellisuga* (non L.) Cab. et Heine, Mus. heine., iii, 1860, p. 34 (sec. Heine). — *Agyrtria compsa* Heine, in J. f. Orn., ix, 1863, p. 185 ♀. — *Chlorestes mentalis* Cab., in J. f. Orn., 1866, p. 159 (Colombie littorale). — *Agyrtria meliphila* Pelz., Orn. Bras., i, 1867, p. 57 (pars ♀ non ♂) (de Barcelos sur le rio Negro, par Natt.). *Chlorestes cæruleus* E. S., in Mém. Soc. zool. Fr., ii, p. 225 (de San Esteban). — *Chl. notatus* (sec. Reich) Berl., in Nov. Zool., xv, 1908, p. 266. — *Id.* Hellm. et Seilern, in Archiv. Naturg., 1912, p. 140 (Vénéz. : las Quinguas). — *Chlorostilbon paruensis* Riley, in Pr. Biol. Soc. Wash., xxvi, mars 1913, p. 63 (Hyntanihan sur le rio Purus, par J. B. Steere). — *Chlorestes cæruleus puruensis*, Riley, ibid., 1915, p. 183 (même type) (1).

Iles de Tobago et de Trinidad. Vénézuéla N. (Caracas, San. Esteban) et E. (bassin de l'Orénoque). — Guyanes angl., holl. et franç. — Brésil : états du Para, Parahyba de Norte, Pernambuco, Bahia, bassin de l'Amazone, de l'embouchure au Marañon, au rio Purus et au rio Madeira. — Ecuador orient. (Sarayacu).

2. **C. hypocyaneus** (Gould). — *Eucephala h.* Gould, in P. Z. S., 1860, p. 306 (2) (Bahia [errore]). — *Ibid.*, Monog., v, pl. 334, juillet 1861. — *Ibid.*, Salv., Cat., xvi, p. 224 (pars, ♂ ad.). — *Chlorestes h.* E. S., Cat. Tr., 1897, p. 16 (pars ♂ jn.). — *Chlorestes h.* E. S. et Hellm., in Nov. Zool., xv, 1908, p. 11, Brésil or. (3).

3. **C. subcæruleus** (Ell.). — *Eucephala subcærulea* Ell., in Ibis, 1874, p. 87 (4) (Brésil). — *Chlorestes s.* E. S. et Hellm., in Nov. Zool., xv, 1908, p. 11. Brésil (préparation de Bahia) (5).

----

(1) J. H. Riley a récemment rapporté son *Chlorostilbon puruensis* au *Chlorestes notatus* à titre de sous-espèce, mais on peut conclure de la description que cet oiseau ne diffère en rien du *Chlorestes notatus* de Bahia « above bright green with coppery reflections, duller on the top of the heand and upper tail coverts; chin bluish green, throat, breast, and abdomen brillant shining coppery green, the belly and flanks with some white cottony feathers, mostly concealed, under tail coverts nearest bottle green; tail steel blue; wings coverts color of the back; flight feathers purplish blue; upper mandible black, lower mandible brownish (probably dull reddish in life (except at extreme tip black), wing 47 1/2; tail 29; Bill 18 m/m to 19 1/2 m/m ».

(2) Gould se réfère à la pl. 49 des Ois. Mouches de Lesson, *Orn. bicolor*, mais par erreur; il est impossible de savoir ce que peut être l'oiseau figuré par Lesson.

(3) Le type de l'ancienne collection Gould est au Musée britannique (un mâle préparation de Rio) ; un autre spécimen, dans la collection E. Simon, (un mâle en mauvais état, préparation de Bahia).

(4) Description incluse dane une énumération de neuf espèces du genre *Eucephala* (sens de Gould).

(5) Type unique au Musée de New-York (ancienne collect. Elliot).

4ᵉ Genre. — JULIAMYIA

Cœligena f. *Damophila* Reichenb., Aufz. d. Col. 1854, p. 7 (pars). — *Julia-myia* Bonap., in Rev. et Mag. Zool., 1854, p. 255 (type *J. typica* = *Orn. Julie* Bourc.). — *Juliamyia* Gould. — Ell., etc. — *Damophila* Salv. — Ridgw., etc.

1. **J. Juliæ** (Bourc.). *Orn. Julie* Bourc., in Rev. Zool., 1842, p. 373, et in Ann. Sc. phys. Lyon, 1842, p. 345, pl. 21 (Tunja, près Bogota). — *Juliamyia typica* Bonap. in Rev. Mag. Zool. (sér. 2ᵉ), 1854, p. 255. — *Ibid.*, Gould, Monog., v, pl. 337, sept. 1859 (pro parte) (1). — *Cœligena Damophila Juliæ* Reichenb. Tr. Enum. pl. 681, ff. 4494-4495, et pl. 763, f. 4767 (Colombia). — *Damophila Juliæ* Hart. in Tierr. Tr. 1900, p. 71. — *D. Juliæ Juliæ.* Ridgw. l. c., 1911, p. 519. — *Ibid.*, Chapman, l. c., 1917, p. 290.

Panama (Bugaba, Chiriqui). — Colombie N. : golfe de Darrien, à Turbo, basse Magdalena; Colomb. occid. (vallée de la Cauca à Antioquia, etc.) et Colomb. orient. (Bogota, etc.)

Subsp. (B). — **J. Juliæ feliciana** (Less.). *Orn. feliciana* (Less.) in Rev. Zool., déc. 1844, p. 433 (Guayaquil, coll. Abeillé). — *D. Julie feliciana* Hart., l. c., 1900, p. 71. — *Ibid.*, Ridgw., l. c., 1911, p. 519 (nota).

Ecuador : région occidentale.

2. **J. panamensis** (Berl.). — *Juliamyia typica* Gould, Intr. 1861, p. 168 (non Monog.). *Ibid.*, Lawr., in Ann. Lyc., N. Y., vii, 1861, p. 292. — *Ibid.*, Ell. Syn. 1878, p. 233. — *Damophila panamensis* Berl., in J. f. Orn., 1884, p. 312 (Panama et la Veragua). — *D. Julie panamensis* Hart., l. c., 1900, p. 71. — *D. panamensis* Ridgw., l. c., 1911, p. 521.

Isthme de Panama (2).

5ᵉ Genre. — HYLOCHARIS

Boie in Isis, 1831, p. 546 (3)(type *Tr. sapphirinus* Gm., désigné par G. R. Gray en 1840). — *Ibid.*, Bonap., in C. R. Ac. Sc. xxxviii, 1854, p. 388. — *Hylo-charis* et *Chrysuronia* (pars *C. Eliciæ* et *chrysura*) auct.

1. **H. cyanus** (Vieill.). — *Troch. cyanus* Vieill. in n. Dict. xxiii, 1818, p. 426 (4) (Brésil par Délalande). *Orn. cyanea* Less. O. M., 1829-1830, p. 199, pl. 71;

---

(1) J. Gould a certainement confondu les deux formes car dans l'explication de sa pl. 337 il dit que son *J. typica* se trouve à la fois dans la Nouvelle-Grenade et dans l'Ecuador. Mais dans l'Introduction, p. 168, il réserve le nom de *J. typica* à l'espèce sans parure frontale correspondant à *J. panamensis* Berl. et celui de *J. feliciana* à l'espèce à tête brillante en la donnant exclusivement comme de l'Ecuador. La même erreur a été commise par Elliot (Syn. Tr., p. 232).

(2) Très douteux pour le Costa Rica.

(3) Comprenant *T. sapphirinus* Gm., *cyanus* Vieill., *latirostris* Wied, *lasulus* Vieill., *cyanopterus* Wied, *bicolor* Gm. Le nom de *Hylocharis* a été employé postérieurement, en 1835, par S. Müller pour un genre de *Sylvidæ*.

(4) Ex *Oiseaux dorés*, pl. 57; Vieillot le considérait alors comme le mâle adulte de *Hylo-charis sapphirina*.

Id. Col., supp. O. M., p. 143, pl. 23; id. Troch., p. 72, pl. 22 (1). — Id. Traité
Orn., p. 281; et Compl. Buff., p. 586. — *Hyl. cyanea* Gould, Monog., v,
pl. 144, mai 1852. *Ibid.*, Reichenb., Tr. Enum., pl. 768, ff. 4777-4779.

Brésil S.-E. : états de S. Paulo, Rio, Espiritu-Santo, Matto-Grosso, Bahia.

Subsp. (B). — **H. cyanus viridiventris** Berl., in Ibis, 1880, p. 113
(Guyane angl.).

Trinidad, Vénézuéla N. E. Guyanes. Brésil : région amazonienne.

Subsp. (C). — **H. cyanus rostrata** Boucard (sec. Berl.), in Gen. Humm. B.,
1895, p. 400 (Rioja).

Pérou or. : Rioja. — Bolivie : Guarajos (Orbigny) (2); rio Beni. — Brésil :
Matto-Grosso occid. : Cambara sur le rio Paraguay (par Mocquerys,
au Muséum de Paris).

2. **H. pyropygia** (Salv. et Godm.). — *Eucephala p.* S. et G., in Ibis, 1881, p. 596,
pl. 16 (3) (Ecuador [errore]). — *Chlorestes hypocyaneus* (non Gould) E. S.,
Cat. Troch., 1897, p. 16. — *Hyl. pyropygia* E. S. et Hellm., in Nov. Zool.,
xv, 1908, p. 10.

Brésil : Bahia (sec. prép.).

3. **H. sapphirina** (Gm.). — *Troch. s.* Gm. Syst. Nat., éd. 13e, i, 1788, p. 496 (ex
Buffon, Ois. vi, p. 26). — *Ibid.* Andeb. et Vieill., Ois. dorés, i, 1802, p. 89,
pl. 35 ♂ (4) et p. 127, pl. 58 (jeune) (5). — *Troch. latirostris* Wied, Beitr. Nat.
Bras. iv, i, 1832 p. 64 (Bahia). — *Orn. sapphirina* Less. O. M. 1829-1830, pp. xxix
et 172, pl. 55 et 57; id. Traité Orn. p. 280; et Compl. Buff. p. 581. — *Hylocharis
sapph.* Gould, Monog. v, pl. 342, mai 1852. — *Ibid.*, Reichenb., Tr. Enum.,
pl. 767, ff. 4780-4782. — *Hyl. guyanensis* Boucard, in Humm. B., i, 1891, p. 52
(Guy. angl.). — *Hyl. brasiliensis* ibid., iii, 1893, p. 7 (Bahia). — *Hyl. sapphirina*
et *Hyl. latirostris* Brabourne et Chubb, Bdᵉ, s. Amer. i, 1912, p. 117.

Vénézuela or. et bassin de l'Orénoque. — Guyane anglaise, hollandaise et
française. — Brésil : bassin de l'Amazone, du Para aux Andes; reg. orient.,
de Bahia à Rio. — Paraguay, sur le rio Pilcomayo. — Argentine N et O. :
prov. de Buenos-Aires N., Entre-Rios, Corrientes, Missiones. — Colombie
(andes orientales (6). — Ecuador or. : Sarayacu, Canelos.

---

(1) Certainement pas *Orn. bicolor* Less., O. M., p. 161, pl. 49 et 50, comme le pensait
Gould, Intr. p. 271. Lesson avait donné ce nom au *saphir-émeraude* de Buffon; je ne connais actuellement aucun oiseau correspondant à sa description et à ses figures; sa provenance est même incertaine : « Buffon, dit-il, donne pour patrie à l'oiseau-mouche saphir-
émeraude l'île de la Guadeloupe; Sonnini dit qu'on le trouve aussi à la Martinique; mais les
trois individus qui ornent le Muséum proviennent de la Guyane française ». — Je ne les ai
pas retrouvés dans les collections du Muséum.

(2) Au Muséum de Paris; cité par Sclater et Salvin sous le nom de *Hylocharis cyanea.*

(3) Type à Londres.

(4) Cette figure est certainement celle du mâle adulte; c'est à tort que Vieillot l'a plus
tard attribuée à la femelle, figurant comme mâle, p. 126, pl. 57, une toute autre espèce (probablement *Cyanophaïa bicolor*).

(5) Plusieurs auteurs ajoutent ici *Troch. fulvifrons* Latham (Index, ii, 1801 (supp. p. 39,
n° 2) mais cette synonymie est très douteuse; cette phrase *caput postice suboristatum* ne
convient pas à l'espèce.

(6) Très rarement parmi les oiseaux de Bogota.

4. H. Eliciæ (Bourc. et Muls.). *Troch. E. B. et M.*, in Ann. Sc. phys. Lyon, IX,
1846, p. 314 (inc. sed.) — *Chrysuronia E.* Gould, Monog. V, pl. 328, sept. 1858.
Ibid. Reichenb., Tr. Eum., pl. 722, ff. 4644-45. — *Hylocharis E.* E. S., Cat.,
1897. *Ibid.* Hart. Carriker. Ridgw. Cory.

Sud du Mexique (état de Chiapas). — Guatémala. Salvador. Honduras. Costa-
Rica., rép. de Panama occ.

5. H. chrysura (Shaw). *Troch. C.* Shaw, in gen. Zool., Av., VIII, p. 1, 1811,
p. 335 (Paraguay ex Azara). — *Troch. ruficollis* Vieill. in N. Dict. VII, 1817,
p. 362 (Paraguay ex Azara). — *Orn. chrysurus* Less. Col. 1831, p. 107, pl. 4
(Brésil). — *Chrysuronia chrysura* Gould, Monog., V, pl. 329, mai 1860. *Ibid.*
Reichenb., — Tr. Enum., pl. 721, ff. 4640-4641. *Hyloch. ruficollis* E. S., Cat.
1897. *Ibid.* Hart. in Tierr. Tr. 1900, p. 66. — *H. ruficollis Maxwelli* Hart., in
Nov. Zool., V, 1898, p. 519 (Boliv. : Reyes sur le rio Beni).

Bolivie orient. : Santa Cruz, Chiquitos (Orbigny) ; Rio Beni (Maxwell Stuart).
Paraguay. — Argentine : prov. de Chaco, Salta, Buenos-Aires, Corrientes.
— Brésil : états de Minas, Matto Grosso, S. Paulo, Rio Grande do Sul.

6ᵉ Genre. — EUCEPHALA

Hylocharis g Eucephala Reichenb. Aufz. d. Colib. 1854, p. 10 (type *Tr. Grayi*
Del. et Bourc.). — *Eucephala* (*E. Grayi*) et *Chrysuronia* (*C. Humboldti*
Gould). *Ulysses* Muls., in Ann. Soc. linn. Lyon (n. ser.) XXII, 1875, p. 208
(type *Tr. Grayi*). — *Hylocharis* Hart. in Tierr. Tr. 1900, p. 65 (ad part.).

1. E. Grayi (Del. et Bourc.) *Troch. G. D. et B.*, in Rev. Zool., 1846, p. 307
(Popayan). — *Eucephala G.* Gould, Monog., V, pl. 330, sept. 1857 (Colomb.
mérid.). — *Hylocharis Eucephala Grayi* Reichenb., Tr. Enum., pl. 772,
ff. 4789-4791.

Colomb. occid. et bassin de la Cauca (dans les montagnes, surtout les plus
arides et dénudées).

Subsp. (B). — **E. Grayi meridionalis** E. S.
Ecuador : rég. occid. et interandine.

2. E. Humboldti (Bourc. et Muls.). — *Troch. H., B. et M.*, in Ann. Sc. phys.
Lyon (ser. 2ᵉ) IV, 1852, p. 142 (1) (rio Mira, prov. Esmeraldas). — *Chrysuronia H.* Gould, Monog., V, pl. 327, mai 1859 (d'après le type de Bourc.).
Thaumantias viridicaudus Lawr., in Ann. Lyc. N. Y. déc. 1866, pp. 402-
404 ♀ (de Buenaventura, par Hicks). *Eucephala Humboldti* E. S. et Dalm.,
in Ornis, XI, 1901, p. 219. (El Paillon, Buenaventura).

Colomb. occid. (région basse et humide du Pacifique à Buenaventura, etc.).
— Ecuador N.-O. : prov. Esmeraldas.

7ᵉ Genre. — BASILINNA

Boie, in Isis, 1831, p. 546 (type *leucotis* Vieill. = *melanotis* Sw.) — *Basilina*
(nom. emend. ?) Reichenb., Nat. syst. Vog., 1849, pl. 29. — *Heliopædica*
Gould, Monog. II, pl. 64, 1858, et Intr. 1861, p. 60.

---

(1) Type à New-York, ancienne coll. Elliot (sec. Ell.).

1. **B. melanotis** Sw.). — *Troch. m.* Sw., in Phil. mag. (n. ser.) i, 1827, p. 41. — *Orn. Arsennii* Less. O. M., 1829-1830, pp. xxvii et 60, pl. 9 ♂ (Brésil [errore]); id. Troch. supp. O. M. 1832, p. 152 pl. 27 ♀ (Paraguay [errore]); id. Traité Orn. 1831, p. 279; et compl. Buff. 1838, p. 558. — *Troch. Xicotencal* de la Llave in Registro trim., ii, 1833, p. 48. — *Troch. cuculliger* Licht. in Wied, 1830, n° 29, p. 31; et J. f. Orn., 1863, p. 64. — *Heliopædica melanotis* Gould, Monog. II, pl. 64, mai 1850. — *Basil. leucotis* (1) Salv., Cat. xvi, p. 252. — *Hyloch. leucotis* Hart. in Tierr. Tr., p. 66. — *Basil. leucotis leucotis* Ridgw., l. c., v, 1911, p. 378. — *Ibid.* Cory, Cat. 1918, p. 196.

Arizona (2), Mexique et Guatémala.

> — *Subsp.* (B). — **B. melanotis pygmæa** (E. S. et Hellm.) *B. leucotis pygmæa*,] E. S. et H., in Nov. Zool., xv, 1908, p. 12 (Matagalpa par W. B. Richardson). *Ibid.* Ridgw. l. c. p. 381.

Nicaragua.

2. **B. Xantusi** (Lawr.) (3). — *Amazilia X.* Lawr., in Ann. Lyc. N. Y, vii, 9 av. 1860, p. 109 (Agua Escondida). — *Heliopædica castaneocauda* id. 1860, p. 145 (publié en 1862). — *Heliop. Xantusi* Gould, Monog. ii, pl. 65, mai 1861, *Ibid* Elliot, B⁸ N. Amer., 1865, pl. 23. — *Basil. Xantusi* Ridgw. l. c. 1911, p. 382.

Basse Californie S. (Cap San Lucas ; S. José del Cabo ; San José del Rancho; Pearcés Ranch ; El Sauz ; la Laguna ; Comondu ; Triunfo ; Santa Anita ; Sierra de la Laguna ; Agua Escondida ; Cacachiles mountains) (4).

19ᵉ Groupe. — *GOLDMANIA*

1ᵉʳ Genre. — **GOLDMANIA**

Nelson, in Smiths. Miscell. Collect., lvi, juillet 1911 (p. 1) id. Ridgw., Birds N. Amer., v, 1911, p. 452.

1. **G. violiceps** Nelson, l. c., p. 1, Ridgw. l. c., p. 453.
Rép. de Panama or. : Monts Cerro Azul (3.200 à 15.000 p., au N.-O. de Chepo dans l'Isthme).

2ᵉ Genre. — **GOETALSIA**

Nelson, ibid., lx, sept. 1912, p. 6.

1. **G. bella**. Nelson, l. c., p. 7.
Rép. de Panama S. : Cana (2.000 p.) et Mont Pirri (4.500 à 5.000 p.).

---

(1) Sec. Vieillot, mais la description du *Trochilus leucotis* Vieill. (in N. Dict., xxiii, p. 128 (du Brésil) et Tabl. encycl. p. 559) ne convient pas à cette espèce « dessus de la tête d'un vert doré sombre, pennes latérales de la queue violet rembruni, » etc. — Lesson a le premier rapporté à tort cette description de Vieillot à son *Ornismyia Arsennii* (Ois. M. p. 60, et compl. Buffon, p. 558).

(2) Sec. A. K. Fischer in Auk, xi, 1894. pp. 325-326.

(3) Elliot et Mulsant ont écrit à tort *Xanthusi*.

(4) Localités données d'après Ridgway.

20e Groupe. — *TROCHILUS*

1er Genre. — **TROCHILUS**

Illiger, Prodr. Syst. Mamm. et Av., 1811, p. 209 (1). *Trochilus* G. R. Gray, List.
gen. etc., 1840, p. 14 (type unique *Tr. polytmus* L.). *Ibid* Gould, Monog. II
1849, pl. 98. — *Polytmus* Reichenb., Aufz. Col. 1854, p. 11. — *Ibid* Bonap.,
in Rev. Mag. Zool., 1854, p. 254 (type *Orn. cephalatra* Less. = *Troch.
polytmus* L.). — *Aïthurus* Cab. et Heine, in Mus. heine. III, 1860, p. 50. —
Aïthurus Gould, introd., 1861, p. 75 et auct. recent.

1. **T. polytmus** Linné, Syst. Nat., éd. 10e, 1758, p. 120, n° 4 (ex P. Brown,
    p. 475; Edwards pl. 34, et Sloane, pl. 264, f. 4); et *Tr. forficatus*, p. 120, n° 5
    (ex P. Brown, p. 475 et Sloane pl. 264 f. 1) (2). *Orn. cephalatra* Less., O. M.
    1829-1830, pp. XVIII et 78, pl. 17 ♂. Id Traité Orn. 1831, p. 275. Id. compl. de
    Buff., 1838, p. 561. Id. Rev. Zool. 1840, p. 73 ♂. — *Troch. Maria* Gosse, in
    Ann. Nat. Hist. (2e sér.) III, 1849, p. 258, ♂ (jn. Jamaïca : mont Manchester,
    par R. Hill). Id. Illustr. Bs. Jam., 1849, pl. 22. *Ibid* P. H. Gosse Birds Jam.
    1847, p. 97. — *Troch. polytmus* Gould, Monog. II, pl. 98, juin 1849. — *Polytmus
    viridans* Reichenb. (sec. Patrik Brown) Tr. Enum., pl. 799, ff. 4858-4860.
    Aïthurus forficatus Heine in J. Orn. XI, 1863, p. 205. — *Aïthurus Taylori*
    W. Rothschild, in Bull. Orn. cl. 1894, p. 46 (Jamaica, distr. de Saint
    Andrew. (3). *Aïthurus Polytm.* Ridgw., l. c. V, 1911, p. 339.

Jamaïque, surtout côte du sud.

2. **T. scitulus** (Brewster et Bangs) *Aïthurus s.* B. et B. in Pr. N. Engl., Zool.
    Cl. (4), II, fév. 1901, p. 49. — *Id.* Ridgw. 1911, V, p. 342.

Jamaïca N.-E. (Priestman's river, Portland Parish, etc.) (5)

---

(1) Illiger est, à ma connaissance, le premier auteur ayant cité des exemples à la suite
du nom de *Trochilus* appliqué à un démembrement du genre linnéen ; il en cite trois :
Troch. pella, *Tr. forficatus*, et *Tr. mango* L. dont le second est synonyme de *Troch.
polytmus* L., le même qui a été conservé type par G. R. Gray et Gould.

(1) Linné cite aussi à tort la pl. 33 d'Edwards qui représente soit un semialbinisme
d'*Eupetomena*, soit un oiseau de fantaisie fait d'une queue d'*Eupetomena* adaptée au corps
d'une autre espèce à tête bleu et ventre blanc. Une figure d'Audebert et Vieillot in *Ois. dorés*
I, p. 129, f. 60, faite à Londres, probablement sur le type d'Edwards, ressemble bien plus
encore à l'*Eupetomena* sauf par la queue verte et le ventre blanc, tandis que le *Troch.
polytmus* a été très bien figuré dans le même ouvrage, p. 146, pl. 67. G. Shaw (in Gen. Zool.
XII, p. 279, pl. 32) a aussi reproduit la figure d'Edwards sous le nom de *Trochilus
forficatus*.

(2) Atération accidentelle.

(3) D'après Ridgway cette espèce a été citée par Scott sous le nom de *Aïthurus
polytmus*, in Auk, IX, 1892, p. 277.

(4) Accidentellement sur la côte sud aux environs de Kingston, en même temps que
l'espèce précédente.

21e Groupe. — *AGYRTRIA* (1)

1er Genre. — LEUCOCHLORIS

Agyrtria g Leucochloris Reichenb., Aufz. d. Colib., 1854, p. 10 (type *Troch. albicollis* Vieill.).

1. **L. albicollis** (Vieill.) *Troch. albicollis* Vieill. in N. Dict. xxiii, 1818, p. 426 (Brésil ex Delalande). *Ibid.*, Temm. pl. col. ois., liv. 34 (juillet 1823), pl. 203, f. 2. *Ibid.* Licht. Verz. Doublett. zool. Mus. etc., 1823, p. 13, n° 122 (ét. de Sao-Paulo).—*Colibri albogularis* Spix, Av. Bras., 1824, p. 81, pl. 82, f. 1 (Minas Geraes). — *Troch. vulgaris* Wied, Beitr., Nat. Bras. xli, 1832, p. 72. — *Orn. albicollis* Less., O. M., 1829-1830, p. 183, pl. 63. — Id., Traité Orn. 1831, p. 282 ; et compl. Buff. 1838, p. 583. — *Leucochloris albicollis* Gould, Monog., v, pl. 291, sept. 1855. — *Leucippus albicollis* Reichenb., Tr. Enum., pl. 782, ff. 4818-4819.

   Brésil or. : états de Bahia; Parana (rio Claro ex J. Tar, Carityba ex P. Lombard) ; Rio ; Sᵃ Catharina ; S. Paulo. ; — Paraguay. — Argentine : pr. Missiones (à Paggi et San Lorenzo); Tucuman ex Burmeister ; Catamarca orient. (ex Fontana).

2. **L. Malvina** (Reichenb.). — *Chlorestes M.* Reichenb., Tr. En., p. 4, pl. 696, ff. 4550-4551 (2) (Brésil). — *Agyrtria Malvina* Cab. et Heine, Mus. Heine., iii, p. 33 (sec. Reich.) — *Ibid.* Pelzeln, Orn. Brasil, i, 1867, p. 29 (nota 1). — *Leucochloris Malvina* E. S. et Hellm., in Nov. Zool., xv, 1908, p. 3.

   Brésil or, état de Rio à Novo Friborgo (ex Beske, 1847).

2e Genre. — POLYTMUS

Polytmus (sec. Briss. 1760) G. R. Gray, List. gen. Birds, 1840, p. 14 (type *Tr. Thaumantias* L.) — *Thaumatias* (3) Bonap. in C. R. Ac. Sc. xxx, av. 1850, p. 382 (type *T. Thaumantias* L. (4) — *Chrysobronchus* Bonap. in Rev. Mag. Zool., 1854, p. 252 (type *Tr. virescens* Dumont = *Thaumantias* L.).— *Chloristes* (sec. *Chlorestes* Reich.) Muls. et Verr., in Ess. Class. Tr. 1866, p. 32. *Chrysobronchus* E. S., Cat., 1897. — *Polytmus* Ell. (pars) ; Salv. (pars).

1. **P. thaumantias** (L.) *Troch. t.* L., Syst. Nat., éd 12e, i, 1766, p. 190 (America

---

(1) Je ne citerai pas dans les synonymies, le genre *Leucolia* Mulsant et Verr. (Essai classif. Tr. 1866, p. 31) renfermant une douzaine d'espèces du groupe des *Agyrtria* appartenant à cinq ou six genres disparates, sans indication de type.

(2) Type unique à Vienne.

(3) *Thaumantias* serait sans doute plus correct, mais à mon avis l'orthographe primitive *Thaumatias*, adoptée par Gould devrait être respectée, si jamais le nom rentre dans la nomenclature.

(4) Bonaparte dit expressément « a pour type le *Tr. Thaumantias* L. » Gould a adopté ce genre *Thaumatias* mais en lui donnant une acception différente et beaucoup plus étendue, correspondant en grande partie au genre *Agyrtria* des auteurs récents et au nouveau genre *Chionomesa*.

mérid., ex Briss., Av. II, p. 677, Seba et Marcgrave (1) — *Troch. variegatus* G. Chr. Reich, in Mag. Tierr., I, fasc. 3, Erlangen 1795 (ex Richard et Bernard, in Act. Soc. Hist. nat. de Paris, 1792, p. 117, sp. n° 47 de la liste des oiseaux envoyés de la Guyane par Le Blond). — *Troch. viridis* Andeb. et Vieill. Ois. dorés, I, 1802, p. 101, pl. 41 (Guyane). — *Troch. chrysobronchos* Shaw, Gen. Zool., VIII, I, 1812, p. 287 (ex Vieill., pl. 41 et *Tr. thaumantias* p. 285 (ex L.) *Tr. thaumantias* (ex Buffon, pl. enlum. 600, f. 1). — *Troch. virescens* Dumont ex Dict. Sc. nat., X, 1818, p. 49 (ex Vieill., pl. 41). — *Orn. viridis* Less., O. M., 1829-1830, pp. XXXIII et 178, pl. 60 (Trinidad, Guyanes) (non Less. Tr., pl. 33). — Id. Compl. Buff., 1838, p. 582. — *Chrysobronchus virescens* Gould, Monog., IV, pl. 230, sept. 1858.— *Leucippus chrysobronchus* Reichenb., Tr. Enum., pl. 761, ff. 4816-4817. — *Polytmus leucochlorus* Heine, in J. Orn., 1863, p. 176 (Vénézuela).— *Polytmus thaumantias chrysobronchus* Hellm., in Nov. Zool., XIII, 1906, p. 36. — *Ibid.*, Berl. id. XV, 1908, p. 264, n° 297. — *Ibid.* Cory, Cat. 1918, p. 229. — *Polytmus chrysobronchus* Chubb, B⁴ˢ Brit. Guiana, 1916, p. 414.

Ile de Trinidad. Guyanes. Vénézuela or. : bassin de l'Orénoque (San Fernando) — Brésil : Matto-Grosso occid. (Cuyaba, Caiçara, Engenho de Gama par Natter, S. Luis de Caceres, par Mocquerys). — Bolivie : Mojos, par d'Orbigny.

Subsp. (B). — **P. thaumantias andinus** (E. S.).— *Chrysobronchus thaum. andinus* E. S., Cat. Tr., 1897, p. 24 (nom. nudum) (2).
Colombie : savane de Bogota (3).

Subsp. (C.) — **P. thaumantias chloroleucurus**. — (Cab. et Heine), in Mus. heine. III, 1860, p. 5 nota (sec. *Troch. chloroleucurus* Saucerotte, nom. nud. (4) — *Polytmus Thaumantias* L. 1766 (pars) — *Ibid.*, Cory, 1918, p. 229.

Brésil : états de Bahia et de Pernambuco — (?) Vénézuela (sec. Heine).

3ᵉ Genre. — SMARAGDITES (5)

Boie, in Isis, 1831, p. 547 (type *Tr. viridissimus* Vieill. = *Theresiæ*, désigné par Gray in Cat. gen. 1855, p. 21, n° 314 (6).— *Chrysobronchus* Bonap., Consp. Syst. Ornit. 1854, p. 33 (ad part.).— *Chlorestes b Smaragditis* Reichenb. Aufz. d. Colib., 1854, p. 7 (ad part.). — *Polytmus* Ell. Salv. (ad part.). — *Smaragdites* E. S., Cat. 1897. — *Psilomycter* Hart., in Orn. Monatsb., VII, 1899, p. 10 ; et Tierr. Tr., 1900, p. 104 (type *Tr. Theresiæ*).

---

(1) L'indication de Brisson se rapporte à la forme de la Guyane; celle de Marcgrave probablement à celle du Brésil (*chloroleucurus*).

(2) Les caractères de la sous-espèce sont donnés dans le *Synopsis*, voir supra p. 101.

(3) Paraît y être rare et y remplacer le type.

(4) Heine donne en note les caractères de la sous-espèce ce qui confère une validité au nom de *Trochilus chloroleucurus*, simplement proposé (nomen nudum) par Saucerotte pour les *Polytmus* du Brésil, mais il le fait d'après un mâle adulte du Vénézuela, provenance très incertaine.

(5) *Smaragdites* Westwood, Hyménoptères, est postérieur (1833).

(6) Les autres espèces constituent un ensemble très hétérogène.

1. **S. Theresiæ** (Da Silva Maia). — *Troch. viridissimus* (non Gm.) Audeb. et
Vieill., Ois. dorés, ɪ, 1802, p. 102, pl. 42 (de Cayenne) (1). — *Troch. viridis*
id. in Tabl. encyclop., pars 2, 1823, p. 557 (ex pl. 42) (2). — *Orn. viridis*
Less., Tr., 1832, p. 96, pl. 33 (non Less., O. M. pl. 60). — *Troch. Theresiæ*
Da Silva Maia, in Minerva Bras., 1843, p. 2 (le Para, in Mus. nac. de Rio) (3)
— *Chlorestes (Smaragditis) viridissima* Reichenb. Tr. Enum., pl. 695,
ff. 4547-48. — *Chrysobronchus viridicaudatus* Gould, Monog., ɪᴠ, pl. 231,
sept. 1858. — *Polytmus Theresiæ* Cab. et Heine, Mus. heine., ɪɪɪ, 1860, p. 5.
Polytmus viridissimus Gould, Introd., 1861, p. 127. — *Ibid.* Ell., Syn.,
p. 214. — *Ibid.* Salv., Cat.p. 176. — *Psilomycter Theresiæ typicus* Hart., Tierr.
Tr., 1900, p. 104. — *Polytmus Theresiæ* Berl., in Nov. Zool. xv, 1908, p. 264.

Guyanes anglaise, hollandaise et française. — Brésil : bassin de l'Amazone,
du Para à Manaos, rio Madeira, rio Tapajoz et rio Negro.

    Subsp. (B). — **S. Theresiæ leucorrhous** (Sclater et Salvin).— *Polytmus l.*
    Scl. et Salv., in P. Z. S., 1867, p. 584 et p. 752 (4) (de Cobati). — *Ibid.*
    Gould, in P. Z. S., 1872, p. 505.

    Brésil : rio Negro super. à Cobati (par A. R. Wallace) Macubilanas (par
    Natt.)— Pérou orient. ; Xeberos au N.-O. de Yurimaguas (E. Bartlett).

4ᵉ Genre. — DOLEROMYIA

Bonap. in Rev. Mag. Zool., 1854, p. 249 (type *Tr. fallax* Bourc.). — *Leucippus*
(non Bonap.) Gray, Catal. gen. et subgen. etc, 1855, p. 315 (type *Tr. fallax*).
— *Dolerisca* (nom. émend.) Cab. et Heine, Mus. heine., ɪɪɪ, 1860, p. 6. —
Dolerisca Gould, Intr., 1861, p. 56 (*D. fallax*).

1. **D. fallax** (Bourc.) *Troch. f.* Bourc. in Rev. Zool., av. 1843, p. 103 (Caracas
[errore]) — *id.* Bourc. et Muls., in Ann. Sc. phys. Lyon, ᴠɪ, 1843, p. 44. —
Troch. (Lampornis?) fulviventris Gould, in P. Z. S., xɪᴠ, 1846, p. 88 (Vénézuela). — *Leucippus fallax* Gould, Monog., ɪɪ, pl. 56, sept. 1856 (Vénézuela,
par Dyson). — *Ibid.* Reichenb., Tr. Enum., pl. 783, ff. 4820-21. — *Doleromyia f.* Bonap. l. c., 1854, p. 249 — *Dolerisca f.* Cab. et Heine, l. c., 1860,
p. 60. — *Ibid.*, Gould, Intr., p. 56, n° 64. — *Doleromyia pallida* Richmond,
in Auk, xɪɪ, 1895, p. 369 (ins. Margarita), ibid in Pr. Nat. Mus., xᴠɪɪɪ 1895,
p. 668. — *Leucippus fallax Richmondi* (nom. nov.) Cory, in Field Mus. Nat.
Hist., Chicago ɪ, n° 9, 1915, p. 303 (5) ; id. 1918, p. 174.

---

(1) Certainement très différent du *Tr. viridissimus* (d'après l'Or-vert de Buffon), de
Gmelin « *Tr. viridissimus, abdomine albo, cauda chalybæa* » ce qui convient mieux à
un *Chlorestes* ou à un *Prasitis*.

(2) Dans cet ouvrage Vieillot mentionne deux *Trochilus viridis* ; le premier, p. 551,
d'après la pl. 15 des Ois. dorés, correspond à *Lampornis viridis*.

(3) Description reproduite par H. et R. Ihering in Catal. Fauna Brasiliera, ɪ, Aves 1907,
Annexo 1, p. 426.

(4) Type à Londres.

(5) Nom nouveau proposé par C. B. Cory pour remplacer celui de *pallida* Richmond,
préoccupé par *Leucippus pallidus* Tacz.

Vénézuéla N.-E. : Cumana, Carupaño, île Margarita, île Tortuga. etc. —
Guyane française (par Geay, au Mus. de Paris) (1).

Espèce propre au littoral, sur les *Rhizophora* et autres arbustes semi-maritimes.

> Subsp. *incertissima*. — (B). **D.** fallax cervina (Gould). — *Dolerisca cervina* Gould, Intr., 1861, p. 56, n° 65 (2) (incert. sed.). — *Leucippus fallax fallax* Cory, l. c., 1918, p. 174.
>
> Colombie N. (littoral). — Vénézuela N.-E. : lagune de Maracaïbo (?)

2. D. Baeri (E.S.) — *Leucippus Baeri* E. S. in Ornis, ix, 1901, p. 202 (Tumbez
par G. A. Baer).
Pérou N.-O. : Tumbez, espèce de la zone littorale désertique (3).

5° Genre. — LEUCIPPUS

Bonap. in C. R. Ac. Sc. xiii, av. 1850, p. 382 et Consp. gen. Av. 1850, p. 73
(type Tr. Turneri B. = *Chionogaster* Tschudi, et *Tr. fallax* (4) — *Leucippus*
Gould, Monog., ii, et auct.

1. L. chionogaster (Tschudi). — *Troch. c.* Tschudi, Fauna Peruv., Ornit.,
1845-46, p. 247, pl. 22, f. 2 (5). — *Leucippus c.* Gould, Monog., v, pl. 290,
mai 1855 (6). — *L. pallidus* Tacz. in P. Z. S., 1874, p. 542 (7). (Pérou centr.
à Huanta). *L. chionogaster et pallidus* id., Orn., Per., i, 1884, pp. 400 à 402.
Pérou sept. (Chirimoto, etc.) central (Pumamarca, Soriano, Huanta etc. etc.)
et mérid. (Huiro, etc).

> Subsp. (B). — **L. chionogaster hypoleucus** (Gould). *Troch. hypoleucus*
> Gould, in P. Z. S., xiv, 1846, p. 90 (Bolivie). — *Troch. Turneri* Bourc.
> in Rev. Zool., nov. 1846, p. 313 (Bolivie, par d'Orbigny). — *Leuc.
> Turneri* Reichenb., Tr. Enum., pl. 779, f. 4811 (8). — *Leuc. chionogaster*
> R. Dabbene, Orn. Argent., Cat. i, 1910, p. 265 (9). — *Leuc. leucogaster
> longirostris* Schlüter, in Falco, oct. 1913, p. 42 (prov. de Salta).

---

(1) Berlepsch parle aussi, d'après Hellmayr (in litteris) d'un spécimen préparé à Cayenne
dans l'ancienne collection Gould à Londres.

(2) Type à Londres.

(3) En même temps que *Myrmia micrura*.

(4) G. R. Gray a désigné comme type en 1855 (Cat. gen. p. 21 n° 315) le *L. fallax*; mais
à cette époque, Bonaparte avait déjà fractionné son genre *Leucippus* et proposé pour *L. fallax*
un genre spécial *Doleromyia*; il ne restait donc alors dans le genre primitif que le seul
L. Turneri (= *chionogaster* Tschudi) qui en est forcément le type.

(5) *Trochilus leucogaster* Tschudi in Archiv. f. Naturg., 1844 i, p. 297, n° 209 est sans
doute une autre espèce comme l'indique cette phrase de la description originale « *supra
viridis nitens, fronte splendiore aureo* », peut-être le *Tr. leucogaster* Gmelin, aujourd'hui
Agyrtria leucogaster.

(6) Les figures conviennent aussi bien à la forme *hypoleuca*.

(7) Les caractères donnés, surtout en ce qui concerne la tête, sont ceux du jeune.

(8) *Leucippus nigrirostris* Reichenb. (pl. 779, f. 4812) est probablement la femelle de
Heliomaster furcifer.

(9) Rapporté à la forme *hypoleucus*, uniquement d'après les localités citées.

Bolivie. — Argentine : prov. de Jujuy, de Salta, de Tucuman, de Catamarca, la Rioja et San Juan.

2. **L. viridicauda** Berl., in Ibis (ser. 5e), I, 1883, p. 493 (de Huiro). — *Ibid.*, Tacz. Orn. Pér., I, 1884, p. 399.
Pérou : prov. de Cuzco à Huiro et Marcapata ; prov. de la Convencion à Sª Anna.

6ᵉ Genre. — TEPHROPSILUS

Aphantochroa Gould. Ell. Salv., etc. (ad part. *Ap. hyposticta* G.) — *Talaphorus* E. S., Cat., 1897, p. 9 (ad part. *Ta. hyposticta*). — *Tephropsilus* (1) E. S., in Rev. fr. Orn. 1910, p. 26 (type *Ap. hyposticta*).

1. **T. hypostictus** (Gould). — *Aphantochroa h.* Gould, in P. Z. S., 1862, p. 124 (Ecuador). — *Talaphorus h.*, E. S., Cat. 1897, p. 9.
Ecuador mérid. : prov. de Cuenca.

Subsp. (B). — **T. hypostictus peruvianus** E. S.
Pérou (2) et Bolivie (3), sur le versant oriental des Andes.

7ᵉ Genre. — TALAPHORUS

Muls. et Verr. Hist. Nat. Ois. M., I, 1874, p. 257 (type *Leucippus chlorocercus*) id., E. S., Cat. 1897, p. 9 (ad part.). — *Brabournea* Chubb, in the Birds of British Guiana I, 1916, p. 394 (4) (type *Thaumasius Taczanowskii* Sclater).

1. **T. Taczanowskii** (Scl.). — *Thaumasius T.* Sclater, in P. Z. S., 1879, p. 146. (Callacate, prov. Cajamarca, par Stolzm. et Jelski). — *Thaumatias T.* Scharpe in Gould, supp., pl. 52, mars 1885. — *Agyrtria T.* Salv., Cat. XVI, p. 193. — *Talaphorus T.* E. S., Cat. 1897.
Andes du Pérou, prov. Cajabamba et Otusco.

Subsp. (B). — **T. Taczanowskii fractus** Bangs et G. K. Noble, in Auk., XXXV, n° 4, oct., 1918, p. 451.
Pérou N. : Huancabamba.

2. **T. chlorocercus** (Gould). — *Leucippus c.* Gould, in P. Z. S., 1866, p. 294 (Ucayali sup. par. E. Bartlett).
Pérou orient. : Ucayali, Marañon (Pebas par Hauxwell).

---

(1) Ecrit *Taphropsilus* par suite d'un lapsus.
(2) San Antonio, vallée de Paucaltambo (H. Whitely) ; Soriano [Jelski] Huambo (Stolzm).
(3) Malpiri (Bookley).
(4) Pour remplacer le nom *Thaumasius* Sclater préoccupé (sous la forme *Thaumasia*) parmi les Arachnides, voir plus loin au genre *Chionomesa*.

8ᵉ Genre. — CHIONOMESA (nom. nov.)

Thaumatias (1) (sec. Bonap.) Gould, Monog., v, pl. 300, 1852. — *Agyrtria* (ad part.) auct. recent.

1. **C. lactea** (Less.). — *Orn. sapphirina* Less., Ois. M., 1829-1830, p. 172 (ad part. ♀, pl. 56). — *Orn. lactea* id. Col. supp. Ois. M., 1831-32, p. 98 (2). *Orn. Januariæ* Da Silva Maia, in Minerva Brazil., i, nov. 1843, p. 3 (de Nictheroy) (3). — *Hylocharis lactea* Gould, Monog., v, pl. 343, sept. 1859. — *Hylocharis Cyanochloris lactea* Reichenb., Tr. Enum., pl. 773 (pars ♂ f. 4793). — *Agyrtria speciosa* Boucard, in Humm. B., iii, n° 1, mars 1893, p. 8 (Serra de Caraça, par E. Goun.).

Brésil or. : états de S. Paulo : Cachoeira, Itatiba, Bebedouro, Jundiahy, Jaboticabal (Mus. paul.) ; de Rio : Porto das Caixas, Nictheroy (par Descourtils) ; de Minas : Vargem Alegre (Mus. paul.), Serra de Caraça (Goun.) ; de Bahia : Condenba et Moro de Condenba (Goun.).

2. **C. Bartletti** (Gould). — *Thaumatias B.* Gould in P. Z. S., 1866, p. 104 (Sarayacu par Bartlett). — *Agyrtria B.* Sharpe in Gould, supp., pl, 50, mars 1885.

Pérou E. et S.-E. : bassin de l'Ucayali : Sarayacu, la Rioja, Moyobamba, San Ramon ; Pérou central : la Merced, Chanchamayo.

3. **C. fluviatilis** (Gould). — *Thaumatias f.* Gould, Introd., 1861, p. 99 (Napo). — *Agyrtria f.* Sharpe in Gould, supp., pl. 51, mars 1885. (Yurimaguas par Stolzm.).

Colombie amazonienne à la Morelia (sec. Chapman) (4). — Ecuador or. : bassins du Napo et du Pastassa.

   Subsp. (B). — **C. fluviatilis læta** Hart. in J. Orn., 1900, p. 360 (Nauta). Pérou N.-E. : Pebas, Nauta, Iquitos (dans la rég. amazonienne, par Hauxwell) ; bas Ucayali : Xeberos (Bartlett). — Brésil N.-O. : rio Tocantins ; rio Solimoëns à Teffé.

4. **C. apicalis** (Gould). — *Thaumatias a.* Gould, Intr., 1861, p. 154 (N. Grenade) (5).

---

(1) Bonaparte a lui-même indiqué le type de son genre *Thaumatias* : *Trochilus thaumantias* L., aujourd'hui type du genre *Polytmus* cf., p. 315. — Le nom de *Thaumasius* a été proposé par Sclater pour remplacer celui de *Thaumantias* préoccupé ; mais étant lui-même préoccupé il a été remplacé par Chubb en 1916 en *Brabournea*, mais avec la désignation pour type de *T. Taczanowskii* Sclater ; voir plus haut au genre *Talaphorus* Muls. *Thaumatias* Bonap. et Gould vient probablement d'une faute typographique pour *Thaumantias*.

(2) P. 98 « le *Saphir femelle* pl. lvi ; cet Oiseau est une espèce distincte ; ce sera pour nous *Ornismya lactea* ».

(3) Description reproduite par H. v. Ihering, in Cat. Fauna Brazileira, i, Aves, 1907, annexo i, p. 426.

(4) Sur un seul individu.

(5) Décrit en ces termes « About the same size as the last (*C. fluviatilis*) with an equally lenghtened bill ; the upper surface golden green ; the centre of the abdomen and under trail-coverts pure white ; the four outer tail-feathers steel-black with *pure white* al the tip ». Dans les collections du Musée britannique figurent aujourd'hui, comme types de *T. apicalis*, deux *C. fimbriata terpna* de Bogota qui ne correspondent pas à la description je suppose qu'il y a eu confusion ou substitution de types.

Agyrtria a. E. S. in Rev. fr. Orn., 1910, p. 262 (Ec. rio Pastassa) non
A. apicalis Salv., Hart., et Cor.).

Colombie (1). Ecuador or. : rio Pastassa (O. T. Baron (2).

5. **C. fimbriata** (Gm.) *Troch. fimbriatus* Gm., Syst. Nat., éd. 13e, i, 1788,
p. 493 (ex Briss., pl. 3, f. 2, et Pl. enlum., 276, f. 2). — *Tr. maculatus* Audeb.
et Vieill., Ois. dorés, i, 1802, p. 106, pl. 44 (inc. sed.) (3). — *Orn. viridissima*
(non Vieill.) Less., O. M., 1829-1830, pp. 207 et xxxiv, pl. 75 (du Brésil). *Orn.*
albiventris ibid., pp. 209 et xxxiv, pl. 76. — Ibid., Traité Orn., p. 285 et
compl. Buff., p. 588 (de la Guyane). — *Thaumatias Linnæi* Gould, Monog., v,
pl. 302, sept. 1856. — *Agyrtria Thaumantias* (non L.) Reichenb., Tr. Enum.,
pl. 756, ff. 4738-39. — *Hylocharis lactea* ♀ id., pl. 773, f. 4792. — *Thaumatias*
maculicauda Gould (4), Intr., 1861, p. 154 (Brit. Guiana par Shomburgk).
— *Agyrtria tobaci* (non Gm.) Ell., Syn., p. 306. — *Ag. viridissima* (non
Vieill.) Salv., Cat. xvi, p. 186. — *Ag. maculata* (sec. Vieill.) Cab. et Heine,
Mus. heine., iii, 1860, p. 33, n° 68. — *Ag. albiventris* (sec. Less.) Berl. et Hart.,
in Nov. Zool., ix, 1902, p. 83. — *Ag. fimbriata* (sec. Gm.) Berl., in Nov.
Zool., xv, 1908, p. 266. — *Ag. fimbriata fimbriata* Hellm., in Nov. Zool.,
xvii, 1910, p. 375.

Ile de Trinidad. — Vénézuela or. et bassin de l'Orénoque. — Guyanes angl.,
holl. et française. — Brésil : bas Amazone et île de Marajo, rio Tocantins,
rio Iriri, rio Tapajoz, etc. ; ht Amazone et rio Madeira.

Subsp. (B). — **C. fimbriata nitidicauda** (Ell.) *Thaumatias nitidicauda*
Ell., in Ibis, 1878, p. 47 (Guyane). — *Agyrtria nitid.* Ell., Syn., 1878,
p. 208, n° 20.

Guyane anglaise : Aunaï, Roraima, Bartica.

Subsp. (C). — **C. fimbriata terpna** (Heine). — *Agyrtria t.* Heine, in J. Orn.,
xi, 1863, p. 184 (Bogota). — *Agyrtria apicalis* (non Gould) Salv., Cat. xvi
p. 189 (Bogota).

Colombie : andes orient. (Bogota, etc.). — Vénézuela : Orénoque ; cordillères centrales et littorales.

Subsp. (D). — **C. fimbriata tephrocehala** (Vieill.). — *Troch. t.* Vieill., in
N. Dict. xxiii, 1818, p. 430 (Brésil par Delalande). *Orn. tephrocephalus*
Less., O. M., 1829-1830, pp. xxxii et 182, pl. 62 (Brésil) ; id., compl. de
Buffon, 1838, p. 583 — ? *Orn. viridissima* Less., id., p. 207, pl. 75
(Brésil), et Traité Orn. 1831, p. 282. — *Troch. vulgaris* Wied, Beitr.
Nat. Bras., xli, 1832, p. 72. — *Thaumatias albiventris* (non Less.)
Gould, Monog., v, pl. 301, sept. 1856. — (Brésil : Sa Catharina). —
Agyrtria albiventris Reichenb., Troch. Enum., pl. 757, ff. 4744-4745
(Brésil). — *Chlorestes Saucerottea viridipectus*, ibid., pl. 766, ff. 4773-
4774 (Brésil).

---

(1) Un seul individu, de la préparation indigène de Bogota, dans la collection Berlepsh,
aujourd'hui à Francfort.

(2) Deux spécimens au Musée W. Rothschild, à Tring, reçus de O. T. Baron en même
temps qu'une série de *C. fluviatilis* (dix marqués ♂, deux ♀).

(3) Vieillot l'a plus tard indiqué de Cayenne, in Nouv. Dict., vii, p. 301.

(4) Variété individuelle ou d'âge.

Brésil S.-E. : états de S. Paulo, de Rio, de Matto Grosso (1).

Subsp. (E). — C. fimbriata nigricauda (Ell.). — *Thaumatias nigricauda*
in Ibis, 1878, p. 47 (2) (Trinidad, British Guiana, Cayenne, Bahia (3).
— *Agyrtria nigricauda* auct. — *Agyrtria fimbriata nigricauda* E. S., in
Bull. Mus., 1912, n° 8, p. 500.

Brésil : états de Bahia; de Maranhó (à Miritaba par Swanda); de Minas;
de Goyaz; de S. Paulo; de Matto-Grosso; de Rio Grande do Sul. —
Bolivie : Mojas (par d'Orbigny). — Argentine : Chaco.

9ᵉ Genre. — AMAZILIS

Amazilis (*Amizilis* lapsu) (4) G. R. Gray, List. Gen. Birds, 1840, p. 14 (type
A. latirostris Sw. = *Orth. amazilia* Less.). — *Amazilia* Reichenb., Av. Syst.,
pl. 39, 1849. — *Amazilicus* Bonap. in C. R. Ac. Sc., xxx, av. 1850, p. 382. —
Amazilius Bonap., Consp. Gen. Av., 1850, I p. 77 (pars). — *Pyrrhophæna*
(substitué à *Amazilis*) Cab. et Heine in Mus. heinc. III, 1860, p. 35. —
Pyrrhophæna (5) *Eranna* (type *Orn. cinnamomea* Less.) (6) Heine in J. Orn.,
1863, pp. 187-189. — *Amazilia* : subgen. *Eranna* (type *cinnamomea*), subgen.
Amazilia (type *Lessoni* = *Amazili* Less.), subgen. *Myletes* (type *yucatanensis* Cabot). *Leucodora*, subgen. *Hemistilbon* (type *Norrisi* = *Dumerili*
Muls. et Verr. H. N. Ois. M., I, 1874, p. 284 et 309. — *Amazilia* vel *Amazilis*
auct. recent. (saltem ad max. part.).

1. A. rutila (Del.). — *Orn. cinnamomea* Less., in Rev. Zool, 1842, p. 175 (7)
(Acupulco, état de Guerrero). — *Orn. rutila* Del., in Echo du Monde Sav.,
n° 45, 15 juin 1843, 2ᵉ sem., col. 1069. — *Troch. corallirostris* Bourc. et
Muls., in Ann. Sc. phys. Lyon, IX, 1846, p. 328 (Guatém. : Escuintla). —
Amaz. corallirostris Gould, Monog. v, pl. 307, mai 1857. — Ibid. Reichenb.,
Tr. Enum., pl. 776, ff. 4800-4801. — *Pyrrhoph. cinnamomea* Gould, Intr., 1861,
p. 156. — *Amaz. cinnam. saturata* Nelson, in Pr. biol. Soc. Wash. XII, 1898,
p. 63 (Chiapas). — *Amazilis Bangsi* Ridgw., ibid., XXIII, 1910, p. 54 (Volcan de
Miravalles par Underwood). — *Am. rutila* et *rutila corallirostris* et *Bangsi*
Ridgw. B. N. Amer., v, 1911, pp. 416, 419 et 420 (8). Ibid. Cory l. c., 1918,
p. 192.

Mexique O. et S. : états de Sinaloa, Colima, Guerrero, Oaxaca, Chiapas,
Yucatan et îles, territ. de Tepic. — Honduras brit. — Guatemala, Salvador.
Honduras. Nicaragua. Costa Rica O. (9).

---

(1) Indiqué aussi, sans doute par erreur, de l'Amazone, du rio Negro et même de la
Guyane (par Lesson).

(2) Type à New-York.

(3) De toutes ces localités la dernière est seule à retenir.

(4) Ex les *Amazilis* de Less., Troch., p. XXVII, 1832.

(5) Comprenant : *P. amazilia, leucophæa, alticola* et *Dumerili*.

(6) Comprenant en outre : *yucatanensis, cerviniventris, castaneiventris, suavis, Riefferi,
jucunda, Dubusi, beryllina, Devillei*.

(7) Præocc. par *Orn. cinnamomea* P. Gervais 1835 (*Thaumaste fernandensis* King).

(8) Voir à ce sujet au synopsis, notes p. 106.

(9) Pour l'ethologie voir Salvin, in Ibis, II, p. 115.

2. A. Graysoni (Lawr.). — *Pyrrhoph. G.* Lawr. in Ann. Lyc. N. Y., VIII, 1867, p. 404 (Iles tres Marias).

Mexique occid.: Iles tres Marias (île Maria Madre).

3. A. Tzacatl (La Llave) *Troch. Tzacatl* de la Llave, in Registro trim. etc. II, nᵒ 5, janv. 1833, p. 48 (Mexico) —? *Troch. fuscicaudatus* Fraser, in P. Z. S., VIII, 1840, p. 17 (Pérou: Chachapoyas) (1). — *Troch. Riefferi* Bourc., in Rev. Zool., 1843, p. 103 (Colombie: Fusagasuga). — *Troch. Aglaiæ* Bourc. et Muls. in Ann. Sc. phys. Lyon, 1846, p. 329 (inc. sed.). — *Troch. Dubusi* Bourc. et Muls. id. (2) IV, 1852, p. 141 (Honduras). — *Chlorestes fuscicaudatus* Reichenb., Tr. Enum., 1855, pl. 696, ff. 4552-4553 (Mexico). *Amazilia Riefferi* ibid., pl. 775, ff. 4798-99. —(?) *A. Dubusi* id., pl. 778, ff. 4809-10. — *Amazilia Riefferi* Gould, Monog. v, pl. 311, mai 1860. — *Pirrhophæna Riefferi, Dubusi et suavis* (Cartagena) Cab. et Heine, Mus. heine., III, 1860, p. 36. — *Amazilia fuscicaudata* Ell., Syn. p. 220. — *Amaz. fuscicaudata typica* et *Dubusi* Hart.: in Tierr. Tr. p. 58. — *Amaz. Tzacatl* ibid., p. 229. — *Amaz. Tzacatl Dubusi* Carriker, in Ann. Carn. Mus., VI, 1910, p. 520. — *Amaz. Tzacatl* Ridgw., in Bˢ N. Amer., v, 1911, p. 408.

Texas (Fort Brown). — S. E. du Mexique. Guatémala. Nicaragua. Honduras. Costa Rica. Rép. de Panama. Vénézuela occ. (andes de Mérida) Colombie N. (Cartagena, Sa Marta) andes centrales et orientales (Bogota etc). — Ecuador.

> Subsp. (B). — **A. Tzacatl jucunda** (Heine). — *Eranna jucunda* Heine, in J. Orn., XI, 1863, p. 188 (Ecuador occ : Babahoyo et Esmeraldas). — *Amazilia fuscicaudata jucunda* Hart. in Tierr. Tr, p. 58. — *Am. Tzacatl jucunda* Hellm. in P. Z. S. 1911, p. 1182, id. Chapman, l. c., 1917, p. 289.

Colombie O. et S.-O., du rio San Juan à l'Ecuador. — Ecuador N.-O. et central.

4. A. Dumerili (Less.). — *Orn. D.* Less., Col. supp. O. M., 1831, p. 172, pl. 36 (Chili [errore]). — *Troch. Norrisii* Bourc. in P. Z. S., 1847, p. 47 (Guayaquil); et Rev. Zool., août 1847, p. 260. — *Amaz. amazicula* Reichenb. Aufz. Col. 1854, p. 10; id. Tr. Enum., pl. 777, ff. 4805-4806 (Chili, S. Peru, [errore]). — *Amaz. Dumerili* Gould, Monog. v, pl. 305, sept., 1859. — *Hemistilbon Norrisi* Gould Introd. 1861, p. 150 (Balaños mex. [errore]).

Ecuador occ. (région côtière: Naranjal; Babahoyo, Guayaquil, Ile de Puña.

5. A. alticola Gould, in P. Z. S. XXVIII, 1860, p. 309; et Monog. v, pl. 304, sept. 1861. (Peru: Puña distr., sec. Bourc.) —? *Amazilia Dumerili* (non Less.) Reichenb. Tr. Enum., pl. 777, ff. 4803-4804.

Ecuador S.-O.: Loja et Cuenca, dans les montagnes. — Pérou N.

6. A. leucophæa Reichenb., Aufz. d. Colib., 1854, p. 24, (Pérou S: Arequipa (2) Ibid., Gould, Monog. v, pl. 306, sept. 1859.

Pérou: O. et S.

---

(1) Localité sans doute erronée car l'espèce ne paraît pas s'étendre au Pérou; la synonymie est au reste douteuse, l'auteur ne parle pas des lores roux, le caractère le plus saillant.

(2) Reichenbach a plus tard (in Tr. Enum. pl. 777) confondu son *A. leucophæa* avec *A. amazicula* qui est synonyme d'*A. Dumerili* Less., avec une fausse localité.

7. **A. Amazilia** (Less.). — *Orthorynchus Amazilia* Less., in Duperrey, voy. de
la Coquille, Zool. I (1825) 1829-1831, p. 683, pl. 31, f. 3 (du Callao de Lima).
Orn. Amazilia id. Manuel Orn. II, 1828, p. 81. — *Orn. Amazili* id. O. M.,
1829-1830, p. 67, pl. 12-13 (1). — Id. Traité Orn. p. 280 et compl. Buff. 1838,
p. 559. — *Amazilia pristina* Gould, Monog. v, pl. 303, mai 1857. — *Amaz.
Lessoni* Muls. et Verr., H. N. O. M. I, 1874, p. 292. — (?) *Am. Forreri*
Boucard, in Humm. B. III, n° 1, mars 1893, p. 7 (Mexique [errore]) (2).

Pérou occ. : région basse de la côte (3).

8. **A. yucatanensis** (Cabot). *Troch. y.* Cabot, in Boston Soc. n. h., II, 1845,
p. 74 (Yucatan). — *Amazilia y* Gould, Monog. v, pl. 308, sept. 1861
♂ non ♀ (4). — *Amazilis yucatan. yucatanensis* Ridgw. l. c. v, 1911, p. 412.
— *Ibid.* Bangs, in Auk, XXVII, 1915, p. 169.

Mexique, extrême S.-E. : états de Tabasco (S. Juan Bautista) ; de Campêche
(Canasayat) ; de Yucatan (5) (Merida, Lubua, Chichen Itza, Tabi, Izalam (6).
Honduras brit. (forêt près Manatee Lagoon). — Guatemala or. (Santa Anna,
Petén) (7).

Subsp. (B). — **A. yucatanensis cerviniventris** (Gould). *A. cerviniventris*
(Gould in P. Z. S. XXIV, 1856, p. 150. (Mex. : Cordova par Sallé). — *Ibid.*
Monog., v, pl. 309, mai 1857. — *Chlorestes Saucerottea fuscicaudatus*
Reichenb., Tr. Enum. pl. 696, ff. 4552-4553. (Mexico). — *Am. yucatanensis*
(non Cabot) Ell. Syn., 1878, p. 157. — *Am. yucat. cerviniventris* Ridgw.,
l. c., I, 1911, p. 414.

Mexique E. et S.-E. : états de San Luis de Potosi, de Veracruz ; centre et sud
(Jalapa, Cordóva, Misantla (7), etc).

Subsp. (C). — **A. yucatanensis chalconota** (Oberh.). — *Am. cervini-
ventris chalconota* Oberh., in Auk, XV, janv. 1898, p. 32 (Beeville ou
Brownsville au Texas (8). — *Ibid.* Hart., in Tierr. Tr. 1900, p. 59. —
A. yucat. chalconota Ridgw. l. c., v, 1911, p. 415.

---

(1) Ces ouvrages de Lesson ont du paraître presque simultanément ; dans les trois le
texte est exactement le même et l'auteur se cite lui-même réciproquement : dans la *Coquille*
et le *Manuel* il adopte l'orthographe *Amazilia*, dans les *Oiseaux-mouches*, le *Traité d'ornithologie* et les *Compléments à Buffon* (1838, ois., p. 559) il écrit *Amazili*.

(2) Oiseau acheté par Boucard à San Francisco, comme provenant des chasses de Forrer
à Mazatlan ; cf. à ce sujet C. E. Hellmayr, in Nov. Zool. XX, n° 1, 1913, p. 251, n° 66.

(3) In Revue Zool., 1839, p. 16, Delattre et Lesson l'indiquent de Kakalmoukho au
Mexique, probablement par confusion avec une autre espèce. Il est curieux que A. Boucard
ait commis une erreur analogue à propos de son *Amazilia Forreri*.

(4) L'oiseau figuré comme femelle est *Amazilis rutila* Del.

(5) « The most common Humming bird in Yucatan » Cabot, l. c., p. 74.

(6) Les deux individus que j'en ai vus, celui de la collect. Boucard et celui de ma collection
(acquis de Boucard) portent comme indication *Izalam*, (Gaumer) fév. 1867.

D'où il a été indiqué par Salvin (in Ibis, 1866, p. 195) sous le nom de *Pyrrhophæna
cerviniventris* Gould.

(7) Les autres provenances indiquées sont douteuses.

(8) Indiqué antérieurement de la même localité sous le nom de *Amazilia cerviniventris*
par Merritt (1877), Brewer (1878), Coues et Sennett (1878), Allen (1880), Ridgw. (1881), Coues
(1884), etc., ou sous celui d'*A. yucatanensis* par Ridgw. (1879), Merritt (1879).

Texas (rio grande valley). — Mexique N.-E. : états de Tamaulipas (Philips), de Vera-Cruz au nord (Tuxpan) (1).

9. A. castaneiventris Gould, in P. Z. S., xxiv, p. 150. Ibid., Monog., v, pl. 310, sept. 1861 (de Bogota, collection Mark).
Colombie (Oiseaux de Bogota).

10. A. lucida Ell., in Ann. Nat. Hist. (4ᵉ sér.), xx, 1892, p. 404 (2).
Colombie (?) (3).

10ᵉ Genre. — URANOMITRA

Agyrtria Uranomitra Reichenb., Aufz. d. Colib., mars 1854, p. 10 (type *Tr. quadricolor* Reichenb. (non Vieill.) désigné par G. R. Gray en 1855 app. 315ᵃ).—*Cyanomyia* Bonap., in Rev. Mag. Zool., mai 1854, p. 254 (même type d'après Gray 1855.).—*Cyanomyia* Gould (ad part.). *Ibid.*, Salv. (ad part.). *Uranomitra* Cab. et Heine (ad part.).—*Leucolia* subgen. *Cyanomyia* Muls. et Verr., Ess. Class. Troch., 1866, p. 31 et H. N. Ois. M., i, p. 211. — *Uranomitra* Ell (ad part.).— *Amazilia* Hart. (ad part.). *Amazilis* Ridgw. (ad part.)

1. U. Ellioti Berl. — *Orn. cyanocephala* (non Less. 1829). Less., Tr. suppl. Ois. M., 1831, p. 132, pl. 17 (Brésil, [errore]). — *Cyanomyia quadricolor* (non Vieill.) Gould, Monog. v, pl. 284, mai 1855 (Mexique par Floresi). — *Agyrtria Uranomitra quadricolor* Reichenb., Tr. Enum., pl. 761, ff. 4758-4759. — *Ibid.* Ell. Syn., 1878, p. 196. — *Uran. Ellioti* (nom. nov.). Berl. in Pr. U. S. Nat. Mus., xi, 1888, p. 562. *Cyanomyia verticalis* Salv., Cat. xvi, p. 194 et Biol. centr. Amer., Av., ii, p. 287. — *Amazilis verticalis* Ridgw. l. c. v, 1911, p. 422. — *Amazilis Ellioti* Hellm., in Nov. Zool., xx, nᵒ 1, 1913, p. 252.

Mexique occid. et central : états de Sonora, Sinaloa, Jalisco, Michoacan, Morelos, Aguas Calientes, Guanajuato, Mexico, Puebla et territ. de Tepic.

2. U. violiceps (Gould) *Cyanomyia v.* Gould, in Ann. Nat. hist. (3ᵉ sér.), iv, 1859, p. 97 (West. Mexico). — Id. Monog., v, pl. 285, sept. 1860 (Oaxaca par Sallé). — *Cyan. v.* Salv. et Godm. in Biol. centr. Amer., Av., ii, p. 288. — *Amazilis v.* Ridgw. l. c., v, 1911, p. 424.

Mexique S. : états de Puebla, Morelos, Michoacan, Guerrero, Oaxaca.

3. U. Derneddei E. S., in Rev. fr. Orn., 1911, p. 129 (4). — *Amazilis viridifrons* (non Ell.) Ridgw., l. c., v, 1911, p. 421 (5).

Mexique S.-O. : états de Guerrero, Oaxaca, Puebla, Chiapas.

---

(1) Les autres localités mexicaines indiquées sont douteuses ; dans l'état de Vera-Cruz la limite de distribution des deux formes est très proche car à Tuxpan on trouve la forme *chalconota* (collection Sallé) et a Misantla la forme *cerviniventris*. M. Oberholser qui croyait l'espèce propre au Texas, cite un oiseau de Hidalgo, intermédiaire à *cerviniventris* et à *chalconota* et un autre également mexicain tout à fait semblable à celui du Texas.

(2) species invisa et incerta.

(3) *Amazilia æneobrunea* Chapman (in Bull. Amer. Mus., ii, p. 162, et J. Orn., 1889, p. 329) est un oiseau fabriqué (*Chrysolampis mosquitus* corpore, *Chlorolampis Gibsoni* capite).

(4) *Amazilis viridifrons* Ridgw. est probablement différent de *Uranomitra viridifrons* Ell. et *U. guerrerensis* Salv., qui l'un et l'autre me sont inconnus en nature. Salvin dit expressément à propos de ces oiseaux « *the green color of the flanks* under the wings in both *C. viridifrons* et *guerrerensis* contrasted with the dusky flanks of both *U. verticalis* (= *Ellioti*) and *violiceps* » (Biol. centr. Amer. Av., ii, p. 290) ; sous ce rapport *U. Derneddei* ne diffère pas des deux derniers.

(5) Type de Puebla dans la collection E. Simon.

4. **U. atricapilla** E. S., loc. cit., 1911, p. 129 (1).

Mexique O. : état de Oaxaca.

5. **U. Salvini** (W. Brewst.). *Cyanomyia* S. W. Brewst., in Auk, x, juillet 1893, p. 214 (Sonora : Nacosari). — *Uranomitra* S. Bishop, in Auk, xxiii, 1906, p. 337 (Arizona). — *Amazilis* S. Ridgw., l. c., v, 1911, p. 429.

Arizona S. (Palmerlee, Chochise).—Mexique N.-O. : état de Sonora (Nacosari).

6. **U. viridifrons** (Ell.). *Cyanomyia* v. Ell. in Ann nat. hist. (4e sér.), viii, 1871, p. 267 (2). — Id., in Ibis, 1876, p. 314.—*Uranomitra* v. Ell. Syn., 1878, p. 197. — *Ibid.* Sharpe in Gould, supp., pl. 49, av. 1885 (d'après le type). *Cyanomyia* v. Salv. et Godm., Biol. centr. Am. Av., ii, p. 189 (3).

Mexique S.-O. : état de Oaxaca (à Putla) (4).

7. **U. guerrerensis** (Salv. et Godm.). — *Cyanomyia* g. Salv. et Godm., in Biol. centr. Amèr., Av., ii, 1892, p. 290.

Mexique : état de Guerrero (Rincón, Acahuitzotla, tierra Colorado, Sierra Madre del Sur.).

11e Genre. — HYPOCHIONIS

Cyanomyia Bonap. in Rev. et Mag. Zool., 1854, p. 254 (ad part. *Tr. cyanocephalus*). — *Agyrtria Uranomitra* Reichenb., Aufz. d. Col., 1854, p. 10 (ad part.). *Cyanomyia* Gould (ad part.). *ibid.*, Salv. (ad part.). — *Uranomitra* Cab. et Heine (ad part.), *ibid.* Ell. (ad part.). — *Amazilis* Ridgw. (ad part.). — *Hypochionis* E. S., in Rev. fr. Orn., xi, av. 1919, n° 120, p. 53, n° 7.

1. **H. cyanocephala** (Less.) (5). *Orn. c.* Less. O. M. 1829-1830, p. xlv (non figuré) (Brésil [errore]); id. Col., supp. O. M., p. 134, pl. 18 (6); id. Traité Orn. 1831, p. 273. — *Troch. verticalis* Licht. in Preis. Verz. Mex. Vög. 1830, p. 1 et J. Orn. 1863, p. 54, n° 27 (Mexico, par Deppe et Schiede) (7). — *Cyanomyia cyanocephala* Gould, Monog., v, pl. 286, mai 1856 (Orizaba par Botta). — *Agyrtria Uranomitra Faustinœ* Reichenb., Tr. Enum., pl. 760, ff. 4756-4757 (Mexique).— *Uranomitra Lessoni* Cab. et Heine, Mus. heine., iii,

---

(1) Type, collection E. Simon.

(2) Type à New-York.

(3) J'ai autrefois (in Cat. Tr.) donné *viridifrons* comme synonyme de *violiceps*, parce que l'oiseau (par O. T. Baron) qui m'avait été communiqué par Hartert comme *viridifrons* était réellement un *violiceps* mal déterminé.

(4) R. Ridgway ajoute ici, état de Chiapas et isthme de Tehuantepec, mais l'espèce qui est donnée sous le nom de *viridifrons* est sans doute différente de celle décrite par Elliot.

(5) Non *Troch. cyanocephalus* Gm., d'après une description fantaisiste de Molina (Hist. Nat. Chili, p. 218) d'un très petit oiseau du groupe *Archilochus*, qui habiterait le Chili.

(6) L'oiseau figuré comme mâle adulte, p. 182, pl. 17, est une espèce toute différente, *Uranomitra Ellioti* Berl.

(7) C. E. Hellmayr a établi la synonymie du *Troch. verticalis* d'après l'étude des spécimens des Musées de Berlin et de Vienne, provenant des voyages de Deppe et Perote et étiquetés *T. verticalis* par Lichtenstein lui-même, cf. à ce sujet, Nov. Zool., xx, 1913, p. 232. — *Tr. verticalis* Licht. avait été rapporté par O. Salvin, E. Hart. et R. Ridgw. à une autre espèce, aujourd'hui *U. Ellioti* Berlepsch.

1860, p. 41. — *Cyanomyia cyan.* Salv. et Godm. in Biol. centr. Am., Av., II, p. 291. — *Amazilis cyan.* Ridgw., l. c., v, 1911, p. 426.

Mexique central et oriental : états de Vera-Cruz, Oaxaca et Chiapas (1).

Subsp. (B). — **H. cyanocephala guatemalensis** (Gould). — *Cyanomyia g.* Gould, Intr., 1861, p. 148. — *Ibid.*, Salv. et Godm., l. c. p. 291. — *Amazilis cyanocephala guatemalensis* Ridgw., l. c., p. 427 (2).

Honduras brit. Honduras. Guatemala. Nicaragua (3).

Species invisa et incerta.

2. H. microrrhyncha (Ell.). — *Cyanomyia microrhyncha* Ell., in Ibis, juillet 1876, p. 316 (4). (Honduras?). — *Ibid.* Salv. et Godm., l. c., II, p. 290. — *Uranomitra m.* Ell., Syn. p. 197. — *Amazilis m.* Ridgw., l. c., p. 428.

Honduras?

<h2 style="text-align:center">12e Genre. — AGYRTRIA</h2>

Thaumatias Bonap., Consp. gen. Av., I, 1850, p. 78 (pars). *Agyrtria* Reichenb., Aufz. d. Colib., 1854, p. 10 (type *Orn. brevirostris* Less.). *Agyrtria b. Uranomitra* ibid., p. 10 (pars *Tr. Franciæ* B.).—*Cyanomyia* (substitué à *Uranomitra*) Bonap., Rev. Mag. Zool., VI, 1854, p. 254 (même type). — *Thaumatias* et *Cyanomyia* (pars) Gould. — *Agyrtria* (pars) et *Uranomitra* (pars) Ell.—*Agyrtria* (pars) et *Cyanomyia* (pars) Salv.—*Leucolia* (sensu stricto) Muls. et Verr., H. N. O. M., I, 1874, p. 224.— *Agyrtrina* Chubb, Birds Brit. Guiana, I, 1916, p. 395 (5).

1. A. Franciæ (Bourc. et Muls.). — *Troch. F. B.* et M., in Ann. Sc. phys. Lyon, IX, 1846, p. 324 (Bogota). — *Cyanomyia F.* Gould, Monog., v, pl. 287, sept. 1860. — *Agyrtria Uranomitra F.* Reichenb., Tr. Enum., pl. 761, ff. 4760-4761. — *Uranomitra columbiana* Boucard, in Humm. Bird, II, n° 9, sept. 1892, p. 82, (♀ de Bogota).

Colombie : région du Pacifique, vallée de la Cauca et andes centrales; vallée de la Magdalena ; andes orientales et région amazonienne.

2. A. cyaneicollis (Gould). — *Troch.* (—?) *cyanocollis* Gould, in P. Z. S., XXI, 1853, p. 61 (« eastern slope of the Andes »). — *Cyanomyia c.* id., Monog., v, pl. 288, sept. 1860. — *Leucolia Pelzelni* Tacz. in P. Z. S., 1879, p. 239 (♀, N. du Pérou à Guajango).— *Uranomitra cyanicollis* Tacz., Orn., Per., I, p. 397.

Pérou : Callacate, Chachapoyas, Utcubamba, Chirimoto, Balsas, etc., etc.

---

(1) Pour l'éthologie cf. Montes de Oca, in Pr. Acad. N. S. Philad. 1860, p. 80.

(2) Contrairement à ce que disent Salvin et Ridgway, cet oiseau n'a pas été figuré par Mulsant.

(3) Pour l'éthologie cf. Salvin, in Ibis, II, p. 39.

(4) Type à New-York, ancienne coll. Elliot.

(5) M. Chubb suppose que le nom *Agyrtria* avait été créé par Reichenbach pour remplacer celui de *Thaumantias* præoccupé et propose de le remplacer lui-même par *Agyrtrina*; mais l'intention de Reichenbach n'est pas exprimée explicitement.

3. A. veneta E. S.

Colombie (prép. de Bogota) (1).

4. A. Hollandi Todd, in Pr. Biol. Soc. Wash., xxvi, août 1913, p. 173 (2).

Vénézuela : El Dorado sur le rio Cuyuni.

5. A. chionopectus (Gould). — *Thaumatias c.* Gould, Monog., v, pl. 193, sept. 1859 (Trinidad, par Turker). — *Agyrtria margaritacea* Reichenb., Tr. Enum., pl. 758, ff. 4747-4748 (S° Domingo [errore]). — *Agyrtria niveipectus* (nom. emend.). Cab. et Heine, Mus. heine., III, 1860, p. 30; *id.* Heine, in J. Orn., XI, 1863, p. 184. *id.* Gould, Intr., p. 152, n° 824. — *Agyrtria brevirostris chionopectus* Bangs et Penard, in Bull. Mus. comp. zool., Harv. coll., LXII, n° 2, av. 1918, p. 62.

Trinidad. Vénézuela orient. : andes de Cumana, bassin de l'Orénoque et de la Caura. Guyane hollandaise (Mus. Berl.) et française (par Geay fide Ménégaux).

    Subsp. (B). — **A. chionopectus Whitelyi** (Boucard). *Uranomitra Whitelyi* B., in Humm. B., III, 1893, p. 8 (Aunai, par H. Whitely).

Guyane anglaise (dans les montagnes).

6. A. viridiceps (Gould). *Thaumatias v.* Gould, in P. Z. S., 1860, p. 307 (Ecuador). — Id., Monog., v, pl. 295, juillet 1861.

Colombie sud occid. (à Bicaurte). Ecuador, région occid.

7. A. Milleri (Bourc.). — *Troch. M.* Bourc. (Lodd. M. S.), in P. Z. S., 1847, p. 43 (rio Negro par Natt.); id. in Rev. Zool., 1847, p. 255. — *Thaumatias M.* Gould, Monog., v, pl. 296, sept. 1859. — *Agyrtria M.* Reichenb., Tr. Enum., pl. 759, ff. 4752-4753 (3).

Vénézuela : Caracas ou la Guayra (4). andes de Mérida (prov. de los Andes). — Brésil : h¹ Amazone, rio Negro (par Natt.) (5), rio Jamundá (Mus. Goeldi). — Colombie : andes or. à Bogota et rég. amazonienne du rio Meta.

    Subsp. (B). — **A. Milleri Laglaizei** E. S.

Vénézuela : San Fernando de Apure sur l'Orénoque.

8. A. nitidifrons (Gould). — *Thaumatias n.* Gould, in P. Z. S., 1860, p. 308 (inc. sed.). — *Ibid.*, Monog., v, pl. 297, sept. 1861 (supposed to be Vénézuéla). — *Ibid.*, Hellm. in Abh. Bayer. Ak. Wiss., II, 1912, p. 53.

Brésil : S.-E. de l'état du Para, à S. Antonio do Prata (par Hoffmanns). Ipitinga (par L. Müller); rio Tocantins à Gameta (au Mus. Goeldi).

---

(1) Connu par un seul individu, probablement femelle, coll. E. Simon.

(2) Species invisa et incerta cf. note p. 112.

(3) *Thaumatias cæruleiceps* Gould est pour moi un hybride d'*A. Milleri* et de *Chrysuronia Œnone*; voir à ce sujet au genre *Chrysuronia*.

(4) Reçu vivant à Paris par Gaston de Ségur en septembre 1915.

(5) Aussi indiqué du Matto-Grosso peut-être par erreur ?

Subsp. (B). — **A. nitidifrons meracula** E. S.
Inc. sed. (1).

9. **A. candida** (Bourc. et Muls.). *Troch. candidus* B. et M., in Ann. Sc. phys.
Lyon, IX, 1846, p. 326 (Guatem. : Coban). *Thaumatias c.* Gould, Monog.,
v, pl. 292, mai 1860 (2).

Mexique S.-E. : états de Vera-Cruz, Oaxaca, Tabasco, Chiapas, Campèche
et Yucatan. — Guatemala. — Honduras britt. — Honduras. — Nicaragua.
— Costa Rica or. (peut-être occidental).

10. **A. versicolor** (Vieill.). — *Troch. v.* Vieill., in N. Dict., XXIII, 1818, p. 430 (3)
(Brésil). — *Agyrtria versicolor* Reichenb. Tr. Enum., pl. 759, ff. 4750-4751 — (?)
Ag. Luciæ Lawr., in Pr. Ac. N. S. Phil., 1867, p. 233 (Honduras?) (4). —
Thaumatias neglectus Ell. in Ibis 1877, p. 140 ♂ ♀ (pro parte (5) (Yungas de
Bolivie).

Brésil S.-E. : états de Parana, de Rio, de S. Paulo, de Rio Grande do Sul,
de Matto Grosso. — Paraguay. — Argentine, pr. Missiones. — Bolivie :
Yungas.

Subsp. vel varietas (B). — **A. versicolor brevirostris** (Less.). — *Orn.
brevirostris* Less. O. M. 1829-1830. pp. XXXVII et 211, pl. 77; id Traité
Orn. p. 283; id. compl. Buff. 1838, p. 588 (Guyane [errore]). — *Thaumatias brevirostris* Gould, Monog. v, pl. 298, mai 1855 (prope Rio). —
Agyrtria brevirostris Reichenb. Tr. Enum., pl. 759, f. 4749. — *Agyrt.
versicolor Brabourni* Bangs et Penard, in Bull. Mus. comp. Zool.,
Harv. Coll. LXII, nº 2, av. 1918, p. 63.

Brésil or. : états de Bahia, de Sª Catharina (à Joinville), de Rio (aux environs de Rio) (6).

---

(1) Au Muséum de Paris, étiqueté du Napo (mission Wiener) certainement par erreur;
la préparation indique bien plutôt un oiseau des Guyanes.

(2) D'après Elliot *Ornismya senex* Less. (Rev. Zool., 1838, p. 315) serait un albinos
d'*A. candida* : dans ce cas, le nom de *senex* aurait la priorité, mais la synonymie est par
trop incertaine. — « *O. senex* Less., capite et colli parte superiori niveis; dorso et uropygio
« læte aureo virescentibus; colli parte anteriore, thorace, abdomine tectricibusque inferio-
« ribus albis; lateribus viridis ; rostro longo, leviter incurvato, nigro et luteo. — Hab.
« Mexico » (collect. Longuemare).

(3) La description de Vieillot est presque incompréhensible; la seule figure reconnaissable est jusqu'ici celle de Reichenbach.

(4) Localité sans doute erronée, dans tous les cas contraire à l'habitat normal de l'espèce;
après étude des descriptions originales, l'identité de *Ag. Luciæ* Lawr. et d'*Arg. versicolor*
ne me paraît cependant pas douteuse.

(5) Nom proposé pour *Ornismyia bicolor* d'Orbigny et Lafresnaye, faussement déterminé,
mais le type (au moins celui du mâle) est un oiseau fabriqué : *Agyrtria versicolor* corpore,
Hylocharis cyanus capite; cf. à ce sujet E. Simon et Hellmayr, l. c., p. 1, mais non un
hybride des deux espèces comme il a été dit à tort.

(6) O. Bangs a récemment rapporté l'*Ornismyia brevirostris* de Lesson a une toute autre
espèce, le *Thaumatias chionopectus* Gould, mais à mon avis sans raison suffisante ; l'absence de parure frontale brillante, la mandibule inférieure en partie jaune sont des caractères importants que O. Bangs attribue bénévolement à l'immaturité du type dont il ne

— (C). — **A.** versicolor affinis (Gould). — *Thaumatias affinis* Gould, Monog., v, pl. 299, mai 1855. — *Agyrtria affinis* Cab. et Heine, in Mus. heine., iii, 1860, p. 33 (nota n° 12) (1).

Brésil S.-E.: états de Minas-Geraes et de Matto-Grosso (2).

11. — **A.** leucogaster (Gm.). — *Troch. l.* Gm. Syst. Nat., éd. 13°, i, 1788, p. 495 (sec. Briss. pl. 35, f. 7). — *Ibid.* Audeb. et Vieill. Ois. dorés, i, 1802, p. 104, pl. 43 (Guyane). — (?) Orn. *albirostris* Less. O. M., 1829-1830, pp. xxxiv et 212, pl. 78, Guyane; id. compl. Buff. 1838, p. 588. — *Thaumatias leucogaster* Gould, Monog., v, pl. 294, sept. 1850. — *Agyrtria l.* Reichenb. Tr. Enum., pl. 762, ff. 4762-4764. — *Ag. leuc. Bahiæ* Hart. in Orn. Monatsb., vii, 1899, n° 9 (Bahia) (3).

Guyanes angl., holl. et française. — Brésil : Cunani, états du Para, de Maranhao, de Pihauyi, de Pernambuco, de Bahia ; rio Negro.

13° Genre. — DAMOPHILA

Cœligena b. Damophila Reichenb. Aufz. d. Colib. 1854, p. 7 (pars) (*D. amabilis*). — *Damophila* Gould, Intr. 1861, p. 170 (type *Tr. amabilis*). — *Polyerata* Heine, in J. Orn. xi, 1863, pl. 194 (type *Tr. amabilis*) (4). — *Damophila* Ell. Syn. 1878, p. 237. — *Polyerata* Salv., Cat. p. 237, *ibid.* Ridgw., l. c. v, 1911, p. 522. — *Ibid* Cory, Cat. 1918, p. 179.

1. **D.** amabilis (Gould). — *Troch. a.* Gould, in P. Z. S. 1851, p. 115 (N. Granada) *Cœligena Damophila a.* Reichenb. Tr. Enum., pl. 681, ff. 4496-97. — *Damophila a.* Gould, Monog., v, pl. 341, sept. 1859. — *Polyerata a.* Heine, in J. Orn. 1863, p. 194. — *Ibid.* Salv. Cat. xvi, 1892, p. 237. *Ibid.* E. S. Cat. 1897. — *Agyrtria a.* Hart. in Tierr. Tr., 1900, p. 48. — *Ag. amabilis amabilis* Carriker in Ann. Carnegie Mus., vi, 1910, p. 525. — *Polyerata a.* Ridgw., l. c. v, 1911, p. 523.

Nicaragua (rio Escondido), Costa-Rica, rép. de Panama E. — Colombie : région du Pacifique, vallée de la Cauca, vallée de la Magdalena et Andes or. (savane de Bogota). — Ecuador, surtout N.-O.

---

donne pas de preuve ; la figure de Lesson, comme beaucoup d'autres, n'est pas parfaite, les rectrices figurées en dessus paraissent œuillées de fauve ou de bronzé ; cette figure pourrait à la rigueur convenir à un jeune *Chionomesa fimbriata* bien plutôt qu'au *Th. chionopectus* à bec noir ; la description (p. 211) vaut mieux que la figure et paraît faite sur l'oiseau adulte. Lesson a indiqué son espèce d'abord de la Guyane ; puis du Mexique (Rev. Zool. 1839, p. 15) mais les erreurs de provenance fourmillent dans les ouvrages de Lesson et il n'y a pas lieu de s'y arrêter.

(1) Au Musée britannique se trouvent sous le nom de *Agyrtria affinis* un mélange de *versicolor* typiques et de *versicolor affinis* qui n'est peut-être qu'une variété individuelle ; il n'est pas certain que cette forme existe dans le Matto-Grosso.

(2) Ou la sous-espèce *brevirostris* confine à la forme typique du *versicolor*.

(3) *Ag. Alleni* Ell. est, d'après le type, une femelle ou un jeune mâle de *Chrysuronia*, voir au synopsis. — *Ag. neglecta* Ell. est un oiseau fabriqué.

(4) Heine a créé le genre *Polyerata* pour le *Trochilus amabilis* Gould, oubliant que Gould avait antérieurement (Intr. 1861) désigné cette espèce comme type du genre *Damophila* Reichenb. ; de tous les auteurs modernes Elliot est le seul qui ait appliqué correctement ce nom de *Damophila*.

2. **D. decora** (Salv.) — *Polyerata decora* Salv., in Ann. Nat. Hist. (6e sér.), VII,
   1891, p. 377 (volcan Chiriqui), *ibid.* Cat. XVI, p. 238. — *Id.* Ridgw., l. c., 1911,
   p. 525.

   Costa-Rica S.-O. — Rép. de Panama O. : Chiriqui (versant occidental) ; Ile
   Palanque, Ile Brava.

3. **D. Rosenbergi** (Boucard). — *Polyerata R.* Boucard, Gen. Humm. B., 1895,
   p. 399 (1) (du rio Dagua). — *Polyerata Reini* Berl., in Orn. Monatsb., V,
   1897, p. 58 (de Cachavi). *Agyrtria Rosenb. Reini* Hart., in Nov. Zool. V, 1898,
   p. 496.

   Colombie occid. : rio S. Juan, rio Dagua, rio Patia. — Ecuador N.-O. :
   Cachavi, rio Sapayo.

4. **D. cyaneotincta** (Gounelle) *Polyerata c.* Gounelle in Rev. fr. Orn. 1909, n° 2
   (7 juin), p. 17, pl. 1 (2).
   Colombie (inc. sed.) (3).

14ᵉ Genre. — ARENELLA (nom. nov.)

Arena Muls. H. N. Ois. M. 1878, p. 193 (nom. præoccup.) (4). *Arinia* id. in
tubula (type *A. Boucardi* Muls.). *Arinia* (nom. præocc. (5). Ell. Syn.
p. 209, id. Salv. Cat. XVI, p. 193. — *Polyerata* E. S., Cat. 1897, p. 12 (6). —
Agyrtria Hart. in Tierr. Tr., p. 47 (pars.). *Id.* Carriker. — *Lepidopyga* R.
Ridgw. l. c., V, 1911.

A. Boucardi (Muls.) *Arena B.* Muls., in Ann. Soc. linn. Lyon 1877, p. 6,
17 oct. 1877 (7), Ibid. H. N. Ois. M. IV, 1878, p. 194, pl. 8 du suppl. (Punta Arena
par Boucard), *Sapphironia B.* Boucard in P. Z. S., 1877, p. 71. — *Agyrtria
B.* Carriker, in Ann. Carn. Mus. VI, p. 524. — *Lepidopyga B.* R. Ridgw.,
l. c., V, 1911, p. 541.

Costa-Rica : côte basse du Pacifique : Punta Arenas (Boucard), Pigres près
Punta Arenas (Ridgw.), Palo Verde sur la rivière Tempicque (C. H. Lan-
kaster), delta du rio Grande Terraba (Carriker).

---

(1) Type au Muséum de Paris, ancienne collect. Boucard.

(2) Type unique dans la collection Gounelle, où j'ai pu le voir du vivant de l'auteur.

(3) E. Gounelle dit à ce propos « l'unique individu faisait partie d'un lot de Trochilidés
rapporté de Bogota et dans lequel se trouvaient également deux oiseaux très rares : *Antoce-
phala floriceps* et *Thalurania Lerchi* Muls. Aucune de ces trois espèces ne provient évidemment des environs de Bogota dont la faune ornithologique est bien connue depuis longtemps ;
elles doivent habiter d'autres régions rarement explorées par les chasseurs d'oiseaux mouches
et sur lesquelles le propriétaire du lot n'a pu malheureusement fournir aucun renseigne-
ment ».

(4) Par Fauvel, Coléop. 1862.

(5) Par Adams, Moll. 1858 et Schiner, Dipt. 1862.

(6) Je pense encore que de tous les genres actuellement admis c'est du genre *Damophila*
(= *Polyerata*) que se rapproche le plus l'*Arenella Boucardi* Muls.

(7) La description présentée le 12 octobre 1877 à la Société Linnenne a, paraît-il, été
publiée un peu antérieurement au volume des Annales, en une brochure spéciale, que je
n'ai jamais pu me procurer.

(8) Figures détestables.

15ᵉ Genre. — SAUCEROTTEA

Saucerottia Bonap., in C. R. Ac. Sc., 1850, p. 381 (type *S. typica* = *Troch. Saucerotti* B. et D. (1). — *Amazilia* (pars, pl. 311 à 315). *Erythronota* (pl. 316 à 322); *Saucerottia* (pl. 323) Gould, Monog., v. — *Pyrrhophæna* (ad part. *P. beryllina*) Cab. et Heine, in Mus. heine., III, 1860, p. 35. *Hemithylaca* (subs. à *Saucerottia*), ibid., p. 37. ; *Hemistilbon* p. 149 (type *Amaz. Ocai*); *Pyrrhophæna*, p. 156 (ad part. *beryllina, Devillei, viridigaster, cyanura, Erythronota*, p. 160 (type *E. antiqua* = *Orn. erythronotos* Less.); *Saucerottia* p. 162 (type *S. typica* = *Tr. Saucerotti* D. et B.); *Hemithylaca*, p. 163 (sp. un. *Tr. cyanifrons* Bourc.) Gould, Intr., 1861. — *Eratina* (type *Tr. iodurus*); *Erasmia* (type *Erythr. elegans* Gould) Heine in J. Orn., 1863, pp. 190-191. — *Ariana*, p. 36 ; *Lisora* type *Hemithylaca. Warszewiczi* C. et H.) ; *Leucodora* (type *Tr. Edward* B. et D.) Muls. et Verr. H. n. Ois. M., I, 1874, p. 309 et Ann. Soc. linn. Lyon (n. s.) XXII, 1875, p. 267. — *Amazilia* vel *Saucerottea* auct. rec.

1. **S. cyaneifrons** (Bourc.). *Troch cyanifrons* B. in Rev. Zool. VI, avril 1843, p. 100 (N. Grenade : Ibagué). — *Id.* Bourc. et Muls., in Ann. Sc. phys. Lyon, VI, 1843, p. 42. — *Saucerottia* c. Gould, Monog., v, pl. 323, sept. 1856. — *Hemithylaca* c. id. Intr. 1861, p. 163, n° 360. — *Chlorestes, Saucerottea* c. Reichenb. Tr. Enum., pl. 701, ff. 4571-4572. *Amazilia alforoana* Underwood, in Ibis (4ᵉ sér.), oct. 1896, p. 441 (Costa-Rica : volcan de Miravalles (2). — *Saucerottea cyan. alforoana* Carriker, in Ann. Carn. Mus. VI, 1914, p. 527.

Colombie N. Ocaña (Wyatt) ; andes centrales et vallée de la Cauca ; andes orientales et vallée de la Magdalena, savane de Bogota (3).

2. **S. Saucerottei** (Del. et Bourc.). — *Troch. S. D. et B.*, in Rev. Zool. IX, 1846, p. 311 (N. Grenade : Cali). — *Erythronota Saucerottei* Gould, Monog. v. pl. 321, sept. 1861. — *Saucerottea typica* Gould, Intr., 1861, p. 162 (4). *Saucerottea Sophiæ Saucerottei* Ridgw. Birds N. Amer. v, 1911, p. 436. — *Saucerottea Sancer. Saucerottei* Hellm., in Nov. Zool., XX, n° 1, 1913, p. 250. *Saucerottia Saucerottei* Chapman, in Bull. Amer. Mus. XXXVI, 1917, p. 288.

Colombie: cordill. occid., surtout vallée de la Cauca (Ibagué, Cali etc), et accidentellement des Andes orientales à Bogota.

---

(1) Une seconde espèce est désignée *S. erythronota* Less.

(2) Localité sans doute erronée, car le type unique (à Londres) a tout l'aspect d'un oiseau de Bogota. C'est une femelle et les caractères qui le distinguent du *S. cyanifrons* typique sont plutôt sexuels que spécifiques (voir à ce sujet une note du synopsis (supra) p. 120).

(3) L'espèce est étrangère à l'Ecuador, surtout occidental, aussi est-ce certainement par suite d'une erreur ou d'une confusion que Lesson la cité de Guayaquil dans une petite liste d'oiseaux de la collection Abeillé (in *Echo du Monde savant*, 20 octobre 1844, n° 30).

(4) *Chlorestes Saucerottea typica* Reichenb. (Tr. Enum. pl. 701, ff. 4569-70) est très douteux.

3. **S. mellisuga** (.L). — *Troch. mellisugus* L. Syt. Nat., 10e éd., p. 121, n° 10 (1).
— Ibid in Museum Adolphi Friderici II, prodromus 1764, p. 23. — *Troch.
Sophiæ* Bourc. et Muls., in Ann. Sc. phys. Lyon, IX, 1846, p. 318 (Bogota).
— *Troch. caligatus* Gould, in P. Z. S., 1848, p. 14 (N. Grenade). — *Hemithylaca caligata* Cab. et Heine, Mus. heine., III, 1860, p. 39, n° 82 (Vénéz. :
Mérida). *Hemith. braccata* Heine, in J. Orn., I, 1863, p. 193 (Vénéz. :
Mérida). — *Amazilia Saucerottea Sophiæ* Reichenb., Tr. Enum. pl. 697;
ff. 4554-4555. — *Amazilia Warszewiczi* (non Cab. et H.). Salv., Cat., p. 222
(saltem ad max. part.). *Sauc. Sophiæ* Boucard, Gen. H. B., p. 188 (excl.
syn.). *Sauc. Warszewiczi braccata* Hart., in Tierr., Tr., 1900, p. 52. *Saucerottea Saucerottei braccata* Hellm., in Nov. Zool. XX, n° 1, 1913, p. 251. Id.
Cory, Cat. 1918, p. 183.

Vénézuela : andes de Mérida (très commun sec. S. Briseño.). — Colombie N.,
Santander, Valencia (par Simons); vallée de la Cauca (Antioquia, Cali),
andes orientales : Ocaña au Nord (Sec. Wyatt 1871 sub. *S. Warsewiczi*) et
savane de Bogota (très rare).

Subsp. (B). — **S. mellisuga Hoffmanni** (Cab. et Heine). — *Hemithylaca
Hoffmanni* Cab. et H., in Mus. heine. III, 1860, p. 38, n° 80 (Costa-Rica).
— *Erythronota Sophiæ* Gould, Monog. v, pl. 322, juill. 1861. — *Saucerottea S.* Gould, Intr., 1861, p. 162. — *Amazilia Sophiæ* Salv. Cat.,
p. 224. — *Sauc. Hoffmanni* Boucard, Gen. H. B., p. 188. — *Sauc. Sophiæ*
Hart., in Tierr. Tr., p. 53. — *Ibid* Carriker in Ann. Carn. Mus. VI,
p. 526. *Sauc. Sophiæ Sophiæ* Rigw., l. c., v, 1911, p. 439. *Saucer. Saucer.
Hoffmanni* Hellm. in Nov. Zool. XX, I, 1913, p. 251. — *Ibid* Cory, Cat.
1918, p. 183.

Costa-Rica : commun sur tout le plateau central et le Nord, accidentel
dans la région du Pacifique. — Nicaragua : partie sud du bassin du rio
S. Juan.

Subsp. — (C). — **S. mellisuga Warszewiczi** (Cab. et Heine) *Hemithy-
laca W.* Cab. et Heine, in Mus. heine. III, 1860, p. 38, n° 81 (la Veragua).
— *Saucerottea W.* Gould, Intr. 1861, p. 163, n° 359 (Banks of riv. Magda-
lena, par Warsz.). — *Saucer. Warsz. (typica)* Hart. in Tierr. Tr., p. 52.
— *Sauc. Sauc. Warsz.* Hellm. in Nov. Zool. XX, I, 1913, p. 251. — *Ibid*
Cory, l. c., 1918, p. 18. — *Sauc. Sophiæ Warsz.* Ridgw. l. c., 1911, p. 436.

Colombie N. ; basse Magdalena : Baranqilla (par F. G. Umlauff) (2) ;
Santa Marta (par le Cte de Dalmas), Matomoro (par A. Carriker) (3).

4. **S. cyanura** (Gould). *Amazilia c.* Gould, Monog. v, pl. 315, sept. 1859 (Nicaragua : Rialejo, par E. Belcher). — *Ibid* Salv. et Godm., in Biol. centr.

---

(1) La description du *Trochilus mellisugus* par Linné in Syst. Nat., éd. 10°, p. 121, complétée dans le *Museum Adolphi Friderici* II, prodromus, p. 23, me paraît ne pouvoir s'appliquer qu'à l'oiseau décrit depuis par Bourcier sous le nom de *Trochilus Sophiæ* « Corpus
inter majores hujus generis (par comparaison au *Trochilus colubris*) ex viridi-aureo nitidis-
simum. Remiges cœrulescenti-atræ. Rectrices æquales, cœruleæ fulgidissimæ » mais il sera
toujours impossible de savoir laquelle des trois formes de l'espèce connaissait Linné.

(2) Collect. Boucard, un peu intermédiaire à la forme type.

(3) Remplacé dans la montagne par la forme type.

Amer., Av., II, p. 297 (ad. part. specimens du Nicaragua). — *Saucerottia cyanura cyanura* Ridgw., l. c. v, 1911, p. 445.

Nicaragua : Rialejo, Chontales, volcan Chinaudega, Matagalpa, San Geronimo.

Subsp. (B). — **S. cyanura guatemalæ** Dearborn, in Field. Mus. N. H. public, nᵒ 125., Ornith. ser. 1, nᵒ 3, 1907, p. 97. (Mazatenango, par (Dearb). — *Ibid* Ridgw., l. c., v, 1911, p. 446.

Mexique S.-O. : état de Chiapas (sec. Ridgw). — Guatemala O.; Retalhuleu (Salv., Richardson), Mazatenango (Salv. Dearb)., San Augustino, grande hacienda sur les pentes du volcan Atitlan (A. Bocourt, au Muséum de Paris), Suchitepequez, Patulul, Pie de la Cuesta, San Marcos).

Subsp. (C). — **S. cyanura impatiens** Bangs, in Pr. biol. Soc. Wash., XIX, 1906, p. 104 (San Pedro de Mojón, par Underwood).

Costa Rica (1).

5. **S. beryllina** (Licht.). *Troch. beryllinus* Licht. in Pr. Verz. Mex. Vög., 1830, p. 1 (J. Orn. 1863, p. 55). — *Orn. Arsinoe* Less. Colib., supp. O. M. 1831-1832 pp. 154-156, pl. 28-29 (Mexique). — *Troch. Mariæ* Bourc. et Muls. in Ann. Sc. phys. Lyon, IX, 1846, p. 319 (Vénézuela [errore]) — *Amazilia beryllina* Gould, Monog. v, pl. 312, juillet 1861 (2). — *Saucerottea beryllina beryllina* Ridgw., l. c., 1911, p. 449.

Mexique orient. et centr. : états de Oaxaca, Vera-Cruz, Morelos, Guanajuato, Mexico (3).

Subsp. (B). — **S. beryllina viola** (Miller). *Amazilis beryll. viola* Miller, in Bull. Amer. Mus. N. Y, XXI, 1905, p. 353 (Jalapa). — *Sauc. beryll. viola* Ridgw., l. c., 1911, p. 451.

Mexique occid. : états de Sinaloa, Jalisco, Oaxaca occid., Michoacan, Guerrero et territ. de Tepic.

6. **S. Ocai** (Gould). — *Amazilia O.* Gould, in Ann. Nat. Hist. (3ᵉ ser), IV, 1859, p. 96 (Jalapa, par de Oca) (4). — *Ibid.* Monog. v, pl. 289, juillet 1861 (5). — *Pyrrophæna O.* Cab. et Heine, Mus. heine. III, 1860, p. 36. — *Hemistilbon O.* Gould, Intr. 1861, p. 150, nᵒ 319. — *Saucerottia O.* Ridgw. l. c. v, 191, p. 452.

Mexique S. E. : état de Vera-Cruz (Jalapa).

---

(1) Connu par un seul individu ; d'après Ridgway cette forme ne peut pas être séparée de *S. cyanura* du Nicaragua.

(2) Il est impossible de savoir si toutes ces citations se rapportent à la forme type ou à la forme *viola*.

(3) Très abondant dans les jardins de la ville de Mexico.

(4) Type unique à Londres.

(5) Presque tous les auteurs ajoutent à cette synonymie le *Thaumalias Lerdi* de Oca (in La Naturaleza, III, 1875, p. 24, de Paso del Macho, ét. de Vera-Cruz) ce qui est cependant loin d'être certain.

7. **S. Devillei** (Bourc. et Muls.) [*Troch. D. B.* et M., in Rev. Zool., 1848, p. 272 (Guatemala). — *Amazilia D.* Gould, Monog. v, pl. 313, mai 1860. — *Ibid.*, Reichenb. Tr. Enum., pl. 778, ff. 4807-4808. — *Amazilia Mariæ* (non *Troch. Mariæ* Bourc. et Muls.) Ell., Syn., p. 222. — *Saucerottea Devillei*, Ridgw., l. c., v, 1911, p. 447 (1).

Mexique : états de Yucatan et de Chiapas (Monts Gineta). — Salvador (volcan de S. Miguel, la Libertad). — Guatemala (Dueñas, Choctún, Yzabal, Gualán, Guatemala, Amatitlan et lac d'Amatitlan, Patulúl (2), Solola, volcan de Fuego, la Trinidad, la Vera-Paz, le Peten : Ile de Flores dans le lac d'Itza (sec. A. Morelet).

8. **S. Sumichrasti** (Salv.). — *Amazilia S.* Salv. in Ann. Nat. Hist. (5e sér.), VII, 1891, p. 376. — *Ibid.* Cat. XVI, p. 215, pl. 7, f. 2 (3). — *Ibid.* Salv. et Godm. in Biol. centr. Amer., Av., II, p. 298.

Mexique : état de Oaxaca (Santa Efigenia dans l'isthme de Tehuantepec, par Sumichrast).

9. **S. viridigaster** (Bourc.). *Troch. viridigaster* Bourc., in Rev. Zool, VI, av. 1843, p. 103 (de Fusagasuga). — *Ibid.* Bourc. et Muls. in Ann. Sc. phys., Lyon, VI, 1843, p. 42. — *Amazilia v.* Gould, Monog. v, pl. 314, sept. 1860. *Chlorestes Saucerottea viridiventris* (nom. émend.) Reichenb. Tr. Enum., pl. 699, ff. 4564-4565. — *Eriocnemis incultus* Ell., in Auk, VI, juillet 1889, p. 210 de Bogota; mélanisme). — *Saucerottea Nunezi* Boucard, in Humm. B., II n° 9, sept. 1892, p. 81 (de Bogota; mélanisme).

Colombie : andes orientales dans la savane de Bogota, et région amazonienne du rio Meta (Quetame, Villavicencio).

    Subsp. (B). — **S. viridigaster iodura** (Reichenb.) — *Chlorestes Saucerottea iodurus* Reichenb., Aufz. d. Col. 1854, p. 8, ibid. Tr. Enum., pl. 698, ff. 4560-4561 (de Colombie). — *Hemithylaca i* Cab. et Heine, Mus. heine., III, p. 39 (de Colombie). — *Amazilia Lawrencei* Ell., in Auk, VI, juillet 1889, p. 209. (Oiseau de Bogota) (4). *Pyrrhophæna i.* Berl. in Zeitschr. Ornith., 1887, p. 182 (5).

Vénézuela : andes de Mérida (par S. Briseño), et frontière de la Colombie (Colon, Tachira, etc.). — Colombie ; andes orientales à Bogota et région amazonienne des llanos de la Meta (par Wheeler) (6).

    Subsp. (C). — **S. viridigaster melanura E. S.**

Colombie (préparation indigène de Bogota).

---

(1) Sur l'éthologie cf. Salvin, in Ibis, II, p. 270 (sous le nom erroné de *Dumerili*) observé à Dueñas.

(2) R. Ridgway signale un spécimen de Patulul, intermédiaire à *S. Devillei* et *S. cyanura*.

(3) Type à Londres.

(4) Voir note, page 119.

(5) Gould rapporte à tort à cette forme le *Trochilus Aglaiæ* Bourc. et Muls. qui est bien plutôt synonyme d'*Amazilis Tzacatl*.

(6) *Amazilia Lawrencei* du catalogue Salvin, p. 661.

10. **S. cupreicauda** (Salv. et Godm.) *Amazilia c.* S. et G. in Ibis, 1884, p. 452 (Mont Roraima par H. Whitely). — *Ibid.* Sharpe in Gould, Supp., pl. 56, mars 1887.

Guyane brit.: Monts Mérumé et Roraima. — Vénézuéla: bassin de l'Orénoque: montag. à l'ouest de Suapure (Klages).

11. **S. niveiventer** (Gould). — *Troch.* (— ?) *niveoventer* Gould, in P. Z. S., XVIII, 1850, p. 164 (David par Warszewicz). — *Erythronota niveiventris* Gould, Monog., v, pl. 319, mai 1858. — *Chlorestes Saucerottea* n. Reichenb., Tr. Enum., pl. 700, ff. 4566-4567 (la Veragua).

Rép. de Panama, cordillère de l'isthme, versants S. et O. du Chiriqui. — Costa-Rica S. O. — Colombie N. (Boqueron).

12. **S. Edwardi** (Del. et Bourc.). — *Troch. Edward* D. et B., in Rev. Zool., IX, 1846, p. 308 (isthme de Panama). — *Erythronota Ed.* Gould, Monog., v, pl. 318, mai 1858. — *Chlorestes Saucerottea Ed.* Reichenb., Tr. Enum., pl. 698, ff. 4558-4559.

Isthme de Panama. — Ecuador occid. (fide Oberholser) (1).

13. **S. tobagensis** (Lath.). — *Troch. tobaci* Gm. Syst. Nat., éd. 13e, I, 1788, p. 498 (2). — *Tr. tobagensis* (nom. emend.) Lath., Index Orn., I, 1790, p. 316, n° 51. — *Amazilia tobaci* Salv., Cat., XVI, 1892, p. 226. — *Saucerottea tobaci typica* Hart., in Tierr. Tr., p. 55. — *Saucerottea Wellsi* Boucard, in Humm. B., III, mars 1893, p. 8 (ins. Grenada par Wells) (3). — *Ibid.*, Dalm. in Mém. Soc. Zool. Fr., XIII, 1900, p. 142.

Ile de Tobago, Ile de Grenade.

14. **S. erythronota** (Less.). *Orn. erythronotos* Less. O. M. 1829-1830, p. XXXII et p. 181, pl. 61; id. Traité Orn. 1831, p. 282; id. Compl. Buffon, 1838, p. 582 (Brésil [errore]). — *Erythronota antiqua* Gould, Monog., v, pl. 316, mai 1860. — *Chlorestes Saucerottea erythronota* Reichenb., Tr. Enum., pl. 699, ff. 4562-4563. — *Hemithylaca erythronota* Cab. et Heine, Mus. heine., III, 1860, p. 37.

---

(1) Localité douteuse. — Un *S. Edwardi* de la collection générale du Muséum de Paris est étiqueté nord du Vénézuéla Geay 1898, localité également douteuse.

(2) La synonymie du *Troch. tobaci* Gm. m'a paru douteuse (in Ornis, IX, p. 210) à une époque où je ne connaissais pas la description originale de Latham à laquelle Gmelin se réfère. Cette description s'applique à l'oiseau de Tobago qui n'est probablement qu'une forme locale du bien connu *Saucerottea erythronota* Less., si abondant à Trinidad. « Length four inches, bill three quarters; colour dusky; the under mandible yellow except at the tip; head, neck, back as fas as the middle, and beneath as far as the belly, glossy green, lower part of the back, rump and wing coverts green glossed with copper, across the lower part of belly a white bar; thighs white; vent and under tail coverts pale brown; quills and tail blue black, the last somewhat forked; legs black. — It received this from Tobago.» (Gen. Syn. vol. I, pt. 2, 1782).

(3) Boucard a décrit le *Saucerottea Wellsi* d'après des oiseaux qui lui avaient été envoyés de l'île de Grenade par M. Wells, sans connaître le *Saucerottea* de l'île de Tobago qui correspond au *Tr. tobaci* de Gmelin; j'ai pu depuis comparer des spécimens provenant des deux îles sans y relever la moindre différence. Il n'y a pas lieu de douter de l'exactitude de la provenance des types envoyés de Grenade par M. Wells à Boucard.

— *Amazilia e.* Ell. Syn., p. 224. — *Ibid.*, Salv., Cat. XVI, p. 225. — *Saucerottea tobaci erythronota* Hart., in Tierr. Tr., p. 55. — *Id.*, Ridgw., l. c., V, 1911, p. 437.

Ile de Trinidad (surtout des montagnes du nord de l'île) (1).

Subsp. (B). — **S. erythronota caurensis** Berl. et Hart., in Nov. Zool., IX, 1902, p. 84. — *Saucerottea caurensis* Brab. et Chubb, Bd⁵ S. Amer., I, 1912, p. 114, nº 1108.

Vénézuela : région orientale de l'Orénoque : Suapure sur la Caura; ciudad Bolivar.

Subsp. (C). — **S. erythronota Aliciæ** (Richemond). — *Amazilia Aliciæ* Richemond, in Auk, XII, 1895, p. 368 et Pr. U. S. Nat. Mus., XVIII, p. 670. — *Saucerottea Feliciæ* (non Less.) Dalm., in Mém. Soc. Zool. Fr., XIII, 1900, p. 143 (2).

Vénézuela orient. : côte de Paria, de Cumana, île Margarita (3).

15. **S. Feliciæ** (Less.). — *Orn. f.* Less., in Rev. zool., III, 1840, p. 72 (Brésil : San José [errore]). — *Erythronota feliciæ* Gould, Monog., V, pl. 317, sept. 1849 (Vénézuela). — *Chlorestes Sauc. Fel.* Reichenb., Tr. Enum., pl. 697, ff. 4556-4557 (4) — ? *Amazilia feliciæ* Ell., Syn. Troch., p. 224, nº 19 (5). — *Amazilia Feliciæ* E. S., in Mém. Soc. Zool. Fr., II, p. 225 (San Esteban). — *Saucer. tobaci feliciæ* Hellm. et Seilern in Arch. Naturg., 1912, p. 129 (la Cumbre de Valencia).

Vénézuela, dans les montagnes boisées du littoral central : la Silla de Caracas, la Cerra de Avila, la Colonia Tovar, la Cumbre de Valencia, etc., etc. (6).

Subsp. (B). — **S. Feliciæ monticola** (Todd). *S. tobaci monticola* Todd, in Pr. biol. Soc. Wash., XXVI, août 1913, p. 174.

Vénézuela : Guarico dans l'état de Lara (par M. A. Carriker).

---

(1) Seule localité certaine; j'ai étudié l'espèce sur des oiseaux du voyage du Cᵗᵉ de Dalmas tués par lui-même et par ses chasseurs, et du voyage de Klages qui a fait un assez long séjour à Trinidad; on ne peut cependant affirmer que tous les *S. erythronota* expédiés autrefois, avant la prohibition, par milliers pour le commerce, étaient tous originaires de l'île dont les chasseurs faisaient souvent des incursions sur la côte ferme, surtout celle du delta de l'Orénoque. *S. erythronota* a été cité de la Guyane par confusion avec *Trochilus fimbrialus* Gm., que certains auteurs, notamment Elliot, avaient appelé par erreur *Agyrtria tobaci* (voir plus haut, page 321, *Chionomesa fimbriata*.

(2) Les caractères donnés par le Cᵗᵉ de Dalmas au *S. Feliciæ* sont exactement ceux du *S. Aliciæ* de Richemond; l'auteur a cependant connu le vrai *S. Feliciæ* Lesson, car il y fait allusion dans le même article « enfin ceux du Vénézuela occidental tout en ayant aussi les rectrices bleu d'acier, paraissent avoir les sous-caudales mélangées de foncé sans être roux vif ». — L'auteur donne trop d'importance aux caractères tirés de la teinte des sous-caudales, beaucoup plus variable qu'il ne semble le croire.

(3) L'île Margarita peut être considérée comme faisant partie du littoral continental du Vénézuela.

(4) Cabanis et Heine ont à tort attribués ces figures à *S. Sophiæ* (in Mus. heine., III, p. 39, sub *Hemithylaca caligata*).

(5) Synonymie douteuse; la description ne convient pas à l'espèce notamment « upper tail coverts and tail bluish black » par opposition à *Am. erythronota* « tail steel blue » ce qui est précisément le contraire.

(6) Ne paraît pas s'étendre plus à l'ouest à la sierra de Mérida.

Subsp. (C). — *S. Feliciæ apurensis* E. S.

Vénézuela : H^t Orénoque à San Fernando de Apure (1).

16. **S. elegans** (Gould). — *Erythronota e.* Gould, in P. Z. S., xxviii, 1860, p. 307 (2) (inc. sed.). — *Ibid.* Monog., v, pl. 320, sept. 1861. — *Sporadinus incertus* Muls., H. N. O. M., ii, p. 76.

Incertæ sedis.

22e Groupe. — *EUPHERUSA*

1er Genre. — MICROCHERA

Gould, Monog., ii, pl. 116, 1858 (type *Mellisuga albocoronata* Lawr.).

1. **M. albocoronata** (Lawr.). — *Mellisuga a.* Lawr. in Ann. Lyc. N. Y., vi, 1855, p. 137, pl. 4 (Panama : distr. de Belen, par J. K. Merritt). — *Microchera a.* Gould, Monog., ii, pl. 116, sept. 1858. — *Id.*, auct. recent.

Rép. de Panama occ. : la Veragua à Santiago et dans la cordill. de Chucu (douteux pour le Costa-Rica).

2. **M. parvirostris** (Lawr.). — *Panychlora p.* Lawr. in Pr. Ac. N. Sc. Philad., 1865, p. 39 ♀ (Angostura, par J. Carmiol). — *Microchera p.* Sharpe in Gould, supp., pl. 30, août 1880. — *Ibid.*, auct. recent.

Nicaragua : Matagalpa, Chontales. — Costa-Rica or. : Puerto Limón, Tucurriqui, Angostura, rio Sucio, Bonilla, Corrillo, volcan de Turrialba, etc.

2^e Genre. — CALLIPHARUS

Eupherusa subgen. *Clotho* (nom. præocc.) Muls. et Verr., H. N. O. M., i, 1874, p. 269 (type *Eupherusa nigriventris* Lawr.). — *Callipharus* Ell., Syn., 1878, p. 211 (même type).

1. **C. nigriventris** (Lawr.). — *Eupherusa n.* Lawr. in Pr. Ac. N. Sc. Philad., 1867, p. 232 (Costa-Rica par A. R. Endres). — *Ibid.*, Salv., in P. Z. S., 1870, p. 210 ♀ (cordill. del Chucu, par E. Arcé). — *Callipharus n.* Ell. Syn., p. 211, f. 113. — *Ibid.*, Sharpe in Gould, supp., pl. 54, mars 1887. — *Ibid.*, Salv., in Biol. centr. Amer., Av., ii, p. 270, pl. 57, ff. 3-4. — *Elvira n.* Hart., in Tierr. Tr., 1900, p. 92. — *Ibid.*, Carriker, in Ann. Carn. Mus., vi, 1910, p. 534. — *Callipharus n.* Ridgw., Bd^s n. Amer., v, 1911, p. 400.

Costa-Rica. — Rép. de Panama occid.

3e Genre. — EUPHERUSA

Gould, Monog., v, pl. 324, 1857 (type *Orn. eximia*) (3).

1. **E. eximia** (Del.). — *Orn. e* Del., in Echo du Monde savant, 1843, 1er sem.,

---

(1) Gould, dans sa Monographie, parle d'un jeune *S. Feliciæ* de l'Orénoque, qui se rapporte probablement à cette forme.

(2) Type unique à Londres; ancienne collection Gould.

(3) *Epherusa* Muls. est un lapsus.

n° 45 du 15 juin, col. 1069 (de Coban). — *Eupherusa eximia* Gould, Monog., v, pl. 324, sept. 1857 (Guatémala par Skinner). — *Amazilia e.* Reichenb., Tr. Enum., pl. 776, f. 4802. — *Euph. eximia eximia* Ridgw., l. c., v, 1911, p. 394.

Guatémala. Nicaragua.

Subsp. (B) (*invisa*). — **E. eximia Nelsoni** Ridgw. in Pr. Biol. Soc. Wash., XXIII, 1910, p. 54 (Motzorongo, par Nelson et Goldm.).

Mexique S. E. ; états de Vera-Cruz, de Oaxaca et de Puebla.

2. **E. egregia** Scl. et Salv., in P. Z. S., 1868, p. 389 (Panama : Calovévora, par Arcé). — *Id.*, auct. recent.

Rép. de Panama occ. — Costa-Rica S. O. (1).

3. **E. polyocerca** Ell., in Ann. Nat. Hist. (4e sér.) VIII, 1871, p. 266 (2) (Putla dans l'état de Oaxaca, par Rébouch) (3). *Ibid.*, Sharpe in Gould, supp., pl. 55, avr, 1881. — *Ibid.*, Ridgw., l. c., v, 1911, p. 397.

Mexique S. O. ; états de Oaxaca, de Guerrero (et peut-être de Puebla).

4e Genre. — ELVIRA

Leucochloris subgen. *Elvira* Muls. et Verr., Ess. Class., Tr., 1866, p. 32 (type *Tr. chionurus* Gould). — Ibid., h. n. Ois. M., I, p. 266, — *Lawrencius* Boucard, Gen. Humm. B., 1894, p. 173 (type *Euph. cupreiceps* Lawr.) (4).

1. **E. chionura** (Gould). — *Troch. (Thaumatias) chionurus* Gould, in P. Z. S., XVIII, 1850, p. 182 (Chiriqui near David, par Warszewicz). — *Thaumatias chionurus* Gould, Monog., v, pl. 300, mai 1852. — *Leucippus chionurus* Reichenb., Tr. Enum., pl. 780, ff. 4313-4315. — *Eupherusa niveicauda* (nom. emend.) Lawr., in Ann. Lyc. N. Y., VIII, 1867, p. 134 (Dota, par J. Carmiol). — *Elvira chionura* Carriker, in Ann. Carn. Mus., VI, n° 4, 1910, p. 535. — *Ibid.*, Ridgw., l. c., v, 1911, p. 403.

Costa-Rica : cordillère de Dota. — Rép. de Panama : versant sud et occid. du Chiriqui.

2. **E. cupreiceps** (Lawr.). — *Eupherusa c.* Lawr., in Ann. Lyc. N. Y., VIII, 1867, p. 348 (Barranca par Carmiol). — *Elvira c.* Sharpe in Gould, supp., pl. 53, août 1880. — *Lawrencius c.* Boucard, Gen. H. B., 1894, p. 173. — *Elvira c.* Carriker, l. c., 1910, p. 535. — *Ibid.*, Ridgw., l. c., 1911, p. 405.

Costa-Rica sur le versant oriental des montagnes : Barranca (par Carmiol), Naranjo de Cartago (par Boucard), Bonillo, Tucurriqui, Carrillo, Juan Viñas, Carriblanca de Sarapiqui et Basulto, (par Underwood et C. N. Lankester).

---

(1) Cité par Lawrence de Cervantes et de Barrania (par J. Carmiol) sous le nom d'*Eupherusa eximia*.

(2) Écrit par erreur *poliocerca*.

(3) Type à New-York.

(4) Nomen præoccupatum, non *Lawrencius* Ridgway 1886, in Auk, III, p. 382.

23e Groupe. — *CHALYBURA*

1ᵉʳ Genre. — **CHALYBURA**

Agyrtria s. g. *Chalybura* Reichenb., Aufz. d. Colib., mars 1854, p. 10 (type *Troch. Buffoni* Less.); *Hylocharis* s. g. *Cyanochloris* (ad part.) id., p. 10 (type *Tr. cæruleogaster* Gould). — *Hypuroptila* Gould, Monog., ii, pl. 89, mai 1854 (type *Tr. Buffoni*). — *Methon* Muls., in Ann. Soc. linn. Lyon (n. s.), xxii, p. 203 (type *Chalybura cæruleigaster* Gould). — *Chalybura* Gould, Intr. 1861, p. 72.

1. **C. Buffoni** (Less.). — *Troch. B.* Less., Tr. 1832, p. 31, pl. 5 (Brésil [errore]). — *Hypuroptila B.* Gould, Monog., ii, pl. 89, mai 1854 (Caracas et Bogota). — *Agyrtria Chalybura B.* Reichenb., Tr. En., pl. 766, ff. 4773-4774. — *Chalybura B.* Ridgw., l. c., v, 1911, p. 388, etc.

Isthme de Panama. — Colombie occid., centrale et orientale.

> Subsp. (B). — **C. Buffoni æneicauda**, (Lawr., in Pr. Ac. N. S. Philad. xvii, 1865, p. 38 (Vénézuela par S. C. Hasch). — *Chalyb. Buffoni* var. *æneicauda* E. S., in Mém. Soc. Zool. Fr., ii, 1889, p. 219. (San Esteban). *Ibid.* Hellm. et Seilern, in Arch. Naturg., 1912, p. 140 (la Cumbre Chiquita).
>
> Vénézuela N. et O.: Caracas, S. Esteban, Mérida, Cuñega sur la lagune de Maracaïbo. — Colombie N.: Valencia (par Salmon) S. Nevada de Santa Marta à Manaura (par F. Simons), Remedios, au N.-E. de Medellin (par Salmon), occidentale: rio Dagua (par Rosenberg).
>
> Subsp. (C). — **C. Buffoni cæruleigaster** (Gould) *Troch. Glaucis c.*, Gould, in P. Z. S. xv, 1847, p. 96 (inc. sed). *Hypuroptila c.* Gould, Monog., ii, pl. 91, mai 1854 (Bogota et entre Bogota et Popayan). — *Agyrtria Chalybura caeruleiventris* (nom. emend.) Reichenb., Tr. Enum., pl. 767, ff. 4775-4776.
>
> Colombie: andes orient. à Bogota (1), et région amazonienne: Villavicencio, Buana vista, etc., etc.

2e Genre. — **CHLORURISCA**

Chalybura et *Hypuroptila* auct. (ad part) (type *Hyp. Isauræ* Gould.).

1. **C. intermedia** E. et C. Hart., in Nov. Zool., i, 1894, p. 44 (entre Guayaquil et Loja, par O. T. Baron). Ecuador S. O.

2. **C. melanorrhoa** Salv., in P. Z. S., 1864, p. 585 (Costa-Rica: Tucurriqui, par Arcé). — *Chalyb. Carmioli* (*Carmioli* lege *Carmioli*) Lawr., in Pr. A. S. Phil., 1865, p. 39 (Angostura, par J. Carmiol). — *Hypuroptila m.* Sharpe, in

---

(1) Se trouve en grand nombre, mêlé à *C. Buffoni* type, dans les lots d'oiseaux envoyés de Bogota, mais je n'ai pas la preuve qu'ils proviennent des mêmes localités et des mêmes altitudes.

Gould, supp., pl. 10, juillet 1881. — *Ibid*. Salv. in Biol. c. Am., Aves, II, p. 276, pl. 55, ff. 2-3. — *Chalybura m*. Carriker in Ann. Carn. Mus., VI, n° 4, 1910, p. 536.

Nicaragua, Costa-Rica et Panama occ. (la Véragua).

3. **C. Isauræ** (Gould). — *Hypuroptila i*. Gould, in P. Z. S. XXIX, 1861, p. 199 (la Veragua: Boca-del-Toro). — *Ibid*. Salv. et Godm., in Biol. centr. Amer. Av. II, p. 275. — *Chalybura i*. Gould, Intr. 1861, p. 72. — *Ibid*. Carriker, l. c., 1910, p. 537. — *Ibid*. Ridgw., l. c. v, 1911, p. 391.

Rép. de Panama : région de l'isthme et frontière du Costa-Rica. — Costa-Rica S. : Talamanca et Puerto Limon.

4. **C. urochrysea** (Gould). — *Hypuroptila urochrysia* Gould, in P. Z. S. XXIX, 1861, p. 198 (Panama par Warszewicz (1). *Hyp. urochrysia* Gould, Monog. II, pl. 90, juillet 1861. *Id*. Salv. et Godm., in Biol. centr. Amer., Av. II, p. 275. — *Chalybura urochrysea* Gould, Intr. 1861, p. 72. — *Chalyb. urocrhysa* Ridgw., l. c. 1911, p. 390.

Panama (1). — Colombie : région du Pacifique (rio S. Juan, Buanaventura), vallée de la Cauca (Medellin, etc.). — Ecuador N.-E. : (rio Sapayo).

3e Genre. — **PLACOPHORUS** Muls.

Aphantochroa Gould. Ell. Salv. (ad part. *A. gularis* G.). — *Agapeta* Heine, in J. Orn., 1863, p. 178 nom. præocc. (2) (type *Aph. gularis* G.) — *Aphantochroa* subgen. *Placophorus* Muls., in Ann. Soc. linn. Lyon (n. ser.), XXII, 1875, p. 202 (même type). — *Agapetornis* (substitué à *Agapeta* præocc.) Chubb, Birds Brit. Guiana, 1916, p. 419 (nota).

1. **P. gularis** (Gould) *Aphantochroa g*. Gould, in P. Z. S. XXVIII, 1860, p. 310 (3) (Napo). — Ibid. Monog. II, pl. 55, mai 1861. — *Agapeta gularis* Heine, in J. Orn., 1863, p. 178.

Ecuador or. : rio Napo. — Pérou or. : Chyavetas (par Bartlett).

4e Genre. — **LAMPRASTER**

Tacz. in P. Z. S., 1874, p. 140 (type *L. Branickii* Tacz.)

1. **L. Branickii** Tacz. in P. Z. S. 1874, p. 140, pl. 21 f. 1 (4) (Monterico). — *Id*. Sharpe in Gould, supp., pl. 14, mars 1887. — *Id*. Berl. et Stolzm. in P. Z. S., 1892, p. 22.

Pérou central : Monterico (par Jelski), la Gloria (par Kalinowski).

---

(1) Localité un peu douteuse.

(2) Par *Agapete* Newm. Col. 1845.

(3) Types à Londres.

(4 Type à Varsovie.

24ᵉ Groupe. — *CŒLIGENA*

1ᵉʳ Genre. — APHANTOCHROA

Gould, Monog. ii, pl. 54, 1853 (type *Tr. cirrochloris*, fixé par Gray en 1855). — *Aphantochroa* anct. (ad part.).

1. **A. cirrochloris** (Vieill.). — *Troch. c.* Vieill., in N. Dict., xxiii, 1818, p. 430 (Brésil, par Delalande) (1). — *Tr. campylostylus* Licht., Verz. Doublett. Zool Mus., 1823, p. 14, nᵒ 115 (Sao-Paulo). — *Orn. simplex* Less., O. M., 1829-1830, pp. xliii et 119, pl. 33. Ibid. supp. p. iii, pl. 6 et Compl. Buff., 1838, p. 570 (Brésil, par Delalande). — *Aphantochroa cirrochloris* Gould, Monog. ii, pl. 54, oct. 1853.

Brésil or. (2) : états de Sao-Paulo ; de Santa Catharina ; de Rio ; de Minas (distr. de Diamantina par E. Goun.) ; de Matto Grosso.

Varietas. — (B). **A. cirrochloris ænescens** E. S.
Brésil or. état de Pernambuco : S. Antonio du Barra (E. Goun. (3).

— (C) **A. cirrochloris longirostris** E. S.
Brésil or. état de Bahia (4).

2ᵉ Genre. — COELIGENA (5)

Cœligena Less., Troch., index gén., 1833, p. xviii (type *Orn. Clemenciæ* Less., désigné par G. R. Gray en 1840). — *Delattria* Bonap. in C. R. Ac. Sc., xxx, avr. 1850, p. 380 (type *Orn. Henrica* Less. (6). — *Cœligena* et *Delattria* (pars) Gould, Monog. ii, et Intr., p. 59. — *Chariessa* (substitué à *Delattria*) Heine in J. f. Orn. 1863, p. 178. — *Cœligena* et *Himelia* Muls. in Ann. Soc. linn. Lyon (n. s), xxii, 1875, p. 203. — *Cœligena* et *Delattria* (pars) Salv., Cat., xvi, p. 304 et p. 308. — *Lampornis* (sec. Sw. in Phil. Mag. 1827). Richemond in Auk, xix, 1902, p. 83 (7) (ad part. *L. amethystina* = *C. Henrica*). — *Cyanolæmus* (substitué à *Cœligena*) Stone in Auk, 1907, p. 197, type *Orn. Clemenciæ* Less.). — *Cyanolæmus* et *Lampornis* (sens Richmond) Ridgw., l. c. 1911, p. 491 et p. 494.

---

(1) Le type de *Trochilus cirrochloris* Vieill., qui est le même que celui d'*Ornismyia simplex* Lesson, est encore au Muséum de Paris ; oiseau monté nᵒ 4517 avec la mention « type d'*Orn. simplex* Less. — Delalande, Brésil, 1817.

(2) Indiqué par Bangs de la République de Panama à Loma-de-Léon (in Pr. N. Engl. Zool. Cl. n, 1900, p. 19). Par confusion avec *Phæochroa Cuvieri*.

(3) Seule localité certaine ; le type de ma collection m'avait été donné par E. Gounelle, au retour de son voyage.

(4) Oiseaux de la plumasserie, très anciens, ne portant pas de localité précise ; ceux que E. Gounelle dit avoir observés à Condenba sont probablement de cette race.

(5) Parfois écrit *Cœligena*.

(6) Mémoire antérieur au Conspectus ; on y lit « quatre espèces constituent le genre *Delattria* qui a pour type *Orn. Henrica* ».

(7) Voir note au genre *Lampornis*, p. 273 et au genre *Iache*, p. 296.

1. **C. Clemenciæ**(Less). — *Orn. C.* Less., Ois. M. 1829-1830, pp. XLV et 216, pl. 80; suppl. O. M., p. 115, pl. 8 (Mexique, mus. Massena); ibid. Traité Orn., p. 279 et compl. Buffon 1838, p. 588. — *Troch. Topiltzin* de la Llave, in Regist. trim. etc. II, n° 5, 1833, p. 49. — *Delattria C.* Gould, Monog. II, pl. 60, mai 1855. — *Cœligena C.* Reichenb. Tr. Enum., pl. 687, ff. 4516-4517 (1). — *Cyanolæmus C.* Ridgw., l. c., v, 1911, p. 492. — *Ibid.* Cory, Cat., p. 234.

Texas N. et O. (Monts Chisos). — Arizona S (2) (Huachuca, San Luis, Chiricahua et Monts Santa Catalina). — Mexique: états de Tamaulipas, Chihuahua, Durango, Jalisco, Michoacan, Guerrero, Oaxaca, Puebla, Mexico, Morelos, Vera-Cruz, Guanajuato, S. Luis Potosi, Nuevo Léon.

2. **C. amethystina** (Sw.) — *Lampornis a.* Sw., in Phil. Mag. (n. ser.) I, 1827, p. 442 (de Temascaltepec, dans la vallée de Mexico). — *Orn. Henrica* Less. et Del., in Rev. Zool., 1839, p. 17 (de Guatepec, par Del.). — *Delattria Henrica* Gould, Monog. II, pl. 62, oct. 1854. — *Heliodoxa g Lamprolæma Henrica* Reichenb. Tr. Enum., pl. 742, ff. 4701-4703. — *Chariessa Henrici* Heine, in J. Orn., XI, 1863, p. 178. — *Lampornis amethystina amethystina* Ridgw., l. c., p. 496. *Ibid.* Cory, Cat., 1918, p. 284.

Mexique occid. (états de Colima, Oaxaca O.); Mex. central (vallée de Mexico, ét. de Hidalgo); et Mex. sud oriental (états de Vera-Cruz, Oaxaca).

> Subsp. (B). — **C. amethystina brevirostris** Ridgw. (3). — *Delattria henrica brevirostris* Ridgw. in Pr. Biol. Soc. Wash., XXI, 1908, p. 195 (San Sebastian, état de Jalisco). — *Lampornis amethys. brevir.*, id. l. c., 1911, p. 497.
>
> Mexique occid. : états de Jalisco, de Colima et territoire de Tepic (dans la haute montagne).
>
> Subsp. (C). — **C. amethystina Salvini** (Ridgw.). *Delattria Henrica* auct. (ad part. spécimens du Guatémala). *Delattria Henrica Salvini* Ridgw., in Pr. Biol. Soc. Wash., XXI, 1908, p. 195 (de Caldéras, volcan de Fuego). — *Lampornis amethystina Salvini* id., 1911, p. 498.
>
> Guatémala (dans la haute région)? sud du Mexique: états de Chiapas à San Cristobal.
>
> Subsp. (D). — **C. amethystina Margaritæ** (Salv. et Godm). — *Delattria Margaritæ* S. et G., in Ibis, I, 1889, p. 239 (de Omilteme, état de Guerrero par H. H. Smith). — *D. Margarethæ* id., in Biol. centr. Amer., Aves, II, 1892, p. 336, pl. 54ª, ff. 1-2. — *Lampornis Margaritæ* Ridgw., l. c., 1911, p. 499.
>
> Mexique S.-O. : Sierra Madre del Sur, dans l'intérieur de l'état de Guerrero.

---

(1) La figure de la femelle, 4517, est douteuse; elle a été rapportée, je crois à tort, à *Phæochrou Cuvieri*, par Ridgway.

(2) Indiqué pour la première fois de l'Arizona par W. Brewster in Auk, II, 1885, p. 85.

(3) Subspecies invisa et incerta.

Subsp. (E). — **C. amethystina Pringlei** (Nelson). — *Delattria Pringlei* id. in Auk, xiv, 1897, p. 51 (Oaxaca city.). — *Lampornis P.* Ridgw. l. c., 1911, p. 500 (1).

Mexique S.-O. : états de Guerrero (montagnes près Chilpancingo) et Oaxaca (15 miles O. de Oaxaca city).

3e Genre. — LAMPROLÆMA

Heliodoxa Lamprolaima (pars) Reichenb., Aufz. d. Col. 1854, p. 9. — *Lamprolæma* (nom. emend.) Cab. et Heine, in Mus. heine., iii, 1860, p. 30.

1. **L. Rhami** (Less.). *Orn. R.* Less., in Rév. Zool., i, 1838, p. 315 (Mexique). — *Heliodoxa g Lamprolaima R.* Reichenb., Tr. Enum. pl. 746, ff. 4712-4713. — *Lamprolaima R.* Gould, Monog., ii, pl. 61, mai 1856. — *Id.*, Ridgw., l. c., v, 1911, p. 489.

Mexique S. : états de Vera-Cruz, Mexico, Guerrero, Oaxaca, Chiapas. — Guatémala.

4e Genre. — PRODORIA

Oreopyra Salv., in P. Z. S., 1864, p. 584 (pars *hemileuca*). — *Ibid.*, Ridgw., l. c., v, 1911, p. 507. — *Cœligena* vel *Delattria* (ad part.) auct. recent. — *Prodoria* E. S., in Rev. fr. Ornith., xi, avr. 1919, n° 120, p. 53, n° 9.

1. **P. hemileuca** (Salv.). — *Oreopyra h.* Salv., in P. Z. S., 1864, p. 584 (Costa-Rica : Tucurriqui et Turrialba, par E. Arcé). — *Ibid.*, Muls., H. N. O. M., iv, p. 187, supp. pl. 15. — *Cœligena h.* Sharpe, in Gould, supp., pl. 5, 1885. — *Delattria h.* Salv. et Godm., in Biol. centr. Amer., Aves, ii, 1892, p. 337, pl. 54, ff. 3-4. — *Cœligena h.* Carriker, in Ann. Carn. Mus., vi, 1910, p. 540. — *Oreopyra h.* Ridgw. l. c., v, 1911, p. 507.

Costa-Rica : les plus hautes montagnes du centre et du sud. — Rép. de Panama : Chiriqui occid.

5e Genre. — LEUCONYMPHA

Cœligena vel *Delattria* (ad part.) auct. recent. — *Oreopyra* Ridgw., l. c., v, 1911, p. 501 (pars). — *Leuconympha* E. S., in Rev. fr. Ornith., xi, avr. 1919, n° 120, p. 53, n° 8.

1. **L. viridipallens** (Bourc. et Muls.). — *Troch. v. B.* et M., in Ann. Sc. phys. Lyon, ix, 1846, p. 321 (de Coban). — *Delattria v.* Gould, Monog., ii, pl. 63, mai 1855. — *Agyrtria v.* Reichenb., Tr. Enum., pl. 758, f. 4746.

Guatémala (de 1500 à 2100ᵐ) et Mexique S. : état de Chiapas.

2. **L. Sybiliæ** (Salv. et Godm.). — *Delattria S.* S. et G., in Ibis (sér. 6e), iv, 1892, p. 327 (Matagalpa, par Richardson).

Nicaragua (Matagalpa, San Raphael del Norte, Ocotal).

---

(1) Subspecies invisa et incerta.

6e Genre. — OREOPYRA

Gould, in P. Z. S., 1860, p. 312 (type *Orn. leucaspis* = *Tr. castaneiventris* Gould, olim).

1. **O. castaneiventris** (Gould). — *Troch. castaneoventris* Gould, in P. Z. S., 1850, p. 163 ♀ (Chiriqui par Warszewicz). — *Adelomyia c.* id., Monog., III, pl. 203, sept. 1855. — *Anthocephala c.* id., Intr., 1861, p. 115, n° 228. — *Oreopyra leucaspis* id., in P. Z. S., xxviii, 1860, p. 312, ♂ (Chiriqui par Warszewicz). — *Ibid.* Monog., IV, pl. 264, mai 1861. — *Oreopyra calolæma* Salv., in P. Z. S., 1864, p. 584 (volcan de Cartago, par E. Arcé). — *Oreop. venusta* Lawr. in Ann. Lyc. N. Y., viii, 1867, p. 484 (Costa-Rica, par Garcia). — *Oreop. calolæma* Sharpe in Gould, supp., pl. 6, ar. 1885. — *Oreop. leucaspis et calolæma* Ell., Syn. Tr. p. 33. — *Ibid.*, Salv., Cat. pp. 306-307. — *Ibid.*, Hart. in Tierr., Tr., p. 117 — *Oreop. castaneiventris calolæma* Bangs, in Pr. Biol. Soc. Wash., xix, 1906, p. 105. — *Ibid.* Carriker, in Ann. Carn. Mus., iv, 1910, p. 541. — *Or. castaneoventris castaneoventris* Ridgw., Birds N. Amer., v, 1911, p. 502. — *Or. castaneoventris calolæma* (exclus. syn. *O. pectoralis*) ibid., p. 504.

   Costa-Rica : volcan de Cartago, de Irazu, sierra de Dota, etc., etc. — Rép. de Panama : Chiriqui, la Veragua, cordill. de Tolé, de Chucu, Colobre, etc.

2. **O. cinereicauda** Lawr., in Ann. Lyc. N. Y., viii, 1867, p. 485 (Costa-Rica). — *Oreop. c.* Sharpe in Gould, supp., pl. 7, av. 1887. — *Oreop. leucaspis cinereicauda* Hart., in Tierr. Tr., 1900, p. 117 — *Oreop. cinereicauda* Carriker in Ann. Carn. Mus., vi, 1910, p. 540. — *Ibid.*, Ridgw., l. c., v, 1911, p. 506.

   Répub. de Panama : N.-O. du Chiriqui. — Costa-Rica S.-O. : Terraba, Sierra de Dota etc; Navaro (Boucard).

3. **O. pectoralis** Salv., in Ann. Nat. Hist. (6e sér), vii, 1891, p. 377 (Costa-Rica). Id., Salv. et Godm., in Biol. centr. Amer. Av. ii, p. 334. — *Oreop. calolæma pectoralis* Hart., in Tierr. Tr., 1900, p. 117.

   Costa-Rica (sans localité précise).

7e Genre. — ADELOMYIA

Bonap., in Rev. et Mag. Zool., 1854, p. 253 (type : *Tr. sabina* Bourc. = *Tr. melanogenys* Fraser). — *Adelisca* (nom. emend.) Cab. et Heine, Mus. heine. III, 1860, p. 72.

1. **A. melanogenys** (Fraser). — *Troch. m.* Fraser in P. Z. S., viii, 1840, p. 18 (Bogota) (1). — *Troch. Sabinæ* Bourc. et Muls., in Ann. Sc. phys. Lyon, vi, 1846, p. 323 (Bogota). — *Metallura Sabinæ* Reichenb., Tr. Enum., pl. 720, ff. 4636-4637 (Colombie). — *Adelisca melanogenys* Cab. et Heine, Mus. heine., III, 1860, p. 72.

---

(1) La courte description du *Trochilus brachyrhynchus* Fraser, l. c., p. 16, pourrait s'appliquer à la même espèce et aurait la priorité mais elle convient également bien à un jeune *Rhamphomicron*. — *Trochilus parvirostris* Fraser, l. c., p. 18, de Bogota, décrit sur un très jeune oiseau, sera toujours aussi impossible à identifier.

Vénézuela : pr. de Los Andes à Mérida. — Colombie : andes orient. à
Bogotá, Fusagasuga, Quetame, etc. — Ecuador : rég. orient. à Papallacta,
Bœza, etc.

> *Subsp.* (B). — **A. melanogenys maculata**, Gould, Monog., III, pl. 199,
> sept. 1861 (Ecuador [Napo] et Pérou). — A. *melanogenys* Salv.,
> Cat., XVI, p. 169 (ad part.). — A. *maculata* E.et C. Hart., in Nov. Zool.,
> I, 1894, p. 51 et p. 55, f. 4.

> Andes de l'Ecuador et du Pérou (1).

> *Subps.* (C). — **A. melanogenys æneotincta** (E. S.). — *Adel. æneosticta*
> (lapso) E. S., in Mém. Soc. zool. Fr., II, 1889, p. 223 (la Cumbre de
> Valencia). — *Adel. melanogenys* (non Fraser) Gould, Monog., II,
> pl. 198, mai 1859 (Caracas par Dyson). — A. *æneotincta* Salv., Cat. XVI,
> p. 171. — A. *melanogenys* E. et C. Hart., loc. cit., 1894, p. 55, f. 5 (2). —
> A. *melanogenys æneosticta* Helm. et Seilern in Archiv. Naturg., 1912,
> p. 145 (la Cumbre de Valencia).

> Vénézuela : montagnes des états de Caracas et de Carebobo (la Cumbre
> de Valencia, la Silla de Caracas, la Cerra de Avila, etc.).

3. A. cervina Gould, in Ann. Nat. Hist. (4e sér.), X, 1872, p. 468 (Medellin par
K. Salmon). — *Ibid.*, Sharpe in Gould, supp., pl. 46, mars, 1887. — *Ibid.*,
E. S. et Dalm. in Ornis, XI, 1901, p. 223 (Col. occid. : la Tigra, las Cruces).
— A. *melanog. cervina* Chapman, in Bull. Amer. Mus., XXXVI, 1917, p. 304 (3),
ibid., Cory, Cat., 1918, p. 263.

Colombie occid. et vallée de la Cauca (de Paramillo à Almaguer) ; Colomb.
or. (4).

4. A. inornata (Gould). — *Troch. i.* Gould, in P. Z. S., XIV, 1846, p. 89 (Bolivie).
— *Adelomyia i.* id., Monog., III, pl. 197, mai 1855 (Yungas de Bolivie). —
Adelisca i. Cab. et Heine, in Mus. heine., III, 1860, p. 72.

Bolivie orient. : Yungas. — Argent. : prov. de Jujuy à S. Lorenzo (par
Borelli) (5).

Species invisa et incerta.

5. A. chlorospila Gould, in Ann. Nat. Hist. (4e sér.), X, 1872, p. 452), (Andes du
Pérou, par Warszewicz).

Pérou : San Antonio, vallée de Paucaltambo (par H. Whitely).

---

(1) Il n'est pas impossible que tous les oiseaux reçus du Pérou ne soient autres que des
femelles et des jeunes de l'*Adelomyia chlorospila* Gould, sauf ceux du Pérou septentrional
à Tabacones, signalés par Bangs comme tout à fait semblables à *Adelomyia maculata* de
l'Ecuador.

(2) Le caractère tiré de la coloration des rectrices est beaucoup moins net que ne
l'indiquent les dessins de Hartert.

(3) De Paramillo trail, San Antonio, Cerro Munchique, andes occid. à Popayan,
Almaguer, Miraflores, Salento, rio Toché, El Eden.

(4) Accidentel parmi les oiseaux de Bogota.

(5) Indiqué par erreur de Colombie à Portrerras par C. W. Wyatt, Ibis 1871.

8ᵉ Genre — ANTHOCEPHALA

Cab. et Heine, in Mus. heine., III, 1860, p. 72 (nota)(type *Tr. floriceps* Gould).
— *Simonula* Chubb, Birds Br. Guiann, 1916, p. 413. — *Ibid.*, Chapman, in
Bull. Amer. Mus., XXXVI, 1917, p. 295 (1).

1. **A. floriceps** (Gould). — *Troch.* (— ?) *f.* Gould, in P. Z. S., XXI, 1853,
p. 62 (Sª nev. de Sª Marta, à S. Antonio, par Linden). — *Adelomyia f.*
Gould, Monog., III, pl. 202, mai 1855. — *Anthocephala f.* Cab. et Heine,
Mus. heine., III, 1860, p. 72. — *Ibid.*, Gould, Intr., 1861, p. 115, n° 227. —
Ibid., Salv. et Godm. in Ibis 1881, p. 595-596. — *Simonula f.* Chubb, l. c.,
1916, p. 413.

Colombie, sept. : Sierra Nevada de Sª Marta.

2. **A. Berlepschi** Salv. in Bull. br. Orn. Cl., III, 1893, p. 8 (de Bogota). —
Simonula B. Chubb, l. c., 1916, p. 295 (2).

Colombie : Andes orient. à Bogota ; et centrales à Ibagué, rio Toché, etc.

25ᵉ Groupe. — *UROSTICTE*

1ᵉʳ Genre. — UROSTICTE

Gould, Monog., III, pl. 190, oct. 1853 (type *Troch. Benjamin* Bourc.).

1. **U. Benjamin** (Bourc.). — *Troch. Benjamini* Bourc., in C. R. Ac. Sc. XXXII,
1851, p. 187 (Ecuador, à Gualea). — *Urosticte B.* Gould, Monog., III, pl. 190,
oct. 1853.

Ecuador : rég. interandine et occid., plus rarement orient.

Subsp. (3). — **U. Benjamin rostrata** Hellm. in München verh. ornith.
ges. 1915, p. 125 (3) — ? *Ur. Benjamin Benjamin* Chapman, in Bull.
Amer. Mus. N. H., XXXVI, 1917, p. 303 (Ricaurte).

Colombie occid. : La Selva, rio Lamaraya aux sources du rio S. Juan,
sur le versant occid. de la cordillère côtière, entre Buenaventura et
Cali ; (?) Ricaurte (4).

2. **U. intermedia** Tacz. in P. Z. S., 1882, p. 36 ; et Orn. Pér., 1884, p. 351 (de
Chirimoto ; Ray Urmana (par Stolzmann).
Pérou N.-E.

---

(1) Nom nouveau proposé pour remplacer celui d'*Anthocephala* soit disant præoccupé,
mais à tort selon moi ; ce nom n'ayant été employé antérieurement que sous la forme
masculine, *Anthocephalus* (par Rudolphi, in Entoz. Synops. 1819, sec. Agasiz, Nom. Zool.)
ce qui constitue une différence suffisante ; le même nom a été employé plusieurs fois depuis
Heine en 1860, sous différentes formes (Schneider 1887, Linton 1891, etc.).

(2) Pour *Anthocephala castaneiventris* Gould, voir au genre *Oreopyra*.

(3) C. E. Hellmayr l'avait d'abord indiqué sous le nom d'*Ur. Benjamin* in P. Z. S., 1911,
p. 1186.

(4) Chapman (l. c., p. 303) rapporte à la forme type de l'*U. Benjamin* une femelle de
Ricaurte, Colombie S.-O., dans le bassin du rio Patia ; cette femelle est probablement celle
de l'*U. Benjamin rostrata* qui n'est pas décrite ; elle serait aussi à comparer à celle de
l'*U. ruficrissa*.

3. U. ruficrissa Lawr., in Ann. Lyc. N. Y., viii, 1864, p. 44. — *Ibid.*, Sharpe in Gould, supp., pl. 24; janv. 1883 (d'après le type de Lawr.).

Colombie : andes orient. et mérid. — Ecuador N.

Subsp. (B). — **U. ruficrissa corpulenta** E. S.

Ecuador, rég. orient. : rio Pastassa (par O. T. Baron).

2ᵉ Genre. — PHLOGOPHILUS

Gould, in P. Z. S., 1860, p. 310, (type *P. hemileucurus* Gould)

1. P. hemileucurus Gould, in P. Z. S., 1860, p. 310 (Napo, ex Bourc.). — *Ibid.*, Monog., v, pl. 360, sept. 1861.

Ecuador or : bassin du Napo (1).

2. P. Harterti Berl. et J. Stolzm., in Ibis, oct. 1901, p. 717 (Huaynapata par Kalinowski).

Pérou mérid. orient. : vallée de Marcapata.

26ᵉ Groupe. — *HELIODOXA*

1ᵉʳ Genre. — CLYTOLÆMA

Gould, Monog., iv, pl. 249, oct. 1853 (type *Troch. rubineus* Gm. = *Tr. rubricauda* Bodd.).

1. C. rubricauda (Bodd.). — *Troch. rubricauda* B., Tables pl. enlum., etc., 1783, p. 17 (ex Briss., *Mellisuga brasiliensis gutture rubro*, iii, p. 720, et pl. enlum., 276, f. 4) (2). — *Troch. rubineus* Gm., Syst. Nat., éd. 13ᵉ, i, 1788, p. 493 (ex Briss.) (3). — *Tr. rubineus major* Audeb. et Vieill., Ois. dorés, i, 1802, p. 70, pl. 27. — *Tr. ruficaudatus* Vieill., in Nouv. Dict., vii, 1817, p. 370 (Cayenne [errore]). — *Orn. rubinea* Less., O. M., p. 146, pl. 44, 45 et 46; id. Traité Orn., p. 278 (4) et Compl. Buff., 1838, p. 576. — *Tr. Vaudelii* Da Silva Maia, in Trab. Soc. Velosiana, 1851, pp. 109-116 (Rio de Janeiro) (5). — *Clytolæma rubinea* Gould, Monog., iv, pl. 249, oct. 1853. — *Heliodoxa rubinea* Reichenb., Tr. Enum., pl. 744, ff. 4706-4709.

Brésil : états de Goyaz; de Minas Geraes (serra de Caraça); de Espirito-Santo; de Rio (à Itatiaya), de S. Paulo, et de Rio gᵈᵉ do Sul.

---

(1) La localité de Loja (Ecuador S.) donnée par Salv. d'après Buckley est erronée.

(2) Voir au *Lampornis viridigula* p. 274, une note sur l'ouvrage de Boddaert.

(3) *Troch. obscurus* Gm., parfois rapporté à cette espèce, en est tout différent.

(4) A la page 274 du même ouvrage le nom d'*Orn. rubinea* ayant été cité par erreur pour l'*Archilochus colubris*.

(5) La description a été reproduite par H. et R. v. Ihering, *Catal. da fauna Brasileira*, i, Aves, 1907, annexo 2, p. 429.

2e Genre. — POLYPLANCTA

Heine, in J. Orn., 1863, p. 182 (type *Tr. aurescens* Gould). *Clytolæma* auct. (ad partem, *Cl. aurescens*).

1. **P. aurescens** (Gould). — *Troch.* (*Lampornis?*) *aurescens* Gould, in P. Z. S., 1846, p. 88 (rio Negro). — *Clytolæma a.*, id., Monog., IV, pl. 250, mai 1861.

Amazone moyen et supérieur et ses affluents : au Brésil, rio Madeira (fide Gould), Teffé ou Ega sur le rio Solimoes et rio Negro; au Pérou : rio Javary, Pebas et Nauta sur le Marañon; Ucayali supér.; dans l'Ecuador : rio Napo, affluent du Marañon.

3e Genre. — PHÆOLÆMA

Heliodoxa a Phaiolaima Reichenb., Aufz. d. Col., 1854, p. 9 (type *Tr. rubinoides*). *Phæolæma* (nom emend.) Cab. et Heine, Mus. heine., III. 1860, p. 30.

1. **P. æquatorialis** Gould, Monog., IV, pl. 269, mai 1860 (Ecuador par Fraser). Ecuador : rég. occidentale et interandine (1).

2. **P. cervinigularis** Salv., in Ann. N. Hist. (6e sér.), VII, 1891, p. 377. — Ibid., Cat., XVI, p. 325, pl. 8, f. 2 (2) (Ecuador, inc. sed.). — (?) *Phæol. æquatorialis* Tacz. (non Gould), Orn. du Pérou, I, p. 292. — *Phæol. cervinigularis* Berl., in P. Z. S., 1902, p. 22 (Chanchamayo).

Ecuador, rég. or. : Baeza et Cosange sur la route d'Archidona (fide Oberholser (3). — Pérou nord : Ray Urmana (Stolzm.). — Pérou central : Chanchamayo (Kalinowski, fide Berl.) (4).

3. **P. rubinoides** (Bourc. et Muls.). — *Troch. r.* B. et M., in Ann. Sc. phys Lyon, IX, 1846, p. 322 (N^{lle} Grenade). — *Heliodoxa Phaiol. rubinoides* Reichenb., Tr. Enum., pl. 743, ff. 4704-4705. — *Phæol. r.* Gould, Monog., IV, pl. 268, sept. 1858. — *Phæol. granadensis* (subst. à *rubinoides*) Cab. et Heine, Mus. heine., III, 1860, p. 36. — *Ph. rubin. rubinoides* et *Ph. rubin. æquatorialis* Chapman, in Bull. Amer. Mus., XXXVI, 1917, p. 296.

Colombie; Andes orient. à Bogota et H^{te} vallée de la Magdalena (Miraflores); andes occid. (S. Antonio) et vallée de la Cauca (Salento, etc.).

---

(1) Je ne pense pas que cette espèce se trouve en Colombie; celle citée par Chapman (Bull. Amer. Mus., 1917, p. 296) sous le nom de *P. rubinoides æquatorialis* est bien plutôt la grosse forme de *P. rubinoides* dont j'ai parlé au Synopsis (p. 147). — Cité du Pérou (de Ray Urmana) sur une seule femelle, par Stolzmann qui est plutôt *P. cervinigularis*.

(2) Type à Londres.

(3) Je possède deux mâles trouvés mêlés à des oiseaux de Quito et de même préparation, ce qui fait penser que sur certains points les deux espèces doivent exister conjointement.

(4) D'après Berlepsch il est possible que les oiseaux du Pérou diffèrent de ceux de l'Ecuador car les femelles ont sur la gorge une petite tache brillante, analogue à celle du mâle, qui manque dans les deux autres espèces; il me paraît plus probable que les oiseaux dont parle Berlepsch soient de jeunes mâles.

4ᵉ Genre. — IOLÆMA

Heliodoxa g Ionolaima Reichenb. Aufz. d. Colib., 1854, p. 9. *Ionolaima* Gould,
Monog., II, pl. 93, 1857. — *Iolæma* id. Intr., 1861, p. 73. — *Id.*, Elliot, Syn.
— Salv. Cat., etc. (1).

1. **I. Schreibersi** (Bourc.). — *Troch. S.* Bourc. (Lodd. M. S.) in P. Z. S., XV,
   1847, p. 43 (jeune ♀ du rio Negro par Natt.) Ibid., in Rev. Zool., 1847,
   p. 255. — *Heliodoxa Ionolaima S.* Reichenb., Tr. Enum., pl. 745, ff. 4710-
   4711. — *Ionolaima S.* Gould, Monog., II, pl. 93, mai 1857 (d'après le type de
   Bourcier) (2). *Ionolaima frontalis* Lawr., in Ann. Lyc. N. Y., VI, 1858,
   p. 263 (♂ adulte du Napo). — *Ibid.*, Gould, Monog., II, pl. 92 (d'après le
   type de Lawr.). — *Iolæma frontalis* (♂ ad.) et *Schreibersi* (♀ ou jeune ♂)
   Gould 1861, p. 73, et Ell., Syn., pp. 58-59.

   Brésil occ. : Hᵗ rio Negro. — Pérou or. : Pebas sur le Hᵗ Amazone (par
   Hauxwell). — Pérou central (par Jelski). — Ecuador or. : bassin du Napo.
   — Ecuador S. : Loja (Gaujon).

2. **I. Whitelyana** Gould, in Ann. Nat. Hist. (4ᵉ sér.), X, 1872, p. 452 (Cosñipata
   par H. Whitely). — *Ionolæma W.* Sharpe in Gould, Suppl., pl. 12-
   I (janv. 1883) (3).

   Pérou or. et mérid. : prov. de Cusco.

5ᵉ Genre. — EUGENIA

Gould, in P. Z. S., 1855, p. 192 (type *E. imperatrix* Gould) (4).

1. **E. imperatrix** Gould, in P. Z. S., 1855, p. 192 (Nanegal par Jameson); id.,
   Monog., IV, pl. 234, mai 1856.

   Colombie mérid. : Pasto (5). — Ecuador : rég. orientale : rio Napo, et occid. :
   Gualea.

6ᵉ Genre. — EUGENES

Gould, Monog., II, pl. 59, 1856, et Intr., 1861, p. 57 (type *Tr. fulgens* Sw.).

1. **E. fulgens** (Sw.). — *Troch. f.* Sw., in Phil. Mag. (n. s.), I, 1827, p. 441 (Tamas-
   caltepec, mus. Bullock). *Orn. Rivolii* Less., O. M., 1829-1830, pp. XXVI et 48,
   pl. 4; id., Traité Orn., p. 219 (Mexique); *id.* Compl. de Buffon, 1838,
   p. 555. — *Orn. Clemenciæ* Less., Supp., 1831, p. 115, pl. 8 ♀. — *Eug. fulgens*
   Gould, Monog., II, pl. 52, sept. 1856. — *Cœligena f.* Reichenb., Tr. Enum.,

---

(1) D'après Gray (Gen. et Subgen Birds, 1855, n° 309) il y aurait un nom antérieur de
Gould *Strophiolæmus* 1853, mais je n'ai pu en trouver trace, et F. H. Waterhouse [List 1889,
p. 213) ne le cite que d'après Gray.

(2) La figure du haut, un jeune mâle comme l'indique ses lores roux : la figure du bas
représente probablement la femelle de *Heliodora Jamesoni*.

(3) *I. luminosa* Ell. a été reporté au genre *Heliotrypha*.

(4) *Ornismyia Isaacsoni* Porzudaki, que j'avais rapporté au genre *Eugenia*, appartient
plutôt à la série des *Eriocnemis*.

(5) Au Musée britannique par Lehmann, *a* du catalogue Salvin, p. 317.

pl. 686, f. 4513-14. — *Eug. viridiceps* Boucard, in Ann. Soc. linn. Lyon, xxv, 1878, p. 55 (Guatémala) (1). — *E. fulgens* auct. réc.

Sud des Etats-Unis : Arizona. — Mexique. — Guatémala. — Nicaragua.

2. **E. spectabilis** (Lawr.). — *Heliomaster s.* Lawr. in Ann. Lyc. N. Y., 1867, p. 472 ♀ (Costa-Rica, par Garcia). — *Eugenes s.*, ibid., x, 1871, p. 140. — *Ibid.*, Sharpe in Gould, supp., pl. 13, 1885. — *Ibid.*, auct. recent.

Costa-Rica : volcans de Basta, Irazú, Turrialba, Caliblaneo, etc., dans les forêts élevées.

Subsp. (B). — **E. spectabilis chiriquensis** Nehrkorn, in Orn. Monatsb., ix, 1901, p. 132 (Chiriqui).

Rép. de Panama : Chiriqui.

7ᵉ Genre. — SMARAGDOCHROA

Heliodoxa Gould, in P. Z. S., xvii, 1849, p. 95 (ad part.) *id.*, Gould Intr., 1861, p. 74 (emend.). *Heliodoxa* (ad part.) auct. recent. — *Smaragdochroa* E. S., in Rev. fr. Orn., avr. 1919, n° 120, p. 53, n° 10.

1. **S. Jamesoni** (Bourc.). — *Troch. J.* (*Jamersoni* lapso) Bourc. in C. R. Ac. Sc., 1851, p. 187 (vallée du Galacoli). — *Heliodoxa* Gould, Monog., ii, pl. 95, mai 1861. — *Heliodoxa jacula Jamesoni* Hart. Ridgw., Cory, etc.

Ecuador : rég. interandine et orientale.

2. **S. jacula** (Gould). — *Heliodoxa j.* Gould, in P. Z. S., xvii, 1849, p. 96 (Bogota). — Ibid., Monog., ii, pl. 94, sept. 1858 (♂ non ♀) (2). — *Cœligena, Leadbeatera, jacula,* Reichenb., Tr. Enum., pl. 688, f. 4522 (Colombie). — *Hel. jacula jacula,* Ridgw., Cory, etc.

Colombie : andes orientales.

Subsp. (B). — **S. jacula Henryi** (Lawr.). — *Heliodoxa Henryi* Lawr. in Ann. Lyc. N. Y., viii, 1867, p. 402 (Angostura par Carmiol). — *Hel. Berlepschi* Boucard, in Humm. B., ii, 1892, p. 75 (la Veragua). — *Hel. jacula Henryi* Ridgw., Birds N. Amer., v, 1911, p. 573.

Costa-Rica. — Rép. de Panama. — Colombie sept.

8ᵉ Genre. — XANTHOGONYS

Xanthogonys (*Xanthogenys* lapso) d'Hamonville, in Bull. Soc. Zool. Fr., viii, 1883, p. 77 (type *Heliodoxa xanthogonys* S. et G.) *Heliodoxa* auct. (ad part.).

1. **X. xanthogonys** (Salv. et Godm.). — *Heliodoxa x.* Salv. et Godm., in Ibis, 1882, p. 80 (Mᵗˢ Mérumé, par H. Whitely). — *X. Salvini* d'Hamonville, l. c., 1883, p. 78. — *Aphantochroa Alexandrea* Boucard, in Humm. B., i, 1891,

---

p. 18 (♀) (Demerara). — *Xanthogenyx Salvini* et *Alexandri* Boucard, Gen.
Humm. B., pp. 288-290.

Guyane anglaise : M^ts Roraima et Mérumé.

9° Genre. — HELIODOXA

Gould in P. Z. S., xvii, 1849, p. 95 (type *Tr. Leadbeateri* Bourc., désigné par
Gray en 1855). — *Leadbeatera* Bonap., Conspect. Gen. Avium, i, 1850, p. 70.
(type *Tr. Leadbeateri*). — *Leadbeatera* Gould, Intr., 1861, p. 74. — *Aspasta*
(substitué à *Leadbeatera*) Heine in J. Orn., xi, 1863, p. 179. — *Hypolia* Muls.,
in Ann. Soc. linn. Lyon (n. s.), xxii, 1875, p. 213 (type *Tr. otero* Tschudi).
— *Heliodoxa* ou *Leadbeatera* auct. recent.

1. **H. Leadbeateri** (Bourc.). — *Troch. L. B.* in Rev. Zool., avr. 1843, p. 102
(Caracas). — *Id.*, Bourc. et Muls. in Ann. Sc. phys. Lyon, 1843, p. 43. —
Troch. Otero Tschudi in Arch. Naturg., x, 1844, p. 298. — *Id.* Fn. Per., Orn.,
1845-1846, p. 247, pl. 23, f. 2 (Pérou). — *Leadbeatera grata* (substitué à
Tr. Leadbeateri) Bonap., Consp. Av., 1850, p. 70. — *Cœligena sagittata*
Reichenb., Aufz. d. Col., 1854, p. 23 (N. Pérou, par Warszewicz). — *Heliod.*
Otero Gould, Monog., ii, pl. 96, sept. 1860. — *Cœligena Leadbeateri sagit-*
tata Reichenb., Tr. Enum., pl. 690, ff. 4527-4528. — *Leadbeatera Otero*
Gould, Intr., 1861, p. 74 (Pérou et Bolivie). *Leadb. splendens* id., p. 74
(Vénézuela). — *Leadb. grata* Boucard, Gen. Humm. B., 1895, p. 283. —
Heliodoxa Leadbeateri et *Otero* Cory, Cat. 1918, pp. 239-240.

andes du Vénézuela, du N. de la Colombie, de l'Ecuador, du Pérou (sous le
nom de *Tr. Otero* Tschudi) et de la Bolivie.

Subsp. (B). — **H. Leadbeateri parvula** Berl. — *Heliodoxa Leadbeateri*
Gould, Monog., ii, pl. 97, sept. 1860 (the Hilly parts of New-Granada).
Leadbeatera grata (non Bonap.) Gould, Intr. 1861, p. 75. — *Heliod.*
Leadbeateri parvula Berl., in J. Orn., 1887, p. 320 (Bogota). — *Hel.*
Leadbeateri Chapman, in Bull. Amer. Mus., 1917, p. 296.

Colombie : andes occid. et orient. — Vénézuela ; andes de Mérida (1).

10° Genre. — HYLONYMPHA

Gould, in Ann. Nat. Hist. (4° sér.), xii, 1873, p. 429. (type *H. macrocerca*
Gould).

1. **H. macrocerca** Gould, loc. cit., 1873, p. 429. — *Ibid.*, Sharpe in Gould, suppl.
pl. 27, août 1880, (incertæ sedis) (2).

---

(1) D'où j'ai reçu les deux formes mêlées.

(2) Une localité précise avait cependant été donnée à Gould par H. Whitely « *Matura*
district, Manawas, on the river Dia, north Brasil » mais je n'en connais pas la situation
et je la suppose même d'être un peu fantaisiste. A ma connaissance cet oiseau n'a été envoyé
que deux fois en Europe il y a plus de trente ans (vers 1873), mais la seconde fois en grand
nombre (60 ♂, 2 ♀ au dire de H. Whitely, et je crois plus). Tous les spécimens sont préparés à la manière des anciens chasseurs de Trinidad, à l'époque où le commerce de la plume,
éteint aujourd'hui dans cette région, était florissant ; ces chasseurs avaient pour habitude de
faire, de temps en temps, des expéditions sur les côtes du Vénézuela, des Guyanes et du
nord du Brésil. *H. macrocerca* doit provenir d'un point peu connu de la côte américaine,
comprise entre l'embouchure de l'Orénoque et celle de l'Amazone.

11ᵉ Genre. — STERNOCLYTA

Gould in Monog., II, pl. 58, 1858 et Intr. p. 57 (type *Tr. cyanopectus* Gould).

1. **S. cyaneipectus** (Gould). — *Troch. (Lampornis). Cyanopectus* Gould, in P. Z. S., XIV, nov. 1846, p. 88. — *Sternoclyta c.* Id., Monog., II, pl. 58, sept. 1858 (La Guaira, par D. Dyson).

Vénézuela : cordillère littorale de Caracas à la frontière colombienne.

27ᵉ Groupe. — *TOPAZA*

1ᵉʳ Genre. — TOPAZA

G. R. Gray, List. Gen. Birds., 1840, p. 13 (type *Troch. pella* L.).

1. **T. pella** (L.) — *Troch. p.* L., Syst. Nat., éd. 10ᵉ, 1758, p. 119, n° 3 (ex indiis, sec. Edwards, pl. 32, fig. infer., de Surinam) (1). — *Id.* Shaw et Nodder, Nat. Miscl. XIII, 1801, pl. 13. — *Id.* Audeb. et Vieill., Ois. dorés, I, 1802, pl. 2 ♂, pl. 3 ♀. — *Topaza pella* Less. Col. p. 21, pl. 2. — *Ibid.*, Gould, Monog. II, pl. 66, nov. 1851. — *Ibid.*, Reichenb., Tr. Enum. pl. 797, f. 4853-4855 (2).

Guyane hollandaise et anglaise : Brésil N.-O. : bassin de l'Amazone (Moca-jutaba, Apehu, rio Mojá, rio Acara) (3).

Subsp. (B). — **T. pella smaragdina** (L. Bosc), in Journ. Hist. Nat. n° 10, 15 mai 1792, p. 385, pl. 20, f. 5 (♀ de Cayenne, par Le Blond) (4).

Guyane française : Maroni, Oyapoc (5).

Subsp. (C). — **T. pella pampreta** Oberholser, in Pr. U. S. Nat. Mus., XXIV, 1902, p. 321 (6).

Ecuador orient. : bassin du Napo à Suno (sec. Oberholser).

---

(1) *Trochilus paradiscus* Linné, S. N., éd. 10ᵉ, p. 119, n° 1, est décrit d'après une figure de Seba in *Rerum natural. Thesaurus*, I, 1734, p. 97, pl. 61), qui à la rigueur pourrait représenter la même espèce, avec des couleurs très fantaisistes ; dans ce cas le nom de *paradiseus* aurait la priorité, mais son identification est vraiment trop incertaine. Brisson, III, p. 692, n° 16, parle du même oiseau, d'après Seba, dont il trouve la planche *non satis accurata*.

(2) Il est impossible de savoir si les citations de Viellot, Lesson, Gould et Reichenbach s'appliquent à la forme type ou à la forme de Cayenne.

(3) Je n'ai jamais vu de *T. pella* de l'Amazone, je ne puis donc affirmer que les oiseaux de cette région soient de forme typique.

(4) La description, qui est celle de la femelle, ne mentionne aucun des caractères spéciaux à la sous-espèce, mais l'indication de localité est précise.

(5) *Topaza pella*, très bel oiseau fort recherché pour la parure, était autrefois exporté en grand nombre de Cayenne ; l'île de Cayenne est maintenant intensivement défrichée, elle l'était beaucoup moins au temps de Le Blond ; on y trouve encore, jusque dans les jardins de la ville, quelques espèces de *Trochilidés* (*Chlorestes punctatus, Thalurania furcata, Lampornis viridipula, Calliphlox amethystina, Agyrtria, Lophornis ornata* etc, etc.) mais pour se procurer les espèces les plus remarquables (*Topaza, Avocettula, Threnetes Antoniæ*) il faut aujourd'hui aller plus loin et remonter les grands fleuves, du Maroni et de l'Oyapoc — le nom d'*île* est au reste impropre car il s'agit d'une terre alluviale basse, limitée au sud par des rivières peu importantes (rivière de Cayenne, rivière Onyu et le petit canal qui les réunit) incapables de s'opposer à l'extension de la faune, surtout à celle des Oiseaux.

(6) Cité par Cory en synonymie de *T. pyra* mais à tort car la description d'Oberholser ne peut convenir qu'à *T. pella* ou à une légère variété de cette espèce.

2. **T. pyra** Gould, in P. Z. S. xiv, 1846, p. 46 (Brésil : Rio Negro), id. Monog.,
ii, pl. 65, nov. 1851. — *Id.* Reichenb., Tr. Enum., pl. 798, ff. 4856-57.
Rio Negro et Ecuador orient. amazonien.

28e Groupe. — *OREOTROCHILUS*

1er Genre. — OREOTROCHILUS

Gould, in P. Z. S. 1847, p. 9 (type *Troch. Estella* Orb.). *Orotrochilus* (nom
émend.) Cab. et Heine, Mus. heine. iii, 1860, p. 15. — *Oreotrochilus et
Alcidius* (type *Tr. Estella* Orb.) (1) Boucard, Gen. H. Birds, 1895, p. 345.

1. **O. Chimborazo** (Del. et Bourc.) — *Troch. C.*, D. et B., in Rev. Zool., nov.
1846. p. 305 (volc. Chimborazo, Mus. P. Wilson). — *Oreotrochilus C.* Gould,
Monog., ii, pl. 68, nov. 1851.
Ecuador : volcan Chimborazo (de 4.000 à 5.000 mètres, à la limite des neiges).

Varietas (B). — **O. Chimborazo** var. **Jamesoni** Jardine, in Contrib. Orn.
1849, p. 42 ; id., 1850, p. 27, pl. 43. — *Troch. Pichincha* Bourc. et Muls.,
in Mem. Ac. Lyon, ii, juillet 1849, p. 427 (volcan Pichincha). — *Oreotrochilus Pichincha* Gould, Monog., ii, pl. 69, nov. 1851.
Ecuador : volcan Pichincha, volc. Cotopaxi, Antisana (région des neiges).

2. **O. Estella** (Orbigny et Lafresn.) *Troch. Estella* O. et L., in Mag. Zool. viii,
1838, cl. ii, Ois., p. 32. — *Orthorhynchus Estella* Lafresn. in Orb., Voy.
Amer. mérid., Ois. p. 376, pl. 61, f. 1. — *Troch. Ceciliæ* Less. in Rev. Zool.
ii, 1839, p. 43 (inc. sed.) (2). — *Oreotrochilus Estellæ* Gould, Monog., ii,
pl. 70, juin 1849.
Pérou S. : dép. de Puño — Bolivie : la Paz, Potosi (d'Orbigny), Cachira
(Buckley). — Argentine ; prov. Jujuy : Sª Catalina (Bruch) ; de Tucuman :
cerro Muñoz, Lara à 4000 p. (Lillo, G. A. Baer).

3. **O. bolivianus** Boucard, in Humm. Bird., iii, nº mars 1893, p. 7 (Bolivie, par
Buckley). — *Ibid.*, E. S. et Hellm., in Nov. Zool. 1908, p. 4.
Bolivie (sans localité précise).

4. **O. Stolzmanni** Salv., in Nov. Zool. ii, 1895, p. 17, Huamachuco par O. T.
Baron). — *O. leucopleurus* (non Gould) Tacz., Orn. Pér., i, p. 278. *O. bolivianus* (non Boucard) Hart., in Tierr. Tr. 1900, p. 110.
Pérou nord : Huamachuco, Cajamarca, Chota (de 3.300 à 4.000 mètres),
Puna, entre Chota et S. Gregorio (Stolzm.).

---

(1) *Trochilus Estella* Orb. est précisément le type du genre *Oreotrochilus*.

(2) Dans un article de l'*Echo du Monde savant* 1843, 2e sém., col. 755, l'auteur cite aussi
pour *Tr. Ceciliæ* Less., Illustr. de Zool., ii, 1832, pl. 63, ce qui donnerait la priorité à Lesson,
mais dans la Rev. Zool. 1839 p. 43 on peut lire en tête de l'article « toutes les espèces indiquées sont peintes par M. Prêtre et dans le portefeuille de l'auteur qui comptait les publier
dans le tome ii de ses *Illustrations de Zoologie* » ; la publication de ce dernier ouvrage paraît
s'être arrêtée à la pl. 51 du tome premier et le seul Trochilidé qui y figure est l'*Ornismyia
Angela* (pl. 45 et 46).

5. **O. leucopleurus** Gould, in P. Z. S., xv, 1847, p. 20. — Id. Monog., ii, pl. 71, juin 1849.

Argentine : prov. de Tucuman, de Catamarca, de la Rioja, de Jujuy, de Mendoza. — Chili : andes.

2° Genre. — GNAPHOCERCUS

Oreotrochilus (ad part.) auct. — *Gnaphocercus* E. S., in Rev. fr. Ornith., avr. 1919, n° 120, p. 53, n° 11.

1. **G. Adela** (Orbigny et Lafresn.) *Troch. Adela* O. et L., in Mag. Zool. viii, 1838, cl. ii, Ois., p. 33. — *Orthorynchus Adela* Lafresn. in Orb., Voy. Amér. mérid., Ois., p. 377, pl. 61, f. 2. — *Oreotr. Adelæ* Gould Monog., ii, pl. 73, juin 1849.

Andes de la Bolivie : Chuquisaca (Orb.), Misqui, Chachira (Buckley).

2. **G. melanogaster** (Gould). — *Oreot. m.* Gould, in P. Z. S., xv, 1847, p. 10 (inc. sed.). — Id. Monog. ii, pl. 72, sept. 1859. —

Andes du Pérou : hautes montagnes au-dessus de Maraynioc et de Condornay à Puna, environs de Junin (Jelski).

3° Genre. — UROCHROA

Gould, Monog., ii, pl. 57, sept. 1856 — et Intr., p. 56 (type *Troch. Bongueri* Bourc.).

1. **U. Bougueri** (Bourc.). — *Troch. B.* Bourc. in C.R.Ac. Sc. xxxii, 1851, p. 186 (1) (Nanegal). — *Urochroa B.* Gould, Monog., ii, pl. 57, sept. 1856. — *Ibid.* Ell. Syn. p. 62 (ad part. jeune). — *Ibid.* Salv. Cat. p. 301 (ad part. jeune).

Colombie sud occidentale (à San Pablo). — Ecuador : rég. N. interandine (à Guallabamba) et N. occidentale (à Nanegal et dans la prov. Esmeraldas.

2. **U. leucurus** Lawr., in Ann. Lyc. N. York, viii, 1864, p. 43. — *Urochroa Bougueri* Ell. Syn., p. 62 (ad part. ♂ ad.) *Ibid.* Salv., Cat. p. 301 (ad part. ♂ ad.).

Ecuador : rég. amazonienne : bassins du Napo et du Pastassa (2)

29° Groupe. — *PATAGONA*

1er Genre. — PATAGONA

G. R. Gray, in List. gen. Birds, 1840, p. 14 (type *Troch. gigas* Vieill.). *Hypermetra* (subst. à *Patagona*) Cab. et Heine, Mus. heine. iii, 1860, p. 80.

---

(1) Type à New-York, ancienne coll., Elliot (sec. Ell.)

(2) Seule espèce du genre rapportée par O. T. Baron ; citée par Hartert, sous le nom de *U. Bougueri*.

P. gigas (Vieill.). *Troch. g.* Vieill., Gal. Orn., i, 1825 (1) p. 296, pl. 180 (Brésil [errore]). — *Orn. tristis* Less. O. M. 1829, p. xii et p. 43, pl. 3 ; id Traité Orn., 1831, p. 272 (Chili) ; id. compl. Buffon 1838, p. 554. — *Orn. gigantea* Orb. et Lafresn. in Mag. Zool., vii, cl. ii, p. 26, 1837. — *Patagona gigas* Gould, Monog., iv, pl. 232, mai 1855. — *Hypermetra gigas* Cab. et Heine, Mus. heine., iii, 1860, p. 81. — *Patagona gigas* auct. recent. (2). — (Ethol. : cf. Stolzm., in Orn. Pér., p. 374).

Andes de l'Ecuador ; du Pérou ; Huanta (Jelski), Chota et vallée de Socota (Stolzm.) ; de la Bolivie (Cochabamba], la Paz, Chuquisaca) ; du Chili (3) et de l'Argentine (prov. Tucuman [Lillo-Baer], la Riojà (Kalinowski), Catamarca (White, Fontana), Juguy (Lönnberg).

<h2 style="text-align:center">30e Groupe. — AGLÆACTIS</h2>

<h3 style="text-align:center">1er Genre. — AGLÆACTIS</h3>

Gould, in P. Z. S., 1848, p. 11 (type *Tr. cupreipennis* Bourc., fixé par Gray en 1855). — *Aglaïactis* (nom. emend.) Cab. et Heine, Mus. heine, iii, 1860 p. 69.

1. **A. cupreipennis** (Bourc.). — *Troch. c* Bourc. in Rev. Zool., mars 1843, p. 71 (Colombie (4). — *Ibid.* Bourc. et Muls., in Ann. Sc. phys. Lyon, vi, 1843, p. 46. — *Orn. Iris* Less. in Écho du Monde savant, 1843, 2e sem., col. 757 (Bogota). — *Aglæactis c.* Gould, Monog. iii, pl. 179, sept. 1856. — *Helianthea Aglæactis c.* Reichenb. Tr. Enum., pl. 737, ff. 4689-90. — *A. æquatorialis* Cab. et Heine, Mus. heine., iii, 1860, p. 70 (Chimborazo (5).—*A. cupreipennis et æquatorialis* Gould, Intr. 1861, p. 74. — (Ethol. cf. Stolzm., Orn. Pér. i, p. 341).

Colombie : andes orientales et sud. — Ecuador.

Subspecies. — (B). **A. cupreipennis parvula** (Gould). — *Aglæactis p.* Gould, Intr., 1861, p. 106 (Pérou par Warszewicz) — (?) *Aglæactis cupreipennis* Tacz. Orn. Pér. p. 340 (saltem ad max part.).

Pérou du Nord : Cutervo, Paucal, etc.

— (C). **A. cupreipennis caumatonota** (Gould). *Aglæactis caumat.* Gould, in P. Z. S., 1848, p. 12 (6) (Pérou). — *Ag. olivaceicauda* Lawr., in Ann.

---

(1) Certains exemplaires de cet ouvrage ont eu le titre refait par un nouvel éditeur et portent la date de 1834. — Lesson le cite en 1829 ce qui prouve combien la date de 1834 est erronnée.

(2) Les noms de *Patagona peruviana* et *boliviana* proposés conditionnellement par Boucard in *Gen. Humm. Birds* p. 61 sont des *nomina nuda* ; parmi les auteurs modernes C. B. Cory est le seul qui ait adopté dans son Catalogue le nom de *Patagona gigas peruviana* Boucard, en ajoutant l'Ecuador à son habitat.

(3) Au Chili cet oiseau paraît exécuter des migrations de saison, de la haute montagne à la côte à Valparaiso (Darwin, Bridges) et même à Valdivia (Adolphe Lesson) ; sur son éthologie lire un passage de Darwin in *Zoology of the Beagle*, pars iii, Birds.

(4) Type au Muséum de Paris.

(5) Maintenu comme sous-espèce par quelques auteurs, mais sans aucune raison.

(6) Type à Londres.

Lyc. N. Y., viii, 1867, p. 470. (Pérou: Matara, pr. Ayacucho). — *Ag. caumatonota* Sharpe, in Gould, supp., pl. 49, août 1880 (Pérou: Cachupata par H. Whitely).

Pérou central et sept. (Maraynioc par Jelski).

2. **A. Castelnaudi** (Bourc. et Muls.) *Troch. C.* B. et M., in Rev. Zool., 1848, p. 270 (Amer. mérid. par Castelnau) (1). — *Orn. C.* Deville in Rev. et Mag. Zool., 1852, p. 216 (Echaraté, près Cuzco). — *Id.* O. des Murs ap. A. Castelnau, Anim. nouv. ou rares de l'Amér. du sud, etc., 1855, Ois. p. 38, pl. 11, f. 3. (mêmes types). — *Aglæactis C.* Gould, Monog. iii, pl. 180, mai 1857. — *Helianthea Aglæactis C.* Reichenb., Tr. Enum., pl. 739, ff. 4693-4694.

Pérou central: prov. de Cuzco, et septentr.: Junin, etc.

3. **A. Aliciæ.** Salv., in Bull. Orn. Cl., v, 1896, p. 24 (Huamachuco, par O. T. Baron). — *Ibid.* O. T. Baron, in Nov. Zool., iv, pl. 1, ff. 1-2.

Pérou du nord; Huamachuco.

4. **A. Pamela** (Orbigny et Lafresn.). — *Orthorynchus P.* Orb. et Lafr., in Mag. Zool., viii, 1838, cl. ii, p. 29 (Bolivie). — *Id.* in d'Orbigny, Voy. Am. mérid., iv, Ois. p. 375, pl. 60, f. 1. — *Aglæactis P.* Gould, Monog. iii, pl. 181, sept. 1856 (Unduavé et Cochabamba, par Bridges). — *Helianthea Aglæactis P.* Reichenb., Tr. Enum. pl. 738, ff. 4691-92.

Andes de la Bolivie.

31ᵉ Groupe. — *LAFRESNAYEA*

1ᵉʳ Genre. — **LAFRESNAYEA**

Bonap. in C. R. Ac. Sc., xxx, avr. 1850, p. 380 (type *Tr. Lafresnayei* Boiss.). *Ibid.* Gould., Monog. ii, 1851. — *Entima* (substit. à *Lafresnayea*) Cab. et Heine, Mus. heine. iii, 1860, p. 51. — *Euclosia* Muls. et Verr., Ess. Classif. Tr. 1866, p. 63.

1. **L. Gayi** (Bourc. et Muls.). — *Troch. Gayi* B. et M. in Ann. Sc. phys. Lyon, ix, 1846, p. 325 ♂ (inc. sed.) — *Troch. Saül* Bourc. et Del., in Rev. Zool., nov. 1846, p. 307, jeune et ♀ (Quito) (2). — *Lafresnayea Gayi* Gould, Monog., ii, pl. 86, mai 1857 (Quito). Ibid. Introd. 1861, p. 69 (Ecuador and Peru). — *Lafresn. Gayi* et *Saulæ* Reichenb., Tr. Enum. pl. 786, ff. 4626-4629. — *Entima Gayi* Cab. et Heine, in Mus. heine. iii, 1860, p. 51. — *Lafresn. Saül Saül* Chapman, in Bull. Amer. Mus., xxxvi, 1917, p. 299 (Popayan).

Colombie: vallée de la Cauca. — Ecuador. — Pérou. occid. et nord (Cutarvo).

---

(1) Type au Muséum de Paris; le Musée de Londres possède un cotype.

(2) Il est difficile de savoir laquelle des deux descriptions a la priorité; il est cependant à noter que le n° de septembre 1846 de la Revue, contenant celle de *Tr. Saül*, n'a paru qu'en novembre avec le n° d'octobre, conformément à un avis inséré par l'éditeur dans le n° d'août 1846, p. 304, ce qui doit faire supposer que la description de *Tr. Gayi* était publiée un peu avant à Lyon.

Subsp. invisa et incerta (B). **L. Gayi rectirostris** (Berl. et Stolzm.) *L. Saulæ rectirostris* B. et S., in P. Z. S., 1902, p. 24. — *Lafresn. rectirostris* Chubb et Braburne, Birds S. Amer., 1912, p. 131, n° 1270.

Pérou central : Maraynioc, Pariayacu, Higos, etc.

Subsp. invisa et incertissima. — (C). **L. Gayi Liriope** (Bangs). — (?) *L. Saulæ* Gould, in Introd., 1861, p. 70 (1) (incert. sed.) — *Lafresn. Liriope* Bangs, in Pr. biol. Soc. Wash., xxiii, 1910, p. 105.

Colombie N. : Paramo de Chiragua in Sᵃ Nev. de Sᵃ Marta (par W. Brown). — Vénézuéla occid. : Sᵃ de Mérida (par S. Briseño).

2. **L. Lafresnayei** (Boiss.) *Troch. La Fresnayei* Boiss., in Rev. Zool., janv. 1840, p. 8 ♀ (Bogota). — *Troch. flavicaudatus* Fraser, in P. Z. S., viii, fév. 1840, p. 18 (Bogota). — *Lafresn. flavicandata* Gould, Monog. ii, pl. 85, mai 1857. — *Ibid.* Reichenb., pl. 785, ff. 4824-25. — *Lafresn. cinereorufa* Boucard, in Humm. B., i, 1891, p. 25 (albinisme partiel). — *Lafresnayei* Chapman, l. c., 1917, p. 298.

Colombie : andes orientales: Bogota, el Roble, el Piñon, près Bogota, Chipaque, à l'E. de Bogota; et centrale, au rio Toché, Santa Isabel, El Eden, près Ibagüé (sec. Chapman).

32ᵉ Groupe. — *BOURCIERIA*

1ᵉʳ Genre. — PTEROPHANES

Gould, Monog. iii, pl. 178, 1849 (type *Orn. Temmincki* Boiss). — *Diphlogena* subgen. *Lepidoria* Muls. et Verr., Ess. Classif., 1866, p. 61 (même type).

1. **P. cyanopterus** (Fraser). — *Orn. Temmincki* Boiss., in Rev. Zool., ii, 1839, p. 354 (Bogota), non *Orn. Temmincki* Less. 1829 (2). — *Troch. cyanopterus* Fraser (ex Lodd.) in P. Z. S., 1840, p. 17 (loc. incert. sed.). — *Pterophanes Temmincki* Gould, Monog. iii, pl. 178, juin 1849. — *Pterophanes cyanopterus* Bangs et Penard, in Bull. Mus. Zool., Harvard College, lviii, n° 2, jun. 1919, p. 24.

Andes de la Colombie surtout orientale (Bogota) et centrale (Santa Isabel); de l'Ecuador; du Pérou (3); et de Bolivie.

2ᵉ Genre. — LEUCURIA (4).

Bangs, in Pr. biol. Soc. Wash., xii, 1898, p. 174 (type *L. phalerata*).

1. **L. phalerata** Bangs, *loc. cit.*, 1894, p. 174 (de Marcotoma). — *Ibid.* in Auk, xvi, 1899, p. 135, pl. 2. — *Helianthea phal.* Brab. et Chubb, Birds S. Amer. i, 1912, p. 128. — *Ibid* Cory, Cat., 1918, p. 243.

Colombie sept. : Sierra Nevada de Sᵃ Marta.

---

(1) Voir à ce sujet *Synopsis*, p. 160.

(2) *Ornismyia Temmincki* Less. 1829, pl. 20, est le jeune du *Trochilus squamosus* Temminck ; type du genre *Lepidolarynx*.

(3) Surtout du Nord (Cutervo, Junin, etc).

(4) Ecrit par quelques auteurs *Leucaria*, qui serait préoccupé par Mulsant 1875.

3° Genre. — CALLIGENIA

Calligenia Muls., in Ann. Soc. linn. Lyon, (n. ser)., xxii, 1875, p. 216. — *Id.*
Muls. et Verr. H. N. Ois. M., ii, 1876, p. 305 (type *Troch. lutetiæ* Del. et
Bourc.) (1).

2. **C. Lutetiæ** (Del. et Bourc.). — *Troch. L.* D. et B. in Rev. Zool., 1846, p. 307
(volcan de Puracé, près Popayan). — *Helianthea L.* Gould, Monog. iv,
pl. 238, mai 1857. — *Ibid.* Reichenb. Tr. Enum., pl. 736, ff. 4687-4688. — *Calligenia L.* Muls. H. N. Ois. M. ii, p. 306. — *Hel. L.* Chapman, loc. cit., 1917,
p. 297.
Colombie du sud (Almaguer, |Popayan, etc.) et andes orient. (Bogota).
Ecuador : rég. Nord et interandine (2).

> *Subsp.* — (B). **C. Lutetiæ Hamiltoni** (Goodfellow). — *Helianthea L. H.*
> G. in Bull. br. Orn. Cl., x, 1900, p. 48. — *Hel. L. H.*, Oberholser in Pr.
> U. S. Nat. Mus. xxiv, 1902, p. 326.
> Ecuador : rég. orientale à Papallacta.

4° Genre. — EUDOSIA

Muls. et Verr., in Ann. Soc. Linn. Lyon (nov. ser.), xxii, 1875, p. 216 (non
p. 228) (3). — Id. Hist. Nat. Ois. M., iii, 1877, p. 2. — *Helianthea* vel *Bourcieria*
auct. (ad part. *Hel. Traviesi* Muls.).

1. **E. Traviesi** (Muls. et Verr.). — *Diphlogena (Helianthea* Muls. et Verr., in
Ann. Soc. linn. Lyon, 1866, p. 199 (4). — *Eudosia T.* Muls. et Verr., H. N.
Ois. M., iii, p. 2, pl. 66, *Ibid.* Salv., Cat. xvi, p. 132. — *Bourcieria T.* Ell.
Syn., p. 77. — *Ibid.* Sharpe in Gould, supp., pl. 21, mars 1887. — *Helian-
thea T.* E. S., Cat. Tr., 1897, p. 27. — *Ibid.* Hart, in Tierr., Tr., 1900, p. 130.
Colombie (préparation indigène de Bogota).

5° Genre. — HELIANTHEA

Gould, in P. Z. S., 1848, p. ii (5) (type *Orn. helianthea* Less., désigné par Gray
en 1855). — *Helianthea b* Reichenb., Aufz. d. Colib., 1854, p. 9 (6). — *Helian-*

---

(1) Mulsant comprenait en outre dans le genre *Calligenia* les *Helianthea dicrura, osculans, Eos* et *violifera*, ce qui formait un ensemble disparate.

(2) D'après Fraser cet oiseau est commun dans les vallées de Lloa et de Pelogalli, mais
ne se trouve pas aux environs immédiats de Quito ; on le reçoit en abondance du Pichincha.

(3) Le nom d'*Eudosia* a été employé deux fois dans le même ouvrage, à la page 216
pour *Helianthea Traviesi*, à la p. 228 pour *Myrtis Yarrelli* ; l'auteur ne s'en est aperçu que
deux ans après en 1877, en changeant le second en *Eulida*.

(4) Basé sur deux spécimens, l'un aujourd'hui à New-York (ancienne collect. Elliot),
l'autre à Milan (ancienne collection Turati) ; plusieurs spécimens ont été trouvés depuis
parmi les oiseaux envoyés en grand nombre de Bogota pour le commerce.

(5) Comprenant *Orn. Helianthea* Less. et *Troch. Bonapartei* Bourc.

(6) Comprenant *Orn. Helianthea* Less. (sub *H. typica* Bonap.) ; *Tr. Lutetiæ* D. et B. ;
Orn. Phœbe Less. et Del. ; *Tr. violifer* Gould ; ensemble hétérogène.

thea g *Hypochrysia* id. p. 9 (type *Tr Bonapartei* Bourc., désigné par Gray en 1855 (1).

1re SECTION (*Pseudodiphlogena*).

1. **H. violifera** (Gould). *Troch. violifer.* G. in P. Z. S., XIV, 1846, p. 87 (Bolivie). *Hel. violifera* id. Monog. IV, pl. 239, sept. 1855 (Yungas à Sandillani par Bridges, et Chulumani, par Warszewicz).

Bolivie : Yungas et Cordillère centrale des prov. de la Paz et de Cochabamba.

2. **H. dichrura** Tacz. in P. Z. S., 1874, pp. 138 et 543 (Maraynioc) (2). *Ibid.* Sharpe in Gould, supp., pl. 19, janv. 1881 (Ethol. cf. Jelski, Orn. pér. I, p. 378).

Pérou nord et central ; vallée de Vitoc (Jelski).

3. **H. osculans** Gould, in P. Z. S., 1871, p. 503 (Cachapata, et Huasampilla par H. Whitely). *Ibid.* Sharpe in Gould. supp., pl. 18, mai 1887.

Pérou du sud (Marcapata, Carabayo, Huasampilla et Cachupata (H. Whitely).

4. **H. Eos** Gould, in P. Z. S. 1848, p. 11 (« highlands of N. Grenada [errore] et Venezuela »). Id. Monog. IV, pl. 237, sept. 1855 (Paramo de los Canejos, Mérida, par Funk et Schlim). — *Hel.* g *Hypochrysia Eos* Reichenb., Tr. Enum. pl. 733, ff. 4682-4683.

Vénézuela : andes de Mérida.

2e SECTION. — (*Hypochrysia*).

5. **H. helianthea** (Less.) *Orn. h. Less.*, in Rev. Zool. I, 1838, p. 314 (Bogota). *Troch. insignitus* Dubus in Bull. Ac. Belg. IX, 1842, p. 524 (Colombie). — *Hel. typica* Bonap. Consp. gen. Av. I, 1849, p. 74 (ex Less.). — *Ibid* Gould. Monog. IV, pl. 235, oct. 1854. *Ibid.* Reichenb., Tr. Enum., pl. 732, ff. 4677-79. — *Ibid.* Ell. Syn. p. 71. — *Ibid* Salv. Cat., p. 124. — *Hel. porphyrogaster* Muls., H. N. Ois. M. II, 1876, p. 293. — *Hel. Helianthea* Chapman, l. c., 1917, p. 297.

Colombie, andes orient : Bogota, Chipaque au s. de Bogota, Pamplona (3).

6. **H. Bonapartei** (Boiss.) *Orn. Bonap.* Boiss. in Rev. Zool. III, 1840, p. 6 ♀ (Bogota). — *Ibid.* Bourc., in Rev. Zool. IV, 1841, p. 177 ♂ (Bogota). — *Troch. aurogaster* Fraser (Lodd. M. S.) in P. Z. S., VIII, 1841, p. 16 (Bogota). — *Hel. Bonapartei* Gould, Monog. IV, pl. 236, oct. 1854. — *Hel.* g *Hypochrysia* Reichenb., Tr. Enum., pl. 734, ff. 4683-84. — *Helianthea B.* Chapman, l. c., 1917, p. 297.

Colombie : cordill. orientale (oiseaux préparés à Bogota) : El. Piñon pr. Bogota.

---

(1) Comprenant *Tr. Bonapartei* B. ; *Eos, Iris* et *Aurora* Gould.

(2) Type à Varsovie.

(3) D'après Gould les oiseaux de Pamplona sont plus gros que ceux de Bogota.

6ᵉ Genre. — BOURCIERIA

Bonap. C. R. Ac. S. xxx, 1 avr. 1850, p. 380 (type *Orn. torquata*, désigné par
Reichenb. en 1854) (1). — *Bourcieria* (*B. torquata*) et *Conradinia* (*B. Conradi*)
Reichenb., Aufz. d. Colib. 1854, p. 10. — *Polyæna* (subst. à *Bourcieria*)
Heine, in J. Orn. xi, 1863, p. 215.

1. **B. torquata** (Boiss.). — *Orn. t.* Boiss., in Rev. Zool., iii, 1840, p. 6, ♀ ou
jeune (Bogota). — *Bourcieria t.* Gould, Monog. iv, pl. 251, mai 1854. —
Ibid Reichenb., Tr. Enum. pl. 748, ff. 4716-4717 (2).

Colombie, andes orient. centr. et sud occid., vallées de la Cauca et de la
Magdalena. — Ecuador : rég. orient. et interandine à Ambato (3).

2. **B. fulgidigula** Gould, Monog. iv, pl. 252, mai 1854 (Ecuador). — *Ibid*,
Reichenb., Tr. Enum., pl. 749, ff. 4718-4720 (4).

Ecuador : rég. occid. et interandine.

3. **B. insectivora** (Tschudi). — *Troch. insectivorus* Tschudi in Arch. Naturg.,
1844, i, p. 298. — Id. Fauna Per. Orn. 1845-46, p. 248, pl. 23, f. 1 (Pérou). —
Bourcieria i. Ell. in Ibis, 1876, p. 5 (♂ ad.). — *Ibid.* Sharpe, in Gould, supp.,
pl. 20, mars 1887 (Ethol. — Stolzm. Orn. pér. i, p. 390).

Andes du Pérou sept. (Huambo, etc.) et central (Vitoc, Pumamarca, etc.).

4. **B. Conradi** (Bourc.). *Troch. C.* Bourc., in P. Z. S. xv, 1847, p. 45 ; et
Rev. Zool. août 1847, p. 25 (Caracas [errore]). — *Bourcieria C.* Gould,
Monog. iv, pl. 253, sept. 1859 (Colomb. Pamplona ?) *Bourc. Conradina C.*
Reichenb., Tr. Enum., pl. 747, ff. 4714-4715 (Vénéz., Mérida).

Venézuela : andes de Mérida. — Colombie N.-E. : Pamplona (sec. Gould).

5. **B. inca** Gould, in Jardine, Contrib. Orn. 1852, p. 136 (Bolivie : Coroico, par
Warszewicz). — *Ibid.* Monog. iv, pl. 254, mai 1854. — *Ibid.* Reichenb., Tr.
Enum., pl. 752, ff. 4725-4726 (sec. Gould).

Pérou : prov. de Cuzco et de Carabaya (H. Whitely et G. Ockenden). —
Bolivie : Coroico (Warszewicz), Tilotilo (Buckley), Yungas à San Antonio,
Cocapata, etc. (O. Garlepp).

7ᵉ Genre. — APATELOSIA E. S.

1. **A. Lawrencei** (Boucard). *Homophania L.* Boucard, in Humm. Bird, ii, n° 9,
sept. 1892, p. 87. — *Ibid.* in gen. Humm. B. 1893-1895, p. 276 (5).

Colombie orient. (préparation indigène de Bogota).

---

(1) En 1855 G. R. Gray a désigné pour type *Troch. Prunelli* B. et M. mais l'attribution
de l'*Orn. torquata* avait été faite l'année précédente par Reichenbach.

(2) Les n⁰ˢ des figures des *Bourcieria torquata* et *Homophania Prunelli* ont été inter-
vertis dans le texte de l'*Enumeratio*.

(3) C'est sans doute par suite d'une confusion avec l'espèce suivante que Lesson a pu
indiquer *B. torquata* de Quito, dans l'Echo du Monde savant, oct. 1844, n° 30.

(4) Figure très mauvaise que Salvin rapporte à tort à *Bourcieria insectivora*.

(5) Type unique au Muséum de Paris (ancienne collection Boucard).

8e Genre. — HOMOPHANIA

Bourcieria b. Homophania Reichenb., Aufz. d. Col., 1854, p. 10 (type *T. Prunelli* Bourc.) (1). — *Polyæna* Heine, in J. Orn., 1863, p. 215 (type *T. Prunelli*). *Pilonia* Muls. et Verr., H. N. Ois. M., III, 1876, p. 4 (type *T. Prunelli*). — *Bourcieria* vel *Lampropygia* anct. recent. (ad part.).

1. **H. Prunellei** (Bourc.). *Troch. P.* Bourc. in Rev. Zool., mars 1843, p. 70 (Colombie : Facativa). — *Ibid.* Bourc. et Muls., in Ann. Sc. phys. Lyon 1843, p. 36. — *Cœligena P.* Gould, Monog. IV, pl. 257, sept. 1857. — *Bourc. Homophania Prunellei* Reichenb., Tr. Enum. pl. 750, ff. 4721-4722 (4716-17 in textu, lapso). — *Lampropyga Prunellei* Gould, Intr. p. 137. — *Ibid.* Salv. Cat., XVI, 1892, p. 133. — *Helianthea P.* Hart. in Tierr. Tr. 1900, p. 132, n° 16.

Colombie (oiseaux de Bogota, (2).

Subsp. (B). — **H. Prunellei assimilis** (Ell.). — *Bourcieria assimilis* Ell., Syn. Tr. 1878, p. 78 (? Ecuador). — *Ibid.* Berl. in J. Orn. XXXII, 1884, p. 310. — *Homophania a.* id., in Zeitschr. ges. Orn., IV, 1887, p. 120, pl. 3, f. 2 (Bogota). — *Lampropyga A.* Salv., l. c., 1892, p. 134. — *Helianthea a.* Hart., l. c., 1900, p. 133, n° 17.

Colombie (oiseaux de Bogota).

9e Genre. — LAMPROPYGIA

Cœligena (non Gray) Bonap. in C. R. Ac. Sc., XXX, av. 1850, p. 383 (type *Orn. Cœligena* Less.) (3). *ibid.* Reichenb. Aufz. d. Col., 1854, p. 17 (pars *C. typica* = *O. Cœligena* Less.). — *Ibid.* Gould, Monog. IV, pl. 255. — *Bourcieria g. Lampropygia* Reichenb., l. c., 1854, p. 10 (type *Tr. Wilsoni*). — *Lampropygia* Cab. et Heine, in Mus. Heine. III, 1860, p. 78 (type *Orn. Cœligena* Less.). — *Bourcieria* (ad part.) vel *Lampropygia* anct. recent.

1re SECTION (*Pseudohomophania*).

1. **L. Wilsoni** (Del. et Bourc.). — *Troch. W. D. et B.* in Rev. Zool., IX, 1846, p. 305 (N. Grenada : Juntas près Saint Bonaventure). — *Cœligena W.* Gould, Monog. IV, pl. 258, mai 1856. — *Bourcieria Lampropygia W.* Reichenb., Tr. Enum. pl. 751, ff. 4723-4724 (sec. Bourc.). — *Lampropygia W.* Gould, Intr., 1861, p. 137.

Colombie mérid. et occid. — Ecuador : rég. nord et interandine.

2. **L. purpurea** (Gould). — *Cœligena p.* Gould, Monog. IV, pl. 256, oct. 1854 (de Popayan). *Ibid.* Reichenb., Tr. Enum., pl. 753, ff. 4727-4728 (sec. Gould). — *Lampropygia p.* Gould, Intr., p. 137, n° 283.

Colombie mérid. : sud de la vallée de la Cauca à Popayan — ? Pérou (4).

---

(1) *Homophania* lapso, in Tr. Enum., p. 7 (1855).

(2) Boucard cite aussi l'Ecuador, mais l'oiseau de sa collection étiqueté « Ecuador, Buckley » paraît être une peau de Bogota refaite.

(3) Bonaparte dit à ce sujet « le type est *Orn. Cœligena* Lesson du Mexique, il n'appartient peut être pas au genre *Cœligena* de Lesson, qui avait donné lieu à une confusion dont on ne pouvait sortir autrement » ; il ignorait sans doute que l'attribution du nom de *Cœligena* (type *C. Clemenciæ*) avait été faite dix ans avant par Gray.

(4) L'espèce est décrite sur un seul individu ; Gould dit en avoir reçu un second étiqueté du Pérou ?

2ᵉ SECTION (*Pseudocœligena*).

3. **L. cœligena** (Less.) *Orn. c.* Less., Tr. 1832, p. 141, pl. 53 (Mexique [erreur]). — *Cœligena typica* Bonap., Consp. gen. Av., I, 1849, p. 73. — *Bourcieria cœligena* Ell., Syn. 1878, p. 79, nº 11. — *Ibid.* E. S., in Mém. Soc. Zool. Fr. II, p. 221 (la Cumbre de Valencia). — *Helianthea cœligena cœligena* Hellm. et Seilern, in Archiv. Naturg. 1892, p. 144 (la Cumbre de Valencia).

Vénézuéla sept. et or. (Cumana, Caracas, Valencia, Tocuyo, Aragua).

    Subsp. (B). — L. cœligena columbiana (Ell.). — *cœligena typica* Gould, Monog. IV, pl. 255, oct, 1854. — *Ibid.* Reichenb., Tr. Enum., pl. 686, f. 4515. — *Lampropygia cœligena* Gould, Intr. 1861, p. 136, nº 281 (New Granada). — *Id.* Wyatt in ibis, 1871, p. 278, (*Canuto*). — *Lampropygia columbiana* Ell., in ibis VI, 1876, p. 57 (Bogota). — *Bourciera columb.* Ell., Syn., p. 79, nº 12.

    Colombie : andes centrales et surtout orientales. — Ecuador : rég. orientale et interandine.

    Subsp. (C). — L. cœligena ferruginea (Chapman). — *Helianthea cœlig. ferruginea* Chapm. in Bull. Amer. Mus., XXXVI, 1917, p. 298.

    Colombie: andes occidentales et andes centrales à l'O. du rio Tóché; vallée de la Cauca (1).

    Subsp. — (D). L. cœligena boliviana (Gould) *Lampropygia boliviana* Gould Intr. 1861, p. 137, nº 282 (Bolivia). — *Lamp. cœligena* Tacz., Orn. Pér., I, p. 390. — *Lamp. columbiana obscura* Berl. et Stolzm. in P. Z. S., 1902, p. 23 (Pérou central: Vitoc). — (Pour l'ethol. cf. Stolzm., Orn. Pér., I, p. 391).

Pérou et Bolivie.

10ᵉ Genre. — DOCIMASTES (2).

Gould, Monog. IV, pl. 233, juin 1849 (type *Orn. ensifera* Boiss.). — *Ensifera* Richemond, in Auk, 1902, p. 92. — *Ibid.*, Cory, Cat. 1918, p. 249 (sec. Less.) (3).

1. **D. ensifer** (Boiss.). — *Orn. ensifera* B., in Rev. Zool. II, 1839, p. 354 (Bogota). — *Id.*, Mag. Zool., 1840, pl. 15. — *Troch. derbianus* Fraser, in P. Z. S., VIII, 1840, p. 16 (Bogota). — *Docim. ensiferus* Gould, Monog., IV, pl. 233, juin 1849. — *Docim. Schliephækel* Heine, in J. Orn., XI, 1863, p. 215

---

(1) Chapman suppose, sans doute avec raison, que le *Lampropygia cœligena* cité par Sclater et Salvin de Frontino, Sᵗ Elena et Medellin, et que le *Homophania cœligena colombiana* cité par E. Simon et de Dalmas de la Tigra et de Las Cruces, appartiennent à la forme *ferruginea*, uniquement d'après la situation des localités citées, ce qui est invérifiable pour les oiseaux du voyage André cités par Simon et Dalmas, qui n'existent plus.

(2) Ecrit parfois *Docimaster*, notamment par Bonaparte.

(3) Lesson avait fait du *Docimastes* le type d'une section spéciale « les *Espadons*, *Orn. ensifera*; bec excessivement long, cylindrique ; queue fourchue; ailes robustes » in *Echo du Monde savant*, 1843, col. 734 ; j'ai déjà dit que les sections proposées, en langue vulgaire par Lesson ne pouvaient être considérées comme des genres valables.

(Ecuador) (1). — *Ensifer ensifer* (Boiss.) Chapman, in Bull. Amer. Mus. xxxvi, 1917, p. 298 (pour l'éthol. cf. Jelski et Stolzm., Orn. Pér., p. 376).

Andes du Vénézuéla, de la Colombie, de l'Ecuador, du Pérou septentr. et central.

11ᵉ Genre. — DIPHLOGENA

Gould, Monog., iv, pl. 247, 1854 (type *Helianthea Iris* (Gould).

1. D. aurora (Gould) *Helianthea a.* Gould, in P. Z. S., xxi, 1853, p. 61 (eastern slope of the andes). — *Diphlogena a.* Gould, Monog., iv, pl. 248, sept. 1861 (andes de la Paz en Bolivie par Warszewicz) (2). — *Cæligena Warzewiczi* Reichenb. Aufz. d. Col. 1853, p. 23 (Peru Nord par Warszewics), et Tr. Enum., pl. 690, f. 4526. — *Diphl. Warszewiczi* Tacz. Orn. Per. i, 1884, p. 383. — *Diphl. aurora* Sharpe in Gould, supp., pl. 17, avr. 1885 (éthol., cf. Stolzm., Orn. pér., p. 384).

Pérou N.-O. ; prov. de Chota : Cutervo (Stolzm); prov. de Jaen : Tambillo (Jelski).

2. D. iris (Gould) *Helianthea I.* Gould, in P. Z. S., xxi, 1853, p. 61 (eastern slope of the Andes). — *Diphlogena I,* id. Monog., iv, pl. 247, oct. 1854 (Bolivia, andes de la Paz) (3). — *Helianthea Hypochrysia Iris* Reichenb., Tr. Enum., pl. 725, ff. 4685-4686 (Pérou). — *D. Iris Buckleyi* Berl., in Ibis., sér. 5, v, 1887, p. 295 (Ecuador par Buckley).

Ecuador S, O. ; prov. de Cuenca et de Loja.

Subsp. (B). — **D. iris fulgidiceps** E. S. (4) p. 386).

Pérou : prov. de Cochabamba (Leimabamba, Livanto) (Ethol. cf. Stolz. Orn. pér., i,

Subsp. (C). — **D. iris hypocrita** E. S.

Pérou central : prov. Amazonas (Chachapoyas, Tamiapampa, forêt de Nancho).

3. D. hesperus Gould, in Ann. Nat. Hist. (3ᵉ sér.), xv, 1865, p. 129. — *Ibid.*, Sharpe in Gould, supp., pl. 16, avril 1885 (prov. de Cuenca in Ecuador).

Ecuador S. O. : prov. de Cuenca et de Loja (5).

---

(1) Les *Docimastes* de l'Ecuador ont souvent le bec un peu plus long que ceux de la Colombie mais ce caractère étant très variable il n'y a pas lieu de maintenir la sous-espèce *D. ensifer Schliephæki* Heine ; au reste ceux de Mérida (Vénézuela) ressemblent le plus souvent plus à ceux de l'Ecuador qu'à ceux de Bogota.

(2) Cette indication a été complétée par Sharpe (in suppl., pl. 17) et par Salv. (Cat. p. 123) « entre Illimani et Sorata » mais je la crois erronée, elle est dans tous les cas en contradiction avec celle donnée par Reichembach « Peru-Nord » dont la description a cependant été faite sur un oiseau de même origine, provenant du même chasseur. Jusqu'ici je n'ai vu aucun *Diphlogena* authentique de Bolivie.

(3) Localité erronée ; la pl. 247 de Gould représente certainement la grosse forme à dos vert cuivré, jusqu'ici propre à l'Ecuador.

(4) *D. Iris* Tacz., de Chachapoyas et Tamiapampa par Stolzm., est probablement à rapporter à la forme *Iris fulgidiceps*.

(5) Je pense que *D. hesperus* n'a été indiqué du Pérou que par confusion avec *D. Iris fulgidiceps*.

4. b. **Eva** Salv. in Bull. br. Orn. Cl. vi, 1897, p. 30.

Peru : prov. de Cochabamba à Succha (O. T. Baron) ; prov. d'Otusco à Chitapuara (G. A. Baer).

33ᵉ Groupe. — *EUSTEPHANUS*

1ᵉʳ Genre. — EUSTEPHANUS

Eustephanus Reichenb., Av. Syst. 1849, pl. 40 (type *Troch. galeritus* Molina). *Orthorynchus* (sec. Lacépède [errore]) Muls. et Verr. Ess. Classif. Tr., 1866, p. 57. — *Eustephanus* auct. recent. (1).

1. **E. galeritus** (Molina). — *Troch. g.* Molina, Sagg. Stor. Nat. Chili, 1792, p. 247 (2) (Chili). — *Orthorynchus sephanoides* Less. in Duperrey, voy. Coquille, Zool., i (2) 1826, p. 681, pl. 31, f. 2 (baie de Concepcion, Talcahuano). — *Orn. s.* Less. O. M., 1829-1830, pp. xxv et 64, pl. 14. — Id., Col., supp. O. M., p. 109, pl. 5, id. Traité Orn., p. 278, et Compl. Buffon, 1838, p. 559. — *Mellisuga Kingi* Vigors, in Zool. Journ., iii, 1828, p. 432 (Magellan : Port Gallant). — *Troch. forficatus* Gould, in Zool. voy. Beagle, iii, 1841, p. 110. — *Eustephanus galeritus* Gould, Monog., iv, pl. 265, mai 1852.

Chili (excepté le Nord). — Iles Juan Fernandez. — Argentine : prov. de Buenos-Aires occid., de Mendoza occid. (Nequen, Chubut occid., lac du général Paz), Patagonie occid. jusqu'au détroit de Magellan.

    Var. (B). — **E. galeritus Burtoni** (Boucard), *Eust. Burtoni* Boucard in Humm. B., i, 1891, p. 18. — Id., Gen. Humm. B., p. 58, nᵒ 82 (3).

    Incert. sed.

2ᵉ Genre. — THAUMASTE

Reichenb., Aufz. d. Col. 1854, p. 14 (type *Tr. Stokesi* King (4).

1. **T. fernandensis** (King). — *Troch.* ? King, in P. Z. S., i, 1830-1831 (25 janv. 1830), p. 30 ♂. — *Troch. Stokesii,* id., p. 30 ♀ (ins. Juan Fernandez). — *Orn. cinnamomea* Gervais, in Mag. Zool., v, 1835, cl. ii, pl. 43. — *Troch. Stokesi* Less., Trochil., p. 135, pl. 50. — *Orn. Robinson* Del. et Less., in Rev. Zool., ii, 1839, p. 10. — *Eustephanus Stokesi* Gould, Monog., iv,

---

(1) La création du genre ne peut être attribuée à Lesson, Index gén., p. xxix ; xix⁺, race les *Sephaniodes* (en langue vulgaire) ; pas plus qu'à Gray qui, dans sa liste de 1840, p. 14, n'a fait qu'altérer légèrement le nom qu'il attribue à Lesson, en *Sephanoides* qui n'a pas plus de sens.

(2) Dans la seconde édition de cet ouvrage le nom est changé en *Trochilus cristatus* par suite d'un lapsus.

(3) Type unique au Muséum de Paris, ancienne collection Boucard.

(4) Employé depuis, sous la forme *Thaumasia*, pour un genre de Lépidoptère, par Staudinger en 1871.

pl. 266, mai 1854. — *E. fernandensis*, ibid., pl. 267, mai 1854 (1). — *Ibid.*, Sharpe in Gould, supp., pl. 26, janv. 1881. —

Archipel de Juan Fernandez : Ile Mas-a-Tierra.

2. **T. Leyboldi** (Gould), in Ann. Nat. Hist. (4e sér.), vi, 1870, p. 406 (de Mas-a-Fuera). — Sharpe in Gould, supp., pl. 25, janv. 1881.

Archipel de Juan Fernandez : Ile Mas-a-Fuera.

34e Groupe. — *HELIANGELUS*

1er Genre. — **BOISSONNEAUXIA**

Boissonneaua Reichenb., Aufz. d. Colib., mars 1854, p. 11 (type *Troch. flavescens* Lodd.). — *Panoplites* Gould, Monog., ii, pl. 110, oct. 1854; et Intr., 1861, p. 79 (type *Tr. Jardinei* Bourc.). — *Callidice* (type *Tr. flavescens*) et *Florisuga* subgen. *Galeria* (type *Tr. Jardinei*) Muls. et Verr. Ess. Classif., 1866, p. 47. — *Panoplites* subgen. *Alosia* (nom. nud.) Muls., in Ann. Soc. linn. Lyon, xxii, 1875, p. 213. — *Clytolæma* subgen. *Alosia*, id. H. n. Ois. M., ii, 1876, p. 225 (type *Tr. Matthewsi* Bourc.) — *Boissonneuxia* (nom. emend.) E. S., Cat. Tr. 1897.

1. **B. Jardinei** (Bourc.). *Troch. J.* Bourc. in C. R. Ac. Sc. xxxii, 1851, p. 187 (Nanegal). — *Panoplites J.* Gould, Monog., ii, pl. 110, oct. 1854.
Colombie S. O. : Bassins du rio Patia et du rio Mira. — Ecuador.

2. **B. Matthewsi** (Bourc.) *Troch. M.* Bourc. (Lodd. M. S.) in P. Z. S., 1847, p. 43 (Pérou par Matthew). — Ibid., Rev. Zool., 1847, p. 255. — *Panoplites M.* Gould, Monog., ii, pl. 112, oct. 1854. — *Boissonneaua M.* Reichenb., Tr. Enum., pl. 788, ff. 4842-43.
Ecuador : Pérou.

3. **B. flavescens** (Lodd.). — *Troch. f.* Lodd., in P. Z. S., ii, 1832. p. 7 (Popayan). — *Orn. paradisea* (non *Troch. paradiseus L.*) Boiss. in Rev. Zool., 1840, p. 6 (Bogota). — *Orn. glomata* Less. in Echo du Monde sav.., 1843, 2e sem. col. 756 (Bogota). — *Panoplites flavescens* Gould, Monog., ii, pl. 111, oct. 1854, — *Boissonneaua f.* Reichenb., Tr. Enum., pl. 787, ff. 4630-31. — *Mellisuga Judith* Benvenuti, in Ann. Mus. Firenze (n. s.), 1867, p. 305 (N. Grenade). — *Boiss. flav. linochlora* Oberholser, in Pr. U. S. Nat. Mus., xxiv, 1902, p. 329 (2) (Ecuador).
Vénézuéla occ. : andes de Mérida. — Colombie : andes occid., centr. et orient. (Medellin, Bogota, etc.). — Ecuador.

2e Genre. — **HELIANGELUS**

Gould, in P. Z. S., xvi, 1848, p. 12 (type *Orn. Clarissæ* Long., désigné par Gray en 1855), *Troch., Anactoria* (subgen. type *Orn. Clarissæ*) et *Diotima*

---

(1) L'identité spécifique des *Tr. fernandensis* et *Stokesi* a été d'abord reconnue par E. L. Landbeck, in P. Z. S., 1866, p. 556 ; voir aussi à ce sujet P. L. Sclater, in Ibis, 1871, p. 180.

(2) Cf. à ce sujet E. Simon, in Bull. du Muséum, 1907, nº 1, p. 20.

(subgen. type *Tr. Spencei* Bourc.) Reichenb., Aufz. d. Colib. 1854, p. 12.
Heliangelus Cab. et Heine, in Mus. Heine, III, 1860, p. 74. — *Anactoria* (sec.
Reichenb.) Muls. et Verr. Classif. 1866, pp. 68-69. — *Heliangelus*, subgen.
Peratus (type *Orn. amethysticollis*) Muls., in Ann. Soc. linn. Lyon. (n. sér.),
XXII, 1875, p. 219.

1. **H. Clarissæ** (Longuem.) *Orn. Cl.* Longuem., in Rev. Zool., IV, 1841, p. 306.
   Ibid., Mag. Zool. 1842, cl. II, pl. 26. — *Heliangelus Cl.* Gould, Monog., IV,
   pl. 241, mai 1855. — *Troch. Anactoria Cl.* Reichenb., Tr. Enum., pl. 830,
   ff. 4953-4955 (1). — *Heliangelus Taczanowskii* Pelzeln in Ibis, 1877, p. 338
   (♂ jne de Bogota). — *H. dubius* Hart., in Nov. Zool., IV, 1897, p. 532 (2).
Colombie (prép. indigène de Bogota) : forêt de Cocuta Surata, Portierras
entre Bucaramanga et Pamplona (Wyatt 1871). — Vénézuéla : Paramo de
Tama sur la frontière colombienne.

   Varietas (B). — **H. Clarissæ Claudiæ** (Hart.). — *Hel. Claudiæ* H. in
   Nov. Zool., II, 1895, p. 484 (3).
   Colombia (prép. de Bogota).

   Var. (C). — **H. Clarissæ fulvicrissa** E. S. (4).
   Colombie (prép. de Bogota).

2. **H. strophianus** (Gould). — *Troch.* (— ?) *st.* Gould, in P. Z. S., XIV, 1846,
   p. 45 (5) (incertæ sedis). — *Heliangelus st.* id., Monog., IV, pl. 243, mai 1855
   (Ecuador). — *Troch. Anactoria strophianus* Reichenb., Tr. Enum., pl. 831,
   ff. 4956-4957. — *Heliangelus Henrici* Boucard, in Humm. B., I, 1891, p. 26
   (Ecuador).
Ecuador : région occid., interandine et orientale amazonienne : Napo,
Sarayacu, Yanayacu (Buckley sec. Salv.).

   Varietas (B). — **H. strophianus** var. **violicollis** (Salv.) *Hél. violicollis* id.
   in Ann. Nat. Hist. (6e sér.) VII, 1891, p. 376 (Sarayacu, par Buckley) —
   id., Cat. XVI, p. 162, pl. 5, f. 2.
   Ecuador : rég. orientale (Sarayacu par Buckley, sec. Salv.).

3. **H. laticlavius** (Salv.), in Ann. Nat. Hist. (6e sér.) VII, 1891, p. 376 (Ec. : intar,
   par Buckley). Ibid. Cat. XVI, p. 160, pl. 5, f. 5.
   Ecuador S.-O. : prov. de Cuenca (6).

4. **H. amethysticollis** (Orbigny et Lafresn.). — *Orthorynchus a.* Orb. et Lafr.
   in Mag. Zool., VIII, cl. II, 1838, p. 31 (Yuracares près Cochabamba). —

---

(1) *Anactoria Libussa* Reichenb. que Gould ajoute à cette synonymie, est un nomen
nudum.

(2) Mélanisme.

(3) Peutêtre un premier degré de Mélanisme (?)

(4) Peutêtre un hybride de *Heliangelus Clarissæ* et de *Boissonneauxia flavescens.*

(5) Cette première description semble mieux convenir à *H. Clarissæ* « under tails coverts
white, nearly allied to, but smaller than the *Ornismyia Clarissæ* ».

(6) L'indication du Napo, donnée par Salvin, est erronnée.

Heliangelus a. Gould, Monog., IV, pl. 245, mai 1855. — *Troch. Anactoria a.* Reichenb., Tr. Enum., pl. 829, ff. 4950-4952.

Pérou : Huasampilla (H. Whitely, sec. Salv.), Maraynioc (Jelski, sec. Tacz.) (1). — Bolivie : Cochaamba (par d'Orbigny), Tilotilo, Cillutincara (par Buckley, sec. Salv.) (2).

5. **H. Spencei** (Bourc.). — *Troch. S.* Bourc., in P. Z. S. xv, 1847, p. 46. Ibid., in Rev. Zool., août 1847, p. 258 (Vénéz. : Mérida). — *Heliangelus S.* Gould, Monog., IV, pl. 244, mai 1855. — *Troeh. g Diotima S.* Reichenb. Tr. Enum., pl. 828, ff. 4948-4949.

Vénézuela : andes de Mérida (de 2.500 à 4.500 mètres).

6. **H. Mavors** Gould, in P. Z. S., xvi, 1848, p. 12 (« Cordilleras of Venezuela and N. Grenada »). — Ibid. Monog., IV, pl. 246, mai 1855 (Paramos de Portachuelo et Zumbador). — *Troch. Anactoria mavors* Reichenb., Tr. Enum., pl. 827, ff. 4945-4947 (sec. Gould).

Andes du Vénézuela dans la prov. de Los Andes (Paramo de Sº Domingo) et de la Colombie N.-E. (Paramos de Portachuelo et de Zumbador).

4ᵉ Genre. — **HELIOTRYPHA**

Gould, Monog., IV, pl. 241, 1853 (type *Heliangelus viola* Gould). — *Rhamphomicron b. Parzudakia* Reichenb. Aufz. d. Colib., 1854, p. 12 (type *Orn. Parzudakii* Less. = *exortis* F) — *Heliotrypha* Gould, Intr., 1861, 131. — *Heliotryphon* (nom. emend.) Cab. et Heine, Mus. heine., III, 1860, p. 74. *Iolæma* auct. (ad part. *I. luminosa*). — *Helymus* (sub. gen. type *Hel. micraster*) Muls., in Ann. Soc. linn. Lyon, (n. sér.), xxII, 1875, p. 219. — *Nodalia* (type *Hel. Barrali* Muls. et Verr. H. N. Ois. M. III, 1876, p. 99. *Warszewiczia* Boucard, Gen. Humm. B. 1895, p. 224 (type *Hel. viola*). — *Heliangelus* vel *Heliotrypha* auct. recent.

1. **H. Barrali** Muls. et Verr. in Ann. Soc. linn. Lyon (n. sér.) xvIII, 1868, p. 106 (prov. Antioquia, sec. Ell.). — *Heliangelus squamigularis* Gould, in P. Z. S., 1871, p. 503 (3) (prép. à Bogota). — *Nodalia B.* Muls. et Verr. H. n. Ois. M., III, 1877, p. 100. — *Heliotrypha B.* Salv., Cat. xvi, p. 166, pl. 6, f. 2.

Colombie : cordill. orient. (savane de Bogota) et vallée de la Cauca.

2. **H. speciosa** Salv., in Ann. Nat. Hist. (6ᵉ sér.), vII, 1891, p. 376 (Colombie). — Id., Cat. xvi, p. 167, pl. 6, f. 1. — *Heliotrypha Simoni* Boucard, in Humm. B., II, nº 9, 1892, p. 76 (prép. de Bogota) (4).

Colombie (savane de Bogota).

---

(1) Reichenbach cite du nord du Pérou son *Anactoria Libussa* (nomen nudum), que Salvin rapporte, sans aucune preuve, à *H. Clarissæ*.

(2) L'indication de Baeza, dans le nord de l'Ecuador, par Oberholser, est plus que douteuse, pour *H. amethysticollis*.

(3) Type à Londres.

(4) Type à Paris ; je ne l'ai pas retrouvé dans la collection Boucard.

3. **H. viola** (Gould). — *Heliangelus v.* Gould, in P. Z. S., xxi, 1853, p. 61 (eastern slope of the andes). — *Heliotrypha v.* Gould, Monog., iv, pl. 241, mai 1853 (Banks of Marañon, par Warszewicz). — *Rhamphomicron b. Parzudakia viola* Reichenb., Tr. Enum., pl. 832, ff. 4958-4959. — *Warszewiczia viola* Boucard, Gen. Humm. B., 1895, p. 224.

Andes or. de l'Ecuador et du Pérou sept. (Cutervo, Paucal, etc).

4. **H. exortis** (Fraser). — *Troch. e.* Fraser, in P. Z. S., viii, fév. 1840, p. 14 (Guadas en Colombie). — *Orn. Parzudakii* Less. (non Less. 1838) (1), in Rev. Zool., iii, mars 1840, p. 72 (Bogota). — *Heliotrypha Parzudaki* Gould, Monog., iv, pl. 240, mai 1860. — *Rhamphomicron b. Parzudakia dispar* Reichenb., Tr. Enum., pl. 833, ff. 4960-4962. — *H. exortis Soderstromi* Oberholser, in Pr. U. S. Nat. Mus., xxiv, 1902, p. 334 (Ecuador N.-O. : Corazon) (2).

Colombie, andes occid., centrales et orient. ; vallée de la Cauca jusqu'à Sᵃ Eléna au N. (par Salmon). — Ecuador sept. central et orient.

5. **H. micraster** (Gould). — *Heliangelus m.* Gould, in Ann. Nat. Hist. (4ᵉ sér.) ix, 1872, p. 195 (Ec. : S. Lucas, pr., Loja, par Buckley). — *Heliotrypha micrastur* Ell., Syn., 1878, p. 88. — *Ibid.* Salv., Cat. p. 166. — *Heliangelus micrastur* Sharpe in Gould, supp. pl. 23, janv. 1883 (3). — *Heliangelus micraster* (nom. eménd.) Hart. in Nov. Zool., i, 1894, p. 50, et in Tierr. Troch., 1900. p. 160. — *Ibid.* E. S., Cat. 1897, p. 31. — (Ethol. cf. Stolzm., Orn. Pér. i, p. 381).

Ecuador S.-O. : prov. de Cuenca et de Loja.

Subsp. (B). — **H. micraster cutervensis** E. S. — *Heliotrypha micrastur* Tacz. in P. Z. S., 1889, p. 105 ; et Orn. Pér., i, p. 380 (Cutervo par Stolzm.).

Pérou sept. : Cutervo.

6. **H. luminosa** (Ell.) — *Iolæma l.* Ell. in Ibis, 1876, p. 188, ♂ jn. (incert. sed.) (4). — *Ibid.* Salv., Cat. xvi, p. 323, pl. 8, f. 1 (d'après le type). — *Heliangelus l.* Goun., note sur deux Trochilidæ appartenant au genre *Heliangelus*, avec pl. (5).

Colombie (incert. sed.).

5ᵉ Genre. — **AERONYMPHA**

Oberh., in Pr. biol. Soc. Wash., xviii, juin 1905, p. 162 (type *Ae. prosantis* Oberh. = *Heliangelus Rothschildi* Boucard).

---

(1) L'espèce décrite antérieurement, sous le même nom, par Lesson, est le *Ricordia Ricordi* Gerv.

(2) Chapman, qui a pu depuis étudier le type unique, de l'*H. Soderstromi* Oberh., dit que cet oiseau est une femelle (contrairement à ce que pensait l'auteur) et que ses caractères sont plutôt sexuels que subspécifiques.

(3) *Micraster* est l'orthographe primitive, elle a été altérée, par suite d'un lapsus, pour la première fois je crois par Elliot, en *micrastur*, suivi par Salvin, et par Sharpe, dans le supplément même de Gould.

(4) Le type à Londres (ancienne coll. Gould (sec. Ell.) est un oiseau préparé à la manière indigène de Bogota.

(5) Brochure éditée, sans date, par l'auteur.

1. **Ae. Rothschildi** (Boucard). — *Heliangelus R.* Boucard, in Humm. B. ii,
sept. 1892, n° 9, p. 77. — *Ae. prosantis* Oberh., l. c. juin 1905, p. 162. —
Heliangelus R. E. S. et Hellm., in Nov. Zool., avr. 1908, p. 5.

Colombie (préparation indigène de Bogota) (1).

35ᵉ Groupe. — *ERIOCNEMIS*

1ᵉʳ Genre. — **EREBENNA**

Muls. et Verr., Ess. classif. 1866, p. 66 (type *Troch. Derbyi* D. et B.) (2). —
Eriocnemis (ad part.) auctorum.

1. **E. Derbyi** (Del. et Bourc.). — *Troch. D.* D. et B., in Rev. Zool., 1846,
p. 306 (3) (Col. mérid. : volcan de Puracé). — *Eriocnemis Derbyanus* Gould,
Monog., iv, pl. 279, mai 1858. — *Eriocnemis Threptria Derbyi* Reichenb.,
Tr. Enum., pl. 728, ff. 4666-4667, et pl. 741, ff. 4698-4699.

Colomb. mérid. : Popayan, Pasto. — Ecuador : rég. orient. et interandine.

Subsp. (B). — **E. Derbyi longirostris** Hart. in Nov. Zool., ii, 1895, p. 69
(oiseaux de Bogota).

Colombie : andes centrales : Santa Isabel (sec. Chapman) et orientales :
savane de Bogota (4).

2ᵉ Genre. — **ENGYETE**

Eriocnemis a Engyete Reichenb., Aufz. d. Colib. 1854, p. 9 (type *Orn. Aline*
Bourc.) — *Eriocnemis* (ad part.) auctorum.

1. **E. Alinæ** (Bourc.) — *Orn. Aline* Bourc., in Rev. Zool., 1842, p. 373, et Ann.
Sc. phys. Lyon, v, 1842, p. 244, pl. 20 (Colomb. : Tunja). — *Erioc. Alinæ*
Gould, Monog., iv, pl. 280, mai 1859. — *Erioc. Engyete Alinæ* Reichenb.,
Tr. Enum., pl. 726, ff. 4655-4656.

Colomb. : andes orient. : Bogota, et mérid. : Pasto et bassin du rio Patia —
Ecuador (par Buckley).

2. **E. Dybowskii** (Tacz.). — *Eriocnemis D.* Tacz., in P. Z. S., 1882, p. 39; et
Orn. Pér. i, p. 394 (de Chirimoto, par Stolzm.).

Pérou du nord et du centre.

---

(1) Type au Muséum de Paris, ancienne collection Boucard.

(2) Bonap., in Ann. Sc. Nat. 1854, p. 137, cite quatre sous-genres d'*Eriocnemis*
qu'il attribue à Reichenbach sans autre indication, mais dont je n'ai trouvé aucune
trace dans l'œuvre de Reichenbach ; il n'y a donc pas lieu d'en tenir compte et il faut considérer comme *nomina nuda*, la simple citation des sous-genres *Aline*, *Mosqueria*, *Luciania*
et *Derbomyia*.

(3) Type à New-York, ancienne coll. Elliot (sec. Ell.).

(4) Contrairement à ce que dit Chapman, les oiseaux de Bogota, dont je possède une très
nombreuse série, sont tous des *longirostris* bien caractérisés.

3e Genre. — ERIOCNEMIS

Eriopus (nom. præocc.) Gould, in P. Z. S., 1847, p. 16 (type *Orn. vestita* Less.).
— *Eriocnemis* (subst. à *Eriopus*) Reichenb., Av. syst., pl. XL, 1849. — *Eriocn.
g Phæmonoë* Reichenb., Aufz. d. Colib., 1854, p. 9 (type *Tr. Luciani*
Bourc., désigné par Gray en 1855). — *Nanla* (type *E. cupreiventris*) Muls.
in Ann. Soc. linn. Lyon (n. s.) XXII, 1875, p. 217. — subgen. *Eriona* (type
E. Godini) Muls. et Verr., in H. N. Ois. M., III, p. 28. — *Vestipedes* (sec.
Less.) Richemond, in Auk. 1902, p. 83. — *Ibid.* Oberholser, Champman,
Cory (1).

1. **E. nigrivestis** (Bourc. et Muls.). — *Troch. n.* B. et M., in Ann. Sc. phys.
Lyon, 1852, p. 144 (2) (Ecuador : Tumbazo), — *Eriocnemis n.* Gould,
Monog., IV, pl. 276, mai 1858.

Ecuador : région orientale.

2. **E. vestita** (Less.). — *Orn. v.* Less., in Rev. Zool., 1838, p. 314, ad part. ♂ (Bogota, coll. Longuemare) (3). — *Troch. uropygialis* Fraser, in P. Z. S., VIII,
1840, p. 15 (Bogota). — *Orn. Ludovicii* (Da Silva Maia, in Soc. Velosiana,
1852, pp. 109-116 (Colombie) (4). — *Erioc. vestita* Gould, Monog., IV, pl. 275,
mai 1859. — *Ibid.*, Reichenb., Tr. Enum., pl. 726, ff. 4657-59. — *Mellisuga
Ridolfi* Benvenuti, in Ann. Mus. Firenze (nov. sér.), I, 1865, p. 205 (N. Grenade). — *Erioc. ventralis* Salv., in Ann. Nat. Hist. (6e sér.), VII, 1891, p. 378.
— *Ibid.*, Cat., XVI, p. 364, pl. 9, f. 2 (Bogota) (5). — *Erioc. Berlepschi* Hart.,
in Nov. Zool., IV, 1897, p. 531 (6) (mélanisme, oiseau de Bogota).

Venezuela : andes de Mérida. — Colombie : savane de Bogota. — Ecuador :
rég. orientale.

3. **E. smaragdinipectus** Gould, in Ann. Nat. Hist. (4e sér.), I, 1868, p. 322
(Quito). — *E. Evelinæ* E. et C. Hart., in Nov. Zool., I, 1894, p. 59 ♀ (rio
Pastassa). — *E. vestita smaragdinipectus* E. Hart. in Tierr. Tr., p. 145. —
Vestipedes vestitus smaragdinipectus Chapman, in Bull. Amer. Mus., XXXVI,
1917, p. 300.

Colombie : andes centrales et mérid. près la frontière de l'Ecuador (à Almaguer, par Chapman). — Ecuador : rég. occid. et interandine, plus rarement orientale.

---

(1) Le nom de *Vestipedes*, qui est celui de l'un des groupes de Lesson, a été employé
comme nom générique par plusieurs auteurs américains, à tort à mon avis et par suite d'une
fausse application de la loi de priorité — les sections proposées par Lesson, la plus souvent
en langue vulgaire, dans l'*Echo du Monde savant* 1843 (2e sem., col. 756) n'ont jamais eu
dans la pensée de l'auteur la valeur de genres ; les espèces y sont toujours désignées sous
les anciens noms génériques de *Trochilus* et d'*Ornismyia*.

(2) Type à New-York, anc. coll. Elliot (sec. Ell.).

(3) La description du mâle par Lesson est obscure par suite d'une faute typographique,
un membre de phrase manquant après le mot *gula* (p. 314, ligne 2) ; celle de la
femelle s'applique mieux à *E. cupreiventris* Fraser ; Lesson avait en 1843 (*Echo du Monde
savant*, 2e sem., col. 756) reconnu que cette femelle n'était pas celle d'*Orn. vestita* et avait
proposé pour elle le nom nouveau d'*Orn. maniculata* qui tombe en synonymie. — Boissonneau avait, dès 1840, complété la description du mâle d'*E. vestita* (Rev. Zool., 1840, p. 8).

(4) Description reproduite par v. Ihering, in Catal. Fauna Brazileira, I, Aves, annexo II,
p. 433.

(5 et 6) Voir note 1, p. 185 du Synopsis.

4. **E. Paramillo** (Chapman). — *Vestipedes p.* Chap. in Bull. Amer. Mus., xxxvi, 1917, p. 30.

Colombie : andes occid. du N. à Paramillo (Miller et Boyle, sec. Chapman).

5. **E. Godini** (Bourc.). *Troch. G.* Bourc. in C. R. Ac. Sc., xxxii, 1851, p. 187 (1) (vallée de Guayabamba). *Eriocnemis G.* Gould, Monog., iv, pl. 277, mai 1861. — *Ibid.* E. S., in Mém. Soc. Zool. Fr., 1889, p. 228.

Colombie : cordillère orient. — Ecuador : rég. orient.

6. **E. cupreiventris** (Fraser). *Orn. vestita* Less. in Rev. Zool., 1838, p. 314 (♀ non ♂). *Troch. cupreiventris* Fraser, in P. Z. S., viii, 1840. p. 15 (Bogota). — *Orn. maniculata* Less. (ex *Orn. vestita* Less., 1838 ♀) in Echo du Monde sav., 1843 (1ᵉ sem.), col. 756. — *Eriopus simplex* Gould, in P. Z. S., xvii, 1849, p. 96 (Bogota). — *Eriocn. cupreiventris* Gould, Monog., iv, pl. 270, oct. 1853. — *Er. simplex* id., iv, pl. 271, mai 1852 (2). — *Er. Phemonœ cupreiventris* Reichenb., Tr. Enum., pl. 729, ff. 4668-4669. — *Er. simplex* id., pl. 729, f. 4670 (sec. Gould). — *Er. dyselius* Ell., in Ibis (3), ii, 1872, p. 294 (Bogota). — (?) *Er. chrysorama* Ell. in Ann. Nat. Hist. (4ᵉ sér.), xiii, 1874, p. 375 (4) (inc. sed.). — (?) *Er. aurea* Meyer, in Auk, vii, oct. 1890, p. 315 (♀ jeune, de Colombie). — *Er. cupriventris, simplex* et *dyselius* Salv. Cat., xvi, p. 368. — *Er. albogularis* Boucard, in Humm. B., ii, nᵒ 9, sept. 1892, p. 78 (albinisme partiel; de Bogota).

Vénézuela : andes de Mérida. — Colombie : savane de Bogota. — Ecuador : rég. orient.

7. **E. Catharinæ** Salv. in Bull. Br. Orn. Cl., vi, 1897, p. 30.

Pérou septentr. : Leimabamba (par O. T. Baron).

8. **E. sapphiropygia** Tacz. in P. Z. S., 1874, pp. 139 et 545. — Ibid., Orn. Pér., i, p. 397 (Pérou : Maraynioc, par Jelski). — *Id.* Sharpe in Gould, suppl., pl. 50, 1883.

Pérou septentr. et orient. (Maraynioc et vallée de Marcapata) (5).

9. **E. Luciani** (Bourc.). — *Troch. L. B.*, in Ann. Sc. phys. Lyon, vii, 1847, p. 324, et Rev. Zool., déc. 1847, p. 402 (Ecuador : Guaca, par Delattre). — *Id.* Gould, Monog., iv, pl. 273, oct. 1853. — *Erioc. Phemonoë Luciani* Reichenb., Tr. Enum., pl. 730, ff. 4671-4672.

Ecuador, sur les deux versants des andes.

---

(1) Type à Londres (sec. Salvin) ou à New-York (sec. Elliot).

(2) Synonymie indiquée par Gould in Introd. p. 144 « I now believe that the bird, have called *Eriocnemis simplex* is merely a dark variety of the *cupreiventris* ».

(3) Deux individus sous le nom d'*Erioc. simplex* dans les collections du Musée britannique sont des *cupreiventris* en mauvais état; un dans la collection Boucard est un *E. vestita* ♀ altéré, passé au rouge cuivré en dessus.

(4) Mélanisme plus ou moins complet, sauf pour les touffes tibiales toujours d'un blanc mat.

(5) J'ai cité *E. sapphiropygia* d'Ambato dans la région interandine de l'Ecuador, mais par confusion avec un jeune *E. Luciani*, conf. Synopsis, p. 186, note 2.

4ᵉ Genre. — NICHE

Eriocnemis, subgen. *Niche* (type *E. Orbignyi*) Muls. in Ann. Soc. linn. Lyon, (n. sér.), XXII, 1875, p. 217. *Eriocnemis* auct. recent. (pars).

1. **N. glaucopoïdes** (Orbigny et Lafresn.). — *Orn. g. Orb.* et Lafr. Syn. av., II, in Mag. Zool., 1838, p. 27 (Boliv. valle Grande, du voyage de d'Orbigny)(1).— *Orn. pennata* Less., in Echo du Monde savant, 1843, 2ᵉ sem. col. 756 (Bogota [errore])(2). —*Troch. D'Orbignyi* Bourc. et Muls., in Ann. Sc. phys. Lyon, IX, 1846, p. 320. — *Erioc. D'Orbignyi* Gould, Monog., IV, pl. 278, sept. 1861. — *Erioc. Phemonoë D'Orb.*, Reichenb. Tr. Enum., pl. 741, f. 4697 (3).

Bolivie centrale : valle Grande (Orbigny). — Argentine : prov. Jujuy : San Lorenzo (Borelli).

5ᵉ Genre. — THREPTRIA

Eriocnemis g Threptria Reichenb., Aufz. d. Colib., 1854, p. 9 (type *Tr. Mosquera* Del. et B., désigné par Gray en 1855). *Eriocnemis g Phemonoë* id. (ad part. *Orn. Isaacsoni* Parz.). — *Saturia* (type *Orn. Isaacsoni* Parz.) et *Eriocnemis* subgen. *Pholoe*, Muls. in Ann. Soc. linn. Lyon (n. sér.), XXII, 1875, pp. 217-218. — *Eriocnemis* Gould et auct. recent. (ad part.)

1. **T. Mosquerai** (Del. et Bourc.). — *Troch. M.* D. et B., in Rev. Zool., 1846, p. 306 (de Pasto). — *Eriocnemis M.* Gould, Monog., IV, pl. 274, oct. 1853. — *Er. Threptria M.* Reichenb., Tr. Enum., pl. 727, ff. 4662-63.

Colombie : andes centrales (à Santa Isabel) et méridionales (Popayan, Pasto). — Ecuador : rég. Nord et interandine.

   Susp. (B). — **T. Mosquerai bogotensis** E. et C. Hart., in Nov. Zool., IV, 1897, p. 521 (Bogota).

   Colombie : savane de Bogota.

2. **T. Isaacsoni** (Parzud.). — *Orn. I.* P. in Rev. Zool., VIII, 1845, p. 95 (4) (Bogota). — *Eriocnemis I.* Gould, Monog., IV, pl. 272, mai 1858 (d'après le type). — *Erioc. Phemonoë I.* Reichenb., Tr. Enum., pl. 741, f. 4700. — *Helianthea I.* Ell. Syn. Tr., 1878, p. 71. — *Saturia I.* Muls., H. N. O.-Mouches, II, p. 299, pl. 61. — *Eugenia I.* E. S., Cat., 1897, p. 27. — *Erioc. nemis I.* Salv., Cat., p. 369.

Colombie (incertæ sedis).

6ᵉ Genre. — HAPLOPHÆDIA

Eriocnemis (ad part.) auct. — *Erioc.* sub. gen. *Threptria* (non Reichenb.) Muls. et Verr., H. N. Ois-M., III, 1877, p. 29. — *Haplophædia* E. S., in Rev. fr Orn., avr. 1919, n° 120, p. 53.

---

(1) Type au Muséum de Paris.

(2) L'auteur se réfère à une planche inédite faite au Muséum de Paris, sans doute d'après le type de d'Orbigny.

(3) *Eriocnemis incultus* Ell. est un mélanisme complet de *Saucerottea viridigaster*.

(4) Type au Musée de Liverpool.

1. **H. lugens** (Gould). *Eriopus l.,* Gould, in Jardine, Contrib. Orn., 1851,
p. 140 (Quito). — *Erioc. l.* Gould, Monog., IV, p. 282 ♀, octobre 1854. —
Er. squamata id., in P. Z. S., 1860, p. 311. — Id., Monog., IV, pl. 281 ♂
mai 1861 (Ecuador, par Jameson). *Erioc. Threptria lugens* Reichenb., Tr.
Enum., pl. 740, ff. 4695-96. — *Erioc. lugens* et *squamata* Ell. Syn., p. 190;
id. Salv., Cat., p. 371. — *Vestipedes lugens* Oberh. in Pr. U. S. Mus., XXIV,
1902, p. 330.

Colombie S.-O. : S. Pablo. — Ecuador : rég. orient. et rég. interandine.

2. **H Aureliæ** (Bourc. et Muls.). — *Troch. A. B.* et M. in Ann. Sc. phys. Lyou,
IX, 1846, p. 315, pl. 10 (Bogóta). — *Erioc. A.* Gould, Monog., IV, pl. 283,
sept. 1855. — *Ibid.*, Reichenb., Tr. Enum., pl. 727, ff. 4660-61.

Colombie : andes orient. et centr. mais sur les versants orient. — Ecuador
(ex Buckley) (1).

    Subsp. (B). — **H. Aureliæ russata** (Gould). — *Er. russata* Gould, in
    P. Z. S., 1871, p. 505 (Ecuador : Napo?). — *Er. lugens* (non Gould)
    Hart. in Nov. Zool., I, 1894, p. 60. — *Er. russata* ibid., II, 1895, p. 69.
    Ecuador : rég. orientale et interandine.

    Subsp. (C). — **H. Aureliæ assimilis** (Ell.). — *Er. assimilis* Ell. in Bull.
    Soc. Zool. Fr., I, 1876, p. 227 (2) (Bolivie : Apollo et Tilotilo, par
    Buckley) (3). — *Erioc. affinis* (lapso) Tacz. in P. Z. S., 1882, p. 39
    (Pérou : Chirimoto) et Orn. Pér., I, 1884, p. 396.
    Pérou (4) et Bolivie.

    Subsp. (D). — **H. Aureliæ caucensis** E. S. in Rev. fr. Ornith., 1911,
    p. 130 (S. Antonio et rio Aguacatal) (5). — *Eriocnemis flocens* Nelson
    in Smith. Miscell. Collect., LX, n° 3, 1912, p. 8 (mont Pirri).

   Colombie : région du Pacifique : andes occid. et centrales mais sur les
    versants occidentaux. — Rép. de Panama : mont Pirri près des
    sources du rio Limon, à 5.000 pieds (par E. A. Goldman, sec. Nelson).

<h3 style="text-align:center">36° Groupe. — SPATHURA</h3>

<h3 style="text-align:center">1er Genre — SPATHURA</h3>

Gould, Monog., III, pl. 162-164 et 165, juin 1849 (type *S. peruana* G.). — *Stega-
nurus* Reichenb., Av. Syst., pl. 40, déc. 1849. — *Steganura* id., Aufz. d.

---

(1) Je ne le connais que de la cordillère orientale ; il est toujours très abondant dans les
lots d'oiseaux envoyés de Bogota. Les *H. Aureliæ* indiqués de Santa-Elena et de Medellin
par Sclater et Salvin (in P. Z. S., 1879, p. 530) et de Pueblo Rico, distr. de San Juan sec.
Hellmayr (in P. Z. S., 1911, p. 1185) se rapportent probablement à la forme *H. Aureliæ
caucensis* E. S.

(2) La description originale ne porte pas de nom, celui-ci (*Eriocnemis assimilis*) ne se
trouve qu'à la ligne 26 de la même page.

(3) Type à New-York, dans l'ancienne collection Elliot.

(4) Cité par Sclater et Salvin sous le nom d'*Eriocnemis Aureliæ.*

(5) Type à Paris dans la collection E. Simon.

Colib., 1854, p. 8 (type *Orn. Underwoodi* Less.). — *Spathura* et *Uralia* (type
S. cissiura Gould) Muls. et Verr., Ess. Classif., 1866, p. 81. — *Ocreatus* (sec.
Gould) Hart., in Tierr. Tr., 1900, p. 150 (1). — *Steganura* Ell., Syn. Tr.,
p. 142. — *Spathura* Salv., Cat., p. 375. — *Ocreatus* Chapman, in Bull.
Amer. Mus., xxxvi, 1917, p. 303. — *Id.*, Cory, Cat., 1918, p. 259.

1. S. Underwoodi (Less.). — *Orn. U.* Less., Tr., 1832, p. 105, pl. 37 (Brésil?
[errore]). — *Orn. Kieneri* Less., Tr. p. 165, pl. 65 ♀ (inc. sed.). — *Troch. caligatus* Gould in P. Z. S. xvi, 1848, p. 14. — *Spathura Underwoodi* Gould,
Monog., iii, pl. 162, juin 1849. — *Steganura U.* Reichenb., Tr. Enum.,
pl. 707, ff. 4596-97 (sec. Less.). — *Steg. remigera* id. pl. 708, ff. 4601-4602
(Pérou [errore]). — *Steg. spatuligera* id. pl. 708, ff. 4598-4600 (Caracas et
Bogota). — *Steg. discifera* Heine in J. Orn. xi, 1863, p. 210 (Vénézuela:
Mérida). — *Spathura Underwoodi Brisenoi* Hart., in Nov. Zool. vi, 1899,
p. 72 (Mérida). — *Ocreatus Underwoodi* et *Underw. Brisenoi*, id. in Tierr.
Tr., 1900, pp. 150-151. — *Spathura Underw. discifera* Hellm. et Sellern, in
Archiv. Natürg. 1912, p. 144 (la cumbre de Valencia).

Vénézuela: andes centrales et occidentales. — Colombie: vallée de la Cauca
et de la Magdalena; andes centrales et orientales; llanos amazoniens.

2. S. melananthera (Jardine). — *Troch. (Spathura) melananthera* Jardine,
Contrib. Orn., 1851, p. 111, pl. 20 (Quito). — *Spathura m.* Gould, Monog., iii,
pl. 163, sept. 1859 — *Steganura m.* Reichenb., Tr. Enum., pl. 710, ff. 4608-4609
(sec. Gould) *Ocr. Underwoodi melanantherus* Cory, Cat., 1918, p. 260.

Ecuador.

3. S. peruana Gould, Monog., iii, pl. 164, juin 1849 (Moyobamba par Tschudi
et Matthew). — *S. cissiura* id. in P. Z. S., 1853, p. 109, jeune (Pérou, par
Warszewicz). — *Id.* Monog. iii, pl. 166, mai 1860. — *Steganura peruana*
Reichenb., Tr. Enum., pl. 709, ff. 4606-4607 (ex Gould). — *Spathura solstitialis* Gould, in Ann. Nat. Hist. (4ᵉ ser.) viii, 1871, p. 62. (Ecuador par
Buckley) (2). *Id.* Sharpe in Gould, supp. pl. 37, janv. 1881. — *S. peruana* et
solstitialis (vel *cissiura*) auct. rec. — (Ethol. cf. Stolzm., Orn. Pér. p. 325).

Andes de l'Ecuador et du Pérou surtout central.

4. S. rufocaligata (Gould). — *Troch. (Ocreatus) rufocaligatus* Gould, in P. Z.
S., 1846, p. 86 (Bolivie, par Bridges). — *Troch. Addæ* Bourc. in Rev. Zool.,

---

(1) Le nom d'*Ocreatus* Gould a été rétabli en 1900 par Hartert et adopté depuis par les
auteurs anglais et américains, mais à tort selon moi; ce nom figure en effet en parenthèse à
la suite de celui de *Trochilus* dans les descriptions de deux espèces : *Trochilus (Ocreatus)
rufocaligatus* et *Troch. (Ocreatus) ligonicaudus*, le second synonyme de *Discura longicauda*.
Le nom d'*Ocreatus* figure ici comme celui d'une section analogue à celles de Lesson,
sans aucune définition et ayant si peu la valeur de genre que l'auteur a créé quelques années
après un genre *Spathura* ayant pour type *S. peruana*, très voisin de *Tr. rufocaligatus*. —
De plus, par suite de la règle d'élimination, *Ocreatus rufocaligatus* rentrant dans le nouveau
genre *Spathura*, le type d'*Ocreatus* serait forcément *O. ligonicaudus* qui tomberait en
synonymie de *Discura*.

(2) Après avoir comparé les types j'ai conclu à l'identité des *S. peruana* et *solstitialis*;
tous présentent la bordure grise aux rectrices externes, au reste figurée par Gould pour
S. peruana (iii, pl. 164). La localité Ecuador pour le *solstitialis* du Musée britannique (*a* à
j du Cat. Salv.) ne me paraît pas tout à fait certaine; elle n'est donnée que sur la foi de
Buckley. *S. cissiura* est un jeune, peut-être une petite race propre au nord du Pérou.

1846, p. 312 (1) (Bolivie). — *Spathura rufocaligata* Gould, Monog., III, pl. 165, juin 1849. — *Steganura Addæ* Reichenb., Tr. Enum. pl. 709, ff. 4603-4605 (sec. Gould). — *Spathura Addæ* Salv., Cat., p. 378 (2) — *Ocreatus Addæ* Hart, in Tierr. Tr., 1900, p. 151.

Bolivie.

5. **S. Annæ** Berl. et Stolzm., in Ibis, 1894, p. 398 (Chanchamaio, au Pérou central). — *Steg. peruana* (non Gould) Tacz., Orn. Pér. I, p. 327.

Pérou central.

37ᵉ Groupe. — *SAPPHO*

1ᵉʳ Genre. — **PSALIDOPRYMNA**

Cynanthus (nom. praeocc.) Bonap., in Rev. Mag. Zool. 1854, p. 251 (3) — *Lesbia* Gould, Monog., III, pl. 170, 1854. — *Psalidoprymna* Cab. et Heine, Mus. heine., III, 1860, p. 52 (type *Tr. Victoriæ*) et *Agaclyta*, p. 70 (type *Tr. Gouldi*). — *Lesbia* Muls., Ell., Salv., etc.

1. **P. Victoriæ** (Bourc.) *Troch. V. B.* in Rev. Zool., nov. 1846, p. 315, pl. 4 ♂ (N. Grenade). *Ibid.* Bourc. et Muls. in Ann. Sc. phys. Lyon, IX, 1846 p. 312 (même pl.). — *Troch. Amaryllis* B. et M., in Rev. Zool., 1848, p. 273 ♂ (N. Grenade) (4). — *Lesbia Amaryllis* Gould, Monog. III, pl. 170, mai 1854. — *Lesbia Amaryllis* et *Victoriæ* Reichenb., Tr. Enum. pl. 714, ff. 4620-21 et pl. 715, ff. 4622-4623 (N. Grenade). — *Lesbia æquatorialis* Boucard, in Humm. B., III, n° 1, mars 1893, p. 6 (rio Napo, par Buckley) — *L. Victoriæ* et *æquatorialis* Boucard, Gen. Humm. B., p. 94. — *Psal. Victoriæ* et *Victoriæ æquatorialis* Hart, in Tierr. Tr. 1900, p. 181. — *Ibid.* Cory, Cat. 1918, pp. 281-282.

Andes orient. de la Colombie et de l'Ecuador.

2. **P. Juliæ** Hart., in Nov. Zool. VI, avr. 1899, p. 75 (Cojabamba). — *P. Victoriæ Juliæ* Cory, Cat., 1918, p. 282.

Pérou nord et central : Cojabamba et Leimabamba (par O. T. Baron).

3. **P. Berlepschi** Helm., in Verh. Ornith. Ges. Bayern, XII, juillet 1915, p. 210 (Anta, prov. de Cuzco).

Pérou S.-O., prov. de Marcapata et de Cuzco (de 3.000 à 3.500 m.).

4. **P. eucharis** Bourc. et Muls.) *Troch. e. B. et M.* in Rev. Zool., sept. 1848,

---

(1) Type à New-York, ancienne coll. Elliot (sec. Ell.).

(2) Les auteurs modernes ont donné la préférence au nom *Addæ* Bourc., mais il paraît probable que la description de Bourcier, parue en septembre 1846, est postérieure à celle de Gould, parue au commencement du volume des proceedings de la même année (1846).

(3) Comprenant *D. bifurcatus* Shaw, *Amaryllis*, *Victoriæ*, *eucharis* et *Gouldi*.

(4) Bourcier avait sans doute oublié avoir décrit l'espèce deux ans avant sous le nom de *Trochilus Victoria* ; les deux descriptions sont presque conçues dans les mêmes termes et s'appliquent l'une et l'autre au mâle de Colombie.

p. 274 (inc. sed.). — *Lesbia eucharis* Gould, Monog. III, pl. 171, 1860 (inc. sed. (1). — *Psal. eucharis* E. S. in Mém. Soc. Zool. Fr., 1889, p. 226.

Colombie (2).

5. **P. Nuna** (Less.). — *Orn. N.* Less., Col., supp. Ois. M. 1831-32, p. 169, pl. 35 ♀ (Moyobamba par Del.). — *Ibid.* Del. et Less. in Rev. Zool., II, 1839, p. 29. — *Orn. Gouldi* (non Lodd.). Orbig. et Lafresn., Syn. Av. II, p. 27. — *Lesbia bifurcata* (sec. Sw. ?) Reichenb., Tr. Enum., pl. 706, ff. 4624-25 ♀ ou jn. (Pérou) (3). — *Lesbia Nuna* Gould, Monog. III, pl. 169, sept. 1860. — *Lesbia boliviana* Boucard, Humm. B., I, 1891, p. 43. — *Lesbia Nuna* et *L. boliviana* id. gen. H. B. 1893, p. 90 et 92 (Bolivie, par Buckley).

Pérou occid. — Bolivie : Cuquisivi (Orb. (4) vallée de Milipaya, Sorata, Consata (Inwards, Forbes, Buckley) : Chicani, Sorata (collect. Berlepsch).

6. **P. Gouldi** (Lodd.). — *Troch. G.* Lodd. in P. Z. S. II, 1837, p. 7 (de Popayan). *Orn. Nuna* (non Less. 1831) Less. in Rev. Zool., I, 1838, p. 314, n° 4 (Bogota). — *Orn. Sylphia* Less., in Rev. Zool., III, 1840, p. 73 ♀ (Bogota). — *Lesbia Gouldi* Gould, Monog. III, pl. 167, sept. 1856. — *Ibid.* Reichenb., Tr. Enum., pl. 712, ff. 4615-4617. — *Psal. Gouldi Gouldi* Chapman, l. c., 1917, p. 310. — *Ibid.* Cory. Cat. 1918, p. 283.

Colombie : andes orient. (savane de Bogota) et mérid. (Popayan). — Vénézuela : andes de Mérida.

7. **P. gracilis** (Gould). — *Troch. (Lesbia) gracilis* Gould, in P. Z. S., XIV, 1846, p. 86 (Peru [errore]). — *Lesbia g.* id. Monog. III, pl. 168, sept. 1856. — *Ibid.* Reichenb., Tr. Enum., pl. 713, ff. 4618-4619. — *Lesbia Gouldi* Salv., Cat. XVI, p. 149 (pars, specim. Ecuador). — *Psal. Gouldi gracilis* Hart., in Tierr. Tr. 1900, p. 183.

Ecuador : reg. interandine et orientale.

Subsp. (B). — **P. gracilis labilis.** — *P. pallidiventris* E. S. in Nov. Zool., IX, 1902, p. 182 (ad part., Ois. de O. T. Baron). — *P. chlorura* (sec. Gould ?) Hart. in Nov. Zool., VI, 1899, p. 75. — *P. Gouldi chlorura* id., in Tierr. Tr., p. 182 (5).

---

(1) Gould tenait le spécimen figuré de Warszewicz et le croyait d'abord du Pérou ; mais le donne de Colombie dans l'Introduction, p. 103 ; peut-être alors influencé par Bourcier.

(2) Salvin indique pour le type la Colombie occidentale à Buenaventura, sans en donner de preuve ; des doutes peuvent exister sur l'authenticité de ce type ; Salvin le dit à Londres, Elliot à New-York.

Le mâle adulte de la collection E. Simon a été procuré par L. Salle comme ayant été trouvé chez les plumassiers mêlé à de nombreux *P. Victoriæ*, il est au reste de la préparation indigène de Bogota ; un second individu semblable est au Musée de Munich, celui dont parle Hellmayr sous le nom de *P. eucharis* in Verh. Ornith. Ges. Bayern XII, p. 241.

(3) Rapporté à tort par Gould à *P. eucharis* in Introd., p. 102.

(4) sub *Orn. Gouldi.*

(5) sur *Lesbia chlorura* Gould cf. Synopsis, p. 195 — j'ignore ce que peut être l'oiseau cité par Bangs en 1918 de Tabaconas, prov. de Chota, au Pérou N. sous le nom de *Psal. Gouldi chlorura.*

Pérou, prov. de Cochabamba : Cochabamba, Leimabamba (O. T. Baron),
Chota (1).

— *Subsp.* — (C). — **P. gracilis pallidiventris** (E. S.). *P. pallidiventris*
E. S., loc. cit. 1902, p. 182 (ad part. Ois. de G. A. Baer).

Pérou, prov. de Cochabamba : Alyamarca, Araqueda (G. A. Baer).

— *Subsp.* — (D). — **P. gracilis longicauda** E. S.

Pérou, prov. d'Otusco : Chitahuara, (G. A. Baer).

2ᵉ Genre. — SAPPHO

Lesbia Less., Troch. 1832, p. xvii (pars; type non désigné) — *Cometes* (nom.
præocc.) Gould, in P. Z. S., xv, 1847, p. 30. — *Sappho* Reichenb., Av. syst.
1849-1850, pl. 40. — *Lesbia* Bonap., in Rev. Mag. Zool. 1854, p. 252 (pars :
L. sparganura et *Phaon*). — *Sparganura* Cab. et Heine, Mus. heine, iii,
1860, p. 52. — *Sappho* Muls. Ell. Salv. — *Lesbia* E. S. Hart. Cory.

1. **S. sparganura** (Shaw). — *Troch. sparganurus*, Shaw, Gen. Zool., viii, 1,
1812, p. 291, pl. 39 (Péru, ex Mus. Bullock (2). — *Orn. Sapho* Less., O. M.,
1829-1830, p. 105, pl. 27 et 28 (intérieur du Brésil [errore])id. Traité d'Ornith.
1831, p. 272; et Compl. Buff. 1838, p. 56. — *Troch. chrysurus* (ex Cuvier (3).
Tschudi, Fauna Per., Orn., 1845-46, p. 244. — *Sappho sparganura* Reichenb.,
Tr. Enum., pl. 724, ff. 4651-52 (Bolivia). — *Cometes sparganurus* Gould,
Monog., iii, pl. 174, oct. 1858.

Andes de la Bolivie S. E. : Chuquisaca (Bonelli sec. Gould, Deville et Castelnau (4), Yungas (Orbigny). — Argentine : région élevée des prov. de
Jujuy, Salta, Tucuman, Catamarca, Cordoba, la Rioja, Mendoza (frontière
du Chili).

2. **S. Phaon** (Gould). — *Cometes Phaon* Gould, in P. Z. S. 1847, p. 31 ; *ibid.*
Monog. iii, pl. 175, oct. 1853. — *Sappho Phaon* Reichenb. Tr. Enum., pl. 725,
ff. 4653-4654 Peru. [errore]).

Andes de la Bolivie sept. et centrale ; La Paz, Sicasica (Orbigny) ; la Paz,
Sapahaque (Buckley).

---

(1) Les localités données par Taczanowski (Orn. Pér., p. 332) pour son *Lesbia gracilis*
montrent que cet auteur devait confondre les sous-espèces péruviennes de l'espèce (Chota
Tambillo, Cutervo, Chachapoyas (Stolzmann) avec des notes intéressantes de Stolzmann sur
l'éthologie.

(2) A cette époque la Bolivie n'était pas encore indépendante et ses territoires élevés
étaient le plus souvent désignés comme haut Pérou, bien que faisant partie de la vice-
Royauté espagnole de Buenos-Ayres. — La figure 39 de Shaw pourrait tout aussi bien représenter le *L. Phaon*, surtout par son bec long et arqué, mais on sait combien l'iconographie
de cette époque était enfantine et inexacte, aussi je ne vois pas de raison suffisante pour
changer l'attribution du nom de *sparganurus* faite par Reichenb. et Gould.

(3) *Trochilus chrysurus* G. Cuvier est un nomen nudum ; l'auteur dit simplement,
(Règne Animal, 2ᵉ éd., i, 1829 dans une note de la p. 436) « et surtout la magnifique espèce
du Pérou à queue éclatante d'or *Tr. chrysurus* » ce qui ne peut passer pour une description
valable ; dans tous les cas ce nom serait primé par *Troch. chrysurus* Shaw 1812 (*Hylocharis*).

(4) « Des vallées chaudes de la Bolivie, en grand nombre ; à Chuquisaca ces oiseaux sont
si abondants en certaines localités, que les enfants en apportaient en grande quantité à nos
voyageurs. »

3° Genre. — POLYONYMUS

Heine in J. Orn, xı, 1863, p. 206 (type *Tr. Caroli*). — *Leobia* Muls. et Verr.,
H. N. Ois. M., ııı, 1877, p. 297 (*Tr. Caroli*). — *Cometes* Gould (ad part.). —
Sappho Ell. Salv. etc. (ad part.). — *Polyonymus* E. S., Hart. (ad part.).

1. **P. Caroli** (Bourc.). — *Troch. C.* Bourc. in P. Z. S., xv, 1847, p. 48; id. in Rev.
Zool., août 1847, p. 260 (inc. sed., ex Mus. E. Wilson). — *Cometes Caroli*
Gould, Monog., ııı, pl. 177, juillet 1861 (Peru, ex Mus. Lodd.). — *Sappho C.*
Ell., Syn., 1878, p. 155. — *Ibid.* Salv., Cat., p. 144. — *Polyonymus C.* Heine, in
J. Orn., xı, 1863, p. 206 (nota). — *Ibid.* E. S. Cat. 1897. *Ibid.* Hart., in Tierr.,
Tr. p. 172. *Ibid.* Brab. et Chubb, Bds S. Amer. ı, 1912, p. 140, n° 1392.
Andes du Pérou.

4° Genre. — ZODALIA

Muls. et Verr., Hist. Nat. Ois. Mouches, ııı, 1877, p. 281 (type *Lesbia Ortoni*
Lawr.).

1. **Z. Glyceria** (Bonap.). — *Lesbia G.* Bonap. in Rev. et Mag. Zool., 1854, p. 252
(Popayan, par Mossa). — *Cometes G.* Gould, Monog., ııı, pl. 176 (♂ jn.),
mai 1858 (1). — *Sparganura Mossai* Cab. et Heine, Mus. heine., ııı, 1860,
p. 52. — *Lesbia Ortoni* Lawr., in Ann. N. Y. Lyc. N. H., ıx, 1869, p. 269
(Ecuador : Intac). — *Sparganura Glyceria* Sharpe in Gould, supp. pl. 39
♂ jeune (Popayan). — *Zodalia Ortoni* ibid., pl. 38, ♂ adulte (sec. Lawr. (2).
Colombie sud. : Popayan. — Ecuador, rég. interandine : Intac.

38° Groupe. — *METALLURA*

1ᵉʳ Genre. — RHAMPHOMICRUS

Rhamphomicron Bonap. in C. R. Ac. Sc., xxx, avr. 1850, p. 382 (type *Orn. microrhyncha* Boiss.). — *Rhamphomicron* (nom. emend.) Reichenb., Aufz. d.
Colib., 1854, p. 12. — *Rhamphomicrus* (nom. emend.) Cab. et Heine, in Mus.
heine., ııı, 1860, p. 70.

1. **R. microrrynchus** (Boiss.). — *Orn. microrhyncha* B. in Rev. Zool. ıı, 1839,
p. 354 (Bogota). — *Ibid.* Mag. Zool. (sér. 2) cl. ıı, pl. 16. — *Troch. brachyrhynchus*
Fraser in P. Z. S. vııı 1840, p. 16 (Bogota). — *Rhamphomicron m.* Gould,
Monog. ııı, pl. 189, oct. 1852. — *Ibid.* Reichenb., Tr. Enum., pl. 818, ff.
4915-18. — (Ethol. cf. Stolzm., Orn. Pér. p. 351).
Colombie. — Ecuador. — Pérou du nord et central.

   Subsp. (B). — **R. microrrynchus andicola** E. S.
   Vénézuela : andes de Mérida.

---

(1) Gould avait cité antérieurement l'espèce, sous le nóm de *Cometes Mossai* (in Report
of Brit. Assoc. 1853, p. 68) mais il prévient que cet article a paru postérieurement à la description du *Lesbia Glyceria* par Bonaparte.

(2) *Zodalia Thaumasta* Oberholser (in Pr. U. S. Nat. Mus., xxıv, 1902, p. 338) paraît
synonyme de *Metallura purpureicauda* Hart.

2. **R. dorsalis** Salv. et Godm., in Ibis, 1880, p. 172, pl. 5 (Sᵗ Nevada Sᵗᵃ Marta par F. Simons). — *Ibid.* Sharpe in Gould, supp. pl. 43, janv. 1883.

Colombie sept. : Sᵃ Nevada de Sᵗᵃ Marta.

2ᵉ Genre. — METALLURA

Gould, in P. Z. S. xv, 1847, p. 94 |(type *Tr. cupreicauda* Gld = *Phœbe* Less., désigné par Gray en 1855).— *Urolampra* Cab. et Heine, Mus. heine. iii, 1860, p. 68 (type *Tr. tyrianthinus* Lodd.). — *Lavania* Muls., in Ann. Soc. linn. Lyon, (n. s.), xxii 1875, p. 220 (type *M. Hedvigæ* Tacz.) — *Lavinia* Muls. (nom. emend.) id. H. N. Ois. M., iii, 1877, p. 106. — *Laticauda* (sec. Less.) Oberh. (1).

1. **M. Phœbe** (Less. et Del.). — *Orn. P. L.* et D., in Rev. Zool. ii, 1839, p. 17 (andes du Pérou).— *Troch. opacus* Licht. ap. Tschudi, in Archiv. Naturg., 1844, p. 298; *ibid.* Tschudi, Fn. Per. Orn., 1845-46, p. 248. — *Troch. cupreicauda* Gould, in P. Z. S., 1846, p. 87 (Bolivia). — *Metallura cupreicauda* id. 1847, p. 94. — Id. Monog. iii, pl. 191, mai 1859 (Bolivia, par Bridges). — *Id.* Reichenb., Tr. Enum., pl. 721, ff. 4638-4639. — *Metallura opaca* Cab. et Heine, Mus. heine., iii, 1860. p. 69. — *Ibid,* Ell., Syn., p. 163. — *Ibid.* Salv., Cat. xvi, p. 150. — *M. Phœbe* E. S., Cat., 1897. — *Metallura Jelskii* Cab., in J. Orn., xxii, 1874, p. 99 (Maraynioc, par Jelski) — *Metall. opaca* et *M. Jelskii* Taczan. — Orn. Pér. 1, 1884, pp. 353-354. — *M. Phœbe Jelskii* E. S., in Nov. Zool., ix, 1902, p. 181 (Prov. Otusco et Cojabamba par G. A. Baer).

Pérou et Bolivie.

2. **M. Theresiæ** E. S., in Nov. Zool., ix, 1902, p. 181 (de Toyabamba, pr. de Pataz, par G. A. Baer). — *Laticauda rubriginosa* Cory, in Field Mus. Nat. Hist., i, nᵒ 7, mai 1913, p. 287, ♀ (entre Balsas et Leimabamba, par W. H. Osgood et M. P. Anderson).

Pérou: prov. de Pataz (G. A. Baer).

3. **M. æneicauda** (Gould). — *Troch. æneocauda* G. in P. Z. S., xiv, 1846, p. 87 (Bolivie). — *Metallura æ.* Gould, Monog. iii, pl. 192, mai 1859 (Unduavi, Yungas de la Paz, par Bridges).— *Urolampra æ.* Cab. et Heine, Mus. heine., iii, 1860, p. 68.

Pérou (Chota, Cutervo, par Stolzm.)—Bolivie (Yungas par Bridges; Unduavi et Cillutincara, par Buckley).

4. **M. Malagæ** Berl., in J. Orn., xlv, 1897, p. 90 (Malaga par Garlepp (2).

Bolivie or. : Malaga.

5. **M. Williami** (Del. et Bourc.). — *Troch. W.* D. et B. in Rev. Zool., xi, 1846, p. 308 (3) (Popayan près des volcans). — *Metallura W.* Gould, Monog. iii, pl. 193. mai 1859.— *Urolampra W.* Cab. et Heine, Mus. heine., iii, 1860, p. 68. *Metall. W.* Chapman, l. c. 1917, p. 305.

---

(1) Voir note au genre *Eriocnemis,*

(2) Species incerta.

(3) Type à New-York, anc. coll. Elliot, (sec. Ell.).

Colombie : andes centrales, Paramo de Santa Isabel ; sud de la vallée de la Cauca à Popayan, et vallée de Las Pappas, frontière de l'Ecuador (sec. Chapman).

6. **M. Primolii** (Bourc.) *M. primolina* B., in Rev. et Mag. Zool., ser. 2°, v, 1853, p. 295. (Laguano sur le rio Napo, par Osculati). — *M. primolinus* Gould, Monog. iii, pl. 194, sept. 1861 (Peru [errore]). — *Urolampra primolina* Cab. et Heine, Mus. heine. iii, 1860, p. 68. — *M. Primolii* Gould, Intr., 1861, p. 112, n° 218. — *M. heterocera* Sharpe in Gould. suppl., pl. 45, mai 1887 (Brit. Guiana [errore]).

Ecuador N. et E.

7. **M. atrigularis** Salv., in Bull. Orn. Cl., i, 1893, p. 49 (Sigsig, sud de Cuenca par O. T. Baron). — *Ibid.* E. et C. Hart., in Nov. Zool., i, 1894, p. 49, pl. 4, ff. 1 et 2.

Ecuador S. O. : prov. de Cuenca.

8. **M. purpureicauda** (Hart.). — *Chalcostigma p.* Hart., in Bull. Orn. Cl., vii, 1898, p. 28 (1) (préparation de Bogota)? — *Zodalia Thaumasta* Oberh., in Pr. U.S.Nat. Mus., xxiv, 1902, p. 338 (2). (Ecuador, vallée de Chillo).

Colombie et Ecuador.

9. **M. eupogon** (Cab.). *Urolampra eupogon* Cab. in J. Orn., xxii, 1874, p. 97. — *M. Hedvigæ* Tacz., in P. Z. S. 1874, p. 139, pl. 21, f. 2 (Maraynioc par Jelski).

Pérou central et septentr.

10. **M. Baroni** Salv., in Bull. Orn. Cl., i, 1893, p. 49 (monts près de Cuenca par O. T. Baron). — *Ibid.*, E. et C. Hart., in Nov. Zool., i, 1894, p. 49, pl. 4, ff. 3-4.

Ecuador S.-O. : prov. de Cuenca.

11. **M. smaragdinicollis** (Orbigny et Lafresn.). — *Orthorhynchus s.* O. et L., in Mag. Zool., viii, cl. ii, 1838, p. 31. — *Ibid.*, Orbigny, Voy. Amer. S., iv, p. 375, pl. 59, f. 2. — *Metallura s.* Gould, Monog., iii, pl. 196, mai 185 . — *Id.*, Reichenb., Tr. Enum., pl. 719, f. 4632 et pl. 720, f. 4633. — *Urolampra s.* Cab. et Heine, l. c., 1860, p. 68 (Ethol. cf. Stolzm., Orn. Pér., i, p. 358).

Pérou central et méridional. — Bolivie.

    Subsp. (B). — **M. smaragdinicollis peruviana** (Boucard). — *M. peruviana* B., in Humm. B., iii, n° 1, mars 1893, p. 6 (Pérou par Whitely). — *M. smaragdinicollis meridionalis* Hart., in Nov. Zool., vi, 1899, p. 73. — *Id.*, E. S. in Nov. Zool., ix, 1902, p. 181 (prov. Huamachuco et Pataz).

    Pérou septentr.

    Subsp. (C). — **M. smaragdinicollis districta** (Bangs.). — *M. districta* B., in Pr. Biol. Soc. Wash., xiii, 1899, pp. 94-95 (Paramo de Macotoma par W. Brown).

    Colombie septr. : Sierra Nevada de Santa-Marta.

---

(1) Type au musée Rothschild à Tring.

(2) Type à New-York ; les dimensions données par Oberholser sont plus fortes ce qui tient sans doute à ce que son Oiseau est plus adulte, sans l'être complètement.

12. **M. tyrianthina** (Ledd.). — *Troch. t.* Ledd. in P. Z. S., II, 1832, p. 6
(Popayan). — *Orn. Allardi* Bourc. in Rev. Zool., II, 1839, p. 294 (Bogota);
id. in Ann. Sc. phys. Lyon, II, 1840, p. 226, pl. 3 et 4. — *Orn. Paulinæ* Boiss.
in Rev. Zool., II, 1839, p. 355 (Bogota). — *Metall. tyrianthina* Fraser, in
P. Z. S., 1840, p. 18 (Bogota). — *Ibid.*, Gould, Monog., III, pl. 195, mai 1859.
— *Ibid.*, Reichenb. Tr. Enum., pl. 719, ff. 4630-4631. — *Urolampra tyr.* Cab.
et Heine, l. c., 1860, p. 68. — *Metall. tyr. oreopola* Todd, in Pr. Biol. Soc.
Wash., xxvi, août 1913, p. 174 (Paramo de Rosas). — *Metall. tyr. Harterti*
W. Schlüter, in Falco, oct. 1913, p. 42 (Vénéz. : Mérida, par Briseño) (1).
Vénézuela : prov. de Lara (Paramo de Rosas), pr. de los Andes à Mérida;
Caracas; silla de Caracas, s. de Avila (Klages). — Colombie : andes occid.,
centrales et orient. : vallées de la Magdalena et de la Cauca. — Ecuador :
région orientale (2).

Subsp. (B). — **M. tyrianthina quitensis** (Gould). — *Metall. quitensis*
Gould, Intr., 1861, p. 112, n° 220. — *Id.* Hart. in Nov. Zool., 1894, p. 48.
Ecuador : rég. interandine et occid.

13. **M. chloropogon** (Cab. et Heine). — *Urolampra C. C.* et H., Mus. heine., III,
1860, p. 68.
Inc. sed. (species invisa et incerta).

3° Genre. — CHALCOSTIGMA

Rhamphomicron g. Chalcostigma Reichenb., Aufz. d. Col., 1854, p. 12 (type
Orn. heteropogon Boiss.). — *Lampropogon* Bonap., in Rev. Mag. Zool.,
1854, p. 253 (même type). — *Chalcostigma* Cab. et Heine, Mus. heine., III,
1860, p. 67 (même type).

1. **C. Stanleyi** (Bourc.). — *Troch. S.* Bourc., in C. R. Ac. Sc., xxxii, fév. 1851,
p. 187 (Pichincha et Cotopaxi). — *Ibid.*, Bourc. et Muls., in Ann. Sc. phys.
Lyon, II, 1850, p. 199 (3). — *Rhamphomicron S.* Gould, Monog., III, pl. 185,
oct. 1852. — *Rhamp. g. Chalcostigma S.* Reichenb., Tr. Enum., pl. 819,
ff. 4919-21. — *Rhamp. S.* Ell., Syn., p. 159. — *Ibid.*, Salv., Cat., p. 344.
Andes de l'Ecuador (à de grandes altitudes) et du nord du Pérou (à Maraynioc par Jelski).

Subsp. (B). — **C. Stanleyi vulcani** (Gould). — *Rhamphomicron v.* Gould,
in Jardine, Contr. Orn., 1852, p. 135 (Bolivie par Warszewicz). —
Ibid., Monog., III, pl. 186, sept. 1861.
Bolivie (à de grandes altitudes).

---

(1) Sans doute comparé à la forme *quitensis* de l'Ecuador, car les oiseaux des andes de
Mérida sont semblables à ceux de Bogota.

(2) Un individu anormal dont la plaque jugulaire est d'un noir ardoisé (au lieu de vert
brillant) est dans la collection Boucard sous le nom inédit de *Metall. griseocyanea*; j'en
possède un autre semblable.

(3) Lu le 24 mai 1850, mais publié en 1851, sans doute postérieurement à la description
de Bourcier en février 1851 dans les Comptes-Rendus.

2. **C. heteropogon** (Boiss.). — *Orn. h.* B., in Rev. Zool., II, 1839, p. 355 (Bogota).
   — *Troch. coruscus* Fraser, in P. Z. S., 1840, p. 15 (Bogota). — *Rhamphomicron h.* Gould, Monog., III, pl. 184, oct. 1854. — *Rhamp. Chalcostigma h.*
   Reichenb., Tr. Enum., pl. 820, ff. 4922-23. — *Rhamphomicron h.* Ell., Syn.,
   p. 158. — *Id.*, Salv., Cat., p. 343. — *Chalcostigma h.* Chapman, l. c., 1917,
   p. 306 (Tacamito, andes orient.).
   Colombie, andes orient. : savane de Bogota, et du nord (Pamplona, Vetas)
   et de l'est (Tocamito). — Ecuador central (à Ambato). — Vénézuela N.-O. :
   Paramo de Tana, près la frontière colombienne.

3. **C. olivaceum** (Lawr.). — *Rhamphomicron olivaceus* Lawr., in Ann. Lyc.
   N.-York, VIII, 1867, p. 44 (La Paz). — *Rhamp. olivaceum* Sharpe in Gould,
   supp., pl. 44, 1883.
   Pérou occid. centr. et septentr. (Junin). — Bolivie (sec. Lawr.).

4° Genre. — **EUPOGONUS**

Rhamphomicron subg. *Eupogonus* Muls. et Verr., Ess. Classif. Tr., 1866, p. 73
(type *Troch. Herrani* Del. et Bourc.).

1. **E. Herrani** (Del. et Bourc.). — *Troch. H.* D. et B., in Rev. Zool., 1846. p. 309
   (N. Gren. : Pasto). — *Rhamphomicron H.* Gould, Monog., III, pl. 187,
   oct. 1852. — *Rhamp. g Chalcostigma H.* Reichenb., Troch. Enum., pl. 822,
   ff. 4926-28. — *Rhamphomicron H.* Ell., Syn., p. 159. — *Ibid.*, Salvin, Cat.,
   p. 345.
   Colombie : cordillères occid. et mérid. (M^ts Quindiu, O. de Popayan,
   Pasto, etc.). — Ecuador.

5° Genre. — **SELATOPOGON**

Rhamphomicron vel Chalcostigma auct. (ad. part. *Tr. ruficeps* Gould). —
Chloropogon (nom. præocc.) E. S., notice 1918, p. 39. — *Selatopogon* (substitué à *Chloropogon*), E. S., in Rev. fr. Ornith., avr. 1919, n° 120, p. 53,
n° 13.

1. **S. ruficeps** (Gould). — *Troch. r.* Gould, in P. Z. S., XIV, 1846, p. 89 (Bolivie).
   — *Rhamphomicron r.*, id., Monog., III, pl. 188, oct. 1852 (Unduavi, Yungas
   de la Paz, par Bridges). — *Chalcostigma r.* Reichenb., Troch. Enum.,
   pl. 281, ff. 4924-25 (sec. Gould). — *Rhamphomicron r.* Ell., Syn., p. 160. —
   Ibid., Salv., Cat., p. 346 (Ethol. cf. Stolzm. Orn. pér., p. 349).
   Bolivie : Yungas de la Paz (Bridges); Tilotilo (Buckley). — Pérou sept. :
   Cutervo, Tambillo, etc.

   Subsp. (B). — **S. ruficeps aureofastigatus** (Hart.). — *Chalcostigma id.*
   in Nov. Zool., VI, 1899, p. 74 (Ecuador mérid.).
   Ecuador mérid. : andes de Loja et de Cuenca. — Pérou septentr.

6° Genre. — **OXYPOGON**

Gould in P. Z. S., 1848, p. 14 (type *Tr. Guerini* Boiss., désigné par Gray en
1855).

1. **O. Lindeni** (Parzud.). — *Orn. L.* Parzud. in Rev. Zool., VIII, juillet 1845,
   p. 253. — Id., Rev. Mag. Zool., juin 1849, p. 273, pl. 8 (Vénéz.: Mérida, par
   Linden). — *Oxypogon L.* Gould, Monog., III, pl. 183, juin 1849. — *Id.*
   Reichenb., Tr. Enum., pl. 825, ff. 4936-38.
   Vénézuela occid. : andes de Mérida, de 3.000 à 4.000ᵐ.

2. **O. Guerini** (Boiss.). — *Orn. G. B.*, in Rev. Zool., III, 1840, p. 7, ♀ (Bogota).
   Troch. G. Bourc., Rev. Zool., mars 1843, p. 72, ♂ (Colombie). — *Troch.
   parvirostris* Fraser, in P. Z. S., VIII, 1840, p. 18, jeune (Bogota). — *Oxypogon
   G.* Gould, Monog., III, pl. 182, juin 1849. — *Ibid.*, Reichenb., Tr. Enum.,
   pl. 624, ff. 4932-4935.
   Colombie : andes orientales (savane de Bogota).

3. **O. Stübeli** Meyer, in Zeitschr. Ges. Ornith., I, 1884, p. 204 (volcan de Tolima).
   — *Id.* Chapman, l. c., 1917, p. 306 (Santa Isabel).
   Colombie : volcan de Tolima; andes centrales à Santa Isabel au N. d'Ibagué
   (par Allen et Miller; retrouvé dans la même localité par Chapman).

4. **O. cyanolæmus** Salv. et Godm., in Ibis (sér. 4ᵉ), IV, 1880, p. 172, pl. 4, f. 2
   (Sᵃ Nevada de Sᵃ Marta par F. Simons). — *Ibid.*, Sharpe in Gould, supp.,
   pl. 41, janv. 1883.
   Colombie N. : Sᵃ Nevada de Sᵃ Marta. de 3.000 à 4.000ᵐ.

39ᵉ Groupe. — *OPISTHOPRORA*

1ᵉʳ Genre. — **OPISTHOPRORA**

Avocettinus Bonap., in Rev. Mag. Zool., 1854, p. 256 (nec Bonap., 1849). —
Opisthoprora Cab. et Heine., Mus. heine:, III, 1860, p. 76, nota (type *Troch.
eurypterus* Lodd.). — *Avocettinus* Gould. Ell. — *Opisthoprora* Salv., Cat., XVI,
p. 347.

1. **O. euryptera** (Lodd.) — *Troch. e.* Lodd., in P. Z. S., 1832, II, p. 7 (Popayan).
   — *Troch. Georginæ* Bourc., in P. Z. S., 1847, p. 48, et Rev. Zool., août 1847,
   p. 261 (Nᵘᵉ Grenade). — *Avocettinus e.* Gould, Monog., III, pl. 200, mai 1856.
   — *Opisthoprora euryptera* Cab. et Heine, Mus. heine., III, 1860, p. 76.
   Colombie : andes orient. (savane de Bogota) et méridionales (Popayan,
   Almaguer). — Ecuador : région N. orientale.

40ᵉ Groupe. — *LESBIA*

1ᵉʳ Genre. — **TEPHROLESBIA**

Cyanolesbia Salv., Cat., XVI, p. 137 (ad part. *C. griseiventris*). — *Polyonymus
E. S.*, Cat., 1897 (ad part. *P. griseiventris*). — *Ibid.*, Hart., Tierr. Tr., p. 178.
— *Tephrolesbia* E. S., in Rev. fr. Ornith., avr. 1919, nᵒ 120, p. 54.

1. **T. griseiventris** (Tacz.). — *Cynanthus g.* Tacz. in P. Z. S., 1883, p. 72
   (Paucal, in Mus. Raimondi). — Id. Orn. Pér., I, p. 334. — *Cyanolesbia g.*

Salv., in Nov. Zool., II, p. 15, pl. 2, f. 1. — *Polyonymus g.* E. S. — *Ibid.*,
Hart., 1900, p. 179. — Cory, Cat., 1918, p. 280.

Pérou : Paucal (collect. Raimondi); Cojabamba (O. T. Baron).

<h2 style="text-align:center">2ᵉ Genre. — LESBIA</h2>

Less., in Troch., Ind. gen., 1833, p. XVII (type *L. Kingi* Less., désigné par
G. R. Gray en 1840). — *Lesbia* Bonap. in Rev. Mag. Zool., 1854, p. 252 (pars
L. Mocoa). — *Cynanthus* (non Sw., 1827) Gould, Monog., III, 1852. — *Ibid.*,
Muls. et Verr., Ess. Class. Tr., 1866, p. 82. — *Ibid.*, Ell., Syn., 1878, p. 150.
— *Lesbia* (sensu stricto) Cab. et Heine, Mus. heine., III, 1860, p. 71. —
Cyanolesbia (substitué à *Cynanthus*) Stejn., in Auk, II, 1885, p. 46. — *Ibid.*,
auct. recent.

1. L. **Berlepschi** (Hart.). — *Cyanolesbia B.* Hart. in Bull. Orn. Cl., VIII, 1898,
   p. 16 (Cumana). — *Ibid.*, in Ibis, 1899, p. 127. — *Ibid.*, in Nov. Zool., V,
   1898, p. 514. — *Cyanol. Gorgo* Salv., Cat., XVI, p. 139 (pars : forme *a*, de la
   forêt de Caripe).

   Vénézuela N.-E. : andes de Cumana et de Caripe.

2. L. **cœlestis** (Gould). — *Cynanthus c.* Gould, Intr., 1861, p. 102, nº 190 (Ecuador).
   — *Lesbia c.* Heine in J. Orn., 1863, p. 212.

   Ecuador: rég. interandine et occid. — (?) Colombie mérid.: Popayan, Novita
   Trail, Gallera, Ricaurte (sec. Chapman) (1).

3. L. **caudata** (Berl.). — *Lesbia cyanura* (excl. syn.) Heine in J. Orn., 1863,
   p. 213 (de Mérida). — *Cyanolesbia Gorgo* Salv., Cat., XVI, p. 137 (pars
   forme C, de Mérida). — *Cyanolesbia caudata* Berl., in J. Orn., XL, 1892, p. 454
   (Mérida). — *C. meridana* Boucard, Gen. Humm. B., 1893, p. 97 (Mérida).

   Vénézuela : andes de Mérida.

4. L. **Emmæ** (Berl.). — *Cyanolesbia E.* Berl. in J. Orn., XL, 1892, p. 453 (oiseaux
   de Bogota). — *C. columbiana* Boucard, Gen. Humm. B., 1893-1895, p. 98. —
   C. Emmæ E. S. et Dalm.. in Ornis, IX, 1901, p. 233 (Col. occid. : las Cruces).

   Colombie : andes orientales à Bogota; vallée de la Cauca jusqu'à Médellin
   au Nord (Salmon sec. Scl. et Salv. (2) andes occid. (San Antonio. Cerro
   Monchique, etc.)

5. L. **Mocoa** (Del. et Bourc.). — *Troch. M.* D. et B., in Rev. Zool., 1846, p. 311
   (Colombie mérid.). — *Cynanthus smaragdinicauda* Gould, Monog., III,
   pl. 173, mai 1852 (Popayan). — *Cynanthus Mocoa* id., Intr., 1861, p. 72 (Peru
   et Bolivia [erroré]) (3).

---

(1) Toutes ces localités colombiennes sont douteuses; elles se réfèrent peut-être à la
variété de *L. Kingi* indiquée du Mᵗ Tatama (Choco) par Hellmayr. (*L. Kingi pseudocœlestis*
voir plus loin).

(2) Sub *Cynanthus mocoa*.

(3) A cette époque Gould confondait les *Lesbia Emmæ* et *Mocoa*.

Colombie, andes centrales et orientales du sud : H^te vallée de la Magdalena (San Augustin, la Caudela, etc.) et de la Cauca (Popayan, Pasto, etc.). — Ecuador rég. orientale : bassins du Napo et du Pastassa, jusqu'à Ambato.

6. **L. smaragdina** (Gould). — *Troch. smaragdinus* Gould, in P. Z. S., 1846, p. 85 (Bolivia).— *Lesbia Mocoa* Reichenb., Tr. Enum., pl. 717, ff. 4626-27 (Bolivie). *Cynanthus bolivianus* Gould, in Ann. Nat. Hist. (sér. 5°), v, 1880, p. 489 (Bolivie, par Buckley). — *Ibid.*, Sharpe in Gould, suppl., pl. 40, août 1880.

Pérou du sud : Huasampilla, S^n Antonio, vallée de Paucaltambo (par H. Whitely) (1).— Bolivie : Yungas, à Quilabaya, Tilotilo, Liria, Incachaca (par Buckley).

7. **L. Margarethæ** Heine. — *Cynanthus cyanurus*, var. ex Vénézuela, Gould, Monog., iii, in textu tabulæ 172. — Id., in Introd., p. 102, n° 192 (2). *L. Margarethæ* Heine in J. Orn., xi, 1863, p. 213. — *Cyanolesbia Gorgo* Salv., Cat. xvi, 1892, p. 129 (pars, forma *b* de Caracas). — *Cyanolesbia Gorgo Margarethæ* Berl., in J. Orn., xl, 1892, p. 14. — *Cyanol. cyanurus Margarethæ* Hart., in Tierr. Tr., 1900, p. 176. — *Cyanol. cyanurus* var. *Margarethæ* E. S., in Mem. Soc. zool. Fr., ii, 1889, p. 222. — *Cyanol. Kingi Margarethæ* Hellm. et Seilern, in P. Z. S., 1911, p. 146.

Vénézuela : montagnes côtières du N. : la Silla de Caracas, la serra de Avila, Aragua, la Cumbre de Valencia.

8. **L. Kingi** (Less.) *Orn. Kingi* Less., Tr. 1832, p. 107, pl. 48 (Jamaica [errore]). — *Orn. Kingi* Boiss., in Rev. Zool., janv. 1840, p. 7. — *Cynanthus cyanurus* Gould, Monog., iii, pl. 172, mai 1852 (N. Grenade) (saltem ♂ adulte (3). — *Lesbia Gorgo* Reichenb. Aufz. d. Col., 1854, p. 20 (N. Grenade) — ? *Cyanolesbia Gorgo* Berl., in J. Orn., xl, 1892, p. 14 (4).

Colombie : andes centr. et orient. (savane de Bogota) (5).

Varietas (B). — L. Kingi pseudocœlestis.— *Cyanolesbia Kingi* (incert. sp).

---

(1) Je ne sais s'il faut rapporter à cette espèce ou à la précédente les spécimens rapportés par Jelski de Pumamarca, Paltaypampa et Chilpes, cités par Taczanowski [Orn. Pér., i, p. 336] sous le nom de *Cynanthus mocoa*.

(2) Les caractères de l'espèce ont été donnés nettement par Gould « A somewhat smaller and more delicate bird than the *Cynanthus cyanurus* (*Kingi*), occurs in Venezuela, having the whole of the body green, with the exception of a patch of blue on the throat, and the crown brillant metallic green, without the superciliary stripe of black seen in that species », ce qui ne convient pas au *L. caudata*, également du Vénézuéla.

(3) La principale figure de Gould, Monog. iii, pl. 172 (♂ adulte) répond à la description que j'ai donnée du *L. Kingi* type, avec les grandes rectrices bleu de ciel; elle a probablement été prise sur l'oiseau de l'ancien Musée Bullock, passé successivement dans les collections Leadbeater et Loddiges et il est vraisemblable que le même oiseau ait servi de modèle au dessin très inférieur, envoyé de Londres à Lesson antérieurement à 1836, c'est-à-dire à une époque où le spécimen du Musée Bullock était encore unique de son espèce en Europe, le type du *L. Kingi* Lesson, espèce très polymorphe, se trouve ainsi fixé; Boissonneau en a donné, une dizaine d'années après Lesson, une description plus reconnaissable.

(4) Je ne sais si cette citation ne conviendrait pas mieux à la forme *Kingi pseudo margarethæ*.

(5) Je ne sais à laquelle des formes du *L. Kingi*, toutes colombiennes, rapporter les spécimens indiqués par Chapman d'autres localités des andes de Colombie.

Hellm. in P. Z. S., 1911, p. 1187 (Tatama montain). — *Cyanolesbia cœlestis* Chapman in Bull. Am. Mus. N. H., xxxvi, 1917, p. 309, (saltem ad part.) (1).

Colombie occid. région côtière du pacifique : Choco, Mt Tetama (Palmer). — Vénézuela, andes de Mérida (2).

Var. (C). — **L. Kingi pseudomargarethæ** E. S. — *Lesbia Kingi* vel *cyanurus* auct., ad part. — *Cyanolesbia Gorgo* pars, forma *e*, Salv., Cat. xvi, p. 139.

Savane de Bogota (en même temps que le type).

Var (D). — **L. Kingi holocyanea** E. S. — *Lesbia forficata* (non L.) Reichenb., Tr. Enum., pl. 718, ff. 4628-4629 (3) (Chili et sud du Pérou [errore]).

Savane de Bogota (en même temps que le type, mais plus rare) (4).

41e Groupe. — *OREONYMPHA*

1er Genre. — **OREONYMPHA**

Gould, in P. Z. S., 1869, p. 295 (type *O. nobilis* Gould).

1. **O. nobilis** Gould, in P. Z. S., 1869, p. 295 (Tinta, par H. Whitely). — *Ibid.*, Sharpe in Gould, supp. pl. 42, août 1882. — *Ibid.*, auct. recent.
Andes du Pérou : prov. de Cuzco (H. Whitely).

42e Groupe. — *AUGASTES*

1er Genre. — **AUGASTES**

Gould, Monog., iv, pl. 221, juin 1849 (type *Troch. superbus* Vieill.) — *Rhamphomicron ♀ Lamprurus* Reichenb. Aufz. d. Colib., 1854, p. 12 (type *Orn. lumachellus* Less.).

1. **A. superbus** (Vieill.). — *Troch. s.* Vieill., Tabl. encyclop. et meth., Orn., pars ii, 1823, p. 561 (Brésil). — *Troch. scutatus* Natt. in Temm., pl. col., 50e livr., oct. 1824, pl. 299, f. 3. — *Orn. Nattereri* Less., O. M., 1829, p. 75,

---

(1) Je ne suis pas sûr que toutes les localités indiquées de Colombie pour le *L. cœlestis* s'appliquent bien à la forme *Kingi pseudocœlestis*.

(2) J'ai reçu des andes de Mérida au Vénézuela un *Lesbia* de cette forme mêlé à de nombreux *L. caudata* mais un peu moins bien caractérisé que l'unique specimen du Choco qui m'a été communiqué par Hellmayr.

(3) Seule figure reconnaissable de la forme *holocyaneus*, mais avec des localités erronées.

(4) Il m'est impossible de savoir auxquelles des formes de *L. Kingi* s'appliquent les citations suivantes : *Troch. cyanurus* (ex Lath. non Vieill.) Stephens ap. Shaw, Gen. Zool. xiv, 1826, p. 239. — *L. Kingi* et *cyanura* Heine, J. Orn., xi, 1863, pp. 222-223. — *Mellisuga* Salvadori Benvenuti, in Ann. Mus. Zool. Firenze (n. ser.), i. 1865, p. 204 (n. Grenada). — *Cynanthus forficatus* (ex L. [errore]) Ell., Syn., 1878, p. 151. — *Cyanolesbia cyanura typica* Hart. in Tierr. Tr., 1900, p. 175. — Salvin a confondu presque toutes les espèces à rectrices bleues du genre, sous le nom de *Cyanol. Gorgo* in Cat., xvi, p. 437.

pl. 16. — Id., Traité Ornith., 1831, p. 284. — Id., Compl. Buff., 1838, p. 561
(Brésil). — *Augastes scutatus* Gould, Monog., IV, pl. 221, juin 1849 (Ecuador
[errore]). — *Aug. superbus* Ell. 1878. Salv. 1892. Hart., 1900, etc. — *Aug.
scutatus* Cory, 1918.

Brésil orient. : états de Bahia et de Minas (distr. de Diamantina, serra de
Communaty, pico Itacolumi).

2. **A. lumachellus** (Less.) *Orn. l.* Less., in Rev. Zool., I, 1838, p. 315 (Bahia au
Brésil). — *Troch. l.* Bourc. in Rev. Zool., 1846, p. 313 (Bahia). — *Augastes l.*
Gould, Monog., IV, pl. 222, juin 1849. — *Rhamphomicron Lamprurus l.*
Reichenb., Troch. Enum., pl. 823, ff. 4829-4831.

Brésil orient. (1).

2ᵉ Genre. — SCHISTES

Gould, in Jardine, Contrib. Orn., 1851, p. 140 (type *S. albogularis* Gould).

1. **S. albogularis** Gould, in Jardine, Contrib. Orn. 1851, p. 140. (Pichincha par
Jameson). — *S. personatus* Gould, in P. Z. S., XXVIII, 1860, p. 311 (Pallatanga
par Fraser). — *Ibid.,* Gould, Monog., IV, pl. 219, oct. 1853 ♂. — *S. albogularis* ♀, id., pl. 220, oct. 1853.

Colombie : andes occid. et versant occid. des andes centrales; vallée de la
Cauca (2). — Ecuador : rég. interandine.

Subsp. (B). — **S. albogularis bolivianus** E. S.

Bolivie (Buckley).

2. **S. Geoffroyi** (Bourc.). — *Troch. G.* Bourc. in Rev. Zool., avr. 1843, p. 101
(vallée de la Cauca, près Cartagena) (3). — *Id.* Bourc. et Muls., in Ann. Sc.
phys. Lyon, VI, 1843, p. 37, pl. 3. — *Schistes G.* Gould, Monog., IV, pl. 218,
oct. 1853.

Colombie : andes orientales : savane de Bogota. — Ecuador : région orientale. — Pérou (Paltaypampa, par Jelski).

43ᵉ Groupe. — *HELIOTRIX*

1ᵉʳ Genre. — HELIOTRIX

Heliotrys (sic) Boie, Isis, 1831, p. 547 (type *Tr. auritus* Gm., désigné par
G. R. Gray en 1840) (4). — *Heliothrix* (nom. emend.) Strickl. in Ann. nat.
Hist., (sér. 4ᵉ) 1841, p. 419. — *Heliotrix* (nom. emend.) E. S., Cat. 1897.

---

(1) Cet oiseau, qui était envoyé assez souvent autrefois, du temps des frères Verreaux,
est devenu très rare aujourd'hui. Sa provenance exacte est incertaine; les spécimens que
j'en ai vus, tous très vieux en collection, étaient soit montés, soit préparés à la manière de
Bahia.

(2) Se trouve très rarement mêlé au *S. Geoffroyi* dans les lots d'oiseaux de Bogota,
tandis qu'il domine dans la vallée de la Cauca et qu'il se trouve presque exclusivement dans
les andes de l'Ecuador sauf sur le versant amazonien.

(3) Provenance peut être erronée car d'après Chapman, le *S. Geoffroyi*, très commun
dans la haute vallée de la Magdalena, est remplacé par *S. albogularis* dans celle de la Cauca.

(4) Comprenant *Troch. auritus* Gm., *petasophorus* Wied et *scutatus* Vieill.

1. **H. auritus** (Gm.) *Troch. auritus* Gm.; Syst. Nat., éd. 13e, i, 1788, p. 493 (ex Briss., iii, pl. 37. f. 3), *ibid.*, Audeb. et Vieill. Ois. dorés, i, 1802, p. 67, pl. 27 ♂ (Guyane), pl. 26, ♀. — *Orn. aurita* Less., O. M., 1829-1830, p. 63, pl. 10 ♂. pl. 11, ♀. — Id., Traité Ornith., 1831, p. 275; et Compl. Buff., 1838, p. 558 (Guyane et Brésil). — *Orn. nigrotis* Less., Colib. supp. O. M., 1831, p. 97 (1); et Tr. index, 1833, p., xx, n° 48 (Guyane). — *Hel. auritus* Gould, Monog., iv, pl. 213, oct. 1853. — *Hel. longirostris* Gould, in P. Z. S., 1862, p. 124 ♀ (Ecuador). — *Hel. colombianus* Boucard, Gen. Humm. Bds., 1894, p. 313 (Colombie et Ecuador).

Guyanes fr., holl. et angl. — Vénézuela N.-Or. — Colombie sept. et andes orient. à Bogota. — Ecuador : rég. nord et orient. — Pérou du nord (Huambo par Stolzm.), et amazonien : (Pebas par Hauxw.; Ucayali par Bartlett). — Brésil N. : serra de Lua sur le rio Branco.

> Subsp. (B). — **H. auritus auriculatus** (Nordmann), — *Troch. auriculatus* Nordmann, in Erman's Reise, 1835, p. 5, pl. 2, f. 1 ♂, f. 2 ♀ (Rio-de-Janeiro) (2).

> Brésil S. E. : états de Río, de Parana et de S. Paulo.

> Subsp. (C). — **H. auritus Poucheti** (Less.). — *Orn. Poucheti* Less. in Rev. Zool., 1840, p. 72 (Cayenne [errore]). — *Heliothrix auriculatus* Gould, Monog., iv, pl. 214, oct. 1853. — *Hel. auritus* Tacz., Orn. Pér. i, p. 363 (sec. Berl.) (3). — *H. auritus auriculatus* Hellm., in Nov. Zool., xii, 1905, p. 298.

> Brésil or. : états de Bahia et de Goyaz; Amazonas : rio Madeira (à Calama, sec. Hellm.).— Pérou central (4) et oriental.

> Subsp. (D). — **H. auritus phænolæma** (Gould). — *Hel. phaïnolæma* Gould, in P. Z. S., 1855, p. 87 (rio Napo [errore]).— Id., Monog., iv, pl. 215, août 1859 (rio Negro super.) (5). — *H. auriculatus phaïnolæma* Hellm., in Nov. Zool., xii, 1905, p. 297. — *H. auritus phaïnolæma* id.. in Abh. Bayer. Ak. W., xxvi, 11, 1912, p. 55.

> Brésil N : bas Amazone dans l'état du Para.

2. **H. Barroti** (Bourc.). — *Troch. B.* Bourc., in Rev. Zool., mars 1843, p. 72, (Colombie N, Cartagena). — *Orn. Gabriel* Del., in Echo du Monde savant, n° 45, 15 juin 1843, 1er sem., col. 1070. — *Hel. purpureiceps* Gould, in P. Z. S., 1855, p. 87 (Popayan). — Id., Monog., iv, pl. 216, août 1859. — *Hel. Barroti* Gould, id., pl. 217, oct. 1853 (Veragua ou Cartagena par Warszewicz). — *Hel. Barroti* Gould, Intr. 1861, p. 122 (= *purpureiceps* monog.). — *Hel. violifrons* id., p. 122 (= *Barroti* monog.). — *Hel. Barroti alincius*,

---

(1) Nom nouveau proposé pour l'oiseau figuré comme femelle de *Orn. aurita* sur la pl. 11 du volume précédent ; changement inutile la première détermination était exacte.

(2) Pour l'éthologie cf. Déville, in Rev. et Mag. Zool., 1852, p. 216 ; mais l'indication de la prov. de Bahia doit se rapporter à la forme *Poucheti*.

(3) Probablement aussi *H. auritus* cité de Cosnipata par H. Whitely.

(4) Les *Heliothrix* cités par Boucard, sous le nom inédit de *H. æquatorialis*, comme rapportés par Buckley de l'Ecuador, sont des peaux préparées à Bahia.

(5) Localité peut-être erronée.

Oberh., in Pr. U. S. Nat. Mus., xxiv, 1902, p. 339. (Choctun, Guatémala). —
Hel. Barroti Ridgw., B. o. n. Amer., v, 1911, p. 563. *id.* Chapman, l. c., 1917,
p. 310.

Honduras brit. — Guatémala. Nicaragua. Costa-Rica. rép. de Panama.
Vénézuela N.-E. (1). Colombie N. (Cartagena), andes occid. (Choco),
centrales (Remedios), orient. (Bogota), vallée de la Cauca (Antioquia à
Popayan) et de la Magdalena. — Ecuador.

2° Genre. — HELIACTIN

Boie, in Isis, 1831, p. 546 (2) (type *Troch. dilophus* Temm. = *cornutus*, désigné
par G. R. Gray en 1840). — *Heliactinia* (nom. emend.) Reichenb., Aufz. d.
Colib., 1854, p. 12.

1. **H. cornutus** (Wied). *Troch. c.* Wied, Reise Bras., ii, 1821, p. 190 (Campos
Geraes, près des sources du rio san Francisco). — *Troch. dilophus* Vieill.
in Tableau encycl. et méth. Orn. pars 2, 1823, p. 573. — *Troch. bilophus*
Temm., pl. col., liv. 3, 25 déc. 1824, pl. 18, f. 2. — *Mellisuga bilopha*
Stephens ap. Shaw, Gén. Zool., xiv, 1826, p. 251, pl. 30. — *Orn. chrysolopha*
Less. O. M., 1829-1830, p. 55, pl. 7 et 8; id. Colib. supp. O. M., p. 162,
pl. 32; id., Traité Ornith., 1831, p. 276; id., Compl. Buff. 1838, p. 557. —
Heliactin cornuta Gould, Monog., iv, pl. 212, mai 1856. — *Heliactinia
chrysolopha* Reichenb., Tr. Enum., pl. 814, ff. 4902-4904.

Brésil : états de S. Paulo, Minas-Geraes (distr. de Diamantina), Goyaz,
Matto-Grosso, Bahia (Morro de Candenba) (3).

44° Groupe. — *LODDIGIORNIS*

1er Genre. — LODDIGIORNIS

Loddigiornis Bonap. in C. R. Ac. Sc., xxx, 1850, p. 381. — *Loddigesia* Bonap.,
Consp. Gen. Av. i, 1850, p. 80, n° 184 (4) (type *Tr. mirabilis* Bourc.) — *Orthorynchus g Mulsantia* Reichenb., Aufz. d. Col., 1854, p. 12. — *Platura* (sec.
Platurus Less.) Muls. et Verr., Ess. Classif., 1866, p. 80. — *Thaumatoëssa*
(subst. à *Loddigesia*), Heine in J. Orn. xi, 1863, p. 209.

1. **L. mirabilis** (Bourc.). — *Troch. m.* Bourc. (Lodd. M. S.), in P. Z. S., xv,
1847, p. 42 (Chachapoyas, par Matthews). — Id., in Rev. Zool., août 1847,
p. 253. — *Loddigesia m.* Gould, Monog., iii, pl. 161, sept. 1861. — *Orthorynchus Mulsantia mirabilis* Reichenb., Tr. Enum., pl. 810, f. 4888 (sec.
Gould). (Ethol. cf. Stolzm., Orn. Pér. i, p. 321).

Pérou N. : Leimabamba, Levanto, Tamiapampa, San Pedro, Chachapoyas,
de 2100 à 2700ᵐ.

---

(1) Un mâle reçu par moi-même de la cordillière de Paria.

(2) Comprenant aussi *Tr. exilis* Lath. (*Microlyssa*) et *Langsdorffi* Vieill. (*Gouldomyia*).

(3) Pour l'éthologie cf. E. Gounelle, in Ornis, fév. 1909, p. 181.

(4) Le nom de *Loddigiornis*, bien qu'antérieur, paraît avoir été proposé pour être
substitué à celui de *Loddigesia*, préoccupé en Botanique, en avril 1850. Bonaparte ne
connaissait le nom *Loddigesia* que par une indication in litteris de Gould.

45ᵉ Groupe. — *HELIOMASTER*

1ᵉʳ Genre. — ANTHOSCÆNUS

Corinnes (sec. Less.) G. R. Gray, Cat. gen. et subgen. Birds, 1855, p. 21, n° 326 (nom. præocc.) — *Ibid.* Hand List. I, 1869, p. 137. n° 501. — *Floricola* (nom. præocc. (1). Ell. Syn. 1878, p. 82 (type *Troch. longirostris* Vieill.) — *Anthoscænus* (substitué à *Floricola*) Richmond, in Pr. biol. Soc. Wash. xv, avr., 1902, p. 85. — *Anthoscænus* (nom. emend.) Hellm. in Nov. Zool. xiii, 1906, p. 36 (2).

1. **A. Constanti** (Del.) — *Orn. C.* Del., in Echo du Monde savant, 1843, 1ᵉʳ sém. n° 45, 15 juin 1843, col. 1069 (3) (Guatemala). — *Heliomaster C.* Gould, Monog. iv, pl. 260, mai 1853 (Guatemala). *Floricola* vel *Anthoscænus Constanti* auct. recent. — *A. Const. Constanti* Ridgw. Bdˢ n. Amér., v, 1911, p. 350. — *Ibid.* Cory, Cat. 1918, p. 293.

Nicaragua. Salvador. Guatemala et Costa-Rica.

> Subsp. (B). — **A. Constanti Leocadiæ** (Bourc. et Muls.). — *Troch. Leocadiæ* B. et M., in Ann. Sc. phys. Lyon, iv, 1852, p. 141 (Mexique). — *Heliomaster pinicola* Gould, Monog. iv, pl. 261, mai 1853 (4) (Mexique par Floresi). — *Heliom. Leocadiæ* Gould, Intr., p. 140. — *Floricola* vel *Anthoscænus Leocadiæ* (5) auct. recent. — *A. Constanti Leocadiæ* Ridgw. l. c. 1911, p. 352; *ibid.* Cory l. c., p. 291.

> Mexique sud et ouest : états de Chiapas, Oaxaca, Guerrero, Michoacan, Jalisco, Sinaloa et territ. de Tepic.

2. **A. longirostris** (Vieill.) — *Troch. l.* Audeb. et Vieill., in Ois. dorés, i, 1802, p. 128, pl. 59 (inc. sed. (6). — *Tr. superbus* Shaw et Nodder, Natur. Miscell.

---

(1) Gistel avait proposé en 1850 dans *Handbuch d. Naturg. all drei Reichs*, p. 404, le nom de *Floricola* pour remplacer celui de *Palés* Chevrolat (Coleoptera, in Cat. Dejean 1834), qui ne lui paraissait pas conforme au code de nomenclature de la *Philosophia entomologica* de Fabricius — on pourrait objecter que ce genre *Pales* (Coleopt.) n'ayant été caractérisé qu'en 1858 par Redtenbacher, in *Fauna austriaca*, éd. 2, p. 295, n'était en 1850 qu'un nom de catalogue (nomen nudum) et que Gistel ne pouvait valablement le remplacer — d'un autre côté cependant, Chevrolat, sans donner les caractères du genre, cite une espèce type : *P. ulema* Mégerle (Germar), ce qui lui donne une sorte de validité, au moins égale à celle des genres de *Trochilides* de Reichenbach, dont l'admission n'a jamais fait de doute. — *Pales* (Coleopt.) a été attribué à Chevrolat 1834, par Agassiz (Nomencl. Zool.), Scudder, Redtenbacher, Chapuis etc., étant præoccupé dans l'ordre des Diptères il a été remplacé en *Eupales* par Lefèvre, mais seulement en 1885, bien postérieurement à Gistel. — Le genre *Noda* est exactement dans le même cas, changé en *Brachypnoea* par Gistel en 1850, en *Nodonota* par Lefèvre en 1885.

(2) Reichenbach, qui comprenait dans le genre *Selasphorus* Sw. toutes les espèces du genre *Heliomaster* Bonap., a écrit à la page 11 de l'*Enum. Trochil. Selasopherus* mais il s'agit d'une simple faute typographique d'un nom écrit correctement à la page 10 du même ouvrage et non d'un nom nouveau pouvant être substitué à *Floricola*.

(3) Type à New-York, anc. coll. Elliot (sec. Ell.)

(4) Type à Londres (sec. Salvin).

(5) L'orthographe *Leocardiæ* Salv., résulte sans doute d'une faute typographique.

(6) Vieillot a plus tard indiqué Trinidad, in Nouv. Dict. vii, 1817, p. 360.

xiii, 1802, pl. 51 (1). — *Ibid.* Shaw, Gen. Zool. viii, p. i, 1812. p. 323, pl. 41, f. 2. — *Orn. superba* Less. O. M., 1829-1830, pp. xxv et p. 4, pl. 2 ; et Col. supp. O. M., p. 164, pl. 33 (Trinidad) ; id. Traité Ornith. 1831, p. 278. — Id. compl. de Buffon 1838, p. 553. — *Heliomaster longirostris* Gould, Monog. iv, pl. 259, mai 1853. — *Floricola longirostris* Ell., Syn., p. 83. — *Ibid.* Salv. Cat. p. 229. — *Fl. longirostris pallidiceps* (non Gould) et *veraguensis* (2). Boucard, Gen. Humm. B., pp. 302-304. — *Floricola superba* Hart. in Tierr. Tr. p. 192. — *Anth. longirostris* et *longirostris pallidiceps* (saltem ad part.) Ridgw. Bd⁵ n. Amer. v, 1911, p. 349.

Ile de Trinidad. Guyanes angl., holl. et française. — Vénézuela or. (Cumana, Orénoque) et N. (Caracas, S. Esteban) — Colombie N. (Santa-Marta) — Rép. de Panama (Chiriqui). — Costa-Rica (S. José). — Guatémala (3). — Pérou amazonien (Pebas, Nauta, Iquitos, Rioja) — ? Bolivie.

Subspecies (B). — **A. longirostris chaloura** E. S. — ? *Heliomaster Sclateri* (non Cab. et Heine) Gould, Intr., 1861, p. 139 (Costa-Riea, par Warszewicz) (4).

Subsp. (C). — **A. longirostris Stuartæ** (Lawr.) — *Heliomaster St. Lawr.* in Ann. Lyc. N. Y. vii, avril 1860, p. 107 (Bogota). (?) — *Hel. Sclateri* Cab. et Heine, in Mus. heine. iii, 1860, p. 54 (Vénézuela) (5). — *Hel. Stuartæ* G. R. Gray, Hand List, i, 1869, p. 137, n° 1760. — *Floricola superba Stewartæ* (6) Hart., in Tierr. Troch. 1900, p. 192. — *Anthoscænus longir. Stewartæ* Chapman in Bull. Amer. Mus. n. h. xxxvi, p. 311, n° 1413.

Colombie : andes sept. (Santa-Marta) ; occid. (Cali) ; centr. et orient. (Honda, Bogota, San Augustino, etc.) ; amazonienne (Llanos du rio Meta).

Subsp. (D). — **A. longirostris pallidiceps** (Gould). — *Heliomaster p.* Gould, Intr., 1861, p. 139. (Mexique et Guatémala [errore]). Mexique : états de Veracruz et de Guerrero (7).

Subsp. (E). — **A. longirostris albicrissa** (Gould). — *Heliomaster a.* Gould, in P. Z. S., 1871, p. 504 (Ecuador : Citado, par Buckley). Ecuador occid. (8).

---

(1) Cette figure et celle de Vieillot ont été dessinées par Syd. Edwards sur le même oiseau, dans la collection Thompson à Londres. La priorité de Vieillot n'est pas certaine.

(2) Oiseau dont la gorge est passée au gris violacé par suite d'une altération accidentelle.

(3) Dans la collection Boucard sous le nom erroné de *Floricola pallidiceps* Gould.

(4) Sans localités précises.

(5) Localité sans doute erronée ; la diagnose s'applique beaucoup mieux à la forme de Bogota « minor, rostro longiore, supra cupreo virescens, pileo splendide cæruleonitenti, subtus gula purpurea » je ne puis cependant affirmer que cette forme n'existe pas au Vénézuela. Conjointement avec la forme type ; M. Chapman cite en effet deux spécimens de Bermudez (Vénézuela) qui par la longueur de leur bec (30,5 et 31 ᵐ/ₘ) ressemblent plus à ceux de Bogota qu'à ceux de Trinidad.

(6) *Stuartæ* et *Stewartæ* sont deux formes orthographiques d'un même nom ; je me suis assuré que la description originale de Lawrence porte *Stuartæ*, qui doit prévaloir, c'est à tort que j'ai écrit *Stewartæ* dans le Synopsis p. 219, *race locale* (C).

(7) Les oiseaux indiqués sous le nom de *pallidiceps* du Guatémala, du Costa-Rica et de Panama, se rapportent tous à la forme type ou à la forme *chalcura*.

(8) Indiqué par erreur du Pérou par Taczanowski (à Lechugal, Paucal, Nancho).

2ᵉ Genre. — LEPIDOLARYNX

Selasphorus g. Lepidolarynx Reichenb., Aufz. d. Colib. 1854, p. 13 (type *Tr. mesoleucus* Temm.) — *Ornithomyia* Bonap., in Rév. et Mag. Zool., 1854, p. 251 (pars *Tr. mesoleucus*).—*Corinnes* (sec. Less., nom. præocc.) G. R. Gray, Cat. Gen. et Subgen. Birds, 1855, p. 21, nº 326. — Id. in Hand. List. i, 1869, p. 82 (type *Tr. mesoleucus*). — *Calliperidia*, subgen. *Lepidolarynx* (sec. Reichenb.) Muls. et Verr., Ess. Classif. Tr., 1866, p. 50. — *Lepidolarynx* Ell. Syn., 1878, p. 84.

1. **L. squamosus** (Temm.) — *Troch. squamosus* Temm., in Pl. Col., liv. 34, 26 juillet 1823, pl. 203, f. 1. — *Troch. mesoleucus* ibid., liv. 53, 25 déc. 1824, pl. 317. — *Orn. mesoleuca* Less. O. M. 1829-1830, pp. xxiv et 110, pl. 29 ♂ et 30 ♀. — Id., in Compl. Buff. 1838, p. 568 (Brésil). — *Orn. Temminki* Less. O. M. p. 88, pl. 20, ♂ jeune. — *Heliomaster mesoleucus* Gould, Monog., iv, pl. 262, mai 1853. — *Lepidolarynx mesol.* id. Intr., 1861, p. 140, nº 192. — Ibid. Ell., Syn. p. 85. — *Ibid.* Salv. Cat. p. 120. — *Heliomaster squamosus* Cab. et Heine, in Mus. heine., iii, 1860, p. 53. — *Ibid.* Hart., in Tierr. Tr., p. 53.

Brésil S. E. : états de Bahia, de Pernambuco, de Minas, de Rio, de S. Paulo.

3ᵉ Genre. — HELIOMASTER

Bonap., in C. R. Ac. Sc. xxx, 1850, p. 382 (type *Orn. Angelæ* Less.) (1). — *Galliphlox g. Calliperidia* Reichenb., Aufz. d. Colib. 1854, p. 12 (type *Orn. Angelæ* Less.) — *Ornithomyia* Bonap. in Rev. Mag. Zool. 1854 (pars, *Orn. Angelæ*). — *Calliperidia* subgen. *Calliperidia* (sec. Reichenb.) Muls. et Verr. Ess. Classif. 1866, p. 50 (2).

1. **H. furcifer** (Schaw) — *Troch. f.* Schaw, Gen. Zool., viii, i, 1812, p. 280 (♀) (Paraguay ex Azara). — *Tr. caudacutus* et *Tr. Azara* Vieill., in N. Dict. vii, 1817, p. 347 ; ibid. in Tabl. Encycl. Orn., 2 p. 4. 1823, p. 549 (Paraguay ex Azara) (3). — *Tr. regis* Schreibers, in Isis 1833, p. 533 et Collect. Fn. Bras. i, pl. 1, f. 1. — *Orn. Angelæ* Less., Illustr. de Zool., i, liv. 8, pl. 45 ♂ et 46 ♀, juillet 1833. — *Heliomaster Angelæ* Gould. Monog. iv, pl. 263, mai

---

(1) L'auteur dil à ce propos « genre *Heliomaster* avec cinq espèces, dont le type est *Orn. Angelæ* Less. » ; plus tard Bonaparte a altéré l'orthographe de ce nom en *Heliomastes* et en a même changé le type (type *Troch. longirostris* Vieill.) in Rev. et Mag. Zool., vi, 1854, p. 251.

(2) *Calopistria* par Bonaparte est un lapsus.

(3) A part ces deux espèces et le *Tr. ruficollis* (cité plus haut au genre *Hylocharis*), il est impossible de tenir compte des noms donnés par Vieillot et Shaw à des Trochilidés indiqués sommairement, et paraît-il de fantaisie, par Azara (in Apuntamientos para la Hist. Nat. de los Pajaros de Paraguay, y Rio de la Plata, ii, p. 484) ; je ne parlerai donc pas des *Troch. fasciatus* et *lucidus* Shaw.; *quadricolor, splendidus, marmoratus, cyanurus* et *leucocrotaphos* Vieill. ; pas plus que des *Tr. purpuratus* (*torquatus* Latham), *aurantius* et *flavifrons* Gm., nommés d'après des dessins insignifiants de Pennant, in Gen. of Birds, p. 63, pl. 8 — pour les oiseaux d'Azara cf. aussi, H. Burmeister, sobre los Picaflores descriptos por D. Felix de Azara, in Anales del Mus. publ. de Buenos Aires, 1864, pp. 67-70 et J. f. Orn., 1865, pp. 225-229, 1866, pp. 88-90.

1853. — *Calliphlox Galliperidia Angelæ* Reichenb., Tr. Enum., pl. 842,
ff. 4986-4989. — *Campylopterus inornatus* Burmeister in J. Orn., 1860,
p. 244 (1) (Resp. Arg.). — *Galliperidia Angelæ* Gould, Intr., 1861, n° 293.

Brésil sud : états de Goyaz, Matto-Grosso, Rio Grande do Sul. — Bolivie :
Chaco oriental — Paraguay — Argentine : prov. de Jujuy (E. Löhnberg),
Salta, Tucuman (Lillo, Baer), Catamarca orient. (Fontana), Chaco (Venturi), Entre-Rios, Cordoba (Schulz.), B. Aires.

46ᵉ Groupe. — *ARCHILOCHUS* (2)

Section A. — 1ᵉʳ Genre. — RHODOPIS

Calliphlox g Rhodopis Reichenb., Aufz. d. Col., 1854, p. 12 (type *Orn. vesper*
Less.). — *Rhodopis* Gould et auct.

1. R. vesper (Less.) — *Orn. vesper* Less., O. M., 1829-1830, pp. 85 et xv, pl. 19
(Chili, près Valparaiso (3), id. traité Orn., 1831, p. 273 et Compl. Buff. 1838,
p. 563. — *Calliphlox Rhodopis vespera* Reichenb., Tr. Enum., pl. 841,
ff. 4984-4985. — *Rhodopis vesper* Gould, Monog., iii, pl. 154, mai 1856 (Pérou,
par Warszewicz).

Pérou sud-ouest : prov. d'Arequipa (Arequipa, Arica, Islay), de Moquegua et
de Tacna (4).

2. R. atacamensis (Leybold). — *Troch. atacamensis* Leybold in Ann. univ.
Santiago, xxxii, 1869, p. 43 (Capiapo par Leybold). — *Rhodopis A.* Martens,
in J. Orn., 1875, p. 442. — *Ibid.* Salv., Cat. xvi, 1892, p. 830.

Pérou du nord : déserts de Sechura : prov. de Piura (Paita, par A. H.
Markham, sec. Salv.) ; prov. de Lambayeque ; prov. de Libertad (Truquillo,

---

(1) Sec. H. Burmeister, in P. Z. S. 1865, pp. 466-467.

(2) Pour les genres *Cyanopogon, Cora* et *Elisa* attribués par Reichenbach à Bonaparte,
voir p.

(3) Localité en partie erronée ; l'oiseau figuré par Lesson est bien la grosse forme que
l'on reçoit du sud du Pérou, comme le montre son uropygium roux, sa taille, et la longueur
de son bec, dépassant 27 m/m ; j'ai pu voir au Muséum le type de Lesson, son étiquette ne
porte qu'une seule indication très vague « Chili », et sur les registres d'entrée de l'époque
j'ai lu cette mention « acquis par échange de M. F. Prévost en 1827 », le mot Valparaiso
paraît avoir été bénévolement ajouté par Lesson ; le même auteur a plus tard indiqué le
Rhodopis du Mexique (in Rev. Zool. 1838, p. 314) ce qui est encore bien plus invraisemblable.

Je ne pense pas que le genre *Rhodopis* s'étende à Valparaiso ; dans tous les cas il y serait
plutôt représenté par *R atacamensis.* — Gould, dont les figures sont parfaites (pl. 154), a très
bien délimité l'aire occupée par le *Rhodopis vesper* typique, d'après les oiseaux rapportés
du sud du Pérou par Warszewicz, principalement d'Arica et entre le littoral et les premières
montagnes », il a seulement eu le tort d'ajouter que l'espèce se trouverait sans doute en
Bolivie, ce qui n'a jamais été confirmé.

(4) Jusqu'en 1894 la province de Tacna a fait partie du Chili, ce qui explique la provenance chilienne donnée par F. Prévost à l'oiseau plus tard décrit par Lesson. Au Musée de
Londres un jeune mâle est indiqué de Lima (par Nation) ce qui ne doit pas être exact, car
aux environs de Lima le genre *Rhodopis* paraît remplacé par le genre *Thaumastura.*

Tembladera, par O. T. Baron) — Chili central : Capiapo au sud du désert
d'Atacama (Leybold) (1).

SECTION B. — 2ᵉ Genre. — THAUMASTURA

Bonap., in C. R. Ac. Sc. xxx, avr. 1850, p. 383. — Id. Consp. gen. Av., i, 1850,
p. 85 (type *Orthor. Cora* Less.). — *Heliactin* subgen. *Thaumastura* Muls. et
Vert. Ess. Class. Troch., 1866, p. 91 (2).

1. **T. Cora** (Less.) — *Orthorynchus Cora* Less., in Duperrey, voy. Coquille,
Zool., 1826, p. 682, pl. 31, f. 4 (entre Callao et Lima). — *Orn. C.* id, O. M.,
1829-1830, pp. xxi, et 53, pl. 6. — Id. Troch. pp. 109-111, pl. 39 et 40. — Id.
Traité Ornith., 1831, p. 276. — Id. Compl. de Buff. 1838, p. 556. — *Thau-
mastura Cora* Gould, Monog., iii, pl. 153, mai 1857. — *Lucifer Thammasiura
Cora* Reichenb., Tr. Enum., pl. 846, ff. 4999-5000. — (Ethol. cf. Jelski, in
Orn. Pér., i, p. 315).

Pérou occid. : Lima, vallée du Rimac (Deville, de Castelnau) (3). — Aréquipa
(H. White); Pérou central : Otusco (O. T. Baron, W. H. Osgood et M. P.
Anderson) Callahuate et Tulpo (G. A. Baer).

Varietas (B) (4). — **Th. Cora montana**, Cory, in Fiel Mus. Nat. hist., i. nᵒ 7,
mai 1913, p. 286.

Pérou : Llaguada pr. Otusco (sec. Cory).

Varietas (C). — **Th. Cora cyanescens** E. S.

Pérou : Tulpo (G. A. Baer).

SECTION C. — 3ᵉ Genre. — PHILODICE Muls. et Verr.

Amathusia subgen. *Philodice* Muls. et Verr., Ess. Class., 1866, p. 86 (type
Troch. Mitchelli Bourc.) — *Calliphlox* (ad pars *C. Mitchelli*) et *Doricha* (ad
part. *D. Bryantæ* Lawr.) auctorum.

1. **P. Mitchelli** (Bourc.) *Troch. M. B.*, in P. Z. S., xv, 1847, p. 46 ; et Rev. Zool.
août 1847, p. 259. (*Zimapan*) (5). — *Calliphlox* M. Gould, Monog., iii, pl. 160,

---

(1) La distribution des deux espèces au Pérou et au Chili est assez curieuse : le *R. vesper*
espèce de régions montagneuses et boisées est confiné dans les provinces les plus méridionales du Pérou ; toujours à une faible distance de la mer; le *R. atacamensis*, espèce de
régions désertiques, sèches et dénudées, à deux stations l'une au Pérou du nord, l'autre au
désert d'Atacama dans le Chili central.

(2) *Thausmatura* Bonap., *Thammasiura* Des Murs, et *Taumasiura* Hartlaub, sont des
fautes typographiques.

(3) Commun dans la région maritime de Callao à Lima, sec. Lesson ; mais seulement
de février à mai, sec. Deville.

(4) Deux variétés insignifiantes, peut-être individuelles.

(5) Zimapan est l'une des villes principales de l'état de Hidalgo au Mexique; localité
évidemment erronée pour une espèce jusqu'ici propre aux andes de la Colombie du sud et
de l'Ecuador — d'un autre côté l'espèce du Mexique figurée par de Oca (los Colibries mex.,
p. 43, f. 31) sous le nom de *Calliphlox Mitchelli*, est un *Calothorax*.

mai 1860. — *Lucifer Calothorax* M. Reichenb., Tr. Enum., pl. 848, ff. 5006-5008.

Colombie : andes occid. du sud (Barbacoas) et andes orient. : (savane de Bogota). — Ecuador : rég. interandine ot orient.

2. **P. Bryantæ** (Lawr.) — *Doricha B.* Lawr. in Ann. Lyc. N. Y., VIII, 1867, p. 483 (Costa-Rica par J. Carmiol). — *Ibid*, Sharpe, in Gould, supp. pl. 53, janv. 1881. — *Nesophlox Bryantæ* Ridgw., l. c., v, 1911, p. 645. — *Ibid*. Cory, Cat. 1918, p. 204.

Rép. de Panama et Costa-Rica.

4° Genre. — NESOPHLOX

Amathusia subgen. *Egolia* (nom. præoccup. (1) Muls. et Verr., Ess. classif. 1866, p. 86 (type *Tr. Evelynæ* Bourc.) — *Doricha* auct. recent. (ad part. *D. Evelynæ* et *lyrura*). — *Nesophlox* Ridgw., in Pr. biol. Soc, Wash., avr. 1910, p. 55 (type *Tr. Evelynæ* Bourc. (2) et B^d^ n. Amer. v, p. 639.

1. **N. Evelynæ** (Bourc.) — *Troch. E. B.*, in P. Z. S., 1847, xv, p. 44 ; et Rev. Zool., août 1847, p. 256 (Nassau, New Providence, par Sw.) *Troch. bahamensis* Bryant, in Pr. Bost. N. H., vii, 1859, p. 106 (Nassau). — *Thaumastura Evelynæ* Gould, Monog., iii, pl. 156, mai 1861. — *Doricha E.* id., Intr. 1861, p. 95, n° 175. — *Nesophlox E.* Ridgw., Birds n. Amer., v, 1911, p. 641.

Iles Bahamas : New Providence, Biminis, Berry Island, Eleuthera, Andros, San Salvador, Concepcion, Watling, Acklin, Crooked isl., Long isl., Carrent isl., Grand Caicos, N. Caicos, East Caicos, Cay Sal, Green Cay, Mangrove Cay, Elbow Cay, Stranger Cay, Moraine Cay, Rum Cay, Cay Lobos, Great Bahama (3).

2. **N. Lyrura** (Gould). *Troch. Evelynæ* (non Bourc.) Bryant, in Pr. Bost. N. H., 1866, p. 65 (de Inagua). — *Doricha lyrura* Gould, in Ann. Nat. Hist. (4° sér.) iv, 1869, p. 111. — *Ibid.*, Sharpe, in Gould, supp., pl. 54, janv. 1881. — *Ibid.*, Cory, Bd^s^ Bahama isl, 1880, p. 110. — *Nesophlox l.* Ridgw., l. c., 1911, p. 643.

Bahamas : île Inagua (4).

5° Genre. — DORICHA

Calliphlox b Doricha Reichenb., Aufz. d. Colib., 1854, p. 12 (type *Troch. enicurus* Vieill. — *Dolicha* (nom. emend.) Heine in J. Orn., 1863, p. 208. — *Amathusia* Muls. et Verr., Ess. Classif. 1866, p. 85 (5) (type *Tr. enicurus* Vieill). — *Doricha* (ad part.) auct.

---

(1) Par Erichson en 1842.

(2) Comprenant en outre *D. lyrura* et *D. Bryantæ*, ce dernier à tort.

(3) Toutes les îles de l'archipel à l'exception de Inagua.

(4) Aussi indiqué de Long Island, mais probablement par erreur.

(5) Mulsant a plus tard altéré l'orthographe de ce nom : *Amalasia*, in Ann. Soc. linn. Lyon, xxu, p. 225 et *Amalusia*, in H. N. Ois. M., iv, p. 15, etc.

1. D. henicura (Vieill.). — *Troch. enicurus* (sic) Vieill. in nouv. Dict. XXIII, 1818, p. 429 (Brésil [errore]). — *Ibid.*, Temm. Pl. Col., IV, liv. 2, 1831, pl. 66, f. 3 (Trinidad [errore]. — *Orn. heteropygia* Less., O. M., 1829-1830, p. XXI et p. 72, pl. 15 ♂, id. Traité Orn., 1831, p. 211; et Compl. Buff. 1838, p. 500 (Brésil). — *Troch. Swainsoni* Less., Troch. 1833, p. 167, pl. 66 ♀). — Ibid., Tr. Orn., 1831, p. 277; et Compl. Buff. 1838, p. 560 (Brésil [errore]) (1). — *Thaumastura enicura* Gould, Monog., III, pl. 157, oct. 1852 (Guatémala). — *Calliphlox Doricha henicura* (nom. emend.) Reichenb., Tr. Enum., pl. 840, ff. 4981-4983. — *Doricha enicura* Gould, Introd., 1861, p. 95, n° 176. — *Doricha henicura* auct. recent. (Ethol. cf. O. Salvin, in Ibis, I, p. 129 ; II, p. 140 et p. 264).

Guatémala (sur les hauts plateaux).

6° Genre. — TILMATURA

Tryphæna (nom. præocc.) Gould, Monog., III, pl. 158, 1849 (type : *Orn. Duponti* Less.). — *Tilmatura* Reichenb., Aufz. d. Colib., 1854, p. 8 (type : *T. lepida* Reich. = *Orn. Duponti* Less.).

1. T. Duponti (Less.). — *Orn. D.* Less., Col., supp. O. M., 1831, p. 100, pl. 1 (Mexique). — *Orn. cœlestis* Less., Traité Orn., 1831, p. 276. — *Orn. Zemes* Less., in Rev. Zool., 1838, p. 315, n° 8. — *Orn. rufula* Del. in Echo du Monde savant, n° 45, 15 juin 1843, col. 1070 ♀ (2) (Guatémala). — *Tryphæna Duponti* Gould, Monog., III, pl. 158, juin 1849. — *Tilmatura lepida* Reichenb. (sec. Licht. ?) Tr. Enum., pl. 711, ff. 4610-4614. — *Tilmatura Duponti* auct. recent.

Mexique mérid. : états de Vera-Cruz, Mexico, Jalisco, Guerrero. — Guatémala. — Nicaragua septr. (3).

7° Genre. — MICROSTILBON

Todd in Pr. biol. Soc. Wash., XXVI, août 1913, p. 174 (type *M. imperatus* Todd). — *Chætocercus* auct. (ad part. *C. Burmeisteri* Scl.).

1. M. Burmeisteri (Scl.). — *Chætocercus B.* Scl. in P. Z. S., 1887, p. 638 (du Tucuman). — *Ibid.*, Scl. et Hudson, Argent. Orn., II, 1889, p. 2, pl. 11. — *Ibid.*, Lillo, Fauna tucumana, Aves, in Revista de letras y ciencias sociales, 15 août 1905. — *Microstilbon insperatus* Todd, in Pr. biol. Soc. Wash. XXVI, août 1912, p. 174 (ex Buenavista).

Bolivie : Yungas (Orbigny) (4); sierra de Sª Cruz (Mus. Berl.); prov. de

(1) Synonymie indiquée par l'auteur lui-même (Rev. Zool., 1840, p. 73, n° 12), Lesson avait figuré antérieurement, sous le nom d'*Ornismyia Swainsoni* (O. M., 1829-1830, p. 197, pl. 70) une espèce toute différente, du genre *Ricordia*.

(2) Cette synonymie n'est pas douteuse car l'auteur décrit les taches blanches caractéristiques de l'uropygium, en les prenant à tort pour un caractère de jeune ; il ajoute cependant que les rectrices sont pointées de roux, mais nous avons observé que les pointes blanches sont souvent teintées de rougeâtre.

(3) Cf. O. Salvin Ibis, II, p. 266.

(4) Au Muséum de Paris; oiseau cité par d'Orbigny sous le nom d'*Ornismyia cyanopogon*.

Safa : Buenavista (Mus. Carnegie, par Steinbach). — Argentine : prov.
Tucuman : Tafi Viego (1400m), Tapia el Agua de Tapia, la Hoyada, San
José (2200 à 3000m) (Lillo, Dinelli), Tapia, Lagunita (3000m) (G. A. Baer),
prov. Jujuy orient. : Quinta (Lönnberg); prov. Missiones : Posadas
(Dabbene).

8e Genre. — PIOCERCUS

Doricha auct. (ad part. *D. Eliza*). — *Thaumastura* Gould, Monog., III, 1857
(pars *T. Eliza*). — *Amathusia* subgen. *Doricha* Muls. et Verr.. Ess. Class.,
1866, p. 85 (*Tr. Elizæ*). — *Piocercus* E. S., in Rev. fr. Ornith., avr. 1919
n° 120, p. 54, n° 15.

1. **P. Eliza** (Less. et Del.). — *Troch. E. L.* et D., in Rev. Zool., II, 1839, p. 20
(Pas du Taureau entre Vera-Cruz et Jalapa). — *Thaumastura Elizæ* Gould,
Monog., III, pl. 155, mai 1857 (Mex. Cordova par Sallé). — *Lucifer Elisa*
Reichenb., Tr. Enum., pl. 845, ff. 4996-98. — *Doricha Elizæ* Gould, Intr.
1861, p. 94; *ibid.* vel *Elisa* auct. recent.

Mexique mérid. : états de Vera-Cruz, de Yucatan et îles de la côte du
Yucatan.

9e Genre. — CALOTHORAX

Calothorax G. R. Gray, List. Gen Birds, 1840, p. 13 (type *Orn. cyanopogon*
Less. = *Tr. Cynanthus lucifer* Sw.). — *Lucifer* Reichenb., Synop. Avium
Syst. nat., 1849, pl. 39. — *Amathusia*, s. g. *Manilia* (type *Cal. pulcher*
Gould), et *Orn.*, s. g. *Lucifer* (type *Orn. cyanopogon* Less.) Muls. et Verr.,
Ess. Class., 1866, p. 86 et p. 91. — *Callithorax* (nom. emend.) E. S., Cat.
Tr., 1897, p. 37. — *Calothorax* auct. recent.

1. **C. lucifer** (Sw.) *Cynanthus l.* Sw., in Phil. Mag. (n. sér.), I, 1827, p. 442 (Mex.
Temascaltepec). — *Orn. cyanopogon* Less., O. M., 1829-1830, p. XVI, pl. 5
(Mexique), id. Colib. supp. O. M., pp. 117-119, pl. 9 et 10, Id. Traité Ornith.
p. 274. — Id. Compl. Buff. 1838, p. 556. — *Troch. simplex* id. Col., 1831,
p. 86, pl. 23, jeune (Brésil [errore]). — *Troch. coruscus* Licht. in Wied, Mex
Vög. 1830, p. 3 et J. Orn., 1863, p. 55, n° 34. — *Troch. Cohuatl* de la Llave,
in Regist. trim., II, 1833, p. 47. — *Calothorax cyanopogon* Gould, Monog.,
III, pl. 143, sept. 1857. — *Lucifer cyanopogon* Reichenb., Tr. Enum., pl. 843,
ff. 4990-4991. — *Calothorax lucifer* Ridgw., Bds n. Amer., V, 1911, p. 633, et
auct. recent.

Arizona s. (camp Bowie). Texas s. o. (Chisos mountains). — Mexique (presque entier).

2. **C. pulcher** (Gould.). *G. pulchra* Gould, in Ann. nat. Hist. (3e sér.), IV, 1859,
p. 97 (Oaxaca, par Sallé). — Id., Monog., III, pl. 144, mai 1860. — *C. pulcher*
Ridgw., l. c., V, 1911, p. 655, et auct. recent.

Mexique mérid. : états de Puebla, Oaxaca, Guerrero et Chiapas.

SECTION. D. — 10e Genre. — ARCHILOCHUS

Cynanthus (non Sw.) Boie in Isis, 1831, p. 547 (type *Tr. colubris* L.). — *Selasphorus b Archilochus* Reichenb., Aufz. d. Colib., 1854, p. 13 (type *Tr.*

Alexandri B. et M.). — *Orn.* subgen. *Ornismyia* Muls. et Verr., Ess. Classif.
1866, p. 91. — *Trochilus* (ex L.) auct. recent.

1. A. **colubris** (L). — *Troch.* c. L., Syst. Nat., éd. 10e, 1758, 1, p. 120 (America
imprimis merid., ex Edwards pl. 38). — *Troch. tomineo* (non L.) Gm.,
Syst. Nat. éd. 13e, 1, p. 492; ex Vieill, in Ois. dorés, 1, 1802, p. 80, pl. 31 ♂,
pl. 32 ♀, pl. 33 ♂ jeune (1). — *Orn. colubris* Less., O. M., pp. xvi et 151,
pl. 48 et 48 bis. Id., Compl. Buff., 1838, p. 577. — *Troch. colubris*
Audubon, Birds Amer. p. 190, pl. 253 (2e éd.) 1844. — *Ibid.*, Gould, Monog.,
III, pl. 131, mai 1859. — *Ibid.*, Reichenb., Tr. Enum., pl. 826, ff. 4939-4944,
— *Troch. aurigularis* Lawr., in Ann. Lyc. N. Y., 1862, p. 458 (inc. sed.) (2).
— *Ibid.*, Heine, in J. Orn., 1863, p. 208.

Amérique du Nord jusqu'au Canada et au Labrador au Nord, Mexique et
Amérique centrale, jusqu'à Panama au Sud (3). — Iles Bermudes, Bahamas,
Cuba et Puerto-Rico (4).

2. A. **Alexandri** (Bourc. et Muls.). — *Troch.* A. B. et M., in Ann. Sç. phys.
Lyon, ix, 1846, p. 330 (Mexique : Sierra Madre). — *Ibid.*, Gould, Monog.,
III, pl. 132, sept. 1857. — *Selasphorus Archilochus* A., Reichenb., Tr. Enum.
pl. 850, ff. 5030-5032.

S. O. des Etats-Unis et Mexique (5).

11e Genre. — CALLIPHLOX

Boie in Isis, 1831, p. 544 (6) (type *Troch. amethystinus* Gm., désigné par
G. R. Gray en 1855), — *Amathusia* subgen *Calliphlox* Muls. et Verr.,

---

(1) *Trochilus maculatus* (non Vieill.) Latham, Ind. Orn., 1, p. 320, n° 64, est un jeune
mâle de l'une des espèces de ce groupe.

(2) Individu ayant séjourné dans l'alcool et décoloré.

(3) Oiseau migrateur ne se montrant qu'en été au Canada et dans les Etats-Unis du
nord et du centre ; en Floride la date la plus printannière 11 mars 1903, la plus automnale
25 octobre 1906.
Relativement à la nidification et aux migrations de cette espèce j'ai relevé les notes
suivantes, toutes récentes :
1890, W. Brewster, in Auk, vii, 1890, pp. 206-207.
1911, R. W. Schufeldt, in Auk, xxxi, p. 516.
1913, E. B. Chamberlin, in Bull. Charlest. Mus., nov. 1913.
1914, R. W. Schufeldt, in Dansk Ornit. I. Tiddsk., viii, 1914, pl. 3, f. 5, pl. 4, ff. 6-9
et ii, pl. 5, f. 13.
1914, Golsan et Holt, in Auk., ap., 1914, p. 225.
1914, Tinker, in Auk., 1914, p. 79, etc., etc.

(4) Indiqué par erreur, sans doute par confusion avec *Calliphlox amethystina*, de Rio
et de Bahia, par Deville (in Rev. et Mag. Zool., 1852, p. 216) et par O. Des Murs (in de
Castelnau, Anim. nouv. ou rares de l'Amérique du Sud, p. 40; dans cet ouvrage les notes
sur les *Trochilidés* sont presque toutes copiées de Deville).

(5) Oiseau migrateur ; pour son éthologie cf. C. N. Townsend, in Pr. U. S. nat. H.
Mus., 1887, pp. 207-209; pour le Nid R. W. Shufeldt, in Dansk Ornit. Tiddsk., vii, heft, iv,
1914, pl. 3, ff. 2-3, pl. 6, f. 7, pl. 8, ff. 19-21.

(6) Ensemble hétérogène comprenant : *Tr. amethystinus* Bodd., *colubris* L., *mesoleucus*
Temm., *corruscus* Licht. (inédit), *ruficaudus* Vieill., *gutturalis* Wied (inédit), *Sitchensis*
Ratbke (inédit), *longirostris* Vieill. et *purpureus* Licht. (inédit).

Ess. Class., 1866, p. 86. — *Gatharma* Ell., in Ibis, 1876, p. 400, et Syn.,
p. 112 (type *Orn. orthura* Less.). — *Calliphlox* (ad part.) et *Catharma* Ell.,
Salv., Hart.

1. **C. amethystina** (Bodd.) *Troch. amethystinus* Bodd., tables pl. enlum., etc.,
   1783, p. 41 (ex pl. 672, f. 1). — *Ibid.* Gm. Syst. Nat., éd. 13ᵉ, 1788, p. 496 (de
   Cayenne; même figure). — *Tr. ruficaudus* (jeune) et *Tr. minullus* (jeune)
   Vieill., in Tableau encyl. et method., Orn., pars ii, pp. 573-574 (ex Mus.
   Laugier). — *Troch. brevicauda* Spix, Av. Bras., 1824, p. 79, pl. 80, f. 2 ♀. —
   Orn. amethystina Less. O. M., 1829-1830, pp. xvi et 150, pl. 47 (Guyane). —
   Id., Col., supp. O. M., p. 138, pl. 20, 21, 22, jeunes (Brésil). — *Orn.
   amethystoides* Less., Troch., 1832, pp. 79-84, pl. 25-26-27 (Brésil). — *Orn.
   orthura* Less., Troch., 1832, pp. 85-88, pl. 28-29, ♂ jeune (Cayenne ex Mus.
   Longuemare). — *Troch. campestris* Wied, Beitr. Nat. Bras., 4, i, 1822,
   p. 73. — *Calliphlox amethystina* Gould, Monog., iii, pl. 159, sept. 1856. —
   Ibid. Reichenb., Tr. Enum., pl. 838, ff. 4976-4978. — *Calliph. amethystoides*
   id., pl. 839, ff. 4979-4980. — *Calliph. amethystina* et *amethystoides* Gould,
   Intr., 1861, pp. 97-98. — *Calliph. amethystina* et *Catharma orthura* (♂ jn.)
   Ell., Syn., 1878, p. 112 et 130. — *Ibid.*, Salv., Cat. p. 386 et 410. — *Ibid.*,
   Hart. in Tierr., Troch., p. 196 et 197. — *Calliph. roraimæ* Boucard, in
   Humm. B., i, 1891, p. 30 (Guyane angl.).

   Trinidad. — Venezuela (surtout oriental). — Guyanes. — Brésil : états du
   Para, de l'Amazone, de Pernambuco, de Bahia, de Minas, de Rio, de
   Parana, de Matto-grosso. — Colombie. — Ecuador orient. — Pérou (N. E.)
   amazonien (Chyavetas, par Bartlett). — Argentine (h. Parana, par Bertoni).

SECTION 4. — 13ᵉ Genre. — DYRINIA

Mellisuga (non *Mellisuga* Vieill., 1816 (1). G. R. Gray (sec. Briss.) List. Gen.
   Birds, 1840, p. 14 (type *Troch. minimus* L.). — *Ibid.* Bonap., Consp. Gen.
   Av., 1850, p. 81. — *Zephyritis* subgen. *Dyrinia* Muls. et Verr., Ess. Class.,
   1866, p. 88 (*Troch. minimus*). — *Mellisuga* auct. récent.

1. **D. minima** (L.) *Troch. minimus* L., S. N., éd. 10ᵉ, 1758, p. 121 (ex Sloane
   pl. 364, f. 1 et Edwards, pl. 105). — *Ibid.* Audeb. et Vieill., Ois. dorés, i,
   1802, p. 135, pl. 64. — Id. (*minutulus* lapso), in Ois. Amér. sept., ii, 1807,
   p. 73. — Id. Tableau encyl. Orn., pars iii, 1823, p. 568. — *Mellisuga humi-
   lis* Gosse, Birds Jamaica, 1847, p. 127. — *Mellisuga minima* Gould, Monog.
   iii, pl. 133, nov. 1851. — *Ibid.* Reichenb., Tr. Enum., pl. 680, ff. 4490-4493. —
   Ibid. Ridgw., Birds of N. Amer. v, 1911, p. 584.

   Île de la Jamaïque.

   Subsp. (B). — **D. minima Vieilloti** (Shaw). — *Troch. niger* (non L.,)
      Audeb. et Vieill., Ois. dorés, i, 1802, p. 119, pl. 53 (Saint-Domingue).
      — *Troch. Vieilloti* (substitué à *Troch. niger* Vieill.) Shaw, Gen. Zool.,
      viii, i, 1812, p. 347. — *Orn. minima* Less., O. M., 1829-1830, p. 213,
      pl. 79 ; id. Traité Orn., 1831, p. 282, et Compl. Buff., 1838, p. 588 (île

---

(1) *Mellisuga* Vieillot, Analyse d'une nouvelle Ornithologie, 1816, p. 46, n° 60 = *Certhia*
L. type : le *Soui-Manga Angala-Dian* de Buffon.

Saint-Domingue) (1). — *Orn. Catharinæ* Sallé in Rev. Mag. Zool., oct.
1849, p. 498 (Saint-Domingue). — *Mellisuga Catharinæ* Ridgw. l. c., v,
1911, p. 586. — *Ibid.* Cory, Cat. 1918, p. 305.

Ile Saint-Domingue.

13e Genre. — ZEPHYRITIS

Calypte Gould, Monog., III, pl. 134-135 etc. 1856. — *Zephyritis* subgen. *Zephyritis* Muls. et Verr,, Ess. Classif. 1866, p. 88. — *Leacaria* Muls. in Ann.
Soc. linn. Lyon, XXII, 1875, p. 227 (type *Orn. Costæ* Bourc.). — *Calypte* auct.
recent. (ad max. part.).

1. **Z. Annæ** (Less.). *Orn. Anna* Less., O. M, 1829-1830, pp. XXXI et 205, pl. 74. Id.
Col., supp. O. M., p. 113, f. 7. Id., Tr. Orn. p. 281. Id. Compl. de Buff., p. 587
(Californie). — *Troch. icterocephalus* Nuttal, Man. Orn. U. S., éd. 2e, I, 1844,
p. 712 (2). — *Troch. Anna* Audubon, Birds of Amer. (2e édit. 1844) p. 188,
pl. 252. — *Calypte Annæ* Gould, Monog., III, pl. 135, mai 1856. — *Troch.
(Atthis) Annæ* Reichenb., Tr. Enum., pl. 834, ff. 4963-65. — *Calypte
Annæ* auct. recent.

Californie et îles de la côte. Nevada. Arizona. — Mexique N.-O. : Basse-
Californie. La Sonora (san José Mountains).

2. **Z. Costai** (Bourc.) : — *Orn. Costæ* Bourc., Rev. Zool., II, 1839, p. 294 (Californie). — *Calypte Costæ* Gould, Monog., III, pl. 134, mai 1856. — *Troch.
(Atthis) Costæ* Reichenb., Tr. Enum., pl. 836, ff. 4969-72. — *Calypte Costæ*
auct. recent.

Sud de la Californie. Basse-Californie et îles de la côte. Nevada (E. et S.).
Utah (S.). Arizona. New-Mexico. — Mexique N.-O. jusqu'à Mazatlan (dans
la Sinaloa, en migration).

14e Genre. — CALYPTE

Gould, Monog., III, pl. 136, 1856 (type *C. Helenæ*, désigné par Muls. en 1866).
— *Zephyritis* subgen. *Calypte* Muls. et Verr., Ess. Class. 1866, p. 88
(*Z. Elviræ* M. et V. = *Calypte Helenæ*) — *Calypte* auct. ad part.

1. **C. Helenæ** (Lembeye). — *Orthorynchus H.* Lembeye, Aves de la isla de
Cuba, 1850, p. 70, pl. 10, f. 2 (Cardenas, sec. Gundlach). — *Calypte Helenæ*
Gould, Monog., III, pl. 136, mai 1856. — *Ibid.* Reichenb., Tr. Enum., pl. 837,
ff. 4973-4975. — *Orthorynchus Boothi* Gundlach, in J. f. Orn. IV, 1856, p. 99
et 1859, p. 347 (Santiago de Cuba). — *Orth. Helenæ* ibid., 1861, p. 334 et 414
— *Zephyritis (Calypte) Elviræ* Muls. et Verr., Ess. Classif., 1866, p. 88. —
Calypte Helenæ Ridgw., Birds n. Amer., v, 1911, p. 625.

Cuba : partie orientale de l'île (Cardenas, Santiago, Tatiras, Bayate, Holquin,
Figuabas, Guantanamo).

---

(1) Cité ici uniquement d'après cette indication de provenance, car la description de
Lesson paraît faite d'après celle de Vieillot.

(2) D'après Ridgway *Trochilus icterocephalus* Nuttal, n'est autre qu'un mâle de *Zephyritis Annæ* avec le front couvert de pollen jaune.

15ᵉ Genre. — STELLULA

Gould, Intr. 1861, p. 90 (type *Tr. Calliope* Gould). *Stellura* (nom. alter.) Muls.
et Verr., Ess. Class., 1866, p. 88.

1. **S. Calliope** (Gould). — *Troch. (Calothorax) C.* Gould, in P. Z. S. xv, 1847,
p. 11 (Mexico). — *Calothorax C.* Gould, Monog., iii, pl. 142, sept. 1857. —
Stellala Calliope Gould, Intr., p. 90, n° 161 et auct. recent.

Colombie brit. et partie occidentale des Etats-Unis (en été) ; sud des Etats-
Unis, Mexique occid. et central (en hiver),

16ᵉ Genre. — ATTHIS

Troch. g Atthis Reichenb., Aufz. d. Col. 1854, p. 12 (type *Orn. Heloisa* Less.
et Del., désigné par G. R. Gray en 1855). — *Atthis* Gould, Intr. 1861, p. 89.

1. **A. Heloisæ** (Less. et Del.) — *Orn. H. L. et D.*, in Rev. Zool., ii, 1839,
p. 15 (entre Jalapa et Coatepec). — *Selasphorus Heloisæ* Gould, Monog., iii,
pl. 141, oct. 1854. — *Troch. Atthis Heloisa* Reichenb., Tr. Enum., pl. 835,
ff. 4966-4968. — *Atthis Heloisæ* Gould, Intr. 1861, p. 89, n° 160. — *Id.* Ell.
Illustr. Birds n. Amer., 1868, pl. 12. — *Atthis Heloisa Heloisa* Ridgw., Birds
n. Amer., v, 1911, p. 592.

Mexique central et mérid. : états de Tamaulipas, Guanajuato, San-Luis-
Potosi, Aguas calientes, Zacatecas, Vera-Cruz, Mexico, Oaxaca, Guerrero,
territ. de Tepic.

2. **A. Ellioti** Ridgw., in Pr. U. S. Nat. Mus., i, 1878, p. 9 (volcan de Fuego). —
A. Heloisa Ellioti Ridgw., l. c., 1911, p. 594.

Guatémala (dans la haute région).

3. **A. Morcomi** Ridgw., in Auk. xv, 1898, p. 325 (monts Huachuca). — *A. Heloisa
Morcomi*, Ridgw., l. c., 1911, p. 595.

Arizona S. (monts Huachuca à Ramsey Cañon) (1).

SECTION F. — **17ᵉ Genre. — MYRTIS**

Lucifer b Myrtis Reichenb., Aufz. d. Colib., 1854, p. 13 (type *Orn. Fanny*
Less.). — *Zephyritis* subgen. *Myrtis* Muls. et Verr., Ess. Classif., 1866, p. 87.
— *Eudosia* Muls., in Ann. Soc. linn. Lyon, (n. sér.), xxii, 1875, p. 228 (non
p. 216) (type *Tr. Yarrelli* Bourc.). — *Eulidia* (2) Muls. et Verr., Hist. nat.
Ois. M., iv, 1877, p. 114 (*Tr. Yarelli* B.).

1. **M. Fannyæ** (Less.). — *Orn. Fanny* Less., in Ann. Sc. Nat. (2ᵉ sér.), ix, 1838,
p. 170 ; ibid., in Rev. Zool. 1838, p. 314 (Mexique [errore]). — *Orn. Labrador* Bourc., in Ann. Sc. phys. Lyon, ii, 1839, p. 489 ♂ (Mexique [errore]) ;
ibid. in Rev. Zool., 1846, p. 311 ♀ (Pérou : Lima). — *Calothorax Fanny*

---

(1) Species invisa et dubia.
(2) Pour remplacer le nom *Eudosia* préoccupé la même année, par l'auteur lui-même.

Gould, Monog., III, pl. 151, sept. 1856 (Pérou et Bolivie, par Warszewicz).
— *Lucifer b Myrtis Labrador* Reichenb., Tr. Enum., pl. 844, ff. 4992-4995.
— *Myrtis Fanniæ* Gould, Intr., p. 93. — *Myrtis Franciscæ* (nom. emend.)
Heine, in J. Orn., XI, 1863, p. 208 (Ethol. cf. Jelski et Stolzm., Orn. Pér.,
I, p. 313).

Ecuador. Pérou nord. Bolivie occid. (1).

2. **M. Yarrelli** (Bourc.). — *Troch. Y. B.*, in P. Z. S., xv, 1847, p. 45 ; ibid., in
Rev. Zool., août 1847, p. 258 (2) (Montevideo, [errore]). — *Calothorax
Yarrelli* Gould, Monog., III, pl. 152, mai 1852 (Pérou ; Arica). — *Lucifer g
Calothorax Yarrelli* Reichenb., Tr. Enum., pl. 850, ff. 5014-5016. — *Myrtis
Y.* Gould, Intr., p. 93, n° 171.

Pérou S.-O. (3) et Bolivie : Cobija (sec. Delattre).

18e Genre. — MYRMIA

Muls. in Ann. Soc. linn. Lyon (n. sér.), XXII, 1875, p. 228 (type *Calothorax
micrurus* Gould). — *Acestrura* Gould et auct. (ad part. : *A. micrura*).

1. **M. micrura** (Gould). — *Calothorax micrurus* Gould, in P. Z. S., XXI, 1853,
p. 109 (Pérou, par Warszewicz). — *Ibid.*, Monog., III, pl. 148, mai 1854. —
Acestrura micrura id., Intr., 1861, p. 92, n° 167. — *Id.* Ell., 1878,

Ecuador occid. Pérou nord occid. (région basse de la côte du Pacifique) à
Tumbez [Jelski, Stolzman, G. A. Baer]) (4).

Section G. — 19e Genre. — ACESTRURA

Gould, Intr., 1861, p. 91 (type *Orn. Mulsanti* Bourc.). — *Orn.* subgen. *Polym-
nia* (type *Orn. Mulsanti*) et subgen. *Acestrura* (type *Orn. Heliodori* Bourc.)
Muls. et Verr., Ess. Class., 1866, pp. 91-92. — *Polyxemus* Muls. et Verr., H.
n. Ois. Mouches, IV, 1877, p. 123 (type *Chætocercus bombus* Gould). —
Acestrura et *Polyxemus* E. S., Cat. Tr. 1897. — *Chætocercus* Hart., in Tierr.
Tr., 1900 (ad part.).

1. **A. Mulsanti** (Bourc.). — *Orn. cyanopogon* Orbigny et Lafresn. (non Less.)
in Mag. Zool., VIII, cl. II, 1838, p. 28. — *Orn. Mulsant* Bourc., in Rev. Zool.,
v, 1842, p. 373 ; et Ann. Sc. phys. Lyon, v, 1842, p. 344, pl. 30 (Colombie et
Bolivie, Yungas). — *Calothorax Mulsanti* Gould, Monog., III, pl. 145,
nov. 1851. — *Lucifer Calothorax M.* Reichenb., Tr. Enum., pl. 847, ff. 5004-
5005. — *Acestrura M.* Gould, Intr. 1861, p. 91 et auct. recent. [Ethol. cf.
Jelski, in Orn. Pér., I, p. 307).

Colombie : Sa Nevada de Santa Marta ; vallées de la Cauca et de la Magdalena : savane de Bogota. — Ecuador. — Pérou (Ninabamba [Jelski], Tambillo,
Cutervo, Callacate [Stolzm.], Huiro [Whitely]). — Bolivie.

---

(1) Cité, sans doute par erreur, de Buenaventura (Colombie occid.) par Boucard, in Humm.
B. II, n° 9.
(2) Type à New-York (sec. Elliot).
(3) La localité Huasampila donnée par H. Whitely [P. Z. S., 1873] est douteuse.
(4) Gould ajoute Bolivie ce qui est encore douteux.

2. **A. decorata** (Gould). — *Calothorax decoratus* Gould, in P. Z. S., xxviii, 1860,
p. 309 (supposed to be Antioquia). — Ibid., Monog., iii, pl. 146, sept. 1862.
— *Acestrura d.* G., Intr., 1861, p. 91.

Colombie (inc. sed.) (1).

3. **A. bombus** (Gould). — *Chætocercus b.* G., in P. Z. S., 1870, p. 804 (Ecuador :
Citado par Buckley). — *Id.* Sharpe in Gould, supp., pl. 33. — *Polyxemus b.*
Muls. et Verr., H. n. Ois.-Mouches, iv, 1877, p. 123, pl. 111.

Ecuador occid. : région basse, chaude et humide. — Pérou N. (Tambillo,
Callacate, Tamiapampa et Huayabamba (par Stolzmann) (2).

4. **A. Heliodori** (Bourc.). — *Orn. Heliodor* Bourc., in Rev. Zool., iii, 1840, p. 275
(Bogota). — *Calothorax Heliodori* Gould, Monog., iii, pl. 147, nov. 1851. —
Lucifer Calothorax Heliodori Reichenb., Tr. Enum., pl. 847, ff. 5002-5003
(d'après Gould). — *Acestrura Heliodori* Gould, Intr. 1861, p. 92. — *Acestrura
Heliodori et decorata* (non Gould) (3) Boucard, Gen. H. B., p. 15.

Vénézuela (andes de Mérida). — Colombie : andes orient. (savane de Bogota,
San Augustin) (4). — Ecuador.

5. **A. astrans** Bangs, in Pr. N. Engl. Zool., Cl. i, 1899, p. 76 (S. Sebastian).

Colombie N. : Sa Nevada de Sa Marta (San Sebastian et El Mamon, par
W. Brown; hacienda Cincinnati, par Carriker) (5).

6. **A. Berlepschi** (E. S.). — *Chætocercus B.* E. S., in Mém. Soc. Zool. Fr., 1889,
p. 230 (région du Napo).

Ecuador : région orientale, bassin du Napo (6).

7. **A. Harterti** (E. S.). — *Polyxemus H.* E. S., in Ornis, ix, 1901, p. 202
(Ibagué) (7).

Colombie : andes centrales à Ibagué. — Ecuador : S. José.

---

(1) Le type, au Musée britannique, est un oiseau préparé à la manière de Bogota ; un second individu (ajouté sans doute depuis à la collection, et indiqué de San José, Ecuador) est un *Acestrura Harterti* E. S. (c du Catal. Salv.). Dans la collection Turati à Milan, l'oiseau déterminé *A. decorata* est *Acestrura Berlepschi* E. S. Enfin l'oiseau du Vénézuela répandu par A. Boucard sous le nom d'*A. decorata* est *A. Heliodori* Bourc.

(2) Pour l'éthologie cf. Stolzmann in Tacz. Orn. Pér., p. 310; d'après une note de Taczanowski il paraît probable que l'espèce est représentée au Pérou par une forme spéciale. « Les oiseaux du Pérou diffèrent des oiseaux typiques de l'Ecuador par la couleur des parties supérieures vertes tirant au bleuâtre au lieu de bronzé, la plaque jugulaire carminée au lieu d'améthystiné » ce qui conviendrait mieux à *A. Berlepschi*.

(3) Les auteurs ont écrit tantôt *Heliodori*, tantôt *Heliodor*, mais la première forme est seule correcte, car Bourcier dit positivement avoir dédié l'espèce à son fils.

(4) Il est curieux que ce petit oiseau des andes de la Colombie ne soit connu des plumassiers que sous le nom d'*étoile du Mexique*.

(5) L'*Acestrura* femelle, rapporté autrefois par F. Simons de la Sierra Nevada de Sa Marta (a du catalogue Salvin) est *A. Mulsanti*.

(6) Type dans la collection E. Simon ; un second mâle dans la collection Turati à Milan, sous le nom erroné d'*Acestrura decorata* Gould.

(7) Type de Ibagué, dans la collection E. Simon ; un second mâle au Musée britannique sous le nom erroné d'*Acestrura decorata* (c du Catalogue Salv.).

20e Genre. — CHÆTOCERCUS

G. R. Gray, in Cat. gen. et subgen. Birds, 1855, p. 22 (type *Orn. Jourdani*
Bourc.). — *Calothorax* Gould (ad part.). — *Orn.* subgen *Osalia* Muls. et
Verr., Ess. Class., 1866, p. 92. — *Chætocercus* auct. rec. (ad part. *C. Rosæ*
et *Jourdani*).

1. **C. Jourdani** (Bourc.). — *Orn. J.* B., in Rev. Zool., II, 1839, p. 295 (1) (de Trinidad). — *Calothorax J.* Gould, Monog., III, pl. 150, mai 1861. — *Chæto-*
cercus J. id. Introd., p. 92, n° 169.

Trinidad (2). — Vénézuela N.-E. : andes de Cumana.

2. **C. Rosæ** (Bourc. et Muls.). — *Troch. R. B.* et *M.*, in Ann. Sc. phys. Lyon, IX,
1846, p. 326 (Caracas). — *Calothorax R.* Gould, Monog., III, pl. 149, sept.
1857. — *Chætocercus R.* Cab. et Heine, Mus. heine., III, 1860, p. 60. — *Ibid.*,
Gould, Intr., p. 92, n° 168.

Vénézuela N. et C. : montagnes de la côte, de la silla de Caracas aux andes
de Mérida. — Colombie : andes orientales à Bogota (3).

Section. H. — 21e Genre. — SELASPHORUS

Sw. Fauna bor. Amer. Birds, II, 1831, p. 496 (type *Troch. rufus* Gm.). —
Selalophorus (nom. emend.) (4) Newton, Dict. Birds, pars II, 1893, p. 448 (5).

1. **S. platycercus** (Sw.). — *Troch. p.* Sw., in Phil. Mag. (n. ser.), I, 1827, p. 441
(Mexico) — *Orn. tricolor* Less., Col., supp. O.M., 1831, p. 125, pl. 14 (Brésil,
[errore]). — *Orn. montana* Less., Tr. 1832-1833, p. 161-163, pl. 63-64
(Mexique). — *Troch. montanus* Sw., B. Braz. et Mex., 1841, pl. 74. — *Sel.*
platycercus Gould, Monog. III, pl. 140, mai 1852. — *Ibid.* Reichenb. Tr. Enum.,
pl. 854, ff. 5027-5029 — et auct. recent.

États-Unis ; région montagneuse de l'ouest, depuis Idaho (Big Butte), Mon-
tana et Wyoming au pied O. des montagnes rocheuses (6), jusqu'au
Mexique et au Guatémala au sud. — Ile Sa Catalina sur la côte de
Californie (J. Grinnell).

2. **S. rufus** (Gm.). *Troch. r.* Gm., Syst. Nat., éd. 13e, I, 1788, p. 497, n° 57
(Colombie brit. in sinu Nootka). — *Troch. collaris* (subst. à *rufus*) Lath. ind.
Orn., I, 1790, p. 318, n° 59. — *Troch. rufus* Audeb. et Vieill. Ois. dorés, I,

---

(1) Type à New-York anc. coll. Elliot (sec. Ell.).

(2) Cité de Trinidad par Léotaud (Ois. Trinid., p. 143) sous le nom de *Calothorax eni-*
curus.

(3) Trouvé très rarement dans les lots d'oiseaux de Bogota.

(4) *Selosphorus* Bonap. et *Selasopherus* Reichenbach (Trochil. Enum., p. 11) sont des
fautes typographiques.

(5) Je ne ferai pas figurer dans le catalogue le *S. Floresi* Gould, qui est un hybride de
Selasphorus rufus et de *Zephyritis Annæ* (cf. à ce sujet. Synopsis, p. 214). Le nom de *Selas-*
phorus rubromitratus avait été proposé par Ridgway pour remplacer celui de *S. Floresi*
Gould, considéré comme préoccupé par *Trochilus Floresi* Bourcier 1846 (*Lampornis*
mango L.).

(6) Seul *Trochilidé* cité de Golden Colorado par Rockwell, Auk. XXXI, 1914, p. 318.

1802, p. 131, pl. 61 (1). — *Orn. Sasin* Less., O. M. 1829-1830, p. 190, pl. 66(2). — Id. Traité Orn. p. 281. Id. Compl. Buff. 1838, p. 584. — *Selasphorus rufus* Audubon, Birds Amer., p. 200, pl. 254 (2ᵉ éd. 1844). *Ibid.* Gould, Monog. iii, pl. 137, mai 1852 (ad part.) (3). — *Selas. ruber* (non *Tr. ruber* L.) Reichenb. Tr. Enum., pl. 852, ff. 5021-5023. — *Ibid.* Cab. et Heine, Mus. heine., iii, 1860, p. 56. — *Selasph. Henshawi* Ell., in Bull. Nutt. Orn. Cl., ii, 1877, p. 102 ; et Syn. 1878, p. iii. — *Selasphorus rufus* auct. recent.

Amérique du Nord : du 61° dans l'Alaska (dét. de Nootka et de Sitka) et le Vancouver, à l'Arizona. — Mexique central et occid. (dans la région montagneuse, l'hiver) (4).

3. **S. Alleni** Henshaw, in Bull. Nutt. Orn. Cl. ii, 1877, pp. 53-58 (Californie : Nicasio), *ibid.* iii, 1878, p. 11. — *Sel. rufus* Gould, Monog. iii, pl. 137, mai 1852 (ad part.) (5). — *Ibid.* Ell., Syn., p. 110. — *S. Alleni* Salv., Cat. xvi, p. 394. — *Ibid.* Ridgw., Birds n. Amer., v, 1911, p. 609.

Colombie britannique S. Californie. N. Arizona. — Mexique : Basse-Californie, N.-O. Sonora, Chihuahua et îles de la côte (en migration l'hiver.)

4. **S. scintilla** (Gould). — *Troch. s.* Gould, in P. Z. S., xviii, 1850, p. 162 (volcan Chiriqui 9.000 p. par Warszewicz). — *Selasphorus s.* Id. Monog., iii, pl. 138, mai 1852. — *Ibid.* Reichenb., Tr. Enum., pl. 853, ff. 5024-5026. — *Id.* Carriker in Ann. Carn. Mus., vi, 1910, p. 549. — *Id.* Ridgw., Birds n. Am., v, 1911, p. 607 (excl. synonymie *S. Underwoodi*).

Costa-Rica (commun sur tout le plateau central et sur les hauts volcans). — Rép. de Panama : Chiriqui, à de grandes altitudes.

5. **S. Underwoodi** Salv. in Bull. Orn. Cl. vi, 1897, p. 38, id. in Ibis 1897, p. 441 (6) (Irazu par C. F. Underwood). — *Ibid.* Carriker, in Ann. Carn. Mus. vi, 1910, p. 549.

Costa-Rica : volcan de Irazu. — Rép. de Panama : Chiriqui (7).

6. **S. ardens** Salv., in P. Z. S. 1870, p. 209 (8). (Panama : Calovevora et Castillo par E. Arcé). — *Ibid.* Sharpe in Gould, supp., pl. 31, janv. 1883. — *Ibid.*

---

(1) La pl. 62, dessinée à Londres, n'est pas un *Selasphorus*; Vieillot a plus tard proposé, pour cet oiseau très douteux, le nom de *Tr. collaris*, déjà employé par Latham et Shaw, dans un autre sens.

(2) La pl. 67 et les pl. 11 et 12 du supplément, représentent des jeunes et pourraient bien s'appliquer à *S. Alleni*.

(3) La figure du mâle dans le bas de la planche.

(4) Pour plus de détails sur la distribution de cette espèce et de la suivante cf. Ridgway, Birds of n. amer., v, pp. 610-613.

(5) Les deux figures du milieu de la planche.

(6) Type à Londres.

(7) Par Boutet du Vigneaux : un seul mâle, au milieu de très nombreux *S. scintilla*.

(8) Type à Londres.

Salv. et Godm. in Biol. centr. Amer., Av., II, 1892, p. 356, pl. 56, f. 1 (1). —
Ibid. Ridgw., l. c., V, 1911, p. 604.

Rép. de Panama : Castillo, el Boquete, Santiago de Veragua.

7. **S. Simoni** Carriker. — *S. Underwoodi* (non Salv.) Hart. in Tierr. Tr., 1900,
p. 206. — *S. Simoni* Carriker in Ann. Carn. Mus. VI, 1910, p. 550 (Barba
par Underwood). *Ibid.* Ridgw. l. c., 1911, p. 606.

Costa Rica : volcans de Barba et de Poas ; las Cruces de Candelaria.

8. **S. flammula** Salv. in P. Z. S., 1864, p. 586 (volcan de Cartago, par
E. Arcé (2). — *Id.* Salv. et Godm. in Biol. centr. Amer., Av., II, 1892, p. 357.
— *Id.* Sharpe in Gould, supp., 1883, pl. 31. — *S. flammula flammula* Carriker,
l. c., 1910, p. 547. — *S. flammula* Ridgw., l. c., 1911, p. 601.

Costa-Rica : volcan de Irazu et de Turrialba ; savane de Cartago, la Estrella
de Cartago ; cerro de Candelaria ; Sᵃ Maria de Dota ; Rancho Redondo.

9. **S. torridus** Salv., in P. Z. S, 1870, p. 208 (Chiriqui, par E. Arcé (3)). *Id.* Salv.
et Godm., in Biol. centr. Amer., Av. II, 1892, p. 354, pl. 56, ff. 2-3. — *S. flammula torridus* Carriker, l. c., 1910, p. 547. — *S. torridus* Ridgw., l. c., 1911,
p. 602.

Rép. de Panama : volcan de Chiriqui. — Costa-Rica : Monts Dota (Underwood) (4).

---

(1) Salvin a sans doute confondu cette espèce avec la suivante ; parmi les localités qu'il
indique : volcán de Poas et Las Cruces se rapportent plutôt à *S. Simoni* ; mais la figure
représente sûrement le vrai *S. ardens*.

(2) Type à Londres.

(3) Type à Londres.

(4) Indiqué aussi du volcan de Irazu par Salvin (in Biol. centr. Amer., Av., II, p. 354)
Carriker et Ridgway, mais avec doute « it is possible that the birds of Irazu are faded or
stained specimens of *flammula*, while those occurring farther south are true *torridus* »
(Carriker l. c., p. 548).

ADDITIONS ET CORRECTIONS

SYNOPSIS

P. 1, n° 43; p. 213 (43e groupe) et p. 214, 1er Genre **HELIOTHRIX**, lisez : **HELIOTRIX**.

P. 14, ligne 3. Bec de 26 1/2 à 27 m/m, lisez : de 36 1/2 à 37 m/m.

P. 16, après **Anisoterus Augusti vicarius** E. S. ajoutez :

— (d) Corps en dessous d'un gris enfumé sombre; en dessus supra-caudales vert cuivré comme le dos, leur bordure rousse réduite à une étroite ceinture. Rectrices médianes et submédianes à partie apicale gris enfumé, au lieu de blanc pur. Rectrices latérales sans aucune bordure. Mandibule inférieure d'un fauve plus foncé (non rouge).

A. Augusti fumosus Schlüter.

P. 52, 3e Genre **LITIOPHANA**, lisez : **LITHIOPHANES**.

PP. 52 et 53, *Lophornis magnificus, ornatus, stictolophus,* lisez : *L. magnifica, ornata, stictolopha.*

P. 63, n° 6. Tout ce qui est dit du *Prasitis caribæa* (Lawr.) est à remplacer par le texte suivant :

6. ♂ Corps en dessous entièrement d'un vert brillant uniforme ; sous-caudales d'un vert un peu plus foncé. Dessus du corps d'un vert cuivré un peu plus foncé, sauf la tête et la nuque, vues en avant, doré très brillant; les dernières supra-caudales d'un vert un peu plus franc et plus clair. Queue ouverte très peu fourchue; rectrices latérales larges, les externes obliquement atténuées au côté interne environ dans leur quart apical et formant un angle très ouvert, obtuses à l'angle externe; les subexternes plus courtes mais un peu plus larges, encore plus obliquement tronquées au côté interne et ressemblant à celles de *P. brevicaudata* G. — Bec de 15 m/m; aile de 41 à 45 m/m. . . . . **P. caribæa** (Lawr.)

Sous-espèce. — (b) ♂ Dessous du corps d'un vert un peu plus brillant et plus doré au moins sur l'abdomen. En dessus cou, dos et scapulaires le plus souvent cuivré un peu rougeâtre; tête et nuque jusqu'à la base, vues en avant, doré éclatant. Sous-caudales d'un vert un peu plus foncé que celui de l'abdomen. Rectrices externes proportionnellement plus longues, plus étroites, plus longuement atténuées obtuses, sans former d'angle interne; les subexternes larges et tronquées comme celles du type. — Bec de 14,3 à 15 m/m; aile de 44 à 46 m/m. — ♀ Rectrices médianes noir-bleu entièrement ou passant au vert-bleu à la base, sur toute leur largeur ou seulement au côté externe ; les externes plus longuement pointées de blanc grisâtre; les subexternes à pointes blanches très petites ; sous-caudales gris blanchâtre, un peu plus foncé que celui de l'abdomen.

P. caribæa orinocensis E. S.

— *Sous-espèce.* — (c) ♂ Dessous du corps entièrement vert brillant, le plus souvent légèrement teinté de bleu fondu sur la poitrine, sans former de plastron défini. Dessus du corps comme celui du type, queue également noir-bleu, un peu plus fourchue, rectrices externes relativement un peu plus étroites et plus obtuses subarrondies. Bec souvent un peu plus long de 15 à 16 m/m. — ♀ Rectrices médianes entièrement noir-bleu comme les autres; rectrices externes noir-bleu jusqu'à la base, brièvement pointées de blanc; les subexternes marquées d'un petit point blanc apical.

P. caribæa Lessoni E. S. et Dalm.

Nota. — Les deux oiseaux dont il est question dans la note 3, p. 63, sont de forme typique; ils sont probablement originaires de Curaçao, plutôt que du Vénézuela, comme je le supposais.

P. 80, *Thalurania Bæri* lisez, *T. Baeri.*

P. 114, ligne 35, largement au milieu, lisez largement blanc au milieu.

P. 132, nº 5, et p. 136, **4ᵉ Genre PRODORIA**, lisez : **PRODOSIA**.

P. 165, **3ᵉ Genre CALLIGENA**, lisez : **CALLIGENIA.**

P. 173, **11ᵉ Genre DIPHLOGÆNA**, lisez : **DIPHLOGENA.**

P. 187, *Threptria Mosquera,* lisez : *T. Mosquerai;* espèce dédiée par Delattre et Bourcier au général Mosquera.

P. 195, *S. sparganurus* (Shaw), lisez : *S. spargannra.*

P. 201, nº 8, *Metallura primolina,* lisez : *M. Primolii;* espèce dédiée par Bourcier au comte Primoli.

P. 208, ligne 4, remplacez le tiret initial par le chiffre **2**.

P. 219, *A. longirostris* var. *stewartæ,* lisez : *stuartæ.*

CATALOGUE

P. 250, nº 1, **H. Ruckery**, lisez : **H. Ruckeri.**

P. 255, note 6, supprimez le membre de la phrase « probablement un spécimen altéré de *Guyornis Guyi* ».

P. 257, après *Subsp.* (c). **A. Augusti vicarius** E. S. ajoutez :

Subsp. (d). **A. Augusti fumosus** (Schlüter). — *Phaëth. fuliginosus* Schl., in Falco, nº 2, août 1913, p. 32 (nom. præocc.). — *Ph. fumosus* (substitué à *fuliginosus*) Schl., ibid., 1914.

Colombie : savane de Bogota.

P. 259, la note 1 est à supprimer.

M. C. E. Hellmayr qui a pu étudier le type de *Phaëthornis fumosus* Schlüter, m'écrit que cet oiseau n'a rien de commun avec le genre *Guyornis,* qu'il appartient au genre *Anisoterus* et que l'espèce lui paraît assez caractérisée pour être admise *a priori;* je croirais plutôt à une forme très obscure, individuelle ou mélanienne, de l'*Anisoterus Augusti vicarius* E. S. de Bogota.

P. 306, **5ᵉ Genre NEOLESBIA**, lisez : **9ᵉ Genre.**

P. 314, les nᵒˢ des notes sont à rectifier, 1, 1, 2, 3, 4, lisez : 1, 2, 3, 4, 5.

P. 344, Prodoria, lisez : **Prodosia.**

P. 346, ligne 16, Carebobo, lisez : Carabobo.

P. 365, ligne 3, Chitapuara, lisez Chitahuara.

P. 366, ligne 12, *Galeria,* lisez : *Galiena.*

P. 366, 368, 369, les nᵒˢ des genres 1, 3, 4, 5, sont à rectifier en 1, 2, 3, 4.

P. 368, ligne 4, Cochaamba, lisez : Cochabamba.

p. 398, **9ᵉ Genre CALOTHORAX** : il est probable que l'orthographe *Callithorax* était dans les intentions de l'auteur, par analogie avec *Calliphlox, Callipharus, Calligenia,* etc.; ce qui n'est cependant pas exprimé explicitement.

TABLE

DES GROUPES OU SÉRIES

Chacun des Groupes est désigné par son Genre type

		S [1]	C [2]			S [1]	C [2]
30	Aglæactis.	157	356	2	Glaucis.	4	247
21	Agyrtria	96	315	19	Goldmania	94	313
46	Archilochus	220	394	31	Lafresnayea	159	357
42	Augastes	211	387	10	Lampornis.	97	273
32	Bourcieria.	161	358	40	Lesbia.	206	384
6	Campylopterus	26	264	44	Loddigiornis	215	390
23	Chalybura.	127	340	13	Lophornis.	48	283
15	Chlorostilbon	57	288	38	Metallura,	197	379
11	Chrysolampis	43	279	39	Opisthoprora.	205	384
12	Clais.	46	281	41	Oreonympha	210	387
24	Cœligena.	131	342	28	Oreotrochilus	152	354
35	Eriocnemis.	182	370	29	Patagona.	156	355
7	Eupetomena.	32	268	9	Petasophora	35	270
22	Eupherusa.	124	338	5	Phæochroa.	25	263
33	Eustephanus.	175	365	16	Phæoptila	69	296
4	Eutoxeres	24	262	3	Phaëthornis	8	251
8	Florisuga.	33	268	14	Popelairea	54	286
34	Heliangelus	176	366	37	Sappho.	190	376
26	Heliodoxa	142	348	36	Spathura.	189	374
45	Heliomaster	216	391	17	Thalurania.	71	297
43	Heliotrix	213	388	27	Topaza.	151	353
1	Hemistephania	2	245	20	Trochilus.	95	314
18	Hylocharis.	85	307	25	Urosticte.	140	347

(1) Synopsis.
(2) Catalogus.

TABLE

DES NOMS DES GENRES ET DE LEURS SYNONYMES

Mentionnés dans cet Ouvrage. [1]

	S [2]	C [3]		S	C
Abeillea, Ell.		282	*Anthracothorax*, Boie.		273
Acestrura, Gould	237	403	Anthoscænus, Richemond	218	391
Adelisca, Cab. et H.		345	Apatelosia, E. S.	170	361
Adelomyia, Bonap.	137	345	Aphantochroa, Gould.	133	342
Aeronympha, Oberh	182	369	Archilochus, Reichenb.	230	398
Agaclyta, Cab. et H.		376	*Arena*, Muls.		331
Agapeta, Heine		341	Arenella, E. S.	116	331
Agapetornis, Chubb		341	*Ariana*, M. et V.		332
Aglæactis, Gould	158	356	*Arinia*, Muls.		331
Aglaiactis, Cab. et H.		356	*Aspasta*, Heine.		352
Agyrtria, Reichenb.	111	327	Atthis, Reichenb.	235	402
Agyrtrina, Chubb		327	Augasma, Gould	75	300
Aithurus, Cab. et H.		314	Augastes, Gould	211	387
Alcidius, Boucard		354	*Aurinia*, Muls.		283
Alosia, Muls.		366	*Avocettinus*, Bonap. 1850		277 et 384
Amalusia, M. et V.		306	*Avocettinus*, Gould. 1854		277
Amathusia, M. et V.		396	Avocettula, Reichenb.	42	277
Amazilia, Reichenb.		322			
Amazilis, Gray	106	322			
Amazilius, Bonap.		322			
Ametrornis, Reichenb	16	257			
Anactoria, Reichenb.		366			
Androdon, Gould	3	246	*Basilina*, Reichenb.		312
Anisoterus, M. et V.	16	256	Basilinna, Boie	93	312
Anopetia, E. S.	16	257	Baucis, Reichenb.	47	282
Anthocephala, Cab. et H.	139	347	Bellatrix, Boie	50	283

(1) Les noms des genres adoptés sont en caractères ordinaires, ceux de leurs synonymes en caractères italiques.

(2) Synopsis.

(3) Catalogue.

	S	C
Bellona, M. et V.		280
Boissonneaua, Reichenb.		366
Boissonneauxia, E. S.	178	366
Bourcieria, Bonap.	168	361
Brabournea, Chubb.		319
Cæligena, voir Cœligena.		
Callidice, M. et V.		366
Calligenia, Muls.	165	359
Calliperidia, Reichenb.		393
Calliphlox, Boie	231	399
Callipharus, Ell.	126	338
Callithorax, E. S.		398
Calothorax, Gray	229	398
Calypte, Gould.	234	401
Campylopterus, Sw.	28	265
Catharma, Ell.		400
Cephalepis, Bonap.		282
Cephallepis Lodd		282
Cephalolepis, Cab. et H.		282
Chætocercus, Gray	239	405
Chalcostigma, Reichenb.	203	382
Chalybura, Reichenb.	128	340
Chariessa, Heine.		342
Chionomesa, E. S.	104	320
Chloanges, Heine.	67	295
Chlorestes, Reichenb.	89	308
Chlorolampis, Cab. et H.	64	292
Chloropogon, E. S.		383
Chlorostilbon, Gould.	65	293
Chlorostola, E. S.		302
Chlorurania, E. S.	77	302
Chlorurisca, E. S.	129	340
Chrysobronchus, Bonap.		315
Chrysolampis, Boie.	44	279
Chrysomirus, Muls.		289
Chrysurisca, Cab. et H.		307
Chrysuronia, Bonap.	87	307
Chrysurus, Chubb.		307
Circe, Gould.		296
Claïs, Heine.	47	281
Clotho, M. et V.		338
Clytolæma, Gould.	145	348

	S	C
Cœligena, Less.	134	342
Cœligena, Bonap		362
Colibri, Spix.		270
Cometes, Gould.		378
Conradinia, Reichenb.		361
Cosmorrhipis. E. S.	51	283
Corinnes (sec. Less.), Gray.		391
Crinis, M. et V.		273
Cyanochloris, Reichenb.		340
Cyanolæmus, Stone.		342
Cyanolampis, E. S.	69	296
Cyanolesbia, Stejn		385
Cyanomyia, Bonap.		325
Cyanophaïa, Reichenb.	77	301
Cynanthus, Gould.		385
Cynanthus, Ridgw		296
Damophila, Reichenb.	115	330
Delattria, Bonap.		342
Dialia, Muls.	53	285
Diotima, Reichenb.		366
Diphlogena, Gould	173	364
Discosura, Bonap.		287
Discura, Reichenb.	57	287
Dnophera, Heine.		250
Dolerisca, Cab. et H.		317
Doleromyia, Bonap.	101	317
Docimastes, Gould.	172	363
Dolicha, Heine.		396
Doricha, Reichenb.	227	396
Doryfera, Gould		245
Doryphora, Cab. et H.		245
Dyrinia, M. et V	232	400
Egolia, M. et V.		396
Elvira, M. et V.	127	339
Emilia, M. et V.		299
Endoxa, Heine.		273
Engyete, Reichenb.	184	370
Ensifera, Richemond (sec. Less.)		363
Entima, Cab. et H.		357

	S	C		S	C
Telesilla, Cab. et H		272	*Uralia*, M. et V..		375
Tephrolesbia, E. S	207	384	Uranomitra, Reichenb . .	109	325
Tephropsilus, E. S	103	319	*Ulysses*, Muls.		312
Thalurania, Gould . . .	78	302	Urochroa, Gould	155	355
Thaumantias, Bonap . .		315	*Urolampra*, Cab. et H. . .		380
Thaumasius, Sclater. . .		319	Urosticte, Gould	140	347
Thaumatias, Gould . . .		320			
Thaumaste, Reichenb. . .	176	365			
Thaumatoëssa, H		390	*Vestipedes*, Richemond		
Thaumastura, Bonap. . .	223	395	(sec. Less).		371
Threnetes, Gould. . . .	7	250			
Threptria, Reichenb . .	187	373	Xanthogonÿs, Ham (1) . .	149	351
Tilmatura, Reichenb. . .	228	397	*Xanthogenys*, Ham . . .		351
Timolia, Muls	76	300			
Topaza, Gray	151	353	*Warszewiczia*, Boucard . .	/	368
Toxoleuches, Cab. et H . .		258			
Tricholopha, H		286			
Trochilus (L.), Illig. . . .	96	314	Zephyritis, M. et V	233	401
Tryphæna, Gould. . . .		397	Zodalia, M. et V	196	379

(1) Les formes *xanthogenyx* et *xanthogenia* sont incorrectes.

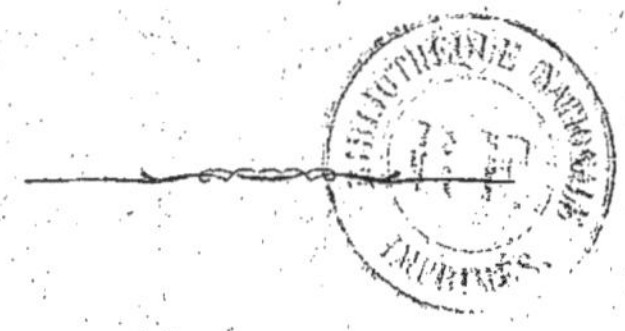